U0958240

高等学校规划教材

材料现代测试技术

主　编　廖晓玲
副主编　周安若　蔡　苇

北　京
冶　金　工　业　出　版　社
2023

内 容 提 要

本书介绍了材料现代测试技术理论基础以及现代材料常用的各种测试技术，包括衍射分析技术、电子显微分析技术、热分析技术、光谱分析技术、色谱分离技术等共11章。本书阐述了各种测试仪器组件工作原理、测试技术过程特点以及这些技术在材料研究中的应用情况。本书内容力求简明、实用，具有适用于多学科教学的特点，每章的内容提要、学习目标及思考题便于学生自主学习，符合应用型人才培养目标要求。

本书可作为冶金、石油、机械、化工工程、材料制备工程、材料加工工程等专业的本科生教材，也可供相关专业的工程技术人员参考。

图书在版编目(CIP)数据

材料现代测试技术/廖晓玲主编．—北京：冶金工业出版社，2010.8(2023.1重印)
高等学校规划教材
ISBN 978-7-5024-5335-0

Ⅰ.①材…　Ⅱ.①廖…　Ⅲ.①材料—测试技术—高等学校—教材　Ⅳ.①TB3

中国版本图书馆CIP数据核字（2010）第148709号

材料现代测试技术

出版发行　冶金工业出版社　　**电　话**　(010)64027926
地　址　北京市东城区嵩祝院北巷39号　　**邮　编**　100009
网　址　www.mip1953.com　　**电子信箱**　service@mip1953.com

责任编辑　张熙莹　美术编辑　彭子赫　版式设计　葛新霞
责任校对　刘　倩　责任印制　窦　唯
北京建宏印刷有限公司印刷
2010年8月第1版，2023年1月第4次印刷
787mm×1092mm　1/16；21.25印张；567千字；326页
定价45.00元

投稿电话　(010)64027932　投稿信箱　tougao@cnmip.com.cn
营销中心电话　(010)64044283
冶金工业出版社天猫旗舰店　yjgycbs.tmall.com
（本书如有印装质量问题，本社营销中心负责退换）

前　言

材料、能源和信息已经成为现代科学技术的三大支柱，而材料则是其中的物质基础。进入21世纪以来，新材料、信息、生物技术被视为21世纪新技术的主要标志。材料科学发展水平已经成为衡量一个国家科学水平、国民经济水平及综合国力的重要标志，许多国家都把新材料的研究开发放在了优先发展的地位。随着科学技术的发展，人们对材料性能的要求日益广泛和苛刻，对材料性能及其组分和微观结构的关系越来越感兴趣，因而材料测试技术在材料研究中起着非常重要的作用。

编者根据多年的教学经验和体会，在参考国内外相关资料的基础上，结合目前培养应用型人才的需要编写了本书。书中内容包括材料现代测试技术基础、衍射技术、电子显微分析技术、热分析技术、光谱分析技术、色谱分析技术等，共11章。阐述了各种测试仪器组件工作原理、测试技术过程特点，并力求将这些测试基础理论以及测试技术应用于材料制备及加工工程实践中，从而优化材料设计。本书还结合材料学科发展及新技术，介绍了最新材料测试技术在现代材料制备及加工工程实践中的应用。本书内容系统而实用，书中每章的内容提要、学习目标、思考题也便于学生自主学习，符合应用型人才培养的目标要求。

本书根据现代社会对宽口径、厚基础的人才培养需要，为适应材料学和材料加工专业的教学而编写，也可作为冶金、石油、机械、化工工程等专业的教材，并可供相关专业的工程技术人员参考。

本书由廖晓玲编写7~11章，周安若编写1~3章，蔡苇编写4~6章。在本书的编写和出版过程中，得到了重庆科技学院及其冶金与材料工程学院的大力支持，在此表示衷心的感谢！

由于编者水平所限，不足之处敬请读者批评指正。

编　者

2010年3月

目 录

1 绪　　论

内容提要

材料的性能是由材料的结构决定的。材料结构包括组成材料的原子的内部结构、材料中原子的排列方式（晶体结构）以及材料的组织形貌。通过对材料结构的分析，可以了解材料性能与结构的关系，目前，材料结构的研究方法非常多。在本章将主要阐述下列内容：

1. 介绍材料的原子结构及晶体结构；
2. 介绍电磁辐射与材料的相互作用；
3. 介绍粒子（束）与材料的相互作用；
4. 介绍常用的材料分析方法。

学习目标

1. 了解材料的结构；
2. 掌握电磁辐射与材料的相互作用；
3. 了解粒子与材料的相互作用；
4. 了解常用的材料分析测试方法。

1.1　材料结构基础

材料一般界定在固体物质范围。固体由原子（离子）聚集而成。由于原子间的键合方式不同导致其聚集状态不同，从而形成了分子态、晶态和非晶态等不同的存在形式。

1.1.1　原子能态及其特征

1.1.1.1　原子结构与电子量子数

原子是由原子核和绕原子核运动的电子组成的。一般认为核外电子在各自的轨道上运动并用“电子（壳）层”来描述电子的分布状况。

每一确定运动状态的电子相应地具有确定的能量。核外电子在不同状态下所具有的能量数值各不相同，并且其变化是不连续的，即量子化的，常用能级（图）来表示。能级图是按一定比例以一定高度的水平线代表一定的能量，并把电子各个运动状态的能量（能级）按大小顺序排列（由下至上能量增大）而构成的图形。

核外电子的运动状态由 n（主量子数）、l（角量子数）、m（磁量子数）、s（自旋量子数）和 m_s（自旋磁量子数）等量子数进行表征。5 个量子数也相应表征了电子的能量状态（能级结构）。

n 值相同的原子轨道归并称为同一“电子层”。对应于 $n=1$，2，3，4，5，…的电子层，常用 K，L，M，N，O，…表示。n 决定电子运动状态的主要能量，即主能级能量 E 有：

$$E = -\frac{Z^2}{n^2}R \quad (n = 1,2,3,\cdots) \tag{1-1}$$

式中　Z——原子序数；

　　R——里德伯（Rydbreg）常数，$R = 2.2 \times 10^{-18}$J 或 13.6eV。

由式（1-1）可知，n 值越大，则电子离核越远，能量越高。

l 取值为 $0 \sim (n-1)$ 的正整数，对应于 $l=0$，1，2，3，…的电子亚层或原子轨道形状分别为 s、p、d、f 等层或（原子）轨道。

m 取值为 0，±1，…，$\pm l$。例如 p 轨道（$l=1$），则 $m=0$ 和 ±1，表明 p 亚层有 3 个不同伸展方向的 p 轨道（常用 p_z、p_x、p_y 分别表示）。当无外磁场存在时，同一亚层伸展方向不同的轨道具有相同的能量，称这些轨道是简并的，而简并的轨道（能级）数目称为简并度。

n、l、m 的物理意义及其与核外电子状态的关系列于表 1-1。

表 1-1　n、l、m 的物理意义

量子数	原子轨道		电子（壳）层	电子能级
	性能指标	影响因素		
n	电子离核的平均距离	n 值越大，距离越远	n 值相同的电子分布在同一电子层上	电子主能级：n 值越大，能级越高
l	电子轨道运动角动量大小	原子轨道形状	电子亚层：同一电子层对应于 l 的 n 个取值分为 n 个亚层	亚能级：l 值越大，亚能级越高
m	轨道角动量在外磁场方向分量的大小	原子轨道在空间伸展方向	电子亚层含有不同伸展方向的轨道数	有外磁场存在时，同一亚能级对应于 m 的取值分裂为 $2l+1$ 个间隔更小的能级

n、l、m 共同表征了电子轨道运动，而 s 与 m_s 则是电子自旋运动的表征。s 表征自旋运动角动量的大小，$s=1/2$。m_s 取值为 ±1/2，表明电子自旋只有两个方向，通常称为正自旋和反自旋（顺时针或反时针方向）。m_s 决定电子自旋角动量在外磁场方向的分量大小。当无外磁场存在时，m_s 的取值不影响电子的能量大小，即电子正旋与反旋是简并的；反之，则将产生电子自旋能级分裂。

图 1-1 所示为原子的电子能级示意图，由图可知原子的电子能级结构及能级分裂等情况。

1.1.1.2　原子能态与原子量子数

多电子原子中存在着电子与电子相互作用等复杂情况。当忽略这些作用时，原子的整体运动状态可视为核外各电子运动状态的叠加，并用电子量子数（n、l、m、s、m_s）表征。当考虑这些复杂作用时，量子理论将其分解为轨道-轨道相互作用（各电子轨道角动量之间的作用）、自旋-自旋相互作用（各电子自旋角动量之间的作用）及自旋-轨道相互作用（指电子自旋角动量与其轨道角动量的作用，单电子原子中也存在此作用），并将轨道-轨道及自旋-自旋作用合称为剩余相互作用，进而通过对各角动量进行加和组合的过程（称为耦合）获得表征原子整体运动状态与能态的原子量子数。

耦合有 L-S 耦合和 J-J 耦合两种方式。J-J 耦合是指当剩余相互作用小于自旋-轨道相互作

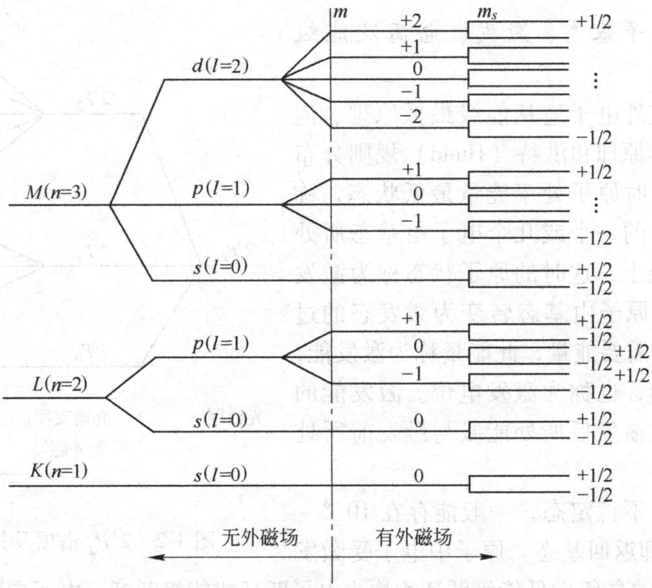

图 1-1　原子的电子能级示意图

用时，先考虑后者的耦合。L-S 耦合是指当剩余作用大于自旋轨道作用时，先考虑前者的耦合；这种耦合方式适用于轻元素和中等元素（$Z<40$）。

L-S 耦合可记为：

$$(s_1, s_2, \cdots)(l_1, l_2, \cdots) = (S, L) = J \tag{1-2}$$

式 (1-2) 表示将各电子自旋角动量（P_{s_1}，P_{s_2}，…）与各电子轨道角动量（P_{l_1}，P_{l_2}，…）分别加和（向量和），获得原子的总自旋角动量 P_S 与总轨道角动量 P_L，然后再由 P_S 与 P_L 合成总（自旋-轨道）角动量 P_J（即 $P_J = P_S + P_L$）。

按 L-S 耦合，得到 S、L、J、M_J 表征原子运动状态的原子量子数。S 称为总自旋量子数，表征 P_S 的大小；L 称为总（轨道）角量子数，表征 P_L 的大小；J 称为内量子数（或总量子数），表征 P_J 的大小，J 为正整数或半整数，取值为：$L+S$，$L+S-1$，$L+S-2$，…，$|L-S|$，若 $L \geqslant S$，则 J 有 $2S+1$ 个值；M_J 称为总磁量子数，表征 P_J 沿外磁场方向分量的大小，M_J 取值为：1，±1，±2，…，±J（当 J 为整数时）或 ±1/2，±3/2，…，±J（当 J 为半整数时）。

用 n（主量子数）、S、L、J、M_J 等量子数表征原子能态，则原子能级由符号 $n^M L_J$ 表示，称为光谱项。符号中，对应于 $L=0$，1，2，3，4，…，常用大写字母 S、P、D、F、G 等表示。M 表示光谱项多重性（称谱线多重性符号），即表示 n 与 L 一定的光谱项可产生 M 个能量略有不同的分裂能级（光谱支项），此种能级分裂取决于 J，每一个光谱支项对应于 J 的一个确定取值，而 M 则为 J 的可能取值的个数（即 $L \geqslant S$ 时，$M=2S+1$；$L<S$ 时，$M=2S+1$）。

当有外磁场存在时，光谱支项将进一步分裂为能量差异更小的若干能级（称为塞曼分裂）。其分裂情况取决于 M_J，每一分裂能级对应于 M_J 的一个取值，能级分裂的个数则为 M_J 可能取值的个数。

例如：某原子的一个光谱项为 2^3P_J，即有 $n=2$，$L=1$，若已知 $S=1$（故 $M=2S+1=3$），则 $J=2$，1，0。当 $J=2$ 时，$M_J=0$，±1，±2；$J=1$ 时，$M_J=0$，±1；$J=0$ 时，$M_J=2^3P_J$ 光

谱项及其分裂如图 1-2 所示。

1.1.1.3 原子基态、激发、电离及能级跃迁

通常，原子核外电子遵从能级最低原理、泡利（Pauli）不相容原理和洪特（Hund）规则分布在各个能级上，此时原子处于能量最低状态，称之为基态。原子中的一个或几个电子由基态所处能级跃迁到高能级上，这时的原子状态称为激发态，是高能态；而原子由基态转变为激发态的过程称为激发。激发需要能量，此能量称为激发能，常以电子伏特表示，也称为激发电位。激发能的大小应等于电子被激发后所处能级与激发前所处能级之差。

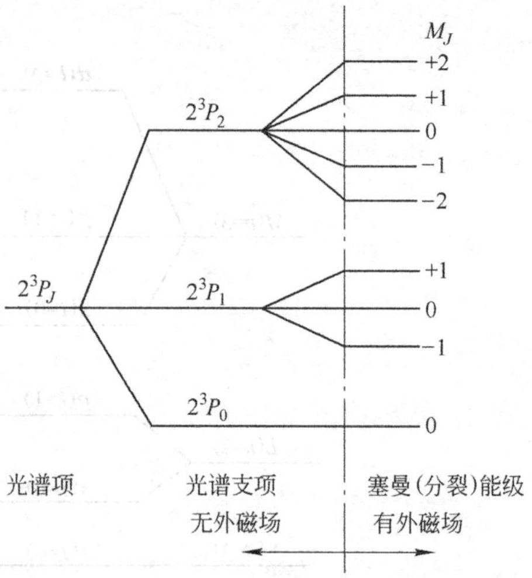

图 1-2 2^3P_J 谱项及其分裂示意图

原子激发态是不稳定态，一般能存在 $10^{-8}\sim10^{-10}$s，电子将随即返回基态。原子中电子受激发向高能级跃迁或由高能级向低能级跃迁均称为电子跃迁或能级跃迁。电子向高能级或向低能级的跃迁可分为两种方式：跃迁过程中多余的能量以电磁辐射的方式放出，称之为辐射跃迁；若多余的能量转化为热能等形式，则称之为无辐射跃迁。

原子中的电子获得足够的能量就会脱离原子核的束缚，产生电离。使原子电离所需的能量称之为电离能，常以电子伏特表示，也称为电离电位。原子失去一个电子，称为一次电离；再次电离使原子再失去一个电子，称为二次电离；三次电离等以此类推。

1.1.2 分子运动与能态

分子由原子组成。原子可以共价键或离子键结合成分子，但以离子键形成的分子只存在于高温蒸气中，故此处仅讨论共价键的情况。

1.1.2.1 分子总能量与能级结构

分子的运动及相应能态远比原子更加复杂。一般可近似认为分子总能量 E 由分子中各原子核外电子轨道运动能量 E_e，原子（或原子团）相对振动能量 E_v 及整个分子绕其质子转动的能量 E_r 组成，即

$$E = E_e + E_v + E_r \tag{1-3}$$

由于 E_e（简称分子运动能）、E_v（简称分子振动能）及 E_r（简称分子转动能）均是量子化的，故分子能级由运动能级、振动能级和转动能级构成，如图 1-3 所示。由图可知，同一电子能级因振动能量不同分为若干振动能级；而同一振动能级又因转动能量不同分为若干转动能级。

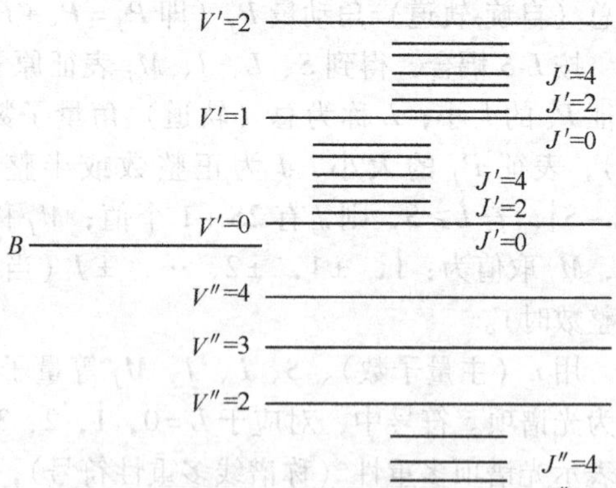

图 1-3 （双原子）分子能级示意图

A，B—电子能级；V'，V''—振动能级；J'，J''—转动能级

1.1.2.2 分子轨道与电子能级

根据分子轨道理论，原子形成分子后，电

子不再固定在个别原子内，而是在整个分子范围内运动；而且每个电子都可看作是在原子核和其余电子共同提供的势场作用下在各自的轨道（称为分子轨道）上运动。分子轨道可近似用原子轨道的线性组合表示。分子轨道可分为成键轨道与反键轨道，成键分子轨道能量比参与组合的原子轨道能量低，而反键分子轨道能量则高于参与组合的原子轨道能量。

按价键理论，具有未成对电子的原子接近时，可因未成对电子配对从而使原子轨道部分重叠形成分子轨道。自旋反向的未成对电子配对形成成键轨道，自旋同向电子配对则形成反键轨道。

根据分子轨道沿键轴的分布特点（由形成分子轨道的原子轨道重叠方式所决定），将其分为σ轨道（轨道上相应的电子及成键作用称σ电子与σ键）和π轨道（相应的π电子与π键等）。如对键轴呈圆柱形对称的分子轨道称为σ轨道。

电子的分子轨道运动能量与参与组合的原子轨道及它们的重叠程度有关。将分子轨道运动按能量大小顺序排列，即可得到分子的电子能级图。以O_2为例，其电子能级图如图1-4所示。分子中的电子在其电子能级中的分布同样遵循能量最低原理及泡利不相容原理。

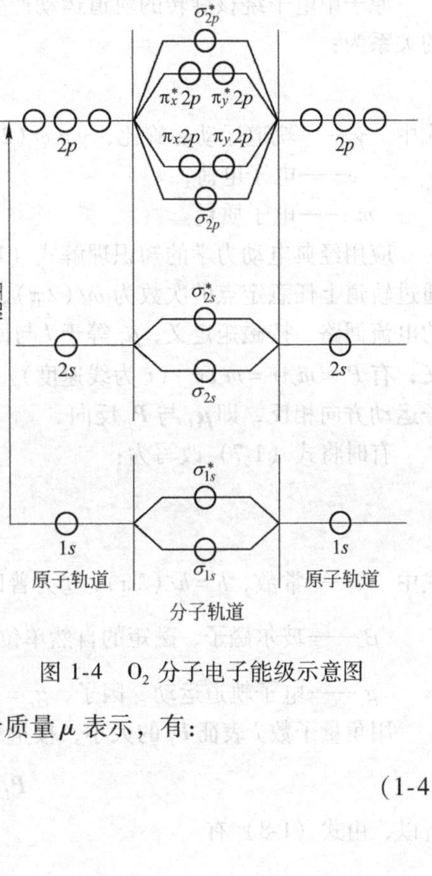

图 1-4 O_2分子电子能级示意图

1.1.2.3 分子的振动与振动能级

A 双原子分子的振动

分子振动是指分子中原子（或原子团）以平衡位置为中心的相对往复运动。双原子分子的振动可近似用弹簧谐振子（连有两个小球的弹簧体系，做无阻尼同周期振动）仿真。即将质量分别为m_1与m_2的两个原子视为小球，而将连接它们的化学键视为质量可忽略的弹簧。按虎克定律，谐振子振动频率ν是弹簧力常数k和小球折合质量μ的函数；而分子振动ν则分别以化学键力常数k与原子折合质量μ表示，有：

$$\nu = \frac{1}{2\pi}\sqrt{k/\mu} \tag{1-4}$$

原子折合质量：

$$\mu = m_1 m_2/(m_1 + m_2) \tag{1-5}$$

分子振动与弹簧谐振子相比，不同之处在于其振动能量是量子化的。按量子化理论的推导，有：

$$E_v = \left(V + \frac{1}{2}\right)h\nu \tag{1-6}$$

式中 E_v——分子振动能；

V——振动量子数，V值可取0，1，2，…；

h——普朗克常数，$h = 6.626 \times 10^{-34}$ J·s。

B 多原子分子的振动

由于组成分子的原子数量增加及原子的组合排布情况的不同，多原子分子振动比双原子分子复杂。

多原子分子振动可分为伸缩振动与变形振动两类。伸缩振动是指原子沿键轴方向的周期性（往复）运动，振动时键长变化而键角不变（双原子振动即为伸缩振动）。变形振动又称为变角振动或弯曲振动，是指基团键角发生周期性变化而键长不变的振动。

1.1.3 原子的磁矩和原子核自旋

1.1.3.1 原子的磁矩

A 原子的轨道磁矩

原子中电子绕核旋转的轨道运动产生轨道磁矩。原子中电子轨道磁矩 $\boldsymbol{\mu}_l$ 与轨道角动量 $\boldsymbol{P}_l$ 的关系为：

$$\boldsymbol{\mu}_l = -\gamma_l \boldsymbol{P}_l \tag{1-7}$$

式中 γ_l——轨道运动磁旋比，$\gamma = e/(2m_e)$；

e——电子电荷；

m_e——电子质量。

应用经典电动力学的知识理解式（1-7）。设电子以角速度 ω 沿圆形轨道运动，则单位时间通过轨道上任意定点的次数为 $\omega/(2\pi)$，即绕核做轨道运动的电子相当于 1 个 $I = e[\omega/(2\pi)]$ 的电流回路。按磁矩定义，μ_l 等于 I 与回路面积（πr^2）的乘积，即 $\mu_l = e\omega r^2/2$；又按角动量定义，有 $P_l = m_e vr = m_e \omega r^2$（$v$ 为线速度）。由 μ_l 与 P_l 比较即可得式（1-7），式中负号是因 I 与电子运动方向相反，即 $\boldsymbol{\mu}_l$ 与 $\boldsymbol{P}_l$ 反向。

有时将式（1-7）改写为：

$$\boldsymbol{\mu}_l = -\frac{g_e \beta_e}{\hbar} \boldsymbol{P}_l \tag{1-8}$$

式中 $\hbar$——常数，$\hbar = h/(2\pi)$，h 为普朗克常数；

β_e——玻尔磁子，磁矩的自然单位，$\beta_e = \dfrac{e\hbar}{2m_e} P_l = 9.274 \times 10^{-24} \text{A} \cdot \text{m}^3$；

g_e——电子轨道运动 g 因子，$g_e = 1$。

用角量子数 l 表征 $\boldsymbol{P}_l$ 的大小，按量子理论，有：

$$\boldsymbol{P}_l = \sqrt{l(l+1)} \cdot \hbar \tag{1-9}$$

所以，由式（1-8）有

$$\boldsymbol{\mu}_l = -g_e \sqrt{l(l+1)} \beta_e \tag{1-10}$$

$\boldsymbol{\mu}_l$ 在外磁场方向分量的大小（μ_{lz}）由磁量子数 m 决定，有：

$$\mu_{lz} = -g_e m \beta_e \tag{1-11}$$

B 电子的自旋磁矩

电子自旋运动也产生磁矩。与轨道磁矩类似，电子自旋磁矩 $\boldsymbol{\mu}_s$ 与自旋角动量 $\boldsymbol{P}_s$ 的关系为：

$$\boldsymbol{\mu}_s = -\gamma_s \boldsymbol{P}_s \tag{1-12}$$

式中 γ_s——自旋运动磁旋比。

或

$$\boldsymbol{\mu}_s = -\frac{g_s \beta_e}{\hbar} \boldsymbol{P}_s \tag{1-13}$$

式中　g_s——电子自旋运动 g 因子（电子自旋因子），$g_s=2.00232$。

$\boldsymbol{\mu}_s$ 的大小由自旋量子数决定，有：

$$\mu_s = -g_s\sqrt{s(s+1)}\beta_e \tag{1-14}$$

$\boldsymbol{\mu}_s$ 在外磁场方向的分量由自旋磁量子数 m_s 决定，有：

$$\mu_{sz} = -g_s m_s \beta_e \tag{1-15}$$

C　单电子原子内量子数与磁矩

单电子原子中也存在着电子自旋-轨道相互作用（当用 n、l、m、s、m_s 共同表征单电子原子运动状态时忽略了此作用）。按量子理论，通过对 $\boldsymbol{P}_s$ 与 $\boldsymbol{P}_l$ 耦合并引入量子数 j 表征此作用，有：

$$\boldsymbol{P}_j = \boldsymbol{P}_s + \boldsymbol{P}_l \tag{1-16}$$

式中　$\boldsymbol{P}_j$——总角动量。

$$\boldsymbol{P}_j = \sqrt{j(j+1)}\cdot\hbar \tag{1-17}$$

式中　j——内量子数，表征 $\boldsymbol{P}_j$ 的大小，j 取值为 $l+s$ 和 $|l+s|$，自旋量子数 $s=1/2$。

单电子原子中有 $\boldsymbol{\mu}_l$、$\boldsymbol{\mu}_s$ 和 $\boldsymbol{\mu}_I$（原子核磁矩）。由于 μ_I 与 μ_l 和 μ_s 相比，数值小 3 个数量级，故可近似认为单电子原子总磁矩 $\boldsymbol{\mu}_j$ 由 $\boldsymbol{\mu}_l$ 与 $\boldsymbol{\mu}_s$ 合成。$\boldsymbol{\mu}_j$ 与总角动量 $\boldsymbol{P}_j$ 的关系为：

$$\boldsymbol{\mu}_j = -\frac{g\beta_e}{\hbar}\boldsymbol{P}_j \tag{1-18}$$

式中　g——单电子原子磁矩因子。

D　多电子原子的磁矩

多电子原子的磁矩 $\boldsymbol{\mu}_J$ 由原子内各电子的轨道磁矩和各电子的自旋磁矩合成，有

$$\boldsymbol{\mu}_J = -\frac{g\beta_e}{\hbar}\boldsymbol{P}_J \tag{1-19}$$

式中　$\boldsymbol{P}_J$——总（轨道-自旋）角动量，$\boldsymbol{P}_J=\boldsymbol{P}_S+\boldsymbol{P}_L$；

　　g——多电子原子磁矩因子。

$\boldsymbol{\mu}_J$ 的大小由内量子数 J 决定，有：

$$\mu_J = -g\sqrt{J(J+1)}\beta_e \tag{1-20}$$

$\boldsymbol{\mu}_J$ 在外磁场方向的分量由总磁量子数 M_J 决定，有：

$$\mu_{Jz} = -gM_J\beta_e \tag{1-21}$$

若存在外磁场 $\boldsymbol{B}$，则 $\boldsymbol{\mu}_J$ 与 $\boldsymbol{B}$ 发生相互作用，按经典电磁理论，相互作用能 E 为：

$$\begin{aligned} E &= -\boldsymbol{\mu}_J\boldsymbol{B} \\ E &= -B\cdot\boldsymbol{\mu}_J\cos\theta\ (\theta\text{ 为 }\boldsymbol{\mu}_J\text{ 与 }\boldsymbol{B}\text{ 的夹角}) \\ E &= -B\cdot\mu_{Jz} \end{aligned} \tag{1-22}$$

将式（1-21）代入，得

$$E(M_J) = M_J g\beta_e B \tag{1-23}$$

$E(M_J)$ 是原子受外磁场作用而附加的能量，但其值因 M_J 取值不同而不同。由此可知，J 值一定的能级（光谱支项），在有外磁场作用时将发生能级分裂，分裂能级个数为 M_J 可能取

值的个数，此即为前文提及的塞曼分裂。

1.1.3.2　原子核自旋与核磁矩

A　原子核自旋

原子核由质子和中子组成，质子和中子在核中既有轨道运动又有自旋运动，并有很强的自旋-轨道相互作用。整个原子核的总角动量 $\boldsymbol{P}_I$ 称为核自旋。$\boldsymbol{P}_I$ 的大小由核自旋量子数 I 表征，有：

$$\boldsymbol{P}_I = \sqrt{I(I+1)} \cdot \hbar \tag{1-24}$$

I 可取值 0，1/2，1，3/2，…。显然，$I=0$ 时，$P_I=0$，即原子核无自旋现象；只有 $I>0$ 时，才有核自旋。实验证明，I 与原子核质量数 A 及原子序数 Z 有关，见表 1-2。

表 1-2　核自旋量子数与原子质量数及原子序数关系

质量数 A	原子序数 Z	自旋量子数 I	原　子　核
偶　数	偶　数	0	$^{12}C_6$，$^{16}O_8$，$^{32}S_{16}$
奇　数	奇或偶数	1/2	$^{1}H_1$，$^{13}C_6$，$^{19}F_9$，$^{15}N_7$，$^{31}P_{15}$
奇　数	奇或偶数	3/2，5/2，…	$^{17}O_8$，$^{33}S_{16}$
偶　数	奇　数	1，2，3	$^{2}H_1$，$^{14}N_7$

$\boldsymbol{P}_I$ 在外磁场的分量大小 P_{Iz} 由核自旋磁量子数 M_I 决定，M_I 的可能取值为 I，$I-1$，…，$-I$。有：

$$P_{Iz} = M_I \cdot \hbar \tag{1-25}$$

B　核磁矩

核自旋产生核磁矩 $\boldsymbol{\mu}_I$。与电子磁矩类似，$\boldsymbol{\mu}_I$ 与 $\boldsymbol{P}_I$ 的关系为：

$$\boldsymbol{\mu}_I = \gamma_I \boldsymbol{P}_I \tag{1-26}$$

式中　γ_I——核磁旋比。

常采用 g 因子表达的形式，有：

$$\boldsymbol{\mu}_I = \frac{g_I \beta_I}{\hbar} \boldsymbol{P}_I \tag{1-27}$$

式中　g_I——核自旋运动 g 因子，其值由实验测定；

β_I——核磁子，核磁矩的自然单位，$\beta_I = 5.501 \times 10^{-27}\ \mathrm{A \cdot m^3}$（或 J/T）（比 β_e 小 3 个数量级）。

$\boldsymbol{\mu}_I$ 的大小与核自旋量子数 I 有关，有：

$$\mu_I = g_I \sqrt{I(I+1)} \beta_I \tag{1-28}$$

$\boldsymbol{\mu}_I$ 在外磁场方向的分量大小由 M_I 决定，有：

$$\mu_{Iz} = g_I M_I \beta_I \tag{1-29}$$

当 $M_I = I$ 时，μ_{Iz} 值最大，常以此值表示核磁矩的大小，一般文献中所列核磁矩 μ 均为此值（并以 β_I 为单位），即：

$$\mu = (\mu_{Iz})_{\max} = g_I I \tag{1-30}$$

1.1.4 固体的能带结构

1.1.4.1 能带的形成

原子中核外电子在原子轨道上运动并处于不同的能级上。当 N 个原子相接近形成晶体时将发生原子轨道的交叠并产生能级分裂现象。原子理论证明，N 个原子中原先能量值相同的能级（如各原子的 $2s$ 能级）将分裂成 N 个能量各不相同的能级，但分裂的各能级能量差值不大。由于固体中原子个数 N 很大，因而 N 个分裂的能级差值极小，以至于可以认为连续分布，即形成有一定宽度的能带。能带的形成如图 1-5 所示。一般晶体的能带宽度约为几个电子伏特（最多不过几十个电子伏特）。

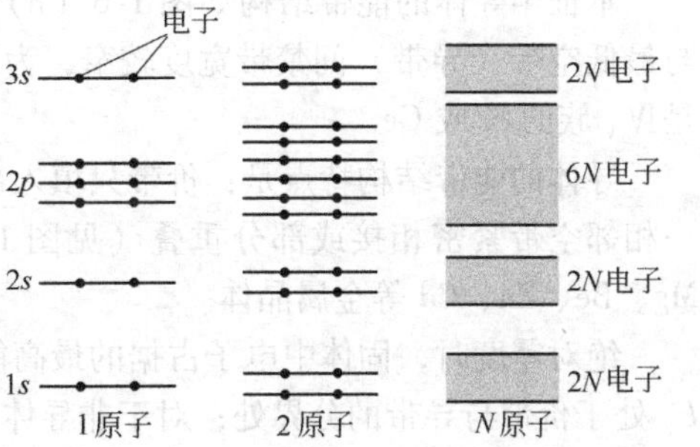

图 1-5 能带形成示意图

1.1.4.2 能带结构的基本类型及相关概念

能带可沿用能级分裂以前的原子能级名称命名，如 $2s$ 能带和 $2p$ 能带等。原子不同能级分裂的能带之间可能存在间隙，称之为禁带；禁带宽度又称为能隙。原子不同能级分裂的能带之间也可能发生重叠。

与原子基态价电子能级相应的能带称为价带，而与原子激发态能级（此处指高于基态价电子能级的高能级）相应的能带称为导带（见图 1-6）。

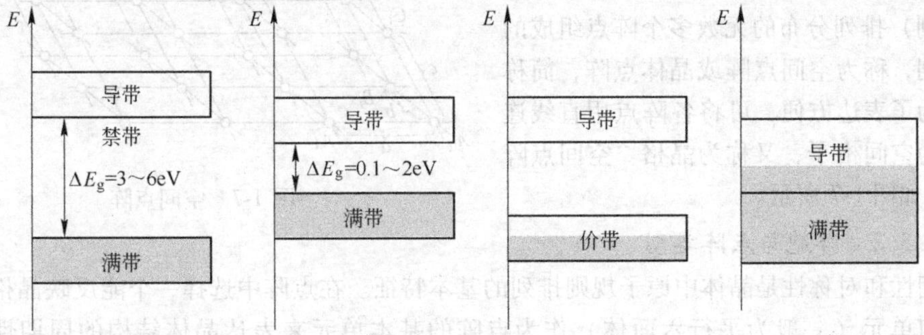

图 1-6 固体能带结构基本类型

（a）绝缘体；（b）本征半导体；（c），（d）导体

由于原子核对内层电子的强烈吸引作用，因而当原子相互靠近形成晶体时，各原子内层电子轨道很少交叠，甚至不发生交叠，故可认为原子内层能级仍保持孤立原子的特征。

根据能量最低原理，晶体中的电子应该由低到高以此占据内层能级和能带。电子在能带的各个能级中的分布也遵从泡利不相容原理，即每一个能级分布两个电子。

能带中所有能级（能态）都已被电子填满，则称为满带（见图 1-6（a）和（b））；能带中各能态尚无电子填充，则称为空带。在电子未被激发的正常情况下，导带没有电子填入，因而是空带。价带中各能态均为电子填充，则称为满带；价带中有时只有一部分被电子填满，此部分称为满带；其未填充的部分也称为导带（见图 1-6（c））。

由于形成固体的原子和分子种类的不同以及结合键类型的不同等，晶体的能带结构也不同。能带结构的基本类型如图 1-6 所示。

绝缘体的能带结构如图 1-6（a）所示。其特点为价带已被电子填满，称为满带。价带与最低空带（导带）间的禁带宽度较宽，为 3 ~ 6eV。大多数离子晶体（NaCl、KCl 等）、分子晶体（Cl_2、CO_2 等）和由具有偶数个价电子的原子组成的大多数共价晶体属于此类。

本征半导体的能带结构如图 1-6（b）所示。与绝缘体相比，其特点是最高满带（价带）与最低空带（导带）间禁带宽度较窄，为 0.1 ~ 2eV。本征半导体（不掺杂质的半导体）一般是$Ⅳ_A$族的 Si 或 Ge。

导体的能带结构特点是：价带只填入部分电子（见图 1-6（c））或者价带虽已填满但与另一相邻空带紧密相接或部分重叠（见图 1-6（d））；前者如碱金属元素组成的晶体，后者如 Mg、Be、Zn、Cd 等金属晶体。

绝对零度时，固体中电子占据的最高能级称为费米能级，其能量称费米能 E_F。对于导体，E_F 处于价带与导带的分界处；对于非导体（禁带中无杂质能级时），E_F 则位于禁带中央。

1.1.5 晶体结构

1.1.5.1 空间点阵的概念

晶体是指组成它的原子（或离子、分子、原子团等，以下不需加以区别时，泛称原子）有规则排列的固体。

为了描述晶体中原子的排列结构，将每一个原子抽象视为一个几何点（称为阵点），并从而得到一个按一定规则（即晶体中原子排列规则）排列分布的无数多个阵点组成的空间阵列，称为空间点阵或晶体点阵，简称点阵。为了表达方便，可将各阵点用直线连接，称为空间格子，又称为晶格。空间点阵（晶格）如图 1-7 所示。

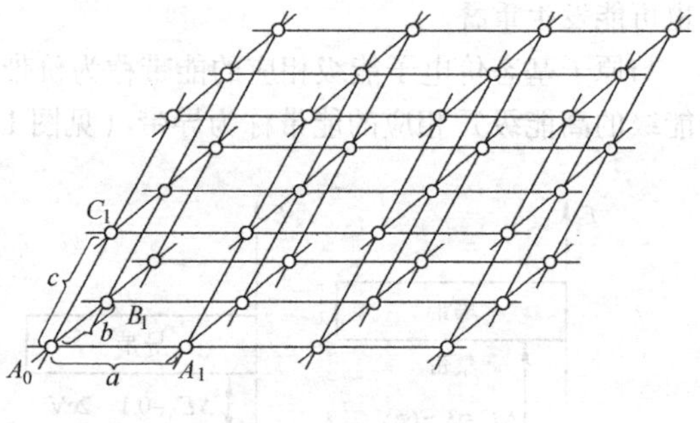

图 1-7 空间点阵

1.1.5.2 阵胞与点阵类型

周期性和对称性是晶体中原子规则排列的基本特征。在点阵中选择一个能反映晶格特征的最小几何单元（一般为平行六面体）作为点阵的基本单元来表达晶体结构的周期性，称为晶胞。

晶胞形状与大小可由矢量 $\boldsymbol{a}$、$\boldsymbol{b}$、$\boldsymbol{c}$ 及 α、β、γ 来描述，$\boldsymbol{a}$、$\boldsymbol{b}$、$\boldsymbol{c}$ 称为点阵常数，α、β、γ 表示 $\boldsymbol{b}$ 与 $\boldsymbol{c}$、$\boldsymbol{c}$ 与 $\boldsymbol{a}$ 以及 $\boldsymbol{a}$ 与 $\boldsymbol{b}$ 的夹角。晶胞与点阵周期性的关系表现为晶胞在空间的重复堆砌即可构成空间点阵，亦即晶胞在空间重复平移（移动方向和单位移动距离由 $\boldsymbol{a}$、$\boldsymbol{b}$、$\boldsymbol{c}$ 决定）即可构成空间点阵。若以晶胞任一阵点（常取左下角后面一点）为坐标原点，沿交于此点的 3 个棱边延伸为坐标轴（称为晶轴）x、y、z 且分别以 $\boldsymbol{a}$、$\boldsymbol{b}$、$\boldsymbol{c}$ 为相应坐标轴单位矢量，则点阵中任意阵点位置均可表达为（阵点矢量坐标表达式）：

$$\boldsymbol{r}_{xyz} = x\boldsymbol{a} + y\boldsymbol{b} + z\boldsymbol{c} \tag{1-31}$$

式中 $\boldsymbol{r}_{xyz}$——原子与任一阵点（坐标 x、y、z）的连接矢量。

若仅考虑表达点阵的周期性，则晶胞的选取有许多种不同的方式。布拉菲（A. Bravais）在确定的晶胞选取原则（如在表达点阵周期性的同时能反映其对称性等原则）基础上，通过数学方法推算出可能的晶胞只有 14 种，即所有晶体均可分别用这 14 种晶胞表达的空间点阵

（称为布拉菲点阵）来描述其原子排布规则。14 种布拉菲点阵列于表 1-3。按晶胞形状特征将 14 种布拉菲点阵归纳为 7 个晶系；按晶胞中阵点位置又分为简单晶胞和复合晶胞。简单晶胞只有一个原子（晶胞 8 个角顶位置上有阵点，但每一阵点为相毗邻的 8 个晶胞所共有），复合晶胞则含有 1 个以上原子（除角顶位置外，在面心、体心或底心位置还有原子）。

表 1-3 布拉菲点阵

晶 系	点阵参数	布拉菲点阵	点阵符号	胞内阵点数	阵 点 坐 标
立 方	$a=b=c$; $\alpha=\beta=\gamma=90°$	简单立方	P	1	000
		体心立方	I	2	000, $\frac{1}{2}\frac{1}{2}\frac{1}{2}$
		面心立方	F	4	000, $\frac{1}{2}\frac{1}{2}0$, $\frac{1}{2}0\frac{1}{2}$, $0\frac{1}{2}\frac{1}{2}$
正 方	$a=b\neq c$; $\alpha=\beta=\gamma=90°$	简单正方	P	1	000
		体心正方	I	2	000, $\frac{1}{2}\frac{1}{2}\frac{1}{2}$
斜 方	$a\neq b\neq c$; $\alpha=\beta=\gamma=90°$	简单斜方	P	1	000
		体心斜方	I	2	000, $\frac{1}{2}\frac{1}{2}\frac{1}{2}$
		底心斜方	C	2	000, $\frac{1}{2}\frac{1}{2}0$
		面心斜方	F	4	000, $\frac{1}{2}\frac{1}{2}0$, $\frac{1}{2}0\frac{1}{2}$, $0\frac{1}{2}\frac{1}{2}$
菱 形	$a=b=c$; $\alpha=\beta=\gamma\neq 90°$	简单菱形	R	1	000
六 方	$a=b\neq c$; $\alpha=\beta=90°$; $\gamma=120°$	简单六方	P	1	000
单 斜	$a\neq b\neq c$; $\alpha=\gamma=90°\neq\beta$	简单单斜	P	1	000
		底心单斜	C	2	000, $\frac{1}{2}\frac{1}{2}0$
三 斜	$a\neq b\neq c$; $\alpha\neq\beta\neq\gamma\neq 90°$	简单三斜	P	1	000

各种布拉菲晶胞如图 1-8 所示。

1.1.5.3 晶体结构与空间点阵

由空间点阵的概念可知，若将组成晶体的原子（或离子、分子等，以下称为结构基元）置于点阵的各个阵点上，则将还原为晶体结构，即可认为：晶体结构 = 空间点阵 + 结构基元。应当注意，晶体中结构基元的划分应满足每个阵点上的结构基元（物质组成及其在基元内的分布）相同的原则。

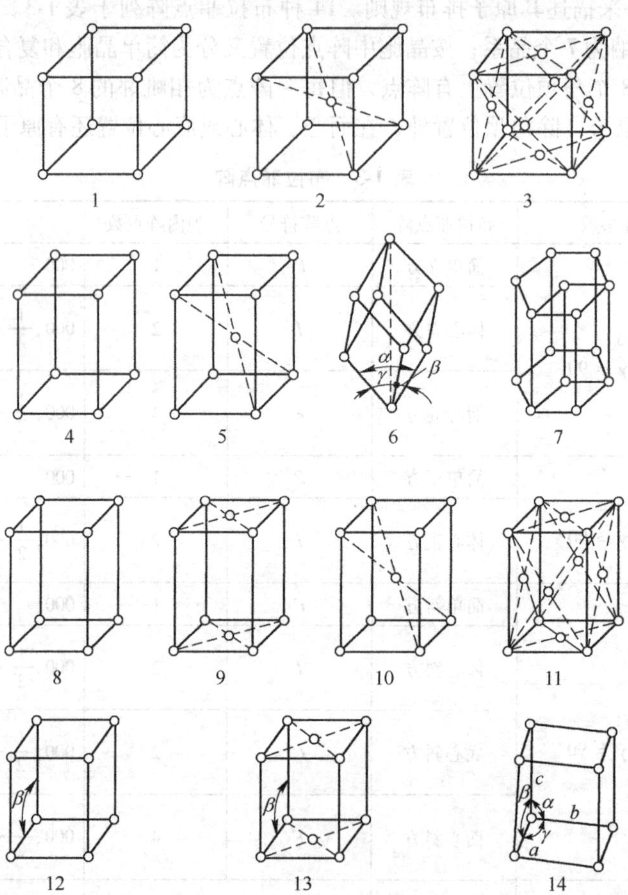

图 1-8　14 种布拉菲晶胞

虽然晶胞只有 14 种，但由于结构基元的多样性（可能是同种或异种原子、离子，也可能是分子、原子团等，而原子团内的原子分布也不尽相同等），且每一种点阵结构基元不同可表示多种晶体结构（示例如图 1-9 所示），因此晶体结构的种类是无限的。

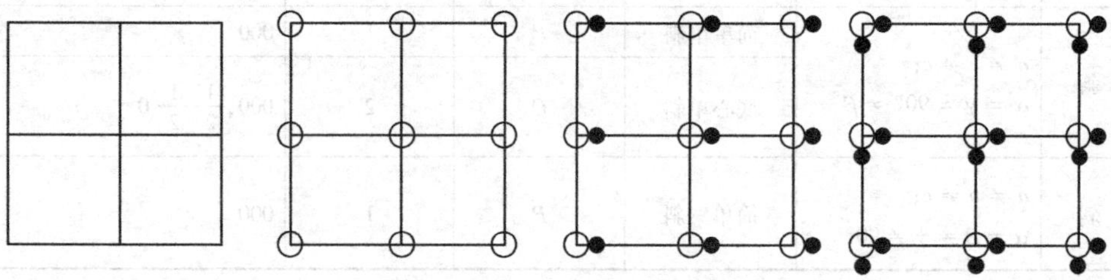

图 1-9　同一点阵因基元不同构成的多种晶体结构

1.1.5.4　晶向指数与晶面指数

晶体中由原子组成的直线和平面分别称为晶向和晶面（相应于点阵中的阵点列和阵点面）。为了表示晶向和晶面的空间取向，采用统一的标识，称为晶向指数和晶面指数；国际通用密勒（W. H. Miller）的标识方法，故又称为密勒指数。

A　晶向指数

晶向指数的确定方法如下：

（1）建立坐标系，即以任一阵点为坐标原点，以晶轴为坐标轴，并以点阵基矢 $\boldsymbol{a}$、$\boldsymbol{b}$、$\boldsymbol{c}$ 分别为相应坐标轴单位矢量；

（2）通过坐标原点引一直线，使其平行于待定的晶向；

（3）求出该直线上任意一点的坐标；

（4）将 3 个坐标值按比例化为最小整数（即互质的整数）并加方括号，如［uvw］，坐标值负时，则在相应指数上加“ - ”号，例如［$\bar{u}vw$］，即为所求晶向指数。

显然，空间所有相互平行且方向一致的晶向，其晶向指数相同，称之为晶向组；即同一［uvw］表示的不仅是一个晶向，而是一组相互平行的晶向。

将晶体中空间位向不同但原子排列规律相同的所有晶向合称为一个晶向族，用〈uvw〉表示。例如立方系，〈100〉（晶向族）表示［100］原子排列状况相同的 6 个晶向组，即

$$\langle 100\rangle = [100] + [010] + [001] + [\bar{1}00] + [0\bar{1}0] + [00\bar{1}]$$

B　晶面指数

晶面指数确定方法如下：

（1）建立坐标系，方法同晶向指数；

（2）求出待定晶面在 3 个坐标轴上的截距（若晶面与某轴平行，则在该轴的截距为∞）；

（3）取 3 个截距值的倒数，将其按比例化为最小整数（即互质的整数）并加圆括号，如（hkl），即为所求晶面指数（若某截距为负值，则在相应指数上加“ - ”号）。

显然，（hkl）表示的也不仅是一个晶面，而是一组相互平行的晶面，称之为晶面组。

将晶体中空间位向不同但原子排列规律相同的所有晶面合称为一个晶面族，用｛hkl｝表示。例如立方系$\{111\} = (111) + (\bar{1}11) + (1\bar{1}1) + (11\bar{1}) + (\bar{1}\bar{1}\bar{1}) + (1\bar{1}\bar{1}) + (\bar{1}1\bar{1}) + (\bar{1}\bar{1}1)$。

立方晶系中，当晶向指数与晶面指数数值相同时，该晶向与晶面垂直，如$[110]\perp(110)$，$[111]\perp(111)$等。

图 1-10 所示为立方晶系中几个主要的晶面与晶向。

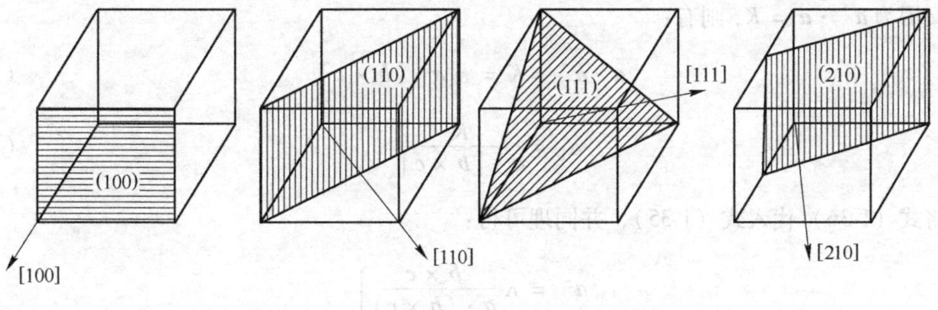

图 1-10　立方晶系中几个主要的晶面与晶向

C　六方晶系晶向指数与晶面指数

六方晶系晶向与晶面除采用密勒指数标识外，根据六方晶系对称性的特点，还可采用四轴定向方法标识，称为密勒-布拉菲指数。即以 $\boldsymbol{a}_1$、$\boldsymbol{a}_2$、$\boldsymbol{a}_3$ 及 $\boldsymbol{c}$ 为坐标轴单位矢量建立四轴坐标系（参见图 1-11），然后仍按密勒标识方法的步骤确定晶向指数和晶面指数，但此时获得的晶

向指数和晶面指数均由 4 个数值组成，如 [*uvtw*] 和 [*hkil*]。

六方晶系四数值晶向指数 [*uvtw*] 与四数值晶面指数 [*hkil*] 中均只有 3 个值是独立的，有：

$$t = -(u + v) \tag{1-32}$$

$$i = -(h + k) \tag{1-33}$$

图 1-11 所示为六方晶系部分晶面和晶向。

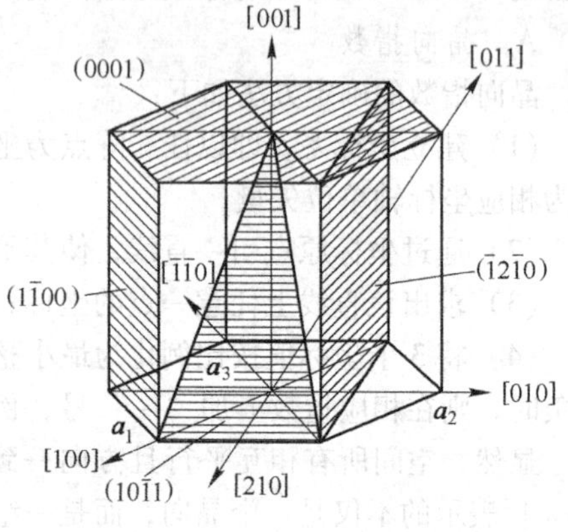

图 1-11　六方晶系中部分晶面与晶向

1.1.6　倒易点阵

随着晶体学的发展，为了更清楚地说明晶体衍射现象和晶体物理学方面的某些问题，厄瓦尔德在 1920 年首先引入了倒易点阵的概念。倒易点阵是一种虚点阵，它是由晶体点阵按一定规则变换而来。倒易点阵的概念对于解释 X 射线和电子衍射问题极为有用，并能简化晶体学中一些重要参数的计算。

1.1.6.1　倒易点阵的定义

倒易点阵实际上纯粹是一种虚构的数学工具，但用它来解释衍射图像的成因比较直观而易于理解。

设有一空间点阵（正点阵），由 $\boldsymbol{a}$、$\boldsymbol{b}$、$\boldsymbol{c}$ 三个基本矢量定义，另有一个由 $\boldsymbol{a}^*$、$\boldsymbol{b}^*$、$\boldsymbol{c}^*$ 基本矢量定义的点阵满足以下关系：

$$\left.\begin{aligned} &\boldsymbol{a}^* \cdot \boldsymbol{b} = \boldsymbol{a}^* \cdot \boldsymbol{c} = \boldsymbol{b}^* \cdot \boldsymbol{a} = \boldsymbol{b}^* \cdot \boldsymbol{c} = \boldsymbol{c}^* \cdot \boldsymbol{a} = \boldsymbol{c}^* \cdot \boldsymbol{b} = 0 \\ &\boldsymbol{a}^* \cdot \boldsymbol{a} = \boldsymbol{b}^* \cdot \boldsymbol{b} = \boldsymbol{c}^* \cdot \boldsymbol{c} = K(K = 1 \text{ 或 } \lambda) \end{aligned}\right\} \tag{1-34}$$

则称由 $\boldsymbol{a}^*$、$\boldsymbol{b}^*$、$\boldsymbol{c}^*$ 定义的点阵为倒易点阵。式中 $\boldsymbol{a}$、$\boldsymbol{b}$、$\boldsymbol{c}$ 和 $\boldsymbol{a}^*$、$\boldsymbol{b}^*$、$\boldsymbol{c}^*$ 是对称的，故由它们定义的点阵互为对方的倒易点阵。

由 $\boldsymbol{a}^* \cdot \boldsymbol{b} = \boldsymbol{a}^* \cdot \boldsymbol{c} = 0$ 可知：$\boldsymbol{a}^* \perp \boldsymbol{b}$ 和 $\boldsymbol{a}^* \perp \boldsymbol{c}$，故可将 $\boldsymbol{a}^*$ 表达为：

$$\boldsymbol{a}^* = \alpha_1(\boldsymbol{b} \times \boldsymbol{c}) \tag{1-35}$$

又因为 $\boldsymbol{a}^* \cdot \boldsymbol{a} = K$，则有：

$$\boldsymbol{a} \cdot \boldsymbol{a}^* = K = \alpha_1 \boldsymbol{a} \cdot [\boldsymbol{b} \times \boldsymbol{c}] \tag{1-36}$$

或

$$\alpha_1 = \frac{K}{\boldsymbol{a} \cdot [\boldsymbol{b} \times \boldsymbol{c}]} \tag{1-37}$$

将式 (1-36) 代入式 (1-35)，并同理可得：

$$\left.\begin{aligned} \boldsymbol{a}^* &= K\frac{\boldsymbol{b} \times \boldsymbol{c}}{\boldsymbol{a} \cdot (\boldsymbol{b} \times \boldsymbol{c})} \\ \boldsymbol{b}^* &= K\frac{\boldsymbol{c} \times \boldsymbol{a}}{\boldsymbol{a} \cdot (\boldsymbol{b} \times \boldsymbol{c})} \\ \boldsymbol{c}^* &= K\frac{\boldsymbol{a} \times \boldsymbol{b}}{\boldsymbol{a} \cdot (\boldsymbol{b} \times \boldsymbol{c})} \end{aligned}\right\} \tag{1-38}$$

式中，如果 K 取 1，并利用空间点阵单位晶胞体积 $V = \boldsymbol{a} \cdot (\boldsymbol{b} \times \boldsymbol{c})$ 代入，有：

$$\left.\begin{aligned} \boldsymbol{a}^* &= (\boldsymbol{b} \times \boldsymbol{c})/V \\ \boldsymbol{b}^* &= (\boldsymbol{c} \times \boldsymbol{a})/V \\ \boldsymbol{c}^* &= (\boldsymbol{a} \times \boldsymbol{b})/V \end{aligned}\right\} \tag{1-39}$$

同理：

$$\left.\begin{aligned} \boldsymbol{a} &= (\boldsymbol{b}^* \times \boldsymbol{c}^*)/V^* \\ \boldsymbol{b} &= (\boldsymbol{c}^* \times \boldsymbol{a}^*)/V^* \\ \boldsymbol{c} &= (\boldsymbol{a}^* \times \boldsymbol{b}^*)/V^* \end{aligned}\right\} \tag{1-40}$$

式中，$V^* = \boldsymbol{a}^* \cdot (\boldsymbol{b}^* \times \boldsymbol{c}^*)$ 是倒易点阵中单位晶胞体积。

对于立方晶系，有：

$$|(\boldsymbol{b} \times \boldsymbol{c})| = |(\boldsymbol{c} \times \boldsymbol{a})| = |(\boldsymbol{a} \times \boldsymbol{b})| = a^2;\ V = a^3$$

故 $|\boldsymbol{a}^*| = |\boldsymbol{b}^*| = |\boldsymbol{c}^*| = \dfrac{1}{a}$，且 $\boldsymbol{a}^* \parallel \boldsymbol{a}$。

1.1.6.2 倒易矢量的性质

有了倒易基矢 $\boldsymbol{a}^*$、$\boldsymbol{b}^*$、$\boldsymbol{c}^*$，将它在空间平移，便可得倒易点阵，倒易点阵中的阵点称为倒易节点。从倒易原点向任一倒易节点所连接的矢量称为倒易矢量，用符号 $\boldsymbol{r}^*$ 表示，且：

$$\boldsymbol{r}^* = H\boldsymbol{a}^* + K\boldsymbol{b}^* + L\boldsymbol{c}^* \tag{1-41}$$

式中 H, K, L——整数。

倒易点阵具有以下两个重要性质：

(1) $\boldsymbol{r}^*$ 垂直于（HKL）晶面。如图 1-12 所示，设 ABC 面为晶面组（HKL）中最靠近坐标原点的晶面，它在坐标轴上的截距分别为 $OA = a/H$，$OB = b/K$，$OC = c/L$，则：

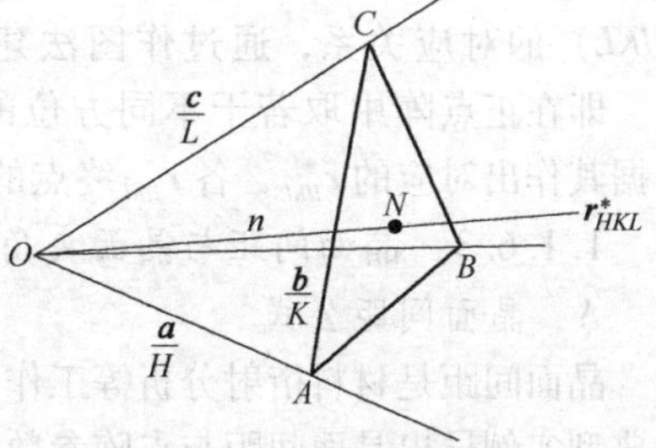

图 1-12 倒易矢量性质

$$\boldsymbol{AB} = \boldsymbol{OB} - \boldsymbol{OA} = \boldsymbol{b}/K - \boldsymbol{a}/H \tag{1-42}$$

和

$$\boldsymbol{BC} = \boldsymbol{OC} - \boldsymbol{OB} = \boldsymbol{c}/L - \boldsymbol{b}/K \tag{1-43}$$

将式（1-42）和式（1-43）分别与式（1-41）点积，得：

$$\boldsymbol{r}^* \cdot \boldsymbol{AB} = (H\boldsymbol{a}^* + K\boldsymbol{b}^* + L\boldsymbol{c}^*) \cdot \left(\frac{\boldsymbol{b}}{K} - \frac{\boldsymbol{a}}{H}\right) = 1 - 1 = 0$$

和

$$\boldsymbol{r}^* \cdot \boldsymbol{BC} = (H\boldsymbol{a}^* + K\boldsymbol{b}^* + L\boldsymbol{c}^*) \cdot \left(\frac{\boldsymbol{c}}{L} - \frac{\boldsymbol{b}}{K}\right) = 1 - 1 = 0$$

$\boldsymbol{r}^*$ 与 $\boldsymbol{AB}$、$\boldsymbol{BC}$ 的点积都等于零，说明 $\boldsymbol{r}^*$ 既垂直于 $\boldsymbol{AB}$ 又垂直于 $\boldsymbol{BC}$，必然垂直于 $\boldsymbol{AB}$ 和 $\boldsymbol{BC}$ 所在的晶面 ABC，即 $\boldsymbol{r}^*$ 垂直于（HKL）晶面。

(2) $|\boldsymbol{r}^*| = 1/d_{HKL}$。

现假定 $\boldsymbol{n}$ 为 $\boldsymbol{r}^*$ 方向的单位矢量，且 $\boldsymbol{n} = \boldsymbol{r}^*/|\boldsymbol{r}^*|$。图中 ON 就是（HKL）晶面组的面间距，其值为 $\boldsymbol{OA}$（或 $\boldsymbol{OB}$、$\boldsymbol{OC}$）在 $\boldsymbol{n}$ 方向的投影，即：

$$ON = d_{HKL} = \boldsymbol{OA} \cdot \boldsymbol{n} = \frac{\boldsymbol{a}}{H} \cdot \frac{H\boldsymbol{a}^* + K\boldsymbol{b}^* + L\boldsymbol{c}^*}{|\boldsymbol{r}^*|} = \frac{1}{|\boldsymbol{r}^*|}$$

故

$$|\boldsymbol{r}^*| = 1/d_{HKL} \tag{1-44}$$

以下就与 r^* 及其性质有关的两个问题进行说明：

1）倒易阵点与正点阵（HKL）晶面的对应关系 $\boldsymbol{r}^*_{HKL}$ 的基本性质确切表达了其与（HKL）的意义对应关系，即一个 $\boldsymbol{r}^*$ 与一组（HKL）对应；$\boldsymbol{r}^*_{HKL}$ 的方向与大小表达了（HKL）在正点阵中的方位与晶面间距；反之，（HKL）决定了 $\boldsymbol{r}^*_{HKL}$ 的方向和大小。$\boldsymbol{r}^*_{HKL}$ 的基本性质也建立了作为 $\boldsymbol{r}^*_{HKL}$ 终点的倒易（阵）点与（HKL）的一一对应关系：正点阵中每一（HKL）对应着一个倒易点，该倒易点在倒易点阵中的坐标（可称阵点指数）即为 HKL；反之，一个阵点指数为 HKL 的点阵点对应点阵中一组（HKL），（HKL）方位与晶面间距由该倒易点相应的 $\boldsymbol{r}^*_{HKL}$ 决定。图 1-13为晶面与倒易矢量（倒易点）对应关系示例。

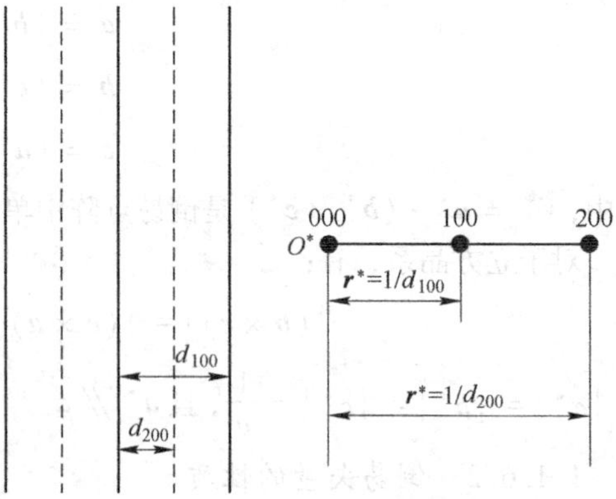

图 1-13　晶面与倒易矢量对应关系

2）倒易点阵的建立。若已知晶体点阵参数，即由式（1-44）可求得其相应倒易点阵参数，从而建立其倒易点阵。也可依据 $\boldsymbol{r}^*_{HKL}$ 与（HKL）的对应关系，通过作图法建立倒易点阵。即在正点阵中取若干不同方位的（HKL），并据其作出对应的 $\boldsymbol{r}^*_{HKL}$，各 $\boldsymbol{r}^*_{HKL}$ 终点的阵列即为倒易点阵。

1.1.6.3　晶面间距与晶面夹角公式

A　晶面间距公式

晶面间距是材料衍射分析等工作中用以表达晶体结构的重要参数。本书作为倒易点阵应用的典型实例导出晶面间距与点阵参数的关系式。

按式（1-44），有 $(\boldsymbol{r}^*_{HKL})^2 = 1/d^2_{HKL}$；按矢量点积性质，有 $\boldsymbol{r}^*_{HKL}\cdot\boldsymbol{r}^*_{HKL} = (\boldsymbol{r}^*_{HKL})^2$，故

$$1/d^2_{HKL} = \boldsymbol{r}^*_{HKL}\cdot\boldsymbol{r}^*_{HKL}$$

$$1/d^2_{HKL} = (H\boldsymbol{a}^* + K\boldsymbol{b}^* + L\boldsymbol{c}^*)\cdot(H\boldsymbol{a}^* + K\boldsymbol{b}^* + L\boldsymbol{c}^*)$$

$$1/d^2_{HKL} = H^2(\boldsymbol{a}^*)^2 + K^2(\boldsymbol{b}^*)^2 + L^2(\boldsymbol{c}^*)^2 + 2HK(\boldsymbol{a}^*\cdot\boldsymbol{b}^*) + 2HL(\boldsymbol{a}^*\cdot\boldsymbol{c}^*) + 2KL(\boldsymbol{b}^*\cdot\boldsymbol{c}^*) \tag{1-45}$$

式（1-45）为晶面间距的倒易点阵参数关系表达式，适用于各个晶系。按各晶系倒易点阵参数与正点阵参数的关系进行换算，即可得到不同晶系各自的晶面间距与点阵参数关系式。以立方晶系为例，有：

$$(\boldsymbol{a}^*)^2 = (\boldsymbol{b}^*)^2 = (\boldsymbol{c}^*)^2 = \frac{1}{a^2},\ \cos\alpha^* = \cos\beta^* = \cos\gamma^* = 0$$

代入式（1-45），得

$$\frac{1}{d^2_{HKL}} = \frac{H^2 + K^2 + L^2}{\boldsymbol{a}^2}$$

或

$$d_{HKL} = \frac{\boldsymbol{a}}{\sqrt{H^2 + K^2 + L^2}} \tag{1-46}$$

式（1-46）即为立方晶系晶面间距公式。由此式可知，d^2_{HKL} 不仅与点阵常数 $\boldsymbol{a}^2$ 有关，而且反比于晶面干涉指数的平方和。其余晶系的晶面间距公式可据式（1-45）推算或查阅资料

获得。

B　晶面夹角公式

由于两晶面（$H_1K_1L_1$）与（$H_2K_2L_2$）的夹角 ϕ 可用两晶面法线夹角表示，也即可用两晶面对应的倒易矢量夹角表示，故有：

$$\cos\phi = \frac{\boldsymbol{r}^*_{H_1K_1L_1}\boldsymbol{r}^*_{H_2K_2L_2}}{|\boldsymbol{r}^*_{H_1K_1L_1}||\boldsymbol{r}^*_{H_2K_2L_2}|}$$

$$\cos\phi = \frac{(H_1\boldsymbol{a}^* + K_1\boldsymbol{b}^* + L_1\boldsymbol{c}^*)\cdot(H_2\boldsymbol{a}^* + K_2\boldsymbol{b}^* + L_2\boldsymbol{c}^*)}{|\boldsymbol{r}^*_{H_1K_1L_1}||\boldsymbol{r}^*_{H_2K_2L_2}|}$$

$$\begin{aligned}\cos\phi = \frac{1}{|\boldsymbol{r}^*_{H_1K_1L_1}||\boldsymbol{r}^*_{H_2K_2L_2}|}[&H_1H_2(\boldsymbol{a}^*)^2 + K_1K_2(\boldsymbol{b}^*)^2 + L_1L_2(\boldsymbol{c}^*)^2 + K_1H_2(\boldsymbol{b}^*\cdot\boldsymbol{a}^*) +\\ &L_1H_2(\boldsymbol{c}^*\cdot\boldsymbol{a}^*) + H_1K_2(\boldsymbol{a}^*\cdot\boldsymbol{b}^*) + L_1K_2(\boldsymbol{a}^*\cdot\boldsymbol{c}^*) +\\ &H_1L_2(\boldsymbol{a}^*\cdot\boldsymbol{c}^*) + K_1L_2(\boldsymbol{b}^*\cdot\boldsymbol{c}^*)]\end{aligned} \tag{1-47}$$

式（1-47）为晶面夹角的倒易点阵参数表达式，适用于各个晶系。根据各晶系的特点将倒点阵参数与正点阵参数换算，即可得到不同晶系各自的晶面夹角与点阵参数关系式。仍以立方晶系为例，将 $\boldsymbol{r}^*_{HKL} = \dfrac{1}{d_{HKL}} = \dfrac{\sqrt{H^2 + K^2 + L^2}}{\boldsymbol{a}}$ 代入式（1-47），得：

$$\cos\phi = \frac{H_1H_2 + K_1K_2 + L_1L_2}{\sqrt{H_1^2 + K_1^2 + L_1^2}\cdot\sqrt{H_2^2 + K_2^2 + L_2^2}} \tag{1-48}$$

式（1-48）即为立方晶系晶面夹角公式。

1.1.7　晶带

在晶体中，与某一晶向［uvw］平行的所有（HKL）晶面属于同一晶带，称为［uvw］晶带；晶向［uvw］中过（点阵坐标）原点的直线称为晶带轴，其矢量坐标表达式为 $\boldsymbol{r}_{uvw} = u\boldsymbol{a} + v\boldsymbol{b} + w\boldsymbol{c}$（$\boldsymbol{a}$、$\boldsymbol{b}$、$\boldsymbol{c}$ 为点阵基矢）。

由于同一［uvw］晶带各（HKL）晶面中法线与晶带轴垂直，也即各（HKL）面对应的倒易矢量 $\boldsymbol{r}_{uvw}$ 与晶带轴垂直，故有

$$\boldsymbol{r}^*_{uvw}\cdot\boldsymbol{r}^*_{HKL} = (u\boldsymbol{a} + v\boldsymbol{b} + w\boldsymbol{c})\cdot(H\boldsymbol{a}^* + K\boldsymbol{b}^* + L\boldsymbol{c}^*) = 0$$

得

$$Hu + Kv + Lw = 0 \tag{1-49}$$

式（1-49）称为晶带定理，表明了晶带轴指数［uvw］与属于该晶带的晶带指数（HKL）的关系。

显然，同一［uvw］晶带中各（HKL）面对应的倒易（阵）点（及相应的倒易矢量）位于过倒易原点 O^* 的一个倒易（阵点）平面内。反之，也可以说过 O^* 的每一个倒易（阵点）平面上各倒易点（或倒易矢量）对应的（正点阵中的）各（HKL）晶面属于同一晶带，晶带轴［uvw］的方向即为此倒易平面的法线方向，此平面称为 $(uvw)_0^*$ 零层倒易平面。在倒易点阵中，以［uvw］为法线方向的一系列相互平行的倒易平面中，$(uvw)_0^*$ 即为其中过倒易原点的那一个倒易平面。

［uvw］晶带与 $(uvw)_0^*$ 零层倒易平面的关系如图 1-14 所示。

若已知［uvw］晶带中任意两晶面（$H_1K_1L_1$）和（$H_2K_2L_2$），则可按晶带定理求晶带轴指数，按式（1-49），有：

$$\begin{cases} H_1u + K_1v + L_1w = 0 \\ H_2u + K_2v + L_2w = 0 \end{cases}$$

解此联立方程，得：

$$u : v : w = \begin{vmatrix} K_1 & L_1 \\ K_2 & L_2 \end{vmatrix} : \begin{vmatrix} L_1 & H_1 \\ L_2 & H_2 \end{vmatrix} : \begin{vmatrix} H_1 & K_1 \\ H_2 & K_2 \end{vmatrix} \tag{1-50}$$

$$= (K_1L_2 - K_2L_1) : (L_1H_2 - L_2H_1) : (H_1K_2 - H_2K_1)$$

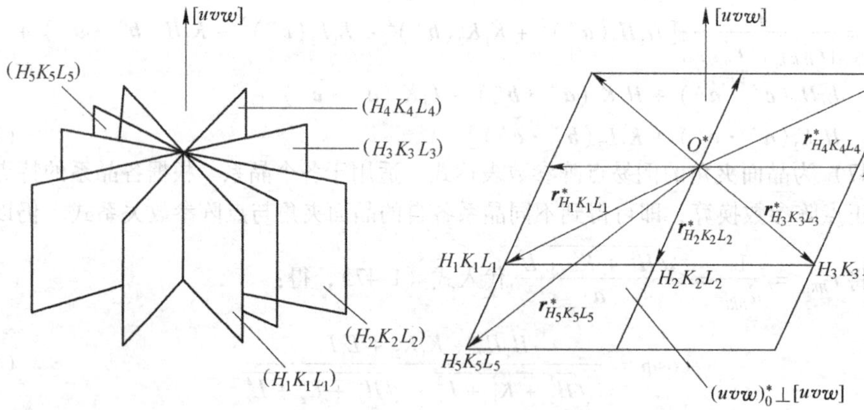

图 1-14 ［uvw］晶带与（uvw）$_0^*$ 零层倒易平面

1.2 电磁辐射与材料的相互作用

1.2.1 电磁辐射与波粒二象性

电磁辐射是指在空间传播的交变电磁场。

电磁辐射也可称为电磁波，它在空间的传播遵循波动方程。反射、折射、干涉、衍射、偏振等是电磁辐射波动性的表现。描述电磁波波动性的主要物理参数有：波长 λ 或波数（σ 或 K）、频率 ν 及相位 ϕ 等。

波长是指波在一个振动周期内传播的距离。波数是指波在其传播方向上单位长度内波长的数目，即 λ 的倒数（$1/\lambda$）；有时也以 $2\pi/\lambda$ 作为波数。频率是指每秒钟内波振动的次数，单位为 Hz。相位是决定波在任一时刻（或位置）的状态的参数，其值关系到同频率的不同波束能否发生干涉等相互作用。

电磁波在真空中的传播速度 c 称为光速（$c \approx 3 \times 10^8$ m/s），与波长和频率满足关系：

$$\lambda\nu = c \tag{1-51}$$

电磁波同时具有微粒性，即电磁波是由光子所组成的光子流。电磁波与物质相互作用，如光电效应等现象是其微粒性的表现。描述电磁波微粒性的主要物理参数有：光子能量 E 和光子动量 p 等。

电磁波波动性与微粒性通过下列关系式相联系，即：

$$E = h\nu \tag{1-52}$$

式中 h——普朗克常数，$h = 6.626 \times 10^{-34}$ J · s。

$$p = h/\lambda \tag{1-53}$$

上述两式中，等式左边与右边分别为表示电磁辐射微粒性与波动性的参数。

1.2.2 物质波

受电磁波具有波粒二象性的启示，德布罗意（de. Broglie）在1924年提出运动的实物粒子也具有波粒二象性的假设，即认为运动的实物粒子同样具有波粒二象性，并称之为物质波或德布罗意波如电子波和中子波等。德布罗意的假设被随后的电子衍射等试验所证实。

德布罗意认为电磁波波动性与微粒性的关系式也适用于物质波，并根据式（1-53）导出德布罗意关系式：

$$\lambda = \frac{h}{p} = \frac{h}{mv} \tag{1-54}$$

式中 λ——德布罗意波长；

v——粒子运动速度。

由式（1-54）可知，λ 取决于实物粒子的动量（mv）。对于高速运动的粒子，m 为相对论质量，有：

$$m = m_0 \sqrt{1 - v^2/c^2} \tag{1-55}$$

式中 m_0——静止时的质量。

当 $v \ll c$ 时，$m \approx m_0$。

初速为零的电子在电压为 U 的电场中加速运动，获得速度 v，设电场加速电子所作功全部转换为电子的动能，有：

$$\frac{1}{2}mv^2 = eU \tag{1-56}$$

$$v = \sqrt{2eU/m}$$

将式（1-56）代入式（1-54），则有

$$\lambda = h/\sqrt{2emU} \tag{1-57}$$

将电子电荷 $e = 1.6 \times 10^{-19}$C、电子质量 $m \approx m_0 = 9.11 \times 10^{-31}$kg 及 h 值代入式（1-57），得：

$$\lambda = 1.225/\sqrt{U}$$

式中，λ 以 nm 为单位，U 以 V 为单位。

电磁辐射与材料相互作用，产生辐射的吸收、发射、光电离、散射等，是材料现代分析方法的主要技术基础。

1.2.3 辐射的吸收与发射

1.2.3.1 辐射的吸收与吸收光谱

辐射的吸收是指辐射通过物质时，其中某些频率的辐射被组成物质的粒子选择性地吸收并使辐射强度衰减的现象。

辐射吸收的实质在于辐射使物质粒子发生由低能级向高能级的能级跃迁。被选择性吸收的辐射光子能量应为跃迁后与跃迁前两个能级间的能量差，即：

$$h\nu = \Delta E = E_2 - E_1 \tag{1-58}$$

式中　E_2，E_1——高能级与低能级能量。

辐射被吸收的程度与 ν 或 λ 的关系（曲线）即辐射被吸收程度对 ν 或 λ 的分布称为吸收光谱。不同物质粒子的能态（能级结构和能量大小等）各不相同，故对辐射的吸收也不相同，从而具有表明各自特征的不同的吸收光谱。

1.2.3.2　辐射的发射与发射光谱

辐射的发射是指物质吸收能量后产生电磁辐射的现象。辐射发射的实质在于辐射跃迁，即当物质的粒子吸收能量被激发至高能态 E_2 后，瞬间返回基态或低能态 E_1，多余的能量以电磁辐射的形式释放出来。发射的电磁辐射频率取决于辐射前后两个能级的能量（E_2 与 E_1）之差，即：

$$\nu = \frac{\Delta E}{h} = \frac{E_2 - E_1}{h} \tag{1-59}$$

辐射的发射，前提是使物质吸收能量即激发。使物质激发的方式很多，可分为两类：非电磁辐射激发和电磁辐射激发。非电磁辐射激发又有热激发与电激发等多种方式。电弧、火花等放电光源和火焰等通过热运动的粒子碰撞而使物质激发称为热光致发光，作为激发源的辐射光子称一次光子，而物质微粒受激后辐射跃迁发射的光子（二次光子）称为荧光或磷光。吸收一次光子与发射二次光子之间延误时间很短时（$10^{-8} \sim 10^{-4}$s）则称为荧光；延误时间较长时（$10^{-4} \sim 10$s）则称为磷光。

物质粒子发射辐射的强度（能量）对 ν 或 λ 的分布称为发射光谱；光致发光者，则称为荧光或磷光光谱。不同物质粒子也具有各自的特征发射光谱。

1.2.3.3　光谱的分类

按辐射与物质相互作用性质，光谱分为吸收光谱、发射光谱与散射光谱。

吸收光谱与发射光谱按发生作用的物质微粒不同可分为原子光谱和分子光谱等。由于吸收光谱与发射光谱的波长与物质微粒辐射跃迁的能级能量差相应，而物质微粒能级跃迁的类型不同，能级差的范围也不同，因而吸收或发射光谱波长范围（谱域）不同。据此，吸收或发射光谱又可分为红外、紫外、可见光谱、X 射线谱等。吸收光谱与发射光谱的常用分类列于表 1-4。

表 1-4　吸收光谱与发射光谱分类

光谱名称		作用物质	能级跃迁类型	吸收或发射辐射种类	应用
吸收光谱	穆斯堡尔谱	原子核	原子核能级	γ 射线	分析原子氧化态、化学键等
	原子吸收光谱	原子（外层电子）	价电子能级	紫外、可见光	元素定量分析
	紫外、可见吸收光谱	分子（外层电子）	分子电子能级	紫外、可见光	物质定性、结构分析、定量分析
	红外吸收光谱	分子（振动）	分子振动能级	红外线	定性鉴定、结构分析、定量分析
	顺磁共振波谱	原子（未成对电子）	电子自旋能级	微　波	定性分析、结构分析
	核磁共振波谱	原子核	原子核磁能级	射　频	结构鉴定，分子动态效应、氢键形成等研究

续表 1-4

光谱名称		作用物质	能级跃迁类型	吸收或发射辐射种类	应用
发射光谱	γ 射线光谱	原子核	原子核能级	γ 射线	定性、定量分析
	X 射线荧光光谱	原子中电子	电子能级	二次 X 射线（荧光）	元素定性、定量分析
	原子发射光谱	原子（外层电子）	价电子能	紫外、可见光	元素定性、定量分析
	原子荧光光谱	原子（外层电子）	价电子能	紫外、可见光	定性、定量分析
	分子荧光光谱	分　子	分子能级	紫外、可见光	定性、定量分析
	分子磷光光谱	分　子	分子能级	紫外、可见光	定性、定量分析

按照强度对波长的分布（曲线）特点，光谱可分为线光谱、带光谱和连续光谱三类。连续光谱表现为强度对波长连续分布，即各种波长的光都有，连续不断，连续光谱是非特征光谱，即不含物质的特征信息，构成线状或带状光谱的背景，在材料光谱分析工作中造成遮盖特征谱线、干扰分析的不利影响。除在单晶体衍射分析等应用连续谱的场合外，在分析工作中一般应注意尽可能减弱其强度或对其进行扣除。线光谱由一系列有确定峰位的锐线组成，是激发单个气态原子产生的，如图 1-15（a）和（b）所示。带光谱则为几组线光谱组成（不同谱线的波长很接近，以至于这些谱线形成难于分辨的一条“宽线”，即谱带)，如图 1-15（c）和（d）所示。线光谱与带光谱都是含有物质特征信息的光谱，是材料光谱分析工作的技术依据。

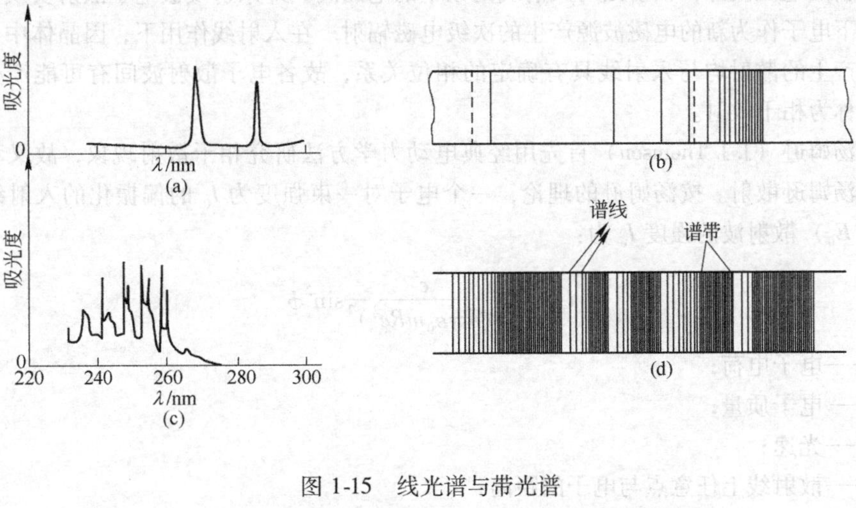

图 1-15　线光谱与带光谱

（a）线光谱（钠蒸气吸收光谱）；（b）线光谱（氢原子发射光谱）；（c）带光谱（苯蒸气吸收光谱）；（d）带光谱（氰分子发射光谱）

1.2.4　辐射的散射

辐射的散射是指电磁辐射与物质发生相互作用后部分偏离原入射方向而分散传播的现象。

物质中与入射线相互作用而致其散射的基本单元可称为散射基元。散射基元是实物粒子，可以是分子、原子中的电子等，取决于物质结构及入射线波长大小等因素。

1.2.4.1 分子散射

分子散射是入射线与尺寸远小于其波长的分子或分子聚集体相互作用而产生的散射。分子散射包括瑞利散射与喇曼散射两种。

瑞利散射是指入射线在线度小于波长的微粒上散射后散射波和入射波波长相同的现象。该过程没有能量的损失。

喇曼散射是指入射线（单色光）光子与分子发生非弹性碰撞作用，在光子运动方向改变的同时有能量增加或损失的散射。喇曼散射线与入射线波长稍有不同，波长短于入射线者称为反斯托克斯线，反之则称为斯托克斯线。在光谱上斯托克斯线和反斯托克斯线出现在入射光谱线附近，称为喇曼散射谱。喇曼散射产生的实质在于入射光子与分子作用时分子的实际振动能级或转动能级跃迁，因而喇曼散射谱谱线的多少、强度与波长等均与分子的能级结构、性质等密切相关，喇曼散射谱也是含有物质特征信息的光谱。

1.2.4.2 晶体中的电子散射

X 射线等谱域的辐射照射晶体时，电子是散射基元。晶体中的电子散射包括相干散射与非相干散射两种。

A 相干散射

相干散射是指入射线光子与原子内受核束缚较紧的电子发生弹性碰撞作用，仅其运动方向改变而没有能量改变的散射。相干散射又称为弹性散射。

相干散射的产生及特点可用经典电动力学的观点加以说明。当入射线光子能量不足以使原子电离也不足以使原子发生能级跃迁时，原子中的电子可能在入射线电场力的作用下围绕其平衡位置产生与入射线频率相一致的受迫振动并从而产生交变电磁场。这样，每个受迫振动的电子便成为新的电磁波源，辐射出与入射线同频率的电磁波。即入射线被电子散射实质上是在入射线作用下电子作为新的电磁波源产生的次级电磁辐射。在入射线作用下，因晶体中各个电子受迫振动产生的散射均与入射线具有确定的相位关系，故各电子散射波间有可能产生相互干涉，所以称为相干散射。

因为汤姆逊（J. J. Thomson）首先用经典电动力学方法研究相干散射现象，故又称其为经典散射或汤姆逊散射。按汤姆逊的理论，一个电子对一束强度为 I_0 的偏振化的入射线（其电场矢量为 $\boldsymbol{E}_0$）散射波的强度 I_e 为：

$$I_e = I_0 \frac{e^4}{(4\pi\varepsilon_0 mRc^2)^2}\sin^2\phi \tag{1-60}$$

式中 e——电子电荷；

m——电子质量；

c——光速；

R——散射线上任意点与电子的距离；

ϕ——散射线方向与 $\boldsymbol{E}_0$ 的夹角；

ε_0——真空介电常数。

B 非相干散射

非相干散射是指入射线光子与原子内受束缚较弱的电子或晶体中自由电子发生非弹性碰撞作用，在光子运动方向改变的同时有能量损失的散射，又称为非弹性散射。电子对入射光子的非相干散射现象是由康普顿（A. H. Compton）和我国物理学家吴有训首先发现的，故又称为康普顿-吴有训效应或康普顿散射。因其只能用量子理论解释，也称之为量子散射。

非相干散射的产生如图1-16所示。能量为$h\nu_1$的入射光子与电子相遇，在将部分能量给予电子并将电子撞向一边（此电子称为反冲电子）的同时，本身偏离原方向且能量减少为$h\nu_2$，此即为非相干散射。非相干散射的波长较原入射波长增加，与入射线无固定相位关系，因而各电子散射波间不能产生干涉作用，故名非相干散射。散射波长增加值Δλ(nm)随散射方向改变，其关系为：

$$\Delta\lambda = \lambda' - \lambda = 0.00243 \times (1 - \cos 2\theta) \tag{1-61}$$

式中 λ'——非相干散射波波长；

λ——入射波波长；

2θ——散射方向与入射方向的夹角。

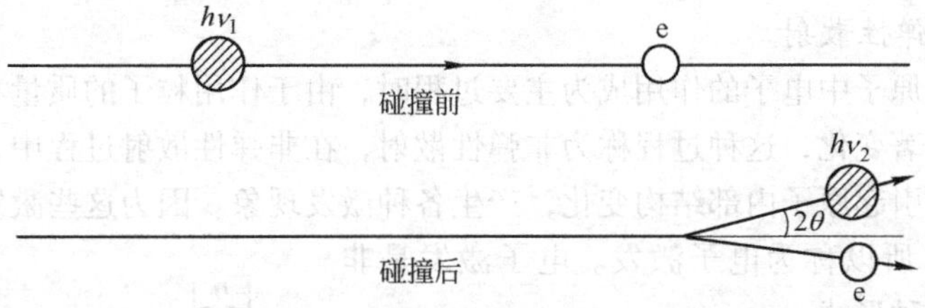

图1-16 非相干散射的产生

相干散射是材料X射线衍射分析等方法的技术基础；非相干散射在一般情况下则给衍射分析带来不利影响。

1.2.5 光电离

光电离是指入射光子能量（$h\nu$）足够大时使原子或分子产生电离的现象，其过程可表示为

$$M + h\nu \longrightarrow M^+ + e \tag{1-62}$$

式中 M——原子或分子；

M^+——离子；

e——自由电子。

此种物质在光照射下释放电子（称光电子）的现象又称为（外）光电效应。光电子产额随入射光子能量的变化关系称为物质的光电子能谱。光电子能谱与物质状态、能级或能带结构及光电子来自原子内层或外层等密切相关，即光电子能谱也是含有物质成分和结构等的特征信息，在不需加以区别时，统称之为特征谱。

1.3 粒子束与材料的相互作用

在材料现代分析方法中，电子束是最常用的入射源之一。入射电子照射固体时与固体中粒子相互作用，它包括：（1）入射电子的散射；（2）入射电子对固体的激发；（3）受激发粒子在固体中的传播。电子散射源于库仑相互作用，与光子在固体中散射不同。

1.3.1 散射

入射电子照射固体时将与固体中的电子和原子核等作用而发生散射。与辐射的散射一样，电子散射同样有弹性与非弹性之分。

1.3.1.1　弹性散射

设原子的质量为 M，质量数为 A，碰撞前原子处于静止状态。电子质量为原子质量的 1/1836。根据动量和动能守恒定理，入射电子与原子核碰撞后的最大能量损失 ΔE_{max} 可表示为：

$$\Delta E_{max} = 2.17 \times 10^{-3} \frac{E_0}{A} \sin^2\theta \tag{1-63}$$

式中　E_0——入射的电子能量；

θ——半散射角，散射角（2θ）即散射电子运动方向与入射方向之间的夹角。

以 100keV 的电子为例，对于小角度散射（$\theta < 5°$），电子的能量损失在 $10^{-3} \sim 10^{-1}$eV 的范围内；对于背散射电子（$\theta \approx \pi/2$），能量损失可以达到几个电子伏特。可见电子的能量损失与入射能量相比，完全可以忽略。因此，原子核对电子的散射一般情况下均可以视为弹性散射。

1.3.1.2　非弹性散射

当入射电子与原子中电子的作用成为主要过程时，由于作用粒子的质量相同，散射后入射电子的能量发生显著变化，这种过程称为非弹性散射，在非弹性散射过程中，入射电子把部分能量转移给电子，引起原子内部结构变化，产生各种激发现象。因为这些激发现象都是入射电子的作用的结果，所以称为电子激发。电子激发是非电磁辐射激发的一种形式。

1.3.1.3　散射截面

当入射电子被原子核散射时，散射角 2θ 的大小与瞄准距离（电子散射方向与原子核的距离）、原子核电荷 Ze 以及入射电子的加速电压 U 有关，如图 1-17 所示。其关系为：

$$2\theta = \frac{Ze}{Ur_n} \quad 或 \quad r_n = \frac{Ze}{U(2\theta)} \tag{1-64}$$

由式（1-64）可知，当入射电子作用在以原子核为中心、r_n 为半径的圆内时将被散射到大于 2θ 的角度外，故可用 πr_n^2（以原子核为中心、r_n 为半径的圆的面积）来衡量一个孤立原子核把入射电子散射到大于 2θ 角度以外的能力。由于电子与原子核的作用表现为弹性散射，故将 πr_n^2 称做弹性散射截面，用 σ_n 表示。

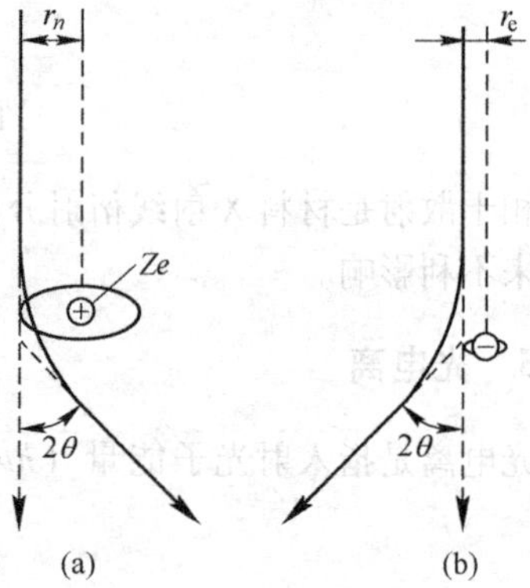

图 1-17　电子散射示意图
（a）与原子核作用；（b）与核外电子作用

当入射电子与核外电子作用时，散射角为：

$$2\theta = \frac{e}{Ur_e} \quad 或 \quad r_e = \frac{e}{U(2\theta)} \tag{1-65}$$

同理，可用 πr_e^2（r_e 是入射电子对核外电子的瞄准距离）来衡量一个孤立核外电子把入射电子散射到 2θ 角以外的能力，并称 πr_e^2 为核外电子的非弹性散射截面，用 σ_e 表示。

对一个原子序数为 Z 的孤立原子，弹性散射截面为 σ_n，非弹性散射截面则为所有核外电子非弹性散射截面之和 $Z\sigma_e$。由式（1-64）与式（1-65）可得 $\frac{\sigma_n}{Z\sigma_e} = Z$。因此，原子序数越高，产生弹性散射截面的比例就越大。

1.3.1.4　电子吸收

由于库仑相互作用，入射电子在固体中的散射比 X 射线强得多，同样固体对电子的吸收比对X射线的吸收快得多。随着激发次数的增多，入射电子的动能逐渐减小，最终被固体吸收。电子吸收主要是指由于电子能量衰减而引起的强度（电子数）衰减，显然不同于X射线的“真吸收”。电子被吸收时所达到的深度称为最大深度 R。在不同固体中，电子激发过程有差别，多数情况下激发二次电子是入射电子能量损失的主要过程。单位入射深度电子能量变化 dE/dz 与入射深度 z 的关系如图1-18所示。曲线与横坐标的交点即为入射电子的最大穿入深度。

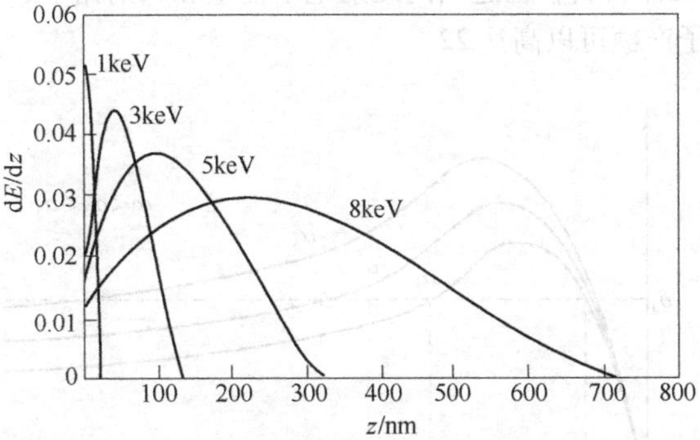

图1-18 入射电子在固体中传播时的能量损失曲线

1.3.2 电子与固体的相互作用

电子与固体作用时，弹性散射和非弹性散射同时发生。前者使电子偏离原来方向引起电子在固体中扩散；后者使电子能量逐渐减小，甚至被固体吸收，从而限制了电子在固体中的扩散范围，这个范围称为电子与固体的作用区。扫描电子显微镜和其他相关分析技术检测的各种信号和辐射正是来自这个作用区。

1.3.2.1 电子与固体作用产生的信号

入射电子与固体的作用区及其与固体作用产生的信号可用图1-19简单描述。

I_0 是入射电子流，单位为A。描述入射电子的另一物理量是电子束流密度，单位是 A/cm^2。在强聚焦的情况下，电子束流密度很高，而总的电子流密度往往很小。

I_R 为背散射电子流，它是入射电子与固体作用后又离开固体的总电子流。背散射电子主要由两部分组成，一部分是被样品表面原子反射回来的入射电子；另一部分是入射电子进入固体后通过散射连续改变前进方向，最后又从样品表面发射出去的入射电子。前者一般没有能量损失，称为弹性背散射电子；后者通常有能量损失，称为非弹性背散射电子。背散射电子的最大信息深度约为电子最大穿入深度的一半。

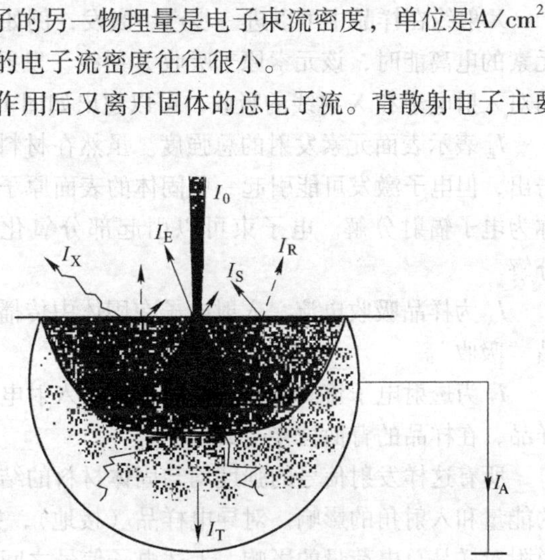

图1-19 入射电子与固体作用产生的发射现象

I_S 表示二次电子流，它包括入射电子从固体中直接击出的原子核外电子和激发态原子返回基态时产生的电子发射（如俄歇电子）。前者称为（真）二次电子，它们的能量较低，强度按能量连续分布；后者称为特征二次电子，它们的能量取决于原子本身的结构。当背散射电子返回到样品表面层，并具有足够的能量继续产生电子激发时，对二次电子发射也有贡献。

从表面发射出去的二次电子流与入射电子流的比值（I_S/I_0）称为二次电子产额，用 δ 表示。图 1-20 表示二次电子产额与入射电子能量和入射角 α 的一般关系。在某一能量范围内（$E_{c_1} < E < E_{c_2}$），二次电子产额大于 1。随着 α 的增大二次电子产额曲线的极大值增大，并向高能方向推移。对于多数固体材料，在适当的入射电子能量和入射角下，二次电子产额都可能大于 1，氧化镁的二次电子产额可以高达 22。

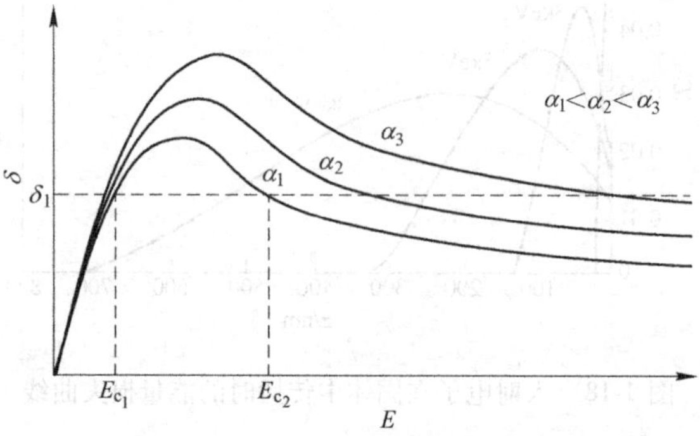

图 1-20 二次电子产额与入射电子能量和入射角关系

I_X 表示电子激发诱导的 X 射线辐射强度。在入射电子发生非弹性散射的过程中，X 射线通过两种截然不同的过程产生：

（1）入射电子在原子核的库仑场中减速，产生能量连续的 X 射线，其能量从 0 延伸到入射电子能量值。

（2）当电子激发使原子内层电离，外层电子跃迁到内层填充空穴，原子会以发射特征 X 射线或俄歇电子的形式释放能量。

X 射线在样品中可以进一步产生激发，例如对多元素固体样品，当 X 射线光子能量大于某元素的电离能时，该元素原子吸收 X 射线，发射 X 射线荧光。X 射线荧光的发射体积取决于样品对入射电子和 X 射线的吸收，可以超出如图 1-19 所示的电子作用区。

I_E 表示表面元素发射的总强度。虽然在材料分析中入射电子的能量不足以把固体原子直接击出，但电子激发可能引起一些固体的表面原子电离，使表面元素活化乃至解吸，这种现象又称为电子辐射分解。电子束可以引起部分氧化物、多数氟化物和几乎所有的有机物的辐照分解。

I_A 为样品吸收电流，入射电子在固体中传播时，能量逐渐减小，最后失去全部动能，被样品“吸收”。

I_T 为透射电子流。当样品的厚度小于入射电子的平均穿入深度时，有一部分入射电子穿过样品，在样品的背面被接受或检测。

所有这样发射信号的强度均与固体材料的结构、成分、表面状态等性质有关，同时受电子的能量和入射角的影响。对导电样品（接地），如果忽略透射方向的二次电子发射和表面元素脱附对样品总电荷量的影响，上述电子信号之间满足：

$$I_0 = I_A + I_T + I_S + I_R \tag{1-66}$$

1.3.2.2 电子非弹性散射平均自由程和信息深度

入射电子、二次电子和背散射电子在固体中传播时不断经受非弹性散射，相继两次非弹性散射之间电子所经过的平均路程称为电子非弹性散射平均自由程，用 λ_e 表示。非弹性散射平均自由程是反映电子与固体相互作用的一个重要物理量，它与材料的组成、结构以及入射电子的能量有关。对单元素固体，实验发现：

$$\lambda_e = \frac{538}{E^2} + 0.41\sqrt{aE} \tag{1-67}$$

式中 E——电子的能量，keV；

a——固体的单原子层厚度，nm。

对于无机和有机固体材料，式（1-67）分别变为：

无机：
$$\lambda_e = \frac{2170}{E^2} + 0.72\sqrt{aE} \tag{1-68}$$

有机：
$$\lambda_e = \frac{49}{E^2} + 0.11\sqrt{aE} \tag{1-69}$$

式中 a——平均单原子厚度，nm。

式（1-67）和式（1-68）中 λ_e 的单位为单原子层厚度，乘以 a 得长度单位；式（1-69）中 λ_e 单位为质量厚度，除以密度得长度单位。

在各向同性的固体中，而且在没有外场的条件下，二次电子从它产生处向各个方向传播的几率相同。由于散射作用，二次电子在传播过程中能量不断减小，而且运动方向不断改变，强度按指数规律 e^{-d/λ_e} 衰减，d 是从表面垂直向体内测量的距离。因此，从表面发射出去的二次电子仅是所用二次电子的一部分。

1.3.2.3 电子能谱

如果收集记录背散射电子和二次电子就能得到如图 1-21 所示的电子能谱，即电子发射强度按能量的分布。这些电子携带着固体材料的固定信息，如有关化学成分、原子排列和电子结构等，相应地就产生了各种分析研究方法：

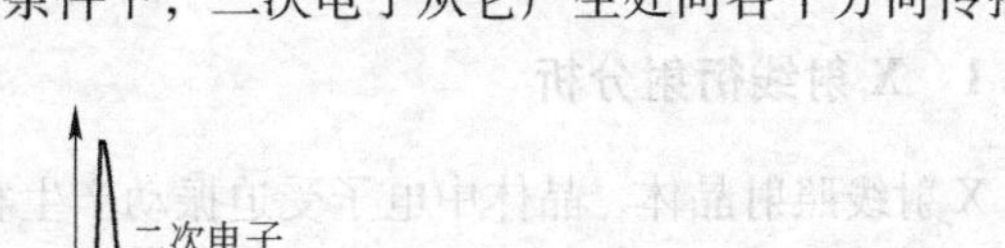

图 1-21 电子与固体作用产生的发射电子谱

（1）能谱的低能端隆起的峰由真二次电子（能量不大于 50eV）构成。用扫描电子显微镜做表面形貌观察时就是收集这部分电子并用来成像。

（2）在中间平滑背底上叠加着一些小峰。它们对应俄歇电子峰或者入射电子的特征能量损失峰。前者对应俄歇电子能谱（AES），后者则构成电子能量损失谱（EELS），它们都是常规的表面分析方法。

（3）能谱中能量等于入射能量的电子是弹性背散射电子。当入射电子照射晶体样品时，由于电子的波动性，受不同原子弹性散射电子（弹性背散射电子或透射电子）之间的干涉产生的衍射现象是材料电子衍射分析方法的基础。电子衍射分为低能电子衍射（LEED），反射式高能电子衍射（RHEED）和透射电子衍射（TEM）。

电磁辐射（如 X 射线）与物质相互作用产生的电子发射谱不同于图 1-21 所示电子能谱，它没有能量损失电子和背散射电子，但出现强的光电子峰。

1.4 材料现代分析技术分类及特点

材料现代分析方法是关于材料成分、结构、微观形貌与缺陷等的现代分析、测试技术及其有关理论基础的科学。

材料分析是通过对表征材料的物理性质或物理化学性质参数及其变化的检测实现的。即材料分析的基本原理（或称技术基础）是指测量信号与材料成分、结构等的特征关系。采用各种不同的测量信号得到了各种不同的材料分析方法。

基于电磁辐射及运动粒子束与物质相互作用的各种性质建立的各种分析方法已成为材料现代分析方法的重要组成部分，大体可分为光谱分析、电子能谱分析、衍射分析与电子显微分析等四大类方法。此外，基于其他物理性质或电化学性质与材料的特征关系建立的色谱分析、质谱分析、电化学分析及热分析等方法也是材料现代分析的重要方法。

尽管不同方法的分析原理及具体的检测操作过程和相应的检测分析仪器不同，但各种方法的分析和检测过程均可大体分为信号发生、信号检测、信号处理及信号读出等几个步骤。相应的分析仪器则由信号发生器、检测器、信号处理器与读出装置等几个部分组成。信号发生器是使样品产生（原始）分析信号，检测器则将原始分析信号经信号处理器放大、运算、比较等后由读出装置转变为可被人读出的信号被记录或显示出来。依据检测信号与材料的特征关系，分析和处理读出信号，即可实现材料分析的目的。

1.4.1 X 射线衍射分析

X 射线照射晶体，晶体中电子受迫振动产生相干散射，同一原子内各电子散射波相互干涉形成原子散射波，各原子散射波相互干涉，在某些方向上一致加强，即形成了晶体的衍射波（线）。通过衍射方向和衍射强度的分析可以实现材料结构分析。衍射方向以衍射角 2θ 表达，其值与产生衍射晶面的晶面间距 d_{HKL}（(HKL) 为干涉指数）及入射线波长 λ 的关系满足布拉格方程：

$$2d_{HKL}\sin\theta = n\lambda$$

实际使用的材料多为多晶体材料，多晶体 X 射线衍射分析基本方法有（粉末）照相法与衍射仪法。（粉末）照相法以 X 射线管发出的单色光（特征 X 射线，一般为 K_α 射线）照射（粉末）多晶体（圆柱体）样品，用底片记录产生的衍射线。用其轴线与样品轴线重合的圆柱形底片记录者称为德拜（Debye）法；用平板底片记录者称为针孔法。过去的 X 射线衍射分析多采用照相法，而德拜法是常用的照相法，一般称照相法即指德拜法。衍射仪由光源、测量角、检测器、辐射测量电路及读出部分组成。衍射仪法也以单色照射多晶体样品，检测器与样品台同步转动（保持 2∶1 的角速度比），扫描接受衍射线并转换为电脉冲信号，再经信号处理并记录或显示，得到 I(衍射强度)-2θ 曲线。目前，衍射仪法已在绝大多数场合下取代了照相法，成为衍射分析的主要方法。

四圆衍射仪是近年来在综合衍射仪法与周转晶体法基础上发展起来的单晶体衍射方法，已成为单晶体结构分析的最有效方法。四圆衍射仪由光源、样品台、检测器等部件构成，其特点是实现样品在空间 3 个方向的圆运动（转动）以及检测器的圆运动（转动），前 3 个圆运动共同调节晶体样品的取向，后者保持衍射线进入检测器。

X 射线衍射方法的大致应用列于表 1-5。

表 1-5 X 射线衍射分析方法的应用

分 析 方 法	分 析 项 目
衍射仪法	物相定性和定量分析，点阵常数测定，残余应力测定，晶粒度测定，织构测定，非晶态结构分析
（粉末）照相法	物相定性分析，点阵常数测定，丝织构测定
劳埃法	单晶定向，晶体对称性测定
四圆衍射仪法	单晶结构分析，晶体学研究，化学键测定

1.4.2 电子衍射分析

电子衍射分析是利用运动电子束的波动性进行衍射分析。入射电子被样品中各个原子弹性散射，被各原子弹性散射的电子（束）相互干涉，在某些方向上一致加强，即形成了样品的电子衍射波。

依据入射电子的能量的大小，电子衍射可分为高能电子衍射和低能电子衍射。依据电子束是否穿透样品，电子衍射可分为透射式电子衍射和反射式电子衍射。

高能电子衍射分析（HEED）时入射电子能量较高，一般为 10 ~ 200keV。高能电子衍射方向（2θ）和晶体样品中产生衍射晶面（HKL）的晶面间距 d_{HKL} 及电子入射波长 λ 的关系也由布拉格方程描述。由于原子对电子的散射能力远高于其对 X 射线的散射能力（约高 10^4 倍以上），故电子穿透能力差，因而透射式高能电子只适用于薄膜样品的分析。高能电子衍射的专用设备为电子衍射仪，但随着透射电子显微镜（TEM）的发展，电子衍射分析多在透射电子显微镜上进行。与 X 射线衍射分析相比，透射电子显微镜上具有可实现样品选定区域电子衍射（选区电子衍射）并可实现微区样品结构（衍射）分析与形貌观察相对应的特点。

反射式高能电子衍射分析（RHEED）以高能电子照射较厚固体样品来研究分析其表面结构，为获得表面信息，入射电子采用掠射方式照射样品表面，使弹性散射发生在样品的近表面层。反射式高能电子衍射仪由电子枪（信号源）、样品架及荧光屏等部分组成，在超高真空环境下工作。

低能电子衍射（LEED）以能量为 10 ~ 1000eV（一般为 10 ~ 500eV）的电子（束）照射样品表面，产生电子衍射。由于入射电子能量低，因此低能电子衍射给出的是样品表面 1 ~ 5 个原子层的（结构）信息，故低能电子衍射是分析晶体表面结构的重要方法。低能电子衍射来自样品表面原子的相干散射，故可将样品表面视为二维点阵，其衍射线方向可由二维劳埃方程描述。

低能电子衍射测试工作在低能电子衍射仪上进行，低能电子衍射仪由电子光学系统、控制电源、记录系统和超高真空系统等部分组成。

X 射线衍射分析与电子衍射分析方法的比较列于表 1-6。电子衍射分析方法的大致应用列于表 1-7。

表 1-6　X 射线衍射与电子衍射（利用 TEM）分析方法的比较

衍射分析方法	X 射线衍射	电子衍射（TEM）
源信号	X 射线（波长 10^{-1}nm 数量级）	电子束（波长 10^{-3}nm 数量级）
技术基础	X 射线被样品中原子核外电子弹性散射的相干干涉	电子束被样品中原子核弹性散射的相干干涉
样　品	固体（一般为晶态）	薄膜（一般为晶态）
辐射深度	几微米～几十微米数量级	<1μm 数量级
辐射对样品作用体积	约 0.1～0.5mm^3	约 1μm^3
衍射角（2θ）	0°～180°	0°～3°
衍射方位的描述	布拉格方程	布拉格方程
结构因子概念与消光规律	相同	相同
应　用	见表 1-5	见表 1-7
晶体取向测定准确度	<1°	约 ±5°

表 1-7　电子衍射分析的应用

方　法	样　品	应　用
高能电子衍射分析（HEED）（TEM 上）	薄膜样品	微区结构分析与物相鉴定，晶体取向分析，晶体缺陷分析
低能电子衍射分析（LEED）	固体样品	表面（1～5 个原子层）结构分析，表面吸附现象分析，表面缺陷分析
反射式高能电子衍射（RHEED）	固体样品（尺寸大于 5mm）	表面结构分析，表面缺陷分析，表面原子逐层生长过程分析

1.4.3　光谱分析过程与仪器简述

原子发射光谱分析（AES），是根据处于激发态的待测元素原子回到基态时发射的特征谱线对待测元素进行分析的方法。原子发射光谱仪器由激发光源、单色器和检测器三部分组成。

由于每种元素均有各自的特征谱线，故依据获得的样品光谱图即可实现样品化学成分的定性分析，即确定样品中含有何种元素。定性分析经常采用样品光谱图和事先制备的“标准光谱图”进行比较的方法进行。原子发射光谱具有分析速度快、试样消耗少、检出限低及准确度高等特点。

原子吸收光谱分析（AAS），是基于试样蒸气相中被测元素基态原子对由光源发出的该原子的特征性窄频辐射产生共振吸收，其吸光度在一定范围内与被测元素基态原子成正比，以测定该元素含量的分析方法。其分析仪器称为原子吸收分光光度计，由信号源（光源）、原子化器、分光系统和检测系统组成。信号源发射出含有待测元素特征谱线的光辐射；火焰或无火焰原子化器使样品中待测元素离解转变为原子蒸气，气态原子选择性吸收由信号源发出的入射光辐射，使入射光减弱；分光系统（光栅单色器）由被减弱的光辐射中分离出待测元素单色光，即将检测元素的吸收分析线（吸收光谱）与其他辐射线（称干扰谱线）分开；经检测器接收、转换（光电转换）、放大后记录或显示，即可获得样品中待测元素原子蒸气对入射光的吸光度。由于待测元素吸光度与其含量成正比，故根据测得的吸光度可确定样品中待测元素的含量，即实现元素含量的定量分析。

常用标准曲线法进行定量分析，配置一系列含有不同质量分数 C 的待测元素的标准溶液（标准溶液基体与待测样品基体相同），分别测出其吸光度 A，制作 A-C 标准曲线。依据此曲线，由样品的 A 值即可查得样品中待测元素的质量分数。原子吸收光谱具有灵敏度高、精密度好、分析速度快及准确度高等特点。

原子荧光光谱分析（AFS），是1964年以后发展起来的分析方法，是以原子在辐射能激发下发射的荧光强度进行定量分析的方法。其分析仪器称为原子荧光光度计。通过原子化器产生的样品原子蒸气被强光源发射的光辐射照射，原子外层电子产生荧光辐射；由分光系统（小光栅单色器或干涉滤光片）分离荧光并经检测器接受、转换为电信号，再经放大并读出，按分析原理，AFS属原子发射光谱法，但由于是光激发发光，因而其分析仪器与原子吸收光谱仪器类似。

紫外-可见吸收光谱分析（UV-VIS），是利用某些物质吸收200~800nm光谱区的辐射来进行分析的方法。其分析仪器称为紫外-可见分光光度计，由光源、单色器、样品池、检测器和记录装置等组成。光源辐射的复合光经单色器色散成纯度很高的单色光作为样品的入射光，入射光通过置于样品池中的样品溶液，被选择性吸收而减弱后再被检测器（光电管或光电倍增管）检测，最后被显示或记录，按获得的吸收光谱实现样品定性和定量分析。

红外（分子）吸收光谱分析（IR），其分析仪器称为红外分光光度计或红外光谱仪，如图1-22所示。红外分光光度计与紫外-可见分光光度计相似，也是由光源、单色器、样品池、检测器和记录装置等组成，但各组成部分的具体结构则与紫外-可见分光光度计不同。红外光谱仪依据单色器结构不同又可分为色散型和干涉型红外光谱仪。红外检测与紫外-可见光检测过程的基本区别在于前者将样品置于光源和单色器之间，而后者则将样品置于单色器之后。红外光谱具有特征性高、样品用量少、分析速度快等特点。

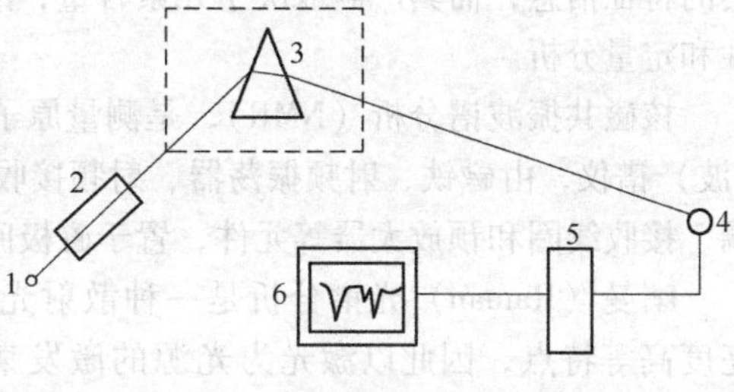

图1-22　红外分光光度计示意图

1—光源；2—样品；3—单色器；
4—检测器；5—放大器；6—记录器

分子荧光光谱仪（FS），其分析仪器称为荧光分光光度计，由光源、激发单色器、荧光池、荧光单色器、检测器等组成。荧光分光光度计光源发出的紫外光辐射经第一单色器得到具有能被样品吸收所需波长的激发光，激发光照射样品池中的样品（溶液）使其激发而产生荧光，经第二单色器选择（消除溶液中可能共存的其他光线的干扰）后，由检测器接受转换电信号，最后经放大并记录显示。

分光磷光光谱分析过程及仪器均与荧光光谱分析相似。荧光光度计可以配上磷光分析附件，也有可同时适用于荧光和磷光（及化学发光和生物发光）检测的发光光度计。磷光与荧光定量分析一般都采用标准曲线法进行。

X射线荧光光谱仪（XFS），其分析仪器有波谱仪（波长色散型）与能谱仪（能量色散型）两种类型。

X射线荧光波谱仪如图1-23所示，由光源、分光器、检测器、信号处理器和读出装置等部

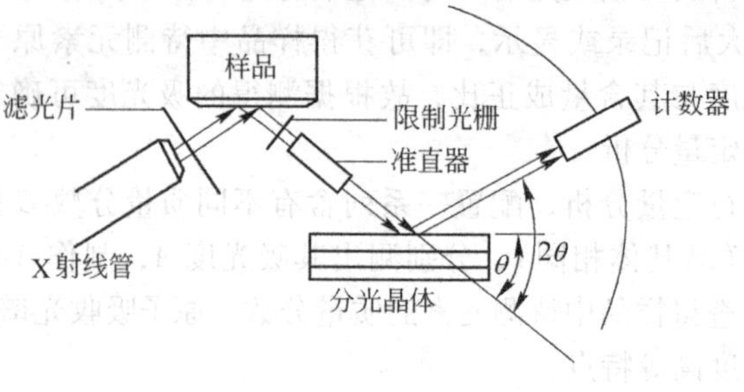

图 1-23　X 射线荧光波谱仪示意图

分组成。光源（X 射线管）发出的 X 射线照射样品使之产生荧光辐射，一部分通过准直器照射至分光晶体上进行色散（分光）并由与分光晶体同步转动（扫描）的检测器（计数器）接受、转换为电信号，再经信号处理器和读出装置，得到以 I(荧光强度)-2θ(2θ 对应波长 λ 位置)曲线形式表达的荧光光谱图。荧光照射分光晶体产生色散的原理与规律（遵从布拉格方程）及其扫描检测与信号处理等过程与 X 射线衍射仪类似。

X 射线荧光能谱仪中样品产生的荧光不经过分光晶体分光，而是由半导体探测器接收、转换、放大后进入多道脉冲高度分析器，将 X 射线光子按其能量大小进行分类和统计，最后被记录或显示的是以脉冲数-脉冲曲线形式表达的射线荧光能谱图。由于 X 射线光子能量是元素种类的特征信息，而其产额取决于元素含量，故据 X 射线荧光光谱图即可实现材料化学成分的定性和定量分析。

核磁共振波谱分析（NMR），是测量原子核对射频辐射的吸收。其分析仪器称为核磁共振（波）谱仪，由磁铁、射频振荡器、射频接收器、探头等部件组成。探头包括样品管、传送线圈、接收线圈和预放大器等元件，置于磁极间隙内。

喇曼（Raman）光谱分析是一种散射光谱分析法。由于激光具有单色性好、方向性好、亮度高等特点，因此以激光为光源的激发喇曼光谱分析已成为材料分析的重要方法，激光喇曼光谱仪由激光光源、样品池、单色器、检测器、信号处理与读出系统等部分组成，如图 1-24 所示。光源发出的激光束（单色光）经反射镜和透镜照射到样品上，样品产生的喇曼散射经单色器分光后由检测器接收、转换为信号，再经信号处理后由记录仪记录，得到样品的喇曼光谱图。激光光源多采用连续式气体激光器，如 He-Ne 激光器、氩离子激光器和氪离子激光器等。

光谱分析方法的大致应用列于表 1-8。

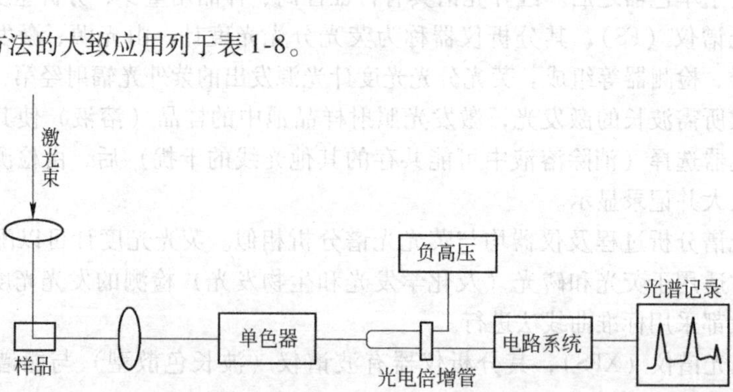

图 1-24　激光喇曼光谱仪示意图

表 1-8 光谱分析方法的应用

分析方法	样品	应用	特点
原子发射光谱（AES）	固体与液体样品，分析时被蒸发、解离为气态原子	元素定性、半定量与定量分析	灵敏度、准确度高，样品用量少，分析速度快
原子吸收光谱（AAS）	液体（固体配成溶液），分析时为原子蒸气	元素定量分析	灵敏度、准确度高，分析速度快，不便做单元素测定
原子荧光光谱（AFS）	原子蒸气	元素定量分析	灵敏度高，可同时做多元素测定
X 射线荧光光谱（XFS）	固体	元素定性、半定量与定量分析（原子序数 $Z\geqslant 5$）	无损检测，灵敏度不够高
紫外-可见吸收光谱（UV-VIS）	液体	结构定性分析，某些有机化合物构型、构象测定，组分定量分析，化学和物理数据测定	主要用于有机化合物的分析
红外吸收光谱（IR）	气、液、固体（薄膜）	未知物定性分析，未知物结构分析，定量分析，反应机理研究	适用于分子振动中有偶极矩变化的有机化合物分析
分子荧光光谱（FS）	溶液	荧光物质定量分析，芳香族化合物分子结构分析	灵敏度高，取样量少
核磁共振波谱（NMR）	液体(固体配置为溶液)	定性分析，定量分析，相对分子质量测定，化学键性质研究	样品用量少，相对灵敏度较差
激光喇曼光谱	气体、液体、固体	定性分析，分子结构分析，高聚物研究	适用于没有偶极矩变化的有机化合物分析

1.4.4 电子能谱分析方法概述

电子能谱分析方法是基于电磁辐射或运动实物粒子（电子、离子、原子等）照射或轰击材料产生的电子能谱（电子产生产额对能量的分布）进行材料分析的方法。

电子能谱分析方法主要类型列于表 1-9，其中光电子能谱（X 射线光电子能谱与紫外光电子能谱）分析与俄歇电子能谱分析是已经得到广泛应用的重要电子能谱分析方法。

表 1-9 电子能谱分析方法主要类型

方法名称		源信号	技术基础	检测信号
光电子能谱	X 射线光电子能谱（XPS 或 ESCA）	X 光子（单色）	样品光电离	光电子
	紫外光电子能谱（UPS 或 PES）	紫外光子（单色）	样品光电离	光电子
俄歇电子能谱	X 射线引发俄歇能谱（XAES）	X 光子	X 光子引发俄歇效应	俄歇电子
	电子引发俄歇能谱（EAES 或 AES）	电子（束）	电子束引发俄歇效应	俄歇电子
离子中和谱（INS）		离子（束）	离子(束)轰击样品，产生俄歇电子	俄歇电子
电子（轰击）能量损失谱（ELS 或 EELS）		电子（束）（单色）	样品对电子的非弹性散射	非弹性散射电子（特征能量）

光电子能谱分析仪由光源、样品室、能量分析器、信号处理与记录系统组成，样品室保持在超高真空（10^{-7} ~ 10^{-9}Pa）中。光源发射的X射线或紫外线照射安装在样品架上的样品致其光电离，发射的光电子进入能量分析器按能量分类（“色散”，即测量光电子的能量分布）后由检测器（通道式电子倍增器）接收，再经放大、甄别、整形并由记录仪记录，获得光电子能谱。现代光电子能谱仪的运行、数据采集和信息处理均由计算机控制完成。

俄歇电子能谱仪也由光源、样品室、能量分析器、信号处理与记录系统组成。电子激发俄歇能谱仪以电子为激发源，多采用镜筒分析器测量俄歇电子能量分布。俄歇电子能谱分析方法与光电子能谱分析方法的大致应用列于表1-10。

表1-10 俄歇电子能谱与光电子能谱分析方法的应用

分析方法	AES	XPS	UPS
元素定性分析	除H、He外所有元素	除H、He外所有元素	不适合元素定性分析
元素定量分析	一般用于 $Z<33$ 的元素，准确度较XPS差，相对灵敏度与XPS接近，分析速度较XPS快	适合于重元素，相对灵敏度不高，绝对灵敏度高	难于准确测定
结构分析与物质分析	结构定性分析	结构定性分析，固体能带结构测量，电子结构分析，有机分子电荷转移现象研究	结构定性分析，固体能带结构测量，电子结构分析，分子振-转结构分析，原子簇的研究
固体表面分析	表面成分分析，表面结构定性分析与表面化学研究	表面成分分析，表面能带结构分析，表面结构定性分析与表面化学研究	表面能带结构分析，表面结构定性分析与表面化学研究
固体样品探测深度	0.4 ~ 2nm（俄歇电子能量50 ~ 2000eV范围内）	0.5 ~ 2.5nm（金属及氧化物）；4 ~ 10nm（有机物及聚合物）	0.4 ~ 2nm（光电子能量10 ~ 100eV范围内）

电子能谱仪可使用固体样品、气体样品和液体样品。

1.4.5 电子显微分析方法概述

电子显微分析是基于电子束（波）与材料的相互作用而建立的各种材料现代分析方法，大致见表1-11。电子显微分析方法以材料微观形貌、结构与成分分析为基本目的。透射电子显微（镜）分析与扫描电子显微（镜）分析及电子探针分析是基本的、得到广泛应用的电子显微分析方法，俄歇能谱分析也得到较广泛应用。

表1-11 电子显微分析方法

方法或仪器	分析原理	检测信号	样 品	主 要 应 用
透射电镜（TEM）	透射和衍射	透射电子和衍射电子	薄 膜	形貌分析，晶体结构分析，成分分析
高压透射电镜（HVEM）	透射和衍射	透射电子和衍射电子	薄 膜	形貌分析，晶体结构分析，成分分析
扫描电镜（SEM）	电子激发的二次电子、背散射电子及吸收电子等	二次电子、背散射电子及吸收电子	固 体	形貌分析，结构分析，成分分析，断裂过程动态研究

续表 1-11

方法或仪器	分析原理	检测信号	样 品	主 要 应 用
扫描透射电镜（STEM）	透射和衍射	透射电子和衍射电子	薄 膜	形貌分析，晶体结构分析，成分分析
电子探针（EPMA）	电子激发的特征X射线	X光子	固 体	成分分析，表面结构与表面化学分析
俄歇电子能谱（AES）	电子激发俄歇效应	俄歇电子	固 体	成分分析
场发射显微镜（FEM）	场致电子发射	场发射电子	针尖状（电极）	晶面结构分析，晶面吸附、扩散和脱附分析
场离子显微镜（FIM）	场电离	正离子	针尖状（电极）	形貌分析，表面缺陷、表面重构、扩散等分析
原子探针-场离子显微镜（AP-FIM）	场蒸发	正离子	针尖状（电极）	FIM的用途，确定单个原子种类，元素分布研究
扫描隧道显微镜（STM）	隧道效应	隧道电流	固体（具有一定导电性）	表面形貌与结构分析，表面力学行为、表面物理与表面化学研究
原子力显微镜（AFM）	隧道效应，针尖原子与样品表面原子的作用力	隧道电流	固 体	表面形貌与结构分析，表面原子间力与表面力学性质测定
扫描电子声学显微镜（SEAM）	热弹性效应	声波	固 体	材料力学性能与马氏体相变研究，集成电路性能与缺陷分析

透射电子显微镜（TEM）可简称透射电镜，用于薄层（一般小于200nm）样品微观形貌观察与结构分析。透射电镜成像原理与光学显微镜类似，即以电子束为照明源，经聚光镜（电磁透镜）聚焦后照射样品，透射电子（透过样品的电子，TE）经成像系统聚焦、放大、成像，并由荧光显示或底片记录。依据样品不同位置的透射电子束强度不同而成像，得到的是样品形貌像；依据（被样品）弹性散射电子相长干涉（衍射）方向与强度不同而成像，则得到样品衍射像（衍射花样和衍射谱）。

扫描电子显微镜（SEM）可简称扫描电镜，由电子光学系统（电子枪、聚光镜、扫描系统、样品室等）、信号检测与放大系统、图像显示和记录系统及真空系统等组成。由电子光学系统获得的在样品表面聚焦的细电子束（最小直径为1～10mm）与样品相互作用产生各种特征物理信号，物理信号经检测系统接收、视频放大等处理后成为显示系统的调制信号，调制信号调制阴极射线管（CRT）电子束强度（荧光屏亮度），从而在CRT荧光屏上获得显示样品特征的图像。入射电子束在样品表面扫描并由扫描系统保证阴极射线管电子束（在荧光屏上）与其同步扫描，因而荧光屏上获得的是样品表面的扫描图像。采用不同的特征物理信号，并经不同检测系统检测，将获得显示样品不同特征的图像。由于二次电子强度（产额）对样品表面微观形貌敏感，故通过电子检测器对二次电子的检测可获得表征样品表面形貌特征的样品形貌像。

电子探针 X 射线显微分析仪简称电子探针（EP 或 EPMA），其技术基础与 X 射线荧光光谱分析相似，主要区别是以电子束代替 X 光子为激发源，适用于样品微区成分分析。电子探针与 X 射线荧光光谱仪相似，也分为波谱仪（波长色散谱仪，WDG）与能谱仪（并多配备于扫描电子显微镜），可实现样品成分的点分析（某点的元素浓度）、线分析（沿样品某方向的元素浓度分布）和面分析（与样品形貌像相对应的样品表面元素浓度分布）等。

电子激发俄歇电子能谱（EAES 或 AES）。近年来出现的扫描俄歇探针（SAM）用细聚焦电子束在样品表面扫描，可实现样品表面成分的点分析、线分析、面分析和深度剖面分析（利用离子枪发射惰性气体离子对样品表面溅射刻蚀，用俄歇谱逐层测定化学成分，从而获得元素沿样品深度方向的浓度分布）。俄歇探针带有二次电子及吸收电子显示器，并配备有 X 射线能谱探头（EDS），因而兼具扫描电镜和电子探针的功能。

1.4.6 色谱、质谱分析方法概述

1.4.6.1 色谱分析法

色谱分析法是基于混合物各组分在互不相溶的两相（固体相与流动相）中分配系数、吸附能力、溶解能力或阻滞能力等物理性质的差异，进行混合物组分分离和分析的方法。

色谱分析过程中有两相，即流动相和固定相。按所用流动相的不同，色谱法可分为气相色谱法（GC）和液相色谱法（LC）。气相色谱法以气体为流动相，而液相色谱法以液体为流动相，固定相则一般为固体吸附剂或涂在载体（担体）上的液体。

气相色谱法分析仪器为气相色谱仪。气相色谱仪由气路系统、进样系统、分离系统、检测和记录系统及温控系统等部分组成。分离系统是装有固定相的色谱柱。进样系统将载气（流动相）和样品（在进样口被气化）快速而定量地转入到色谱柱中，由于装在色谱柱中的固定相对样品中各组分有不同的吸附能力或溶解能力（即各组分在固体相和流动相之间的分配系数不同），故各组分随载气在色谱柱中向前移动的速度不同（在柱内滞留的时间不同），从而实现样品组分的分离。各组分随载气以不同时间（速度）流出色谱柱，顺序进入检测器，检测器将载气中样品组分含量（质量或质量分数）转换为电信号，经放大后由记录器记录，从而获得样品色谱图。色谱图即检测器响应信号（表征组分含量）对响应时间（与组分类型有关）的分布图。依据色谱图上色谱峰的位置（响应时间）和峰高（或面积）的大小进行样品组分定性和定量分析。

现代液相色谱分析方法被称为高效液相色谱分析法。“高效”指分析的高效率、高灵敏度和高速度等，是相对于经典液相色谱分析仪而言。液相色谱仪与气相色谱仪的分析技术基础与过程相似，根本区别在于其液体为流动相。

色谱法广泛应用于多组分物质的分离和分析，具有能解决那些物理常数相近、化学性质相似的同系物、异构体等复杂组成混合物分析问题的特点。色谱法灵敏度高（绝对灵敏度可达 10^{-11} ~ 10^{-12}g），分析速度快。色谱法不仅可分析有机物，也可分析无机物。高效液相色谱法与气相色谱法比较，前者不受样品挥发度和热稳定性的限制，非常适合于离子型混合物、不稳定的天然产物以及其他各种高分子化合物等；后者则只适合于在操作温度下能气化而不分解的物质。在已知的化合物中，能用高效液相色谱法分析的为 70% ~ 80%，而能用气相色谱法分析的约为 20%。但在实际应用中，由于气相色谱法比高效液相色谱法灵敏度高、速度快、耗资少，故能用气相色谱法分析时，一般不用高效液相色谱法。

除用作分析外，色谱法作为各种分离技术中应用最广泛和效率最高的一种，用于纯物质的制备和混合物的分离。由于色谱法长于复杂有机物的分离和定量，但定性（鉴别）能力差；

而质谱法则鉴别能力强，而对复杂有机物定量则显繁琐和困难，因此可将色谱与质谱连用（色谱-质谱连用技术，GC-MS），各自扬长避短，实现复杂组分样品的定性与定量分析。

1.4.6.2　质谱分析法

质谱分析法（MS）是基于元素（离子）的质荷比（质量与电荷的比值，m/e）进行材料定性、定量结构分析，特别是研究有机物结构的重要方法。

质谱仪一般由进样系统、电离源、质量分析（分离）器、离子检测器和记录器及高真空系统组成，如图1-25所示。经进样系统处理的气体样品分子（固体或液体样品的蒸气分子）加入电离室（离子化区），并在离子源作用下电离为离子；质量分析依据电磁场对电荷的偏转性质（即不同离子质荷比不同，被磁场偏转的程度也不同）将来自电离室的离子束按其质荷比大小顺序聚焦和分开，即实现质量“色散”；被“色散”的离子束依次被检测器接收、转换为电信号，经放大后由记录器（记录仪、荧光屏、照相干板等）记录或显示，从而获得样品的质谱图。

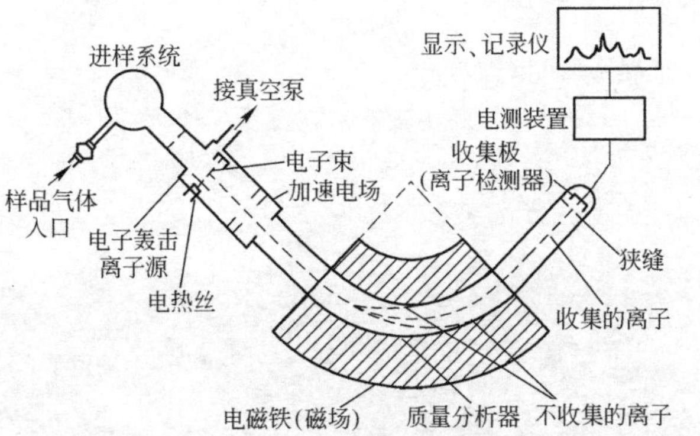

图1-25　质谱仪示意图

质谱是离子数量（强度）对质荷比的分布，以质谱图或质谱表的形式表达。质谱图以离子相对强度（常称丰度）为纵坐标，以质荷比（m/e）为横坐标，相对强度以各种离子峰高（强度）与最强峰（基峰）峰高的相对百分数表示（即设基峰强度为100%）。

无机化合物质谱分析主要应用于元素定性分析（样品全元素分析或确定样品中是否含有某些元素）、半定量或定量分析。质谱分析灵敏度很高，能检测相对含量达10^{-12}级的元素，属无机痕量分析方法。对于性质极为相似的铪、铌和钽，稀土元素等（采用其他方法分析较困难），采用质谱分析结果可靠，故质谱分析特别适用于半导体材料等超纯物质分析。质谱也可用于无机物的多组分复杂混合物组分分析（尤其是能对许多元素同时进行灵敏地测定）。有机化合物质谱分析主要应用于相对分子质量的测定（分析速度快、结果精确，是目前最好的方法）、化合物化学式（分子式）的测定和样品定性分析（有机化合物结构鉴定）等。

思　考　题

1-1　名词解释：激发，轨道磁矩，自旋磁矩，倒易点阵，散射，满带，禁带。

1-2　原子磁矩由哪几部分组成？

1-3　说明能带类型及特点。

1-4　倒易点阵有何性质？

1-5　说明光谱的分类及特点。

1-6　弹性散射与非弹性散射有何区别，何谓散射截面?

1-7　说明 X 射线衍射与电子衍射分析方法的应用。

1-8　比较 X 射线光电子能谱分析、紫外光电子能谱分析及俄歇电子能谱分析的特点。

1-9　何谓色谱分析，液相色谱法与气相色谱法各自的优缺点是什么?

1-10　说明质谱分析的基本过程。

2 X射线衍射分析及应用

内容提要

X射线衍射分析是材料结构研究的一种重要手段。根据X射线在晶体中的衍射方向、衍射强度以及衍射谱线的变化，可以了解材料的结构以及材料中的某些缺陷。本章将主要阐述下列内容：

1. 介绍X射线物理学基础；
2. 介绍X射线的衍射方向；
3. 介绍X射线的衍射强度；
4. 介绍X射线衍射实验方法；
5. 介绍X射线衍射分析的应用。

学习目标

1. 了解X射线物理学；
2. 掌握X射线衍射原理及方法；
3. 了解X射线衍射分析的应用。

2.1 概述

X射线是1895年德国物理学家伦琴（W. C. Röntgen）发现的。由于当时对这种射线的本质还不了解，故称之为X射线。后人为了纪念X射线的发现者，也称之为伦琴射线。

X射线被发现后不久，医学界就利用X射线进行诊断及医疗。后来把它用于金属材料及机械零件的探伤。1912年，德国物理学家劳埃（M. Von Laue）等人发现了X射线在硫酸铜单晶体中的衍射现象，这一方面证明了X射线是一种电磁波的本质，另一方面也证实了晶体的周期性结构，并由此诞生了X射线衍射学。为了对衍射图像进行解释，劳埃提出了一组衍射方程，即劳埃方程。由于劳埃的方程组使用不方便，在劳埃方程推出以后，英国物理学家布拉格父子（W. H. Bragg和W. L. Bragg）提出了晶面“反射”X射线的概念，推导出简单而实用的布拉格方程，它是X射线衍射学的理论基础。1913～1914年，莫塞莱（H. G. J. Moseley）发现了原子序数与发射X射线的频率之间的关系——莫塞莱定律，并最终发展成了X射线发射光谱分析（电子探针）和X射线荧光分析。1916年，德拜（P. Debye）和谢乐（P. Scherrer）提出采用多晶体试样的“粉末法”给X射线衍射分析带来了极大的方便。1928年，盖革（H. Geiger）和密勒（W. Müller）首先采用计数器来记录X射线，这种方法导致衍射仪的产生，并于20世纪50年代起获得普遍使用。20世纪70年代后，电子计算机、高真空、电视等先进技术与X射线分析相结合，发展成为现代型的自动化衍射仪。

X射线衍射学除了用来研究晶体的微观结构外，已发展成为应用极广的一门实用科学。在物理、化学、材料、冶金、机械、化工、纺织、食品、医药等各个领域无不使用X射线衍射分析法。X 射线衍射分析在材料科学与工程方面的贡献尤为显著，成为近代材料微观结构与缺陷分析必不可少的重要手段之一。X 射线衍射分析在材料科学中的应用主要有 4 个方面：

（1）晶体结构研究。解决晶体的结构类型和晶胞大小及原子在晶胞中的位置和数量等，用来研究晶体的微观结构。例如对晶体点阵参数的精确测定可以用来分析固溶体。

（2）物相分析。这方面的应用又可分为定性分析和定量分析两类。定性分析的目的是鉴定待测样的物相而非化学元素组成。定量分析则是测出各物相的相对含量。

（3）精细结构研究。材料中的宏观和微观应力的测定，晶粒大小的研究属于这一范畴。

（4）单晶体取向及多晶结构的测定。半导体材料和磁性材料的单晶体，其取向用 X 射线法测定最准确。借助于晶体取向，可研究材料的滑移和孪生过程，测定沉淀相从基体中析出时的惯习面。

2.2　X 射线物理学基础

2.2.1　X 射线的产生与性质

2.2.1.1　X 射线的产生

伦琴在阴极射线管中偶然发现 X 射线后，通过大量的实验证明：凡是高速运动着的电子碰到任何障碍物，均能产生 X 射线。其他带电的基本粒子也有类似的现象。因此，X 射线产生的条件可以归纳为：

（1）以某种方式获得一定量的自由电子；

（2）在高真空中，在高压电场作用下迫使电子朝一定方向加速运动；

（3）在高速电子流的运动路线上设置障碍物（阳极靶），使高速运动的电子突然受阻而停止下来。

按上述要求构成了 X 射线发生装置的基本原理，如图 2-1 所示。这种射线管实际上是一个真空二极管，发射电子的灯丝是阴极，阻碍电子运动的金属靶为阳极。在管子两极间加上高电压，使阴极发射出的电子流高速撞击金属阳极靶，就会产生 X 射线。

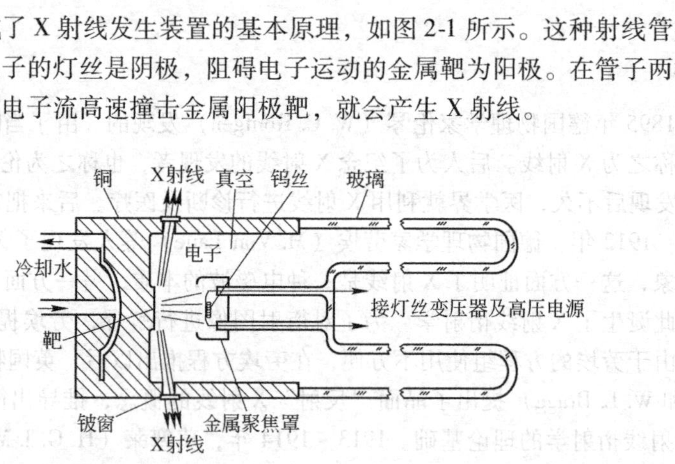

图 2-1　X 射线发生装置

阳极靶通常由熔点高且导热性好的金属铜制成。为了获得各种波长的 X 射线，常在阳极靶面镀一层金属 Cr、Co、Fe、Mo 或 W。由于高速电子的能量有 99% 都转变为热能，故阳极靶需要通水进行冷却。

2.2.1.2　X 射线的性质

1895 年伦琴发现了 X 射线，在此后很长的一段时间内，人们并不了解其本质，只认识到这种射线具有的一些特征，如：X 射线直线传播，在穿过电场和磁场时不发生偏转；能使底片感光，使荧光物质发光，使气体电离；对动物有机体有杀伤作用等。直到 1912 年德国物理学家劳埃等人发现了 X 射线在晶体中的衍射现象后，才揭示了其本质。

从本质上说，X 射线和无线电波、可见光、γ 射线等一样，也是电磁波，其波长范围在 0.001 ~ 100nm 之间，介于紫外线和 γ 射线之间，但没有明显的分界线，如图 2-2 所示。

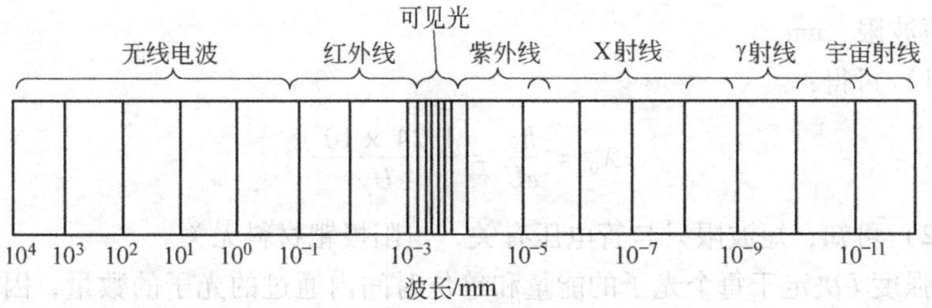

图 2-2 电磁波谱

X 射线同可见光、紫外线以及电子、中子、质子等基本粒子一样，具有波粒二象性。

X 射线存在一个波长范围，不同波长的 X 射线有不同的用途。在 X 射线衍射分析中，常用 0.05 ~ 0.25nm 波长的射线，其穿透力较弱，称为软 X 射线。在金属探伤中，使用 0.005 ~ 0.01nm 甚至更短波长的射线，其穿透力很强，称为硬 X 射线。

2.2.2 X 射线谱

由 X 射线管发出的 X 射线，其波长并不相同。如果用适当的方法去测量各个波长的 X 射线强度，一般可得到如图 2-3 所示的波长与强度的关系曲线，即 X 射线谱。X 射线管中发射出的 X 射线有两种不同的波谱，我们把强度随波长连续变化的部分称为连续谱，它和白光相似，是多种波长的混合体，故也称为白色 X 射线；而叠加在连续谱上面的是强度很高的具有一定波长的 X 射线，称为特征谱，它和单色光相似，故也称为单色 X 射线。

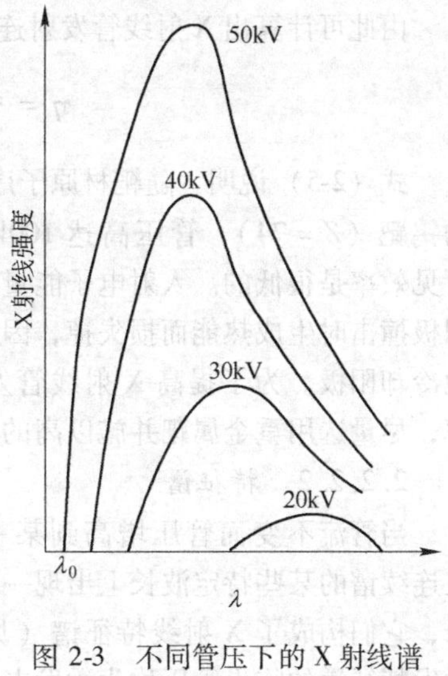

图 2-3 不同管压下的 X 射线谱

2.2.2.1 连续谱

在图 2-3 中，在不同的管压下，连续谱都有一强度最大值，并在短波方面有一波长极限，称为短波限，用 λ_0 表示。随 X 射线管电压的升高，各种波长的 X 射线的强度一致升高，最大强度值所对应的波长变短，短波限也相应变短，与此同时波谱变宽。这些规律说明管压既影响连续谱的强度，也影响其波长范围。

量子理论认为：当能量为 eU 的电子与阳极靶的原子发生碰撞时，电子损失能量，其中绝大部分能量转变为热能，仅一小部分能量以 X 射线光子的形式辐射出来。在与阳极靶碰撞的电子中，有的辐射一个光子，有的发生多次碰撞辐射多个能量不同的光子，它们的总和就构成了连续谱。由于光子的能量来自于电子，故光子的能量一般都小于电子的能量，但也有极端的情况：即有的电子通过一次碰撞将其能量全部转变为光子的能量，此时，光子的能量达到一最大值，其值为

$$eU = h\nu_{max} = hc/\lambda_0 \tag{2-1}$$

式中 e——电子电荷，其值为 1.602×10^{-19}C；

U——管电压，V；

h——普朗克常数，其值为 6.626×10^{-34}J·s；

ν——射线频率，s^{-1}；

c——X 射线的速度，其值为 2.998×10^{8}m/s；

λ_0——短波限，nm。

由式（2-1）可得：

$$\lambda_0=\frac{hc}{eU}=\frac{1.24\times10^{3}}{U}\tag{2-2}$$

由式（2-2）可知，短波限只与管电压有关，与阳极靶材料无关。

X 射线的强度 I 决定于每个光子的能量和单位时间内通过的光子的数量，因此，在连续谱中，尽管短波限对应的光子能量最大，但相应的光子数量并不多，故强度极大值并不在短波限处，通常在 $1.5\lambda_0$ 附近。

连续谱的总强度就是如图 2-3 所示的曲线下所包围的面积，即：

$$I_{连续}=\int_{\lambda_0}^{\infty}I(\lambda)\,\mathrm{d}\lambda\tag{2-3}$$

实验证明：连续谱的总强度与管压 U、管流 i 及阳极靶材的原子序数 Z 之间存在下列关系：

$$I_{连续}=KiZU^{m}\tag{2-4}$$

式中 K——常数，K 为 $1.1\times10^{-9}\sim1.4\times10^{-9}$；

m——常数，$m=2$。

由此可计算出 X 射线管发射连续 X 射线的效率 η：

$$\eta=\frac{连续谱总强度}{X射线管功率}=\frac{KiZU^{2}}{iU}=KZU\tag{2-5}$$

式（2-5）说明，随靶材原子序数 Z 增加，X 射线管效率提高。但即便使用原子序数很大的钨靶（$Z=74$），管压高达 100kV 时，$\eta\approx1\%$，可见效率是很低的。入射电子能量的绝大部分在与阳极撞击时生成热能而损失掉，因此必须设法强烈地冷却阳极。为了提高 X 射线管发射 X 射线的效率，尽量选用重金属靶并施以高的加速电压。

2.2.2.2　特征谱

当管流不变而管压增高到某一临界值 U_k 时，在连续谱的某些特定波长上出现一些强度很高的锐锋，它们构成了 X 射线特征谱（见图 2-4）。刚好激发特征谱的临界管压称为激发电压。当管压继续增加时，连续谱和特征谱强度都增加，但特征谱对应的波长保持不变，只决定于阳极靶材的原子序数。对一定材料的阳极靶，产生的特征谱的波长是固定的，此波长可以作为阳极靶材的标志或特征，故称为特征谱或标识谱。

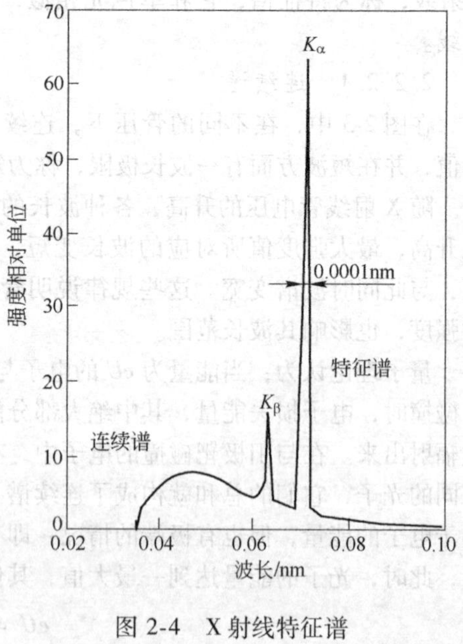

图 2-4　X 射线特征谱

特征谱的产生机理与原子结构有关。按照原子结构的壳层模型，原子结构中心是原子核，原子中的电子分布在以原子核为中心的若干壳层中，每一壳层都有固定的能量，按能量高低，依次称为 K、L、M、N、…壳层，分别相应于主量子数 $n=1$，2，3，4，…。在稳定状态下，每个壳层有一定数量的电子，它们具有一定的能量，最内层（K 层）电子的能量最低，然后按 L、M、N、…的顺序递增，从而构成一系列的能级。在正常情况下，电子总是先占满能量低的壳层（见图 2-5）。

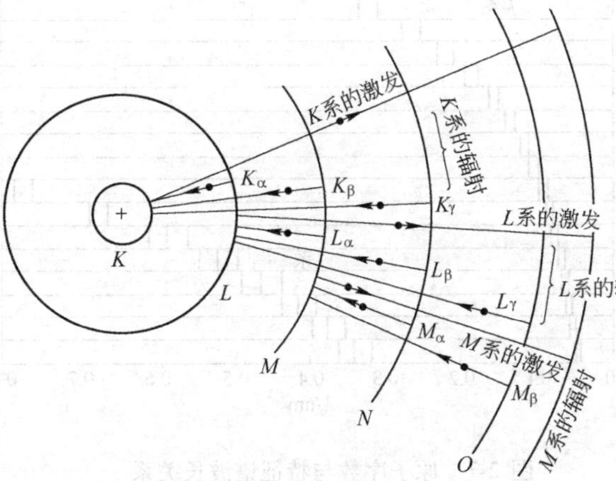

图 2-5 特征 X 射线产生原理

从 X 射线管中的阴极发出的电子，在高电压的作用下，以很快的速度撞到阳极上时，如果电子的能量足够大，就可以将阳极物质原子中的内层电子击到能量较高的外部壳层或击出原子外，使原子电离，于是原子就处于高能的不稳定状态，称为激发态，同时，这一过程称之为激发。按能量最低原理，电子具有自发地回到低能级的趋势，所以当 K 层中一旦出现空位时（K 激发态），L、M、N、…层中的电子就会跃入此空位，同时将多余的能量以 X 射线光子的形式释放出来（见图 2-5），这一过程称之为跃迁。辐射出的 X 射线光子能量由电子跃迁所跨越的两个能级的能量差来决定，由此可以计算出 X 射线频率和波长：

$$h\nu_{n_2\to n_1}=E_{n_2}-E_{n_1} \tag{2-6}$$

$$\lambda_{n_2\to n_1}=\frac{c}{\nu_{n_2\to n_1}}=\frac{hc}{E_{n_2}-E_{n_1}} \tag{2-7}$$

式中 n_2，n_1——电子跃迁前后所在的能级；

E_{n_2}，E_{n_1}——电子跃迁前后的能量状态。

为了方便起见，定义由不同外层上的电子跃迁至同一内层而辐射出的特征谱线属于同一线系，并按电子跃迁所跨越的电子能级数目多少的顺序，将这一线系的谱线分别以 α、β、γ 等符号。如图 2-6 所示，电子由 $L\to K$，$M\to K$ 跃迁，辐射出的是 K 系特征谱线中的 K_α 和 K_β 谱线，以此类推还有 M 系等。

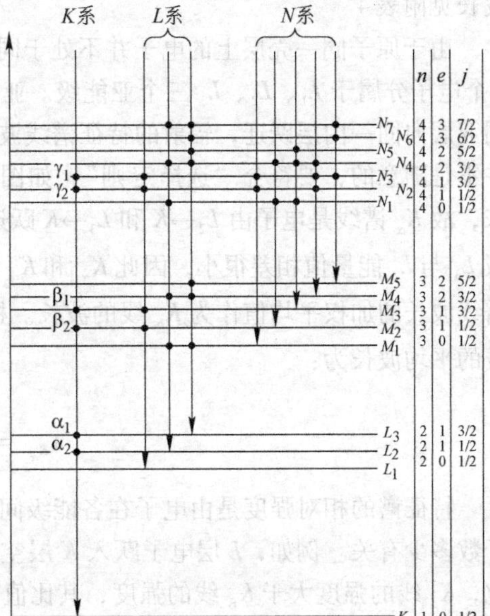

图 2-6 电子能级及可能产生的辐射

电子能级间的能量差并不是均等分布的，愈靠近原子核的相邻能级间能量差愈大。所以，同一靶材的 K、L、M 系谱线中，以 K 系谱线的波长最短。此外，由式（2-7）结合图 2-7 可推知，同一线系各谱线间，如在 K 系谱线中，必定是 $\lambda_{K_\alpha} > \lambda_{K_\beta} > \lambda_{K_\gamma}$。

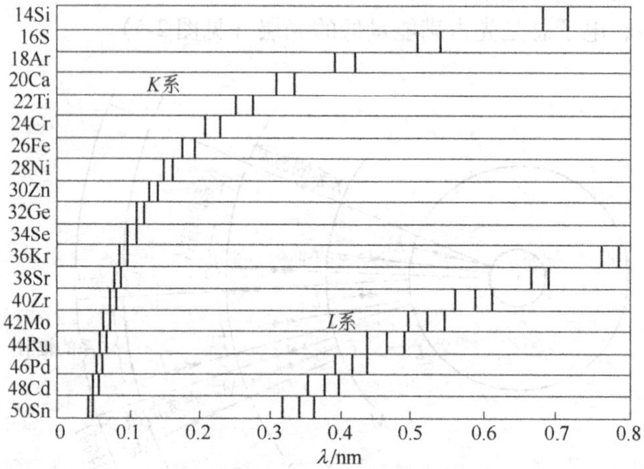

图 2-7　原子序数与特征谱波长关系

特征 X 谱线的波长 λ 只与靶材原子结构有关，与其他外界因素无关，它随靶材原子序数 Z 的增大而变小（见图 2-7）。莫塞莱在 1914 年发现了这一规律，并给出了如下关系式：

$$\sqrt{\frac{1}{\lambda}} = K(Z - \sigma) \tag{2-8}$$

式中　K，σ——常数。

式（2-8）称为莫塞莱定律，它是现代 X 射线光谱分析法的基础。各种元素的特征 X 射线波长见附表 4。

由于原子同一壳层上的电子并不处于同一能量状态，而是分属于不同的亚能级。如 L 层的 8 个电子分属于 L_1、L_2、L_3 三个亚能级。亚能级之间有微小的能量差，因此，电子从同层但不同亚层向同一内层跃迁，辐射的特征谱线波长也有微小的差别。此外，电子在各能级间的跃迁并不是随意的，要符合“选择定则”，如图 2-6 所示，L_1 亚能级上的电子不能跃迁到 K 层上来，故 K_α 谱线是电子由 $L_2 \rightarrow K$ 和 $L_3 \rightarrow K$ 跃迁时辐射出来的 K_{α_1} 和 K_{α_2} 两根谱线组成的。由于能级 L_3 与 L_2 能量值相差很小，因此 K_{α_1} 和 K_{α_2} 线的波长很相近，通常无法分辨。为此以 K_{α_1} 和 K_{α_2} 谱线波长的加权平均值作为 K_α 线的波长。根据实验测定，K_{α_1} 线的强度是 K_{α_2} 线的两倍，故 K_α 线的平均波长为：

$$\lambda_{K_\alpha} = \frac{2\lambda_{K_{\alpha_1}} + \lambda_{K_{\alpha_2}}}{3} \tag{2-9}$$

特征谱的相对强度是由电子在各能级间的跃迁几率决定的，同时与跃迁前原来壳层上的电子数多少有关。例如，L 层电子跃入 K 层空位的几率比 M 层电子跃入 K 层空位的几率大，因此，K_α 线的强度大于 K_β 线的强度，其比值大约为 5∶1。而对 K_{α_1} 和 K_{α_2} 谱线而言，L_3 上的 4 个电子跃迁至 K 层空位的几率比 L_2 上的两个电子跃迁至 K 层的几率大一倍，所以 K_{α_1} 与 K_{α_2} 的强度之比为 2∶1。

特征 X 射线的辐射强度随管压 U 和管流 i 的增大而增大，K 系谱线强度的经验公式为：

$$I_K = Ai(U - U_K)^n \tag{2-10}$$

式中　A——比例常数；

U_K——K 系谱线的临界激发电压；

n——常数，约为 1.5。

从前面分析可知，产生特征辐射的前提是在原子内层产生空位，这需要入射电子把内层电子击出，这就要求由阴极射来的电子具有足够的动能，其值必须大于（至少等于）内层（如 K 层）电子与原子核的结合能 E_K。只有当加速电压 $U \geqslant U_K$ 时，受电场加速的电子的动能足够大，将靶材原子的内层电子击出来，才能产生特征 X 射线。所以 U_K 实际上是与能级 E_K 的数值相对应的：

$$eU_K = E_K \tag{2-11}$$

由于愈靠近原子核的内层，电子与原子核的结合能愈大，所以击出同一靶材原子的 K、L、M 等不同内层上的电子，就需要不同的 U_K、U_L、U_M 等临界激发电压。另外，阳极靶材原子序数越大，所需临界激发电压也越高。由式（2-10）可知，增加管流和管压可以提高特征 X 射线的强度，同时连续谱的强度也增加，这对需要单色特征辐射的 X 射线进行衍射分析是不利的。经验表明，欲得到最大的特征 X 射线与连续 X 射线的强度比，X 射线管的工作电压选在 $3U_K$ ~ $5U_K$ 时为最佳。表 2-1 列出了常用的几种特征 X 射线的波长以及其他有关数据。其他元素的相关数据见附表 4。

表 2-1　常用阳极靶材料的特征谱参数

靶材元素	原子序数	K 系特征谱波长/nm				K 吸收限 λ /nm	U_K/kV	适宜的工作电压 U/kV
		K_{α_1}	K_{α_2}	K_α	K_β			
Cr	24	0.228970	0.2293606	0.229100	0.208487	0.20702	5.98	20 ~ 25
Fe	26	0.1936042	0.1939980	0.1937355	0.175661	0.174346	7.10	25 ~ 30
Co	27	0.1788965	0.1792850	0.1790260	0.162079	0.160815	7.71	30
Ni	28	0.1657910	0.1661747	0.1659189	0.1500135	0.148807	8.29	30 ~ 35
Cu	29	0.1570562	0.1544390	0.1541838	0.1392218	0.138059	8.86	35 ~ 40
Mo	42	0.070930	0.0713590	0.0710730	0.0632288	0.061978	20.0	50 ~ 55

2.2.3　X 射线与物质的相互作用

当 X 射线与物质相遇时，会产生一系列效应，这是 X 射线应用的基础。一般情况下，除部分能够贯穿的光束外，射线能量损失在与物质作用过程之中，基本上可以归为两大类，其中一部分消耗在 X 射线的散射之中，包括相干散射和非相干散射；另一部分变成热量逸出。这些过程大致上可以用图 2-8 来表示（图中 t 为样品厚度，μ 为线吸收系数）。下面分别讨论 X 射线的散射作用、光电效应和吸收规律。

2.2.3.1　X 射线的散射

沿一定方向运动的 X 射线光子流与物质的电子相互碰撞后，向周围弹射开来，这便是 X 射线的散射。散射分为波长不变的相干散射和波长改变的非相干散射。

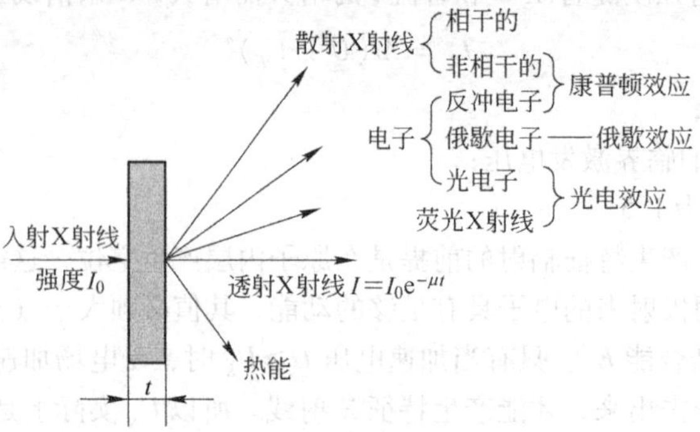

图 2-8　X 射线与物质的相互作用

A　相干散射（经典散射）

入射的 X 射线光子与原子内受核束缚较紧的电子相碰撞而弹射，光子的方向改变了，但能量几乎没有损失，波长也不改变，这种散射称为相干散射，也称为经典散射或汤姆逊散射。相干散射是 X 射线在晶体中产生衍射的基础。

B　非相干散射（量子散射）

当 X 射线光子与原子中受核束缚较弱的电子发生碰撞时，电子被撞离原子并带走光子的一部分能量而成为反冲电子，而光子也被撞偏了一个角度 2θ（见图 2-9）。散射光子的能量小于入射光子的能量，散射波的波长大于入射波的波长。这种散射效应是由康普顿（A. H. Compton）及我国物理学家吴有训等人首先发现的，故称之为康普顿-吴有训散射，也称为非相干散射。因散射线散布于各个方向且波长互不相同，因此不能相互干涉，所以非相干散射不能参与晶体对 X 射线的衍射，只会在衍射图像上的形成强度随 $\sin\theta/\lambda$ 的增加而增大的连续背底，给衍射分析工作带来不利影响。

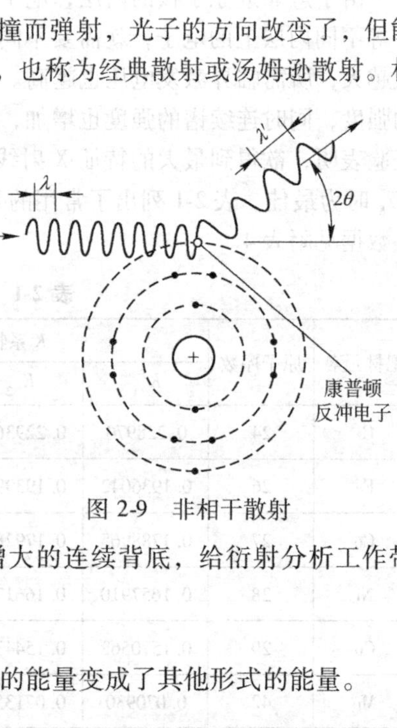

图 2-9　非相干散射

2.2.3.2　X 射线的真吸收

物质对 X 射线的吸收，是指 X 射线通过物质时，光子的能量变成了其他形式的能量。

A　光电效应与荧光辐射

当入射的 X 射线光量子的能量足够大时，可以像高速电子一样将原子内层电子击出，产生光电效应。被击出的电子称为光电子。被打掉了内层电子的受激原子，将发生如前所述的外层电子向内层跃迁的过程，同时辐射出波长严格一定的特征 X 射线。为了区别于由电子轰击靶时产生的特征辐射，称这种利用 X 射线激发而产生的特征辐射为二次特征辐射，它在本质上属于光致发光的荧光现象，故也称为荧光辐射。

要激发原子产生 K、L、M 等线系的荧光辐射，则入射 X 射线光量子的能量必须不小于从原子中击出一个 K、L、M 层电子所需的功，亦即电子与原子核的结合能 E_K、E_L、E_M，例如：

$$E_K = h\nu_K = hc/\lambda_K \tag{2-12}$$

式中 ν_K——激发被照物质产生 K 系荧光辐射，入射的 X 射线须具有的频率临界值；

λ_K——激发被照物质产生 K 系荧光辐射，入射的 X 射线须具有的波长临界值。

产生光电效应时，入射 X 射线光量子能量被大量吸收，所以，λ_K 以及 λ_L 和 λ_M 等也称为被照物质因产生荧光辐射而大量吸收入射 X 射线的 K、L、M 吸收限。

激发不同元素产生不同谱线的荧光辐射所需要的临界能量条件是不同的，所以它们的吸收限值也是不相同的，原子序数愈大，同名吸收限波长值愈短。

在 X 射线衍射分析中，X 射线荧光辐射是有害的，它增加衍射花样的背底；但在元素分析中，它又是 X 射线荧光分析的基础。

B　俄歇效应

原子 K 层电子被击出，L 层电子（如 L_1 电子）向 K 层跃迁，其能量差 $\Delta E = E_K - E_{L_1}$ 可能不是以产生一个 K 系 X 射线光量子的形式释放，而是被邻近的电子（比如另一个 L_2 电子）所吸收，使这个电子受激发而逸出原子成为自由电子，这就是俄歇效应，这个自由电子就称为俄歇电子（见图 2-10）。俄歇电子常用参与俄歇过程的三个能级来命名，如上所述的即为 KL_1L_2 俄歇电子。俄歇电子的能量与参与俄歇过程的三个能级能量有关，按上述例子，俄歇电子的能量为 $\Delta E = E_K - E_{L_1} - E_{L_2}$。可见能量是特定的，与入射 X 射线波长无关，仅与产生俄歇效应的物质的元素种类有关。实验表明，轻元素俄歇电子发射几率比荧光 X 射线发射几率大。

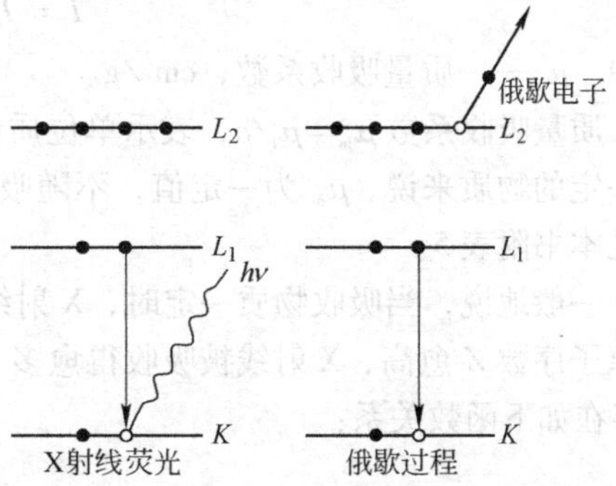

图 2-10　俄歇效应

此外，俄歇电子能量低，一般只有几百电子伏特，故只有表面几层原子所产生的俄歇电子才能逸出而被探测到，所以，由此原理而研制的俄歇电子显微镜是材料表面研究的重要工具之一。

2.2.4　X 射线的吸收

当 X 射线穿过物质时，由于受到散射和光电效应等的影响，强度会减弱，这种现象称为 X 射线的吸收。

2.2.4.1　X 射线的衰减规律与吸收系数

当 X 射线穿过物质时，其强度要衰减。通过厚度为 dx 的无穷小薄层物质时，X 射线强度相对衰减量 $\frac{\mathrm{d}I}{I}$ 与厚度 dx 成正比（见图 2-11），即

$$\frac{\mathrm{d}I}{I} = -\mu_1 \mathrm{d}x \tag{2-13}$$

式中　μ_1——线吸收系数，cm^{-1}，μ_1 的大小与入射线波长和物质有关。

式（2-13）中的负号表示强度的变化由强变弱，将式（2-13）积分：

$$I = I_0 \mathrm{e}^{-\mu_1 x} \tag{2-14}$$

式中　I_0——入射强度；

I——透射强度；

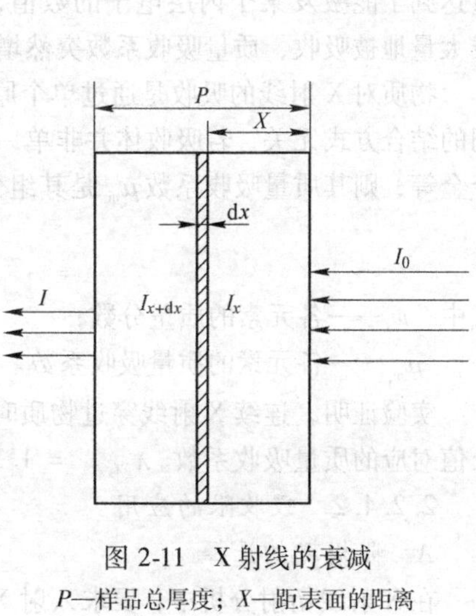

图 2-11　X 射线的衰减

P—样品总厚度；X—距表面的距离

x——物质厚度，cm；

I/I_0——穿透系数或透射因数。

式（2-14）表明，X 射线穿过物质时，其强度将随穿透深度的增加按指数规律减弱。线吸收系数 μ_l 表征物质对 X 射线的吸收特性。由式（2-13）可知，μ_l 表征穿越单位厚度物质时，X 射线强度的相对衰减量。由于强度是指单位时间内通过单位截面的能量，因此 μ_l 表示的是单位时间内单位体积（单位面积 × 单位厚度）物质对 X 射线的吸收。而单位体积内的物质质量随其密度而变，因此，μ_l 还与物质的物理状态有关。为了避开线吸收系数 μ_l 随吸收体物理状态不同而变得困难，可以用 μ_l/ρ 代替 μ_l，ρ 为吸收物质的密度，这样式（2-14）变为：

$$I = I_0 e^{-\frac{\mu_l}{\rho}\rho x} = I_0 e^{-\mu_m \rho x} \tag{2-15}$$

式中　μ_m——质量吸收系数，cm^2/g。

质量吸收系数 $\mu_m = \mu_l/\rho$，表示单位质量物质对 X 射线的吸收程度。对一定波长的 X 射线和一定的物质来说，μ_m 为一定值，不随吸收体物理状态的改变而变化。各元素的质量吸收系数见本书附表 5。

一般地说，当吸收物质一定时，X 射线的波长愈短愈容易被吸收；当波长一定时，吸收体的原子序数 Z 愈高，X 射线被吸收得愈多。实验表明，质量吸收系数 μ_m 与波长 λ 和原子序数 Z 存在如下函数关系：

$$\mu_m \approx K\lambda^3 Z^3 \tag{2-16}$$

式中　K——常数。

图 2-12 给出了金属的 μ_m-λ 关系曲线，从图中可以看出，整个曲线并非随 λ 值减小而单调下降，而是在某些波长位置上突然长高，于是若干个跳跃台阶将曲线分为若干段，每段曲线连续变化满足式（2-16），各段间仅 K 值不同。而这些吸收突变处的波长就是吸收体因被激发产生荧光辐射而大量吸收入射 X 射线的吸收限（如 λ_K、λ_{L_1}、λ_{L_2} 等）。这是由于随着入射线波长的减小，光子的能量达到了能激发某个内层电子的数值，从而 X 射线大量地被吸收，质量吸收系数突然增大。

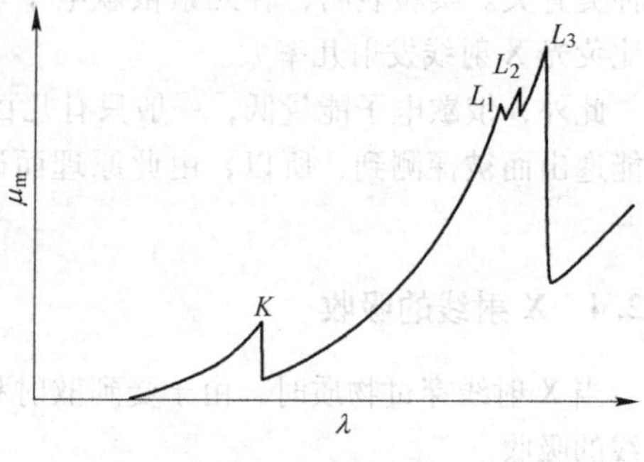

图 2-12　μ_m 与 λ 的关系

物质对 X 射线的吸收是通过单个原子进行的，由物质原子本身的性质决定，而与这些原子间的结合方式无关，若吸收体并非单一元素，而是由多种元素组成的化合物、混合物、陶瓷、合金等，则其质量吸收系数 μ_m 是其组分元素的质量吸收系数 μ_{m_i} 的加权平均值，即：

$$\mu_m = \sum_i \mu_{m_i} w_i \tag{2-17}$$

式中　w_i——各元素的质量分数；

μ_{m_i}——各元素的质量吸收系数。

实验证明，连续 X 射线穿过物质时的质量吸收系数，相当于一个称为有效波长 $\lambda_{(有效)}$ 的波长值对应的质量吸收系数。$\lambda_{(有效)} = 1.35\lambda_0$，$\lambda_0$ 为连续谱的短波线。

2.2.4.2　吸收限的应用

A　阳极靶的选择

在 X 射线衍射分析中，要求入射 X 射线尽可能少地激发样品的荧光辐射，以降低衍射花样的背底，使图像清晰。对于每一试样而言，所选靶的 K_α 应比试样的 λ_K 稍长一些，或者短很多，这样不会引起样品的荧光辐射，可免于因衍射强度减弱和背底加深而使衍射谱质量变坏。实践证明，根据样品化学成分选择靶材的原则是 $Z_{靶} \leqslant Z_{样}+1$ 或 $Z_{靶} \gg Z_{样}$。例如，分析 Fe 试样时，应用 Co 靶或 Fe 靶，如果用 Ni 靶，会产生较高的背底水平。这是因为 Fe 的 $\lambda_K = 0.1743\text{nm}$，而 Ni 的波长 $\lambda_{K_\alpha} = 0.1659\text{nm}$，故而刚好大量地产生荧光辐射，造成严重的背底。

B　滤波片的选择

利用吸收限两边吸收系数相差悬殊的特点，可制作 X 射线滤波片。K 系特征谱线包括 K_α 和 K_β 两条线，它们将在晶体衍射中产生两套花样，使分析工作复杂化，为此希望能从 K 系谱线中滤去 K_β 线，通常使用滤波片来达到这一目的。

如果选择适当的材料，使其吸收限波长 λ_K 正好位于所用的 K_α 和 K_β 的波长之间，当将这种材料制成的薄片——滤波片，置于入射线束或衍射线束光路中时，滤波片将强烈地吸收 K_β 线，而对 K_α 线吸收很少，这样就可得到基本上是单色的 K_α 辐射（见图 2-13）。常用的滤波片数据列于表 2-2 中。

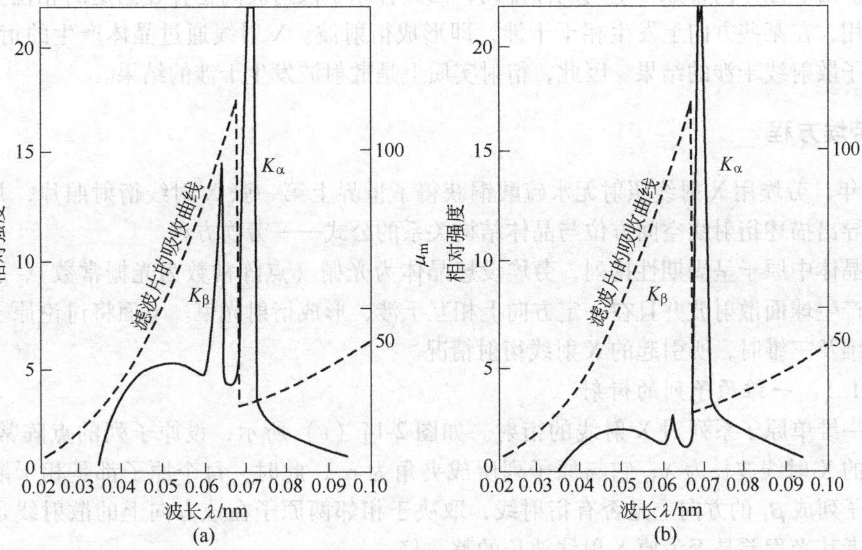

图 2-13　滤波片原理图

（a）滤波前；（b）滤波后

表 2-2　常用滤波片数据表

阳极靶				滤波片				
元素	原子序数	λ_{K_α}/nm	λ_{K_β}/nm	元素	原子序数	λ_K/nm	厚度/mm	$I/I_0(K_\alpha)$
Cr	24	0.22909	0.20848	V	23	0.22690	0.16	0.50
Fe	26	0.19373	0.17565	Mn	25	0.18694	0.16	0.46
Co	27	0.17902	0.16207	Fe	26	0.17429	0.18	0.44
Ni	28	0.16591	0.15001	Co	27	0.16072	0.13	0.53
Cu	29	0.15418	0.13922	Ni	28	0.14869	0.21	0.40
Mo	42	0.07107	0.06323	Zr	40	0.06888	1.08	0.31
Ag	47	0.05609	0.04970	Rh	45	0.05338	0.79	0.29

滤波片材料是根据靶材元素确定的。从表中数据可以看出，滤波片材料选择规律是，滤波片的原子序数应比阳极靶材原子序数小 1 或 2，即：当 $Z_{靶} < 40$ 时，$Z_{滤} = Z_{靶} - 1$；当 $Z_{靶} > 40$ 时，$Z_{滤} = Z_{靶} - 2$。

2.3　X 射线衍射方向

在了解了 X 射线物理学与晶体几何学以后，可以将两者联系在一起，来讨论因它们的相互作用而引起的 X 射线衍射现象。X 射线照射到晶体上产生的衍射花样，除与 X 射线有关外，主要受晶体结构的影响。晶体结构与衍射花样之间有一定的内在联系，通过衍射花样的分析，就能测定晶体结构并研究与结构相关的一系列问题。

就本质而言，衍射是由两个或两个以上波之间存在某种相位关系而引起的。当一系列平行波具有某种确定的相位关系时，有的光加强，有的光对消，就产生了衍射。衍射光束可定义为由相互加强的大量散射光线所组成。

X 射线照射晶体，电子受迫振动产生相干散射；同一原子内各电子散射波相互干涉形成原子散射波。由于晶体内各原子呈周期性排列，因此各原子散射波间也存在固定的相位关系而产生干涉作用，在某些方向上发生相干干涉，即形成衍射波。X 射线通过晶体产生的衍射现象，是大量原子散射线干涉的结果。因此，衍射实质上是散射波发生干涉的结果。

2.3.1　劳埃方程

1912 年，劳埃用 X 射线照射无水硫酸铜获得了世界上第一张 X 射线衍射照片，并由光的干涉条件导出描述衍射线空间方位与晶体结构关系的公式——劳埃方程。

由于晶体中原子呈周期性排列，劳埃设想晶体为光栅（点阵常数为光栅常数），原子受 X 射线照射产生球面散射波并且在一定方向上相互干涉，形成衍射光束。下面将讨论原子排列成一维、二维及三维时，所引起的 X 射线衍射情况。

2.3.1.1　一维原子列的衍射

考虑一维单原子系列对 X 射线的衍射。如图 2-14（a）所示，设原子列的点阵常数为 a，平行入射的 X 射线波长为 λ，它与原子列所成夹角为 α_1，此时，每个原子都是相干散射波波源。与原子列成 β_1 的方向上是否有衍射线，取决于相邻两原子在该方向上的散射线是否为同相位，或者其光程差是否为原 X 射线波长的整数倍。

相邻两原子散射线的光程差为：

$$\delta = AD - BC = a(\cos\beta_1 - \cos\alpha_1) \tag{2-18}$$

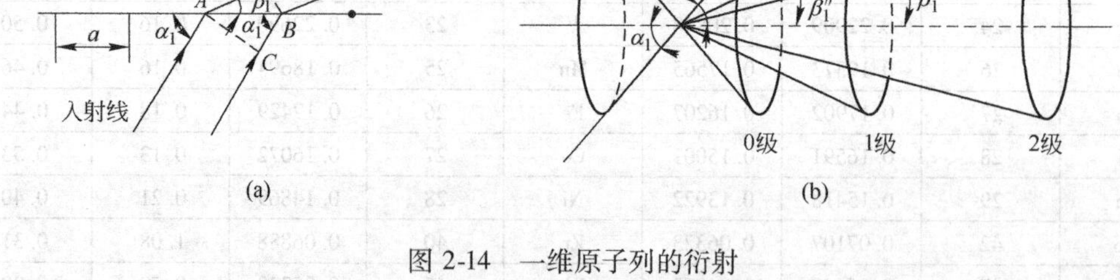

图 2-14　一维原子列的衍射
（a）衍射条件；（b）衍射圆锥

当散射线干涉加强时：

$$a(\cos\beta_1 - \cos\alpha_1) = H\lambda \tag{2-19}$$

式中 H——整数（0、±1、±2、…），称为劳埃第一干涉指数。

式（2-19）称为劳埃第一方程，可用来求出散射线加强的方向。H 的取值并不是无限的。例如用 FeK_α（$\lambda=0.1937$nm）垂直照射 $a=0.4$nm 的一原子列时，$\cos\alpha_1=0$，$\cos\beta_1=H\lambda/a=0.484H$，$H$ 可取0、±1、±2 共5个值。若采用波长较短的X射线，H 的个数将增加。

各原子向空间各个方向散射的X射线互相干涉的结果是使与原子列成 α 角的方向可以叠加加强，这表明衍射线分布在一个顶角为 2α 的圆锥面上。由于 H 可以取若干个值而使 α 也有若干个不同的值。因此，如用单色的X射线垂直原子列入射，照相底片放在原子列后面并与原子列平行时，则得到如图2-15（a）所示的衍射花样；如底片与原子列垂直，得到如图2-15（b）所示的同心圆。

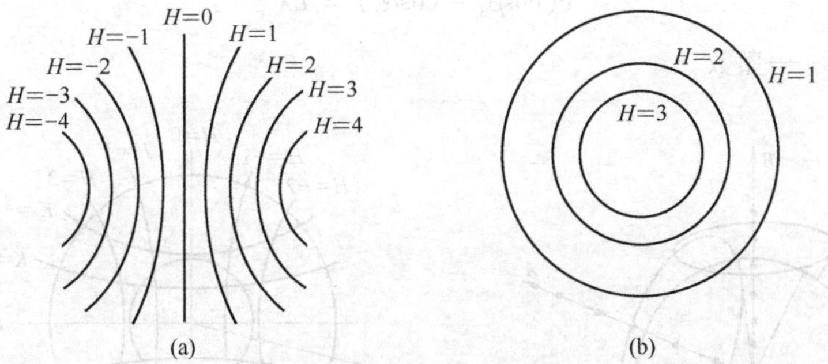

图2-15 一维原子列衍射花样

2.3.1.2 二维原子面的衍射

原子的二维排列称为原子面，可视为由一系列平行的原子列组成。如图2-16所示：OA 及 OB 为原子面两晶轴，其夹角为 γ，两个方向上的点阵常数分别为 a 和 b。入射的X射线以任意方向照射到原子面上，并与 OA 及 OB 轴夹角为 α_1 及 α_2。当X射线照射到原子面时，每个原子列的衍射线均能否干涉加强，仍取决于各方向上散射线的光程差。与一维原子列衍射相似，可以求出二维原子面的衍射条件为：

$$\left.\begin{aligned} a(\cos\beta_1 - \cos\alpha_1) &= H\lambda \\ b(\cos\beta_2 - \cos\alpha_2) &= K\lambda \end{aligned}\right\} \tag{2-20}$$

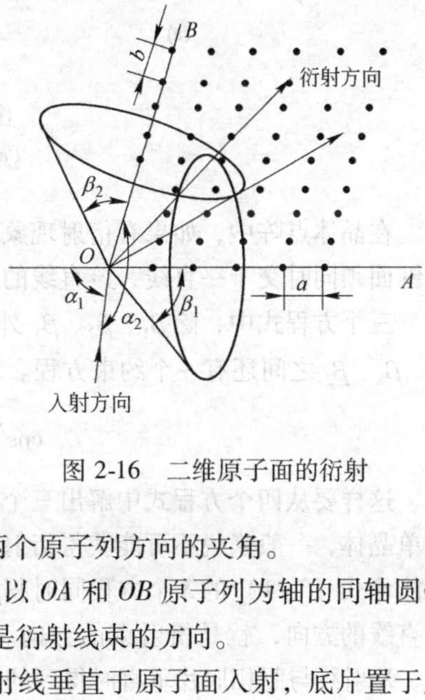

图2-16 二维原子面的衍射

式中 H，K——整数。

式（2-20）称为劳埃第二方程，β_1 和 β_2 为衍射线与两个原子列方向的夹角。

如果式（2-20）的两个方程得到满足，则将分别形成以 OA 和 OB 原子列为轴的同轴圆锥组。当 $(\beta_1+\beta_2)>\gamma$ 时，两圆锥面相交的直线方向，就是衍射线束的方向。

当二维原子面的 OA 及 OB 两晶轴互相垂直，单色X射线垂直于原子面入射，底片置于原子面后面并与原子面平行时，获得的衍射花样是一些有规律的衍射斑点，如图 2-17 所示，它们位于两组双曲线的交点位置上。

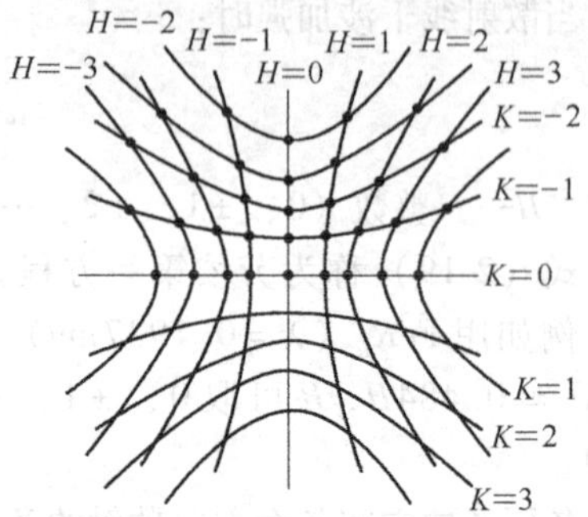

图 2-17　二维原子面衍射花样

2.3.1.3　三维晶体的衍射

可以将三维的空间点阵看做是由一系列平行的原子面所组成的。

如图 2-18（a）所示，OA、OB 和 OC 分别为三维晶体的三个晶轴，a、b、c 为其点阵常数，根据上述方法，可以推出 X 射线通过三维晶体的衍射条件为：

$$\left.\begin{aligned} a(\cos\beta_1 - \cos\alpha_1) &= H\lambda \\ b(\cos\beta_2 - \cos\alpha_2) &= K\lambda \\ c(\cos\beta_3 - \cos\alpha_3) &= L\lambda \end{aligned}\right\} \quad (2\text{-}21)$$

式中　H，K，L——整数。

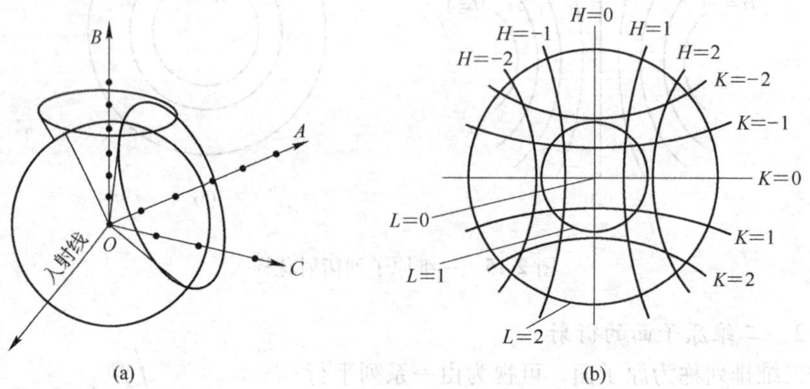

图 2-18　三维晶体的衍射
（a）衍射条件；（b）衍射花样

在晶体点阵中，如果有衍射现象发生，则上述三个方程必须同时满足，即三个方向的衍射圆锥面须同时交于一直线，该直线的方向，就是衍射束的方向。

三个方程式中，除 β_1、β_2、β_3 外，其余各量均为常数，似乎方程组有唯一的解，但其实 β_1、β_2、β_3 之间还有一个约束方程。对于直角坐标系，这个方程是：

$$\cos^2\beta_1 + \cos^2\beta_2 + \cos^2\beta_3 = 1$$

这样要从四个方程式中解出三个变量，一般是不可能的。这预示着用单色 X 射线照射不动的单晶体，一般来说不可能获得衍射。但如果改变入射束与晶轴夹角，或者改变波长 λ，则有可能使式（2-21）的 3 个方程同时得到满足，此时，以三个晶轴为轴的圆锥面交于同一直线，该直线的方向，就是衍射束的方向。图 2-18（b）为入射线与某一晶轴一致、三晶轴互相正交、X 射线与照相底片垂直时得到的衍射花样。

2.3.2　布拉格方程

用劳埃方程描述X射线被晶体衍射时，入射线、衍射线与晶轴的6个夹角不易确定，用该方程组求点阵常数比较困难。所以，用劳埃方程能解释衍射现象，但使用不方便。1912年，英国物理学家布拉格父子（W. H. Bragg和W. L. Bragg）从X射线被原子面“反射”的观点出发，推出了非常重要且更为实用的布拉格定律。

布拉格父子把晶体看成为由平行的原子面所组成，晶体的衍射线也当是由原子面的衍射线叠加而得。这些衍射线会由于相互干涉而大部分抵消，只有其中一些可以得到加强。更详细的研究发现，能够保留下来的那些衍射线，相当于某些原子面的反射线。按照这一观点，晶体对X射线的衍射，可视为晶体中某些原子面对X射线的“反射”。

2.3.2.1　布拉格方程的导出

先考虑同一层原子面上散射X射线的干涉。如图2-19（a）所示，当X射线以θ角照射到原子面上，并以β角散射时，相距为a的两原子散射X射线的光程差为：

$$\delta = a(\cos\theta - \cos\beta)$$

当光程差为波长整数倍（$n\lambda$）时，在β角方向散射线干涉加强。假定原子面上所有的原子散射线同相位，即光程差$\delta=0$，可得$\theta=\beta$。即是说，当入射角与散射角相等时，一层原子面上所有散射波干涉将会加强。与可见光的反射定律类似，X射线从一层原子面呈镜面反射的方向，就是散射线干涉加强的方向，因此，常将这种散射称为晶面反射。

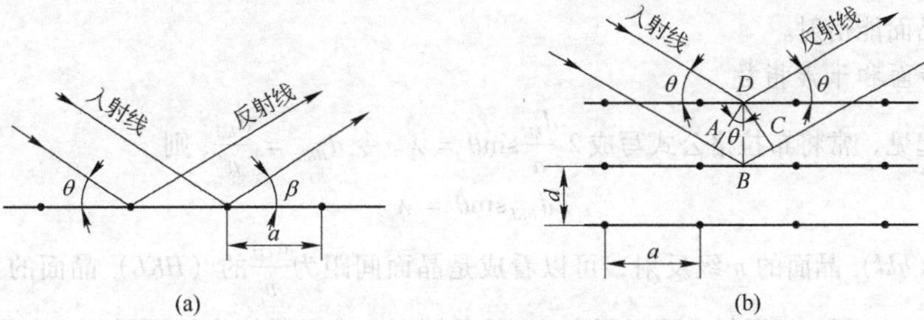

图2-19　布拉格定律的推证

（a）一个原子面的反射；（b）多层原子面的反射

X射线有强的穿透能力，在X射线作用下，晶体的散射线来自若干层原子面，除同一层原子面的散射线互相干涉外，各原子面的散射线之间还要相互干涉，如图2-19（b）所示。现在只讨论两相邻原子面的散射波的干涉，过D点分别向入射线和反射线作垂线，则两束线光程差为$\delta=AB+BC=2d\sin\theta$，$d$为晶面间距。当光程差为波长整数倍时，相邻原子面散射波干涉加强，即干涉条件为：

$$2d\sin\theta = n\lambda$$

式中　θ——入射线、反射线与反射晶面的夹角，称掠射角或布拉格角；

2θ——入射线与反射线（衍射线）之间的夹角，称为衍射角；

n——整数，称为反射级数。

上式称为布拉格定律或布拉格方程。布拉格定律是X射线在晶体中产生衍射必须满足的条件，它反映了衍射线方向（用θ描述）与晶体结构（用d描述）之间的关系。该定律将便于

测量的宏观量 θ 与微观量 d 和 λ 联系起来，通过 θ 的测定，在 λ 已知的情况下可以求 d，或者在 d 已知的情况下求 λ。因此，布拉格定律是 X 射线衍射分析的重要定律。

2.3.2.2　布拉格方程的讨论

A　选择反射

将衍射看成反射，是导出布拉格方程的基础。但衍射是本质，反射仅是为了方便描述。

X 射线在晶体中的衍射，实质是晶体中各原子相干散射波之间互相干涉的结果。但因衍射线方向恰好相当于原子面对入射线的反射，故可用布拉格定律代表反射规律来描述衍射束的方向。故在后面的讨论中，“反射”与“衍射”作为同义词使用。但是，X 射线对原子面的反射与可见光的镜面反射不同，X 射线对原子面的反射是选择性的反射，其选择条件为布拉格定律，是晶体内若干原子面反射线干涉的结果，而镜面可以是任意角度反射可见光。

B　产生衍射的限制条件

由布拉格公式 $2d\sin\theta = n\lambda$ 可知，$\sin\theta = \frac{n\lambda}{2d}$，因 $\sin\theta \leqslant 1$，故 $\frac{n\lambda}{2d} \leqslant 1$。为使物理意义更清晰，现考虑 $n=1$ 的情况，此时 $\frac{\lambda}{2} \leqslant d$，这就是衍射能够产生的限制条件。它说明用 X 射线照射晶体时，晶体中只有晶面间距 $d \geqslant \frac{\lambda}{2}$ 的晶面才能产生衍射。例如，α-Fe 的一组面间距从大到小顺序为：0.202nm、0.143nm、0.117nm、0.101nm、0.090nm、0.083nm、0.076nm、…，当用波长为 $\lambda_{K_\alpha}=0.194$nm 的铁靶进行照射时，因 $\frac{\lambda_{K_\alpha}}{2}=0.097$nm，只有前面 4 个晶面间距大于它，即只有 4 个晶面能衍射。

C　干涉面和干涉指数

为方便起见，常将布拉格公式写成 $2\frac{d_{hkl}}{n}\sin\theta = \lambda$。令 $d_{HKL} = \frac{d_{hkl}}{n}$，则

$$2d_{HKL}\sin\theta = \lambda \tag{2-22}$$

这样由（hkl）晶面的 n 级反射，可以看成是晶面间距为 $\frac{d_{hkl}}{n}$ 的（HKL）晶面的 1 级反射，（hkl）和（HKL）面互相平行。面间距为 d_{HKL} 的晶面不一定是晶体中的原子面，而是为了简化布拉格方程引入的反射面，常把它称为干涉面。对于斜方晶系：

$$d_{hkl} = \frac{1}{\sqrt{\frac{h^2}{a^2}+\frac{k^2}{b^2}+\frac{l^2}{c^2}}} \tag{2-23}$$

故

$$d_{HKL} = \frac{d_{hkl}}{n} = \frac{1}{n\sqrt{\frac{h^2}{a^2}+\frac{k^2}{b^2}+\frac{l^2}{c^2}}}$$

$$= \frac{1}{\sqrt{\frac{(nh)^2}{a^2}+\frac{(nk)^2}{b^2}+\frac{(nl)^2}{c^2}}}$$

$$= \frac{1}{\sqrt{\frac{H^2}{a^2}+\frac{K^2}{b^2}+\frac{L^2}{c^2}}} \tag{2-24}$$

即

$$H = nh;\quad K = nk;\quad L = nl \tag{2-25}$$

式（2-25）适合于所有晶系。由此可见，干涉指数有公约数 n，而晶面指数只能是互质的

整数。当干涉指数也互质时，它就代表一组真实的晶面，故干涉指数是晶面指数的推广，是广义的晶面指数。

D　衍射线方向与晶体结构的关系

由布拉格方程可以看出，当 λ 一定时，衍射束方向（用 θ 表示）是反射面晶面间距 d 的函数。而在不同晶系中，面间距 d 与反射面（HKL）及点阵常数的关系不同，如将立方、正方、斜方晶系的晶面间距公式代入。可以得到：

立方晶系
$$\sin^2\theta = \frac{\lambda^2}{4a^2}(H^2 + K^2 + L^2) \tag{2-26}$$

正方晶系
$$\sin^2\theta = \frac{\lambda^2}{4}\left(\frac{H^2 + K^2}{a^2} + \frac{L^2}{c^2}\right) \tag{2-27}$$

斜方晶系
$$\sin^2\theta = \frac{\lambda^2}{4}\left(\frac{H^2}{a^2} + \frac{K^2}{b^2} + \frac{L^2}{c^2}\right) \tag{2-28}$$

对于其他晶系也容易求得类似的公式。上述公式可以容易地计算出当入射线波长一定时，任何一组晶面产生衍射的布拉格角。

从上面公式可以看出，晶体所属晶系不同，对于同指数的点阵面，其衍射线方向 2θ 不同。也就是说，不同晶系或点阵参数不同的晶体，它们的衍射线空间分布的规律不同，即衍射花样不同。由此可得出以下结论：衍射线分布规律完全是由晶胞形状和大小确定。正是根据这一原理，我们可以从衍射线的分布规律来测定未知晶体中晶胞的形状和大小。

E　应用

布拉格方程式是X射线衍射分析中最重要的基础公式，它形式简单，能够说明衍射的基本关系，所以应用非常广泛。从实验角度可归结为两方面的应用：一方面是用已知波长的X射线照射晶体，通过衍射角的测量求得晶体中各晶面的面间距，这就是结构分析；另一方面是用一种已知面间距的晶体来衍射从试样发射出来的X射线，通过衍射角的测量求得X射线的波长，这就是X射线光谱学，该法除可进行光谱结构的研究外，从X射线的波长还可确定试样的组成元素。

2.3.3　衍射矢量方程与厄瓦尔德图解

2.3.3.1　衍射矢量方程

在图2-20中，O 为晶体点阵原点上的原子，A 为该晶体中另一任意原子，其位置可用位置矢量 $\boldsymbol{OA}$ 来表示：

$$\boldsymbol{OA} = p\boldsymbol{a} + q\boldsymbol{b} + r\boldsymbol{c}$$

式中，$\boldsymbol{a}$、$\boldsymbol{b}$ 和 $\boldsymbol{c}$ 为点阵的三个基矢，而 p、q、r 为任意整数。假如一束波长为 λ 的X射线，以单位矢量 $\boldsymbol{S}_0$ 的方向照射在晶体上，以下来考察单位矢量 $\boldsymbol{S}$ 的方向产生衍射的条件。

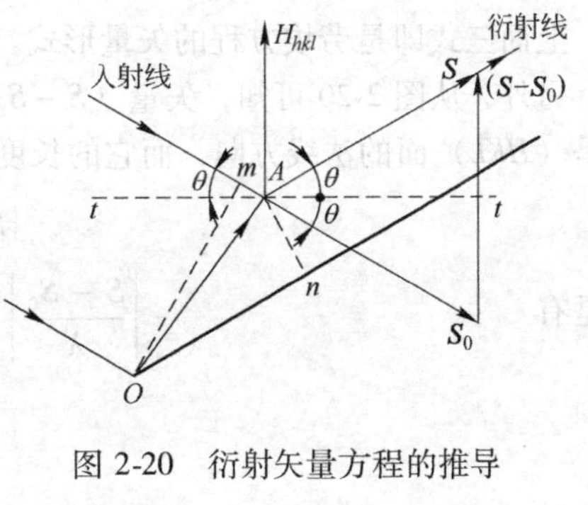

图2-20　衍射矢量方程的推导

一般来说，$\boldsymbol{S}_0$、$\boldsymbol{S}$ 和 $\boldsymbol{OA}$ 不在同一平面上。为此必须首先确定原子 O 和 A 的散射光线之间的相位差，如图2-20所示，以 Om 和 An 分别表示垂直于 $\boldsymbol{S}_0$ 和 $\boldsymbol{S}$ 的波阵面，则经过 O 和 A 的散射线的光程差为：

$$\delta = On - Am = \boldsymbol{OA} \cdot \boldsymbol{S} - \boldsymbol{OA} \cdot \boldsymbol{S}_0 = \boldsymbol{OA} \cdot (\boldsymbol{S} - \boldsymbol{S}_0) \tag{2-29}$$

而相位差为：

$$\phi = \frac{2\pi\delta}{\lambda} = 2\pi\left(\frac{\boldsymbol{S} - \boldsymbol{S}_0}{\lambda}\right) \cdot \boldsymbol{OA} \tag{2-30}$$

根据光学原理，两个波互相干涉加强的条件为相位差 ϕ 等于 2π 的整数倍，即要求：

$$\left(\frac{\boldsymbol{S} - \boldsymbol{S}_0}{\lambda}\right) \cdot \boldsymbol{OA} = n \quad (n = 0, \pm 1, \pm 2, \cdots) \tag{2-31}$$

如果将矢量 $(\boldsymbol{S} - \boldsymbol{S}_0)/\lambda$ 表示在倒易空间中，那么当下式：

$$\left(\frac{\boldsymbol{S} - \boldsymbol{S}_0}{\lambda}\right) = \boldsymbol{r}^* = H\boldsymbol{a}^* + K\boldsymbol{b}^* + L\boldsymbol{c}^* \quad (H, K, L \text{ 为整数}) \tag{2-32}$$

成立时，式（2-31）必成立。这是因为把式（2-32）代入式（2-31）有：

$$\left(\frac{\boldsymbol{S} - \boldsymbol{S}_0}{\lambda}\right) \cdot \boldsymbol{OA} = (H\boldsymbol{a}^* + K\boldsymbol{b}^* + L\boldsymbol{c}^*) \cdot (p\boldsymbol{a} + q\boldsymbol{b} + r\boldsymbol{c})$$

$$= pH + qK + rL = n$$

令 $\boldsymbol{K} = \boldsymbol{S}/\lambda$，$\boldsymbol{K}_0 = \boldsymbol{S}_0/\lambda$。$\boldsymbol{K}$ 和 $\boldsymbol{K}_0$ 表示衍射方向和入射方向的波矢量，于是式（2-32）变成：

$$\frac{\boldsymbol{S}}{\lambda} - \frac{\boldsymbol{S}_0}{\lambda} = \boldsymbol{K} - \boldsymbol{K}_0 = \boldsymbol{r}^* \tag{2-33}$$

这是一个衍射矢量方程，也就是倒易空间衍射条件方程，它的物理意义是：当衍射波矢量和入射波矢量相差一个倒易基矢时，衍射才能产生。

劳埃方程、布拉格方程及衍射矢量方程是从不同角度推出的衍射方程。

以晶体的晶胞基矢 $\boldsymbol{a}$、$\boldsymbol{b}$ 和 $\boldsymbol{c}$ 分别与式（2-32）的两边作标积，可以导出劳埃方程的矢量形式，即

$$\boldsymbol{a} \cdot \left(\frac{\boldsymbol{S} - \boldsymbol{S}_0}{\lambda}\right) = \boldsymbol{a} \cdot (H\boldsymbol{a}^* + K\boldsymbol{b}^* + L\boldsymbol{c}^*) = H$$

即

$$\boldsymbol{a} \cdot (\boldsymbol{S} - \boldsymbol{S}_0) = H\lambda$$

类似的有：

$$\boldsymbol{b} \cdot (\boldsymbol{S} - \boldsymbol{S}_0) = K\lambda$$

$$\boldsymbol{c} \cdot (\boldsymbol{S} - \boldsymbol{S}_0) = L\lambda$$

上面三式即是劳埃方程的矢量形式。

另外，从图 2-20 可知，矢量（$\boldsymbol{S} - \boldsymbol{S}_0$）实际上垂直于矢量 $\boldsymbol{S}_0$ 和 $\boldsymbol{S}$ 夹角的角平分方向，也就是（HKL）面的法线方向，而它的长度为 $\sin\theta$ 的两倍，即

$$|\boldsymbol{S} - \boldsymbol{S}_0| = 2\sin\theta$$

于是有

$$\left|\frac{\boldsymbol{S} - \boldsymbol{S}_0}{\lambda}\right| = \frac{2\sin\theta}{\lambda} = |\boldsymbol{r}^*| = \frac{1}{d_{HKL}}$$

即

$$\frac{2\sin\theta}{\lambda} = \frac{1}{d_{HKL}}$$

或 $$2d_{HKL}\sin\theta = \lambda$$

这就是布拉格方程。

2.3.3.2　厄瓦尔德图解

式（2-33）所表示的衍射条件还可以用图解的方法表示。这种图解方法是德国物理学家厄瓦尔德首先提出来的。用这种图解方法可以更形象地理解产生衍射的条件，对于X射线衍射图像成因的解释是非常方便和有效的。下面对厄瓦尔德图解法做简要介绍。

衍射矢量方程的几何图解如图2-21所示。入射线波矢量 $\boldsymbol{S}_0/\lambda$ 与反射面（*HKL*）倒易矢量 $\boldsymbol{r}^*$ 及该晶面反射线波矢量 $\boldsymbol{S}/\lambda$ 构成矢量三角形。该三角形为等腰三角形。$\boldsymbol{S}_0/\lambda$ 终点是倒易矢量原点，而 $\boldsymbol{S}/\lambda$ 终点是 $\boldsymbol{r}^*$ 的终点，即（*HKL*）晶面对应的倒易点，$\boldsymbol{S}/\lambda$ 与 $\boldsymbol{S}_0/\lambda$ 之间的夹角为 2θ，称为衍射角，2θ 表达了入射线与反射线的方向。

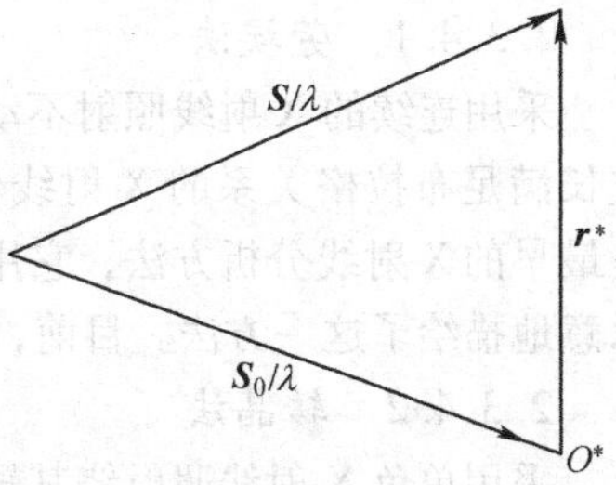

图2-21　衍射矢量三角形

当一束X射线以一定的方向投射到晶体上时，可能会有若干个晶面满足衍射条件，即在若干个方向上产生衍射线。按衍射矢量方程，晶体中每一个可能产生反射的（*HKL*）晶面均有各自的衍射矢量三角形。这就是说，在一个公共边 $\boldsymbol{S}_0/\lambda$ 上构成若干个矢量三角形。其中公有矢量 $\boldsymbol{S}_0/\lambda$ 的起点为各等腰三角形的公共顶点，末端为各三角形中一个角的公共顶点，也是倒易点阵的原点。若以矢量起点为圆心，$|\boldsymbol{S}_0/\lambda|$ 为半径作球面，则各三角形的另一腰即 $\boldsymbol{S}/\lambda$ 的终点在此球面上，因 $\boldsymbol{S}/\lambda$ 的终点为 $\boldsymbol{r}^*$ 的终点，即反射晶面（*HKL*）的倒易点也落在此球面上。

由上述分析可知，可能产生反射的晶面，其倒易点必落在反射球上。据此，厄瓦尔德做出了表达晶体各晶面产生衍射必要条件的几何图解，如图2-22所示。厄瓦尔德图解步骤为：

（1）以X射线波长的倒数 $1/\lambda$ 为半径作反射球；

（2）X射线沿球的直径方向入射（$\boldsymbol{S}_0/\lambda$）；

（3）以X射线射出球面的那点作晶体倒易点阵原点，将该倒易点阵引入；

（4）与反射球面相交的倒易点所对应的界面（P_1，P_2）均可参与衍射；

（5）球心与该倒易点的连线即为衍射方向（$\boldsymbol{S}/\lambda$）。

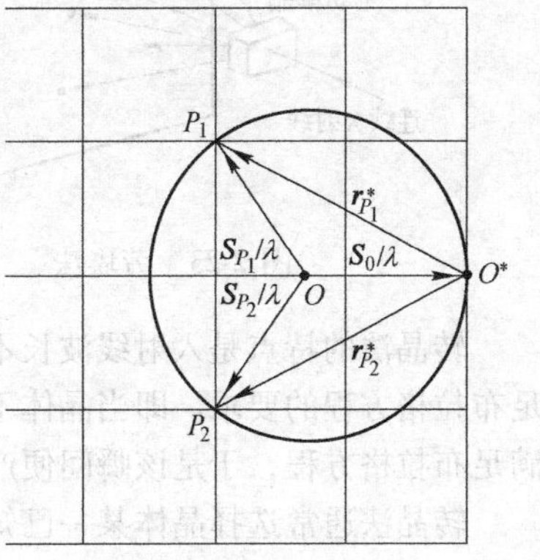

图2-22　厄瓦尔德图解

2.3.4　X射线衍射实验方法

无论何时，必须严格符合布拉格方程，才有可能产生衍射。因此，要想使任一给定的晶体产生衍射时，其相应的入射线波长 λ 与掠射角 θ 必须符合布拉格方程。当用单色的X射线去照射不动的单晶体时，对于面间距为 d 的某种晶面而言，λ 和 d 已属恒定，而该晶面对于X射线的掠射角 θ 也不可变。这样三个固定的参量一般是不会满足布拉格关系的，从而不可能获得衍射。为了使衍射能够发生，必须设法使 θ 或 λ 连续可变，以便有更多满足布拉格方程的机会。根据实验时改变这两个量所采取的方式，可将衍射实验方法分为三种，见表2-3。

表 2-3　X 射线衍射方法

方　法	试　样	λ	θ
劳埃法	单晶体	变化	不变化
转晶法	单晶体	不变化	部分变化
粉末法	粉末、多晶体	不变化	变　化

2.3.4.1　劳埃法

采用连续的 X 射线照射不动的单晶体时，因 X 射线的波长连续可变，故可从中挑选出其波长满足布拉格关系的 X 射线使衍射产生。劳埃法是德国物理学家劳埃 1912 年首先提出的，是最早的 X 射线分析方法，它用垂直于入射线的平板底片记录衍射线而得到劳埃斑点。图 2-23 示意地描绘了这一方法。目前，劳埃法多用于单晶体取向测定及晶体对称性的研究。

2.3.4.2　转晶法

采用单色 X 射线照射绕某轴旋转的单晶体，并用一张以旋转轴为轴的圆筒形底片来记录，如图 2-24 所示。

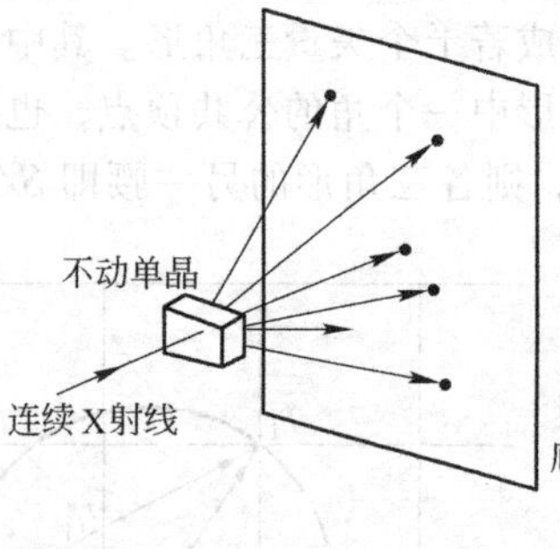

图 2-23　劳埃法

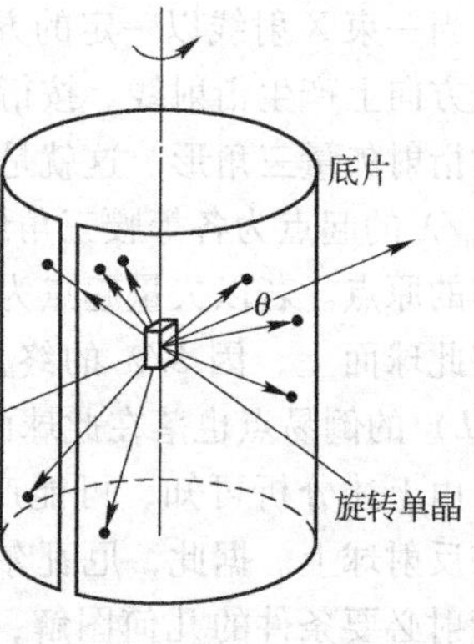

图 2-24　转晶法

转晶法的特点是入射线波长不变，而靠旋转单晶体以连续改变各晶面与入射线的 θ 角来满足布拉格方程的要求。即当晶体不断旋转时，某组晶面会于瞬间和单色的入射线束的夹角正好满足布拉格方程，于是该瞬间便产生一根衍射线束。

转晶法通常选择晶体某一已知点阵直线为旋转轴，入射 X 射线与之相垂直，衍射花样呈层线分布。转晶法可确定晶体在旋转轴方向上的点阵周期，通过多个方向上点阵周期的测定，就可确定晶体的结构。

2.3.4.3　多晶粉末法

粉末法采用单色 X 射线照射固定或旋转的多晶体试样。即利用多晶体试样中的各个微晶不同取向来改变 θ，以满足布拉格方程的要求。

粉末法是衍射分析中最常用的方法。大多数材料的粉末或多晶体块、板、丝、棒等均可直接用作试样，且其衍射花样又可提供很多的分析资料。粉末法主要用于测定晶体结构，进行物相定性和定量分析，精确测定晶体的点阵参数以及材料的应力、织构、晶粒大小等。

粉末法是各种多晶体 X 射线衍射分析的总称，其中最典型的是德拜-谢乐法，它用窄圆筒底片来记录衍射花样，如图 2-25 所示。

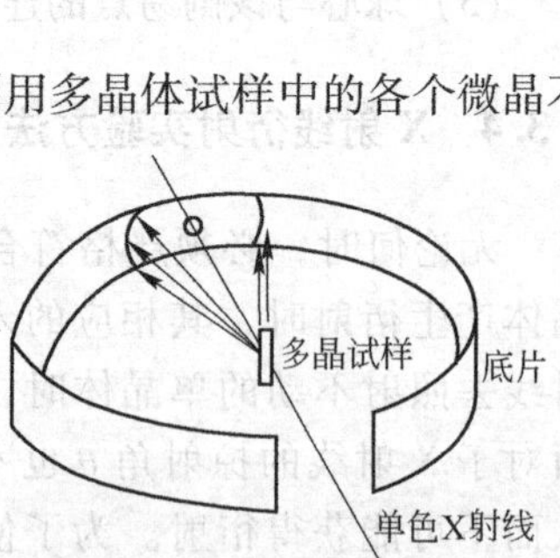

图 2-25　粉末法

目前最具实用性的是用计数器测定衍射 X 射线，这就是 X 射线衍射仪测量法。

2.4　X 射线衍射强度

劳埃方程或布拉格方程只解决了衍射线方向问题，但对衍射线的强度则无能为力，而分析中经常涉及衍射线强度问题。例如，在进行物相定量分析、固溶体有序测定、内应力以及织构测定时，都必须进行衍射强度的准确测定。

前面提到，衍射线的方向是由晶胞大小决定的。而原子在晶胞中的位置能影响衍射线的强度，而不影响其方向。也就是说，描述衍射线方向的布拉格方程不能反映晶体中原子种类和它们的位置的改变。这个问题涉及衍射强度理论，为此必须求出晶体结构中原子的种类和位置与衍射线强度之间的定量关系。由于衍射强度涉及的变量较多，需要逐步进行处理。由于电子是散射 X 射线的最基本的单元，因此，首先要研究一个电子的散射，然后再讨论一个原子的散射、一个晶胞的散射、一个小晶体的衍射，最后再讨论粉末试样衍射强度。

为使讲述较为形象具体，首先介绍多晶体衍射花样的形成。

2.4.1　多晶衍射花样的形成

德拜采用一束特征 X 射线垂直照射多晶体试样，并用圆筒窄条底片记录。通常，X 射线照射到的微晶体数可超过 10 亿个。在多晶试样中，各微晶体的取向是无规的，某种晶面在空间的方位按等几率分布。当用波长为 λ 的射线照射时，某微晶体中面间距为 d 的晶面（暂称 d 晶面）若要发生衍射，必要条件是它在空间相对于入射线成角 θ 放置，即满足布拉格方程。上述 10 亿以上的无规则排列的微晶体，必然有很多不满足这一条件，对应的 d 晶面便不能参与衍射，但也必然有相当一部分晶体满足这一条件，其 d 晶面便能参与衍射。

各微晶体中满足布拉格方程的 d 晶面，在空间排列成一个圆锥面。该圆锥面以入射线为轴，以 2θ 为顶角。反射线也呈锥面分布，顶角为 4θ（见图 2-26）。

各微晶中面间距为 d_1 的晶面，将产生顶角为 $4\theta_1$ 的另一反射锥面。因晶体中存在一系列 d 值不同的晶面，故对应也出现一系列 θ 值不同的反射圆锥面。当 $4\theta = 180°$ 时，圆锥面将演变成一个与入射线相垂直的平面，当 $4\theta > 180°$ 时，将形成一个与入射线方向相反的背反射圆锥（见图 2-27）。

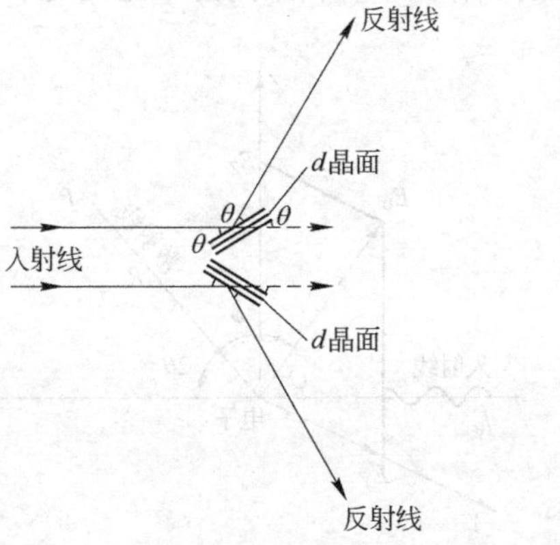

图 2-26　d 晶面及其反射线的平面分布

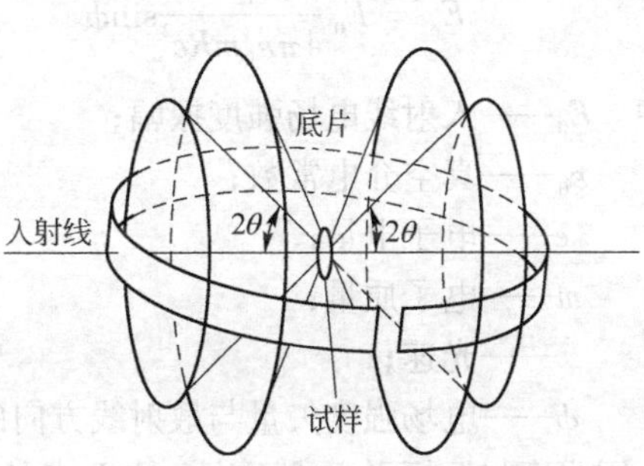

图 2-27　多晶衍射花样的形成

用厄瓦尔德图来说明德拜花样也许更加简单易懂。在粉末试样中，各晶粒的（*HKL*）面间距均相等，故其倒易矢量（$\boldsymbol{r}=1/d$）具有同一长度。由于各微晶体具有混乱但均匀的取向，故对应的倒易结点均匀分布在半径为 $1/\lambda$ 的球面上，这个球称为倒易球，其球心在倒易点阵原点 O 上（见图 2-28）。倒易矢量长度互异的倒易点（对应着面间距不同的晶面）分布在不同的倒易球上，例如图中的（111）、（200）、（220）等同心倒易球，令入射线的方向与倒易点阵某基矢相一致，从 O 点截取 $1/\lambda$ 长度得反射球心 O'，以 O'为球心作为反射球。按厄瓦尔德作图法，凡与反射球相交的倒易点所对应的晶面均可能参与反射。每个倒易球面与反射球面相交成一个圆周，从反射球心 O'作各圆周的引线即为衍射线束，它组成若干个以 O'为顶点并以入射线为轴线的圆锥面。

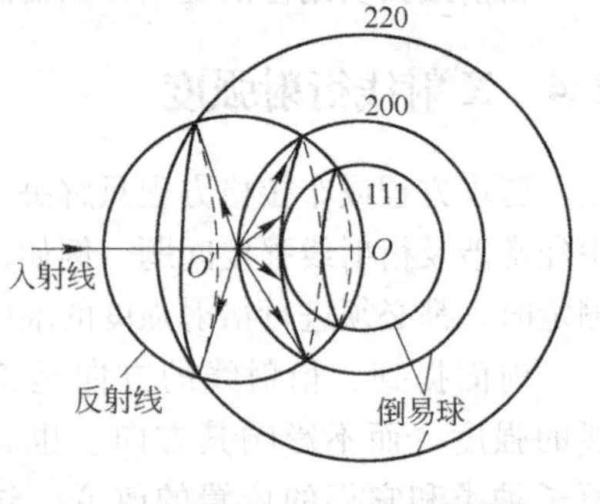

图 2-28　粉末法的厄瓦尔德图解

可见，当单色 X 射线照射多晶试样时，衍射线将分布在一组以入射线为轴的圆锥面上。在垂直于入射线的平底片上，所记录到的衍射花样将为一组同心圆，此种底片仅可记录部分衍射圆锥，故通常采用以试样为轴的圆筒窄条底片来记录。图 2-29 所示为德拜相示意图。

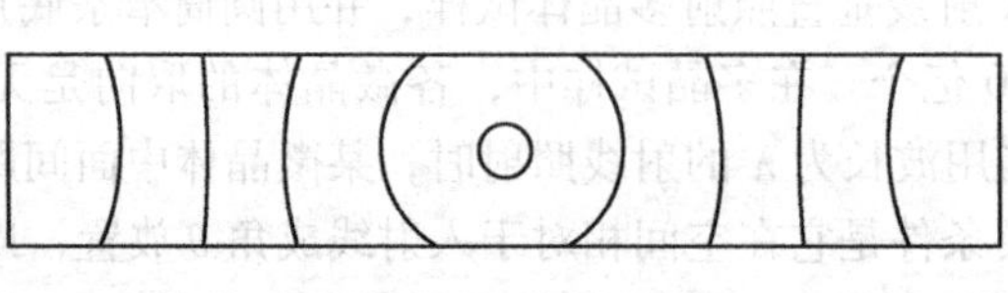

图 2-29　德拜相示意图

2.4.2　一个电子对 X 射线的散射

一束强度为 I_0 的 X 射线沿 OX 方向传播（见图 2-30），作用在位于 O 点的一个自由电子。这个电子在 X 射线电磁波的作用下产生受迫振动，振动频率与原入射 X 射线的振动频率相同。从经典电动力学的观点来讲，即电子获得一定的加速度，它将向空间各方向辐射与原入射 X 射线频率相同并具有确定相位关系的电磁波。汤姆逊曾根据经典电动力学导出：一个电荷为 e、质量为 m 的自由电子，在强度为 I_0 且偏振化了的 X 射线作用下，在距离为 R 远处的 P 点，散射波的电场强度振幅是：

$$E_e = E_0 \frac{e^2}{4\pi\varepsilon_0 mRc^2}\sin\phi \qquad (2\text{-}34)$$

式中　E_0——入射线电场强度振幅；

ε_0——真空介电常数；

e——电子电量；

m——电子质量；

c——光速；

ϕ——电场强度矢量与散射线方向的夹角。

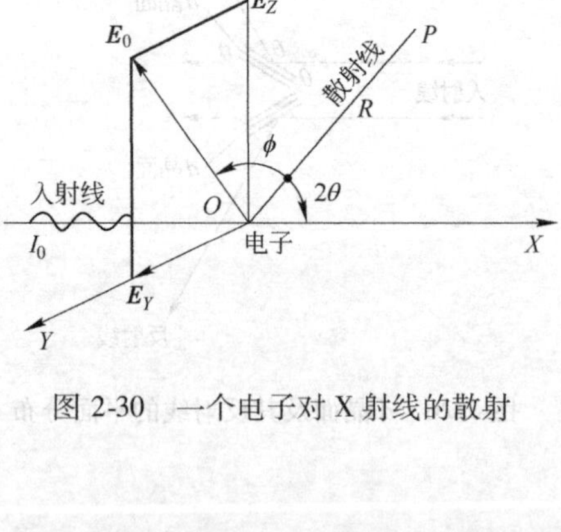

图 2-30　一个电子对 X 射线的散射

因强度与振幅平方成正比，故 P 点处的散射强度为：

$$I_e = I_0 \frac{e^4}{(4\pi\varepsilon_0 mRc^2)^2}\sin^2\phi \qquad (2\text{-}35)$$

通常情况下，入射到晶体的 X 射线并非偏振光，在垂直传播方向的平面上，电场矢量 $\boldsymbol{E}_0$ 指向任意方向。但不论其方向如何，总可以把到达散射电子 O 的电场矢量 $\boldsymbol{E}_0$ 分解为两个分量（见图 2-30），一个是沿 Y 轴方向的 E_Y，另一个沿 Z 轴方向的 E_Z。由于 $\boldsymbol{E}_0$ 在各方向出现的几率相等，所以 $E_Y = E_Z$。由图可知：

$$E_0^2 = E_Y^2 + E_Z^2 = 2E_Y^2 = 2E_Z^2$$

或者

$$I_0 = I_Y + I_Z = 2I_Y = 2I_Z$$

即

$$I_Y = I_Z = \frac{1}{2}I_0$$

沿 Z 方向的电场强度 E_Z 与散射线 OP 间的夹角为 $\frac{\pi}{2} - 2\theta$，故电子在 E_Z 作用下在 P 点散射波强度为：

$$I_{PZ} = I_Z \frac{e^4}{(4\pi\varepsilon_0 mRc^2)^2}\sin^2\left(\frac{\pi}{2} - 2\theta\right) = \frac{1}{2}I_0 \frac{e^4}{(4\pi\varepsilon_0 mRc^2)^2}\cos^2 2\theta \qquad (2\text{-}36)$$

沿 Y 方向的电场强度 E_Y 与散射线 OP 间的夹角为 $\frac{\pi}{2}$，故电子在 E_Y 作用下在 P 点散射波强度为：

$$I_{PY} = I_Y \frac{e^4}{(4\pi\varepsilon_0 mRc^2)^2}\sin^2\frac{\pi}{2} = \frac{1}{2}I_0 \frac{e^4}{(4\pi\varepsilon_0 mRc^2)^2} \qquad (2\text{-}37)$$

电子在入射线作用下，在 P 点散射强度为：

$$I_e = I_{PY} + I_{PZ} = I_0 \frac{e^4}{(4\pi\varepsilon_0 mRc^2)^2}\left(\frac{1 + \cos^2 2\theta}{2}\right) \qquad (2\text{-}38)$$

式（2-38）称为汤姆孙公式，说明电子散射强度随 2θ 而变，在 2θ 为 0°和 180°方向时的强度为 90°方向的 2 倍。即一束非偏振的 X 射线经电子散射后偏振化了，偏振化程度取决于 2θ 的大小，通常将 $\frac{1}{2}(1 + \cos^2 2\theta)$ 称为偏振因子或偏振因数。$r_e = \frac{e^2}{mc^2}$ 称为电子经典半径，其值为 2.82×10^{-15} m。把它代入式（2-38），可以计算出一个电子对 X 射线的散射强度是极其微小的，而一个质子的质量是电子的 1836 倍，故原子核的散射强度更是远远小于电子散射强度而被忽略不计。

2.4.3　原子对 X 射线的散射

原子是由原子核和核外电子组成的。由于原子核的质量比电子大得多，例如一个质子的质量是一个电子质量的 1836 倍，相应地散射线强度也只有一个电子散射线强度的 $(1/1836)^2$。因此，在计算原子的散射时可以忽略原子核对 X 射线的散射，只考虑电子散射对 X 射线的贡献。

如果入射 X 射线的波长比原子的直径大得多，则原子中的 Z 个电子可以看成集中在一个点上，则各个电子散射波之间将不存在相位差，这些电子总质量为 Zm，总电量为 Ze。因此，该原子散射 X 射线的强度为：

$$I_a = I_0 \frac{(Ze)^4}{(4\pi\varepsilon_0 ZmRc^2)^2}\frac{1}{2}(1 + \cos^2 2\theta) = Z^2 I_e \qquad (2\text{-}39)$$

但是，在通常的 X 射线衍射分析中，所用波长与原子直径大小差不多，故不能认为所有电子集中在一点，它们的散射波有相位差（见图 2-31）。在 $2\theta = 0°$ 方向，各电子散射波相位相同，原子散射波振幅是一个电子散射波振幅的 Z 倍，而 $I_a = Z^2 I_e$。随 2θ 增加，电子散射波相位差越来越大，I_a 越来越小，假定：

$$I_a = f^2 I_e \tag{2-40}$$

式中　f——原子散射因子（散射因数）。

且 $f \leqslant Z$，因强度与振幅平方成正比，故

$$f = \frac{一个原子相干散射波振幅}{一个电子相干散射波振幅} = \frac{A_a}{A_e} = f\left(\frac{\sin\theta}{\lambda}\right) \tag{2-41}$$

f 是 $\sin\theta/\lambda$ 的函数，随着 θ 角增大，在这个方向上的电子散射波间相位差加大，f 减少；当 θ 固定时，波长愈短，相位差愈大，f 愈小。f 将随 $\sin\theta/\lambda$ 增大而减小。图 2-32 为 f-$\sin\theta/\lambda$ 曲线，可以看出，只有 $\sin\theta/\lambda = 0$ 处，$f = Z$，其他散射方向上，总有 $f < Z$。各元素的原子散射因子可用理论计算得出，其数值列于附表 6 和附表 7 中。

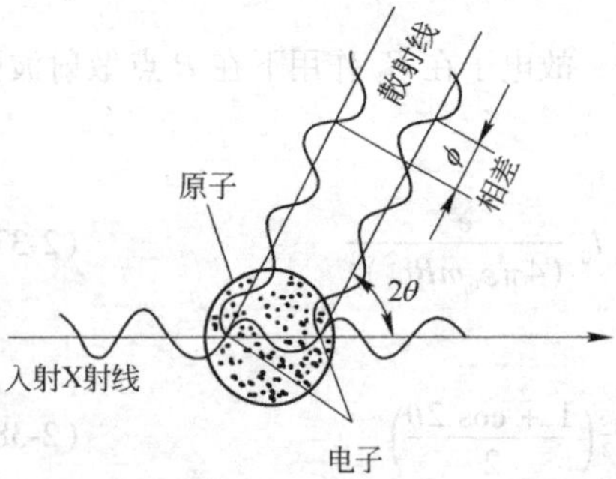

图 2-31　一个原子对 X 射线的散射

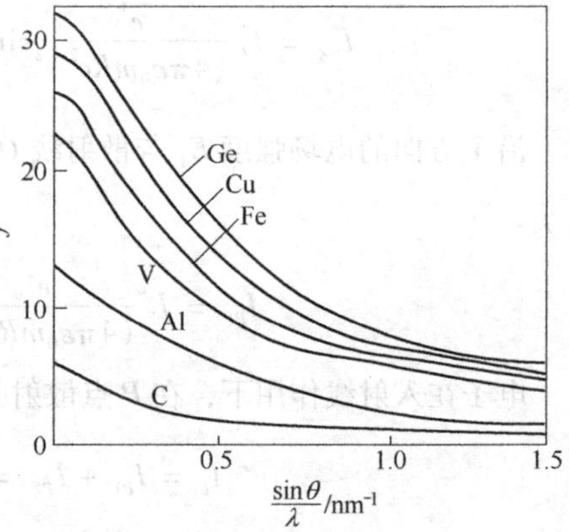

图 2-32　原子散射因子曲线

上述讨论是假定电子处于无束缚和无阻尼的自由电子状态。在实际原子中，电子受原子核的束缚，受原子核束缚愈紧的电子其散射能力和自由电子差别愈大，散射波的相位差也不同。但在一般条件下，这个作用可以忽略。

需要注意的是，当入射线波长接近原子的某一吸收限（如 λ_K 吸收限）时，f 值将明显下降，此现象称为原子的反常散射，此时，需对 f 值进行校正：即 $f' = f - \Delta f$，Δf 称原子散射因子校正值，可通过查表（见附表 8）得到，f' 为校正后的原子散射因子。

2.4.4　一个晶胞对 X 射线的散射

为了求得衍射光束强度的表达式，不能局限于考虑一个孤立原子所产生的相干散射，而应考虑所有构成晶体原子所产生的相干散射。原子在晶体空间中呈周期性排列，意味着它们的衍射线被严格地限制在某些确定的方向上。这些衍射线的方向是由于布拉格定律所决定的。这个定律就某种意义上说是一个否定式的定律，即如果不满足布拉格定律便不能产生衍射光束，但是原子在单位晶胞内部的特殊排列，也可能使某些原子面在满足布拉格定律的条件下仍然不能产生衍射。

以下用图 2-33 所示的三种类型的斜方晶胞说明问题。图 2-34 是图 2-33 的正投影，用它讨

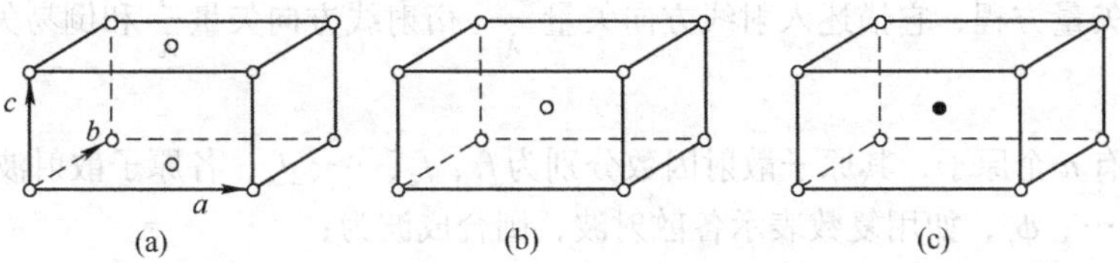

图 2-33 斜方单位晶胞

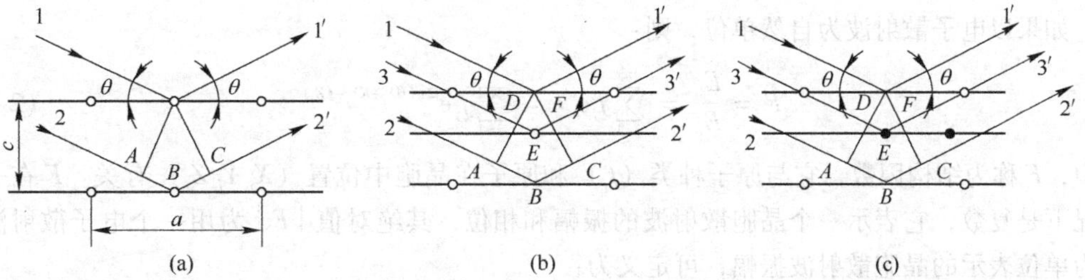

图 2-34 (001) 晶面衍射

论（001）面的反射。如图 2-33（a）所示的底心晶胞，对应所用的波长和图 2-34（a）所示的 θ 角刚好满足布拉格定律，这意味着相邻两晶面反射线程差为一个波长，于是在 1′方向能观察到反射线。与此同时，在图 2-33（b）所示的体心晶胞中，光束 11′和 22′也是同相的，程差 *ABC* 同样是一个波长，如无其他原子影响，在 1′方向也能观察到反射线，但由于体心原子的出现，过体心有一原子面，该原子面与晶胞上下两层原子面等距，因此，光束 11′与 33′之间的程差 *DEF* 刚好是 *ABC* 的一半，即半波长，故 11′和 33′完全反相，其反射线互相抵消，因此在体心不会出现（001）反射。将这种原子在晶胞中位置不同而引起的某些方向衍射线的消失称为系统消光。在图 2-33（c）中，虽然在体心也有一原子面，11′与 33′也反相，但因两近邻原子面的原子种类不同，故合成波不为零，即有（001）反射存在，只是反射较弱。

上述例子说明原子种类和位置的变化都会改变衍射光束强度，但不一定使它降到零。

为了求晶胞内所有原子散射波的合成，先求晶胞内任一原子 *A* 与晶胞顶角原子 *O* 之间散射波的相位差，然后按相位对所有原子散射波进行叠加。如图 2-35 所示，两原子散射波程差为：

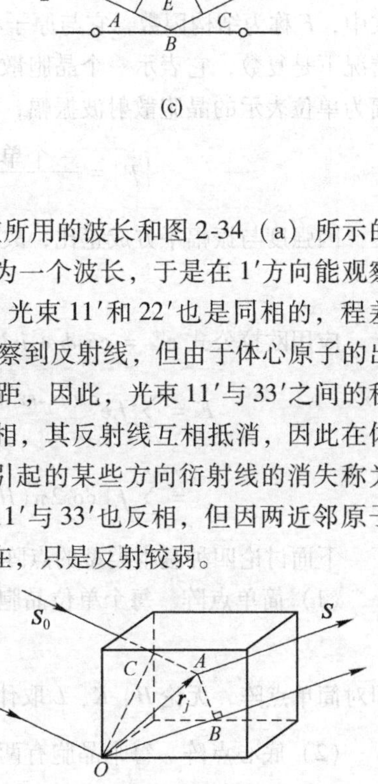

图 2-35 一个晶胞对 X 射线的散射

$$\delta_j = OB - AC = \boldsymbol{r}_j \cdot \boldsymbol{S} - \boldsymbol{r}_j \cdot \boldsymbol{S}_0 = \boldsymbol{r}_j(\boldsymbol{S} - \boldsymbol{S}_0) \tag{2-42}$$

式中 $\boldsymbol{r}_j$——*A* 原子的位置矢量，且 $\boldsymbol{r}_j = X_j\boldsymbol{a} + Y_j\boldsymbol{b} + Z_j\boldsymbol{c}$，$0 \leqslant X_j \leqslant 1$，$0 \leqslant Y_j \leqslant 1$，$0 \leqslant Z_j \leqslant 1$。

此时相位差为：

$$\phi_j = 2\pi\frac{\delta_j}{\lambda} = 2\pi\boldsymbol{r}_j\left(\frac{\boldsymbol{S} - \boldsymbol{S}_0}{\lambda}\right) \tag{2-43}$$

当满足干涉加强条件时：

$$\frac{\boldsymbol{S} - \boldsymbol{S}_0}{\lambda} = H\boldsymbol{a}^* + K\boldsymbol{b}^* + L\boldsymbol{c}^*$$

故

$$\begin{aligned}\phi_j &= 2\pi(X_j\boldsymbol{a} + Y_j\boldsymbol{b} + Z_j\boldsymbol{c})(H\boldsymbol{a}^* + K\boldsymbol{b}^* + L\boldsymbol{c}^*) \\ &= 2\pi(X_jH + Y_jK + Z_jL)\end{aligned} \tag{2-44}$$

就是满足矢量方程，它描述入射线方向矢量 $\frac{S_0}{\lambda}$、衍射线方向矢量 $\frac{S}{\lambda}$ 和倒易矢量 r^*_{HKL} 之间的关系。

若晶胞内有 n 个原子，其原子散射因数分别为 f_1、f_2、…、f_n，各原子散射波与入射波相位差为 ϕ_1、ϕ_2、…、ϕ_n，如用复数表示各散射波，则合成波为：

$$E_b = E_e f_1 e^{i\phi_1} + E_e f_2 e^{i\phi_2} + \cdots + E_e f_n e^{i\phi_n} = E_e \sum_{j=1}^{n} f_j e^{i\phi_j} \tag{2-45}$$

如果以电子散射波为自然单位，则：

$$F = \frac{E_b}{E_e} = \sum_{j=1}^{n} f_j e^{i\phi_j} = \sum_{j=1}^{n} f_j e^{i2\pi(HX_j + KY_j + LZ_j)} \tag{2-46}$$

式中，F 称为结构因数，它与原子种类（f_j）和原子在晶胞中位置（$X_j\ Y_j\ Z_j$）有关。F 在一般情况下是复数，它表示一个晶胞散射波的振幅和相位，其绝对值 $|F|$ 为用一个电子散射波振幅为单位表示的晶胞散射波振幅，可定义为：

$$|F| = \frac{\text{一个单位晶胞中所有原子散射波的合成波振幅}}{\text{一个电子散射波的振幅}}$$

因强度与振幅平方成正比，故一个晶胞的散射波强度为：

$$I_b = I_e |F|^2$$

应用欧拉公式 $e^{i\phi} = \cos\phi + i\sin\phi$，则有：

$$F = \sum_{j=1}^{n} f_j e^{i2\pi(HX_j + KY_j + LZ_j)}$$
$$= \sum_{j=1}^{n} f_j [\cos 2\pi(HX_j + KY_j + LZ_j) + i\sin 2\pi(HX_j + KY_j + LZ_j)] \tag{2-47}$$

下面讨论四种基本类型的点阵的结构因数及消光规律：

（1）简单点阵。每个单位晶胞只有一个原子，坐标为000，原子散射因数为 f，有：

$$F = f e^{i2\pi(H\times 0 + K\times 0 + L\times 0)} = f$$

即对简单点阵，无论 H、K、L 取什么值，F 都等于 f，不等于零，故所有晶面都能产生衍射。

（2）底心点阵。每个晶胞有两个同类原子，其坐标分别为000和 $\frac{1}{2}\ \frac{1}{2}\ 0$，原子散射因数为 f，结构因数为：

$$F = f e^{i2\pi(H\times 0 + K\times 0 + L\times 0)} + f e^{i2\pi\left(H\times\frac{1}{2} + K\times\frac{1}{2} + L\times 0\right)} = f[1 + e^{i\pi(H+K)}]$$

当 $H + K =$ 偶数时，$F = 2f$；当 $H + K =$ 奇数时，$F = 0$。

结果表明，H 和 K 全奇或全偶，这种晶面能产生衍射；如为一奇一偶，这种晶面不产生衍射。是否有衍射与 L 无关。

（3）体心点阵。每个晶胞有两个同类原子，其坐标分别为000和 $\frac{1}{2}\ \frac{1}{2}\ \frac{1}{2}$，原子散射因数为 f，结构因数为：

$$F = f e^{i2\pi(H\times 0 + K\times 0 + L\times 0)} + f e^{i2\pi\left(H\times\frac{1}{2} + K\times\frac{1}{2} + L\times\frac{1}{2}\right)} = f[1 + e^{i\pi(H+K+L)}]$$

当 $H + K + L =$ 偶数时，$F = 2f$；当 $H + K + L =$ 奇数时，$F = 0$。

结果表明，只有 $H+K+L$ 为偶数的晶面才产生衍射。

(4) 面心点阵。每个晶胞有四个同类原子，其坐标分别为 000，$\frac{1}{2}\frac{1}{2}0$，$\frac{1}{2}0\frac{1}{2}$，$0\frac{1}{2}\frac{1}{2}$，原子散射因数为 f，结构因数为：

$$F = f\mathrm{e}^{i2\pi(H\times0+K\times0+L\times0)} + f\mathrm{e}^{i2\pi\left(H\times\frac{1}{2}+K\times\frac{1}{2}+L\times0\right)} + f\mathrm{e}^{i2\pi\left(H\times\frac{1}{2}+K\times0+L\times\frac{1}{2}\right)} + f\mathrm{e}^{i2\pi\left(H\times0+K\times\frac{1}{2}+L\times\frac{1}{2}\right)}$$

$$= f\left[1 + \mathrm{e}^{i\pi(H+K)} + \mathrm{e}^{i\pi(H+L)} + \mathrm{e}^{i\pi(K+L)}\right]$$

当 H、K、L 为同性指数时，$H+K$、$H+L$、$K+L$ 全偶数，$F=4f$；当 H、K、L 为异性指数时，则 $H+K$、$H+L$、$K+L$ 中总有两项为奇数，一项为偶数，$F=0$。

结果表明，在面心点阵中，只有 HKL 全奇或全偶的晶面才能产生衍射。

不同结构点阵消光规律见表 2-4，其结构因子见附表 9。

表 2-4　四种基本类型点阵的消光规律

布拉菲点阵	可衍射晶面指数	无衍射晶面指数	布拉菲点阵	可衍射晶面指数	无衍射晶面指数
简单点阵	H、K、L 为任意数	无	体心点阵	$H+K+L$ 为偶数	$H+K+L$ 为奇数
底心点阵	$H+K$ 为偶数	$H+K$ 为奇数	面心点阵	H、K、L 全奇或全偶	H、K、L 奇偶混合

2.4.5　一个小晶体的衍射

2.4.5.1　一个小晶体的衍射强度

一个小晶体可以看成是由晶胞在三维空间周期重复而成，求出晶胞衍射波后，按相位对所有晶胞散射波进行叠加，即可得整个晶体散射波的合成波。

如图 2-36 所示，为一小晶体部分晶胞，每个晶胞有 n 个原子，n 个原子的散射波的合成波为 FE_e，设想它由每个晶胞的角顶发出。为了简化，假定小晶体为平行六面体，三棱边为 $N_1\boldsymbol{a}$、$N_2\boldsymbol{b}$、$N_3\boldsymbol{c}$，其中 N_1、N_2、N_3 分别为晶轴 $\boldsymbol{a}$、$\boldsymbol{b}$、$\boldsymbol{c}$ 方向上的晶胞数，$N=N_1N_2N_3$ 为晶胞总数。

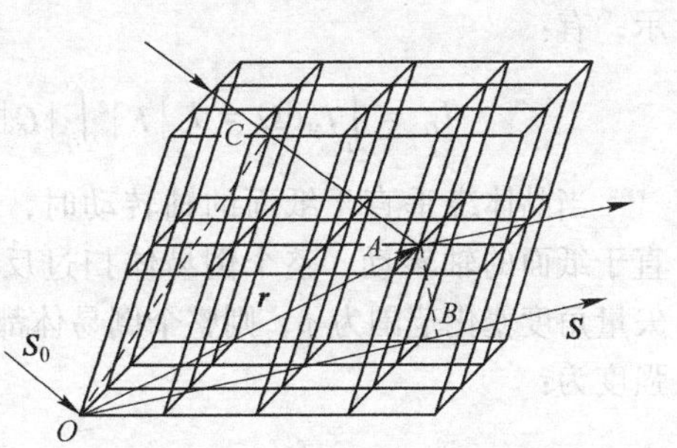

图 2-36　一个小晶体对 X 射线的散射

如图 2-36 中，一束 X 射线沿 $\boldsymbol{S}_0$ 方向照射到晶体上，则位于坐标原点 O 的晶胞和离它为 $\boldsymbol{r}$ 的晶胞 A 在 $\boldsymbol{S}$ 方向散射波程差为：

$$\delta = BO - AC = \boldsymbol{r}\cdot\boldsymbol{S} - \boldsymbol{r}\cdot\boldsymbol{S}_0 = \boldsymbol{r}(\boldsymbol{S}-\boldsymbol{S}_0) \tag{2-48}$$

相位差为：

$$\phi = 2\pi\frac{\delta}{\lambda} = 2\pi\frac{\boldsymbol{S}-\boldsymbol{S}_0}{\lambda}\cdot\boldsymbol{r} \tag{2-49}$$

式中　$\boldsymbol{r}$——正空间晶胞位置矢量，$\boldsymbol{r} = m\boldsymbol{a} + n\boldsymbol{b} + p\boldsymbol{c}$；

m，n，p——整数。

与讨论一个晶胞的散射类似，当 $\frac{\boldsymbol{S}-\boldsymbol{S}_0}{\lambda}\cdot\boldsymbol{r} =$ 整数时，相位差为 2π 的整数倍，能观察到加强的衍射线。根据倒易点阵性质，上述点积为整数时，必须 $\frac{\boldsymbol{S}-\boldsymbol{S}_0}{\lambda} = H\boldsymbol{a}^* + K\boldsymbol{b}^* + L\boldsymbol{c}^*$，此即衍

射矢量方程。为使讨论具有普遍性，现引入坐标 ξ、η、ζ，它是倒易空间可以连续变化的坐标，也包括 H、K、L 这样的整数值，此时

$$r^*_{\xi\eta\zeta} = \xi a^* + \eta b^* + \zeta c^* \tag{2-50}$$

故

$$\phi_{mnp} = 2\pi \frac{S - S_0}{\lambda} \cdot r = 2\pi r^*_{\xi\eta\zeta} \cdot r = 2\pi(m\xi + n\eta + p\zeta) \tag{2-51}$$

一个晶胞的相干散射波为 $E_b = E_e F$，故一个小晶体的相干散射波为：

$$E_M = E_e F \sum_{mnp} e^{i\phi_{mnp}} = E_e F \sum_{m=0}^{N_1-1} e^{i2\pi m\xi} \sum_{n=0}^{N_2-1} e^{i2\pi n\eta} \sum_{p=0}^{N_3-1} e^{i2\pi p\zeta} = E_e FG \tag{2-52}$$

式中　$|G|^2$——干涉函数或形状因子。

G 的表达式为：

$$G = \sum_{m=0}^{N_1-1} e^{i2\pi m\xi} \sum_{n=0}^{N_2-1} e^{i2\pi n\eta} \sum_{p=0}^{N_3-1} e^{i2\pi p\zeta} = G_1 G_2 G_3 \tag{2-53}$$

因强度与振幅平方成正比，故

$$I_M = I_e |F|^2 |G|^2 \tag{2-54}$$

2.4.5.2　一个小晶体的积分强度

一个小晶体的强度按前面的计算值与实验值有较大差异，因为计算值只代表主峰最大值强度，而实验值则为整个主峰对应的强度，即积分强度。如图 2-37 所示，有：

$$I_\Omega = \int_\Omega I_M d\Omega = I_e |F|^2 \int_\Omega |G|^2 d\Omega \tag{2-55}$$

当晶体绕垂直于纸面的轴转动时，倒易矢量也绕垂直于纸面的轴转动，整个倒易体扫过反射球面时，倒易矢量角度变化范围为 ϕ，则整个倒易体都参与反射的积分强度为：

$$I_{积} = \int_\Omega \int_\phi I_e |F|^2 |G|^2 d\Omega d\alpha \tag{2-56}$$

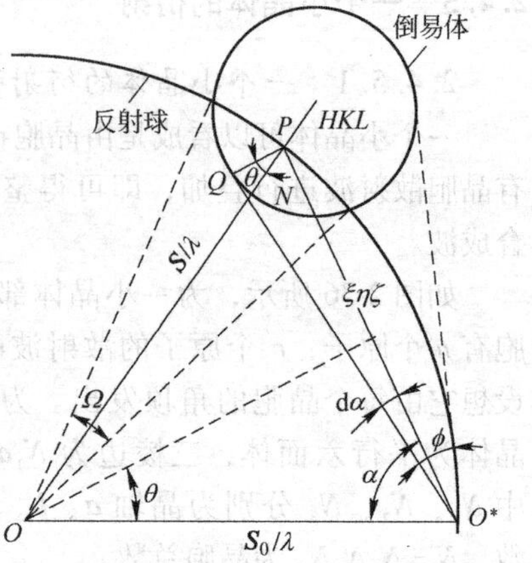

图 2-37　一个倒易体的衍射

若 N 为一个晶体中的晶胞数，一个晶体体积为 ΔV，晶胞体积为 V_0，有：

$$I_{积} = I_e \frac{1}{\sin 2\theta} \frac{\lambda^3}{V_0^2} |F|^2 \Delta V \tag{2-57}$$

将式（2-38）代入，有：

$$I_{积} = I_0 \left(\frac{e^2}{4\pi\varepsilon_0 mc^2}\right)^2 \frac{1 + \cos^2 2\theta}{2\sin 2\theta} \frac{\lambda^3}{V_0^2} |F|^2 \Delta V = I_0 Q \Delta V \tag{2-58}$$

其中

$$Q = \left(\frac{e^2}{4\pi\varepsilon_0 mc^2}\right)^2 \frac{1 + \cos^2 2\theta}{2\sin 2\theta} \frac{\lambda^3}{V_0^2} |F|^2$$

式中　Q——晶体的反射本领，是在一定波长和强度的 X 射线照射下，晶体单位体积的反射强度。

2.4.6 影响多晶（粉末）积分强度的其他因素

2.4.6.1 参加衍射的晶粒数目对积分强度的影响

在粉末法中，当考虑出现在某种布拉格角的衍射积分强度时，发现位于该角或接近该角的晶粒数目不同。这个数目即使在各个晶粒取向完全无规则时，也非恒定。

在图2-38中以位于 O 点的粉末试样为中心，作一半径为 r 的参考球。对于所示的（HKL）衍射来说，ON 即为试样内某个晶粒中这组晶面的法线。如前所述，在实际衍射中，除了与入射线呈正确的布拉格角的晶面外，相对偏离一个小角度 $\Delta\theta$ 的晶面也可以参加衍射。则对于（HKL）的衍射而言，只有晶面法线的端点能位于宽度为 $r\Delta\theta$ 的一条带内的晶粒，才是位于能产生衍射的位置。由于假定各晶粒取向是无规则的，因此，其面法线端点在参考球面上的分布也应该是均匀的。从而能参加衍射的晶粒数与总晶粒数之比应该等于该带的面积与整个球面积之比。令参加衍射的晶粒数为 ΔN，而总晶粒数为 N，则：

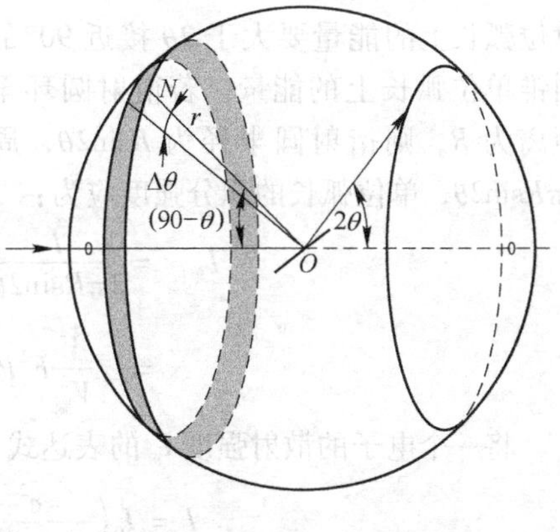

图2-38 面法线在某个衍射圆锥中的分布

$$\frac{\Delta N}{N}=\frac{r\Delta\theta\cdot 2\pi r\sin\left(\frac{\pi}{2}-\theta\right)}{4\pi r^2}=\frac{\cos\theta}{2}\Delta\theta \tag{2-59}$$

粉末多晶体的衍射积分强度与参加衍射的晶粒数目成正比，即与 $\cos\theta$ 成正比。

2.4.6.2 多重性因子

晶体中存在着原子排列方式相同但空间位向不同的一系列晶面，称为等同晶面。等同晶面的个数与晶体对称性高低及晶面指数有关。如立方系的（100）、（010）、（001）、（$\bar{1}00$）、（$0\bar{1}0$）、（$00\bar{1}$）属于｛100｝晶面族，这组等同晶面的个数为6。

由于这些等同晶面的面间距相等，因此衍射角相同，它们的衍射线都重叠在一个衍射圆环上，某些（HKL）晶面有 P 个等同晶面，该晶面的衍射几率将变为原先的 P 倍，于是参加衍射的晶粒数也随之增多。称等同晶面个数 P 为影响衍射强度的多重性因子，而实际对强度作贡献的是 $P/2$ 倍。各种晶系各个晶面的多重性因子见附表10。

式（2-58）已给出了一个晶粒的积分强度，再乘以多晶试样实际参加衍射的晶粒数，即可得到整个衍射圆环的积分强度。设被X射线照射并浸没其中的试样体积为 V，一个晶粒体积为 ΔV，则实际参加衍射的晶粒数 $N_{实}$ 为：

$$N_{实}=\frac{V}{\Delta V}\cdot P\cdot\frac{\cos\theta}{2}\Delta\theta$$

这里的 $\Delta\theta$ 与晶粒衍射强度时的 $\Delta\theta$ 是同一个量，作为因子已经考虑进去了，所以：

$$I=I_e\frac{\Delta V}{V_{胞}^2}F^2\frac{\lambda^3R^2}{\sin 2\theta}\cdot\frac{V}{\Delta V}\cdot P\cdot\frac{\cos\theta}{2}=I_e\frac{V}{V_{胞}^2}F^2P\frac{\lambda^3R^2}{4\sin\theta} \tag{2-60}$$

2.4.6.3　单位弧长的衍射强度

在多晶衍射分析中，测量的不是整个衍射环的总积分强度，而是测定单位弧长上的积分强度。由图 2-39 不难看出，指向前方和掠向后方的衍射圆锥，射到圆柱窄条底片上单位弧长上的能量要大于 2θ 接近 90° 的衍射圆锥单位弧长上的能量。若衍射圆环至试样距离为 R，则衍射圆半径为 $R\sin 2\theta$，周长为 $2\pi R\sin 2\theta$，单位弧长的积分强度应为：

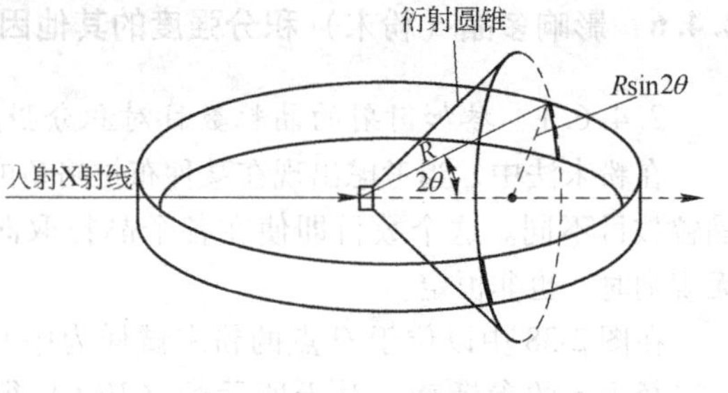

图 2-39　衍射圆锥与底片的交截

$$I_{单位} = \frac{I}{2\pi R\sin 2\theta} = I_e \frac{V}{V_{胞}^2} F^2 P \frac{\lambda^3 R^2}{4\sin\theta} \cdot \frac{1}{2\pi R\sin 2\theta}$$

$$= I_e \frac{V}{V_{胞}^2} F^2 P \frac{\lambda^3 R^2}{16\pi R\sin^2\theta\cos\theta} \tag{2-61}$$

将一个电子的散射强度 I_e 的表达式（式 2-38）代入，则得衍射线的积分强度

$$I = I_0\left(\frac{e^2}{4\pi\varepsilon_0 c^2 m}\right)\frac{\lambda^3}{32\pi R}\left(\frac{V}{V_{胞}^2}\right)F^2 P \frac{1+\cos^2 2\theta}{\sin^2\theta\cos\theta} \tag{2-62}$$

式中，$\frac{1+\cos^2 2\theta}{\sin^2\theta\cos\theta}$ 项称为角因子，它由两部分组成：一部分是偏振因子；另一部分是晶块尺寸、参加衍射晶粒个数对强度的影响以及计算单位弧长上的积分强度时引入的 3 个与 θ 角有关的因子。我们把这些因子归并在一起称为洛伦兹因子。因此，角因子也称洛伦兹-偏振因子，它随 θ 角变化，如图 2-40 所示。

2.4.6.4　吸收对衍射强度的影响

由于试样本身对 X 射线的吸收，使衍射强度的实测值与计算值不符。为修正这一影响，需在强度公式中乘以吸收因数 $A(\theta)$。吸收越多，衍射强度衰减程度越大，$A(\theta)$ 越小。$A(\theta)$ 与试样的形状、大小、组成以及衍射角有关。

对于通常的实验，最常用的试样有圆柱状和平板状试样两种。前者多用于照相法，后者多用于衍射仪法。

A　圆柱试样的吸收因数

如图 2-41 所示，若试样半径 r 和线吸收系数 μ_l 较大时，入射线仅穿过一定的深度便被吸

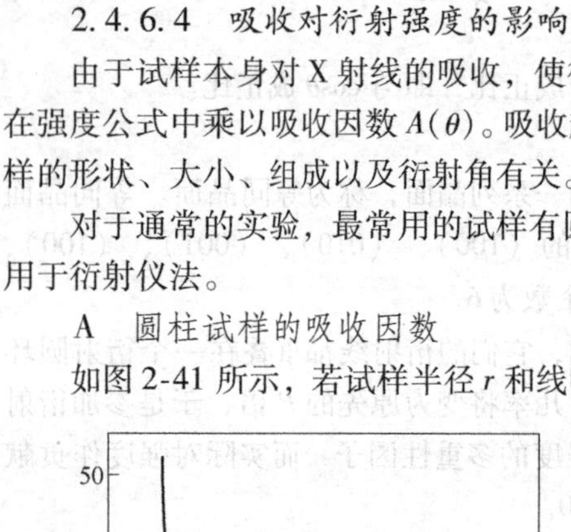

图 2-40　角因子与 θ 角的关系

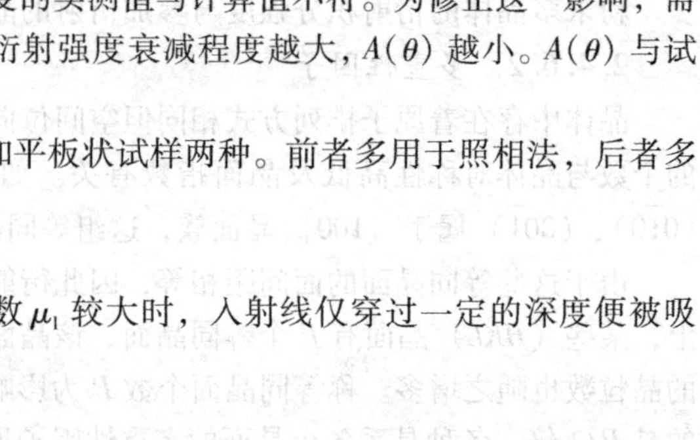

图 2-41　圆柱试样对 X 射线的吸收

收殆尽，则实际上只有表面一薄层物质（画有阴影的区域）参与衍射。衍射线穿过试样也同样受到吸收。透射衍射线被吸收严重，而对背射衍射线影响较小。显然，圆柱试样的吸收因数 $A(\theta)$ 为布拉格角 θ 和 $\mu_1 r$ 值的函数。对同一试样来说，$\mu_1 r$ 是个定值，$A(\theta)$ 随 θ 值增大而增加，在 $\theta=90°$ 时，有最大值为1。对不同 $\mu_1 r$ 值试样来说，在同一 θ 值处，$\mu_1 r$ 愈大者，$A(\theta)$ 值愈小。$A(\theta)$ 与 $\mu_1 r$ 和 θ 的关系曲线如图2-42所示。以上指出的是吸收因数 $A(\theta)$ 的相对值，也可以计算 $A(\theta)$ 的绝对值，两者均可以在有关资料中查到。

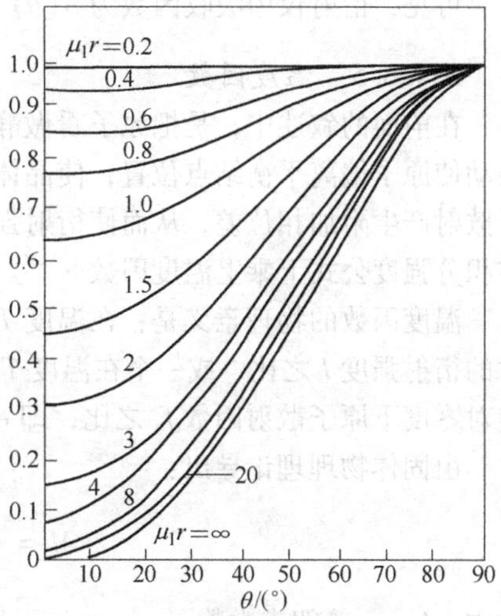

图 2-42　圆柱试样的吸收因数

B　平板试样的吸收因数

使用平板试样做衍射实验，通常是使入射线与衍射线位于平板试样同一侧，且与板面呈相等的夹角，称为对称布拉格配置。衍射仪的几何关系大多如此，此时吸收因数是一个与衍射角无关的常数：$A(\theta)=1/\mu_1$，现证明如下。

如图2-43所示，当一束强度为 I_0，截面积为 S 的X射线照射到平板试样上时，若入射线与试样表面的夹角为布拉格角 θ，衍射线也与试样表面成 θ 角，考虑距试样表面深度为 x 的一个薄层的 dx 的衍射。当入射线照射到薄层 dx 上时，由于已经过一段路程 AB，因此其强度已变为 $I_0 e^{-\mu_1(AB)}$，而衍射线在离开 dx 经过距离 BC 到达表面时，因为吸收，强度又降低了一个因子 $e^{\mu_1(BC)}$，因此薄层的衍射强度为：

$$dI = QI_0 e^{-\mu_1(AB)} \cdot e^{-\mu_1(BC)} dV = QI_0 e^{-\beta\mu_1(AB+BC)} dV \tag{2-63}$$

式中　Q——单位体积的反射本领。

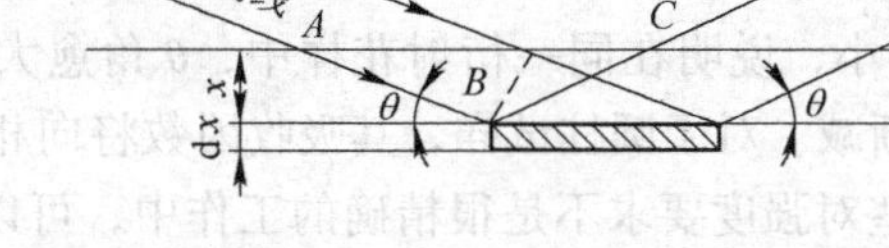

图 2-43　平板试样的吸收因数推导

从图2-43可知：

$$AB = BC = \frac{x}{\sin\theta},\ dV = \frac{S}{\sin\theta}dV$$

将这些量代入式（2-63）并积分，即可得到衍射强度：

$$I = I_0 QS\int e^{-\frac{2\mu_1 x}{\sin\theta}} \frac{1}{\sin\theta}dx \tag{2-64}$$

当试样足够厚（厚度远大于 μ_1）时，积分限可取为∞，于是：

$$I = I_0 QS\int_0^{\infty} e^{-\frac{2\mu_1 x}{\sin\theta}} \frac{1}{\sin\theta}dx = I_0 QS\frac{1}{2\mu_1} \tag{2-65}$$

可见，衍射仪中吸收因数为 $A(\theta)=\frac{1}{2\mu_1}$，是一个与衍射角 θ 无关的常数。

2.4.6.5　温度因数

在前面的叙述中，是把原子看做静止不动的。实际上，晶体的原子在不停地做热振动，热振动使原子偏离平衡结点位置，使晶体的周期性受到破坏，这使原来严格满足布拉格条件的相干散射产生附加相位差，从而使衍射强度减弱。为了修正实验温度给衍射强度带来的影响，须在积分强度公式上乘上温度因数 e^{-2M}。

温度因数的物理意义是：在温度 T 下考虑原子热振动时衍射强度 I_T 与不考虑原子热振动时的衍射强度 I 之比，或一个在温度 T 下热振动的原子的散射因数 f（散射振幅）与该原子在绝对零度下原子散射因数 f_0 之比，即 $e^{-2M}=I_T/I$ 或 $e^{-2M}=f/f_0$。

由固体物理理论导出：

$$M=\frac{6h^2}{m_a k\Theta}\left[\frac{\phi(\chi)}{\chi}+\frac{1}{4}\right]\frac{\sin^2\theta}{\lambda^2} \tag{2-66}$$

式中　h——普朗克常数；

m_a——原子质量；

k——玻耳兹曼常数；

Θ——以热力学温度表示的晶体的特征温度平均值，部分物质的特征温度 Θ 见附表 11；

χ——特征温度与实验时试样的热力学温度之比，即 $\chi=\Theta/T$；

θ——半衍射角；

λ——X 射线波长；

$\phi(\chi)$——德拜函数，$\left[\frac{\phi(\chi)}{\chi}+\frac{1}{4}\right]$ 数值见附表 12。

在计算 M 时先根据衍射物质查附表 11 得 Θ，由实验温度 T 和 Θ 计算 χ，根据 χ 值查附表 12 得 $\left[\frac{\phi(\chi)}{\chi}+\frac{1}{4}\right]$ 值，再根据式（2-66）计算 M。

可以看出，T 愈高，M 愈大，e^{-2M} 愈小，即原子热振动愈激烈，衍射强度减弱愈多。当 T 一定时，θ 角愈大，M 愈大，e^{-2M} 愈小，说明在同一衍射花样中，θ 角愈大的衍射线强度减弱愈多。随着 θ 角渐增，温度因数将渐减。对于圆柱试样，其吸收因数将向相反方向变化，二者对强度的影响可抵消。因此，在一些对强度要求不是很精确的工作中，可以把 e^{-2M} 与 $A(\theta)$ 同时略去。

晶体原子的热振动减弱了布拉格方向上的衍射强度，却增强了非布拉格角方向上的散射强度，其结果造成衍射花样背底增高，且随 θ 角增加而愈趋严重，这对衍射分析是不利的。

2.4.7　多晶（粉末）衍射的积分强度

综合 2.4 节所述，将多晶（粉末）试样的积分强度公式总结如下。

若以波长为 λ、强度为 I_0 的 X 射线照到晶胞体积为 $V_{胞}$ 的多晶（粉末）试样上，被照射晶体体积为 V，在与入射线方向夹角为 2θ 方向上产生了指数为（HKL）晶面的衍射，在距试样为 R 处记录到的单位弧长上衍射线的积分强度为：

$$I=I_0\left(\frac{e^2}{4\pi\varepsilon_0 c^2 m}\right)\frac{\lambda^3}{32\pi R}\left(\frac{V}{V_{胞}^2}\right)|F_{HKL}|^2 P\frac{1+\cos^2 2\theta}{\sin^2\theta\cos\theta}A(\theta)e^{-2M} \tag{2-67}$$

式中　　P——多重因子；

$|F_{HKL}|^2$ ——结构因子（包括原子散射因子）；

$\dfrac{1+\cos^2 2\theta}{\sin^2\theta\cos\theta}$——角因子（包括了偏振因子和洛伦兹因子）；

$A(\theta)$ ——吸收因子；

e^{-2M}——温度因子。

式（2-67）是绝对积分强度。在实际工作中，一般只考虑强度的相对值。对同一衍射花样中的同一物相的各条衍射线相互比较来说，$I_0\left(\dfrac{e^2}{4\pi\varepsilon_0 c^2 m}\right)\dfrac{\lambda^3}{32\pi R}\left(\dfrac{V}{V_{胞}^2}\right)$是相同的，所以它们之间的相对积分强度为：

$$I_{相对} = |F_{HKL}|^2 P\frac{1+\cos^2 2\theta}{\sin^2\theta\cos\theta}A(\theta)e^{-2M} \tag{2-68}$$

若比较同一衍射花样中不同物相衍射线，还需考虑各物相的被照射体积和它们各自的单胞体积。这时相对积分强度可写为：

$$I_{相对} = \left(\frac{V}{V_{胞}^2}\right)|F_{HKL}|^2 P\frac{1+\cos^2 2\theta}{\sin^2\theta\cos\theta}A(\theta)e^{-2M} \tag{2-69}$$

2.5　多晶衍射方法

实际使用的工程材料大多为多晶体，故多晶体X射线衍射分析法具有重大的使用价值。多晶X射线衍射分析所用样品大多为粉末，故常称“粉末法”。

获取物质衍射图样的方法按使用的设备可分为两大类：照相法和衍射仪法。较早的X射线分析多采用照相法，其中最重要的是德拜-谢乐法（简称德拜法），它是多晶分析法的基础。近几十年来，衍射仪法已经愈来愈重要，并在大多数场合取代了照相法。衍射仪由于与计算机相结合，具有高稳定、高分辨率、多功能和全自动等特点，并且可以自动地给出大多数实验结果，因此应用非常普遍。本节主要介绍德拜法和衍射仪法，同时介绍立方系德拜衍射花样的标定。

2.5.1　德拜照相法

德拜法采用一细束单色X射线垂直照射多晶粉末圆柱试样，衍射线在空间分布为以入射线为轴的一系列同轴圆锥面，其顶角为4θ。用以试样为轴线的圆筒状底片来记录衍射花样，在底片上记录出的衍射线为一组弧线对，这就是德拜-谢乐法花样。

2.5.1.1　德拜相的拍照

A　德拜相机的构造

图2-44为德拜法相机构造的示意图，相机主体是一个带盖的密封圆筒。从X射线管射出的X射线，先经过滤波片，然后进入前光阑的小孔中，以获得一小束单色平行的X射线。照射试样后的贯穿X射线进入后光阑，后光阑内有荧光纸屏和铅玻璃，通过它可以观察X射线照射试样的情况。光阑的外径尽可能小，端部要设计成锥形，

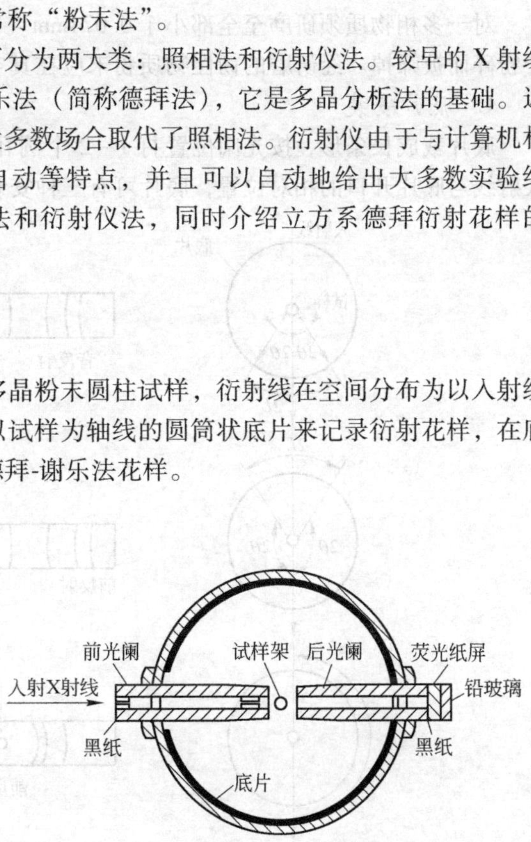

图2-44　德拜相机构造示意图

光阑的内径尺寸为0.2～1.2mm。试样用胶泥固定在试样架上，在安装试样后，可通过光阑前配置的放大镜观察，并用调整螺丝调节偏心轮的位置，以使试样与相机轴线同心。拍照时，取下放大镜，并用电机带动槽轮转动试样，目的是增加反射 X 射线的微晶数目，使衍射线条更均匀，并缩短曝光时间。

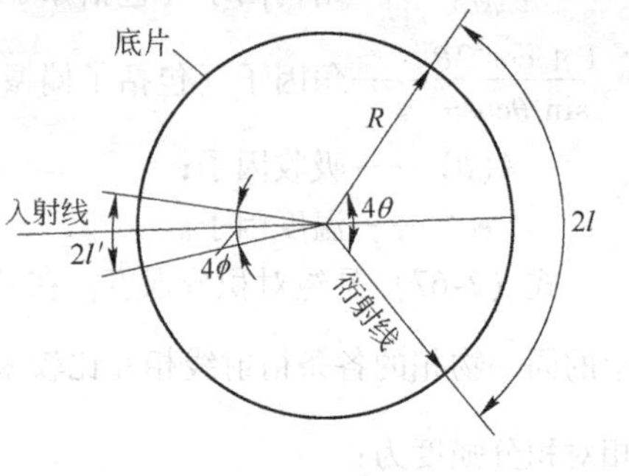

图 2-45　德拜衍射几何

为了计算方便，常用的德拜法相机的内径为57.3mm或114.6mm。底片紧贴圆筒内壁，故底片圆环直径近似等于圆筒直径。由图 2-45 德拜法衍射几何图可知：

$$2l = 4\theta R$$

或

$$\theta = \frac{2l}{4R}(\text{rad}) = \frac{2l}{4R} \times 57.3(°)$$

B　试样的制备

德拜法所用试样可以是圆柱形的粉末；也可以是多晶体细丝，其直径小于0.5mm，长约10mm。试样粉末可用胶水黏在细玻璃丝上，或填充于硼酸玻璃或醋酸纤维制成的细管中。粉末粒度应控制在0.0575～0.0413mm（250～350 目），过粗会使衍射环不连续，过细则使衍射线发生宽化。

对于多相物质须研磨至全部小于0.074mm（即通过200目筛），以防止其中某些物相因易于粉碎而被筛掉。经研磨的韧性物质粉末应在真空或保护气氛下退火，以消除加工应力。

C　底片安装

底片裁成长条形，按光阑位置打1～2个圆孔。贴相机内壁放置，并压紧固定不动。按照入射线与底片开口的相对位置，底片可有三种安装方式，如图 2-46 所示。

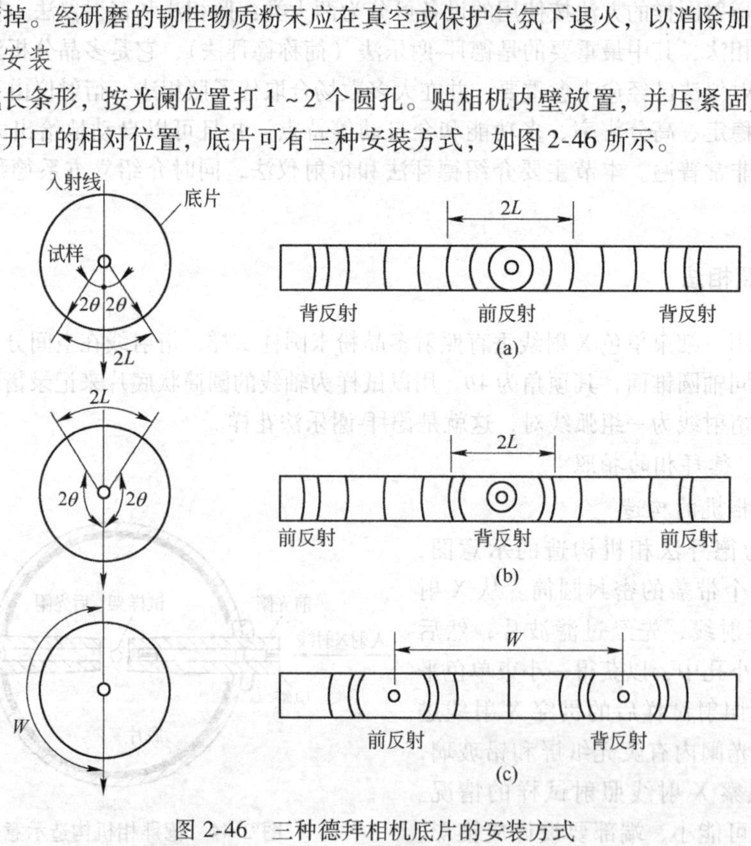

图 2-46　三种德拜相机底片的安装方式

（1）正装法。X 射线从底片接口处入射，照射试样后从中心孔穿出，如图 2-46（a）所示。低角衍射线较接近中心孔，高角衍射线则位于底片两端。测量衍射线对之间的距离 $2L$，就可计算衍射角。若相机半径为 R，则

$$2L = 4\theta R$$

即
$$\theta = \frac{2L}{4R} \tag{2-70}$$

式中，θ 以 rad 为单位。

若 θ 以（°）为单位，L 和 R 以 mm 为单位时，则

$$\theta = \frac{2L}{4R} \times \frac{180}{\pi} = \frac{2L}{4R} \times 57.3 \tag{2-71}$$

因此，当 $2R = 57.3\text{mm}$ 时，$\theta = 2L/2(°)$，当 $2R = 114.6\text{mm}$ 时，$\theta = 2L/4(°)$。

正装法的几何关系与计算均较简单，可用于一般的物相分析工作。

（2）倒装法。X 射线从底片中心孔射入，从底片接口处穿出，如图 2-46（b）所示，显然，高角线条集中在中心孔附近。衍射角按下式计算：

$$2\pi - 4\theta = \frac{2L}{R}$$

$$\theta = \frac{\pi}{2} - \frac{2L}{4R} \tag{2-72}$$

式中，θ 以 rad 为单位。

当 $R = 57.3\text{mm}$ 时，$\theta = 90 - 2L/2(°)$。

倒装法底片几乎能记录全部高角线条，故适用于点阵参数的测定。

（3）不对称装法。在底片上开两个孔，X 射线先后从此两孔通过，底片开口置于前后光阑之间，如图 2-46（c）所示。衍射线条为围绕进出光孔的两组弧线对。不难看出，由前后衍射线对中心点间的距离 W 可求出相机半径，于是可用下式计算衍射角：

前衍射区：
$$\frac{4\theta}{2L} = \frac{180}{W} \tag{2-73}$$

背衍射区：
$$\frac{360 - 4\theta}{2L} = \frac{180}{W} \tag{2-74}$$

此法除具有倒装法的优点外，还可校正由于底片收缩及相机半径不准确等引起的误差，适用于点阵参数的精确测定等工作。

2.5.1.2 德拜相机的分辨本领

X 射线相机的分辨本领表示为：当一定波长的 X 射线照射到两个面间距相近的晶面上时，底片上两根相应的衍射线条分离的程度。也可以表示为：当两种波长相近的 X 射线照射到同一晶面上时，底片上两根衍射线条分离的程度。分辨本领的表达式为：

$$\phi = \frac{\Delta L}{\frac{\Delta d}{d}} \quad \text{或} \quad \phi = \frac{\Delta L}{\frac{\Delta\lambda}{\lambda}} \tag{2-75}$$

式中　ΔL——晶面间距相对变化率为 $\Delta d/d$ 的两种晶面相应的衍射线条的位置变化；或波长相对变化率为 $\Delta\lambda/\lambda$ 的两种波长 X 射线照到同一晶面时，相应衍射线的位置变化。

按德拜相机的几何关系可知，若相机的半径为 R，某衍射线圆锥的顶角为 4θ，弧线对间距

为 $2L$，则：

$$2L = 4\theta \cdot R$$

即

$$L = 2\theta \cdot R$$

故

$$\Delta L = 2R\Delta\theta \tag{2-76}$$

在 λ 一定的情况下，将布拉格方程对 d 和 θ 微分并整理有：

$$\frac{\Delta d}{d} = -\cot\theta \cdot \Delta\theta \tag{2-77}$$

把式（2-76）和式（2-77）代入式（2-75），并略去无意义的负号可得：

$$\phi = 2R\tan\theta = 2R\frac{\lambda}{\sqrt{4d^2 - \lambda^2}} \tag{2-78}$$

同样，在 d 一定的情况下，将布拉格方程对 λ 和 θ 微分并整理有：

$$\frac{\Delta\lambda}{\lambda} = \cot\theta \cdot \Delta\theta \tag{2-79}$$

把式（2-76）和式（2-79）代入式（2-75），并略去无意义的负号同样可得式（2-78）。

从式（2-78）可知，θ 越大则 ϕ 越大，故背反射线条较前反射线条分辨率高。当采用大直径相机和长波辐射时，分辨本领均可提高，而被照射的晶面间距减小时，也可提高分辨本领。可见，所谓相机的分辨本领，并非完全取决于相机本身的属性。

从相机分辨本领的讨论中可得出某些重要概念。式（2-77）表明间距的微小变化在高 θ 角的线条上将有明显的反映（线条分开或线条位移）。式（2-79）表明波长有微小差别的两种 X 射线，例如 K_α 双线，在高角度时也有可能分开，因此，高角度的线条对于进行诸如点阵参数精确测定等工作是非常重要的。

2.5.1.3　德拜相的误差及其修正

引起德拜相衍射线位置误差的原因很多，这里只讨论两种比较主要的。

A　试样吸收误差

试样对 X 射线的吸收作用将使衍射线偏离理论位置。这种误差在计算德拜相时应予以修正。对 X 射线吸收强烈的物质，X 射线照射深度一般不超过 0.02mm，因此，可以认为仅仅是试样的表面受到照射。

入射 X 射线照射到半径为 r 的试样后（见图 2-47），产生一个顶角为 4θ 的衍射圆锥。在底片上记录出的弧线对其平均理论距离为 $2L_0$。X 射线只能照射到试样的半个圆柱表面，而参与形成该圆锥的物质又只是这其中的一部分，它由圆柱面的两根切线（即在入射线方向与衍射线方向上）所限定。这部分物质在底片上所形成的衍射线宽度为 b。可见，由于试样的吸收，衍射线弧对距离已较理论值为大。衍射线有一定宽度，如果测量的是弧线对外缘距离 $2L_{外缘}$，则从图中可以看出，它与 $2L_0$ 及 r 有着简单的关系：

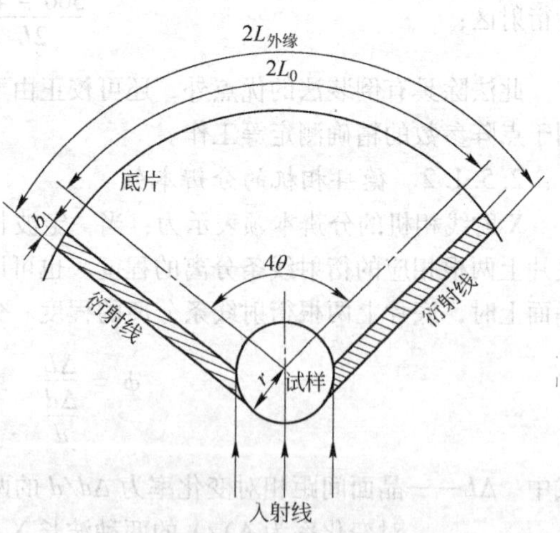

图 2-47　试样吸收误差

$$2L_{外缘} = 2L_0 + 2r$$

或
$$2L_0 = 2L_{外缘} - 2r \tag{2-80}$$

利用式（2-80）即可修正由于试样吸收引起的衍射线位置的误差。

B 底片收缩误差

根据式（2-71），由弧线对距离 $2L$ 和相机半径 R，可求得掠射角 θ。但如果底片的尺寸已改变，则这一关系便不能精确维持。

通常将下述几种情况都归结成这种误差。它或是由于相机直径制造不准确，或因底片未能紧贴相机内腔，或者底片在冲洗过程中收缩或伸长，致使底片所围成的圆筒直径不等于它的名义直径。

采用底片不对称装法可以纠正这种误差。从不对称底片上，可以直接测量出底片所围成的圆筒周长，这个周长称为有效周长 $C_{有效}$。

按图 2-48 可以有以下关系：

$$C_{有效} = A + B \tag{2-81}$$

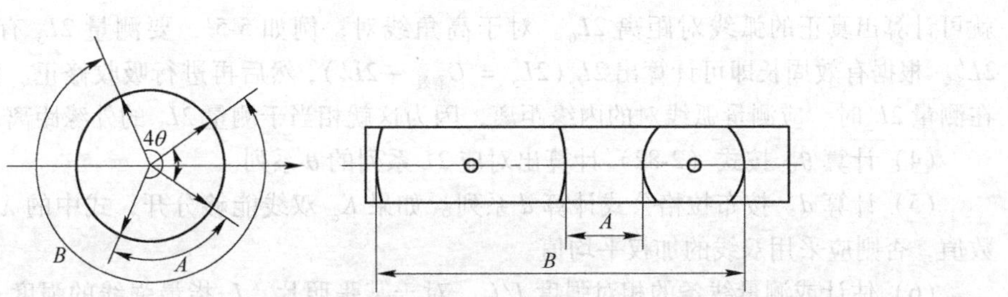

图 2-48 有效周长的测定

即有效周长等于高低角区两弧对内外弧距之和。按照有效周长就可计算得到较准确的 θ 角，因为可以假定弧线对距离与底片长度按同一比例收缩。由图 2-48 可得知：

$$\frac{2L_0}{C_{有效}} = \frac{4\theta}{360°}$$

所以
$$\theta = \frac{90°}{C_{有效}} \cdot 2L_0 = K \cdot 2L_0 \tag{2-82}$$

式中，K 值对某一底片是恒定的。

2.5.2 立方系多晶衍射花样的测量、计算和标定

通过对德拜相的测量、计算和标定，可以获得物相、点阵类型、点阵参数等初步资料，确定每条衍射线对应的衍射晶面指数。学习者也可以此来掌握 X 射线分析的基础知识。

2.5.2.1 德拜相的测量和计算

德拜相的测量主要是测量衍射线条的相对位置和相对强度，然后计算出 θ 和间距 d。

在测量之前，须判别底片是属于正装、倒装或不对称装法，并区分低角区和高角区。通常低角区线条较窄且清晰，背底较浅；高角度区则相反。特别高的线条，还能看到分离的 K_α 双线。

拍得衍射照片后，就可将照片放在合适的底片观察灯上进行测量。一般工作可以用游标卡尺测量衍射线对的距离，进行精确定量工作时须用更精确的测长仪或比长仪测量线条位置。衍

射线条相对强度的测量可以根据衍射线条的黑度进行估计，更精确的测量是采用光度计测量线条的相对强度。

测量和计算按以下步骤进行（以不对称装法为例）：

（1）对各弧线对标号。如图 2-49 所示，过底片中心画一基线，并对各弧线对进行标号。从低角区起，按 θ 递增顺序标上 1-1′、2-2′、3-3′等。

（2）测量有效周长 $C_{有效}$。在高低角分别选出 1 对弧线对，按图 2-48 测量 A 和 B 值，并按式（2-81）计算。

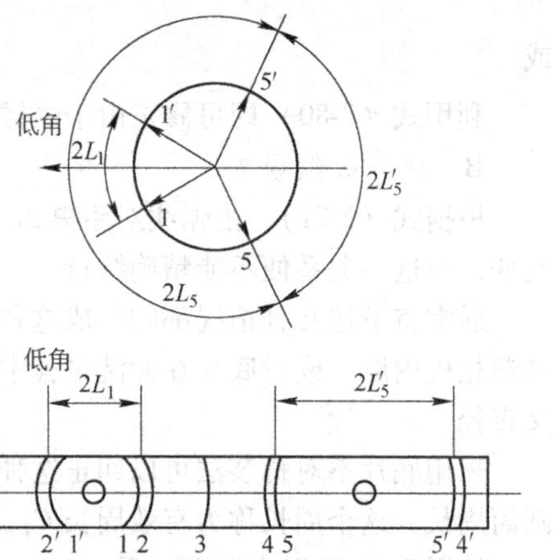

图 2-49　德拜相的测量

（3）测量并计算弧线对的间距。测量底片上全部弧线对的距离，如 $2L_1$、$2L_2$、$2L_3$ 等。对低角的线条，只要测得弧线对外缘距离并按式（2-80）就可计算出真正的弧线对距离 $2L_0$。对于高角线对，例如 5-5′，要测量 $2L_5$ 有困难，可改测 $2L'_5$。根据有效周长即可计算出 $2L_5(2L_5 = C_{有效} - 2L'_5)$，然后再进行吸收修正。值得注意的是，在测量 $2L'_5$时，应测量弧线对的内缘距离，因为这就相当于测量 $2L_5$ 的外缘距离。

（4）计算 θ。按式（2-82）计算出对应 $2L$ 系列的 θ 系列。

（5）计算 d。按布拉格公式计算 d 系列。如果 K_α 双线能够分开，式中的 λ 应采用相应的数值，否则应采用双线的加权平均值。

（6）估计或测量线条的相对强度 I/I_1。对于某张照片，I_1 指最强线的强度，I 为任一线的强度。

（7）查卡片。根据以上得到的 d 系列与 I 系列，对照物质的标准卡片，如果这两项均与某卡片很好地符合，则该卡片所载物质即为待定物质。在这两项之中，d 系列是主要的依据。有关卡片及物相检索过程，将在 2.6 节中做详细介绍。

通过以上手续，物相鉴定已告完成，如果物质属立方晶系，还可用简单的方法标定晶面指数、判别点阵类型和计算点阵参数。

2.5.2.2　立方晶系衍射花样的标定

衍射花样的标定就是确定衍射花样中各线条对应晶面的指数，又称衍射花样指数（标）化。指数化后可进行点阵常数的计算，判别点阵类型。

对于立方晶系，由面间距公式 $d = \boldsymbol{a}/\sqrt{H^2 + K^2 + L^2}$ 和布拉格公式 $2d\sin\theta = \lambda$ 可得：

$$\sin^2\theta = \frac{\lambda^2}{4\boldsymbol{a}^2}(H^2 + K^2 + L^2)$$

对某种物质的同一衍射照片，$\dfrac{\lambda^2}{4\boldsymbol{a}^2}$ = 常数。一张照片上若有 n 对衍射线，每对衍射线都可以得到一个上面的式子，因此：

$$\begin{aligned}\sin^2\theta_1 : \sin^2\theta_2 : \cdots : \sin^2\theta_n &= (H_1^2 + K_1^2 + L_1^2) : (H_2^2 + K_2^2 + L_2^2) : \cdots : (H_n^2 + K_n^2 + L_n^2) \\ &= N_1 : N_2 : \cdots : N_n\end{aligned}$$

即掠射角正弦的平方之比等于晶面指数平方和之比。

从结构因数计算可知，对于简单立方点阵，衍射晶面指数平方和之比是 1∶2∶3∶4∶5∶6∶

8：9：10：…。对于体心立方点阵，衍射晶面指数平方和之比是2：4：6：8：10：12：14：16：18：…。对于面心立方点阵，衍射晶面指数平方和之比是3：4：8：11：12：16：19：20：24：…。

按此，在算出 $\sin^2\theta$ 的连比后，即可判别物质的点阵类型。不过这项工作还有一些困难，例如要区分简单立方和体心立方点阵，如果衍射线数目多于7根，则间隔比较均匀的是体心立方，而出现线条空缺的为简单立方，因为后者不可能出现指数平方和为7、15、23等数值的衍射线条。但当衍射线数小于7根时，这一简单判别方法便不能使用，此时可利用头两根衍射线的强度作为判别。由于相邻线条 θ 角相差不大，在衍射强度诸因数中，多重性因数将起主导作用。简单立方衍射花样头两根线的指数为（100）和（200），其多重性因数分别为12和6，故应第一条线较强。据此即可判别物质的点阵类型。

根据指数平方和的连比，按照线条的顺序不难标定出相应的指数。例如，当数列为1：2：3：4：5：6：8：9时，相应的指数为（100），（110），（111），（200），（210），（211），（220），（300）。指标化过程中还可利用结构因数的知识以减少错误，因为简单立方点阵的 H、K、L 可为任意整数；体心立方点阵要求 $H+K+L=$ 偶数；而面心立方点阵则必须 H、K、L 为同奇或同偶。

在拍照衍射时如未采用滤波片，则在入射线中将存在 K_α 及 K_β 两种特征辐射，因而造成两套衍射花样，其中 K_β 线强度较低，且 θ 角较小，稍做仔细观察即能判别；在某些高角度的线条，还能区分出 K_{α_1} 和 K_{α_2} 双线，它们相距很近，其中角度稍小而强度较大的为 K_{α_1} 线。

对于立方晶系：

$$\boldsymbol{a} = d\sqrt{H^2+K^2+L^2}$$

任取一晶面间距及相应的晶面指数均可求得点阵参数值。用不同的晶面所算得的数值应基本相同，但其中以高指数（高 θ 角）所得比较准确。

2.5.3 X射线衍射仪

20世纪50年代以前的X射线衍射分析绝大部分是利用底片来记录衍射信息的，但现在，用各种辐射探测器记录信息已经很普遍。目前专用的仪器——X射线衍射仪已广泛使用，并在各主要领域中取代了照相法。衍射仪测量具有方便、快速、精确等优点，它是进行晶体结构分析的主要设备。衍射仪与计算机的结合，使操作、测量及数据处理基本上实现了自动化，目前大部分测试项目已有了专用程序，使衍射仪的优势得到了更进一步的发挥。

X射线衍射仪由X射线发生器、测角仪、辐射探测器、记录单元和自动控制单元等部分组成，其中测角仪是仪器的核心部分。衍射仪上还可安装各种附件，如高温、低温、织构测定、应力测量及小角散射等，大大地扩展了衍射仪的功能，目前还有微光束X射线衍射仪和高功率阳极旋转靶X射线衍射仪。

2.5.3.1 X射线测角仪

图2-50为测角仪的示意图，它与德拜相机有很多相似之处，也有不少差别，例如，衍射仪系利用X射线管的线焦斑工作，采用发散光束、平板试样，用计数器记录衍射线，自动化程度高。

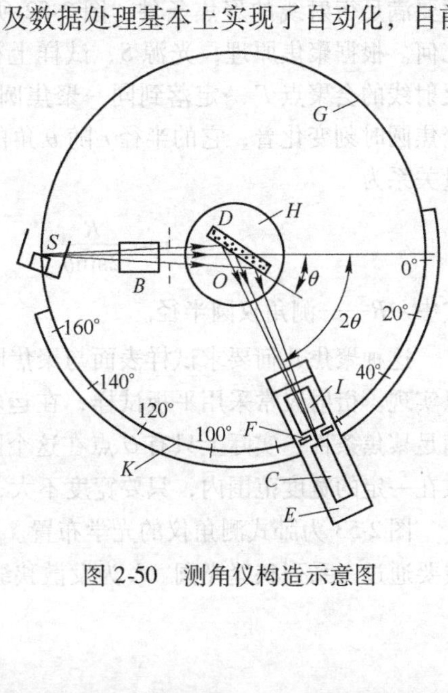

图2-50 测角仪构造示意图

平板试样 D 安装在试样台 H 上，后者可绕垂直于图面的 O 轴旋转。S 为 X 射线源，它与图面相垂直，故与衍射仪轴平行。当一束发散的 X 射线照射到试样上时，满足布拉格关系的某种晶面，其反射线便形成一根收敛光束。F 处有一接收狭缝，它与计数管 C 同安装在围绕 O 旋转的支架 E 上，当计数管转到适当的位置时便可接收到一根反射线。计数管角位置 2θ 可从刻度尺 K 上读出。衍射仪的设计使 H 和 E 保持固定的转动关系，其角速度之比为 1∶2。连动的关系保证了试样表面始终平分入射线和衍射线的夹角 2θ，当 θ 符合某（HKL）晶面相应的布拉格条件时，从试样表面各点由那些（HKL）晶面平行于试样表面晶粒所贡献的衍射线都能聚焦进入计数管中。计数管能将不同强度的 X 射线转化为电信号，并通过计数率仪、电位差计将信号记录下来。当试样和计数管连续转动时，衍射仪就能自动描绘出衍射强度随 2θ 角的变化情况。图 2-51 所示就是这样的图形，称为衍射图，纵坐标单位为每秒脉冲数。

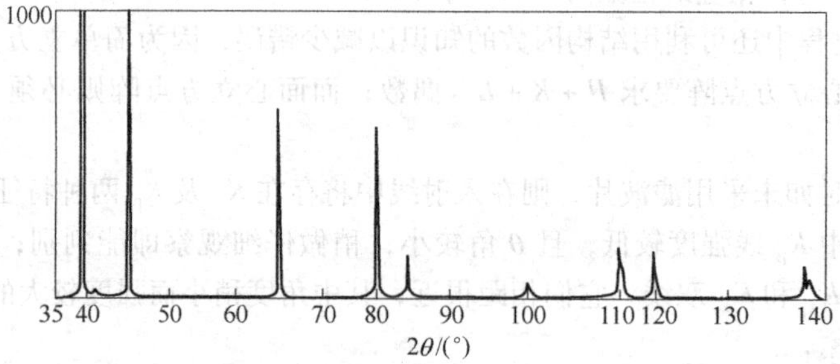

图 2-51　衍射图举例（铝粉）

衍射仪所用的试样是将粉末压在试样框内制成的。粉末粒度约为微米级。过粗的粉末难以成形，且由于照射的颗粒数少，衍射强度变得不稳定。过细的微晶使衍射线宽化、不明锐，并可妨碍弱线的出现。试样框大小约为 20mm × 15mm，厚 2mm。也可采用多晶块状试样，照射处最好磨平。

测角仪的衍射几何关系是根据聚焦原理设计的，衍射几何的关键问题是一方面要满足布拉格方程反射条件，另一方面要满足衍射线的聚焦条件，图 2-52 所示为测角仪的聚焦几何。根据聚焦原理，光源 S、试样上被照射的表面 MON、反射线的会聚点 F 一定落到同一聚焦圆上。在运转过程中，聚焦圆时刻变化着，它的半径 r 随 θ 角的增大而减小，其定量关系为

$$r = \frac{R}{2\sin\theta} \tag{2-83}$$

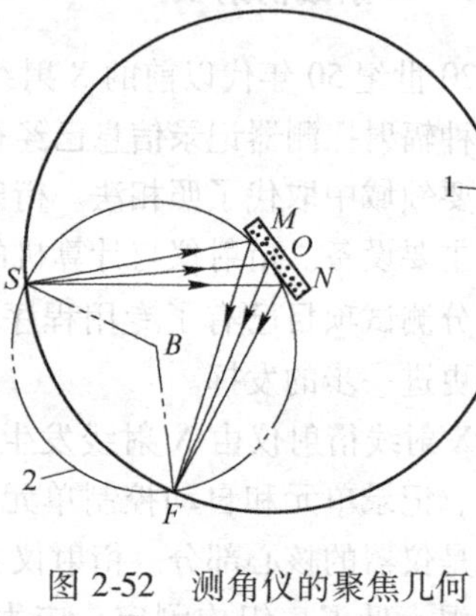

图 2-52　测角仪的聚焦几何

1—测角仪圆；2—聚焦圆

式中　R——测角仪圆半径。

这种聚焦几何要求试样表面与聚焦圆有同一曲率。但因聚焦圆的大小时刻变化，故此点难以实现。衍射仪常采用平板试样，在运转过程中 θ-2θ 连动保证试样始终与聚焦圆相切，近似满足聚焦条件，实际上只有 O 点在这个圆上，因此，衍射线并非严格地聚焦在 F 点上，而是分散在一定的宽度范围内，只要宽度不大，在应用中是可以允许的。

图 2-53 为卧式测角仪的光学布置。S 为靶面的线焦点，其长轴方向为竖直。入射线和衍射线要通过一系列狭缝光阑。K 为发散狭缝，用来限制入射线束的水平发散度。L 为防散射狭缝，

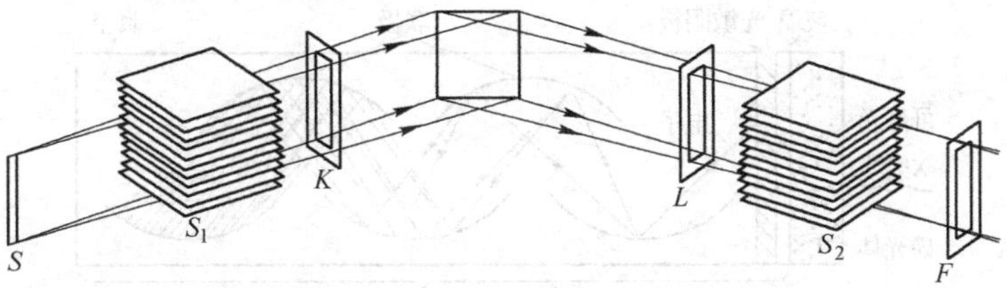

图 2-53 测角仪的光学布置

F为接收狭缝，它们用来限制衍射线束在水平方向的发散度。防散射狭缝还可排斥不是来自试样的辐射，使峰背比得到改善。接收狭缝则可以提高衍射的分辨本领。狭缝有一系列不同的尺寸供选用。S_1 和 S_2 为梭拉狭缝，由一组相互平行的金属薄片所组成，相邻两片间的空隙在0.5mm 以下，薄片厚度约为0.05mm，长约30mm。梭拉狭缝可以限制入射线束在垂直方向的发散度至大约2°。衍射线在通过狭缝 L、S_2 及 F 后便进入计数管中。

2.5.3.2 探测器

衍射仪的 X 射线探测元件为计数器及其基本电路。计数器有玻璃外壳，内充惰性气体。阴极为一金属圆筒，阳极为共轴的金属丝。X 射线进入处称为窗口，由铍或云母等低吸收材料制成，在阴极间加有 600 ~ 900V 的直流电压。

进入计数器的 X 射线光子将使惰性气体电离，所产生的电子在电场作用下向阳极加速运动。高速电子足以再使气体电离，于是出现电离过程的连锁反应——雪崩。在极短时间内产生的大量电子涌向阳极，将出现一个可探测到的电流，计数器将有一电压脉冲输出。

A 正比计数器

正比计数器构造如图 2-54 所示。正比计数器所给出的脉冲峰大小与吸收的光子能量成正比，故做衍射线强度测定比较可靠。正比计数器反应快，对两个连续到来的脉冲的分辨时间只需 10^{-6}s，其计数率可达 10^5 次/s。它性能稳定，能量分辨率高，背底脉冲低，光子计算效率较高。其缺点是对温度较敏感，对电压稳定要求较高，并需要较强大的电压放大设备。

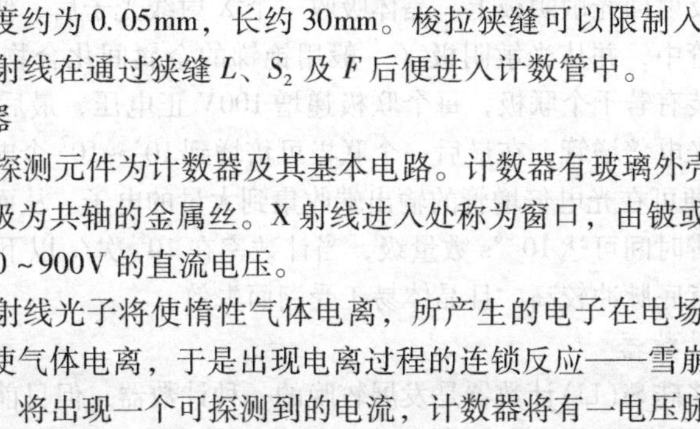

图 2-54 正比计数器构造示意图

B 闪烁计数器

闪烁计数器（SC）利用 X 射线激发磷光体发射可见荧光，并通过光电倍增管进行测量。由于所发射的荧光量很少，为获得足够的测量电流，需采用光电倍增管放大。因输出电流和光线强度成正比，而后者又与被计数器吸收的 X 射线强度成正比，故可用来测量 X 射线的强度。

图 2-55 为闪烁计数器构造及探测原理示意图。磷光体一般为加入约 0.5% 铊作为活化剂的

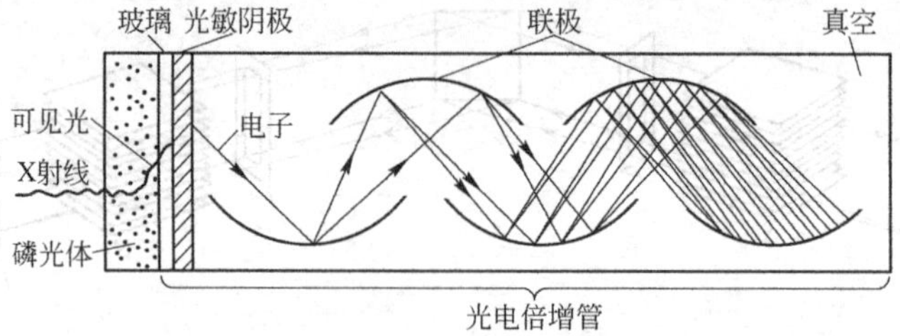

图 2-55　闪烁计数器构造及探测原理示意图

碘化钠单晶体，它经 X 射线照射后发蓝光。晶体的一面常覆盖一薄层的铝，铝上再覆盖一薄层铍，覆盖层位于晶体和计数器窗口之间，铍不能透进可见光，但对 X 射线却是透明的，铝则能将晶体发射的可见光反射回光敏阴极上。晶体吸收一个 X 射线光子后，便产生一个闪光，这个闪光即射进光电倍增管中，并从光敏阴极（一般用铯锑的金属间化合物制成）上撞出许多电子。在光电倍增管中装有若干个联极，每个联极递增 100V 正电压，最后一个联极与测量电路连接。每个电子通过光电倍增管，在最后一个联极可倍增到 $10^5 \sim 10^7$ 个电子。这样当晶体吸收一个 X 射线光子时，便可在光电倍增管的输出端收集到大量的电子，从而产生电压脉冲。

闪烁计数器的分辨时间可达 10^{-6}s 数量级，当计数率在 10^5 次/s 以下时没有计数损失，计数效率高。其缺点是背底脉冲较高，且晶体易于受潮而失效。

C　固体半导体计数器

固体半导体锂漂移硅 Si(Li)计数器是发展较晚的一种计数器，但目前使用已渐普遍。

Si(Li)计数器的工作原理是：当 X 射线光子进入计数器时，由于电离作用产生电子空穴对，所产生的电子空穴对数目与 X 射线光子能量成正比。当计数器上加 500 ~ 900V 的电压时，它们分别被计数器的一对正负极所吸收，由此输出一个电信号，这个过程只需用几分之一微秒，所以计数率相当高。当它与强的辐射源联用时，只需几十秒就可记录到一张可供识别的能谱曲线，这个方法很适用于某些样品的动态研究。

Si(Li)计数器的优点是能量分辨率高、分析速度快，且无计数损失；缺点是需要置于液氮的低温中，而且需要配置低噪声、高增益的前置放大器。

这种计数器自 20 世纪 60 年代开始应用于 X 射线光谱仪上，以后又用于衍射实验中，成为电子探针和扫描电镜等仪器的 X 射线探测器。

D　位敏正比计数器

位敏正比计数器（PSPC）是新近发展的一种计数器，它的工作原理和正比计数器相似，也是利用 X 射线光子的电离作用在阳极丝上形成的局部“雪崩”，继而在阴极延迟线的相应位置上感应出一个电脉冲，这个脉冲分别在延迟线两端位置上出现的时间与脉冲起始位置至延迟线两端的距离成正比，所以只要测出延迟线两端出现脉冲的时间差，就能确定产生“雪崩”的位置。因此，PSPC 能同时确定 X 射线光子的数目及其在计数器上被吸收的位置，故在计数器并不扫描的情况下即可记录衍射花样。因此，要获得一张衍射图样通常只需几分钟时间。PSPC 分单丝和多丝两种，多丝的 PSPC 可给出衍射的二维信息。在研究生物大分子、高聚物的形变、结晶过程等动态结构变化上，PSPC 有着突出的优越性。

2.5.3.3　计数电路

计数器的主要功能是将 X 射线的能量转换成电脉冲信号，此外还要将所输出的电脉冲信号转变成操作者能直接读取的数值。计数电路就是指完成上述转换所需的电子学电路。图 2-56

给出的是计数电路的方框图。从探测器来的电脉冲信号，经前置放大器和线性放大器放大后，进入脉冲高度分析器，滤去过高和过低的脉冲，再进入计数率仪或定标器。

A 脉冲高度分析器

在衍射测量时，进入计数器的除了试样衍射的特征X射线外，还有连续X射线和荧光X射线等干扰脉冲。脉冲高度分析器可以剔除那些对衍射分析不需要的干扰脉冲，从而达到提高峰背比的作用。

脉冲高度分析器由上、下甄别器复合构成。只有脉冲高度介于上、下甄别器之间的脉冲才能通过电路传到计数器电路中去。甄别器的下限波高值之差称为道宽。基线和道宽都是可以调节的。

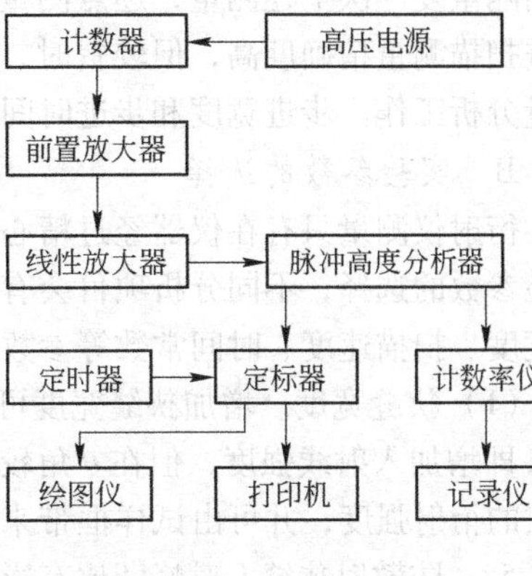

图 2-56 计数电路图

B 定标器

定标器可对脉冲进行累进计数。它与定时器联用，确定计数时间，就可以计算脉冲速率。定标器有两种工作方式：第一种是定时计数，即测量规定时间内的计数；第二种是定数计时，即测量某一选定的脉冲总数所需的时间。定时量程和定数量程均有多挡可供选择。

测量的准确度服从统计误差理论，即测量脉冲总数越大，测量误差越小。据此，对强度的测量比较以采用定数计时比较合理，但为节约时间和使用方便，测量仍以定时计数为多。定标器的计数结果可用数码显示，也可由数字储存打印或 *X-Y* 绘图仪记录下来。

C 计数率仪

计数率仪的功能是把从脉冲高度分析器传来的脉冲信号转换为与单位时间脉冲数成正比的直流电压输出。它由脉冲整形电路、*RC*（电阻、电容）积分电路和电压测量电路组成，核心部分是 *RC* 积分电路。脉冲信号经整形后形成具有一定高度和宽度的矩形脉冲，输送到 *RC* 积分电路，给电容充电，在电阻两端输出的电压与单位时间内脉冲数成正比。

从脉冲输入 *RC* 电路到最后达到平衡电压，需要一定时间，所需时间取决于电阻 *R* 和电容 *C* 的乘积。*RC* 的量纲是时间，故称 *RC* 为时间常数。时间常数愈大，达到平衡所需的时间愈长，对计数率的变化就愈不敏感，表现为衍射花样愈显得平滑整齐，但滞后也愈严重，即衍射峰的形状位置受到歪曲也愈显著；时间常数过小，由于起伏波动太大将给弱峰的识别造成困难。为此要根据不同的情况，恰当选择时间常数。

2.5.3.4 X 射线衍射仪的测量

A 衍射强度的测量

多晶体衍射仪测量方法分为连续扫描和步进扫描两种：

(1) 连续扫描。将计数器与计数率仪相连接，在选定的 2θ 角范围内，计数管以一定的扫描速度与样品（台）联动，扫描测量各衍射角相应的衍射强度，结果获得 I-2θ 曲线。采用连续扫描可在较快速度下获得一幅完整而连续的衍射图。例如，以 4°/min 的速度测量一个 2θ 从 20°~100°的衍射花样，20min 即可完成。因此，当需要全谱测量（如物相定性分析）时，一般选用此种方式，连续扫描的测量精度受扫描速度和时间常数的影响，故要合理地选定这两个参数。

(2) 步进扫描。将计数器与定标器相连，计数器首先固定在起始 2θ 角位置，按设定时间定时计数（或定数计时）获得平均计数率（即为该 2θ 处衍射强度）；然后将计数器按预先设定的步进宽度（角度间隔）和步进时间（行进一个步进宽度所用时间）转动，每转动一个角度间隔重复一次上述测量，逐点测量各角对应的衍射强度（每点的总脉冲数除以计数时间）。步进扫描测量精确度高，但较费时，通常只用于测定 2θ 范围不大的一段衍射图，适于做各种定量分析工作。步进宽度和步进时间是决定测量精度的重要参数，故要合理地选定。

B　实验参数的选择

衍射仪测量只有在仪器经过精心调整，并恰当地选择实验参数后，才能获得满意的结果。实验参数的选择，不同分析项目会有所区别。下面就一般的工作（如物相定性分析）中，狭缝宽度、扫描速度、时间常数等参数的选择做一简介：

(1) 狭缝宽度。增加狭缝宽度可使衍射线强度增高，但却导致分辨率下降。增宽发散狭缝 K 即增加入射线强度，但在 θ 角较低时，却容易因光束过宽而照射到样品之外，反而降低了有效的衍射强度，并可由试样框带来干扰线条及背底强度。物相分析通常选用的狭缝 K 为 1°或 0.5°。防散射狭缝 L 对峰背比有影响，通常使之与狭缝 K 宽度有同一数值。接收狭缝 F 对峰强度、峰背比，特别是分辨率有明显影响。在一般情况下，只要衍射强度足够，应尽量地选用较小的接收狭缝。在物相分析中常选用 0.2mm 或 0.4mm。

(2) 扫描速度。即计数管在测角仪圆上连续转动的角速度，单位以°/min 表示。提高扫描速度，可以节约测试时间，但却会导致强度和分辨率下降，使衍射峰的位置向扫描方向偏移并引起衍射峰的不对称宽化。在物相分析中，常用的扫描速度为 2 ~ 4°/min。使用位敏正比计数器，扫描速度可达 120°/min。

(3) 时间常数。计数率仪所记录的强度是一段时间内的平均计数率，这一时间间隔称为时间常数。增大时间常数可使衍射峰轮廓及背底变得平滑，但同时将降低强度和分辨率，并使衍射峰向扫描方向偏移，造成峰的不对称宽化。可以看出，增大扫描速度与增大时间常数的不良后果是相似的。但采用过低的扫描速度将大大增加测试时间；过小的时间常数将使背底波动加剧，从而使弱线难以识别。在物相分析中所选用的时间常数为 1 ~ 4s。

2.6　X 射线衍射的应用

2.6.1　X 射线物相分析

物相分析包括定性分析和定量分析两部分。物相分析是指确定材料由哪些相组成（物相定性分析）和确定各组成相的含量（物相定量分析）。

2.6.1.1　物相定性分析

化学分析、光谱分析、X 射线荧光光谱分析、电子探针分析等均可测定样品的元素组成，但物质的相分析却需由 X 射线衍射来完成，物相包括纯元素、化合物和固溶体。当待测样品由单质元素或其混合物组成时，X 射线物相分析所指示的是元素，因为此时元素就是物相；当元素相互组成化合物或固溶体时，则所给出的是化合物或固溶体，即物相。

A　基本原理

定性分析，就是要分析晶体中含有什么物相。由衍射原理知，物质的 X 射线衍射花样与物质内部晶体结构有关。每种结晶物质都有其特定的结构参数（晶体结构类型，晶胞大小，晶胞中原子、离子或分子的位置与数目等），因此，没有两种结晶物质会有完全相同的衍射花样。所以，根据某一待测样品的衍射花样，可以知道物质的化学成分及结晶状态。当试样为混合物时，其衍射花样为各组成相衍射花样的叠加。显然，如果事前对每种物质都测定一组面间距 d 值和相应的衍射强度（相对强度），并制成卡片，那么，在测定多相混合物的物相时，只需对待测试样测定的一组 d 值和对应的相对强度，与卡片的一组 d 值和相对强度比较，一旦其中的部分线条的 d 和 I/I_1 与卡片记载数据完全吻合，则多相混合物就有卡片记载的物相。同理，可以对多相混合物的其余相逐一进行鉴定。

B 粉末衍射卡片

a 卡片由来

1938 年，Dow 化学公司的 J. D. Hanawalt 等人公布了上千种物质衍射花样，并将其分类，给出每种物质三条最强线的面间距索引（称为 Hanawalt 索引）。1941 年，美国材料试验协会（ASTM）提出推广，将每种物质的面间距 d 和相对强度 I/I_1 及其他一些数据以卡片形式出版（称 ASTM 卡），公布了1300 种物质的衍射数据，以后，ASTM 卡逐年增加。1969 年，ASTM 和英、法、加等国有关协会组成国际机构“粉末衍射标准联合委员会”，负责卡片的搜集、校订和编辑工作，因此，以后的卡片称为粉末衍射卡（The Power Diffraction File），简称 PDF 卡，或 JCPDS 卡（The Joint Committee on Power Diffraction Standards）。目前，已有卡片 55 组。

b 卡片形式和内容

图 2-57 为 NaCl 的 PDF 卡片，图 2-58 为 PDF 卡片的一般形式。

5－0628 MINOR CORRECTION

d	2.82	1.99	1.63	3.258	NaCl ★
I/I_1	100	55	15	13	SODIUM CHLORIDE (HALITE)

Rad. CuK$_\alpha$ λ 1.5405 Filter Ni
Dia. cut off coll.
I/I_1 G. C. DIFFRACTOMETER d_{corr} · abs?
Ref. SWANSON AND FUYAT.
NBS CIRCULAR 539. VOL. Ⅱ. 41 (1953)

Sys. CUBIC S. G. O_h^5 – Fm3m
a_0 5.6402 b_0 c_0 A C
α β γ Z_4
Ref. IRID.

εa $n\omega\beta$ 1.542 $\varepsilon\gamma$ Sign
2V D_x2.164 mp Color Colorless
Ref. IBID.

AN ACS REAGENT GR ADI SAMPLE RECRYSTALL IZED TWICE FROM HYOR OCHLO-RIC ACID.
X-RAY PATTERN AT26℃.
REPLACES 1－0993，1－0994，2－0818

d/Å	I/I_1	hkl	d/Å	I/I_1	hkl
3.258	13	111			
2.821	100	200			
1.994	55	220			
1.701	2	311			
1.628	15	222			
1.410	6	400			
1.294	1	331			
1.261	11	420			
1.151 5	7	422			
1.085 5	1	511			
0.996 9	2	440			
0.953 3	1	531			
0.940 1	3	600			
0.891 7	4	620			
0.860 1	1	533			
0.850 3	3	622			
0.814 1	2	444			

图 2-57 NaCl 的 PDF 卡片

关于卡片具体介绍如下（序号与图 2-58 相对应）：

（1）1a、1b、1c 三个位置上的数据是衍射花样中前反射区（$2\theta<90°$）三条最强衍射线对应的晶面间距，1d 位置上的数据是最大面间距。

（2）2a、2b、2c、2d 就是上述各衍射线的相对强度，其中最强线的强度为 100。

（3）实验条件：Rad 为辐射种类；λ 为辐射波长；Filter 为滤波片；Dia 为相机直径；cut off 为相机或测角仪能测得的最大面间距；coll 为光阑尺寸；I/I_1 为衍射强度的测量方法；d_{axy} · abs 为所测 d 值是否经过吸收校正。

（4）晶体学数据：Sys 为晶系；S. G. 为空间群；a_0，b_0，c_0，α，β，γ 为晶胞参数；$A=a_0/b_0$，$C=c_0/b_0$ 为轴比，Z 为单位晶胞中化学式单位数目（对于元素是指单胞中的原子数，对于化合物是指单胞中的化学式单位的数目）。

（5）光学及其他物理性质：$\varepsilon\alpha$、$n\omega\beta$、$\varepsilon\gamma$ 为折射率；Sign 为光性正负，$2V$ 为光轴夹角；D 为密度；mp 为熔点；Color 为颜色。

（6）列明试样来源、制备方法及化学分析数据等。有时也注明升华点、分解温度、转变点、实验温度等，卡片的替换等进一步的说明也列于本栏。

（7）列明物相的化学式和英文名称，矿物学名称或普通名称，有时还列出"点"式或结构式。

（8）质量符号标记：★为数据高度可靠；i 为已指标化和估计强度，但可靠性不如前者；○为可靠性较差；无符号者表示一般；C 为衍射数据来自计算。

（9）列明晶面间距、相对强度及晶面指数。

（10）卡片序号。

各栏中的"Ref."均指该栏数据的来源。

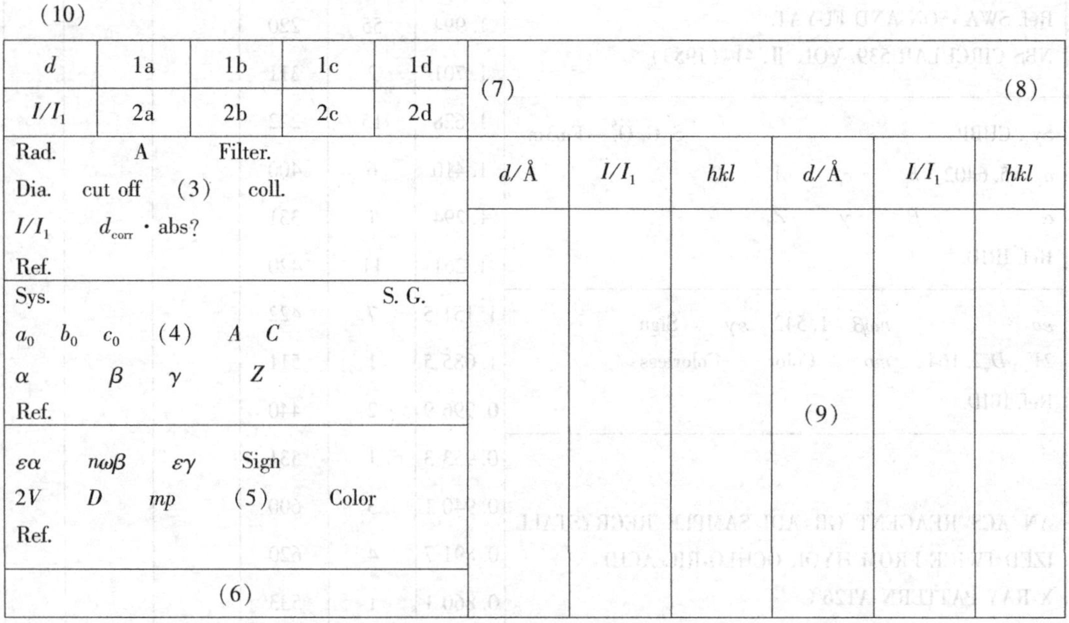

图 2-58　PDF 卡片示意图

C　索引

利用卡片档案的索引进行检索可大大节约时间。索引可分为"有机"和"无机"两类，每类又分为字母索引及数字索引两种，数字索引也称哈那瓦特（Hanawalt）索引。

a Davey 字母索引

根据物质英文名称的第一个字母顺序排列。在每一行上列出卡片的质量标记、物质名称、化学式、衍射图样中三根最强线的 d 值和相对强度及卡片序号。检索者一旦知道了试样中的一种或数种物相或化学元素时，便可利用这种索引。被分析的对象中所可能含有的物相，往往可以从文献中查到或估计出来，这时通过字母索引将有关卡片找出，与特定衍射花样对比，即可迅速确定物相。

b Hanawalt 索引

Hanawalt 索引将已经测定的所有物质的三条最强线的 d_1 值从大到小顺序分组排列。不同年份出版的索引其分组及条目内容不全相同。组的顺序按面间距范围从大到小排列，组的面间距范围及其误差在每页顶部标出。在每组内按次强线的面间距 d_2 减小的顺序排列，而对 d_2 值相同的几列又按 d_1 值递减的顺序安排。考虑到强度测量可能有较大的误差，常将同种物质图样中几根最强线的面间距顺序调换排列，使同一物质在索引的不同部分多次出现。

除以上介绍的两种索引外，还有“芬克无机索引”及“普通相索引”，它们的使用方法与上述索引相同。

目前，除使用印刷类型的卡片、卡片书、索引等以外，磁带、磁盘、光盘类型的数据库及索引的使用也日益广泛。借助电子计算机进行查阅将变得更加快速方便。

D 物相定性分析的过程

物相分析步骤如下：

(1) 获得衍射花样。

(2) 从衍射花样上测量计算出各衍射线对应的面间距及相对强度。关于面间距 d 的测量，物相分析的 d 值的要求并不很高。在衍射图上，可取衍射峰的顶点或者中线位置作为该线的 2θ 值，按图上角标估计到 0.01°，按布拉格公式计算相应的 d 值。对德拜相的测量和计算 d 值前面已介绍过。关于相对强度 I/I_1 的测量，在衍射图上习惯只测量峰高而不必采用积分强度，除非在峰宽差别悬殊的场合。峰高也允许大致估计而无需精确测量。可将最高峰定为 100，并按此定出其他峰的相对高度。德拜相常采用目测强度，例如采用最强、强、中、弱、最弱五级，或采用 100、90、…、10 的 10 级标准。目前的 X 射线衍射仪，一般通过电脑自动采集数据并处理，可自动输出对应各衍射峰的 d 和 I 数值表。

(3) 若已知被测样品的主要化学成分时，利用字母索引查找卡片，在包括主元素的各物质中找出三强线符合的卡片号，取出卡片，核对全部衍射线，一旦符合，便可定性。

(4) 在试样组成元素未知的情况下，利用数字索引进行定性分析。从前反射区（$2\theta <$ 90°）中选取强度最大的三根衍射线，并使其 d 值按强度递减的次序排列，又将其余线条的值按强度递减顺序排列于三强线之后。

(5) 从 Hanawalt 索引中找到对应的 d_1（最强线的面间距）组。按次强线的面间距 d_2 找到接近的几行。在同一组中，各行按 d_2 递减顺序安排，此点十分重要。检查这几行数据其 d_1 是否与实验值很接近。得到肯定之后再依次查对第三强线，第四、第五直至第八强线，并从中找出最可能的物相及其卡片号。从档案中抽出卡片，将实验所得 d 及 I/I_1 与卡片上的数据详细对照，如果对应得很好，物相鉴定即告完成。

(6) 如果待测样数列中第三个 d 值在索引各行均找不到对应，说明该衍射花样的最强线与次强线可能不属于同一物相，必须从待测花样中选取下一根线作为次强线，并重复（5）的检索程序。当找出第一物相之后，可将其线条剔出，并将残留线条的强度归一化，再按程序

（4）和（5）检索其他物相。注意不同的物相的线条有可能相互重叠。

考虑到实验数据或有误差，故允许所得的 d 及 I/I_1 与卡片的数据略有出入。一般来说，d 是可以较精确得出的，误差约为 0.2%，不能超过 1%，它是鉴定物相的最主要根据。而 I/I_1 的误差则允许稍大一些，因为导致强度不确定的因素较多。

E　可能碰到的困难

物相定性分析的原理是简单的，但在实际工作中往往会碰到很多困难。首先是在测取多相混合物的衍射图样时，若某个相分含量过少，将不足以产生自己完整的衍射图样，甚至根本不出现衍射线。在分析钢中的碳化物和夹杂物时往往就是如此。这类分析事先必须对试样进行电解分离处理，即针对具体的材料和分析要求，选择合适的电解溶液和电解密度，使基体相溶解掉并使欲分析的微量相沉积下来。在分析金属零件的化学热处理层、氧化物、电镀层等时，往往由于表面层太薄而观察不到其中某些相分的衍射线条。这时，除考虑增加入射的 X 射线强度、提高探测器的灵敏度之外，还应考虑采用能被强烈吸收的辐射。

在进行物相检索时也会遇到很多困难。例如，多相混合物的图样中，属于不同相分的某些衍射线条会因面间距相近而互相重叠，致使图样中的最强线可能并非单一相分的最强线，而是由两个或多个相分的某些次强或三强线条叠加的结果。若以这样的线条作为某相分的最强线条，将找不到任何对应的卡片，于是，必须重新假设和检索。比较复杂的相分析工作往往需经多次尝试方可成功。

F　计算机自动检索

物相检索是一项繁琐且耗时的工作，尤其是对于相组成复杂的物质。随着电脑技术的发展，目前的 X 射线衍射仪一般都已配备有物相自动检索系统。该项工作主要包括两个方面：

（1）建立数据库，即将标准物质的衍射花样输入并存储到电脑中；

（2）检索匹配，即将待测样的实验衍射数据及其误差考虑输入，可能时还可输入样品的元素信息以及物相隶属的子数据库类型。电脑按已给定的程序将之与标准花样进行匹配、检索、淘汰和选择，最后输入结果。

目前比较熟悉的计算检索系统主要有 Johnson-Vand 系统和 Frevrel 系统，其中 Johnson-Vand 系统由于能检索全部的 JCPDS-PDF 卡片，因此应用较为普遍。

由于物相比较复杂，单凭电脑的匹配检索往往有误检和漏检的可能，故最终结果还应经过人工审核。

2.6.1.2　物相定量分析

如果不仅要求鉴别物相种类，而且要求测定各物相相对含量，就必须进行定量分析。

A　物相定量分析原理

物相定量分析的依据是：各相衍射线的强度随该相含量的增加而提高。由于试样对 X 射线的吸收，使得“强度”并不正比于“含量”，而须加以修正。

采用衍射仪测量时，吸收因子为 $1/(2\mu)$（μ 为混合物的吸收系数），令试样被 X 射线照射的体积为 V，混合物样品中任一相 j 相的体积分数为 f_j，j 相被 X 射线照射的体积为 $V_j = Vf_j$，则 j 相某根衍射线条的强度 I_j 可写为：

$$I_j = I_0\left(\frac{e^2}{4\pi\varepsilon_0 c^2 m}\right)^2 \frac{\lambda^3}{32\pi R} \cdot \frac{1}{2\mu} \cdot Vf_j\left[\frac{1}{V_{胞}^2}|F_{HKL}|^2 P_\varphi(\theta)\mathrm{e}^{-2M}\right]_j \tag{2-84}$$

显然，对于同一样品各相各衍射线条而言，式中 $I_0\left(\frac{e^2}{4\pi\varepsilon_0 c^2 m}\right)^2 \frac{\lambda^3}{32\pi R} \cdot \frac{V}{2} = A$ 为常数，设：

$$C_j = \left[\frac{1}{V_{胞}^2}|F_{HKL}|^2 P_\varphi(\theta) e^{-2M}\right]_j \tag{2-85}$$

对于给定的 j 相，C_j 只取决于衍射线条指数（HKL）。因为各相的线吸收系数 μ 均不相同，故当 j 相的含量改变时，μ 也随之改变，这样，j 相某根衍射线条的强度 I_j 可写为：

$$I_j = \frac{AC_j f_j}{\mu} \tag{2-86}$$

式（2-86）即为物相定量分析的基本公式。

B 定量分析方法

下面对几种常用的定量分析方法做简单介绍。

a 单线条法

单线条法（外标法）是将所测物相的纯相物质单独标定，通过测量混合物样品中欲测相（j 相）某根衍射线条的强度并与纯 j 相同一线条强度对比，即可定出 j 相在混合样品中的相对含量。

若混合物中所含的 n 个相，其线吸收系数 μ 及密度 ρ 均相等（同素异构物质就属于这一情况），根据式（2-86），某相的衍射强度 I_j 将正比于其质量分数 ω_j：

$$I_j = C\omega_j \tag{2-87}$$

式中 C——新的比例系数。

如果试样为纯 j 相，则 $\omega_j = 1$，此时 j 相用以测量的某根衍射线的强度将变为 $(I_j)_0$，因此有：

$$\frac{I_j}{(I_j)_0} = \frac{C\omega_j}{C} = \omega_j \tag{2-88}$$

式（2-88）表明，混合样中 j 相与纯 j 相同一根线条强度之比等于 j 相的质量分数。按照这一关系可进行定量分析。

此法比较简易，但准确度较差。如欲提高测量的可靠性，可事先配制一系列不同比例的混合试样（j 相含量已知），制作 $I_j/(I_j)_0$-ω_j 定标曲线。应用时根据强度比并按此曲线即可查出含量。后一方法也适用于吸收系数不相同的两相混合物的定量分析。

b 内标法

若待测样品中含有多个物相，各相的质量吸收系数又不同，则定量分析常采用内标法。该法将一种标准物掺入待测样中作为内标，并事先绘制定标曲线。本法是一种最一般且最基本的方法，但手续较繁琐，在实际使用中常使用该法的简化方法。内标法仅限于粉末样品。

要测定 j 相在混合物中的含量，须掺入标准物质 S 组成复合样品。根据式（2-86），j 相某根衍射线的强度为：

$$I_j = \frac{AC_j f'_j}{\mu}$$

式中 f'_j——j 相在复合样品（掺入 S 相后）中的体积分数。

若要求取 j 相的质量分数，还需要考虑 j 相的密度：

$$I_j = \frac{AC_j \omega'_j}{\rho_j \mu} \tag{2-89}$$

式中 ρ_j——j 相的密度；

ω_j'——j 相在复合样品中的质量分数。

标准相 S 的衍射强度也可按同理求出：

$$I_S = \frac{AC_S\omega_S'}{\rho_S\mu} \tag{2-90}$$

式中　ω_S'——标准相 S 在复合样品中的质量分数。

式（2-89）除以式（2-90）得：

$$\frac{I_j}{I_S} = \frac{C_j\rho_j\omega_j'}{C_S\rho_S\omega_S'} \tag{2-91}$$

j 相在原混合样（未掺入 S 相）中的质量分数为 ω_j，S 相占原混合样的质量分数为 ω_S，它们与 ω_j' 和 ω_S' 的关系分别为：

$$\omega_j = \frac{\omega_j'}{1-\omega_S'},\ \omega_S = \frac{\omega_S'}{1-\omega_j'}$$

以此关系代入式（2-91），得：

$$\frac{I_j}{I_S} = \frac{C_j\rho_j\omega_j}{C_S\rho_S\omega_S} \tag{2-92}$$

对于 S 相含量恒定，j 相含量不同的一系列复合样，C_j、ρ_j、C_S、ρ_S、ω_S 都为定值，式（2-92）可写成：

$$\frac{I_j}{I_S} = K\omega_j \tag{2-93}$$

式（2-93）为内标法的基本方程，I_j/I_S 与 ω_j 呈线性关系，直线必过原点。$K = C_j\rho_j/(C_S\omega_S\rho_S)$ 为直线的斜率。

I_j 及 I_S 可通过实验测定，如直线斜率 K 已知，则 ω_j 可求。

内标法的直线斜率 K 用实验方法求得。为此，要配制一系列样品，测定并绘制定标曲线。即配制一系列样品，其中包含质量分数不同的欲测相以及恒定质量分数的标准相，进行衍射分析，把试样中 j 相的某根衍射线强度 I_j 与掺入试样中含量已知的 S 相的某根衍射强度 I_S 相比 I_j/I_S，作 I_j/I_S-ω_j 曲线。应用时，将同样质量分数的标准物掺入待测样中组成复合样，并测量该样品的 I_j/I_S，通过定标曲线即可求得 ω_j。图 2-59 的定标曲线用于测定工业粉尘中的石英含量。制作曲线时采用 20% 萤石粉末作为标准物质。

在应用内标曲线测定未知样品 j 相含量时，加入样品的内标物质种类及含量、j 相与 S 相衍射线条的选取等条件都要与所用定标曲线的制作条件相同。制作定标曲线比较麻烦，且通用性不强。内标法特别适用于物相种类比较固定且经常性的样品分析。

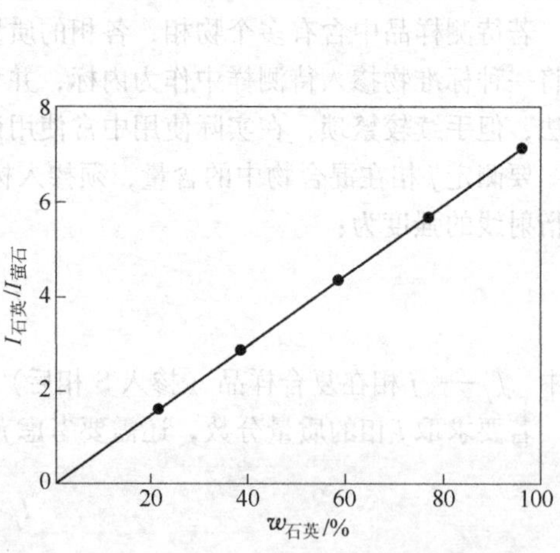

图 2-59　石英分析定标曲线

c　K 值法及参比强度法

内标法是传统的定量分析方法，但存在较严重的缺点。首先是绘制定标曲线时需配制多个复合样品，工作量大，且有时纯样很难提取。其次是要求加入样品中的标准物数量恒定，所绘制的定标曲线又随实验条件而变化。为克服这些缺点，目前有许多简化方法，其中使用较普遍的是 K 值法，又称基体清洗法，是 1974 年由钟焕成首先提出的。

K 值法实际上也是内标法的一种，是从内标法发展而来的。它与传统的内标法相比，不用绘制定标曲线，因而免去了许多繁复的实验，使分析手续大为简化。K 值法的原理也是比较简单的，所用公式是由内标法的公式演化来的。根据内标法公式（式（2-92））：

$$\frac{I_j}{I_S} = \frac{C_j\rho_j\omega_j}{C_S\rho_S\omega_S}$$

K 值法将式（2-92）改为：

$$K_S^j = \frac{C_j\rho_j}{C_S\rho_S} \tag{2-94}$$

$$\frac{I_j}{I_S} = K_S^j\frac{\omega_j}{\omega_S} \tag{2-95}$$

式（2-95）是 K 值法的基本方程。K_S^j 称为 j 相对 S 相的 K 值。K_S^j 值仅与两相及用以测试的晶面和波长有关，而与标准的加入量无关。若 j 相和 S 相衍射线条选定，则 K_S^j 为常数。它可以通过计算得到，但通常是用实验方法求得。K_S^j 值的实验测定：配制等量的 j 相和 S 相混合物，此时 $\omega_j/\omega_S=1$，所以 $K_S^j=I_j/I_S$，即测量的 I_j/I_S 就是 K_S^j。应用时，往待测样中加入已知量的S相，测量 I_j/I_S，已知 K_S^j，通过式（2-95）求得 ω_j。应用时注意，待测相与内标物质种类及衍射线条的选取等条件应与 K 值测定时相同。

K 值法还可进一步简化，这就是参比强度法。该法采用刚玉为通用参比物质。已有众多常用物相的 K 值载于粉末衍射卡片或索引上，故不必通过计算或测试获得 K 值。某物质的 K 值即参比强度等于该物质与 $\alpha\text{-}Al_2O_3$ 等质量混合物样的 X 射线图谱中两相最强线的强度比。

当待测样中只有两个相时，做定量分析不必加入标准物质，因为这时存在以下关系：

$$\omega_1 + \omega_2 = 1$$

$$I_1/I_2 = K_2^1\omega_1/\omega_2$$

于是

$$\omega_1 = \frac{1}{1 + K_2^1 I_2/I_1} \tag{2-96}$$

例如，样品由锐钛矿（A-TiO_2）和金红石（R-TiO_2）两种物质组成，要测定其中金红石的含量就可以直接借用索引上的数据。采用 CuK_α 辐射，R-TiO_2 用 $d=0.325\text{nm}$ 的线条，$K_S^R=3.4$；A-TiO_2 用 $d=0.351\text{nm}$ 的线条，$K_S^A=4.3$。通过实验测得待测样的 I_A/I_S 以后，即可计算出金红石含量，但该法有时测定精度稍差。

d　直接对比法

内标法、K 值法和参比强度法均需向待分析样品内加入标准物质，只适用于粉末样品，而不适用于整体样品。不向样品中加入任何物质而直接利用样品中各相的强度比值实现物相定量的方法，称为直接对比法。

直接比较法是将试样中待测相某衍射线的强度与另一相某衍射线的强度相比较的方法。该法不需加标准物质，并且既适合块状试样，也适合粉末试样。常用于测定淬火钢中残余奥氏体的含量。

假定在淬火钢中仅含有马氏体和奥氏体两相，此时需要测定的是成分相同但晶体结构不相同的两相混合物中的相分。采用直接比较法测定钢中残余奥氏体含量时，应在同一衍射花样上测定残余奥氏体和马氏体的某对衍射线条的强度比，再根据一定公式就能计算残余奥氏体的含量。

这种方法只适用于待测试样中各相的晶体结构为已知的情况，这时与 j 相的某根衍射线有关的常数 C_j 可直接从式（2-85）计算出来。在这种情况下，设样品中有 n 个相，按式（2-86）可得下列方程组：

$$\begin{cases} \dfrac{I_1}{I_2} = \dfrac{C_1}{C_2} \cdot \dfrac{f_1}{f_2} \\ \cdots \\ \dfrac{I_{j-1}}{I_j} = \dfrac{C_{j-1}}{C_j} \cdot \dfrac{f_{j-1}}{f_j} \\ \cdots \\ \dfrac{I_{n-1}}{I_n} = \dfrac{C_{n-1}}{C_n} \cdot \dfrac{f_{n-1}}{f_n} \\ \sum\limits_{j=1}^{n} f_j = 1 \end{cases} \tag{2-97}$$

各方程中的 I_j 可通过实验测得，C_j 可通过计算得到，式（2-97）中共有 n 个独立方程，未知量 f_j 共有 n 个，因此方程可解，各相的体积分数 f_j 也可求得了。

这种方法用于两相系统特别简便。例如淬火钢中参与奥氏体含量的测定。设淬火钢中只含马氏体和奥氏体，则方程组为

$$f_\alpha + f_\gamma = 1$$

$$\frac{I_\gamma}{I_\alpha} = \frac{C_\gamma}{C_\alpha} \cdot \frac{f_\gamma}{f_\alpha}$$

故奥氏体的体积分数为

$$f_\gamma = \frac{1}{1 + \dfrac{I_\alpha C_\gamma}{I_\gamma C_\alpha}}$$

2.6.2　点阵常数的精确测定

2.6.2.1　基本原理

点阵常数是晶体物质的基本结构参数，它随化学成分和外界条件（温度和压力等）的变化而变化。点阵常数的测定在研究固态相变（如过饱和固体的分解）、确定固溶体类型、测定固溶体的溶解度曲线、观察线膨胀系数、测定晶体中杂质含量、确定化合物的化学计量比等方面都得到了应用。由于点阵常数随各种条件变化而变化的数量级很小（约为 10^{-5}nm），因而通过个各种途径以求测得点阵常数的精确值就十分重要。

点阵常数通过 X 射线衍射的位置（θ）的测量而获得的。以立方晶体系为例，测定 θ 后，点阵常数 α 可按下式计算：

$$a = d\sqrt{H^2 + K^2 + L^2} = \frac{\lambda\sqrt{H^2 + K^2 + L^2}}{2\sin\theta} \tag{2-98}$$

式中，波长 λ 是可以精确测定的，有效数字甚至可达 7 位，对于一般的测定工作，可以认为没

有误差；H、K、L是整数，不存在误差。因此，点阵常数a的精确度主要取决于$\sin\theta$的精度。θ角的测定精度$\Delta\theta$一定时，$\sin\theta$的变化与θ的所在范围有很大关系，如图2-60所示。可以看出，当θ接近90°时，$\sin\theta$变化最为缓慢。假如在各种θ角度下$\Delta\theta$相同，则在高θ角时所得的$\sin\theta$值将比在低角时的精确得多。对布拉格方程微分的式（2-77）同样说明，当$\Delta\theta$一定时，采用高θ角的衍射线测量，面间距误差$\Delta d/d$（对立方系物质也即点阵常数误差$\Delta a/a$）将要减小；当θ趋近90°时，误差将趋近于0。因此，应选择接近90°的线条进行测量。

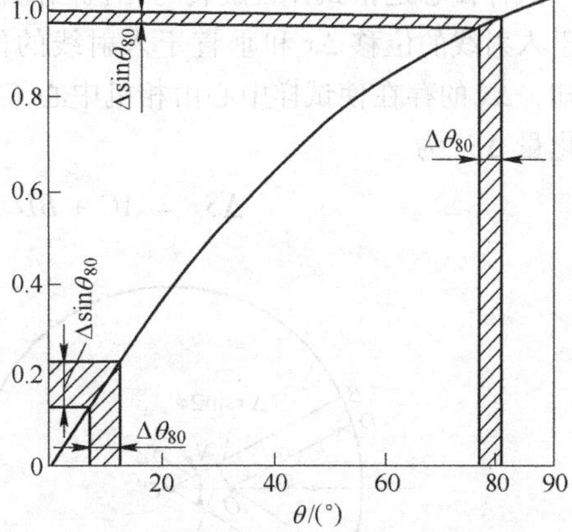

图2-60 sinθ随θ的变化关系

但实际能利用的衍射线，其θ角与90°总是有距离的，不过可以设想通过外推法接近理想状态。例如，先测出同一物质的多根衍射线，并按每根衍射线的θ计算出相应的a值，再以θ为横坐标，以a为纵坐标，将各个点连成一条光滑的曲线，再将曲线延伸使其与$\theta=90°$处的纵轴相截，则截点即为精确的点阵参数值。

用曲线外推难免会掺入人为因素，因此最好寻找另一个量（θ的函数）作横坐标，这就是说要寻找一个外推函数，以使所描画的点之间以直线关系相连接。不过在不同的几何条件下，外推函数却是不同的。人们在对测量误差进行系统分析的基础上，找到了不同的外推函数。

2.6.2.2 点阵常数测量中的误差来源

测量误差包括偶然误差和系统误差。偶然误差不可能完全排除，但可以通过多次重复测量使其尽可能地减小。系统误差取决于实验方法与条件，在对其来源与规律性的分析基础上，可采取措施使其减小或予以修正。

A 德拜法中的系统误差

测定点阵常数常用德拜法，该法中衍射线峰位的系统误差主要来源是相机半径误差、底片伸缩误差、试样偏心误差和试样吸收误差。

a 相机半径误差与底片伸缩误差

精确测定点阵常数采用背射衍射线。如图2-61所示，$\theta=90°-\phi$，而ϕ与相机半径R及背射线条间距S之间的关系为

$$\phi=\frac{S}{4R}$$

对上式取对数、微分，得

$$\frac{\Delta\phi}{\phi}=\frac{\Delta S}{S}-\frac{\Delta R}{R} \qquad (2\text{-}99)$$

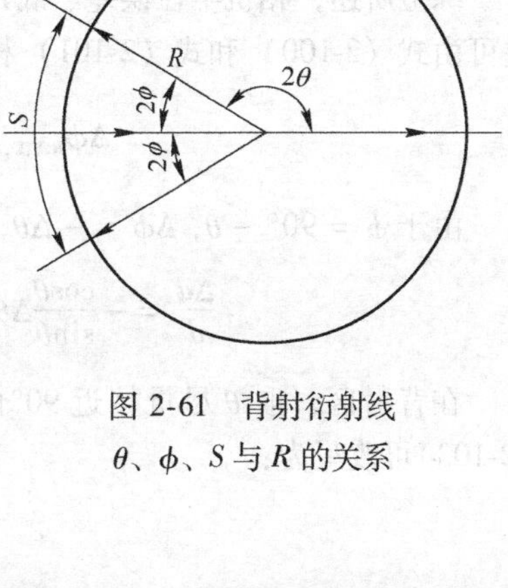

图2-61 背射衍射线
θ、ϕ、S与R的关系

底片伸缩误差ΔS指底片经冲洗后引起的S变化，而相机半径误差ΔR指相机实际半径与名义半径之差。由式（2-99）可知，ΔR与ΔS引起的ϕ的误差为：

$$\Delta\phi_{R,S}=\left(\frac{\Delta S}{S}-\frac{\Delta R}{R}\right)\phi \qquad (2\text{-}100)$$

b　试样偏心误差

试样偏心是指试样台旋转与相机圆筒轴不重合。不论试样如何偏心，总可以将其分解为平行于入射线的位移 Δx 和垂直于入射线的位移 Δy 两个分量，如图 2-62 所示。从图 2-62（a）可知，Δx 的存在使试样中心由相机中心 C' 移至 O，从而导致衍射线弧对间距 S 发生变化，其变化量 ΔS_C 为

$$\Delta S_C = AC + BD = 2BD \approx 2ON = 2\Delta x \sin 2\phi$$

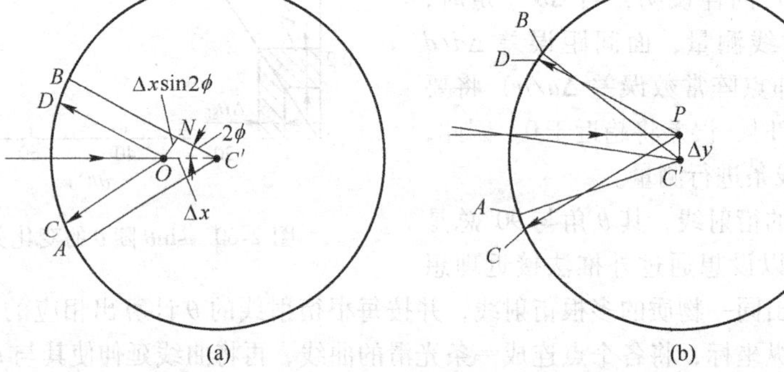

图 2-62　样品偏心对衍射线条位置的影响
（a）Δx 的影响；（b）Δy 的影响

按式（2-99），ΔS_C 对 ϕ 的影响可表示为（此时仅考虑 ΔS_C 的影响，$\Delta R = 0$）：

$$\frac{\Delta \phi_C}{\phi} = \frac{\Delta S_C}{S} = \frac{2\Delta x \sin 2\phi}{4R\phi} = \frac{\Delta x}{R\phi}\sin\phi\cos\phi$$

$$\Delta \phi_C = \frac{\Delta x}{R}\sin\phi\cos\phi \qquad (2\text{-}101)$$

由图 2-62（b）可知，Δy 的存在使衍射线弧对向同一侧位移，即 B 移向 D，A 移向 C，当 Δy 微小时，BD 与 AC 近似相等，故可不考虑 Δy 对 S 的影响。

c　试样的吸收误差

试样对 X 射线的吸收也会引起误差（$\Delta\phi_A$），$\Delta\phi_A$ 通常为点阵常数测定中误差的最大来源，但它很难准确计算。在讨论吸收因子时曾指出，对于高度吸收的试样，高角度（背射）衍射线几乎完全来自于靠近入射线一侧的试样表层物质，故可将试样吸收对 ϕ 值的影响视同试样中心相对于相机中心向入射线一侧水平位移的影响。因而可将 $\Delta\phi_A$ 包含在式（2-101）中。

综上所述，相机半径误差、底片伸缩误差、试样偏心误差和吸收误差对于 ϕ 所引起的总误差可由式（2-100）和式（2-101）相加求得：

$$\Delta\phi_{R,S,C,A} = \left(\frac{\Delta S}{S} - \frac{\Delta R}{R}\right)\phi + \frac{\Delta x}{R}\sin\phi\cos\phi \qquad (2\text{-}102)$$

由于 $\phi = 90° - \theta$，$\Delta\phi = -\Delta\theta$，$\sin\phi = \cos\theta$，$\cos\phi = \sin\theta$，故式（2-77）可写为：

$$\frac{\Delta d}{d} = -\frac{\cos\theta}{\sin\theta}\Delta\theta = \frac{\sin\phi}{\cos\phi}\left[\left(\frac{\Delta S}{S} - \frac{\Delta R}{R}\right)\phi + \frac{\Delta x}{R\phi}\sin\phi\cos\phi\right] \qquad (2\text{-}103)$$

在背射区，取 θ 尽量接近 90° 的衍射线，则 ϕ 很小，此时有 $\sin\phi \approx \phi$，$\cos\phi \approx 1$，则式（2-103）可改写为：

$$\frac{\Delta d}{d} = \left(\frac{\Delta S}{S} - \frac{\Delta R}{R} + \frac{\Delta x}{R}\right)\sin^2\phi \tag{2-104}$$

在同一张底片上，式（2-104）中括号内各项均为恒定，若用常数K表示，则：

$$\frac{\Delta d}{d} = K\sin^2\phi = K\cos^2\theta \tag{2-105}$$

对于立方晶系，有

$$\frac{\Delta a}{a} = \frac{\Delta d}{d} = K\cos^2\theta \tag{2-106}$$

可见在德拜法中，测量面间距（点阵常数）相对误差是与$\cos^2\theta$成正比的，当θ接近90°时，$\cos^2\theta$接近于零。因此可将从各衍射线测得的点阵常数a对$\cos^2\theta$作图，用直线外推法来消除系统误差，求得精确的点阵常数。

B 衍射仪中的系统误差

衍射仪的测角仪圆半径比德拜相机的半径大很多，故分辨率也高得多，因此采用衍射仪精确测定点阵常数愈来愈受重视。衍射仪法中系统误差主要有焦点位移误差、试样表面离轴误差、试样透明误差、平板型试样误差、X射线的垂直发散误差及实验条件选择不当造成的误差。综合各项系统误差，2θ的角度误差为：

$$\Delta 2\theta = \frac{X}{R} - \frac{2S\cdot\cos\theta}{R} - \frac{\sin 2\theta}{\mu R} + \frac{1}{12}\alpha^2\cot\theta - \frac{1}{6}\beta^2\cot 2\theta + \eta \tag{2-107}$$

因为
$$\frac{\Delta d}{d} = -\cot\theta\cdot\Delta\theta$$

整理后为：

$$\frac{\Delta d}{d} = \cos^2\theta\left(\frac{A}{\sin^2\theta} + \frac{B}{\sin\theta} + C\right) + D\cot\theta + E \tag{2-108}$$

对同一衍射图而言，式（2-108）中A、B、C、D和E都是一些只与仪器及试样情况有关，而与θ无关的常数。

对立方晶系，有：

$$\frac{\Delta a}{a} = \frac{\Delta d}{d} = \cos^2\theta\left(\frac{A}{\sin^2\theta} + \frac{B}{\sin\theta} + C\right) + D\cot\theta + E \tag{2-109}$$

由式（2-109）可见，在衍射仪法中，不同于德拜法有单一的外推函数可用，而必须针对具体实验，考虑以哪一项误差为主。但一般认为$\cos^2\theta$项仍是主要的项，仍可用它来作外推函数。

2.6.2.3 精确测定点阵常数的方法

为了求得很精确的点阵常数，首先要根据误差来源的分析，对实验技术精益求精，以获得尽可能正确的原始数据。特别是衍射仪法，必须按照仪器的技术条件进行严格的测试。衍射线峰位的测量也是提高精度的关键，应选择合适的定峰法确定衍射峰位。在此基础上，可再用图解外推法、最小二乘法或标准试样校正法来校正或消除误差。

A 定峰方法

衍射峰位置的准确测定对于精确测定点阵常数和宏观盈利测量具有极大的重要性。常用的定峰方法主要有以下几种。

a 半高宽法

半高宽法是常用的定峰方法。主要有以下几种：

（1）双线分离。如图 2-63 所示。自衍射峰底两旁的背底曲线作切线 AB，然后垂直于切线标出峰高 h。在 $h/2$ 处作平行于 AB 的直线，该直线交衍射谱线于 a、b 两点，ab 线段的中点 c 对应的横坐标就是要定的峰位。

（2）双线部分分离。如图 2-64 所示。为了减少 K_{α_2} 的影响，可在 K_{α_1} 强度峰值的 1/8 或 1/16处作平行于背底的直线，该直线交衍射峰于 a、b 两点，ab 线段中点的横坐标 $2\theta_P$，就是峰位。

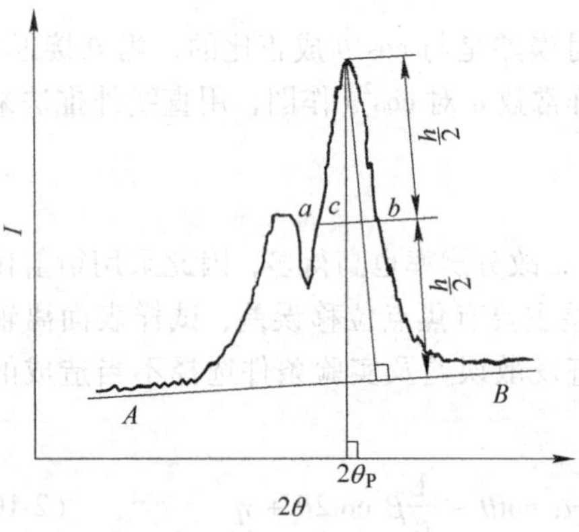

图 2-63　双线分离定峰法

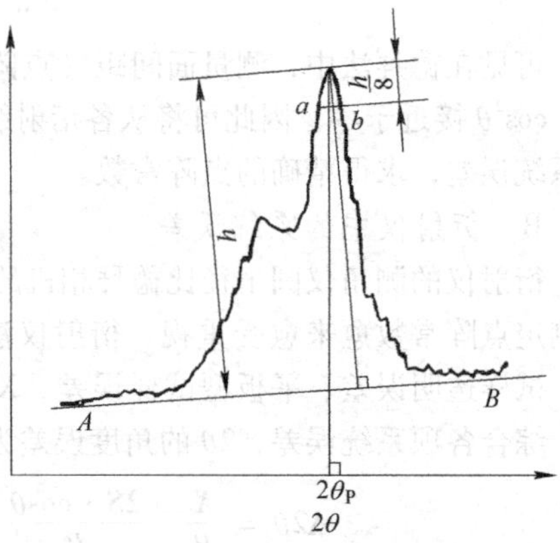

图 2-64　双线部分分离定峰法

（3）双线重叠。如图 2-65 所示。其步骤与上述两种情况基本相同。此时将重叠的 K_α 双线看成一个整体，用重叠谱线半高宽中点的横坐标作峰位。

b　切线法

当衍射峰锐而陡峭时，用切线法求峰位。方法是延长靠峰顶部两边的直线部分，其交点对应的横坐标就是峰位，如图 2-66 所示。

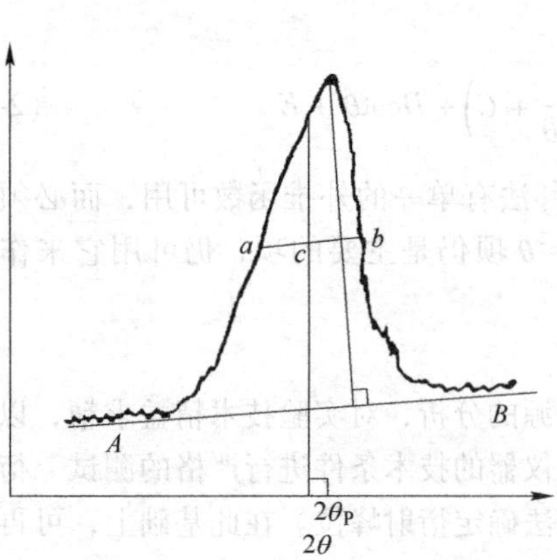

图 2-65　双线重叠定峰法

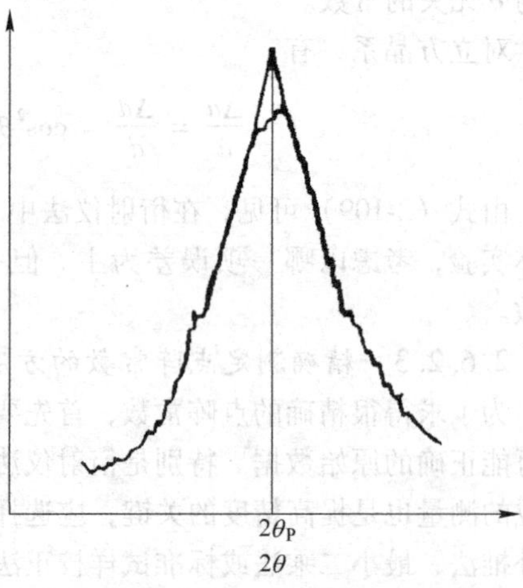

图 2-66　切线定峰法

c　抛物线法

衍射谱的峰顶部分近似看成抛物线，可将抛物线的对称轴的横坐标作峰位，如图 2-67 所示。在峰顶附近选一点 $A(2\theta_2, I_2)$ 后，在其左右等角距离 $\Delta 2\theta$ 处各选一点 $B(2\theta_1, I_1)$ 和 $C(2\theta_3, I_3)$，最后用 A、B、C 三点坐标按下式计算峰位：

$$2\theta_P = 2\theta_1 + \frac{\Delta 2\theta}{2}\left(\frac{3a+b}{a+b}\right) \tag{2-110}$$

式中，$\Delta 2\theta$ 视具体情况可取 0.2°、0.5°、1°、1.5°；$a = I_2 - I_1$，$b = I_2 - I_3$。

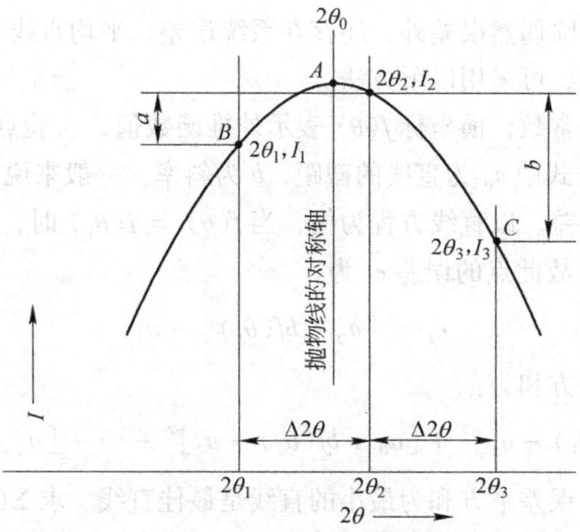

图 2-67 抛物线法定峰

用抛物线法时，A 点尽量选强度最高处，其余两点强度不低于 A 点 85% 为宜。

B 图解外推法

图解外推法是从实验数据出发，根据误差函数作图外推，以消除误差的方法。这种方法对立方晶系物质应用起来特别方便。下面以立方系为例加以说明。

设点阵常数真实值为 a_0，则实测值为 $a = a_0 \pm \Delta a$。

在德拜照相法中，按式（2-106）有

$$a = a_0 \pm a_0 K\cos^2\theta$$

设 $b = a_0 K$，上式可写为

$$a = a_0 \pm b\cos^2\theta \tag{2-111}$$

从式（2-111）可知，$a - \cos^2\theta$ 为直线关系。图解外推法是将 $a - \cos^2\theta$ 直线外推至 $\cos^2\theta = 0$ 处，从而得到 a_0（直线与纵坐标轴的交点）的方法。

一般地，可将 a 与 a_0 的关系表示为：

$$a = a_0 \pm bf(\theta) \tag{2-112}$$

式中 $f(\theta)$ ——外推函数，$f(\theta)$ 的形式不是唯一的，其形式因实验方法和条件不同或研究者寻求 $\Delta\theta$ 误差规律的思路不同而不同。

式（2-111）在推导过程中采用了某些近似处理，它们是以背射线条为前提的。因此，$\cos^2\theta$ 外推要求全部衍射线条 $\theta > 60°$，而且至少有一根线的 θ 在 80°以上。在很多场合下，要满足这些条件是困难的，故必须寻求一种适合包含低角衍射线的直线外推函数。尼尔逊（J. B. Nelson）等人用尝试法找到了外推函数：

$$f(\theta) = 1/2(\cos^2\theta/\sin\theta + \cos^2\theta/\theta) \tag{2-113}$$

尼尔逊函数在很广的 θ 范围（$\theta>30°$）内有较好的直线性。后来泰勒（A. Taylor）等人又从理论上证实了这一函数。

C　最小二乘方法

直线外推法仍存在不少问题。首先，要画出一条最合理的直线以表示各实验点的趋势，主观色彩较重；其次，图纸的刻度有欠细致精确，对更高的要求将有困难。采用最小二乘法处理，可以克服这些缺点。

在点阵参数测量中，除偶然误差外，还存在系统误差，平均直线与纵坐标的截距才表示欲得的精确值。为求出截距，可采用以下方法。

以纵坐标 a 表示点阵常数，横坐标 $f(\theta)$ 表示外推函数值，实验点用（a_i，$f(\theta_i)$）表示，直线方程为 $a=a_0+bf(\theta)$，式中 a_0 为直线的截距，b 为斜率。一般来说，直线并不通过任一实验点，因为每点均有偶然误差。以直线方程为例，当 $f(\theta)=f(\theta_1)$ 时，相应的 a 为 $a_0+bf(\theta_1)$，而实验点的 a 值却为 a_1，故此点的误差 e_1 为

$$e_1=[a_0+bf(\theta_1)]-a_1$$

所有实验点误差的平方和为：

$$\Sigma(e_i^2)=[a_0+bf(\theta_1)-a_1]^2+[a_0+bf(\theta_2)-a_2]^2+\cdots+[a_0+bf(\theta_i)-a_i]^2+\cdots$$

按最小二乘法原理，误差平方和为最小的直线是最佳直线。求 $\Sigma(e_i^2)$ 最小值的条件是：

$$\mathrm{d}\Sigma(e_i^2)/\mathrm{d}a_0=0 \text{ 及 } \mathrm{d}\Sigma(e_i^2)/\mathrm{d}b=0$$

即

$$\left.\begin{aligned}\sum_{i=1}^{n}a_i&=na_0+b\sum_{i=1}^{n}f(\theta_i)\\ \sum_{i=1}^{n}a_if(\theta_i)&=a_0\sum_{i=1}^{n}f(\theta_i)+b\sum_{i=1}^{n}f^2(\theta_i)\end{aligned}\right\}\qquad(2\text{-}114)$$

从联列式（2-114）解出的 a_0 即为精确的点阵常数值：

$$a_0=\Sigma a_if(\theta_i)\Sigma f(\theta_i)-\Sigma a_i\Sigma f^2(\theta_i)/[\Sigma f(\theta_i)]^2-n\Sigma f^2(\theta_i)\qquad(2\text{-}115)$$

以上所得的 a_0 值是当 $f(\theta)=0$ 时的 a 值。大部分的系统误差以通过外推的手段消除，而经最小二乘法平滑所定的直线也已消除了偶然误差，故就是准确的点阵常数。

D　标准试样校正法

正确估计及消除误差需要借助于物理分析，在某些场合，误差的来源以及函数形式很难确定。但是用简单的实验方法也可以消除误差，“标准试样校正法”就是常用的一种。有一些比较稳定的物质，如 Ag、Si、SiO_2 等，其点阵常数也已经其他方法精心测定过。例如纯度为99.999%的 Ag 粉，$a=0.408613$nm；99.9% Si 粉，$a=0.54375$nm 等。这些物质称为标准物质，可以将它们的点阵常数值作为标准数据。

将标准物质粉末掺入待测多样粉末中，或者在待测块状样的表面上撒上一层标准物质，于是在衍射图上，就可同时出现两种物质的衍射线。标准物相的 a 已知，根据所用 λ，可算出某根衍射线的理论值 θ，它与衍射图上所得相应的 θ 会有微小的差别，这是未知的各误差因素的综合影响所造成的。以这一差别对待测的数据进行校正就可以得到比较准确的点阵常数。从原则上说，只有当两根线相距极近，才可以认为误差对它们的影响相同。标准试样校正法实验和计算都较简单，有实际应用价值，不过所得的点阵常数的精确度将在很大程度上依赖于标准物本身数据的精度。

2.6.3 宏观应力的测定

残余应力是材料及其制品内部存在的一种内应力，它是指产生应力的各种因素不存在时，由于不均匀的塑性变形和不均匀的相变的影响，在物体内部依然存在并自身保持平衡的应力。金属材料及其制品在冷、热加工和合金化过程中，常产生残余应力。

根据残余应力平衡的范围，可将其分为宏观应力、微观应力和点阵畸变应力三种，分别称为第一类残余应力、第二类残余应力和第三类残余应力。

当残余应力在整个工件范围或相当大的范围内达到平衡时，称宏观残余应力或第一类残余应力。如果存在宏观残余应力，将使晶粒的面间距发生变化，从而使 θ 角变化并使衍射线位移。根据衍射线的位移，可求出晶面间距的变化，再应用弹性力学应力与应变关系，可求出宏观残余应力。

残余应力在一个或几个晶粒范围内变化，称微观残余应力或第二类残余应力。它的存在将使晶格歪扭、弯曲，并将使不同区域、不同晶粒内的同一 $\{HKL\}$ 面族的晶面间距有不同的值。即各晶粒同一 $\{HKL\}$ 面族的间距分布在 $d_1 \sim d_2$ 范围内，相应由它们产生的衍射线分布在 $\theta_1 \sim \theta_2$ 范围内，从而使衍射谱线变宽。根据衍射线形的变化，可测定微观残余应力。

第三类残余应力存在于一个晶粒内上百个到几千个原子范围内，它的存在将使衍射线强度下降。

测定残余应力的方法有：电阻应变片法、机械引伸仪法、超声波法和 X 射线衍射法。用 X 射线衍射法的优点是：

(1) 为非破坏性试验方法。

(2) 用 X 射线测定的是纯弹性应变。

(3) X 射线束的直径可控制在 2 ~ 3mm 以内，故能测很小范围内的应变。

(4) X 射线测定的是试样表层大约 10μm 深度的二维应力，可以用剥层的方法测定应力沿层深的分布。

(5) 可以测定第二类和第三类应力。

2.6.3.1 弹性应力-应变关系

用 X 射线测定残余应力是测出应变后再计算应力。

如图 2-68 所示，在体积元上作用着正应力 σ_x、σ_y、σ_z、σ_{-x}、σ_{-y}、σ_{-z} 及切应力 τ_{xy}、τ_{yz}、τ_{zx}、τ_{yx}、τ_{xz}、τ_{zy}。在平衡状态下，有 $\sigma_x = \sigma_{-x}$，$\sigma_y = \sigma_{-y}$，$\sigma_z = \sigma_{-z}$ 及 $\tau_{xy} = \tau_{yx}$，$\tau_{yz} = \tau_{zy}$，$\tau_{zx} = \tau_{xz}$。故各向同性材料任一点应力可用 6 个独立量描述，即正应力 σ_x、σ_y、σ_z 和切应力 τ_{xy}、τ_{yz}、τ_{zx}。不过总可以找到另一正交坐标系 $OX'Y'Z'$，当新选的立方体积元的边与坐标轴一致时，各立方体面上切应力为零，只有沿 3 个坐标轴的正应力。此时，正应力 σ_1、σ_2、σ_3 称为主应力，相应的应变 ε_1、ε_2、ε_3 称为主应变，在主应力已知时，图 2-69 所示空间任一方向的正应力为：

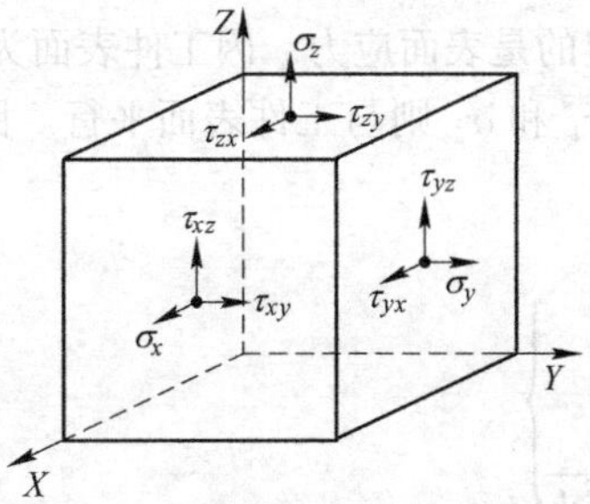

图 2-68 立方体积元上正应力与切应力

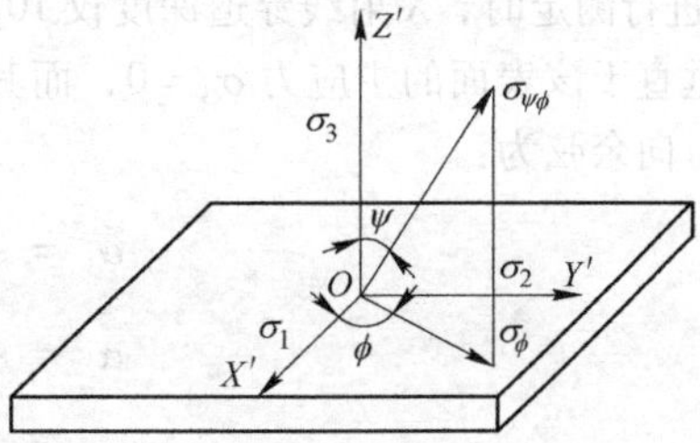

图 2-69 $\sigma_{\psi\phi}$ 与 σ_ϕ 的关系

$$\sigma_{\psi\phi} = \alpha_1^2\sigma_1 + \alpha_2^2\sigma_2 + \alpha_3^2\sigma_3 \tag{2-116}$$

式中　α_1，α_2，α_3——$\sigma_{\psi\phi}$对应方向的方向余弦。

同理，任一方向正应变为：

$$\varepsilon_{\psi\phi} = \alpha_1^2\varepsilon_1 + \alpha_2^2\varepsilon_2 + \alpha_3^2\varepsilon_3 \tag{2-117}$$

描述主应力和主应变关系的广义胡克定律为：

$$\left.\begin{aligned} \varepsilon_1 &= \frac{1}{E}[\sigma_1 - \nu(\sigma_2 + \sigma_3)] \\ \varepsilon_2 &= \frac{1}{E}[\sigma_2 - \nu(\sigma_1 + \sigma_3)] \\ \varepsilon_3 &= \frac{1}{E}[\sigma_3 - \nu(\sigma_1 + \sigma_2)] \end{aligned}\right\} \tag{2-118}$$

式中　E——杨氏模量；

ν——泊松比。

2.6.3.2　X 射线应力测定原理

对无织构的多晶体金属材料，在单位体积内有数量极大的、取向任意的晶粒，故从空间任意方向都能观察到任一选定的（*HKL*）晶面。在无应力时，各晶粒同一｛*HKL*｝面族间距都为 d_0。如图 2-70 所示，平行于试样表面的张应力作用于该多晶体，则与表面平行的｛*HKL*｝晶面（即 $\psi = 0$）的面间距会缩小，而与应力方向垂直的同一｛*HKL*｝晶面（即 $\psi = 90°$）的面间距被拉长。在上述两种取向间的同一｛*HKL*｝晶面间距会因 ψ 的不同而不同，即随晶粒取向不同，ψ 从 0°连续变到 90°，面间距改变量 Δd 将从某一负值连续变到某一正值，应力越大，面间距改变量 Δd 越大。如能找到这种变化关系，就能求出残余应力。

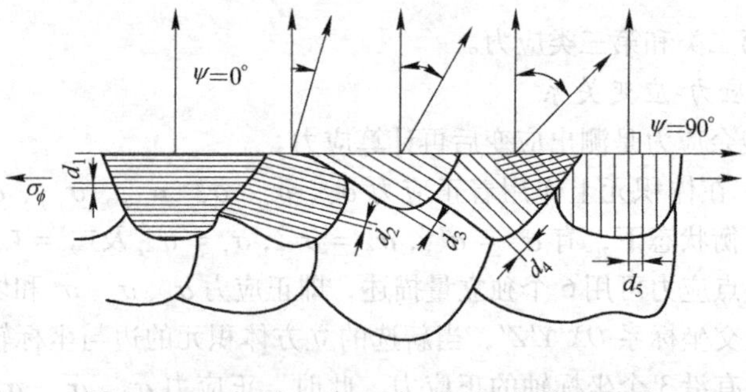

图 2-70　ψ 与同一｛*HKL*｝晶面面间距的关系

现讨论图 2-69 中工件表面任一方向的残余应力表达式。对一般金属材料，当用 Cr、Co、Cu 靶进行测定时，X 射线穿透深度仅 10μm 左右，故测定的是表面应力。因工件表面为自由表面，垂直于该表面的主应力 $\sigma_3 = 0$，而其余两个主应力 σ_1 和 σ_2 则与工件表面平行。因 $\sigma_{\psi\phi}$ 方向的方向余弦为：

$$\left.\begin{aligned} \alpha_1 &= \sin\psi\cos\phi \\ \alpha_2 &= \sin\psi\sin\phi \\ \alpha_3 &= \cos\psi = \sqrt{1 - \sin^2\psi} \end{aligned}\right\} \tag{2-119}$$

故
$$\sigma_{\psi\phi} = (\sin\psi\cos\phi)^2\sigma_1 + (\sin\psi\sin\phi)^2\sigma_2 + (1 - \sin^2\psi)\sigma_3 \tag{2-120}$$

因 $\sigma_3 = 0$，由式（2-118）得：

$$\varepsilon_3 = -\frac{\nu}{E}(\sigma_1 + \sigma_2) \tag{2-121}$$

当 $\psi = 90°$时，$\sigma_{\psi\phi}$变成 σ_ϕ，由式（2-120）得：

$$\sigma_\phi = \sigma_1\cos^2\phi + \sigma_2\sin^2\phi \tag{2-122}$$

因
$$\varepsilon_{\psi\phi} = (\sin\psi\cos\phi)^2\varepsilon_1 + (\sin\psi\sin\phi)^2\varepsilon_2 + (1 - \sin^2\psi)\varepsilon_3 \tag{2-123}$$

在 $\sigma_3 = 0$ 条件下，将式（2-118）代入式（2-123）得：

$$\varepsilon_{\psi\phi} = \frac{1+\nu}{E}(\sigma_1\cos^2\phi + \sigma_2\sin^2\phi)\sin^2\psi - \frac{\nu}{E}(\sigma_1 + \sigma_2) \tag{2-124}$$

将式（2-121）和式（2-122）代入式（2-123）得：

$$\varepsilon_{\psi\phi} - \varepsilon_3 = \frac{1+\nu}{E}\sigma_\phi\sin^2\psi \tag{2-125}$$

应变可以用衍射面间距的相对变化表示，即：

$$\varepsilon_{\psi\phi} = \frac{\Delta d}{d} = \frac{d_{\psi\phi} - d_0}{d_0} = -\cot\theta_0(\theta_{\psi\phi} - \theta_0) \tag{2-126}$$

式中　θ_0——无应力时（HKL）面衍射的布拉格角；

$\theta_{\psi\phi}$——有应力时，且在试样表面法线与晶面法线之间为 ψ 角时的布拉格角。

将式（2-126）代入式（2-125），得：

$$-\cot\theta_0(\theta_{\psi\phi} - \theta_0) = \frac{1+\nu}{E}\sigma_\phi\sin^2\psi + \varepsilon_3 \tag{2-127}$$

在试样应力状态一定时，ε_3 不随 ψ 而变，故对 $\sin^2\psi$ 求导可得：

$$\sigma_\phi = -\frac{E}{2(1+\nu)}\cot\theta_0\frac{\partial(2\theta)}{\partial(\sin^2\psi)} \tag{2-128}$$

式中，2θ 以 rad 为单位。当以（°）为单位时，式（2-128）则为：

$$\sigma_\phi = -\frac{E}{2(1+\nu)}\cot\theta_0\frac{\pi}{180}\frac{\partial(2\theta)}{\partial(\sin^2\psi)} \tag{2-129}$$

如令 $K_1 = -\frac{E}{2(1+\nu)}\cot\theta_0\frac{\pi}{180}$，$M = \frac{\partial(2\theta)}{\partial(\sin^2\psi)}$，则

$$\sigma_\phi = K_1 M \tag{2-130}$$

式中　K_1——应力常数，随被测材料、选用晶面和所用辐射而变化，部分材料的 K_1 值见表 2-5。

表 2-5　部分材料的 K_1 和 K_2 值

被测材料	晶体结构	X 射线	衍射晶面	衍射角 $2\theta/(°)$	$K_1/\text{kg}\cdot(\text{mm}^2\cdot(°))^{-1}$	$K_2/\text{kg}\cdot(\text{mm}^2\cdot(°))^{-1}$
铁素体和马氏体钢	体心立方(B. C. C)	CrK_α	(211)	156.4	-32.44	49.27
		CoK_α	(310)	161.35	-23.51	37.10
奥氏体钢	面心立方(F. C. C)	CrK_β	(311)	149.6	-36.26	52.99
铝及铝合金	面心立方(F. C. C)	CrK_α	(222)	156.7	-9.40	14.31
		CoK_α	(420)	162.1	-7.18	11.41
		CoK_α	(331)	148.7	-12.78	18.60
		CuK_α	(333)	164.0	-6.41	10.36
铜	面心立方(F. C. C)	CrK_β	(311)	146.5	-25.00	36.08
		CoK_α	(400)	163.5	-12.04	19.38
		CuK_α	(420)	144.7	-26.42	37.91

2.6.3.3　X 射线应力仪法

根据上述原理，用波长为 λ 的 X 射线，先后数次以不同的入射角 ψ_0 照射在试样上，测出相应的衍射角 2θ，求出 2θ 对 $\sin^2\psi$ 的斜率，便可算出应力 σ_ϕ。

完成上述测定有照相法、衍射仪法和应力仪法。如以入射光束的入射角特征划分，应力仪法则有 2θ-$\sin^2\psi$ 法、0°-45°法、固定 ψ 法和倾斜法等。

A　X 射线应力仪

X 射线应力仪结构如图 2-71 所示，其核心部分为测角仪。通过 ψ_0 调节使 X 射线管转动，以改变入射线的方向。从 X 射线管 1 发出 X 射线，经入射光阑 2 照射到试样台 3 上的试样 4 上，衍射线经接收光阑 5 进入计数管 6。计数管在测角仪圆上的扫描速度可以选择，扫描范围为 110° ~ 170°。除连续扫描，也可步进阶梯扫描，其步距为 0.1°、0.2°、0.5°和 1°。如用计算机控制，可自动打印峰位、积分宽、半高宽、斜率和应力等。

ψ_0 为试样表面法线与入射线的夹角，而 ψ 为试样表面法线与晶面法线之间的夹角。它们与 η 的关系如图 2-72 所示。显然

$$\psi = \psi_0 + \eta$$

其中

$$\eta = 90° - \theta$$

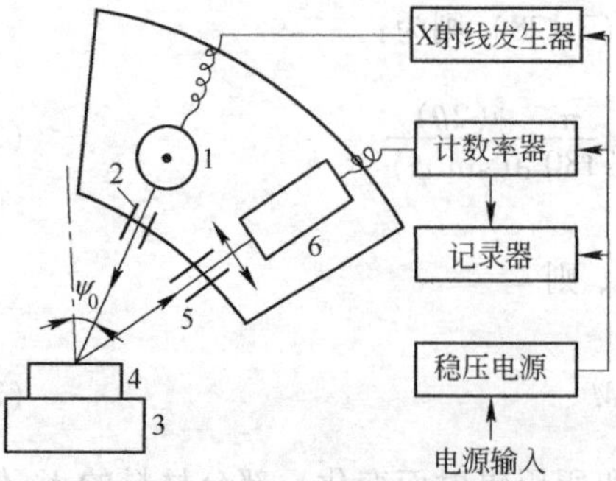

图 2-71　X 射线应力仪结构图

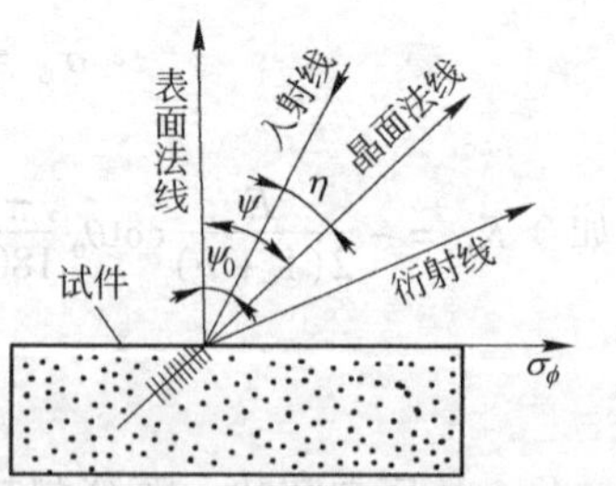

图 2-72　X 射线应力仪衍射几何

B 2θ-$\sin^2\psi$ 法

根据上述原理，σ_ϕ 与斜率 M 成正比，测出斜率即可由式（2-130）计算出应力。为此，以不同 ψ_0 入射，测出相应的 2θ，此时 2θ 与 ψ_0 共面。用测定的 2θ 与相应的 $\sin^2\psi$ 作图，两者呈线性关系，求出斜率 M 后，乘以已知常数 K_1，就能求出指定方向的 σ_ϕ。

需要注意的是：ψ_0 角所在平面与试样表面的交线就是所测应力的方向。常选角为 0°、15°、30°、45°，相应测出的 2θ 值并非刚好位于一直线上，此时用最小二乘法进行数据处理。

C 0°-45°法

将 2θ-$\sin^2\psi$ 法进行简化处理，即 ψ_0 只取 0°和 45°，就得 0°-45°法。此时

$$\sigma_\phi = K_1 \frac{2\theta_{45} - 2\theta_0}{\sin^2(45° + \eta) - \sin^2(0° + \eta)}$$

$$= -\frac{K_1}{\sin^2(45° + \eta) - \sin^2\eta}(2\theta_0 - 2\theta_{45}) = K_2 \Delta 2\theta \qquad (2\text{-}131)$$

式中 K_2——正值。

图 2-73 为 0°-45°法的衍射几何关系。

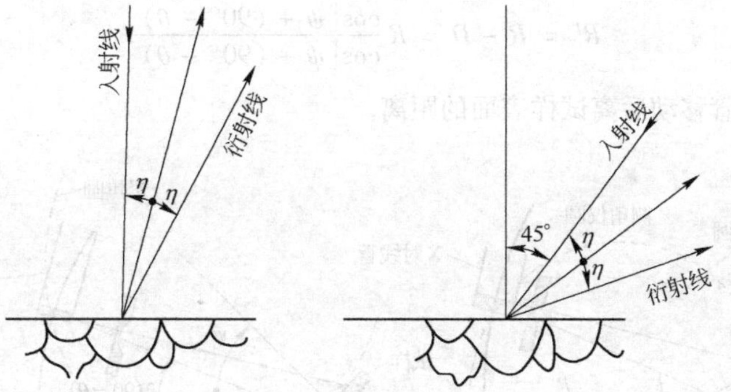

图 2-73 0°-45°法衍射几何

D 固定 ψ 法

上面两种方法都是将 ψ_0 固定为某 2 个或 4 个角度后，测定每个 ψ_0 对应的 2θ 角，这种方法统称为固定 ψ_0 法。如将 ψ 固定为某 2 个或 4 个角度后，测定每个 ψ 对应的 2θ 角，则称为固定 ψ 法。现对 2θ-$\sin^2\psi$ 法简化处理：令 $\psi = 0°$时，$\psi_0 = -\eta$；令 $\psi = 45°$时，$\psi_0 = 45° - \eta$，则由式（2-130）和式（2-131）可得：

$$\sigma_\phi = -\frac{K_1}{\sin^2 45° - \sin^2 0°} \cdot \Delta 2\theta = -2K_1 \cdot \Delta 2\theta = K_2' \cdot \Delta 2\theta \qquad (2\text{-}132)$$

其中

$$K_2' = -2K_1$$

图 2-74 为固定 ψ 法的衍射几何，它适用于 θ 角较小的情况。当 θ 角小时，$\eta = 90° - \theta$ 则大，如仍用 $\psi_0 = 45°$入射（即采用固定 ψ_0 法），则衍射线将穿入试样内部而无法测量，结果如图 2-75 所示。

2.6.3.4 X 射线衍射仪法

用 X 射线衍射仪可测定小试样的残余应力。根据多晶衍射仪设计原理，参与衍射的晶面始终平行于试样表面。因此，当衍射仪在正常工作状态时，试样表面法线 n 和衍射面法线 N 平

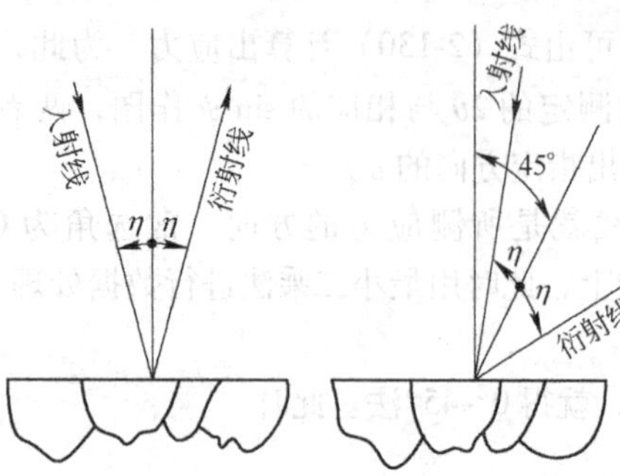

图 2-74　固定 ψ 法衍射几何

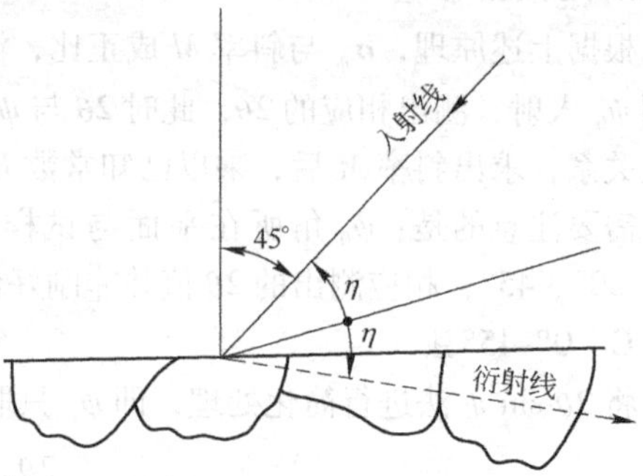

图 2-75　衍射线穿入试样内部（θ 太小）

行。由图 2-76（a）可知，此时 $\psi=0°$。为了测出不同 ψ 值时同一｛*HKL*｝面族的 2θ 值，在 X 射线管和计数管位置不变的情况下，让试样表面法线转动 ψ 角，如图 2-76（b）所示，此时位于测角仪上的计数管已经不在聚焦圆上。为了探测聚焦的衍射线，必须将计数管沿衍射线位移距离 D，且：

$$R' = R - D = R\frac{\cos[\psi + (90° - \theta)]}{\cos[\psi - (90° - \theta)]} \tag{2-133}$$

式中　R'——计数管移动后离试样表面的距离。

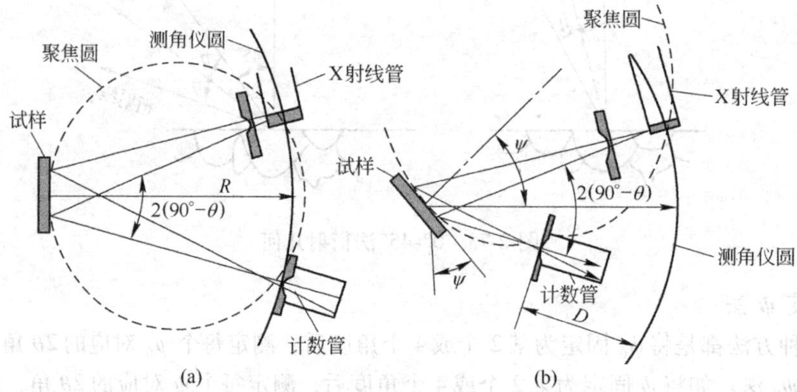

图 2-76　$\psi=0°$ 和 $\psi\neq0°$ 时衍射仪的聚焦条件

（a）$\psi=0°$；（b）$\psi\neq0°$

应力测定时实验条件的选择有以下特点：

（1）选用尽可能高的衍射角。应力测定与物相分析不同，它只要求测出一个晶面间距的变化量。在衍射仪上系统通过测定 2 个（或 4 个）衍射峰的准确位置来得出衍射角的差值。从微分布拉格方程得知，$\Delta d/d = -\cot\theta \cdot \Delta\theta$，或者 $\Delta\theta = -\tan\theta \cdot \Delta d/d$。假定晶面间距的变化量（应变）为一定，为使 $\Delta\theta$ 值增大到足以准确测得，必须十分强调选用高角的衍射线条进行测量。为此应使所用的晶面与波长有很好地配合，这与“精确测定点阵常数”的原则是相似的。

（2）实验参数范围可以放宽。宏观应力测量只需要测取衍射峰位置的差而非其绝对峰位，故在选取参数时其范围可以适当放宽。宏观残余应力的材料，一般都伴随有微观应力及晶粒细化等效应，导致衍射峰的漫散，妨碍峰位的精确测量。为获得强度较高且平滑的衍射峰，有时采用较大的实验参数。除X射线管采用较高的管压、管流外，狭缝和时间常数等参数的选择也可适当放宽。例如，狭缝可增大至0.4mm或更高。狭缝的增大会使角分辨率降低，但高角漫散峰对此并不敏感。时间常数从常用的1s左右可增至8s，扫描速度也可提高。狭缝和时间的增大将会影响衍射峰的准确位置，但对峰位的差的影响却很小。

（3）吸收因子和角因子的校正。衍射线条的宽化和峰形不对称，给衍射峰位的确定带来了不少困难。影响衍射线峰形不对称的主要因素有吸收因子和角因子。在衍射线条非常宽的情况下，需用吸收因子和角因子对衍射峰形进行修正。

在衍射仪中，当入射线与反射线和平板试样的表面法线呈对称分布时，平板试样的吸收因子与θ角无关。然而，当入射光束倾斜入射时，入射线与反射线在试样中所经历的路程不同，吸收因子不仅与θ有关，还与ψ角有关，它将造成峰形不对称。吸收因子修正为：

$$R(\theta) = 1 - \tan\psi \cdot \cot\theta \tag{2-134}$$

在一定的倾斜ψ下，它是一个单值增加函数，其增加值较角因子为小。一般认为只有在衍射线半高宽在6°以上且应力比较大时，才有必要考虑这个修正。

角因子$\varphi(\theta) = \dfrac{1+\cos^2 2\theta}{\sin^2\theta\cos\theta}$在布拉格角$\theta$接近90°时明显增大。因此，对衍射峰不对称性的影响也加剧。一般认为，当衍射线半高宽在3.5°～4.0°以上时，就有必要进行角因子修正。校正强度等于实测强度除以该点处的$\varphi(\theta)R(\theta)$。

（4）定位方法。在宏观应力测量中，准确地测定峰位具有极大的重要性。因为应力测定中选用的是高角度衍射线，衍射峰往往漫散且不对称，所以一般很难用常规的峰顶法定峰。最常用的定峰方法是半高法和三点抛物线法。具体的定峰方法已在2.6.2节中介绍过。

（5）试样表面的清理。试样表面状态对应力测定有很大的影响。在测量前，试样表面的处理是极其重要的。首先应去掉表面的污染物、锈斑、氧化层和涂层等，如有必要还要用化学或电化学抛光以去除残留的机械加工表面层。当然，如果测量的是切削、磨削、喷丸以及其他表面处理后引起的表面残余应力，则决不能破坏原有的表面，因为上述处理会引起应力分布的变化，达不到测量的目的。

对粗糙的表面层，因凸出部分释放应力，影响应力的准确测量，故对表面粗糙的试样，应用砂纸磨平，再用电解抛光去除加工层，然后才能测定。

思 考 题

2-1 计算管压为40kV时所发射的X射线连续谱的短波限及光子的最大动能。

2-2 特征X射线与荧光X射线产生机理有何不同？

2-3 试计算Mo的K激发电压，已知Mo的$\lambda_K = 0.0619$nm。

2-4 X射线与物质有哪些作用，对X射线分析影响如何？

2-5 计算1mm厚的铅板对Mo-K_α的透射因数。

2-6 推导X射线衍射的布拉格定律。

2-7 为什么衍射束的方向与晶胞形状和大小有关？

2-8 α-Fe为立方晶系，其点阵常数为$a = 0.2866$nm，如用Cr$\lambda_{K_\alpha} = 0.22909$nm进行照射，计算（110）、（200）、（211）面的掠射角。

2-9 说明原子散射因子f、结构因子F、结构振幅$|F|$的物理意义。

2-10 多重性因子、吸收因子、温度因子对衍射线强度有何影响？

2-11 为什么衍射束强度与晶胞中原子位置与原子种类有关？

2-12　影响粉末衍射花样谱线位置、数目、分布和强度的因素有哪些？

2-13　粉末样品颗粒的大小对德拜花样有何影响，为什么？

2-14　说明德拜照相法中底片安装的方式及其特点。

2-15　说明衍射仪法的特点。

2-16　比较正比计数管与闪烁计数管的优缺点。

2-17　物相定性分析原理是什么，分析中可能遇到什么问题？

2-18　用 X 射线进行成分分析和物相分析有何差别？

2-19　用 X 射线衍射方法测量宏观应力的基本原理是什么？

3 电子衍射分析及应用

内容提要

高速运动的电子具有波动性，在与物质表面接触时，如果满足布拉格定律，将会和 X 射线一样产生衍射现象。电子衍射在材料研究中应用广泛，常用在物相分析、晶体的结构分析和晶体缺陷分析等领域。本章将主要阐述下列内容：

1. 介绍电子衍射的基本原理；
2. 介绍电子衍射花样的标定方法；
3. 介绍低能电子衍射。

学习目标

1. 掌握电子衍射的原理；
2. 掌握电子衍射花样的标定；
3. 了解低能电子衍射。

3.1 高能电子衍射

1927 年，戴维逊（C. J. Davisson）等人成功地进行了电子衍射实验，证实了电子（束）具有波动性。随着电子光学技术的发展，几十年来，电子衍射已经发展成为研究和分析材料结构的重要方法之一。

根据入射电子能量的大小，电子衍射可分为高能电子衍射、低能电子衍射和反射式电子衍射。本节主要介绍高能电子衍射。

电子衍射与 X 射线衍射一样，遵从衍射产生的必要条件（布拉格方程 + 反射定律，衍射矢量方程或厄瓦尔德图解等）和系统消光规律。但电子波是物质波，因而电子衍射与 X 射线衍射相比，又有不同的特点。

由于电子波波长比 X 射线更短，一般只有千分之几纳米，而衍射用 X 射线波长约在十分之几到百分之几纳米之间（常用波长为 0.05 ~ 0.25nm），按布拉格方程 $2d\sin\theta = \lambda$ 可知，电子衍射的 2θ 角很小，通常为 1° ~ 2°，即入射电子束和衍射电子束都近乎平行于衍射晶面。

由衍射矢量方程$(\boldsymbol{S}-\boldsymbol{S}_0)/\lambda=\boldsymbol{r}^*$，设 $\boldsymbol{K}'=\boldsymbol{S}/\lambda$、$\boldsymbol{K}=\boldsymbol{S}_0/\lambda$、$\boldsymbol{g}=\boldsymbol{r}^*$，则有：

$$\boldsymbol{K}'-\boldsymbol{K}=\boldsymbol{g} \tag{3-1}$$

式中 $\boldsymbol{K}'$，$\boldsymbol{K}$——衍射线和入射线的波数矢量。

式（3-1）即为电子衍射分析时常用的衍射矢量方程表达式。

由于物质对电子的散射作用很强，因而电子（束）穿透物质的能力大大减弱，故电子衍射只适合于材料表层或薄膜样品的结构分析。

透射电子显微镜上配置选区电子衍射装置，使得薄膜样品的结构分析与形貌观察有机结合起来，这是 X 射线无法比拟的优点。

3.1.1　电子衍射基本公式

图 3-1 所示为导出电子衍射基本公式的厄瓦尔德图解。设单晶薄膜样品中（HKL）面满足衍射必要条件，即其相应倒易点 G_{HKL} 与反射球相交。（HKL）面衍射线（K' 方向）与感光平面（照相底片或荧光屏）交于 P' 点，P' 即为衍射斑点（以 HKL 命名）。透射束（又称零级衍射）与感光平面交于 O' 点，O' 称为透射斑或衍射花样的中心斑点。设样品至感光平面的距离为 L（可称为相机长度），O' 与 P' 的距离为 R，由图 3-1 可知

$$\tan 2\theta = R/L \tag{3-2}$$

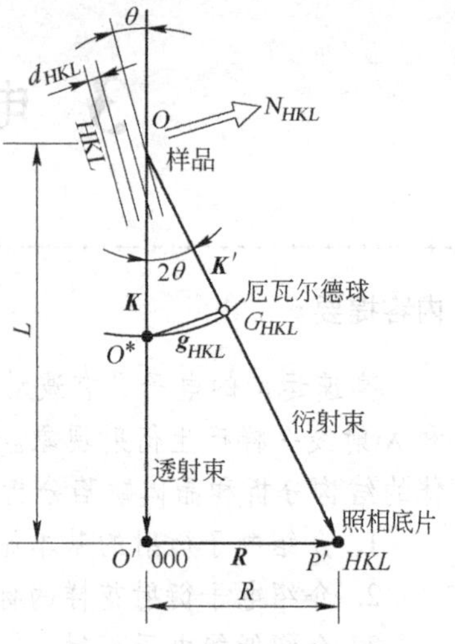

图 3-1　电子衍射基本公式导出的厄瓦尔德图解

由于 θ 很小，故 $\tan 2\theta \approx 2\sin\theta$，因此式（3-2）可近似写为

$$2\sin\theta = R/L$$

将此式代入布拉格方程 $2d\sin\theta = \lambda$，得

$$\lambda/d = R/L$$

即

$$Rd = \lambda L \tag{3-3}$$

式中　d——衍射晶面的晶面间距，nm；

　　λ——入射电子波长，nm。

式（3-3）即为电子衍射基本公式（式中 R 与 L 以 mm 计）。当加速电压一定时，电子波长 λ 值恒定，则 $\lambda L = C$（C 为一常数，称为相机常数）。故式（3-3）可改写为：

$$Rd = C \tag{3-4}$$

按 $g = 1/d$（$\boldsymbol{g}$ 为（HKL）面倒易矢量，g 即 $|\boldsymbol{g}|$），式（3-4）又可改写为

$$R = Cg \tag{3-5}$$

由于电子衍射 2θ 很小，$\boldsymbol{g}$ 与 $\boldsymbol{R}$ 近似平行，故按式（3-5），近似有

$$\boldsymbol{R} = C\boldsymbol{g} \tag{3-6}$$

式中　$\boldsymbol{R}$——透射斑到衍射斑的连接矢量，可称为衍射斑点矢量。

式(3-6)可视为电子衍射基本公式的矢量表达式。由式(3-6)可知，$\boldsymbol{R}$ 与 $\boldsymbol{g}$ 相比，只是放大 C 倍。这表明，单晶电子衍射花样是所有与反射球相交的倒易点的放大像。注意：放大像中去除了权重为零的那些倒易点。而倒易点的权重即指倒易点相应的(HKL)面衍射线的 $|F|^2$ 值。

需要指出的是，由于电子衍射基本公式的导出进行了近似处理，因而应用此公式得出的相关结论具有一定的误差或近似性。

3.1.2　多晶电子衍射成像原理与衍射花样特征

电子束照射多晶薄膜样品，其成像原理与多晶 X 射线衍射相似，如图 3-2 所示。

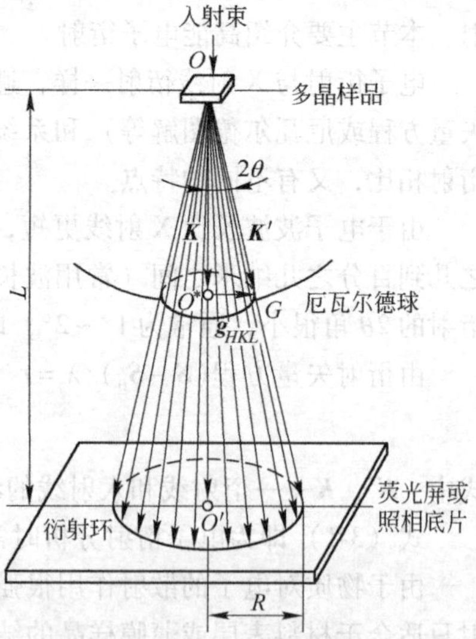

图 3-2　多晶电子衍射成像原理

样品中各晶粒同名（*HKL*）面倒易点集合而成倒易球面，倒易球面与反射球相交为圆环，因而样品各晶粒同名（*HKL*）面衍射线形成以入射电子束为轴、2θ 为半锥角的衍射圆锥。不同（*HKL*）衍射圆锥 2θ 不同，但各衍射圆锥均共顶、共轴。

各共顶、共轴（*HKL*）衍射圆锥与垂直于入射束的感光平面相交，其交线为一系列同心圆（称为衍射圆环）即为多晶电子衍射花样。多晶电子衍射花样也可视为倒易球面与反射球交线圆环（即参与衍射晶面倒易点的集合）的放大像。

电子衍射基本公式（式（3-3）及其各种改写形式）也适用于多晶电子衍射分析，式中的 R 即为衍射圆环的半径。

3.1.3 多晶电子衍射花样的标定

多晶电子衍射花样标定指多晶电子衍射花样指数化，即确定花样中各衍射圆环对应衍射晶面干涉指数（*HKL*）。本节仅讨论立方晶系多晶电子衍射花样指数化。

由式（3-4）有 $d=C/R$，将此式代入立方晶系晶面间距公式（式（1-46）），得：

$$R = C\sqrt{H^2+K^2+L^2}/a$$

$$R^2 = (C^2/a^2)N \tag{3-7}$$

式中 N——衍射晶面干涉指数平方和，$N=H^2+K^2+L^2$。

对于同一物相、同一衍射花样各圆环而言，(C^2/a^2) 为常数，故按式（3-7），有：

$$R_1^2 : R_2^2 : \cdots : R_n^2 = N_1 : N_2 : \cdots : N_n \tag{3-8}$$

式（3-8）即表示各衍射圆环半径平方顺序比等于各圆环对应衍射晶面 N 值顺序比。立方晶系不同结构类型晶体系统消光规律不同，故产生衍射的各晶面的 N 值顺序比也各不相同。因此，由测量各衍射环 R 值获得 R^2 顺序比并归整，以之与 N 顺序比对照，即可确定样品点阵结构类型并标出各衍射环对应指数。

由上述可知，多晶电子衍射花样指数化原理及过程均与多晶 X 射线衍射花样指数化相似。只不过电子衍射花样指数化是以 R^2 顺序比与衍射晶面干涉指数平方和顺序比对照，而 X 射线衍射花样指数化则是以粉末花样 $\sin^2\theta$ 顺序比与衍射晶面干涉指数平方和顺序比对照。

因为 N 顺序比是整数比，所以 R^2 顺序比也应整数化（取整）。表 3-1 为金的多晶电子衍射花样标定过程与结果。

表 3-1 金的多晶电子衍射花样标定过程与结果

衍射环序号	R/mm	R^2	R_i^2/R_1^2	$(R_i^2/R_1^2)\times3$	N	*HKL*	d/nm
1	6.28	39.44	1.00	3.00	3	111	0.2355
2	7.27	52.35	1.34	4.02	4	200	0.2039
3	10.29	105.9	2.68	8.04	8	220	0.1442
4	12.05	145.2	3.68	10.94	11	311	0.1230
5	12.57	158.0	4.06	12.18	12	222	0.117
6	14.62	213.8	5.42	16.26	16	400	0.1020
7	15.87	251.8	6.38	19.14	19	331	0.09358
8	16.31	266.0	6.74	20.11	20	420	0.09120
9	17.85	318.5	8.05	24.15	24	422	0.08325
10	18.96	359.4	9.11	27.33	27	333 (511)	0.07849
11	20.73	429.7	10.89	32.67	32	440	0.07210
12	21.52	463.2	11.74	35.22	35	53	0.06894
13	21.91	480.0	12.17	35.51	36	600	0.06798
14	23.21	533.7	13.63	40.89	40	620	0.06448

利用已知晶体（点阵常数 a 已知）的多晶衍射花样指数化可标定相机常数，衍射花样指数化后，按 $d = a\Big/\sqrt{H^2 + K^2 + L^2}$ 计算衍射环相应的晶体间距 d，并由 $Rd = C$ 即可求得 C 值。若已知相机常数 C，则按 $d = C/R$，由各衍射环的 R 可求出各相应晶面的 d 值。

3.1.4　单晶电子衍射成像原理与衍射花样特征

电子束照射单晶薄膜样品，其成像原理（厄瓦尔德图解）如图 3-3 所示。O 为反射球中心（可认为 O 在样品上），O^* 为倒易原点，$\boldsymbol{OO^*} = \boldsymbol{K}$。单晶电子衍射厄瓦尔德图解具有 3 个特点：

（1）由于电子衍射 2θ 很小，入射束近似平行衍射晶面，设衍射晶面（HKL）所属晶带为［uvw］，则入射线近似平行于晶带轴［uvw］，因而可以认为图 3-3 中过 O^* 点且垂直于 $\boldsymbol{K}$ 的倒易点阵平面即为 $(uvw)_0^*$ 零层倒易平面。

（2）反射球半径 $OO^* = |\boldsymbol{K}| = 1/\lambda$，由于电子波长 λ 很小，故反射球曲率很小，因而 $(uvw)_0^*$ 平面上一定范围内的倒易点阵均距反射球很近。

（3）由于薄膜样品（薄片晶体）厚度很小，其倒易点阵中各阵点已不再是几何点，而是沿样品厚度方向扩散延伸为杆状（倒易杆），从而增加了与反射球相交的机会。

由此 3 个特点可知，在 $(uvw)_0^*$ 点阵平面上，以 O^* 为中心的一定范围内各倒易点（杆）均可与反射球相交，而 O 与各交点的连接矢量即为 $\boldsymbol{K}'$（衍射线波数矢量）。各衍射线（$\boldsymbol{K}'$ 方向）与垂直于入射束的感光平面的交点（衍射斑点）即构成单晶电子衍射花样。

由上述分析不难理解，单晶电子衍射花样就是 $(uvw)_0^*$ 零层倒易平面（去除权重为零的倒易点后）的放大像（入射线平行于晶带轴［uvw］）。

图 3-4 所示为单晶电子衍射花样实例。

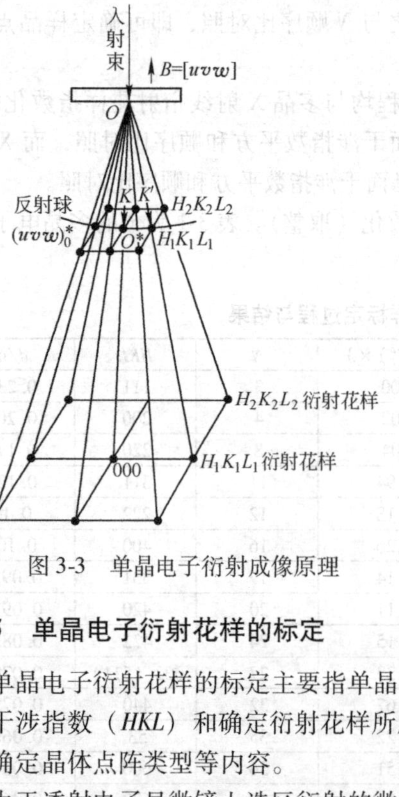

图 3-3　单晶电子衍射成像原理

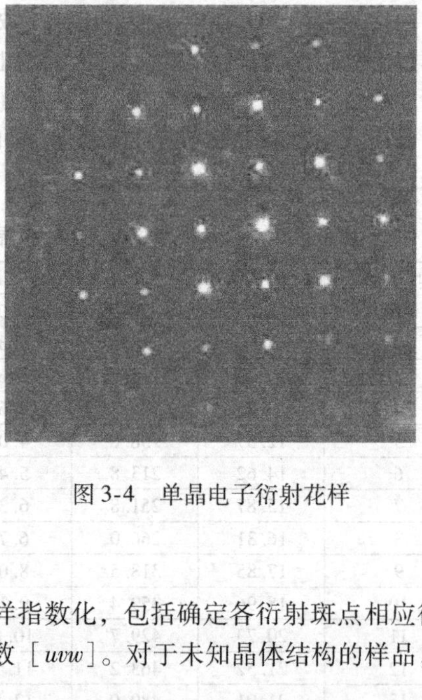

图 3-4　单晶电子衍射花样

3.1.5　单晶电子衍射花样的标定

单晶电子衍射花样的标定主要指单晶电子衍射花样指数化，包括确定各衍射斑点相应衍射晶面干涉指数（HKL）和确定衍射花样所属晶带轴指数［uvw］。对于未知晶体结构的样品，还包括确定晶体点阵类型等内容。

由于透射电子显微镜上选区衍射的微区内往往只有一颗或几颗单晶粒子，因而单晶电子衍射花样标定具有重要的实用意义。

单晶电子衍射花样标定时除应用衍射分析基本公式外还常涉及以下知识：单晶衍射花样的周期性。前已述及，单晶电子衍射花样可视为某个 $(uvw)_0^*$ 零层对于平面的放大像（$(uvw)_0^*$ 平面法线方向 [uvw] 近似平行于入射束方向（但反向）），因而，单晶电子衍射花样与二维 $(uvw)_0^*$ 平面相似，具有周期性排列的特征。如图 3-5 所示，表达了衍射花样周期性的基本单元（可称特征平行四边形）的形状与大小可由花样中最短和次最短衍射斑点矢量 $\boldsymbol{R}_1$ 和 $\boldsymbol{R}_2$ 描述，平行四边形中 3 个衍射斑点连接矢量满足矢量运算法则：$\boldsymbol{R}_3=\boldsymbol{R}_1+\boldsymbol{R}_2$，且有 $\boldsymbol{R}_3^2=\boldsymbol{R}_1^2+\boldsymbol{R}_2^2+2\boldsymbol{R}_1\boldsymbol{R}_2\cos\phi$（$\phi$ 为 $\boldsymbol{R}_1$ 与 $\boldsymbol{R}_2$ 的夹角）。设 $\boldsymbol{R}_1$、$\boldsymbol{R}_2$ 与 $\boldsymbol{R}_3$ 终点(衍射斑点)指数为 $H_1K_1L_1$、$H_2K_2L_2$ 和 $H_3K_3L_3$，则有 $H_3=H_1+H_2$、$K_3=K_1+K_2$ 和 $L_3=L_1+L_2$。

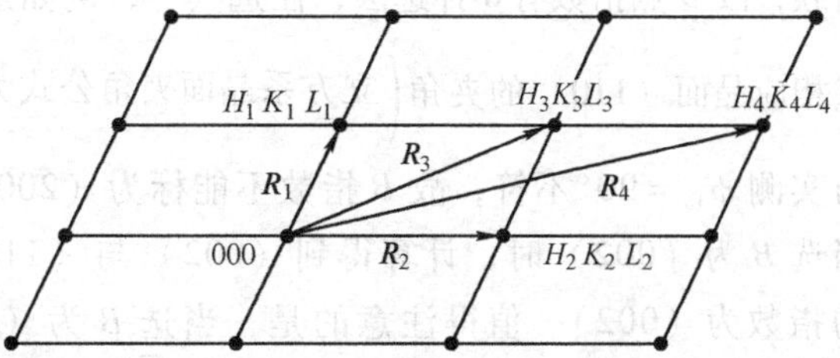

图 3-5 单晶衍射花样的周期性

立方晶系多晶体衍射标定时应用的关系式：$\boldsymbol{R}_1^2:\boldsymbol{R}_2^2:\cdots:\boldsymbol{R}_n^2=N_1:N_2:\cdots:N_n$（式(3-8)），在立方晶系单晶电子衍射标定时仍适用，此时 $R=|\boldsymbol{R}|$。

单晶电子衍射花样标定的主要方法为尝试—核算法和标准花样对照法。

3.1.5.1 尝试—核算法

由于已知条件不同，衍射花样的标定过程也不尽相同。

A 已知样品晶体结构（晶系、点阵类型及点阵常数）和相机常数的衍射花样标定

图 3-6 所示为某低碳合金钢基体（选区）电子衍射花样，现说明标定过程（已知铁素体为体心立方，$a=0.287$nm，相机常数 $C=1.41$mm · nm）：

(1) 选取离中心斑点较近且不在一条直线上的几个斑点（应包括与中心斑点组成特征平行四边形的 3 个斑点），如图 3-6 中的 A、B、C、D 点。

(2) 测量各斑点 $\boldsymbol{R}$ 值及各 $\boldsymbol{R}$ 的夹角。本例中各 $\boldsymbol{R}$ 值见表 3-2，$\boldsymbol{R}_A$ 与 $\boldsymbol{R}_B$、$\boldsymbol{R}_C$ 及 $\boldsymbol{R}_D$ 的夹角分别为 $\phi_{AB}=90°$、$\phi_{AC}=55°$ 及 $\phi_{AD}=71°$。

(3) 根据 $Rd=C$，由各 R 求相应衍射晶面间距 d 值。

(4) 按晶面间距公式（立方系为 $d^2=a^2/N$），由各 d 值及 a 值求相应各 $N(H^2+K^2+L^2)$ 值。

(5) 由各 N 值确定各晶面组指数 {HKL}。本例按步骤(3)~(5)处理数据的结果列于表 3-2。

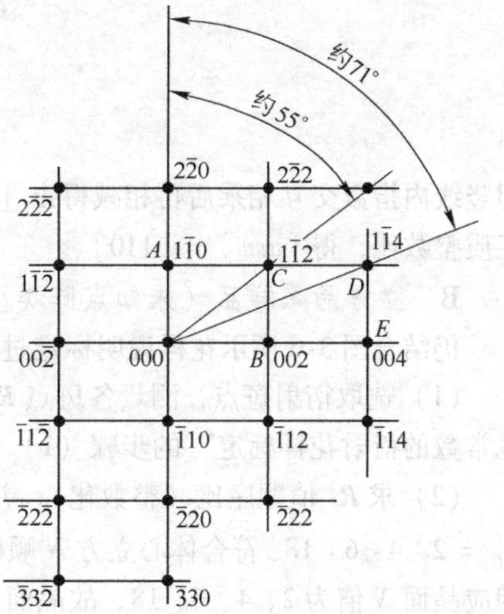

图 3-6 某低碳合金钢基体电子衍射花样

表 3-2 图 3-6 所示电子衍射花样标定过程参数

衍射斑点	$\boldsymbol{R}$/mm	d/nm	N 计算值	N 规整值	{HKL}	斑点指数
A	7.1	0.1999	2.080	2	{110}	$1\bar{1}0$
B	10.0	0.141	4.143	4	{200}	002
C	12.3	0.115	6.228	6	{211}	$1\bar{1}2$
D	21.5	0.0656	18.220	18	(411)	$1\bar{1}4$

（6）选定 $\boldsymbol{R}$ 最短（距中心斑点最近）的斑点指数。本例中 A 点对应｛110｝晶面族，共有12组晶面指数，因而 A 点指数有12种选法，任选其一，如 A 点晶面指数选为（$1\bar{1}0$）。

（7）按 N 尝试选取 $\boldsymbol{R}$ 次短的斑点指数并用 ϕ 校核。本例中 B 点相应 $N=4$，即｛200｝晶面族，故 B 点指数有6种选法，任选其一，例如选 B 指数为（200）后，计算（200）面与 A 点相应晶面（$1\bar{1}0$）的夹角$\left(\text{立方系晶面夹角公式为 } \cos\phi = \dfrac{H_1H_2+K_1K_2+L_1L_2}{\sqrt{H_1^2+K_1^2+L_1^2}\sqrt{H_2^2+K_2^2+L_2^2}}\right)$为45°，与实测 $\phi_{AB}=90°$不符，故 B 指数不能标为（200）。再用｛200｝中其他指数尝试，最终，当选 B 为（002）时，计算得到（002）与（$1\bar{1}0$）面夹角为90°，与实测 ϕ_{AB} 相符，故 B 的指数为（002）。值得注意的是，当选 B 为（$00\bar{2}$）时，（$00\bar{2}$）与（$1\bar{1}0$）面夹角也与实测 ϕ_{AB} 相符，因而 B 指数也可为（$00\bar{2}$）。事实上，本例因 A 指数有12种选法，而对于每一种选定的 A 指数，B 指数均有两种选法（所选两指数符号相反，相当于样品绕晶轴旋转180°，此种标定指数的不确定性可称为“180°不唯一性”），因而标定 A 和 B 时共有24种标法。

（8）按矢量运算法则确定其他斑点指数。如 C 点：按 $\boldsymbol{R}_C=\boldsymbol{R}_A+\boldsymbol{R}_B$，有 $H_C=H_A+H_B=1+0=1$、$K_C=K_A+K_B=-1+0=-1$、$L_C=L_A+L_B=0+2=2$，故 C 点指数为（$1\bar{1}2$）。同理，按 $\boldsymbol{R}_D=\boldsymbol{R}_B+\boldsymbol{R}_C$ 可得 D 点指数为（$1\bar{1}4$）。

（9）求晶带轴。本例是由底片正面描述下来的衍射花样，故晶带轴方向垂直花样平面向上，按右手定则有［uvw］$=\boldsymbol{R}_B\times\boldsymbol{R}_A$，由点 B 与点 A 指数即可求出［uvw］。按［uvw］$=$［002］×［$1\bar{1}0$］，也可将［uvw］的求解过程记为：

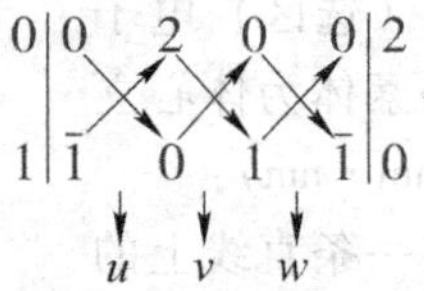

即竖线内指数交互相乘后再相减得出［uvw］，故［uvw］$=$［002］×［$1\bar{1}0$］$=$［220］。将其化为互质整数比，得［uvw］$=$［110］。

B　立方晶系样品（未知点阵类型及点阵常数）电子衍射花样标定

仍结合图3-6所示花样说明标定过程（设点阵类型及 a 均未知）：

（1）选取衍射斑点，测量各斑点 $\boldsymbol{R}$ 及各 $\boldsymbol{R}$ 的夹角大小。方法同“已知样品晶体结构和相机常数的衍射花样标定”的步骤（1）和步骤（2）。

（2）求 $\boldsymbol{R}^2$ 值顺序比（整数化），并由此确定各斑点相应晶面组指数。本例 $\boldsymbol{R}_A^2:\boldsymbol{R}_B^2:\boldsymbol{R}_C^2:\boldsymbol{R}_D^2=2:4:6:18$，符合体心立方 N 顺序比特征，故可按体心立方结构尝试标定：A、B、C、D 相应晶面 N 值为2、4、6、18，故晶面指数为｛110｝、｛200｝、｛211｝和｛411｝。

（3）重复“已知样品晶体结构和相机常数的衍射花样标定”的步骤(6)～步骤(8)。

（4）以 N 和 ϕ 校核按矢量运算求出的各斑点指数。本例计算的 C 点指数为$11\bar{2}$，其 $N=6$；D 点为$11\bar{4}$，其 $N=18$；计算 $\phi_{AC}=57.74°$，$\phi_{AD}=70.52°$，均与实测值相符（一般允许 ϕ 角有±2°以内误差）。

（5）求晶带轴指数。方法同“已知样品晶体结构和相机常数的衍射花样标定”的步骤（9）。

需要注意的是：本例 $\boldsymbol{R}^2$ 值顺序比也可写为 $\boldsymbol{R}_A^2:\boldsymbol{R}_B^2:\boldsymbol{R}_C^2:\boldsymbol{R}_D^2=1:2:3:9$，据此，本例也可按简单立方结构尝试标定斑点指数，并用 N 与 ϕ 校核，其结果被否定（称为斑点指数不能自洽）。一般，若仅知样品为立方晶系，一幅衍射花样也可能出现同时可被标定为两种不同点阵结构类型指数或被标定为同一结构类型中属于不同晶带的指数而且不被否定的情况，这种情况称为衍射花样的“耦合不唯一性”。

C 立方晶系样品电子衍射花样标定的$\sqrt{N}$比值法

编制任意两晶面干涉指数平方和的平方根比值表，即$\sqrt{N_2}/\sqrt{N_1}$比值表。由于立方系衍射花样任意两斑点的$\boldsymbol{R}_2/\boldsymbol{R}_1=\sqrt{N_2}/\sqrt{N_1}$，故可据实测的$\boldsymbol{R}_2/\boldsymbol{R}_1$值与$\sqrt{N_2}/\sqrt{N_1}$比值表对照查到斑点相应的晶面族指数$\{H_1K_1L_1\}$和$\{H_2K_2L_2\}$，然后用选定的$(H_1K_1L_1)$和$(H_2K_2L_2)$计算其夹角$\phi$，并用实测$\phi$校核。显然$\sqrt{N}$比值法其实质仍为尝试—核算法。

D 非立方晶系样品电子衍射花样标定

非立方晶系电子衍射花样仍可采用尝试—核算法标定，但由于其衍射斑点的$\boldsymbol{R}$与晶面指数间关系不如立方系简单，因而标定工作繁琐、计算量大。计算机的应用为解决这一困难提供了便利。

以正方晶系为例。设任意两衍射斑点矢量为$\boldsymbol{R}_1$和$\boldsymbol{R}_2$、相应衍射晶面$(H_1K_1L_1)$与$(H_2K_2L_2)$之间间距为d_1与d_2。由电子衍射基本公式可知$\boldsymbol{R}_1/\boldsymbol{R}_2=d_2/d_1$。而正方晶系晶面间距公式为$1/d_2=[(H_2+K_2)/a_2]+(L_2/c_2)$，故可得

$$\frac{\boldsymbol{R}_1}{\boldsymbol{R}_2}=\frac{d_2}{d_1}=\left[\frac{c_2(H_1^2+K_1^2)+a_2L_1^2}{c_2(H_2^2+K_2^2)+a_2L_2^2}\right]^{\frac{1}{2}}$$

即

$$\frac{\boldsymbol{R}_1}{\boldsymbol{R}_2}=\frac{d_2}{d_1}=\left[\frac{(c/a)^2(H_1^2+K_1^2)+L_1^2}{(c/a)^2(H_2^2+K_2^2)+L_2^2}\right]^{\frac{1}{2}} \tag{3-9}$$

设正方晶系任意两晶面$(H_1K_1L_1)$与$(H_2K_2L_2)$的夹角为ϕ，有：

$$\cos\phi=\frac{H_1H_2+K_1K_2+L_1L_2}{\{[H_1^2+K_1^2+(a/c)^2L_1^2][H_2^2+K_2^2+(a/c)^2L_2^2]\}^{\frac{1}{2}}} \tag{3-10}$$

按式(3-9)与式(3-10)，应用计算机计算并存储不同c/a值时任意两晶面$(H_1K_1L_1)$与$(H_2K_2L_2)$的d_2/d_1（即$\boldsymbol{R}_1/\boldsymbol{R}_2$）值及$\phi$值；衍射花样标定时，按实测$\boldsymbol{R}_1/\boldsymbol{R}_2$及$\phi$值与之对照，即可获得衍射斑点指数并得到样品结构的$c/a$值。

六方晶系衍射花样标定与正方晶系类似。其任意两晶面$(H_1K_1L_1)$与$(H_2K_2L_2)$相应$\boldsymbol{R}_1/\boldsymbol{R}_2$及夹角$\phi$计算公式用以下两式表达，即

$$\frac{\boldsymbol{R}_1}{\boldsymbol{R}_2}=\frac{d_2}{d_1}=\left[\frac{4(c/a)^2(H_1^2+H_1K_1+K_1^2)+3L_1^2}{4(c/a)^2(H_2^2+H_2K_2+K_2^2)+3L_2^2}\right]^{\frac{1}{2}} \tag{3-11}$$

$$\cos\phi=\frac{H_1H_2+K_1K_2+1/2(H_1K_1+H_2K_2)+3/4(a/c)^2L_1L_2}{\{[H_1^2+K_1^2+H_1K_1+(4/3)(a/c)^2L_1^2][H_2^2+K_2^2+H_2K_2+(4/3)(a/c)^2L_2^2]\}^{\frac{1}{2}}} \tag{3-12}$$

3.1.5.2 标准花样对照法

预先制作各种晶体点阵主要晶带的倒易平面（图），称为标准花样。通过与标准花样对照，实现电子衍射花样斑点指数及晶带轴标定的方法即为标准花样对照法。但一般文献资料给出的标准花样数量有限，往往不能满足工作的需要。而根据实际需要，利用计算机自行制作标

准花样，可以解决这一问题。

由上述内容可知，无论是对于尝试一核算法还是标准花样对照法，关于样品结构的已知条件越少，则标定工作越复杂，且花样标定的“不唯一性”现象越严重。因而在标定单晶点阵衍射花样时，应依据样品的“背景”情况（如样品的化学成分和热处理工艺条件等），并根据衍射花样的对称性特征等尽可能获得关于样品所属晶系、点阵类型以至可能是哪种或哪几种物相等信息，以减少标定过程的复杂性与“不唯一性”现象。

“180°不唯一性”或“耦合不唯一性”现象的产生，根源在于一幅衍射花样仅仅提供了样品的“二维信息”。通过样品倾斜（绕衍射斑点某点列转动），可获得另一晶带电子衍射花样，而两个衍射花样组合可提供样品三维信息。通过对两个花样的指数标定及两晶带夹角计算值与实测（倾斜角）值的比较，即可有效消除上述“不唯一性”。

本节讨论内容只涉及简单单晶电子衍射花样的标定，即单质、化合物或（均匀）固溶体相某一晶带各晶面的电子衍射花样（即 $(uvw)_0^*$ 零层倒易平面的放大像）的标定。

3.2　低能电子衍射

3.2.1　单晶表面原子排列与二维点阵

低能电子衍射指以 10 ~ 500eV 的电子束照射晶体样品表面产生的衍射现象。低能电子衍射给出样品表面 1 ~ 5 个原子层的信息，是研究晶体表面结构的重要方法之一。

由于晶体结构的周期性在表面中断，单晶表面原子排列有 3 种可能状态，如图 3-7 所示。

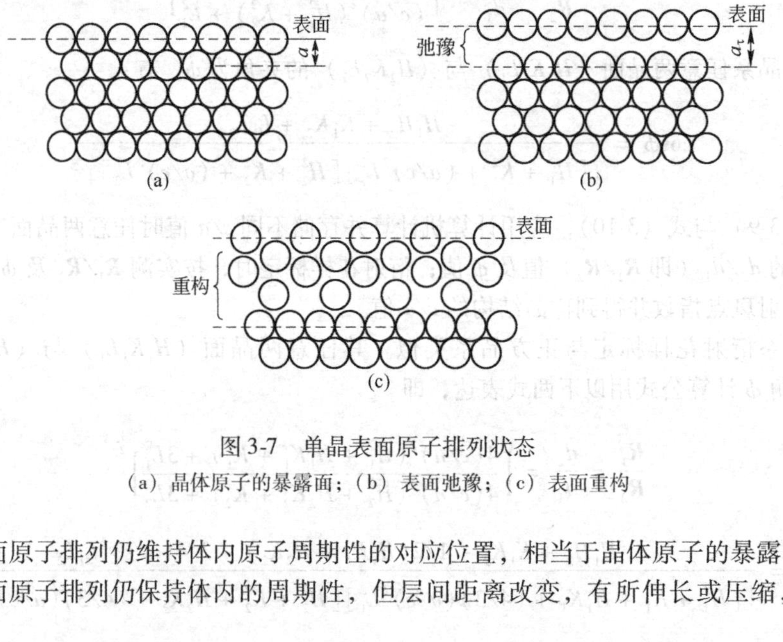

图 3-7　单晶表面原子排列状态

（a）晶体原子的暴露面；（b）表面弛豫；（c）表面重构

（1）表面原子排列仍维持体内原子周期性的对应位置，相当于晶体原子的暴露面。

（2）表面原子排列仍保持体内的周期性，但层间距离改变，有所伸长或压缩，称为表面弛豫。

（3）表面原子排列在水平方向的周期性不同于体内，但层间距离相同，称为表面重构。

单晶表面原子排列规则可用二维点阵描述。表达其周期性的点阵基本单元称为（单元）网格。网格由表示其形状及大小的两个矢量 $\boldsymbol{a}$ 和 $\boldsymbol{b}$ 描述，称为（二维）点阵基矢或单元网格矢量。与三维点阵的排列规则可用 14 种布拉菲点阵表达相似，二维点阵的排列可用 5 种二维布拉菲点阵表达，如图 3-8 所示。

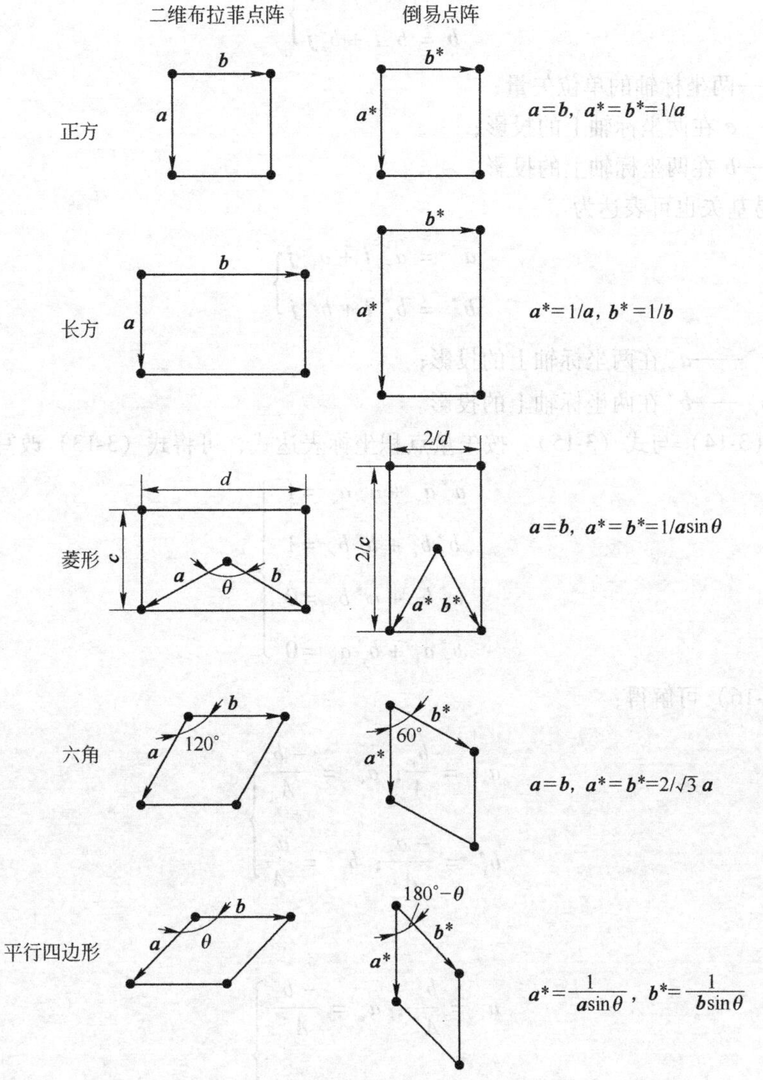

图 3-8 二维布拉菲点阵与其倒易点阵

3.2.2 二维点阵的倒易点阵

对于由点阵基矢 $\boldsymbol{a}$ 和 $\boldsymbol{b}$ 定义的二维点阵，若由点阵基矢 $\boldsymbol{a}^*$ 与 $\boldsymbol{b}^*$ 定义的二维点阵满足：

$$\left.\begin{aligned}\boldsymbol{a}^* \cdot \boldsymbol{a} = \boldsymbol{b}^* \cdot \boldsymbol{b} = 1\\ \boldsymbol{a}^* \cdot \boldsymbol{b} = \boldsymbol{b}^* \cdot \boldsymbol{a} = 0\end{aligned}\right\} \tag{3-13}$$

则称 $\boldsymbol{a}^*$ 与 $\boldsymbol{b}^*$ 定义的点阵是 $\boldsymbol{a}$ 和 $\boldsymbol{b}$ 定义的点阵的倒易点阵。

可以证明，二维倒易点阵平面与二维点阵平面平行。

3.2.2.1 二维点阵基矢与其倒易点阵基矢的关系

若以二维点阵中任意阵点为坐标原点，建立二维正交坐标系，则二维基矢 $\boldsymbol{a}$ 和 $\boldsymbol{b}$ 可表达为

$$\left.\begin{aligned} \boldsymbol{a} &= a_x \boldsymbol{i} + a_y \boldsymbol{j} \\ \boldsymbol{b} &= b_x \boldsymbol{i} + b_y \boldsymbol{j} \end{aligned}\right\} \tag{3-14}$$

式中　$\boldsymbol{i}$，$\boldsymbol{j}$——两坐标轴的单位矢量；

a_x，a_y——$\boldsymbol{a}$ 在两坐标轴上的投影；

b_x，b_y——$\boldsymbol{b}$ 在两坐标轴上的投影。

二维倒易基矢也可表达为

$$\left.\begin{aligned} \boldsymbol{a}^* &= a_x^* \boldsymbol{i} + a_y^* \boldsymbol{j} \\ \boldsymbol{b}^* &= b_x^* \boldsymbol{i} + b_y^* \boldsymbol{j} \end{aligned}\right\} \tag{3-15}$$

式中　a_x^*，a_y^*——$\boldsymbol{a}^*$ 在两坐标轴上的投影；

b_x^*，b_y^*——$\boldsymbol{b}^*$ 在两坐标轴上的投影。

结合式（3-14）与式（3-15），按矢量点积坐标表达式，可将式（3-13）改写为

$$\left.\begin{aligned} a_x^* a_x + a_y^* a_y &= 1 \\ b_x^* b_x + b_y^* b_y &= 1 \\ a_x^* b_x + a_y^* b_y &= 0 \\ b_x^* a_x + b_y^* a_y &= 0 \end{aligned}\right\} \tag{3-16}$$

由式（3-16）可解得：

$$\left.\begin{aligned} a_x^* = \frac{b_y}{A};\ a_y^* = \frac{-b_x}{A} \\ b_x^* = \frac{-a_y}{A};\ b_y^* = \frac{a_x}{A} \end{aligned}\right\} \tag{3-17}$$

或

$$\left.\begin{aligned} a_x = \frac{b_y^*}{A^*};\ a_y = \frac{-b_x^*}{A^*} \\ b_x = \frac{-a_y^*}{A^*};\ b_y = \frac{a_x^*}{A^*} \end{aligned}\right\} \tag{3-18}$$

其中　$A = a_x b_y - a_y b_x$，$A^* = a_x^* b_y^* - a_y^* b_x^*$

式（3-17）与式（3-18）均为二维基矢与其倒易基矢的正交坐标关系式。按式（3-17），可由二维基矢求其倒易基矢坐标；按式（3-18），则可由倒易基矢坐标求其相应的二维正点阵基矢坐标。

由式（3-17）可得：

$$|a^*| = \frac{|\boldsymbol{b}|}{|A|},\ |b^*| = \frac{|\boldsymbol{a}|}{|A|} \tag{3-19}$$

按矢量叉积的行列式计算可得 $|\boldsymbol{a}\times\boldsymbol{b}| = |a_x b_y - a_y b_x|$；又 $|\boldsymbol{a}\times\boldsymbol{b}| = |\boldsymbol{a}||\boldsymbol{b}|\sin\theta$（$\theta$ 为 $\boldsymbol{a}$ 与 $\boldsymbol{b}$ 的夹角），故式（3-19）中 $|A| = |\boldsymbol{a}||\boldsymbol{b}|\sin\theta$，即 $|A|$ 为二维点阵单元网格面积，式（3-19）可写为

$$\left.\begin{aligned}|\boldsymbol{a}^*| &= |\boldsymbol{b}|/(|\boldsymbol{a}||\boldsymbol{b}|\sin\theta) = 1/(|\boldsymbol{a}|\sin\theta)\\|\boldsymbol{b}^*| &= |\boldsymbol{a}|/(|\boldsymbol{a}||\boldsymbol{b}|\sin\theta) = 1/(|\boldsymbol{b}|\sin\theta)\end{aligned}\right\}\tag{3-20}$$

同理，由式（3-18）可得

$$\left.\begin{aligned}|\boldsymbol{a}| &= |\boldsymbol{b}^*|/|A^*| = 1/(|\boldsymbol{a}^*|\sin\theta^*)\\|\boldsymbol{b}| &= |\boldsymbol{a}^*|/|A^*| = 1/(|\boldsymbol{b}^*|\sin\theta^*)\end{aligned}\right\}\tag{3-21}$$

式中 $|A^*|$——二维倒易点阵的网格面积，即$|A^*| = |\boldsymbol{a}^* \times \boldsymbol{b}^*|$。

式（3-20）与式（3-21）为二维基矢与其倒易基矢的绝对值关系式。

3.2.2.2 二维倒易点阵阵点延伸为倒易杆

将二维点阵视为三维点阵的特例，即将由 $\boldsymbol{a}$ 与 $\boldsymbol{b}$ 定义的二维点阵视为垂直与其表面方向、长度趋于零的三维点阵，则在三维正交坐标系中，点阵基矢 $\boldsymbol{a}$、$\boldsymbol{b}$、$\boldsymbol{c}$ 的坐标表达式为：

$$\left.\begin{aligned}\boldsymbol{a} &= a_x\boldsymbol{i} + a_y\boldsymbol{j} + 0\boldsymbol{k}\\\boldsymbol{b} &= b_x\boldsymbol{i} + b_y\boldsymbol{j} + 0\boldsymbol{k}\\\boldsymbol{c} &= 0\boldsymbol{i} + 0\boldsymbol{j} + c_z\boldsymbol{k}\end{aligned}\right\}\tag{3-22}$$

由倒易点阵基矢表达式，并按行列式计算，有：

$$\boldsymbol{c}^* = \frac{\boldsymbol{a}\times\boldsymbol{b}}{\boldsymbol{a}\cdot(\boldsymbol{b}\times\boldsymbol{c})} = \frac{\begin{vmatrix} i & j & k\\ a_x & a_y & 0\\ b_x & b_y & 0\end{vmatrix}}{\begin{vmatrix} a_x & a_y & 0\\ b_x & b_y & 0\\ 0 & 0 & c_z\end{vmatrix}} = \frac{1}{c_z}\boldsymbol{k}\tag{3-23}$$

按式（3-23），$c_z\to\infty$，由此可知，二维倒易点阵在垂直于点阵平面方向上延伸为连续直线，称之为倒易杆（棒）。

3.2.2.3 二维倒易矢量及其性质

仍将由 $\boldsymbol{a}$ 与 $\boldsymbol{b}$ 定义的二维点阵视为垂直于其平面方向（$\boldsymbol{c}$ 方向）、长度趋于零的三维点阵。三维点阵中平行于 $\boldsymbol{c}$ 的晶面（$HK0$）当 $\boldsymbol{c}$ 方向长度趋于零时，即为二维点阵的晶列（阵点列），其指数可记为（HK），晶列间距记为 d_{HK}。

二维倒易矢量即二维倒易点阵中倒易原点与任意阵点的连接矢量，记为 $\boldsymbol{r}^*_{HK}$（或 $\boldsymbol{r}^*$）。由三维倒易矢量 $\boldsymbol{r}^*_{HKL}$与（HKL）晶面的关系，不难理解二维倒易矢量的性质：$\boldsymbol{r}^*_{HK}$与正点阵中晶列（HK）一一对应，$\boldsymbol{r}^*_{HK}\perp(HK)$，且$|\boldsymbol{r}^*_{HK}| = 1/d_{HK}$；而倒易点（$\boldsymbol{r}^*_{HK}$终点）在倒易点阵中的坐标即点阵指数为 HK，$\boldsymbol{r}^*_{HK}$在倒易点阵中的坐标表达式为：

$$\boldsymbol{r}^*_{HK} = H\boldsymbol{a}^* + K\boldsymbol{b}^*\tag{3-24}$$

3.2.3 低能电子衍射原理

3.2.3.1 二维电子衍射方向

低能电子衍射线来自于样品表面几个原子层的相干散射。衍射方向可近似由二维劳埃方程描述。

将二维点阵视为三维点阵的特例，二维点阵衍射方向也可由衍射矢量方程描述，二维点阵衍射矢量方程可写为：

$$(\boldsymbol{S}-\boldsymbol{S}_0)/\lambda=\boldsymbol{r}_{HK}^*=H\boldsymbol{a}^*+K\boldsymbol{b}^*+(0\boldsymbol{c}^*) \tag{3-25}$$

3.2.3.2 成像原理与衍射花样特征

低能电子衍射厄瓦尔德图解如图3-9所示。图3-9中 O 点为反射球中心（可认为样品位于 O 点），反射球半径 $r=OO^*=|\boldsymbol{S}_0/\lambda|=1/\lambda$；$O^*$ 为二维倒易点阵原点，倒易点阵平面与其相应正点阵平面（样品表面）平行，各倒易阵点向倒易点阵平面法线方向延伸为倒易杆，若倒易杆与反射球相交，则该倒易杆（点）相应的（HK）晶列满足矢量衍射方程，O 点与交点的连接矢量即为该晶列的衍射线波数矢量 $\boldsymbol{S}/\lambda$（如图3-9中的 OP）。

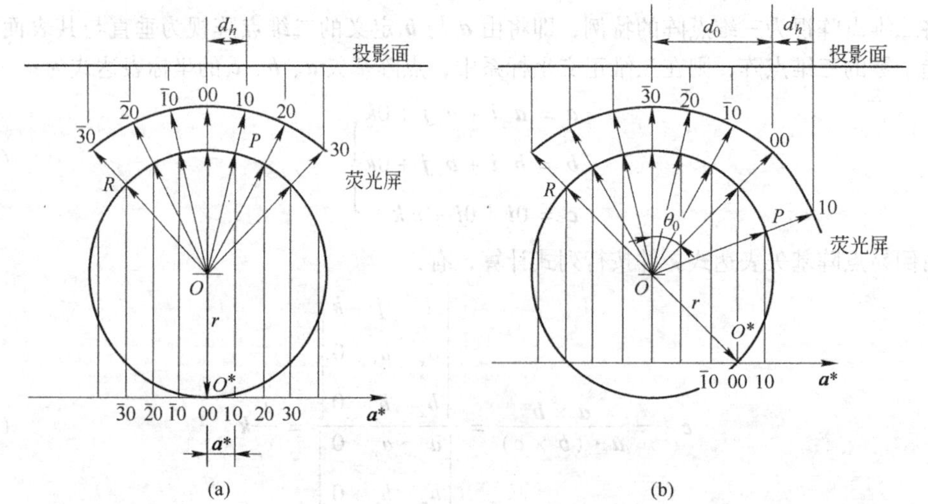

图3-9 低能电子衍射的厄瓦尔德图解

(a) 电子束正入射；(b) 电子束斜入射

低能电子衍射以半球形荧光屏接收信息。由图3-9可知，荧光屏上显示的衍射花样由若干衍射斑点（衍射线与荧光屏的交点）组成；每一个斑点对应于样品表面一个晶列的压缩，亦即相应于一个倒易点，因而低能电子衍射花样是样品表面二维倒易点阵的投影像。荧光屏上与倒易原点对应的衍射斑点（00）处于入射线的镜面反射方向上。

当电子束正入射时，如图3-9（a）所示，（00）位于荧光屏中心；又因为 $|\boldsymbol{a}^*|/r=d_h/R$（$d_h$ 为衍射斑点沿 $\boldsymbol{a}^*$ 方向的单元距离，如图中的（00）点与（10）点间的距离；R 为荧光屏半径），故有

$$|\boldsymbol{a}^*|=d_h/(\lambda R) \tag{3-26}$$

同理，有

$$|\boldsymbol{b}^*|=d_k/(\lambda R) \tag{3-27}$$

式中 d_k——沿 $\boldsymbol{b}^*$ 方向衍射斑点单元距离。

当电子束斜入射时，如图3-9（b）所示，（00）点及整个衍射花样平移。设 θ_0 为入射线与样品表面发现夹角，则（00）点平移距离 d_0（(00)点与荧光屏中心距离）为：

$$d_0=R\sin\theta_0 \tag{3-28}$$

由图3-9（b）也可证明，电子束斜入射时，式（3-26）与式（3-27）仍成立。

3.2.4 低能电子衍射仪

低能电子衍射仪的结构如图 3-10 所示，主要由电子光学系统、记录系统、超高真空系统和控制电源组成。

由电子枪阴极发出的电子束经过 3 级聚焦杯的聚焦及准直作用，照射到样品表面。入射电子束的束斑直径为 0.4 ~ 1mm，发散度约为 1°。样品处于半球形接收极（荧光屏）的中心。在样品与接收极之间有 4 个半球形栅极。栅极 G_1 和样品均接地，以保证从样品表面发出的衍射电子在无场空间沿着其原有的方向运动。栅极 G_2 和 G_3 相联并施加略高于阴极的负电位，排斥来自样品的非弹性散射电子，只允许弹性散射电子穿过 G_2，打到加正高压的荧光屏上，从而在荧光屏上产生肉眼可见的低能电子衍射图。栅极 G_4 接地，它对接收极起屏蔽作用，减少 G_3 与接收极间的电容。半球形接收极上涂有荧光粉，并加有 5 ~ 7kV 的正电位，对穿过栅极的衍射电子起加速作用。

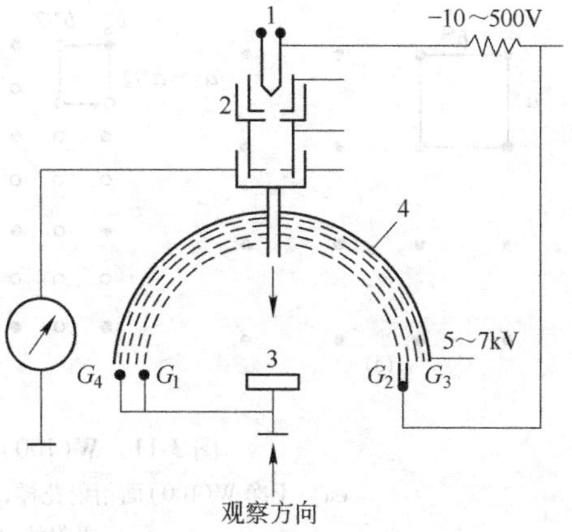

图 3-10 低能电子衍射示意图
1—电子枪阴极；2—聚焦杯；
3—样品；4—接收极

低能电子衍射装置必须采用超高真空系统，真空度要优于 1.33×10^{-7}Pa，以避免晶体表面吸收残余气体分子造成表面污染并吸收低能电子，使衍射图发生变化。利用低能电子衍射分析时，样品表面需用离子轰击净化，并以液氮冷却以防止污染。

3.2.5 低能电子衍射分析与应用

依据低能电子衍射方法提供的各种信息，可以分析与研究晶体表面结构，包括：利用低能电子衍射花样分析确定晶体表面及吸附层二维点阵单元网格的形状与大小，利用低能电子衍射谱及有关衍射强度理论分析确定表面原子位置（单元网格内原子位置、吸附原子相对于基底原子位置等）及沿表面深度方向（两三个原子层）原子三维排列情况（层间距、层间原子相对位置、吸附是否导致表面重构等），利用衍射斑点的形状特征及相关的运动学理论等分析表面结构缺陷（点缺陷、台阶表面、镶嵌结构、应变结构、规则和不规则的畴界和反畴界）等。低能电子衍射不仅应用于半导体、金属及合金等材料表面结构与缺陷的分析及吸附、偏析和重构相的分析，也应用于气体吸附、脱附及化学反应、外延生长、沉积、催化等过程的研究。低能电子衍射也可应用于表面动力学过程，如生长动力学和热振动的研究等。

低能电子衍射图样的基本分析过程为：由样品衍射花样确定 $\boldsymbol{a}^*$ 与 $\boldsymbol{b}^*$ 的方向，并按式 (3-26) 和式 (3-27) 求得 $|\boldsymbol{a}^*|$ 与 $|\boldsymbol{b}^*|$，从而确定样品表面二维倒易点阵单元网格，进而按倒易基矢与正点阵基矢的对应关系（如图 3-9 及式 (3-21)）确定样品表面点阵单元网格的形状与大小。

按低能电子衍射图样分析样品表面吸附层示例如图 3-11 所示。图 3-11（a）和（b）分别为干净 W 表面（(100) 面）及吸附 O 原子后 W 表面的衍射花样。由图 3-11（b）与图 3-11（a）比较可知，除原有衍射斑点（图中以“·”表示）外，增加了许多衍射斑点（图中以“。”表示），此时倒易点阵单元网格仍为正方形，倒易基矢 $\boldsymbol{a}_S^* = \boldsymbol{a}^*/2$，$\boldsymbol{b}_S^* = \boldsymbol{b}^*/2$。据式

(3-20)可知，正方点阵基矢长度是其倒易基矢长度的倒数，故可得 $|\boldsymbol{a}_S|=2|\boldsymbol{a}|$，$|\boldsymbol{b}_S|=2|\boldsymbol{b}|$。由此可知，W(100)面吸附原子后仍为正方排列，吸附原子间距为基底原子间距的两倍。图3-11（c)所示为吸附的O原子在W表面的可能排列。

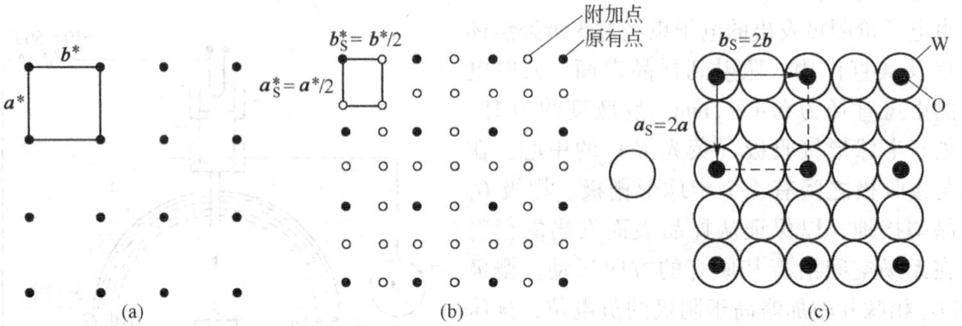

图3-11　W(100)面吸附O原子层衍射分析

(a) 干净W(100)面衍射花样；(b) W(100)面吸附O原子后衍射花样；
(c) 吸附的O原子在表面的可能排列

表面吸附原子的排列可用符号式表示。W表面吸附氧原子的排列符号式为：W(100)—(2×2)—O。此式第一项表示基底材料及晶面，第二项表示吸附原子排列方式及间距（吸附原子排列网格为正方形、边长为 $2a$，a 为基底点阵常数)，第三项表示吸附原子化学成分。此外，若按低能电子衍射谱分析进一步确定吸附原子排列方式为无心点阵或有心点阵，则分别在第二项前标注字母P（即P(2×2)）或字母C。又如，符号式 $f.c.c$ (111)—($\sqrt{3}\times\sqrt{3}$)$R-30°$，第一项表示面心立方基材（111）面，第二项表示吸附原子排列网格为正方形，边长为$\sqrt{3}a$，第二项中的$R-30°$表示吸附原子网格相对于基底原子网格转动30°；此例未列第三项，即未注明吸附原子成分。

(*HK*) 衍射束强度或衍射斑点强度 I 对入射电子能量 E 的分布（*I-E* 曲线）称为低能电子衍射谱或衍射斑点的强度特征。

低能电子衍射强度理论包括运动学理论（只考虑一次散射）和动力学理论（考虑多次散射)。低能电子衍射运动学理论关于二维点阵衍射强度公式的建立过程及相关概念等内容均与X射线衍射运动学理论相似，事实上若将二维点阵视为三维点阵的特例，由X射线衍射强度动力学理论可导出低能电子衍射运动学理论的基本公式与相关概念。

思　考　题

3-1　分析电子衍射与X射线衍射有何异同?

3-2　推导电子衍射基本公式，指出 $L\lambda$ 的物理意义。

3-3　说明单晶电子衍射花样的形成机理及特征。

3-4　说明多晶电子衍射花样的形成机理及特征。

3-5　简述单晶电子衍射花样的标定方法。

3-6　简述多晶电子衍射花样的标定方法。

3-7　入射电子束与固体作用会激发哪些物理信息?

3-8　说明低能电子衍射原理及应用。

4 透射电子显微分析技术及应用

内容提要

透射电子显微镜是以波长很短的电子束作照明源，用电磁透镜聚焦成像的一种具有高分辨本领、高放大倍数的电子光学仪器。透射电子显微镜在材料科学和生物科学上应用较广，一般用于物质表面的形貌分析、晶体的结构分析和物质的成分分析。本章将主要阐述下列内容：

1. 介绍透射电子显微镜的特点及结构；
2. 阐明透射电子显微镜的工作原理；
3. 介绍透射电子显微镜试样的制备方法；
4. 介绍透射电子显微镜的发展。

学习目标

1. 了解透射电子显微镜的结构；
2. 掌握透射电子显微镜的工作原理；
3. 熟悉透射电子显微镜试样的制备方法。

光学显微镜是人类认识微观世界的重要的工具。但是，随着科学技术的发展，光学显微镜有限的分辨本领已难以满足许多微观分析的需求。电子显微镜的出现将分辨本领提高到纳米量级，同时也将显微镜的单一的形貌观察功能扩展到集形貌观察、晶体结构分析、成分分析等于一体。人类认识微观世界的能力从此有了巨大的进步。

4.1 光学显微镜的分辨率

物体上的光点通过显微镜成像时，在像平面上得到的是一个中心最亮、周围常有明暗相间同心圆环的圆斑，即埃利（Airy）斑。若样品上有两个光点 A 和 B 通过显微镜成像，在像平面上会产生两个埃利斑 A′和 B′，如图 4-1 所示。如果这两个埃利斑相互靠近至两者中心间距等于第一暗环半径 R_0，此时两个光斑强度峰间的强度谷值比强度峰值低 19%（设强度峰值为 100%），这个反差值是人眼能分辨出两个物点像的临界值。

通常把两个埃利斑中心间距等于埃利斑半径 R_0 时，物平面上相应的两个物点的间距 Δr_0 定义为透镜能分辨的最小间距，即透镜分辨率（也称分辨本领）。由衍射效应所决定的分辨率在理论上可以采用 Rayleigh 公式计算：

$$\Delta r_0 = \frac{0.61\lambda}{n\sin\alpha} \tag{4-1}$$

式中 Δr_0——分辨率（分辨本领）；

λ——照明源的波长，nm；

n——透镜上、下方介质的折射率；

α——透镜孔径半角，(°)；

$n\sin\alpha$——数值孔径。

通常采用3个传统途径来提高显微镜的分辨率：一是选择更短的波长（如紫外光、X射线、电子束等）；二是采用折射率 n 较高的介质（如采用浸油显微镜）；三是增大显微镜的孔径角（如采用复合透镜以加大显微镜物镜的孔径角）。

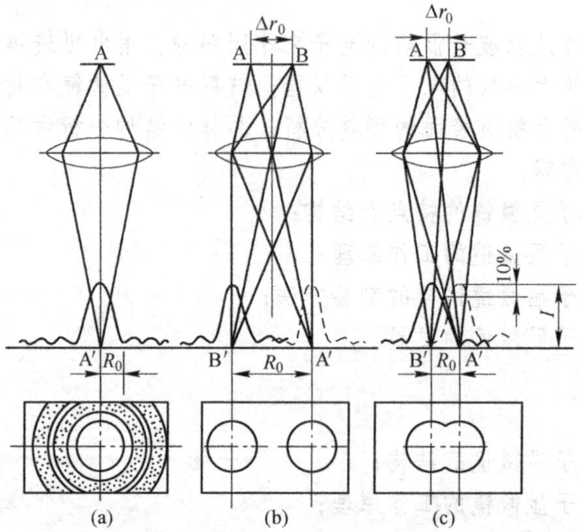

图4-1 光的衍射和显微镜的分辨率

（a）一物点的埃利斑像及其光强度分布；（b）相距比较远的两物点的埃利斑像；

（c）相距比较近的两物点的埃利斑及其光强度叠加

对于光学透镜，当 $n\cdot\sin\alpha$ 做到最大时（$n\approx1.5$，α 为70°~75°），式（4-1）简化为：

$$\Delta r_0 \approx \frac{\lambda}{2} \tag{4-2}$$

式（4-2）说明，光学透镜的分辨本领主要取决于照明源的波长。半波长是光学显微镜分辨率的理论极限。可见光的最短波长是390nm，也就是说光学显微镜的最高分辨率是200nm（即0.2μm）左右。一般人眼的分辨本领大约是0.2mm，把0.2μm放大到0.2mm让人眼能分辨的放大倍数是1000倍，这个放大倍数称之为有效放大倍数，即光学显微镜的分辨率在0.2μm时，其有效放大倍数是1000倍。光学显微镜的放大倍数可以做得更高，但是，高出的部分对提高分辨率没有贡献，仅仅是让人眼观察更舒服而已。所以光学显微镜的放大倍数一般最高在1000~1500。

根据式（4-2），要想提高显微镜的分辨率，关键是降低照明光源的波长。紫外光的波长在13~390nm之间，比可见光短多了，但是大多数物质都强烈地吸收紫外光，因此紫外光难以作为照明光源。更短的波长是X射线，但是，到目前还没有找到能使X射线改变方向、发生折射和聚焦成像的物质，也就是说还没有X射线的透镜存在，因此，X射线也不能作为显微镜的照明光源。除了电磁波外，电子波不仅具有短波长，而且存在能使之聚焦的电磁透镜，所以电子波可以作为照明光源，由此形成电子显微镜。

4.2　透射电子显微镜简介及特点

4.2.1　透射电子显微镜简介

透射电子显微镜（简称透射电镜，TEM）是以波长很短的电子束作照明源，用电磁透镜聚焦成像的一种具有高分辨本领、高放大倍数的电子光学仪器，图 4-2 给出了常规和高压透射电镜的外观。透射电镜同时具备两大功能：物相分析和组织分析。物相分析是利用电子和晶体物质作用可以发生衍射的特点，获得物相的衍射花样；而组织分析则是利用电子波遵循阿贝成像原理，可以通过干涉成像的特点，获得各种衬度图像。

(a)　　(b)

图 4-2　透射电镜外观图

（a）常规（200kV）透射电子显微镜（JEOL JEM-ARM200F）；

（b）高压（3000kV）透射电子显微镜（Hitachi H-3000 型）

4.2.2　透射电子显微镜的特点

与扫描电子显微镜相比，透射电子显微镜具有明显的优势：

（1）可以实现微区物相分析。由于电子束可以汇聚到纳米量级，透射电镜可实现样品选定区域电子衍射（选区电子衍射）或微小区域衍射（微衍射），同时获得目标区域的组织形貌，从而将微区的物相结构（衍射）分析与其形貌特征严格对应起来，如图 4-3 所示。

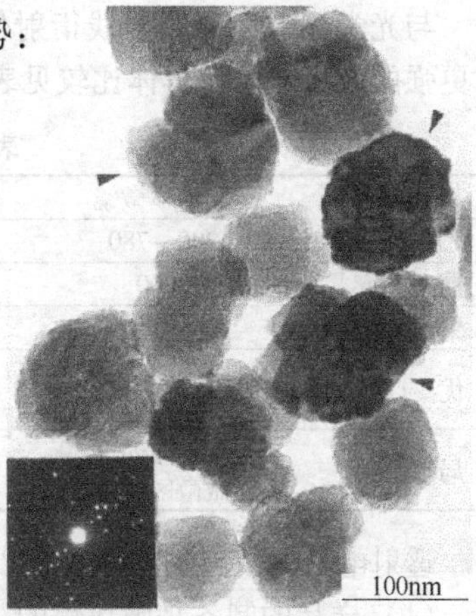

图 4-3　钛酸钡粉体的形貌及其衍射花样

（2）高的图像分辨率。显微镜的分辨率和照明光源的波长存在如式（4-1）关系。由于电子可以在高压电场下加速，因此，可以获得很短波长的电子束，相应地，电子显微镜的分辨率大大提高。电子束的波长为：

$$\lambda = \frac{h}{P} = \frac{h}{\sqrt{2meU}} \tag{4-3}$$

式中　h——普朗克常数，$h = 6.626 \times 10^{-34}$ J · s；

　　m——电子的质量；

U——加速电压；

e——电子所带电荷，$e=1.6\times10^{-19}$C。

在高加速电压下，需要对电子的能量和静止质量引入相对论修正，即

$$eU = mc^2 - m_0c^2$$

$$m = \frac{m_0}{\sqrt{1-\frac{v^2}{c^2}}}$$

$$\lambda = \frac{h}{\sqrt{2m_0eU\left(1+\frac{eU}{2m_0c^2}\right)}} = \frac{12.25}{\sqrt{U(1+10^{-6}U)}} \quad (4\text{-}4)$$

在各种加速电压下的电子束的波长列于表4-1。

表4-1　不同加速电压下电子束的波长

加速电压/kV	电子束波长/nm	加速电压/kV	电子束波长/nm
20	0.00859	100	0.00371
40	0.00601	200	0.00251
60	0.00487	300	0.00197
80	0.00418	1000	0.00087

可见光波长为390~780nm，电子束波长是光波长的万分之一，只要能使加速电压提高到一定值就可得到波长很短的电子波。目前常规的透射电镜的加速电压为200~300kV，虽然仍存在透镜像差等降低透射电镜分辨率的因素，但最终的图像分辨率仍然可以达到1nm左右，从而获得原子级的分辨率，可直接观测原子像，如图4-4所示。

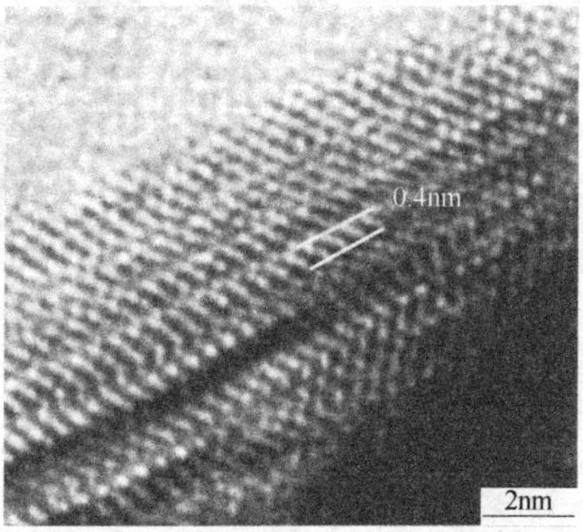

图4-4　具有多畴结构的钛酸钡薄膜的高分辨透射电镜（HRTEM）晶格像

(3) 获得立体丰富的信息。透射电镜若配备能谱、波谱、电子能量损失谱，即可实现微区成分和价键的分析。这些功能的配合使用，可以获得物质微观结构的综合信息。

与光学显微镜和X射线衍射仪相比，透射电镜具有更强的分析能力，具体比较见表4-2。

表4-2　三种典型分析手段的比较

仪　器	光学显微镜	X射线衍射仪	透射电子显微镜
波长/nm	390~780	0.01~100	0.025~1（200kV）
分辨率/nm	2000		0.09~0.1
聚　焦	可聚焦	无法聚焦	可聚焦
优　点	简单、直观	物相分析 简单、准确	组织分析，物相分析（电子衍射）；成分分析（能谱、波谱、电子能量损失谱）
局限性	只能观察表面形貌， 不能做微区成分分析	无法观察形貌	价格昂贵，不直观，操作复杂，样品制备复杂

透射电镜的缺点主要体现在以下四个方面：

(1) 样品的制备是破坏性的。透射电镜需要电子束穿过，因此样品应做得很薄。对于大多数材料而言，要求在微米以下，这显然远低于通常块体材料的厚度，所以需要对样品进行减薄。样品的减薄实际上就是对材料的破坏过程，在此过程中可能使样品性质发生变化，以致最

终观察到的可能是制样过程中引入的假象。

（2）电子束轰击。透射电镜工作过程中使用高能电子束照射样品，电子能量为$10^5 \sim 10^6$eV量级，并且束流密度很高，即实验过程中有大量的电子持续地照射在样品上。大部分电子会穿过样品，但部分电子和样品的原子会发生碰撞，并且在碰撞中将能量传递给原子。样品吸收能量后可能出现多种变化，如温度上升、原子电离、原子移动等；而这些变化又可能引起更多相应的变化，如相变、缺陷移动、原子迁移等。大多数情况下这种作用是不利的，但在某些特定情况下，也可能是有意识地利用电子束轰击作用来研究材料的变化。

（3）真空条件。透射电镜需要在真空条件下工作。这种环境可能会对材料的性质或结构有影响，尤其是做表面研究的时候。有时候需要实验环境尽量跟真实环境接近，有时候又需要真空度尽量高。总之，透射电镜的内部环境跟理想条件存在差距，必要时需要考虑这种影响。

（4）采样率低。这是透射电镜的一个较明显的缺点。透射电镜的观察范围很小，而且样品很薄，实验测到的样品区域只是整体材料的极小一部分。这个微小的区域不一定能真实反映材料的性质。因此，使用透射电镜的实验数据下结论时应慎重，必须仔细考虑实验结果是否具有普遍意义。

4.3　透射电子显微镜的工作原理与结构

4.3.1　透射电子显微镜的工作原理

透射电镜的工作原理与光学显微镜一样，仍然是阿贝成像原理，即平行入射波受到有周期性特征物体的散射作用在物镜的后焦面上形成衍射谱，各级衍射波通过干涉重新在像平面上形成反映物的特征像。

在对布拉格方程的讨论中提到，入射线的波长决定了结构分析的能力。只有晶面间距大于$\lambda/2$的晶面才能产生衍射，也即只有入射波长小于2倍的晶面间距才能产生衍射。一般的晶体晶面间距与原子直径在一个数量级，即为十分之几纳米，光学显微镜显然无法满足这种要求，因此无法对晶体的结构进行分析，只能进行低分辨率的形貌观察；而透射电镜的电子束波长很短，完全能满足晶体衍射的要求，如200kV加速电压下电子束波长为0.0251nm。因此，根据阿贝成像原理，在电磁透镜的后焦面上可以获得晶体的衍射谱，故透射电镜可以做物相分析；在物镜的像面上形成反映样品特征的形貌像，故透射电镜可以做组织分析。

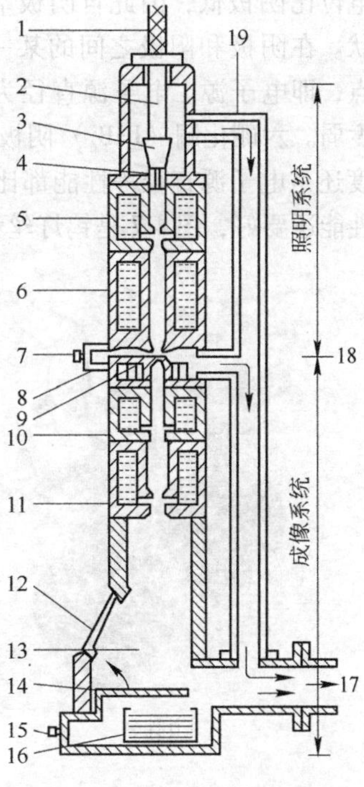

图4-5　透射电镜的结构

1—高压电缆；2—绝缘子；3—栅极和灯丝；4—阳极；5—聚光镜；6—物镜；7—样品室阀；8—样品室气锁；9—样品台；10—中间镜；11—投影镜；12—铅玻璃室；13—投影室；14—荧光镜；15—照相室门；16—底板暗盒；17—接真空泵；18—样品平面；19—真空管道

4.3.2　透射电子显微镜的结构

透射电镜由电子光学系统、真空系统及电源与控制系统三部分组成。电子光学系统是透射电镜的核心，而其他两个系统为电子光学系统顺利工作提供保障。透射电镜的结构如图4-5所示。

4.3.2.1　电子光学系统

电子光学系统通常称镜筒，是透射电镜的核心，由于工作原理相同，在光路结构上透射电镜与光学显微镜有很大的相似之处。只不过在透射电镜中，用高能电子束代替可见光源，以电磁透镜代替光学透镜，获得了更高的分辨率。电子光学系统分为三部分，即照明系统、成像系统和观察与记录系统。

A　照明系统

照明系统的作用是提供亮度高、相干性好、束流稳定的照明电子束。它主要由发射并使电子加速的电子枪、汇聚电子束的聚光镜和电子束平移及倾斜调节装置组成。电子枪是发射电子的照明光源。聚光镜是把电子枪发射出来的电子会聚而成的交叉点进一步会聚后照射到样品上的装置。

a　电子枪

电子枪是透射电镜的电子源，相当于光学显微镜的照明光源。透射电镜常用的是热阴极三极电子枪，它由发夹形钨丝阴极、栅极和阳极组成，如图4-6所示。

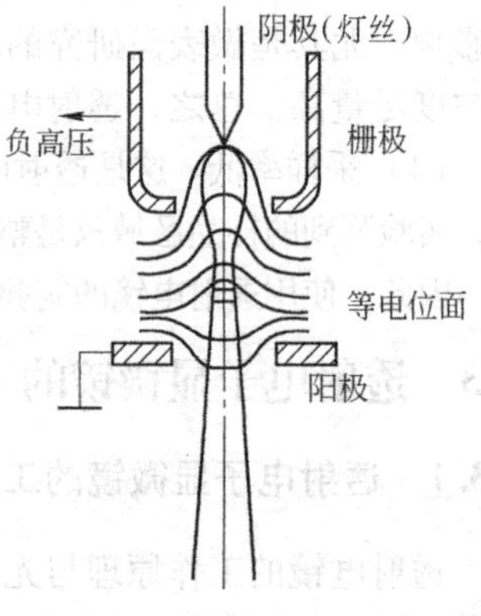

图4-6　钨灯丝电子枪

热阴极电子枪是依靠电流加热灯丝，使灯丝发射热电子，并经过阳极和灯丝之间的强电场加速得到高能电子束。由于栅极的电位比阴极低，因此自阴极端点引出的等位面在空间呈弯曲状。在阴极和阳极之间的某一地点，电子束会聚成一个交叉点，即电子源。电子源直径为20～50μm。钨灯丝的电子束相干性差，电子源直径大，照明亮度弱。六硼化镧（LaB_6）阴极发射率比较高，有效发射截面可以做得小些（20μm），无论是亮度还是电子源直径等性能都比钨阴极好。若用30%六硼化钡和70%六硼化镧混合制成阴极，性能还要好，图4-7是钨灯丝和六硼化镧灯丝。

(a)　(b)

图4-7　钨灯丝和六硼化镧灯丝
(a) 钨灯丝；(b) 六硼化镧灯丝

近年来，在电镜系统中应用了新一代的场发射电子枪（field emission gun，FEG），它是利用靠近曲率半径很小的阴极尖端附近的强电场，使阴极尖端发射电子，所以称为场致发射（简称场发射），如图4-8所示。就技术而言，建立这样的强电场并不困难。如果阴极尖端半径为1000～5000nm，若在尖端与第一阳极之间加3～5kV的电压，在阴极尖端附近建立的强电场足以使它发射电子。在第二阳极几十千伏甚至几百千伏正电势的作用下，阴极尖端发射的电子被加速到足够高的动量，以获得短波长的入射电子束，然后电子束被会聚在第二阳极孔的下方（即场发射电子枪第一交叉点位置上），直径小至10nm。经聚光镜缩小聚焦，在样品表面可以得到3～5nm的电子束斑。各种电子枪的性能比较见表4-3。

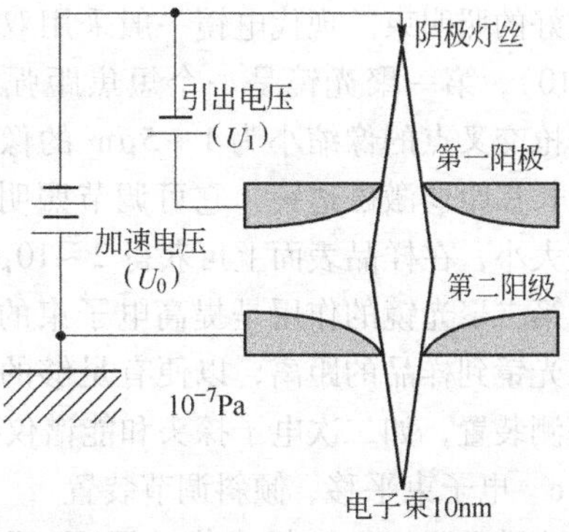

图4-8　场发射电子枪原理图

表4-3　各种电子枪的性能

电子枪	钨灯丝	六硼化镧	场发射 W冷阴极	场发射 W热阴极	场发射 ZrO/W热阴极
亮度/$A\cdot cm^{-2}\cdot sr^{-1}$	约5×10^5	约5×10^6	约5×10^8	约5×10^8	约5×10^8
光源尺寸/nm	50000	10000	10～100	10～100	100～1000
真空度要求/Pa	10^{-3}	10^{-5}	10^{-8}	10^{-7}	10^{-7}
使用时的温度/K	2800	1800	300	1600	1800
电流/μA	约100	约20	20～100	20～100	约100
能量发散度/eV	2.3	1.5	0.3～0.5	0.6～0.8	0.6～0.8
维修	无	无	须闪光处理几小时	更换时安装繁琐	安装稍费时
价格	便宜	贵	很贵	昂贵	昂贵
操作	简单	简单	复杂	简单	简单

图4-9为电子枪的自偏压回路，负的高压直接加在栅极上，而阴极和负高压之间因加上了一个偏压电阻，使栅极和阴极之间有一个数百伏的电位差。因为栅极比阴极电位值更负，所以可以用栅极来控制阴极的发射电子有效区域。当阴极流向阳极的电子数量加大时，在偏压电阻两端的电位值增加，使栅极电位比阴极进一步变负，由此可减小灯丝有效发射区域的面积，束流随之减小。如束流因某种原因而减小时，偏压电阻两端的电压随之下降，致使栅极和阴极之间的电位相近。此时，栅极排斥阴极发射电子的能力减小，束流又可望上升。因此，自偏压回路可以起到限制和稳定束流的作用。

b　聚光镜

聚光镜用来会聚电子枪射出的电子束，以最小的损失照明样品，调节照明强度、孔径角和束斑大小。样品上需要照明的区域大小与放大倍数有关。放大倍数越高，照明区域越小，相应地要求以更细的电子束照明样品。由电子枪直接发射出的电子束的束斑尺寸较大、发散度大、相干性也较差。为了更有效地利用这些电子，由电子枪发射出来的电子束还需要进一步会聚，获得亮度高、近似平行、相

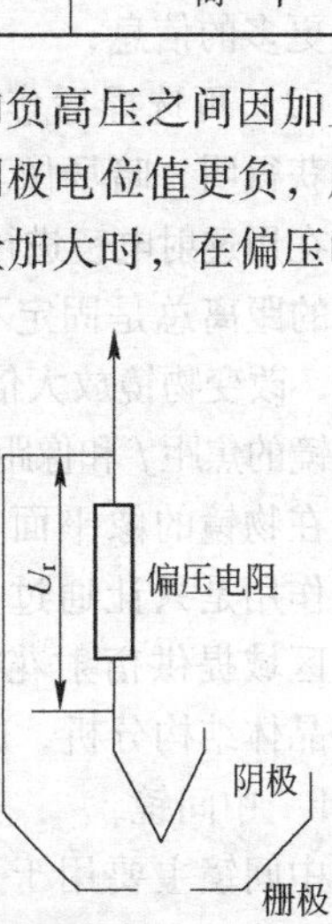

图4-9　自偏压回路

干性好的照明束。现代电镜一般采用双聚光镜系统（见图4-10），第一聚光镜是一个短焦距强激磁透镜，它把电子枪交叉点的像缩小为1～5μm的像；第二聚光镜是一个长焦距弱激磁透镜，它可调节照明强度、孔径角和束斑大小，在样品表面上可获得2～10μm的照明电子束斑。第二聚光镜的作用是提高电子束的相干性，同时拉大聚光镜到样品的距离，以便有足够的空间可以安放其他探测装置，如二次电子探头和能谱仪探头等。

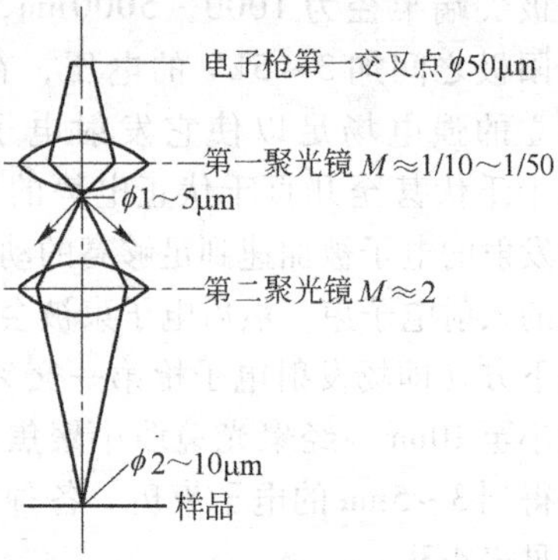

图4-10　双聚光镜系统

c　电子束平移、倾斜调节装置

为满足明场和暗场成像的需要，照明电子束可以在2°～3°范围内倾斜，便于以某些特定的倾斜角度照射样品。

B　成像系统

成像系统主要由物镜、中间镜和投影镜组成。

a　物镜

物镜的作用是形成样品的第一次放大像，电子显微镜的分辨率是由一次像来决定的。只有被物镜分辨出来的结构细节，通过中间镜和投影镜放大，才能被肉眼看清。对于物镜形成的第一幅衍射谱或电子像，成像系统中其他透镜只是对其进一步放大。物镜基本决定了电镜的分辨能力，在被进一步放大时物镜的任何像差都将保留，因此要求物镜像差尽可能小，同时有高的放大倍数（100～200倍）。

物镜是一个强励磁短焦距的透镜（f为1～3mm），它的放大倍数较高，一般为100～300倍。目前高质量的物镜分辨率可达0.1nm左右。

物镜的分辨率主要决定于电磁透镜的极靴的形状和加工精度。一般来说，极靴的内孔和上下极靴之间的距离越小，物镜的分辨率就越高。为了减小物镜的球差，往往在物镜的后焦面上安放一个物镜光阑（见图4-11）。将物镜光阑设置在此位置的好处有：

(1) 挡掉大角度散射的非弹性电子，使色差和球差减少及提高衬度，同时，还可以得到样品更多的信息；

(2) 可选择后焦面上的晶体样品衍射束成像，获得明、暗场像。

在用透射电镜进行图像分析时，物镜和样品之间的距离总是固定不变的（即物距L_1不变），因此，改变物镜放大倍数进行成像时，主要是改变物镜的焦距f和像距L_2来满足成像条件。

在物镜的像平面上，装有选区光阑，该光阑的作用是只让通过光阑孔的一次像所对应的样品区域提供衍射花样，以便于对该微区组织进行晶体结构分析，这就是选区衍射。

b　中间镜

中间镜主要用于选择成像或衍射模式和改变放大倍数。中间镜是一个弱激磁的长焦距变倍透镜，可在0～20倍范围调节。当放大倍数$M>1$时，用来放大物镜的像；当$M<1$时，用

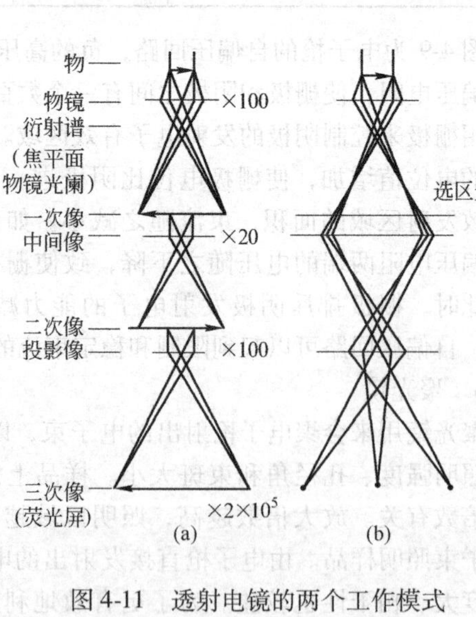

图4-11　透射电镜的两个工作模式
(a) 成像模式；(b) 衍射模式

来缩小物镜的像。在电镜操作过程中，主要是利用中间镜的可变倍率来控制电镜的总放大倍数。如果物镜的放大倍数 $M_0=200$，投影镜的放大倍数 $M_p=100$，则在中间镜放大倍数 $M_i=10$ 时，总的放大倍数 $M=200\times10\times100=200000$ 倍；若 $M_i=5$，则总放大倍数为 100000 倍；若 $M_i=1/5$，则总放大倍数为 4000 倍。

当中间镜的物平面取在物镜的像平面上时，则将图像进一步放大，这就是电子显微镜中的成像操作；当中间镜的物平面取在物镜的后焦面上时，在荧光屏上得到一幅电子衍射花样，这就是透射电镜中的电子衍射操作，如图 4-11 所示。

c 投影镜

投影镜的作用是把经中间镜放大（或缩小）的像（或电子衍射花样）进一步放大，并投影到荧光屏上，它和物镜一样，是一个短焦距的强磁透镜。投影镜的励磁电流是固定的，一般用于固定的放大倍数。投影镜的内孔径较小，电子束进入投影镜孔径角很小（约 10^{-3} rad）。小的孔径角有两个优点：(1) 景深大，所谓景深是指在保持清晰度的情况下，试样或物沿镜轴可以移动的距离范围；(2) 焦深长，所谓焦深是指在保持清晰度的前提下，像平面沿镜轴可以移动的距离范围。长的焦深可以放宽电镜荧光屏和底片平面严格位置的要求，对仪器的制造和使用都很方便。因为具有上述优点，即使改变中间镜的放大倍数，使显微镜的总放大倍数有较大变化，也不会影响图像的清晰度。有时，中间镜的像平面还会出现一定的位移，由于这个位移距离仍处于投影镜的景深范围内，因此在荧光屏上的图像仍是清晰的。

透射电镜成像时的四种典型的光路如图 4-12 所示。这是一组三级放大成像系统，其中图 4-12（a）为高放大倍数成像；图 4-12（b）为低放大倍数成像；图 4-12（c）为极低倍放大成像，此时，物镜关闭，用中间镜代替物镜，放大倍数可低至数百倍；图 4-12（d）为电子衍射，此时，中间镜的物平面与物镜的后焦面重合。

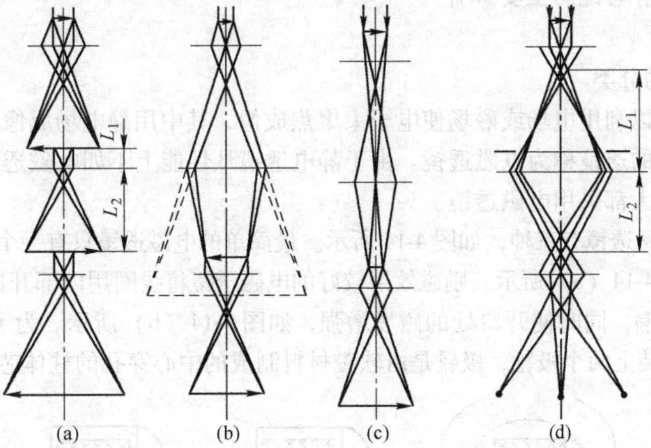

图 4-12 透射电镜成像的四种典型光路图

（a）高放大倍数成像；（b）低放大倍数成像；（c）极低倍放大成像；（d）电子衍射

目前，高性能的透射电镜大都采用五级放大系统：物镜、第一中间镜、第二中间镜、第一投影镜、第二投影镜（见图 4-13）。

C 观察与记录系统

传统的观察与记录装置由荧光屏及照相机组成，荧光屏上可直接观察试样图像，若需照相，只需将荧光屏竖起，电子束即可使照相底片曝光。近年来，透射电镜中出现了一些新的记录方式，如视频摄像机，这种摄像机安装在观察室下方记录图像，从而可以实现图像的动态观察。成像板作为高灵敏度记录材料代替底片应用于透射电镜，可以获得更高灵敏度和与强度更好的线性关系，当电子束很微弱时也可拍照，并且可反复读写，像的质量也优于普通胶片。CCD（charge-coupled device）相机是另一种图像记录方式，它可以将获得的图像转换成数字图像在显示器上显示出来，从而获得可加工的信息。

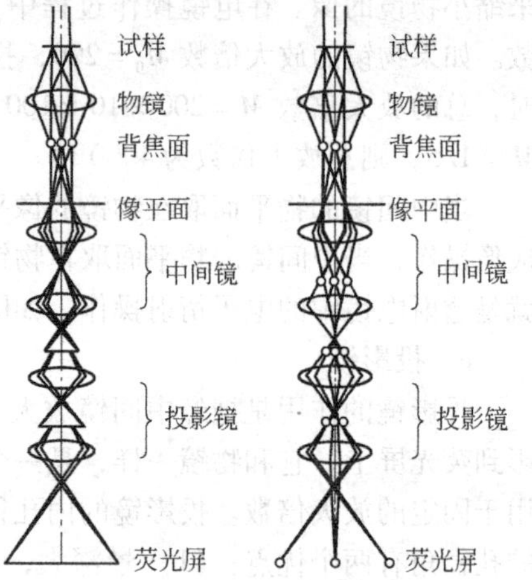

图 4-13　五级放大系统

4.3.2.2　真空系统

电子光学系统的工作过程要求在真空条件下进行，这是因为在充气条件下会发生以下情况：栅极与阳极间的空气分子电离，导致高电位差的两极之间放电；炽热灯丝迅速氧化，无法正常工作；电子与空气分子碰撞，影响成像质量；试样易于氧化，产生失真。

目前，一般钨灯丝电镜的真空度为 10^{-3} Pa 左右。真空泵组经常由机械泵和扩散泵两级串联而成。为了进一步提高真空度，可采用分子泵和离子泵，真空度可达到 10^{-6} Pa 或更高。

4.3.2.3　电源与控制系统

供电系统主要用于提供两部分电源：一是电子枪加速电子用的小电流高压电源；二是透镜激磁用的大电流低压电源。一个稳定的电源对透射电镜非常重要，对电源的要求为：最大透镜电流和高压的波动引起的分辨率下降要小于物镜的极限分辨本领。

现在的透射电镜都用微机控制其使用参数和调整对中，使复杂的操作程序得以简化。

4.3.2.4　透射电镜的主要部件

A　电磁透镜

a　电磁透镜的分类

电子显微镜可以利用电场或磁场使电子束聚焦成像，其中用静电场成像的透镜称为静电透镜，用电磁场成像的透镜称为电磁透镜。由于静电透镜从性能上不如电磁透镜，因此在目前研制的电子显微镜中大都采用电磁透镜。

现在使用的电磁透镜有三种，如图 4-14 所示。最简单的电磁透镜只有一个线圈，产生非均匀轴对称磁场，如图 4-14（a）所示。励磁效果较好的电磁透镜将线圈用内部开口的铁壳封装起来，可以降低磁通的泄漏，同时使开口处的磁场增强，如图 4-14（b）所示。为了实现更强的磁场，可以在开口的两侧装上两个极靴，极靴是由软磁材料制成的中心穿孔的柱体芯子，当电流通过线

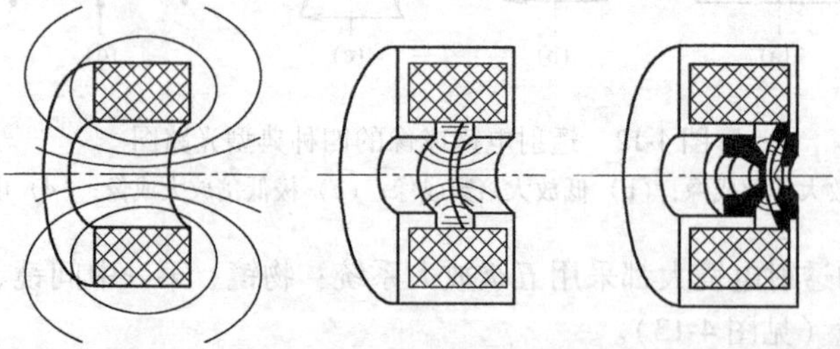

(a)　(b)　(c)

图 4-14　三种不同类型的电磁透镜

（a）简单电磁透镜；（b）带铁壳的电磁透镜；（c）带有极靴和铁壳的电磁透镜

圈时，极靴被磁化，使磁力线集中在上下极靴间隙附近区域，如图4-14（c）所示。

b 电磁透镜的工作原理

运动电子在磁场中受到洛伦兹力的作用，其表达式为

$$\boldsymbol{F} = -e\boldsymbol{v} \times \boldsymbol{B} \tag{4-5}$$

式中 e——运动电子电荷；

$\boldsymbol{v}$——电子运动速度矢量；

$\boldsymbol{B}$——磁感应强度矢量；

$\boldsymbol{F}$——洛伦兹力，$\boldsymbol{F}$ 的方向垂直于矢量和所决定的平面，力的方向可由右手法则确定。

若$\boldsymbol{v} /\!/ \boldsymbol{B}$，则 $\boldsymbol{F}=0$，电子不受磁场力作用，其运动速度的大小及方向不变；若$\boldsymbol{v} \perp \boldsymbol{B}$，则 $\boldsymbol{F}$ 的方向反平行于$\boldsymbol{v} \times \boldsymbol{B}$，即只改变运动方向，不改变运动速度，从而使电子在垂直于磁力线方向的平面上做匀速圆周运动（见图4-15）。若$\boldsymbol{v}$ 与 $\boldsymbol{B}$ 既不垂直也不平行，而成一定夹角，则其运动轨迹为螺旋线。如果电子只是在均匀磁场中运动，则电子至多只能做螺旋运动，无法起到放大作用。

电磁透镜可以放大和会聚电子束，是因为它产生的磁场沿透镜长度方向是不均匀的，但却是轴对称的，其等磁位面的几何形状与光学玻璃透镜的界面相似，使得电磁透镜与光学玻璃凸透镜具有相似的光学性质（见图4-16）。

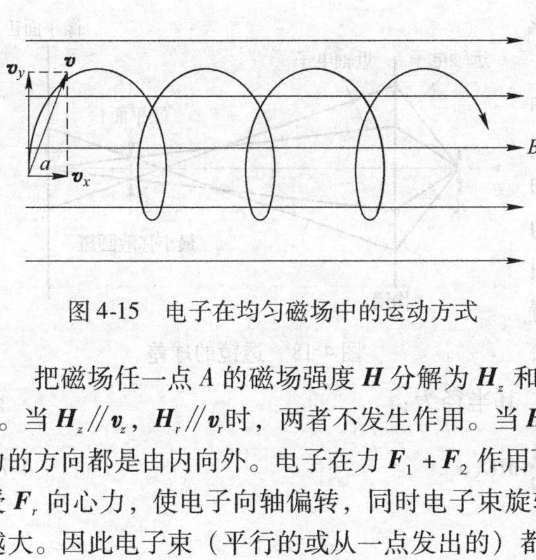

图4-15 电子在均匀磁场中的运动方式

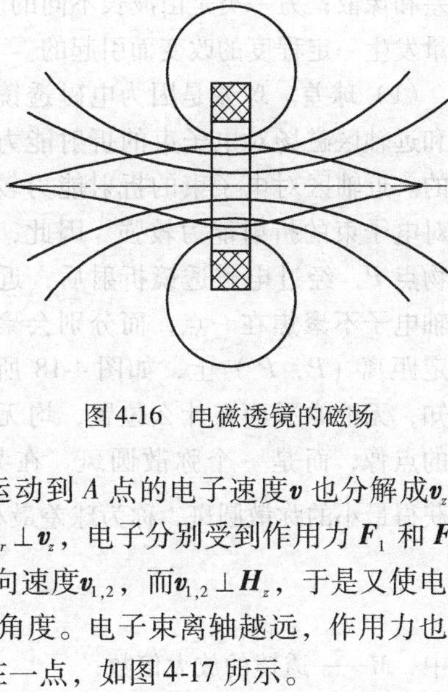

图4-16 电磁透镜的磁场

把磁场任一点 A 的磁场强度 $\boldsymbol{H}$ 分解为 $\boldsymbol{H}_z$ 和 $\boldsymbol{H}_r$，将运动到 A 点的电子速度$\boldsymbol{v}$ 也分解成$\boldsymbol{v}_z$和$\boldsymbol{v}_r$。当 $\boldsymbol{H}_z /\!/ \boldsymbol{v}_z$，$\boldsymbol{H}_r /\!/ \boldsymbol{v}_r$时，两者不发生作用。当 $\boldsymbol{H}_z \perp \boldsymbol{v}_r$，$\boldsymbol{H}_r \perp \boldsymbol{v}_z$，电子分别受到作用力 $\boldsymbol{F}_1$ 和 $\boldsymbol{F}_2$，力的方向都是由内向外。电子在力 $\boldsymbol{F}_1+\boldsymbol{F}_2$ 作用下获得切向速度$\boldsymbol{v}_{1,2}$，而$\boldsymbol{v}_{1,2} \perp \boldsymbol{H}_z$，于是又使电子受 $\boldsymbol{F}_r$ 向心力，使电子向轴偏转，同时电子束旋转了一个角度。电子束离轴越远，作用力也就越大。因此电子束（平行的或从一点发出的）都将会聚在一点，如图4-17所示。

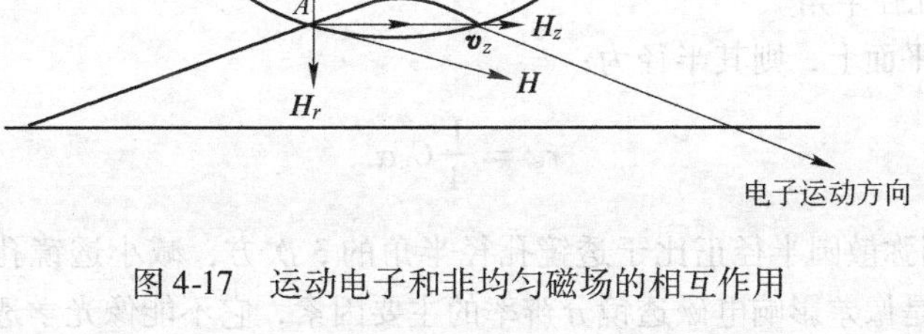

图4-17 运动电子和非均匀磁场的相互作用

光学显微镜成像时，物距、像距和焦距三者之间的关系式为：

$$\frac{1}{f} = \frac{1}{L_1} + \frac{1}{L_2} \tag{4-6}$$

式中　f——焦距；

L_1——物距；

L_2——像距。

光学显微镜的焦距 f 是不能改变的，因此要满足成像条件，L_1 和 L_2 必须同时改变。

电磁透镜的焦距可以通过线圈中所通过的电流大小来改变，因此，它的焦距可任意调节。用电磁透镜成像时，可以在保持物距不变的情况下，改变焦距和像距来满足成像条件，也可以保持像距不变，改变焦距和物距来满足成像条件。

c　电磁透镜的像差

根据式（4-2）可知，光学透镜分辨率约为光波波长的一半。但对于电磁透镜而言，其分辨率还远未达到波长的一半。以 Hitach H-800 型透射电镜为例，其加速电压为 200kV，波长为 0. 00251nm，若分辨率是波长的一半，则为 0. 001255nm，而实际上 H-800 透射电镜的最佳分辨率仅为 0. 45nm，与理论分辨率相差甚远。这是因为电磁透镜与光学透镜一样，除了衍射效应对分辨率的影响外，还存在像差对分辨率的影响。由于像差的存在，使得电磁透镜的分辨率低于理论分辨率。电磁透镜的像差分为两类：一是几何像差，又称单色光引起的像差，主要包括球差和像散；另一类是由波长不同的多色光引起的像差，又称色差，色差是因电子波的波长或能量发生一定程度的改变而引起的。下面将讨论电磁透镜各类像差的特点及其校正方法。

（1）球差。球差是因为电磁透镜近轴区磁场和远轴区磁场对电子束的折射能力不同而产生的。近轴区对电子束的折射能力较弱，远轴区对电子束的折射能力较强。因此，一个理想的物点 P，经过电磁透镜折射后，近轴电子和远轴电子不聚焦在一点，而分别会聚于轴向的一定距离（P，P'）上，如图 4-18 所示。由图可知，无论像平面在什么位置，均无法得到清晰的点像，而是一个弥散圆斑。在某一位置，可获得最小的弥散圆斑，称为球差最小弥散圆，其半径为：

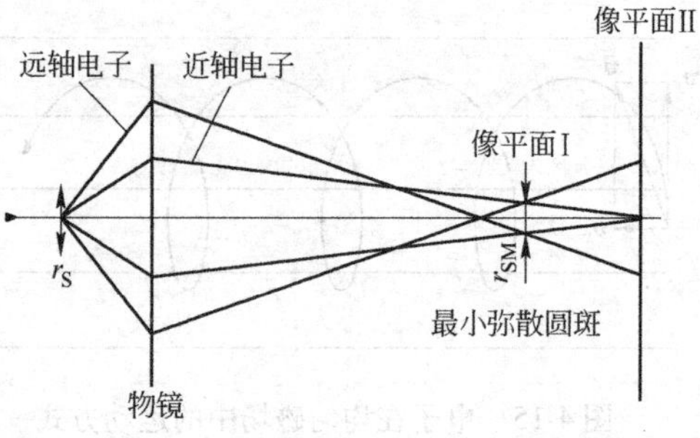

图 4-18　透镜的球差

$$r_{SM} = \frac{1}{4} M C_S \alpha^3 \tag{4-7}$$

式中　M——透镜的放大倍数；

C_S——透镜的球差系数，通常情况下电磁透镜的球差系数 C_S 相当于它的焦距，大小为1 ~3mm；

α——透镜孔径半角。

如果还原到物平面上，则其半径为：

$$r_S = \frac{1}{4} C_S \alpha^3 \tag{4-8}$$

式（4-8）表明弥散圆半径正比于透镜孔径半角的 3 次方，减小透镜孔径半角，可提高透镜的分辨率。球差是像差影响电磁透镜分辨率的主要因素，它不能像光学透镜那样通过凸透镜和凹透镜的组合设计来补偿或矫正。

(2) 像散。像散又称轴上像散，它是由于电磁透镜磁场不是理想的旋转对称磁场而引起的像差。由于极靴材料不可避免的不均匀性、极靴孔等的机械加工精度及装备误差、透镜污染，特别是光阑和极靴孔附近的污染等因素，使透镜磁场产生椭圆度。椭圆磁场会使电子在不同方向上的聚焦能力出现差异，结果成像物点 P 通过透镜后不能在像平面聚焦于一点（见图4-19）。同样在前后聚焦点之间有一个最佳聚焦位置，此时像平面上得到一个最小散焦斑，半径为 R_A。将 R_A 折算到物平面上得到一个半径为 Δr_A 的弥散圆斑，用 Δr_A 表示像散的大小，其计算公式为：

$$\Delta r_A = \Delta f_A \alpha \tag{4-9}$$

式中 Δf_A——像散系数，它是电磁透镜出现椭圆度时造成的焦距差；

α——透镜孔径半角。

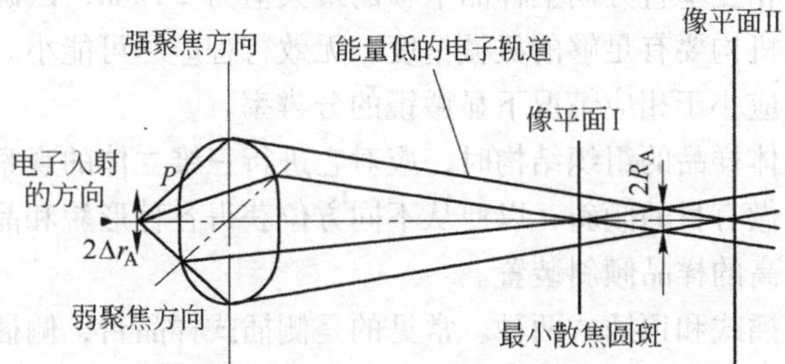

图4-19 透镜的像散

像散是可以消除的像差，可以通过引入一个强度和方位可调的矫正磁场来进行补偿。产生这个矫正磁场的装置即消像散器。

(3) 色差。普通光学中不同波长的光波经过透镜时，因折射率不同，将在不同点上聚焦，由此引起的像差称为色差。电子光学中的色差是由于成像电子的波长或能量不同引起的一种像差。一个物点散射的具有不同波长的电子，进入电磁透镜磁场后将沿着各自的轨迹运动，结果不能聚焦在一个像点上，而分别交在一定的轴向距离范围内，在像平面上也有一个最小的弥散圆斑 R_C（见图4-20）。同样将 R_C 折算到物平面上，得到半径为 Δr_C 的圆斑。色差 Δr_C 为：

$$\Delta r_C = C_C \cdot \alpha \left|\frac{\Delta E}{E}\right| \tag{4-10}$$

式中 C_C——透镜的色差系数，随激磁电流增大而减小；

α——透镜孔径半角；

$\Delta E/E$——成像电子束能量变化率。

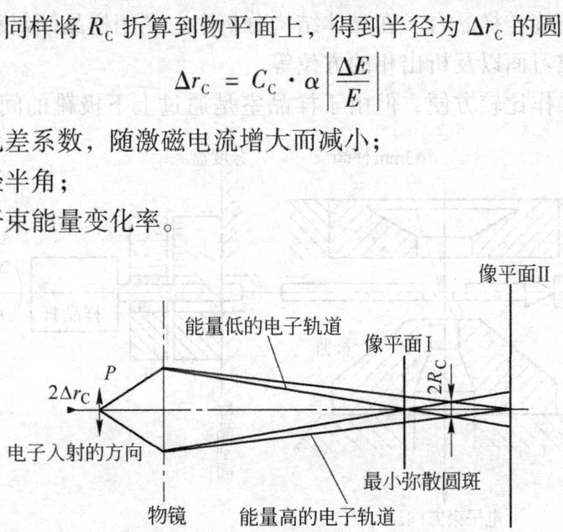

图4-20 透镜的色差

引起成像电子束波长或能量变化的原因有：电子加速电压不稳定，引起照明电子束能量（或波长）的波动；单一能量的电子束照射试样时，电子与物质相互作用，入射电子除受到弹性散射外，有一部分电子受到一次或多次非弹性散射，致使电子的能量受到损失。因此，使用较薄的试样有助于减小色差，提高图像的清晰度。

B　样品台

样品台的作用是承载样品，并使样品能做平移、倾斜、旋转，以选择所需的样品区域或相位进行观察分析。透射电镜的样品室放置在物镜的上下极靴之间，由于这里的空间很小，因此透射电镜的样品也很小，通常是直径为3mm的薄片。

对样品台的要求是非常严格的。样品必须被牢固地夹持在样品座中并保持良好的热、电接触，减小因电子照射引起的热量或电荷堆积而产生样品的损伤或图像漂移。平移是样品台最基本的动作，通常在两个相互垂直方向上样品平移的最大值为±1mm，以确保样品上大部分区域都能观察到；样品移动机构要有足够的机械精度，无效行程应尽可能小。总而言之，在照相曝光期间样品图像漂移量应小于相应情况下显微镜的分辨率。

在电镜下分析薄晶体样品的组织结构时，应对它进行三维立体的观察，为此，必须使样品相对于电子束照射方向做有目的倾斜，以便从不同方位获得各种形貌和晶体学的信息。新式的透射电镜常配备精度极高的样品倾斜装置。

样品倾斜装置有侧插式和顶插式两种。常见的是侧插式样品台，侧插即样品杆从侧面进入物镜极靴。倾斜装置由两个部分组成，如图4-21所示。主体部分是一个圆柱分度盘，它的水平轴线 x-x 和镜筒的中心线 z 垂直相交，水平轴就是样品台的倾转轴，样品倾转时，倾转的度数可直接在分度盘上读出。主体以外部分是样品杆，它的前端可装载夹持铜网样品或直接装载直径为3mm的圆片状薄晶体样品。样品杆沿圆柱分度盘的中间孔插入镜筒，使圆片样品正好位于电子束的照射位置上。分度盘由带刻度的两段圆柱体组成，其中圆柱Ⅰ的一端和镜筒固定，另一端圆柱Ⅱ可以绕轴线旋转。圆柱Ⅱ绕倾转轴旋转时，样品杆也跟着转动。如果样品上的观察点正好和图中两轴线的焦点 O 重合时，则样品倾转时观察点不会移到视域外面去。为了使样品上所有点都有机会和交点 O 重合，样品杆可以通过机械传动装置在圆柱刻度盘Ⅱ的中间孔做适当的水平移动和上下调整。有的样品杆本身还带有使样品倾斜或原位旋转的装置，即侧插式双倾样品台和单倾旋转样品台。在晶体结构分析中，利用样品倾斜和旋转装置可以测定晶体的位向、相变时的惯习面以及析出相的方位等。

侧插式倾斜装置操作比较方便，但由于样品室是通过上下极靴的间隙插入镜筒的，因此，

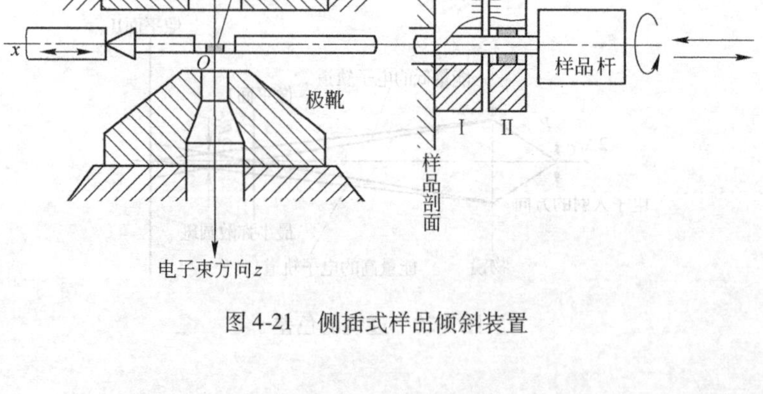

图4-21　侧插式样品倾斜装置

上下极靴的间隙不能做得过小，从而使物镜的分辨率下降。采用顶插式倾斜样品台可以克服上述缺陷。顶插式倾斜装置中样品是通过极靴孔安放到镜筒里去的，在样品倾斜时无法保证观察点不发生位移，这会给晶体分析的操作带来许多不便。

新式的透射电镜常配备有许多样品台，如：双倾台，可以使样品绕 x 和 y 两个轴倾转从而实现对薄样品进行三维立体的观察；拉伸台，在观察样品的同时对样品进行拉伸试验，实行样品拉伸过程的动态观察；加热台，观察样品在加热过程中的组织结构变化；冷却台，观察样品在冷却过程中的组织结构变化；碳台，便于样品进行能谱分析的样品台。这些样品台的应用使得电镜功能大大增强。

C　电子束倾斜和平移装置

新式的透射电镜带有电磁偏转器，利用电磁偏转器可以使入射电子束平移和倾斜。电子束平移和倾斜的原理图如图 4-22 所示。图中上、下两个偏转线圈是联动的，如果上下偏转线圈偏转的角度相等但方向相反，电子束会进行平移运动，如图 4-22（a）所示。如果上偏转线圈使电子束顺时针偏转 θ 角，下偏转线圈使电子束逆时针偏转 $\theta+\beta$ 角，则电子束相对于原来的方向倾斜了 β 角，而入射点的位置不变，如图 4-22（b）所示。

D　消像散器

消像散器主要是用于消除像散的，有机械式和电磁式两种。机械式的是在磁透镜的磁场周围放置几块位置可以调节的导磁体，用它们来吸引一部分磁场，把固有的椭圆形磁场校正成接近旋转对称的磁场。电磁式的是通过电磁极间的吸引和排斥来校正椭圆形磁场，如图 4-23 所示。图中两组四对电磁体排列在透镜磁场的外围，每对电磁体均采取同极相对的安置方式。通过改变这两组电磁体的激磁强度和磁场方向，就可以把固有的椭圆形磁场校正成轴对称磁场，起到了消除像散的作用。消像散器一般安装在透镜的上、下极靴之间。

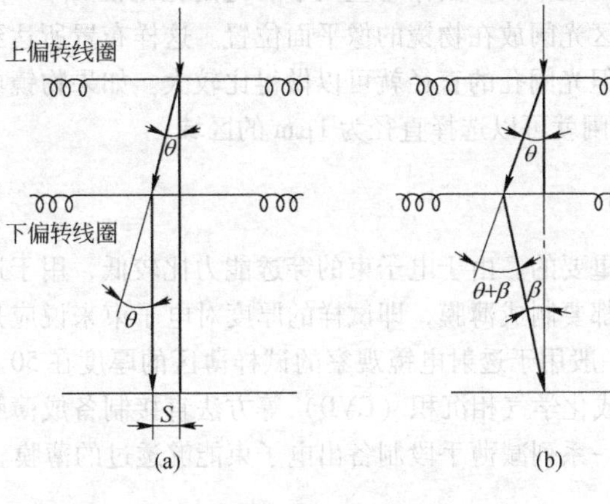

图 4-22　电子束平移和倾斜的原理图
（a）平移；（b）倾斜

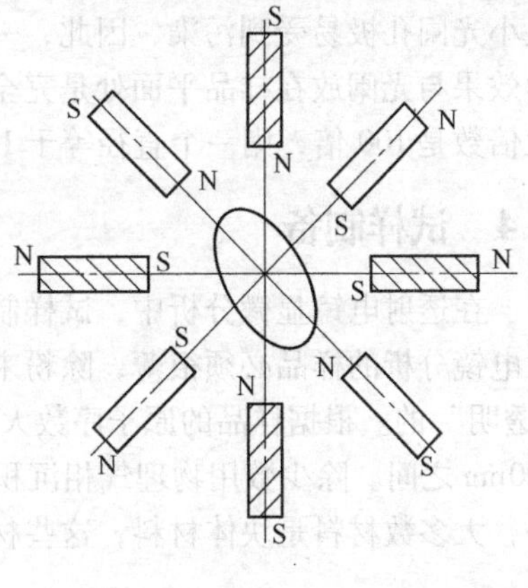

图 4-23　电磁式消像散器示意图

E　光阑

在透射电镜中有许多固定光阑和可动光阑，它们主要用来挡掉发散的电子，保证电子束的相干性和照射区域。

可动光阑均采用无磁性的金属（铂和钼等）制造。由于小光阑孔很容易受到污染，高性能的透射电镜中常用抗污染光阑（又称自洁光阑），它的结构如图 4-24 所示。这种光阑常做成 4 个一组，每个光阑孔的周围开有缝隙，使光阑孔受电子束照射后热量不易散出。由于光阑孔常处于高温状态，污染物就不易沉积上去。4个一组的光阑孔被安装在一个光阑杆的支架上，使用时，通过光阑杆上的分挡机构按需要一次插入，使光阑孔中心位于电子束的轴线上（光阑中心和主焦点重合）。三种最主要的可动光阑是聚光镜光阑、物镜光阑和选区光阑。

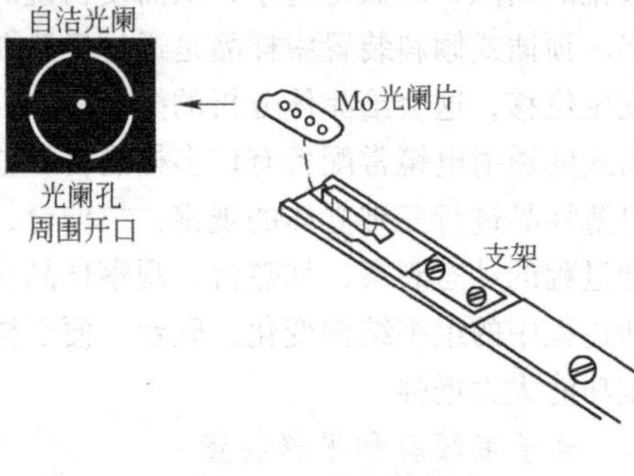

图4-24　抗污染光阑

（1）聚光镜光阑。聚光镜光阑的作用是限制照明孔径角。在双聚光镜系统中，聚光镜光阑常安装在第二聚光镜的下方，因此又称为第二聚光镜光阑。光阑孔的直径为20～400μm。做一般分析观察时，聚光镜的光阑孔径为200～300μm；若做微束分析时，则应采用小孔径光阑。

（2）物镜光阑。物镜光阑又称衬度光阑，通常安装在物镜的后焦面上。常用物镜光阑孔径为20～120μm。电子束通过薄膜样品会产生散射和衍射。散射角（或衍射角）较大的电子被光阑挡住，不能继续进入镜筒成像，从而就会在像平面上形成具有一定衬度的图像。光阑孔越小，被挡住的电子越多，图像的衬度就越大，这就是物镜光阑又称为衬度光阑的原因。加入物镜光阑使物镜的孔径角减小，能减少像差，得到质量较高的显微图像。物镜光阑的另一个主要作用是在后焦面上套取衍射束的斑点（即副焦点）成像，即所谓暗场像。利用明暗场显微照片的对照分析，可以方便地进行物相鉴定和缺陷分析。

（3）选区光阑。选区光阑又称视场光阑或场限光阑。为了分析样品上的一个微区，应该在样品上放一个光阑，使电子束只能通过光阑孔限定的微区。对这个微区进行衍射分析称做选区衍射。由于样品上待分析的微区很小，一般为微米级，制作对应大小的光阑孔比较困难，并且小光阑孔极易受到污染，因此，一般都将选区光阑放在物镜的像平面位置。这样布置所达到的效果与光阑放在样品平面处是完全一样的，但光阑孔的直径就可以做得比较大。如果物镜放大倍数是100倍，则一个直径等于100μm的光阑就可以选择直径为1μm的区域。

4.4　试样制备

在透射电镜显微分析中，试样制备是极为重要的。由于电子束的穿透能力比较低，用于透射电镜分析的样品必须很薄，除粉末外，试样都要制成薄膜，即试样的厚度对电子束来说应是"透明"的。根据样品的原子序数大小不同，一般用于透射电镜观察的试样薄区的厚度在50～500nm之间。除少数用物理气相沉积（PVD）或化学气相沉积（CVD）等方法直接制备成薄膜外，大多数材料是块体材料，这些材料需通过一系列减薄手段制备出电子束能够透过的薄膜。

4.4.1　块体材料上制备透射电子显微镜薄膜样品

此法最重要的是在制备过程中，试样的组织结构和化学成分不发生变化，即制备成的薄膜试样应保持与块体材料相同的性质。

从块体材料制备薄膜试样主要包括了以下3个步骤：

（1）利用超薄砂轮片、金属丝锯或电火花线切割（又称线切割）等方法从大块试样切取0.7mm左右的薄片。从块体材料上切取薄片的方法因材料不同而不同。对于金属材料常用线切割方式；对于无机非金属材料则用金刚石切刀切割。切割必须保持在冷却条件下进行。

（2）利用机械研磨、化学抛光或电解抛光等方法将薄片试样减薄至100～150μm。

(3) 离子减薄仪或双喷装置对薄片试样进行最后减薄，直至试样穿孔。在孔洞附近的薄区越大，越有利于试样的观察和分析。薄区部分的试样为楔形。通常楔形的夹角越小，试样的薄区越大。

对于脆性材料，通常在最终减薄之前，将试样粘在两个内孔直径为1.5～2mm的铜片之间，以保护试样不会在减薄过程或观察时受到损伤。

最终减薄阶段是最重要的，因为它决定了试样薄区的厚度和面积以及试样损伤的程度。最终减薄方法有两种，即离子减薄和电解双喷减薄。离子减薄可用于各种金属、陶瓷、多相半导体和复合材料等薄膜的减薄，甚至纤维和粉末也可以用离子减薄。而电解双喷减薄只能用于导电薄膜试样的制备，如金属及其合金。下面主要介绍这两种制备方法和相应的装置。

4.4.1.1　离子减薄

离子减薄是物理方法减薄，包括了用高能离子或中性原子轰击薄片试样，使试样中原子或分子被溅出试样表面，直到试样有足够大的且对电子束“透明”的薄区。

图4-25所示为离子减薄装置示意图。其中包括试样室、真空系统、电器系统和离子枪等部分。氩气在离子枪中被离子化产生等离子体，在加速电压作用下等离子体通过阴极孔，等离子束以与试样表面一定的入射角轰击正在旋转的试样。这个过程在真空下进行，在氩气未进入之前，仪器的真空度保持在小于1.33×10^{-3}Pa，在氩气进入离子枪后，真空度保持在$1.33\sim1.33\times10^{-1}$Pa。

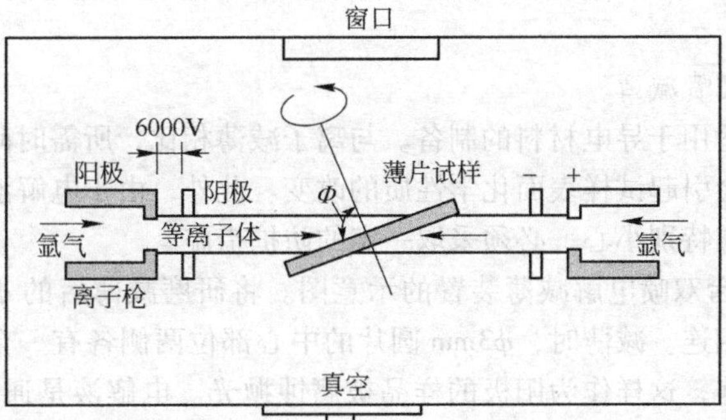

图4-25　离子减薄装置

在离子减薄过程中，除了电压、试样的温度和旋转速度、离子的类型（如氩、氦或反应性离子）和离子束入射角等需要控制和变化外，其他参量都是固定的。

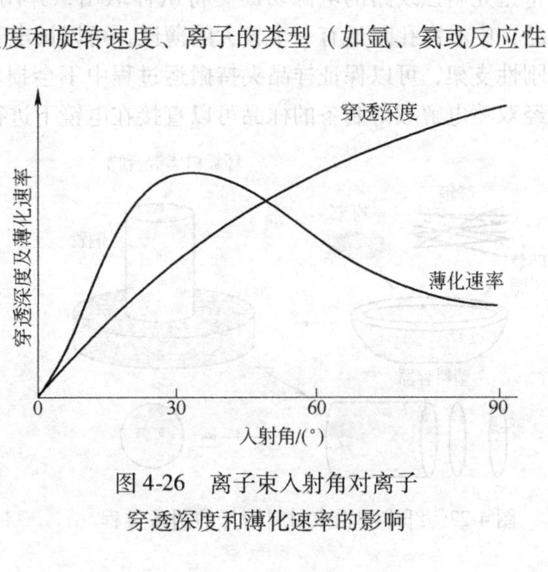

图4-26　离子束入射角对离子穿透深度和薄化速率的影响

通常情况下加速电压采用4～6kV。入射离子束与试样表面的夹角（入射角）是一个重要的控制参量，在其他参量不变的条件下，它决定了等离子体穿透的深度和试样薄化速率（见图4-26）。由于离子束总是会渗透到试样内部，离子穿透深度随离子入射角增大而增加，因此降低入射离子束与试样表面的夹角（入射角）可以减少这种渗透。此外，离子入射角越小，试样薄区面积越大，但相应减薄时间增加。通常选择15°～25°的入射角，但在这个角度减薄可能会导致成分减薄。采用不大于5°可以避免择优减薄，但会引起靠近表面区域化学性质的变化和试样损伤。如果入射角小于5°，离子束的能量会积聚在试样表面区域。通常采用两个阶段减薄，在开始阶段，采用较高的入射角（大于10°），快速减薄；在第二阶段，即接近穿孔时，采用较低的入射角（小于10°），以增加薄区面积。

重离子的穿透性相对较低些，但增加了试样损伤程度。较低的离子束能量或较低原子序数的离子引起试样的损伤较小，但减薄时间增加。目前，绝大多数情况用的是氩气，因其是惰性气体，原子序数较高，在大多数试样中不含它。在某些特殊情况下，如半导体材料，采用反应性碘或加入氧减薄。但反应性离子会污染和腐蚀减薄装置和扩散泵等。

离子束轰击试样会导致试样温度升高到200℃或更高，因此，在减薄过程中需要对试样进行冷却（如用液氮）。即使是导热性好的金属在这样的温度下，由离子轰击产生的空位也会引起试样扩散性组织变化。离子减薄会导致材料从试样的一个地方迁移，并很容易地重新沉积在另一个地方，类似于扫描电镜试样表面喷涂的离子喷涂装置。

离子减薄除了可用于各种块状材料薄膜的减薄外，还可以用于纤维和粉末材料的减薄，但需要事先将纤维和粉末镶嵌在环氧树脂中制成薄片，图4-27表明了制备过程。先将纤维或粉末粒子和环氧树脂混合，然后将混合物倒入铜管中，待环氧树脂完全固化，将装有环氧树脂混合物的铜管锯成3mm的薄片，然后研磨薄片并进行离子减薄至“电子透明”。

离子减薄的效率较低，一般情况下1h可减薄4μm左右，但是离子减薄的质量高且薄区大。

4.4.1.2　电解双喷减薄

电解双喷减薄仅适用于导电材料的制备。与离子减薄相比，所需时间较短，且试样不会产生机械损伤，但可能会引起试样表面化学性质的改变。此外，由于电解液是腐蚀性很强的酸性溶液，在操作过程中应特别小心，必须采取一定的防护措施。

图4-28所示为一台双喷电解减薄装置的示意图。将研磨减薄后的ϕ3mm圆片夹持在试样架中，试样架与阳极相连。减薄时，ϕ3mm圆片的中心部位两侧各有一个电解液喷嘴。从喷嘴喷出的液柱和阴极相连，这样作为阳极的样品被腐蚀抛光。电解液是通过耐酸泵进行循环的。在两个喷嘴的轴线上还装有一对光导纤维，其中一个光导纤维和光源相接，另一个则和光敏元件相连，如果样品经抛光减薄时，中心出现小孔，光照射到光敏元件上，输出的电信号就可以将抛光腐蚀线路的电源切断。将试样取出，并用丙酮清洗干净。用这样的方法制成的薄膜样品，中心穿孔附近有一个较大的薄区，可以被电子束穿过。ϕ3mm圆片旁边是一个厚度较大的刚性支架，可以保证样品夹持搬运过程中不会损坏。透射电镜样品座的直径也为3mm，所以，经双喷电解减薄制备的样品可以直接在电镜下进行观察。

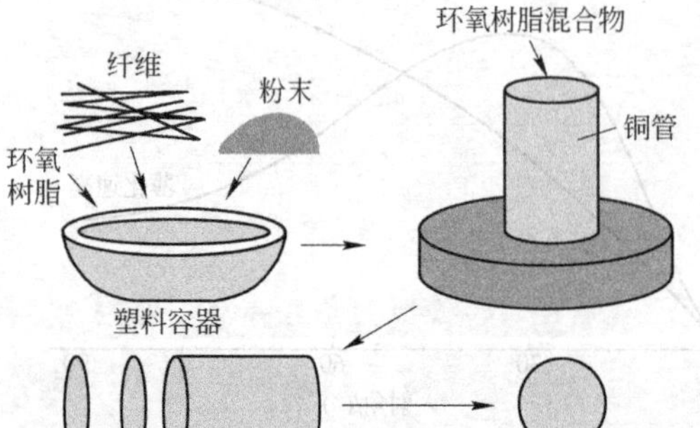

图4-27　纤维和粉末材料薄片的制备过程

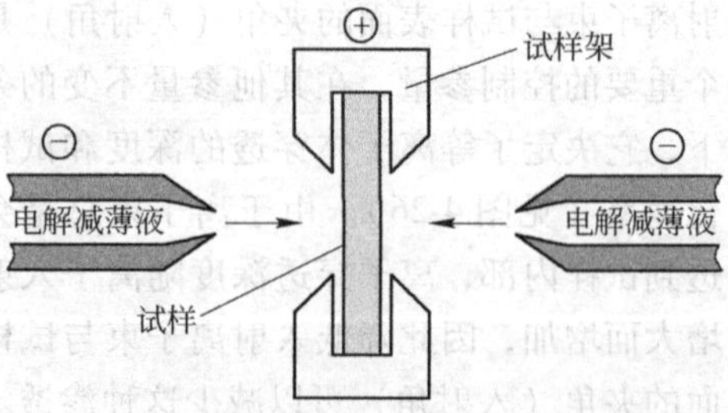

图4-28　双喷电解减薄示意图

电解双喷过程中需要控制的参数有：外加电压、电解液类型、电解液温度、电解液的喷射速度等。不同的材料需要选择合适的电解液，常用的电解液见表4-4。

表4-4 常用电解液的成分

材料	电解液成分（体积分数）	备注
铝及其合金	（1）1% ~20% $HClO_4$ + C_2H_5OH （2）8% $HClO_4$ +11%（C_4H_9O）CH_2CH_2OH +79% C_2H_5OH +2% H_2O （3）40% CH_3COOH +30% H_3PO_4 +20% HNO_3	双喷减薄，-10 ~ -30℃； 电解抛光，15℃； 双喷减薄，-10℃
铜及其合金	（1）33% HNO_3 +67% CH_3OH （2）25% H_3PO_4 +25% C_2H_5OH +50% H_2O	双喷减薄或电解抛光，10℃
钢	（1）2% ~10% $HClO_4$ + C_2H_5OH （2）96% CH_3COOH +4% H_2O +200g/L CrO_3	双喷减薄，-20℃（室温）； 电解抛光，65℃搅拌1h
铁和不锈钢	6% $HClO_4$ +14% H_2O +80% C_2H_5OH	双喷减薄
钛和钛合金	6% $HClO_4$ +35%（C_4H_9O）CH_2CH_2OH +59% C_2H_5OH	双喷减薄，0℃

TEM薄膜试样的制备是复杂而困难的，需要实践经验的积累。针对不同的材料，选择不同的方法进行减薄，离子减薄和电解双喷减薄的比较见表4-5。同时要想获得一个成功的薄膜样品，需要针对一定的材料进行参数实验，需确定出最佳参数条件。对于透射电镜显微分析，若样品制备成果，则实验就成功了一半，到今天仍有许多材料的分析工作无法完成就是因为样品制备困难。

表4-5 离子减薄和电解双喷减薄比较

方法	适用材料	效率	薄区大小	操作	仪器价格
离子减薄	金属、陶瓷、多相半导体及多相合金	低	大	复杂	昂贵
电解双喷减薄	金属、合金	高	小	简单	便宜

4.4.2 粉末试样

超细粉体及纳米材料是材料科学研究领域的热点。粉体的粒径及分布、形态对材料的性能有显著的影响，因此，采用透射电镜对超细粉体的尺寸和形态进行观察是粉体研究的重要手段。要对粉体样品进行较好的观察，需要使超细粉体的颗粒分散开来，各自独立而无团聚。

对于超细粉体试样，粒径一般均小于铜网孔径，因此不能直接放在铜网上，需要用带支持膜的铜网来承载。支持膜材料应具备如下条件：本身没有结构，对电子束的吸收不大，以免影响对试样结构的观察；本身颗粒度要小，以提高试样分辨率；本身有一定的力学强度和刚度，能承受电子束的照射而不畸变或破裂。

常用的支持膜有塑料膜、碳膜或塑料-碳膜。塑料支持膜用1% ~3%火棉胶（低氮硝纤维素）+醋酸戊酯溶液制成。在塑料支持膜上经喷碳制成塑料-碳支持膜，而在喷碳后将塑料溶去则得到碳支持膜。对于超细粉体试样的制备，最关键的是使颗粒在支持膜上分散均匀。通常将粉体颗粒放入蒸馏水或其他合适的溶液中，形成悬浮液，最好将悬浮液放在超声波搅拌器中搅拌，使颗粒尽可能地分散；然后用滴管将悬浮液滴在支持膜上；待其干燥（或用滤纸吸干）后，再蒸上一层碳膜，即成为观察用的粉末样品。

4.4.3　复型样品

复型法，就是用对电子束透明的薄膜把材料表面或断口的形貌复制下来，此薄膜即为复型。复型法是最早使用的薄膜制备技术，使用这种方法主要是因为早期透射电镜性能和制样水平的限制，难以对样品进行直接观察分析。近年随着电镜水平的提高，复型法目前已很少采用，但是由于复型法具有断口观察清晰的优点，仍用于表面断口或表面组织形貌和第二相粒子的显微观察和分析。

复型法中用得较为普遍的是塑料一级复型、碳一级复型、塑料-碳二级复型和萃取复型。碳复型的分辨率、强度、导电性、导热性均优于塑料复型，但图像衬度要差一些，并且制备方法比较复杂，在制备过程中，若控制不好，容易引起样品的原始形貌和碳膜的破坏。塑料-碳二级复型同时具有塑料复型和碳复型的优点，图像质量较好，因此，常用塑料-碳二级复型。对已经充分暴露组织结构和形貌的样品表面或断口，除在必要时进行清洁外，无需任何处理即可进行复型。当需要对基体包埋的第二相进行观察时，则需选用适当的侵蚀剂和侵蚀条件对样品表面进行侵蚀，使第二相粒子露出，然后再进行复型。

4.4.3.1　真空镀膜

在制备复型样品的过程中需要在样品或复型膜上蒸镀一层碳或重金属，蒸镀是在真空镀膜台中进行的。真空镀膜台包括两部分：上部玻璃钟罩内为真空蒸发室；下部为真空系统，使蒸发室内达到 6.666×10^{-3} Pa 的真空度。蒸发室内有两对电极，一对电极与炭棒相连接（见图4-29）用来蒸发碳；另一对电极与装有重金属的螺旋形钨丝相连接，用来蒸发重金属。当其中一对电极加上电压，炭棒尖端或螺旋形钨丝流过大电流，将碳或金属加热蒸发，在被蒸镀物上形成一层碳膜或重金属膜。

4.4.3.2　塑料一级复型

塑料一级复型的制备方法如下：

（1）在制备好的金相样品或断口样品上滴几滴体积分数为1%的火棉胶醋酸戊酯溶液或醋酸纤维素丙酮溶液，待溶剂挥发后，表面留下一层100nm左右的塑料薄膜。

（2）将塑料薄膜从样品表面揭下来，剪成对角线小于3mm的小方块，放在直径为3mm的铜网上，进行透射电镜观察。

图4-30所示为塑料一级复型示意图，这种复型是负复型，即样品上凸出部分在复型上是

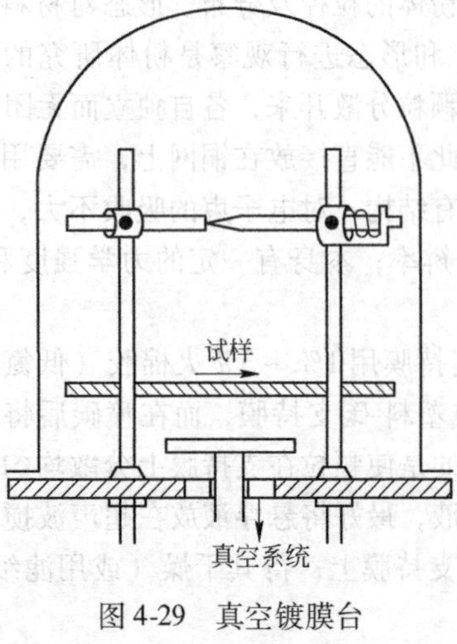

图4-29　真空镀膜台

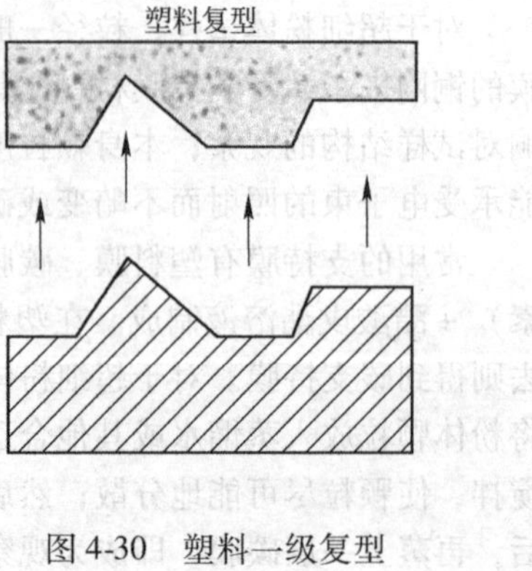

图4-30　塑料一级复型

凹下去的。塑料一级复型制备简单，对直径为20nm左右的细节分析是清晰的，但这种方法不适合做表面起伏大的断口分析，当断口高度差较大时，很难做出能被电子束透过的复型膜。塑料一级复型的缺点是分辨率低，在电子束照射下易分解。

4.4.3.3 碳一级复型

碳一级复型的制备方法如下：

(1) 将所要观察的试样表面按通常的金相方法对试样进行研磨、抛光和腐蚀。若要观察的是试样断口表面，则将试样放在超声波装置中用丙酮进行清洗。

(2) 将腐蚀后或清洗后的试样放在真空镀膜台中，以垂直于样品表面的方向蒸发一层几十纳米厚的碳膜。

(3) 用小刀或针尖将试样表面的碳膜划成铜网大小的小块。采用电解腐蚀、化学腐蚀或明胶分离等方法使碳膜和试样基体分离。

(4) 将分离的碳膜在丙酮或酒精中清洗，然后用铜网捞出烘干后，即可用于透射电镜观察。

图4-31所示为碳一级复型示意图。与塑料一级复型相比，两者存在如下不同：碳膜厚度均匀，塑料膜厚度随样品位置而不同；碳一级复型破坏样品，塑料一级复型不破坏样品；塑料分子大，导致塑料复型分辨率低，碳粒子直径小，因而碳复型分辨率高。

4.4.3.4 塑料-碳二级复型

塑料-碳二级复型是无机非金属材料形貌与断口观察中最常用的一种制样方法。塑料-碳二级复型制备方法如下（见图4-32）：

(1) 在进行复型制备前，需要进行塑料膜（AC纸）的制作。塑料膜，即AC纸用6%醋酸纤维素丙酮溶液制成。将溶液均匀倒在玻璃板上，待其干燥后揭下，就是AC纸。

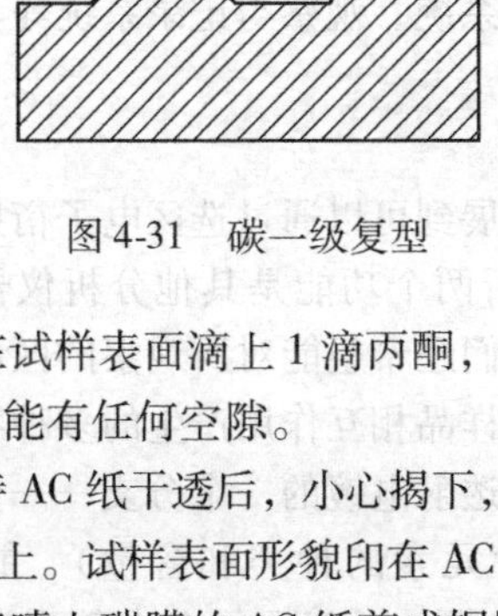

图4-31 碳一级复型

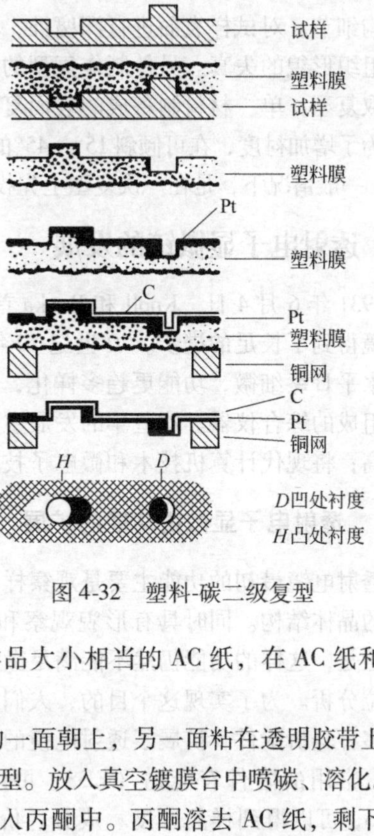

图4-32 塑料-碳二级复型

(2) 在试样表面滴上1滴丙酮，然后贴上一片与样品大小相当的AC纸，在AC纸和试样表面之间不能有任何空隙。

(3) 待AC纸干透后，小心揭下，将印有试样形貌的一面朝上，另一面粘在透明胶带上并固定在玻璃片上。试样表面形貌印在AC纸上，称为一级复型。放入真空镀膜台中喷碳、溶化。

(4) 将喷上碳膜的AC纸剪成铜网大小的小块，放入丙酮中。丙酮溶去AC纸，剩下不溶的碳膜，称为二级复型。将碳膜用铜网捞起放入蒸馏水或丙酮中清洗干净。再用铜网捞出，用滤纸将水或丙酮吸干后，即可放入透射电镜中观察。

塑料-碳二级复型具有如下特点：制备复型时不破坏样品的原始表面；最终复型是具有良好稳定性和导电、导热性能的碳膜；塑料-碳二级复型的分辨率和塑料一级复型相当。

4.4.3.5　萃取复型

塑料复型和碳复型只能将材料的表面形貌复制下来，并不能提供材料内部的组织结构等信息。萃取复型可以将样品表面的第二相粒子黏附下来，从而可分析材料中第二相粒子的形状、大小、分布等特征。萃取复型的制备过程与一级碳复型基本相同，但用于制作萃取复型的样品表面的侵蚀深度要根据第二相粒子的尺寸来确定。最佳侵蚀深度是略大于第二相粒子的一半，以便第二相粒子能够容易地被剥落在复型材料上。萃取复型制备方法如下（见图4-33）：

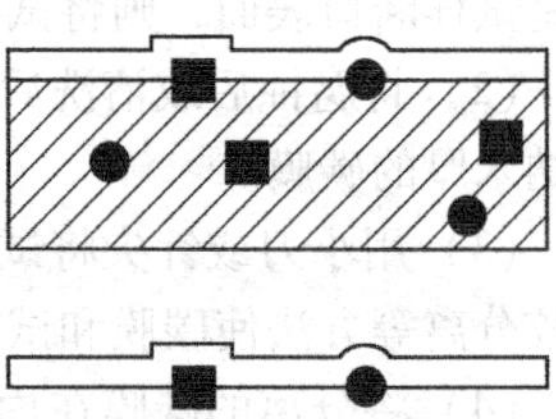

图4-33　萃取复型

（1）侵蚀金相样品的表面，使第二相粒子显露出来。

（2）在真空镀膜台中蒸镀一层较厚的碳膜（20nm以上），把第二相粒子包裹起来。

（3）用小刀或针尖将碳膜划成对角线小于3mm的小块，并放入分离液中进行电解或化学抛光，使碳膜连同凸出样品表面的第二相粒子与基体分离。

（4）将分离后的碳膜经酒精灯清洗后作为透射电镜样品进行观察。

4.4.3.6　重金属投影

在透射电镜下，单一材料制成的复型的图像衬度主要是厚度衬度，复型材料本身不显示任何结构细节。对试样表面进行深腐蚀，可以增加复型的厚度差，提高厚度衬度，但过度侵蚀会引起组织形貌的失真。另外制作复型的材料都由轻元素组成，对电子的散射能力较低。因此除了萃取复型，单一材料制备成的表面复型的图像衬度不是很高。

为了增加衬度，在可倾斜15°~45°的方向上喷镀一层重金属，如Pt、Au、Ta、Cr、Ge、W或WO_3。一般情况下，是在一次复型上先投影重金属再喷镀碳膜，但有时也可喷镀—投影次序相反。

4.5　透射电子显微镜的发展

1931年6月4日，Knoll和Ruska首次研制成功了第一台透射电子显微镜，70多年来，透射电镜得到了长足的进步。20世纪70年代具有高分辨率的透射电镜和分析电镜出现后，它的分辨水平日臻细微，功能更趋多样化，已经成为现代实验室中一种不可或缺的研究晶体结构和化学组成的综合仪器。这些年的发展主要集中在三个方面：透射电镜功能的扩展；分辨率的不断提高；将现代计算机技术和微电子技术应用于电镜控制系统、观察与记录系统等。

4.5.1　透射电子显微镜功能的扩展

透射电镜最初的功能主要是观察样品的形貌，后来发展到可以通过选区电子衍射原位分析样品的晶体结构。同时具有形貌观察和晶体结构原位分析两个功能是其他分析仪器所不具备的。但是，这样的功能仍然不能满足微观分析的需求，人们还希望能对所观察的区域的成分进行原位分析。为了实现这个目的，人们利用电子束与固体样品相互作用产生的多种物理信号开发了多种分析附件，扩展了透射电镜的功能。由此产生了透射电镜的一个分支——分析型透射电镜。常用的附件有能谱（EDS，可以确定材料里所含元素的种类和含量）、能量损失谱（EELS，可以得到样品厚度、成分、价态、电子密度、能带、近邻原子分布等丰富的信息）、透射扫描（STEM）。图4-34为一台配备了EDS、EELS和STEM的透射电镜。

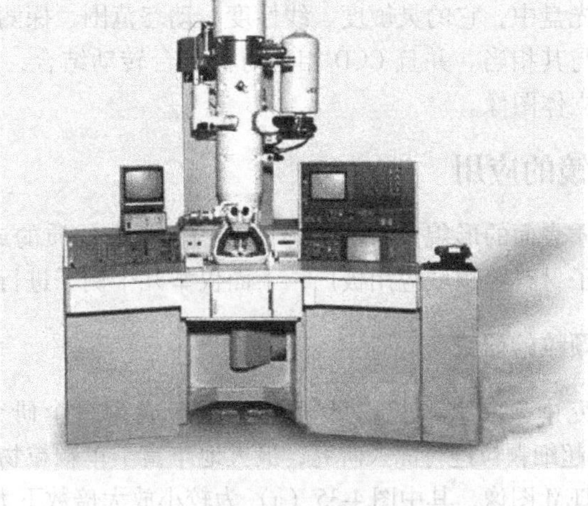

图 4-34 配有多种附件的透射电镜

透射电镜的样品台的功能也得到了扩展，可设计成高温台、低温台和拉伸台，这样即可实现在加热状态、冷却状态和拉伸状态下对样品动态的组织结构和成分变化的原位观察。

透射电镜功能的扩展，使得配备了多功能附件和样品台的透射电镜能在不更换样品的情况下进行材料性质的综合分析，尤其是针对特定微区的形貌、晶体结构、成分（价态）的全面分析。

4.5.2 分辨率的不断提高

透射电镜的分辨率也不断提高。目前常用的 200kV 透射电镜的分辨率为 0.2nm，高压 1000kV 透射电镜的分辨率可达到 0.1nm。众所周知，界面、位错、偏析物和间隙原子等缺陷结构对于材料及器件的物理、力学和电学性质产生重要影响，因此获取物质的原子结构、化学成分和局域电子态的信息细节是高分辨电子显微学的研究目标。为获得原子间成键信息，要求能量分辨率达 0.1 ~ 0.2eV；为获得缺陷的原子结构细节，要求“亚埃”的点分辨率。若要在中等电压的电镜中获得“亚埃”和“亚电子伏特”的分辨率，则需要发展配有单色的电子源、电子束斑尺寸小于 0.2nm 的聚光镜系统、物镜球差校正器、无像差投影镜和能量过滤成像系统等部件的新一代透射电镜。

透射电镜电子枪的加速电压不断提高，从 80kV、100kV、200kV、300kV 直到 3000kV 以上。为了获得高亮度且相干性好的照明源，电子枪由早期的发夹式钨灯丝，发展到 LaB_6 单晶灯丝，直到场发射电子枪。场发射电子枪具有纳米电子束斑亮度高、束流大、出射电子能量分散小和相干性好等优点，可显著提高电镜的信息分辨率，特别适合于纳米尺度综合分析，如亚纳米尺度成分分析、精确测定原子位置、结构因子和电荷密度等。近年出现的新型场发射透射电镜有 FEI 公司的 Tecnai G2 F30、Tecnai G F20 和 JEOL 公司的 JEM-2100F、JEM-3000F、JEM-2200FS、JEM-3200Fs 及 LEO 公司的 SATEM 等。

4.5.3 现代计算机技术和微电子技术的应用

透射电镜的发展还体现在现代计算机技术和微电子技术的应用上。计算机技术和微电子技术的应用使得透射电镜的控制变得简单，自动化程度大为提高。透射电镜中常采用照相底板记录电子显微像，具有探测效率较好和视场大等优点，但也有非线性度大、动态范围小、不能联机处理和暗室操作不方便等缺点。后来出现的慢扫描电荷耦合器件（SSCCD）可把显微像的信息转换成数字信号，将信号强度增大几百倍后，把线性放大20余倍的显微像直接显示在监视器屏幕或存储在硬盘或光盘中，它的灵敏度、线性度、动态范围、探测效率和灰度等级明显优于照相底板，而分辨率与其相当。并且CCD相机与样品台转动结合，可将不同方位的图像用计算机合成后得到三维立体图像。

4.6　透射电子显微镜的应用

透射电镜能用于物质表面的形貌分析、晶体的结构分析和物质的成分分析，在金属材料、无机非金属材料、高分子材料等领域应用极广，下面仅举几个例子进行简要说明。

4.6.1　用于气溶胶单颗粒的研究

在大气气溶胶的研究中，单个颗粒物的分析正逐渐成为一个研究热点。采用透射电镜（TEM）对气溶胶颗粒和超细颗粒进行深入研究，极大地丰富了单颗粒物研究的内容。图4-35是观察到的大气细颗粒的TEM图像，其中图4-35（a）为较小放大倍数下大气细颗粒物的形貌，可以看到细颗粒物呈不同聚集状态的烟尘集合体、圆形的飞灰和不规则的矿物颗粒；图4-35（b）和

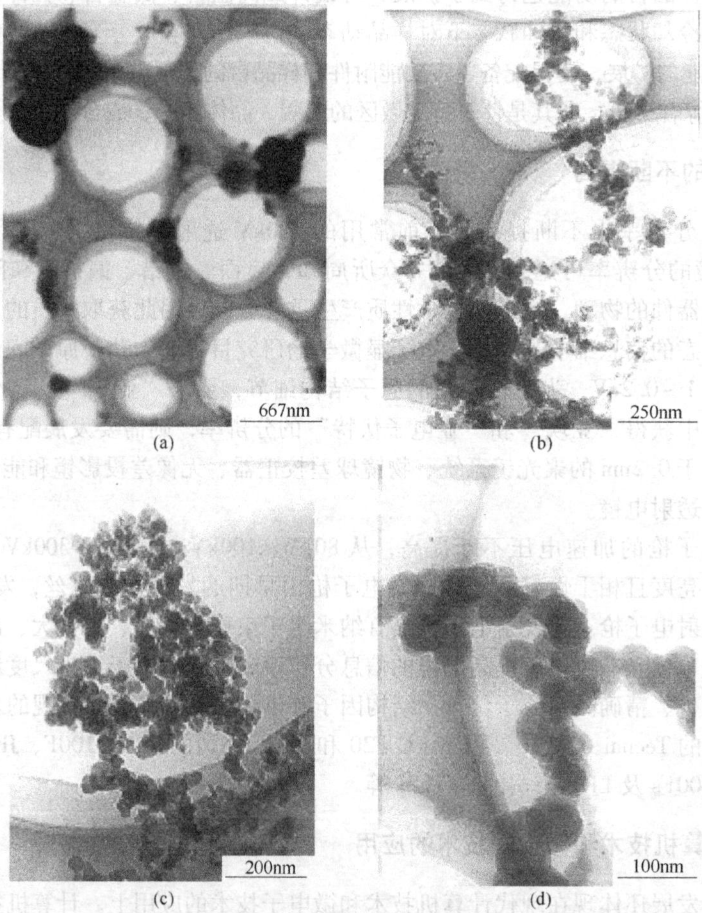

图4-35　大气细颗粒的TEM图像

（d）为链状烟尘集合体；图 4-35（c）为簇状烟尘集合体，在图 4-35（b）、（c）、（d）中可以清晰地看到烟尘集合体及其中的单个烟尘颗粒，单个烟尘颗粒的直径在 20～50nm 之间。

4.6.2 用于 C/C 复合材料的研究

图 4-36 为 C/C 复合材料中碳纤维与热解碳 PyC 界面的 TEM 精细结构，由图可以看出，受碳纤维表面结构的诱导，在纤维周围形成了一个大致平行于纤维表面并且其结构不同于基体和纤维的界面相，它是 C/C 复合材料的重要组成部分。

4.6.3 用于纳米粉体的研究

锆钛酸钡（$BaZr_xTi_{1-x}O_3$）是新型的介电非线性材料。纳米粉体的粒径及形貌直接影响材料的性能。图 4-37 为采用溶胶-凝胶法制备的锆钛酸钡粉体的 TEM 图像，从图中可以看出粉体的粒径约 20nm，基本为球形颗粒。

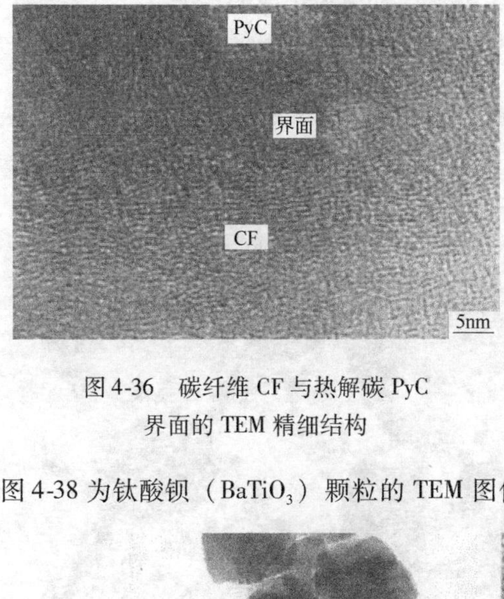

图 4-36 碳纤维 CF 与热解碳 PyC 界面的 TEM 精细结构

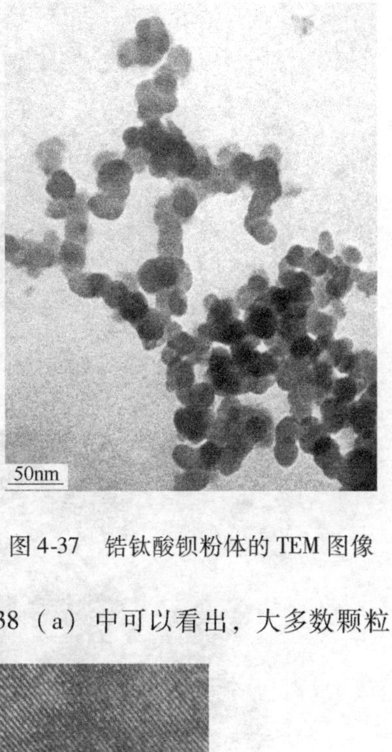

图 4-37 锆钛酸钡粉体的 TEM 图像

图 4-38 为钛酸钡（$BaTiO_3$）颗粒的 TEM 图像。从图 4-38（a）中可以看出，大多数颗粒

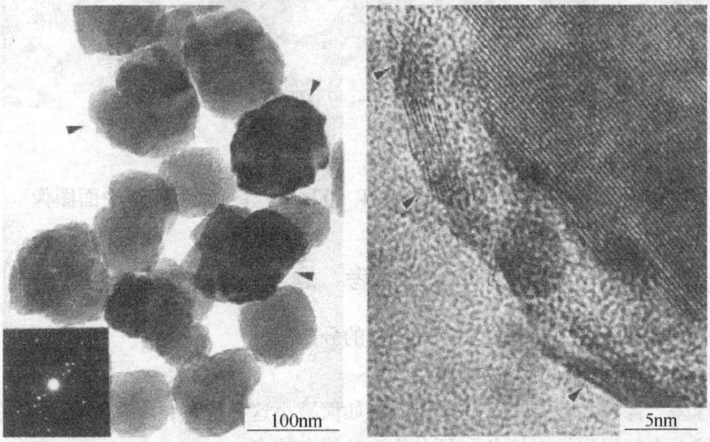

(a) (b)

图 4-38 钛酸钡颗粒的 TEM 图像

（a）明场像（小图为选区衍射图像，箭头所示为包含至少 3 个微晶的 3 个颗粒）；
（b）钛酸钡晶体边缘的高分辨像（用箭头标出的是边缘上的纳米晶体）

是圆形单晶颗粒，粒径为 80 ~ 120nm，而有的颗粒是由几个晶体组成的，如箭头所示。图 4-38（b）是钛酸钡颗粒边缘的高分辨像，钛酸钡的晶格边缘是清晰可见的，在颗粒边缘附近是 5nm 厚的非晶态区域，在外层也是晶体区域，图中用箭头表示晶格的边缘。

4.6.4　用于铁电材料电畴观察

铁电畴是铁电体重偶极子有序排列、自发极化方向一致的区域。具有电畴结构是铁电体的重要特征。虽然采用高分辨透射电镜观察电畴具有制样困难、对样品有破坏性等缺点，但因其具有分辨率高（达 0.1nm 数量级）的独特优点而成为观测电畴不可替代的重要方法之一。图 4-39 为 PZT（52/48）薄膜中大小为 5 ~ 10nm 的各种电畴。

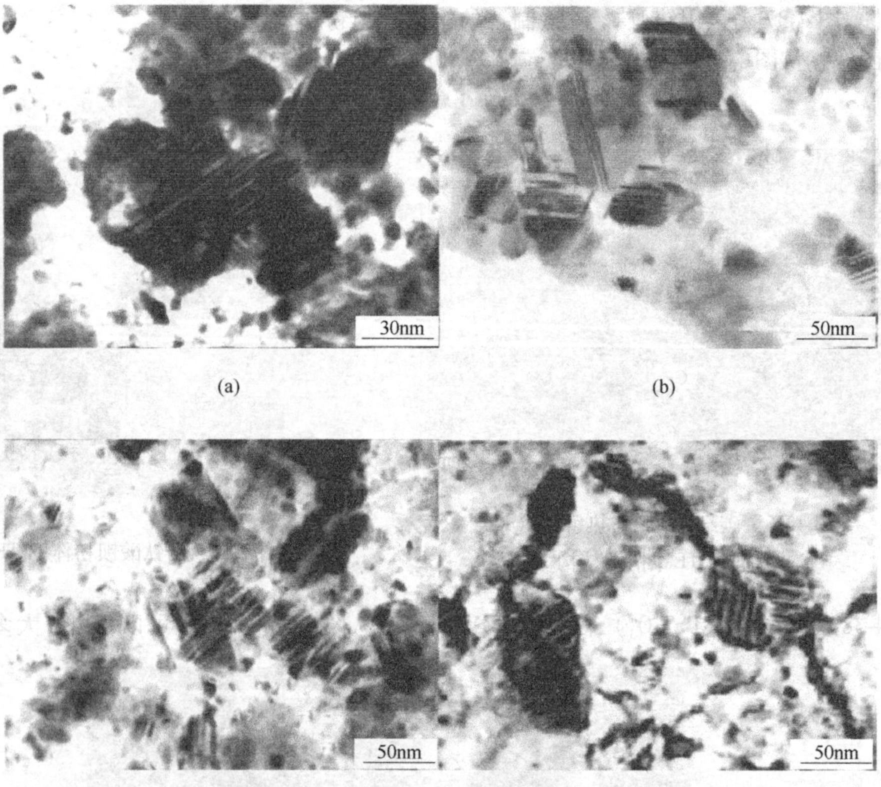

(a)　(b)　(c)　(d)

图 4-39　具有各种畴结构的 PZT（52/48）薄膜的 TEM 平面图像

思 考 题

4-1　透镜分辨率的物理意义，用什么方法提高透镜的分辨率？

4-2　比较光学显微镜成像和电子显微镜成像。

4-3　透射电镜的球差、像散和色差是怎样造成的，如何减小这些像差，哪些是可消除的像差？

4-4　聚光镜、物镜、中间镜和投影镜各自具有什么功能和特点？

4-5　什么是可动光阑，聚光镜光阑、物镜光阑和选区光阑在透射电镜的什么位置，它们各自具有什么功能？

4-6　什么是电磁透镜的分辨本领，主要取决于什么，为什么电磁透镜要采用小孔径半角成像？

4-7 照明系统的作用是什么，对照明系统有什么要求？

4-8 成像系统的主要构成及其特点是什么？

4-9 说明透射电镜成像的两种工作模式（成像模式和衍射模式）时各级透镜（像平面与物平面）之间的相对位置关系，并画出光路图。

4-10 简述 TEM 薄膜试样的制备方法。

5 扫描电子及电子探针显微分析技术及应用

内容提要

扫描电子显微镜是以电子束为照明源，将聚焦很细的电子束以光栅状扫描方式照射到试样上，产生各种与试样性质有关的信息，然后加以收集、处理从而获得微观形貌放大像。电子探针是一种显微分析和成分分析相结合的微区分析手段，是研究材料组织结构和元素分布状态的极为有用的分析方法。扫描电镜和电子探针是材料学、生物学、医学、物理学、工业生产等领域中的重要研究手段。本章将主要阐述下列内容：

1. 介绍扫描电镜和电子探针的特点及结构；
2. 阐明扫描电镜和电子探针的工作原理；
3. 介绍扫描电镜的主要性能和试样的制备方法；
4. 介绍扫描电镜的发展。

学习目标

1. 了解扫描电镜和电子探针的结构；
2. 掌握扫描电镜和电子探针的工作原理；
3. 熟悉扫描电镜的主要性能和试样的制备方法。

扫描电子显微镜（简称扫描电镜，scanning electron microscope，SEM）作为商品出现较晚，早在1935年，Knoll在设计透射电镜的同时，就提出了扫描电镜的原理及设计思想。1940年，英国剑桥大学首次试制成功扫描电镜，但由于分辨率很差、照相时间过长，因此没有立即进入实用阶段，直至1965年英国剑桥科学仪器有限公司开始生产商品扫描电镜。20世纪80年代后，扫描电镜的制造技术和成像性能提高很快，目前高分辨型扫描电镜（如日立公司的S-5000型）使用冷场发射电子枪，分辨率已达0.6nm，放大率达80万倍。

国产的扫描电镜于20世纪70年代开始生产。国内主要生产电镜的厂家是北京中科科仪技术发展有限责任公司，其生产的钨灯丝扫描电镜分辨率可达3.5nm，放大倍数达25万倍。

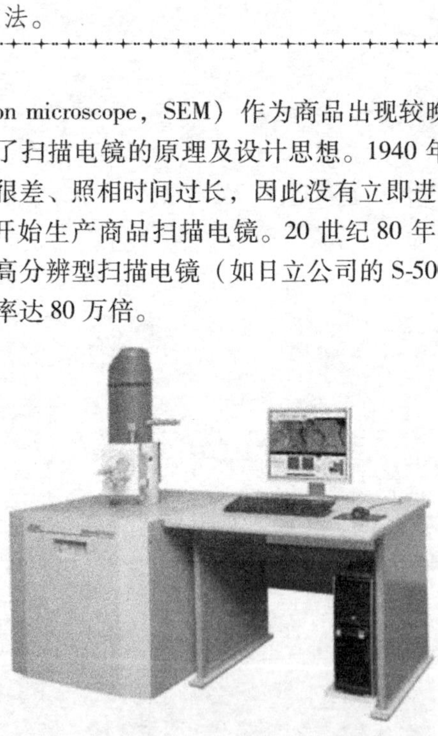

图5-1　扫描电镜（日本电子JSM-6510LV）

5.1 扫描电镜的特点

光学显微镜虽可以直接观察大块试样，但分辨本领、放大倍数、景深都比较低；透射电镜分辨本领和放大倍数虽高，但要求样品比较薄，制样极为困难。扫描电镜（见图5-1）是继透射电镜（TEM）之后发展起来的一种电子显微镜。扫描电镜的成像原理与光学显微镜和透射电镜不同，不用透镜放大成像，而是以电子束为照明源，将聚焦很细的电子束以光栅状扫描方式照射到试样上，产生各种与试样性质有关的信息，然后加以收集、处理从而获得微观形貌的放大像。

相对于透射电镜和光学显微镜而言，扫描电镜有其独特的优势，包括以下几个方面：

（1）高的分辨率。扫描电镜具有比光学显微镜高得多的分辨率，二次电子像分辨本领可达7～10nm。近年来，随着超高真空技术的发展和场发射电子枪的应用，扫描电镜的分辨本领得到进一步提高，现代先进的扫描电镜的分辨率能达到0.6nm左右。

（2）放大倍数高且连续可调。扫描电镜放大倍数可达20万～100万倍，且连续可调。

（3）景深大，成像富有立体感。可直接观察各种试样凹凸不平的表面的细微结构。

（4）多功能化。配上波长色散X射线谱仪（简称波谱仪，WDS）或能量色散X射线谱仪（简称能谱仪，EDS），在进行显微组织形貌观察的同时，还可对试样进行微区成分分析。若配上不同类型的样品台和检测器可以直接观察处于不同环境（如高温、冷却、拉伸等）中的样品显微结构形态的动态变化过程，实现样品的原位分析。

（5）试样制备简单。块状或粉末、导电或不导电的样品不经处理或略加处理，就可以直接放到扫描电镜中进行观察，比透射电镜的制样简单，且得到的图像更接近于样品的真实状态。

5.2　扫描电镜的工作原理

扫描电镜的工作原理如图5-2所示。在高压作用下，由热阴极发射出的电子经由阴极、栅极、阳极之间的电场聚焦、加速，在栅极与阳极之间形成一个笔尖状的具有很高能量的电子束斑（称为电子源）。这个电子束斑经聚光镜（磁透镜）会聚成极细的电子束聚焦在样品表面上，这个高能量细聚焦的电子束在扫描线圈作用下，在样品表面上扫描，与样品相互作用，激发出各种物理信号（二次电子、背散射电子、吸收电子、X射线、俄歇电子、阴极发光、透射电子等）。这些物理信号的强度与样品的形貌、成分、结构等有关，采用不同的探测器分别对信号进行检测、放大、成像，用于各种微观分析，扫描电镜用于成像的信号是二次电子和背散射电子。

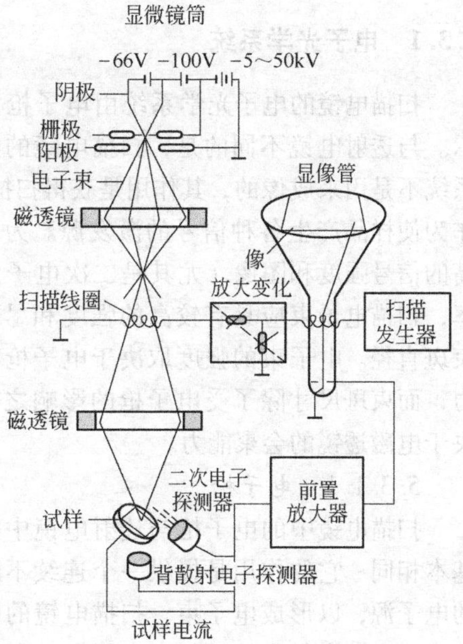

图5-2　扫描电镜的工作原理

扫描电镜的工作原理简单概括，即“光栅扫描，逐点成像”。光栅扫描是指电子束受扫描系统的控制在样品表面上做逐行扫描，同时，控制电子束的扫描线圈上的电流与显示器相应偏转线圈上的电流同步，因此，试样上的扫描区域与显示器上的图像相对应，每一物点均对应于一个像点。逐点成像是指电子束照射到物点时，每一物点均会产生相应的信号（如二次电子和背散射电子等），产生的信号被接收放大后用来调制像点的亮度，信号越强，像点越亮。电镜中的电子束对样品的扫描与显像管中电子束的扫描保持严格同步，显像管荧光屏上的图像就是样品上被扫描区域表面特征的放大像。

5.3　扫描电镜的结构

扫描电镜的工作原理与透射电镜不同，故结构上也有较大差别。扫描电镜主要由电子光学系统、扫描系统、信号检测和放大系统、图像显示与记录系统、真空系统和电源系统组成。扫描电镜外观图及结构原理图如图 5-3 所示。以下对扫描电镜的主要组成部分进行介绍。

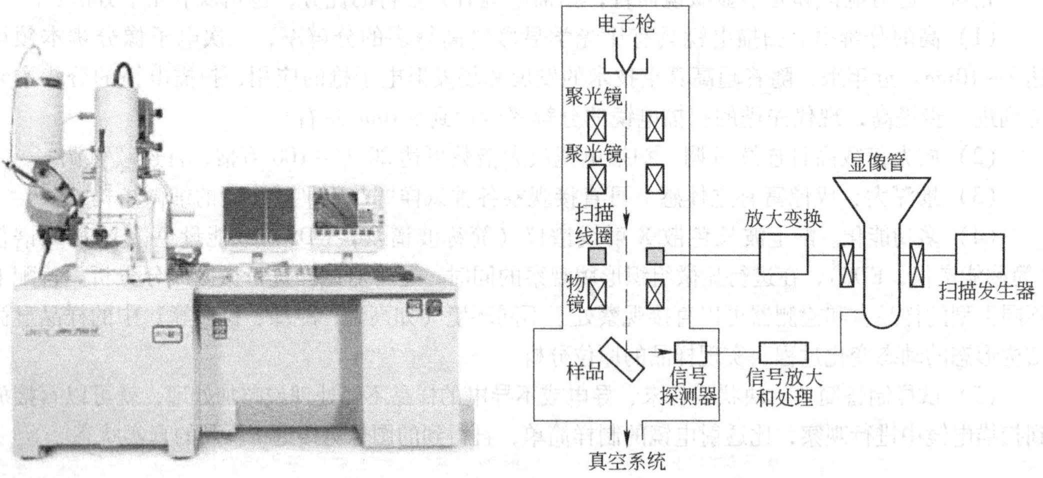

图 5-3 扫描电镜外观及结构原理图
（a）外观图（JEOL JSM 700f）；（b）结构原理图

5.3.1 电子光学系统

扫描电镜的电子光学系统由电子枪、电磁透镜、光阑和样品室等部件组成，如图 5-4 所示。与透射电镜不同的是，扫描电镜的电子光学系统不是用来成像的，其作用是获得扫描电子束，作为使样品产生各种信号的激发源。为了获得较高的信号强度和图像（尤其是二次电子像）分辨率，扫描电子束应具有较高的强度和尽可能小的束斑直径。电子束的强度取决于电子枪的发射能力，而束斑尺寸除了受电子枪的影响之外，还取决于电磁透镜的会聚能力。

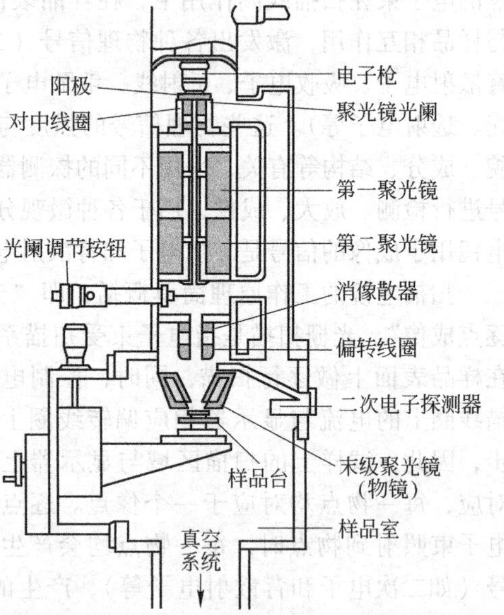

图 5-4 扫描电镜的电子光学系统

5.3.1.1 电子枪

扫描电镜中的电子枪与透射电镜中的电子枪基本相同。它的作用是提供一个连续不断的稳定的电子源，以形成电子束。扫描电镜的电子束的亮度和束斑直径直接关系到在样品上所获得的信号强度，关系到图像的质量和分辨率（特别是二次电子像），电子束的亮度越高，束斑直径越小，效果越好。电子束的亮度和束斑的直径与电子枪有密切关系。商用的扫描电镜有钨灯丝阴极电子枪、六硼化镧阴极电子枪和场发射电子枪。三种电子枪的比较见表 4-3。

场发射电子枪是扫描电镜获得高分辨率、高质量图像较为理想的电子枪。场发射扫描电镜还具有在低电压下仍能保持高分辨率的特性。日本电子的 JSM-7500F 在 30kV 时分辨率可达

0.6nm，在1kV时分辨率仍可达1.4nm，这种低电压下的工作可使电子枪的寿命更长。场发射扫描电镜已成为材料研究领域，尤其是纳米材料微观分析领域的有效工具。场发射电子枪有冷场（cold field emission）和热场（thermal field emission）两种。冷场发射电子源尺寸小，尖端输出的总电流有限，在要求电子束斑直径、束流变化范围大的其他应用中，冷场场发射电子枪的使用受到限制，如：它无法满足波谱仪（WDS）等工作所需要的较大束流，因此在冷场发射扫描电镜上只能配备能谱仪（EDS）。而热场场发射电子枪的阴极尖端在800℃左右开始发射电子，这使得它能提供较大的束流，故可以配备波谱仪、能谱仪、背散射电子衍射（EBSD）等，但热场的分辨率不如冷场的高，阴极寿命也比冷场的要低。

5.3.1.2 电磁透镜

电磁透镜是扫描电镜电子光学系统中的重要部件，一般由三级电磁透镜组成，即3个聚光镜：第一聚光镜、第二聚光镜和第三聚光镜。电磁透镜的主要功能是依靠透镜的电磁场与运动电子的相互作用将电子枪中交叉斑处形成的电子源逐级会聚成扫描样品的极细的电子束。前两个聚光镜是强透镜，可把电子束斑缩小；第三个透镜是弱透镜，具有较长的焦距，此透镜也称为物镜，目的是使样品室和透镜之间留有一定的空间，便于装入各种信号探测器。电子源的直径是由电子枪来决定的，扫描样品表面的电子束的直径取决于3个聚光镜。若电子源直径为d_0，三级聚光镜的缩小率分别为M_1、M_2、M_3，则最终的电子束斑的直径$d = d_0 \cdot M_1 \cdot M_2 \cdot M_3$。扫描电镜中照射到样品上的电子束直径越小，成像单元的尺寸越小，相应的分辨率就越高，可见三级聚光镜决定了扫描电镜的分辨率。普通钨灯丝发射电子枪电子源直径为20～50μm，经三级聚光镜后电子束斑直径可达3.5～6nm；若采用六硼化镧阴极和场发射电子枪，电子束斑直径还可进一步缩小（可达1～2nm）。

5.3.1.3 光阑

三级电磁透镜上都装有光阑，一、二级电磁透镜通常是固定光阑，作用是挡掉一大部分无用的电子，防止对电子光学系统的污染。第三级电磁透镜（即物镜）上的光阑，也称末级光阑，它的作用除了挡掉部分无用电子外，还具有将入射电子束限制在相当小的张角内的作用，这样可以减小球差的影响，这个张角一般为10^{-3}rad。扫描电镜中的物镜光阑一般为可动光阑，可动光阑上有4个不同尺寸的光阑孔，一般为ϕ100μm、ϕ200μm、ϕ300μm、ϕ400μm，根据需要选择不同尺寸光阑孔，以提高束流强度或增大景深，从而改善图像的质量。

5.3.1.4 样品室

扫描电镜主要接收来自样品表面一侧的信号，景深比光学显微镜大得多，很适合于观察表面粗糙的大尺寸样品，所以扫描电镜的样品室可以做得较大，一般可放置ϕ20mm×10mm的块状样品。为适应断口实物等大零件的需要，还开发了可放置尺寸在ϕ125mm以上的大样品台。

样品室内除放置样品外，还安装有各种信号检测器，如X射线波谱仪、能谱仪、电子背散射衍射等。信号的收集效率和相应检测器的安放位置有很大关系，若安放不当，则可能出现收不到信号或信号很弱的情况，从而影响到分析的精度。扫描电镜的样品台目前已实现多功能化，可将样品在样品台上进行高温、低温、拉伸等试验，便于研究材料的组织及性能的变化。

5.3.2 扫描系统

扫描系统由扫描信号发生器、扫描放大控制器、扫描线圈等组成。扫描系统的作用是提供入射电子束在样品表面以及显像管电子束在荧光屏上同步扫描的信号，改变入射电子束在样品表面扫描的幅度，以获得所需放大倍数的扫描像。

扫描信号发生器产生强度随时间线性改变的锯齿状电流，并将它送入扫描线圈上，扫描线圈产生横向磁场，使电子束在样品上做光栅扫描，并且这种锯齿状电流信号是同时进入镜筒中和显示系统阴极射线管（CRT）的扫描线圈中，这样保证了两者的扫描严格同步，所以在 CRT 上显示的图像就是样品被扫描区域的放大像。

扫描电镜中常采用图 5-5 所示的双偏转系统。上、下两对偏转线圈装在物镜的上方，每对扫描线圈包括一个上偏转线圈和一个下偏转线圈，上偏转线圈装在物镜的物平面位置上，其中上下各有一对线圈产生 X 方向扫描（即行扫），另外各有一对线圈产生 Y 方向扫描（即帧扫），当上、下两对偏转线圈同时起作用时，电子束便在样品表面做光栅扫描，电子束在 X 方向和 Y 方向的扫描总位移量相等，所以扫描光栅是正方形的。

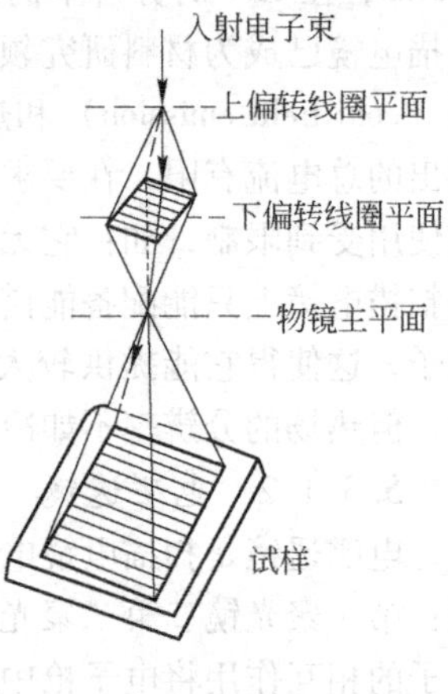

图 5-5　双偏转扫描系统

扫描电镜图像的放大倍数变化是由扫描放大控制器来实现的。若显示图像的 CRT 宽度为 b，样品上被扫描区域宽度为 B，则放大倍数 $M = b/B$，b 是定值，因此改变样品上被扫描区域的宽度 B 就可改变放大倍数，而样品上被扫描区域的宽度取决于电子束扫描时的偏转角，而偏转角的大小取决于扫描线圈上的电流大小。因 CRT 宽度一定，故实际上加在 CRT 扫描线圈上的电流保持定值。因此扫描电镜的放大倍数实际上取决于显像管扫描线圈电流与镜筒中扫描线圈电流强度之比。扫描线圈电流值较小，且改变灵活，因此可方便地调节放大倍数。一般的扫描电镜的放大倍数从十几倍到几十万倍连续可调。但应注意的是，样品上被扫描区域的宽度不仅取决于电子束的偏转角度，还与样品离物镜光阑的位置或工作距离有关，所以仪器标定的放大倍数仅对表面较平坦的样品才是完全准确的。

5.3.3　信号检测和放大系统

入射电子束作用在样品表面上产生各种物理信号，然后经转换放大，作为显像系统的调制图像或作为其他分析的信号。对于不同的物理信号，要采用不同类型的信号检测系统，扫描电镜常用的信号检测器有电子检测器和 X 射线检测器。

二次电子、背散射电子和透射电子信号的电子检测器常采用闪烁计数器。闪烁计数器即 E. T. 探测器（Everhant-Thornkg 探测器），是扫描电镜最主要的信号检测器，它由闪烁体、光导管和光电倍增管组成，如图 5-6 所示。闪烁体加上 +10kV 高压，闪烁体前的聚焦环上装有

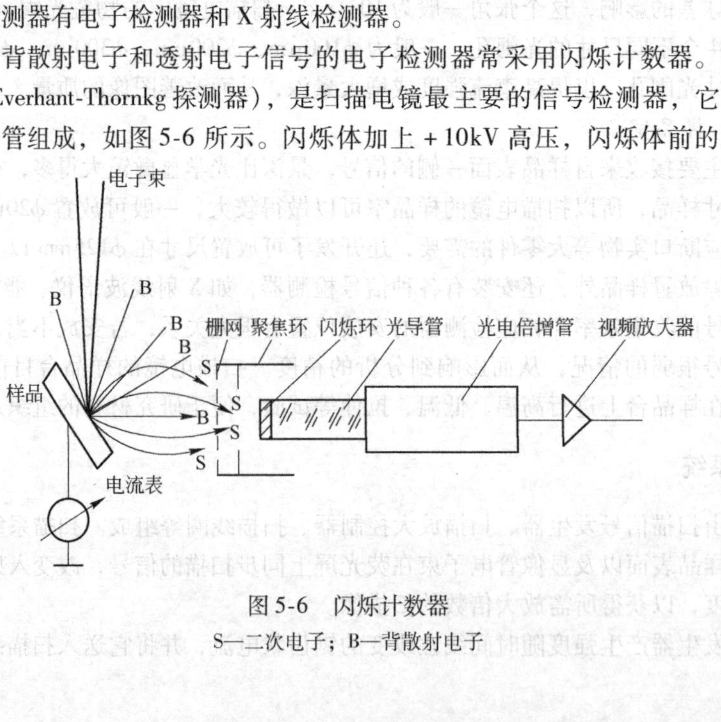

图 5-6　闪烁计数器

S—二次电子；B—背散射电子

栅网。二次电子和背散射电子可用同一个检测器检测，由于二次电子能量低于50eV，而背散射电子能量很高，接近于入射电子能量，因此改变栅网所加电压可分别检测二次电子或背散射电子。当检测二次电子时，栅网上加上+250V电压，吸引二次电子，二次电子通过栅网并受高压加速打在闪烁体上。当用来检测背散射电子时，栅网加-50V电压，阻止二次电子，而背散射电子能通过栅网打在闪烁体上，电子轰击闪烁体从而产生光信号，光信号沿光导管传送到光电倍增管，将信号转变为电信号并进行放大，再经视频放大器放大即可用来调制显像管的亮度，从而获得图像。闪烁体计数器用来检测透射电子时应放在样品的下方。

检测X射线的X射线检测器一般采用分光晶体或Si(Li)探头。

5.3.4 图像显示与记录系统

图像显示与记录系统的作用是将信号检测和放大系统输出的调制信号转换为能显示在阴极射线管荧光屏上的图像或数字图像信号，供观察或记录，将数字图像信号以图形格式的数据文件存储在硬盘中，可随时编辑或用办公设备输出。

5.3.5 真空系统和电源系统

与透射电镜相同，扫描电镜的真空系统的作用是保证电子光学系统正常工作，防止样品污染，提供高的真空度，一般情况下要求保持10^{-2}~10^{-3}Pa的真空度。

电源系统由稳压、稳流及相应的安全保护电路所组成，提供扫描电镜各部分所需要的电源。

5.4 扫描电镜的主要性能指标

在形貌分析的各种手段中，扫描电镜具有分辨率高、放大倍数高、景深大等优点。以下介绍扫描电镜的主要性能。

5.4.1 分辨率

分辨率是扫描电镜的主要性能指标。对于微区成分分析而言，分辨率是指能分析的最小区域。对成像而言，分辨率通常有两种表示方法：一种是测量样品图像一亮区中心至相邻另一亮区中心的距离，其最小值即为分辨率（见图5-7（a））；另一种是测量暗区的宽度，其是指扫描电镜图像上可以分开的两点之间的最小距离，其最小值为分辨率（见图5-7（b））。

扫描电镜的分辨率主要决定于以下几个因素：

（1）入射电子束束斑直径。扫描电镜是通过电子束在样品上逐点扫描成像，因此任何小于电子束束斑的样品细节不能在荧光屏图像上显示，即入射电子束束斑直径是扫描电镜分辨率的极限，但分辨率并不等于电子束束斑直径，因为入射电子束与样品相互作用会使入射电子束在样品内的有效激发范围大大超过入射电子束的直径。电子束束斑直径越小，扫描电镜的分辨本领越高。一般配备钨灯丝电子枪的扫描电镜的电子束最小束斑直径为6nm，相应的仪器最高分辨率也就在6nm左右。六硼化镧电子枪的分辨率可达3nm。场发射（冷场）电子枪

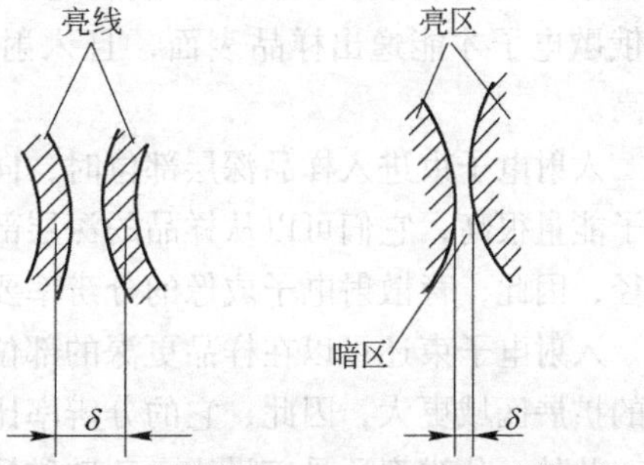

图5-7 扫描电镜图像分辨率的表示方法

的分辨率为1nm左右，最好的能达到0.5nm。

(2) 入射电子束在样品中的扩展效应。高能电子束入射到样品上，会产生散射，使电子束在向前运动的同时，向周围扩散，从而形成了相互作用区。扩散程度取决于入射电子束的能量和样品原子序数的高低，入射束能量越大，样品原子序数越小，则电子束作用体积越大，轻元素样品形成“梨”形区，重元素样品形成“半球”形区，其范围远远大于电子束束斑直径，若利用此信号用以成像，其分辨率肯定超过电子束束斑直径。改变电子束的能量只能引起作用区体积的大小变化，而不会显著地改变其形状。因此，提高入射电子束的能量对提高分辨率是不利的。这种扩展效应对二次电子分辨率影响不大，因为二次电子主要来自样品表面，即入射电子束还未侧向扩展的表层区域。

(3) 成像方式及所用的调制信号。在高能入射电子作用下，样品表面激发产生各种物理信号（二次电子、背散射电子、吸收电子、X射线、俄歇电子），用来调制荧光屏亮度的信号不同，则分辨率就不同，扫描电镜各物理信号的成像分辨率见表5-1。由表中的数据可以看出，二次电子和俄歇电子分辨率高，而特征X射线和吸收电子调制成像的分辨率最低。不同物理信号成像引起分辨率的差异可用图5-8说明。

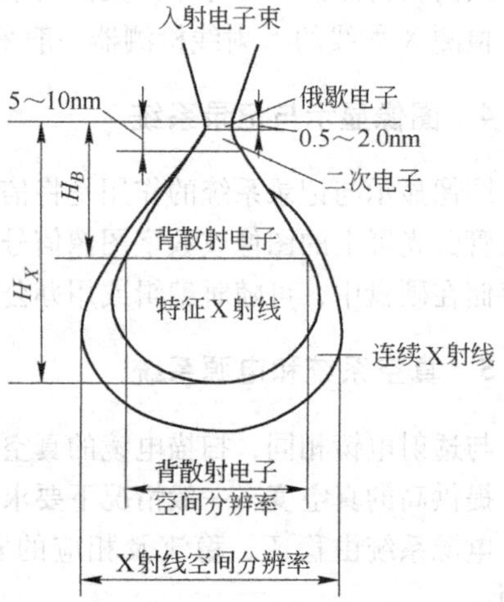

图5-8　梨形作用体积中各种信息产生的范围

表5-1　各种物理信号成像的分辨率

信　号	二次电子	背散射电子	吸收电子	X射线	俄歇电子
分辨率/nm	3～10	50～200	100～1000	100～1000	3～10

当以二次电子为调制信号时，由于二次电子能量比较低（小于50eV），在固体样品中自由程只有1～10nm左右，只有在表层5～10nm的深度范围内的二次电子才能逸出样品表面。在如此浅的表层里，入射电子与样品原子只发生次数极为有限的散射，因此基本上未向侧向扩展。在理想情况下，二次电子像分辨率与电子束束斑直径相当，故二次电子具有较高的分辨率。通常说的扫描电镜的分辨率就是指二次电子像的分辨率。二次电子成像是扫描电镜最主要的功能。同样的，俄歇电子的能量也较低，只有在表层0.5～2nm的深度范围内的俄歇电子才能逸出样品表面，且入射电子束基本无扩展，因此俄歇电子成像的分辨率也较高。

入射电子束进入样品深层部位时，向横向扩展的范围变大，从这个范围激发出来的背散射电子能量很高，它们可以从样品的深层部位弹射出表面，扩展区域范围远远大于入射电子束斑直径，因此，背散射电子成像的分辨率要比二次电子成像的低得多，一般为50～200nm。

入射电子束还可以在样品更深的部位激发出特征X射线来，从图5-8可以看出，特征X射线的扩展区域更大，因此，它的分辨率比背散射电子更低。

此外，分辨率还受信噪比、杂散磁场、机械振动等因素影响。噪声干扰造成图像模糊；磁场的存在改变了二次电子的运动轨迹，降低图像质量；机械振动引起电子束斑漂移，这些因素的影响都降低了图像分辨率。

5.4.2　放大倍数

扫描电镜的放大倍数 M 可表达如下：

$$M = \frac{b}{B} \tag{5-1}$$

式中　b——显像管电子束在荧光屏上的扫描幅度；

B——入射电子束在样品上的扫描幅度。

由于扫描电镜的荧光屏尺寸是固定不变的，即 b 是不变的，因此，放大倍数的变化是通过调整入射电子束在样品表面的扫描幅度来实现的。如果荧光屏宽度 $b=100$mm，当 $B=2.5$mm 时，放大倍数为 40 倍；如果减少扫描线圈的电流，电子束在样品上的扫描幅度减小为 0.025mm，放大倍数则达 4000 倍。放大倍数的改变能通过调整扫描线圈的电流很容易地实现，故放大倍数连续可调，操作迅速、容易。目前，常见的普通扫描电镜的放大倍数为 20 倍 ~ 25 万倍，有的可低至 5 倍。场发射扫描电镜具有更高的放大倍数，一般可达 80 万倍，最高可达 10^7 倍（见图 5-9）。

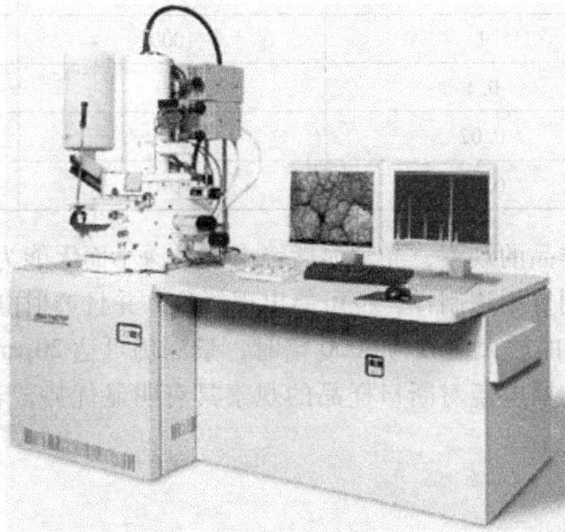

图 5-9　超高分辨场发射扫描电镜（JEOL JSM 7401F）

5.4.3　景深

景深是指透镜对高低不平的样品各部位能同时聚焦成像的一个能力范围，这个范围用一段距离来表示。如图 5-10 所示，扫描电镜中电子束最小截面圆（点 P）经过透镜聚焦后成像于 A 处，样品就放在点 A 所在的像平面内。景深是指样品沿透镜轴在点 A 前后移动而仍可达到聚焦的一段最大距离。设点 1 和点 2 是在保持图像清晰的前提下，样品表面移动的两个极限位置，则其之间的距离 D_S 就是景深。电子束在点 1 和点 2 处得到的均不是像点，而是以 ΔR_0 为半径的漫散圆斑，这个圆斑的半径就是扫描电镜的分辨率，样品表面上两间距为 ΔR_0 的点刚好能被扫描电镜所识别。由此可知，对于表面凹凸不平的样品，只要高低范围值小于 D_S，则在荧光屏上

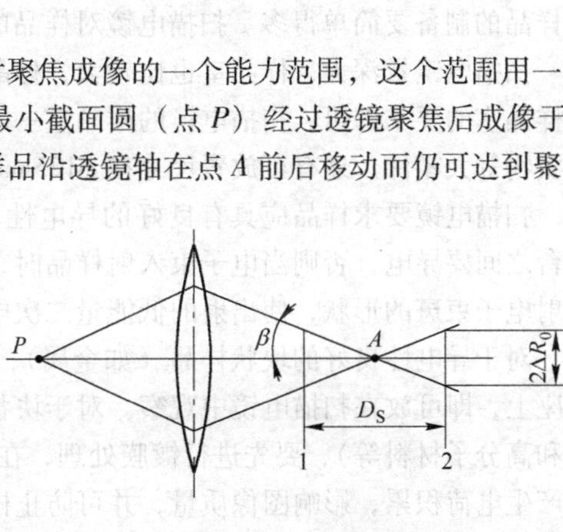

图 5-10　扫描电镜的景深示意图

就能清晰地反映出样品表面的凹凸特征。由图 5-10 可得到：

$$D_{S} = \frac{2\Delta R_0}{\tan\beta} \approx \frac{2\Delta R_0}{\beta} \tag{5-2}$$

式中　β——电子束孔径角。

由式（5-2）可知，扫描电镜的景深是通过电子束孔径角 β 来控制的，而 β 取决于第三级聚光镜（末级聚光镜，即物镜）光阑的直径和工作距离。若电子束的孔径角 β 越小，在维持分辨率 ΔR_0 不变的条件下，D_S 将变大。一般而言，扫描电镜的物镜是弱透镜，焦距较长，β 角很小（约 10^{-3}rad），所以它的景深很大。扫描电镜的景深比光学显微镜大 100 ~ 500 倍，比透射电镜大 10 倍，扫描电镜与光学显微镜景深的比较见表 5-2。因为景深大，成像富有很强的立体感，这是扫描电镜的一大特点。

表 5-2　扫描电镜与光学显微镜景深比较

放大倍数 M	分辨率/μm	景深/μm	
		扫描电镜	光学显微镜
20	5	5000	5
100	1	1000	2
1000	0.1	100	0.7
5000	0.02	20	
10000	0.01	10	

对于表面较粗糙的断口样品的观察，光学显微镜由于景深小而无能为力；而透射电镜对样品的要求极为苛刻，即使采用复型法制样，也可能出现假象，并且透射电镜的景深比扫描电镜小。由表 5-2 可知，扫描电镜的放大倍数为 5000 倍时，景深仍可达 20μm，这对于断口样品的分析是足够的。总而言之，扫描电镜对断口样品的观察具有明显优势，若同时配备大样品台，则更为方便。

5.5　样品的制备

扫描电镜有一个显著的优势就是对样品的适应性大，所有的固态样品——块状的、粉末的、金属的、非金属的、有机的、无机的都可以观察。与光学显微镜和透射电镜相比，扫描电镜样品的制备要简单得多。扫描电镜对样品的要求主要有：样品大小要适当，导电性要好。

扫描电镜景深大，样品室也比较大，样品尺寸的可变化范围大，只要样品的大小和质量适合样品室的要求即可，扫描电镜的样品室一般可放置 ϕ20mm × 10mm 的块状样品，而且对于断口实物等大零件，还有可放置尺寸在 ϕ125mm 以上的大样品台。

扫描电镜要求样品应具有良好的导电性，实际上就是要求样品表面（所观察的面）与样品台之间要导电，否则当电子束入射样品时，在样品表面上会积累电荷，产生放电现象，影响入射电子束斑的形状，使出射的低能量二次电子运动轨迹发生偏转，从而影响图像的质量。

对于导电性良好的块状样品（如金属），基本不需要进行制备，用导电胶将样品黏结在样品座上，即可放在扫描电镜中观察。对于块状的非导电或导电性较差的材料（如无机非金属材料和高分子材料等），要先进行镀膜处理，在材料表面形成一层导电膜，以避免在电子束照射下产生电荷积累，影响图像质量，并可防止样品的热损伤。常见的镀膜材料为热传导性良好且二次电子发射率高的 Au、Ag、Cu、Al 或 C。镀膜层厚为 10 ~ 20nm，通常通过观察喷镀表面的颜色变化来判断。形状比较复杂的样品，喷镀时可通过倾斜和旋转以获得完整均匀的导电层。对于低真空或低电压功能的扫描电镜或场发射扫描电镜，不导电的样品可以在低真空或低电压下直接观察，无需进行喷镀处理。

镀膜的方法主要有两种，一种是真空蒸镀，其原理和方法与透射电镜制样方法中介绍的基本相同（见图 4-29）；另一种方法是离子溅射镀膜，离子溅射镀膜装置如图 5-11 所示。

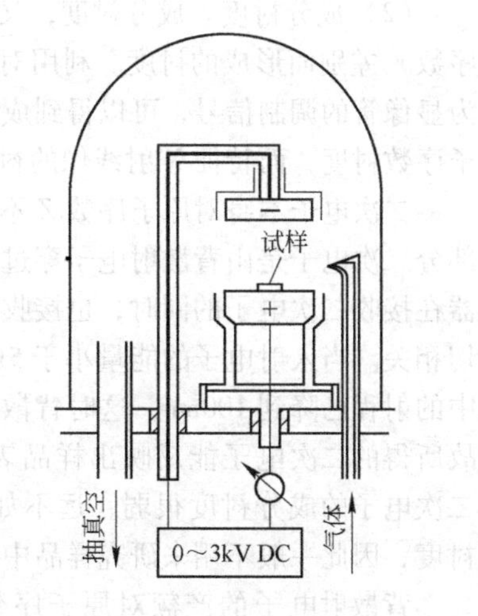

图 5-11　离子溅射镀膜装置示意图

离子溅射镀膜的原理：在低气压系统中，气体分子在相隔一定距离的阳极和阴极之间的强电场作用下电离成正离子和电子，正离子飞向阴极，电子飞向阳极，两电极之间形成辉光放电；在辉光放电过程中，具有一定动量的正离子撞击阴极，使阴极表面的原子被逐出，称为溅射，阴极表面为用来镀膜的材料（靶材）；需要镀膜的样品放在作为阳极的样品台上，被正离子轰击而溅射出来的靶材原子沉积在样品上，形成一定厚度的镀膜层。离子溅射常用的气体是氩气，在要求不高时，也可以用空气，气压约为 6.666Pa。

与真空镀膜相比，离子溅射镀膜具有如下优点：

（1）装置结构简单，使用方便，溅射时间短，仅需几分钟，而真空镀膜要半小时以上；

（2）消耗贵金属少，每次仅约几毫克；

（3）对同一种镀膜材料，离子溅射镀膜质量好，能形成颗粒更细、更致密、更均匀、附着力更强的膜。

但应注意离子溅射镀膜也存在一定的缺点：热量辐射较大，容易使样品受到热损伤，样品表面温度比真空镀膜时要高，所以对一些表面易受热损伤的样品，要适当减小辉光放电电流，以减小热辐射。

5.6　扫描电镜图像及其衬度

5.6.1　扫描电镜图像的衬度

扫描电镜图像的衬度是信号程度，定义如下：

$$C = \frac{i_2 - i_1}{i_2} \tag{5-3}$$

式中　C——信号衬度；

i_1，i_2——电子束在样品上扫描时从任何两点探测到的信号强度。

扫描电镜图像的衬度，根据其形成的原理，分为形貌衬度、成分衬度和电压衬度，具体介绍如下：

（1）形貌衬度。形貌衬度是由于样品表面形貌差别而形成的衬度。利用对样品表面形貌变化敏感的物理信号作为显像管的调制信号，可以得到形貌衬度图像。形貌衬度的形成是由于某些信号，如二次电子和背散射电子等，其强度是样品表面倾角的函数，而样品表面微区形貌差别实际上就是各微区表面相对于入射电子束的倾角不同，因此，电子束在样品上扫描时任何两点的形貌差别表现为信号强度的差别，从而在图像中形成显示形貌的衬度。二次电子像的衬度是最典型的形貌衬度。

(2) 成分衬度。成分衬度，又称原子序数衬度，是由于样品表面物质化学成分（或原子序数）差别而形成的衬度。利用对样品表面化学成分（或原子序数）变化敏感的物理信号作为显像管的调制信号，可以得到成分衬度图像。背散射电子像和吸收电子像的衬度都包含有原子序数衬度，而特征X射线像的衬度是原子序数衬度。

二次电子本身对原子序数 Z 不敏感，但其产额随背散射电子产额增大而略增大。这是因为部分二次电子是由背散射电子穿过样品表层（小于10nm）时激发产生的，另外二次电子探测器在接收二次电子的同时，也接收到一小部分低能的背散射电子，而背散射电子与原子序数密切相关。当入射电子的能量小于5keV时，电子在样品中的射程已降到100nm，这时背散射电子的影响减小，故所得的二次电子能反映出样品表层的成分变化。但二次电子的成分衬度很弱，远不如背散射电子的成分衬度，因此一般不用来研究样品中的成分分布。

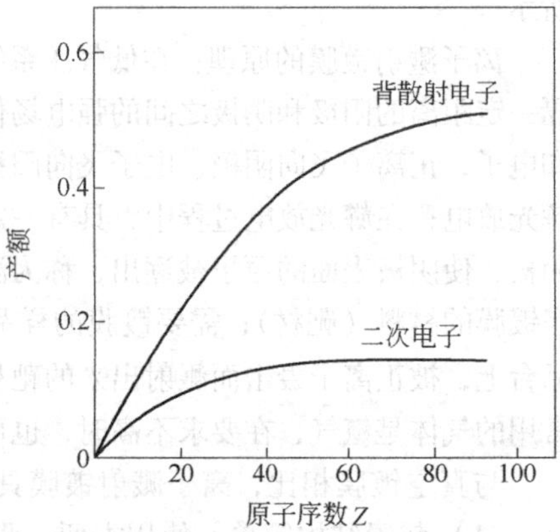

图5-12　背散射电子和二次电子产额随原子序数的变化（加速电压为30kV）

背散射电子的产额对原子序数的变化极为敏感，随原子序数 Z 的增加而增大，尤其是当 $Z<40$ 的元素，这种变化更为明显（见图5-12），故背散射电子像有很好的成分衬度。样品表面上原子序数（或平均原子序数）较高的区域，背散射电子信号较强，其图像上相应的部位就较亮；反之，则较暗。

(3) 电压衬度。电压衬度是由于样品表面电位差别而形成的衬度。利用对样品表面电位状态敏感的信号，如二次电子，作为显像管的调制信号，可得到电压衬度像。

二次电子能量低，易受电场和磁场的作用，所以在一定的条件下，对于某些特定的样品可以得到二次电子的电压衬度和电磁衬度，这种衬度可用来研究材料和器件的工艺结构及材料中的磁畴和磁场等。

5.6.2　二次电子像

5.6.2.1　二次电子成像原理

二次电子像虽可有多种衬度，但最主要的是形貌衬度，通常状态下，形貌衬度与成分衬度同时存在，而成分衬度常常被形貌衬度所掩盖，故一般的二次电子像是指形貌衬度像。

二次电子信号主要用于分析样品的表面形貌，这是因为二次电子只能从样品表层5～10nm深度范围内被入射电子束激发出来。大于10nm时，虽然入射电子也能使核外电子脱离原子而变成自由电子，但因其能量较低以及平均自由程较短，被样品所吸收而不能逸出样品表面。

二次电子的强度对微区表面的几何形状很敏感。样品表面倾斜角 θ（入射电子束与样品表面法线间夹角）与二次电子产额的关系如图5-13所示。入射电子束与样品表面法线平行，即 $\theta=0°$，二次电子的产额最小。如果样品表面倾斜角 $\theta=45°$，则电子束穿入样品激发二次电子的有效深度增大了 $\sqrt{2}$ 倍，入射电子使距表面5～10nm的作用体积内逸出表面的二次电子数量增多（见图5-13中黑色区域）。若入射电子束进入了较深的部位（如图5-13(b)中的 A 点），虽然也激发出一定数量的自由电子，但因 A 点距表面较远，自由电子被样品吸收而无法逸出表面。即样品表面倾斜角越大，二次电子产额越大。由图5-14所示的 A、B、C 平面区域组成，B 面的倾斜角最小，二次电子产额最少，亮度最低；C 面倾斜角最大，亮度也最大。

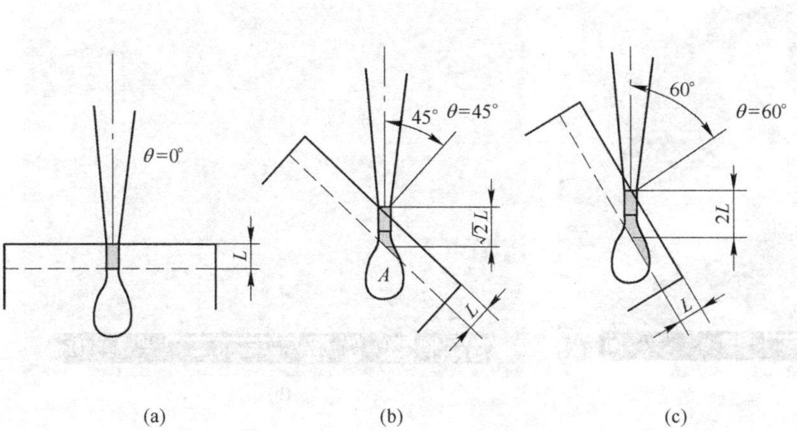

图 5-13 二次电子成像原理图
(a) $\theta=0°$；(b) $\theta=45°$；(c) $\theta=60°$

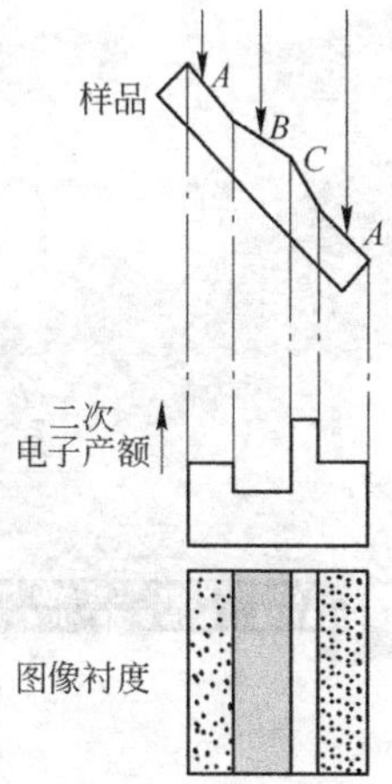

图 5-14 二次电子形貌衬度示意图

但应注意实际样品表面的形貌要比上面讨论的情况复杂得多，但是形成二次电子形貌衬度像的原理是相同的。

5.6.2.2 二次电子形貌衬度像的应用

A 材料表面形貌观察

图 5-15 为采用固相法制备的掺 Bi 的 $BaZr_{0.25}Ti_{0.75}O_3$ 陶瓷的形貌像。图 5-16 为溶胶-凝胶旋涂法制备的 $BaZr_{0.2}Ti_{0.8}O_3$ 薄膜的形貌像，从图中可以看出，薄膜是完整无裂纹的。

图 5-15 $BaZr_{0.25}Ti_{0.75}O_3$ 陶瓷的 SEM 像

图 5-16 $BaZr_{0.2}Ti_{0.8}O_3$ 薄膜的 SEM 像

图 5-17 为采用不同热处理方式的碳钢的形貌像。图 5-17（a）是经 890℃ 奥氏体化，随炉冷却的碳钢；图 5-17（b）是经 890℃ 奥氏体化，然后水淬、在 700℃ 下回火 1h 的碳钢。

B 断口形貌观察

沿晶断裂是材料沿晶粒界面开裂的一种脆性断裂方式，宏观上无明显的塑性变形特征。高温回火脆、应力腐蚀、蠕变、焊接热裂纹等都常常引起晶界弱化，引发沿晶断裂。沿晶断裂的起因不同，其断口的微观形貌也不完全相同，多呈现类似冰糖块状的晶粒多面体形态并常常伴有沿晶的二次裂纹，也有的在晶粒界面上可看到一些小的浅韧窝，表面断裂过程中微观上有少量的塑性

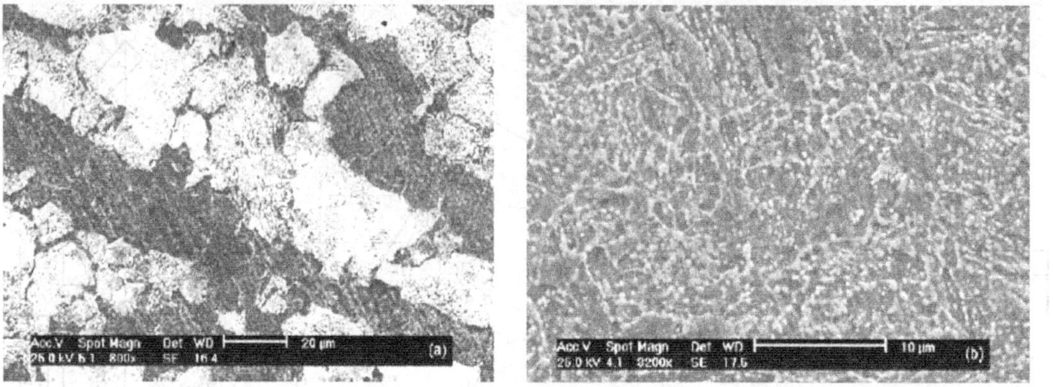

(a)　　　　　　　　　　(b)

图 5-17　碳钢样品的形貌像

变形。图 5-18 为钢的沿晶断裂的断口形貌像。图 5-19 为 Al-Mg 合金沿晶断裂的断口形貌。

图 5-18　钢的沿晶断裂断口形貌

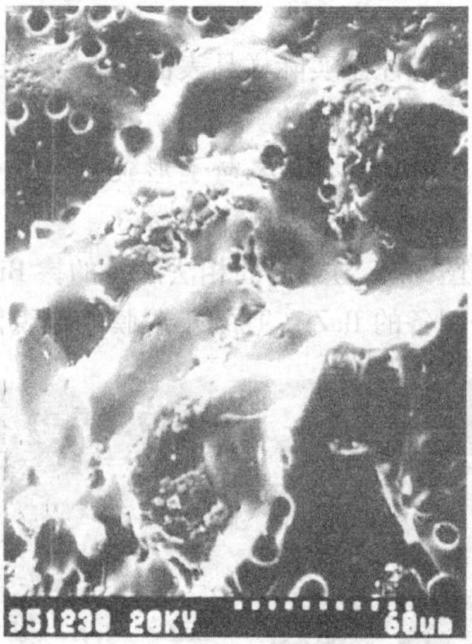

图 5-19　Al-Mg 合金沿晶断裂的断口形貌

解理是在材料在正应力作用下沿着某特定的结晶学平面发生的一种穿晶断裂方式，解理断裂属脆性断裂。金属解理断口微观典型形貌为河流花样（见图 5-20）。解理往往是沿着相互平行的晶面族以不连续方式开裂，不同平面上的裂纹在向前扩展时，通过二次解理或与螺位错交割形成解理台阶，众多的台阶又相互汇合形成河流花样。台阶的一侧较亮，一侧较暗，这是由于台阶的侧面相对于探测器的位向不同所致。若相邻晶粒的位向不同，两晶粒的解理面则不在同一个平面上，当解理裂纹穿过晶界时，河流的多少和走向都可能发生变化。解理裂纹常开始于晶界处，顺流方向为裂纹扩展方向，解理断口上还可能具有解理舌、扇形扩展、羽毛花样等特征。

韧窝是典型的韧性断裂的断口形貌特征（见图 5-21）。韧性断裂是一种伴随着大量塑性变形的断裂方式。试样在拉伸或剪切变形时，由于第二相粒子和基体变形的不一致，导致在界面上发生位错塞积，产生应力集中，进而形成显微孔洞，随着应力应变的增加，微孔不断长大并连接，直至试样最后断裂，在断口上形成许多微孔坑，即韧窝。韧窝的形状与材料断裂时受力有关，单轴拉伸形成等轴韧窝，剪切和撕裂形成拉长或呈抛物线的韧窝。

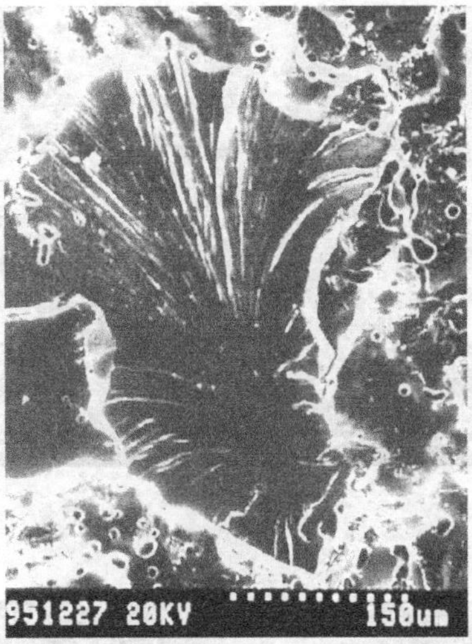

图 5-20 Al-Mg 合金解理断口形貌（解理河流花样）

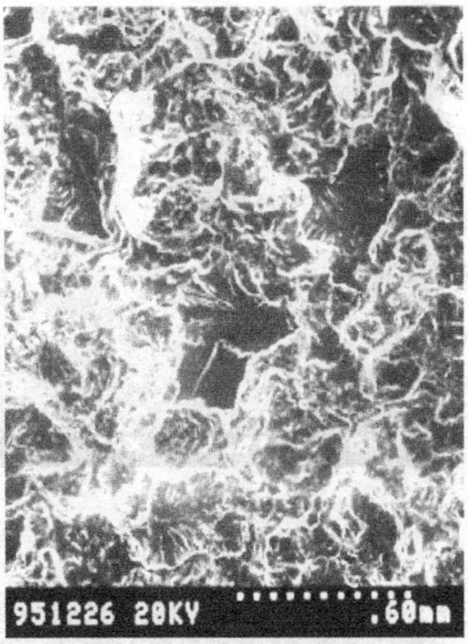

图 5-21 Al-Mg 合金韧窝断口形貌

基片上的薄膜材料的厚度可以通过将基片切断后在扫描电镜下观察得到。图 5-22 为 Pt 电极上 $Ba_{0.51}Ti_{0.49}O_3$ 薄膜材料的 SEM 图像，从图中可以看出，在两个 Pt 电极间的 $Ba_{0.51}Ti_{0.49}O_3$ 薄膜厚度为 179nm。

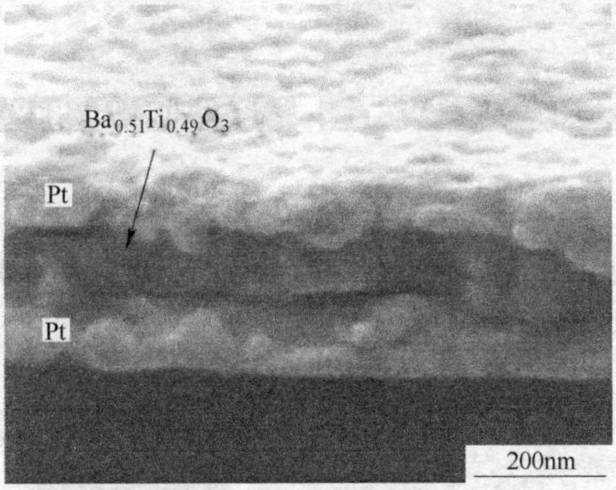

图 5-22 Pt 电极上 $Ba_{0.51}Ti_{0.49}O_3$ 薄膜材料的 SEM 图像

C 纳米材料形貌观察

图 5-23 为采用热蒸发方法制备的 ZnO 纳米线的形貌像。图 5-24 是通过静电纺丝法制备的氧化铟锡（ITO）纳米纤维的形貌像。图 5-25 为采用溶胶沉淀法制备的钛酸钡纳米粉体形貌像。图 5-26 为采用金属有机化学气相沉积法（MOCVD）制备的 $In_xGa_{1-x}N$ 量子点的形貌。

D 材料的动态观察

扫描电镜配备加载台后可以研究样品缓慢加载和卸载时微区疲劳裂纹的开裂和闭合以及裂纹的扩展行为。图 5-27 为超细晶铝合金疲劳裂纹扩展的扫描电镜原位观察。图 5-27（a）显示了试样外加 2200N 最大循环载荷时的微疲劳裂纹情况。可以看出微疲劳裂纹在缺口的左右两侧同时产生，主疲劳裂纹的长度大约为 95μm；同时可以看出在这 95μm 的主裂纹的右手尖端只发生了非常小的疲劳开裂，可以观察到这一主要疲劳开裂的路径相对是比较直的，这也许是由

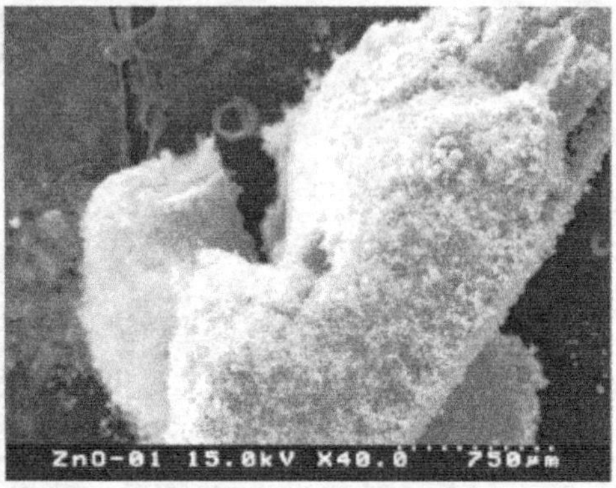

(a)

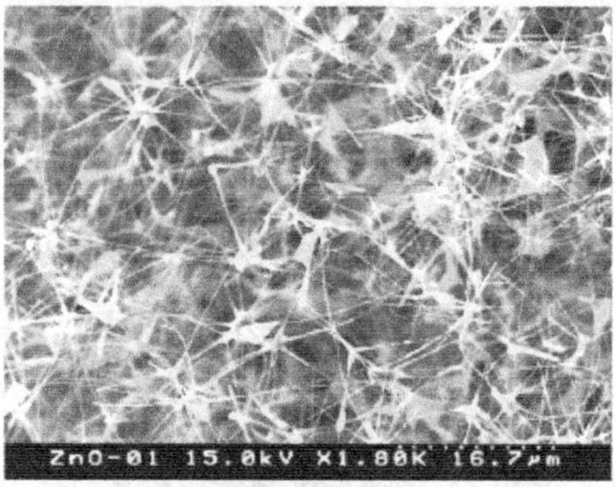

(b)

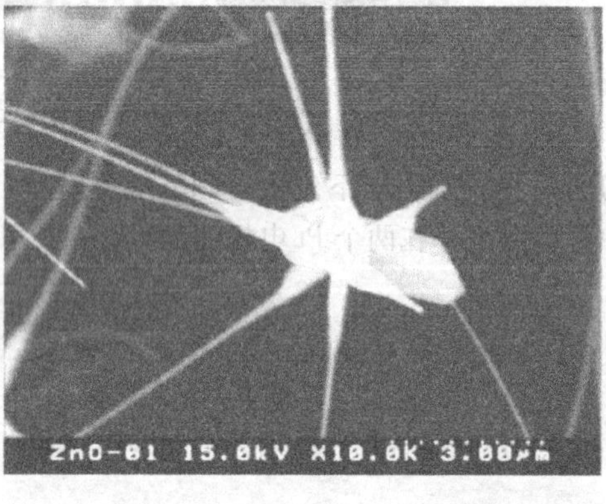

(c)

(d)

图 5-23　不同放大倍数下的 ZnO 纳米线的 SEM 像

（a）×40；（b）×1800；（c）×10000；（d）×100000

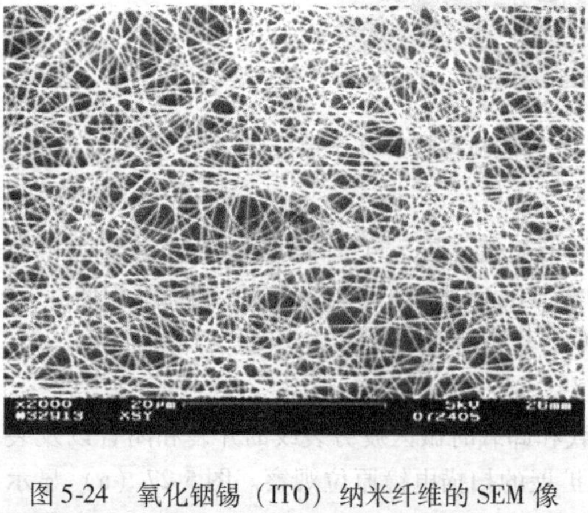

图 5-24　氧化铟锡（ITO）纳米纤维的 SEM 像

图 5-25　钛酸钡纳米粉体的 SEM 像

于这种材料的超细晶粒结构导致的。图 5-27（b）和（c）显示了靠近疲劳裂纹尖端开裂轮廓的详细信息以及在疲劳裂纹尖端周围的破坏情况。右手侧的裂纹尖端呈现相对较钝的状态（见

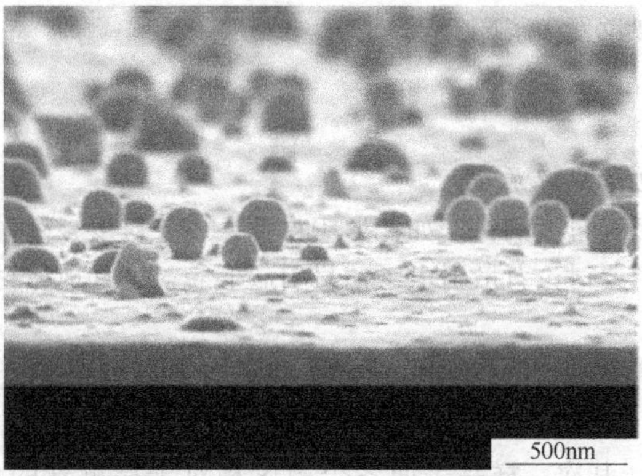

图 5-26 $In_xGa_{1-x}N$ 量子点的 SEM 像

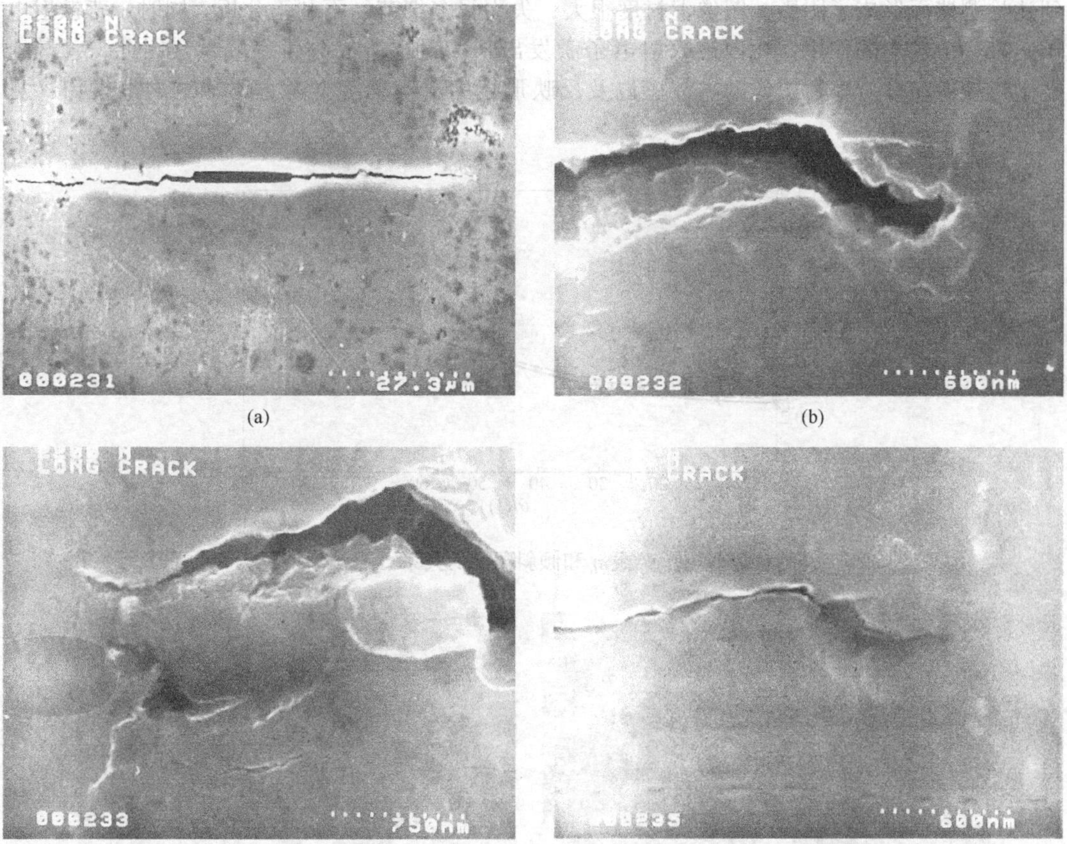

(a) (b)

(c) (d)

图 5-27 超细晶铝合金疲劳裂纹扩展的扫描电镜原位观察

图 5-27（b)），而左手侧的裂纹尖端相对锋利些（见图 5-27（c)）。局部疲劳裂纹扩展方向的变化可以从左右两侧的裂纹看出。在这两侧的疲劳裂纹尖端处也存在比较严重的破坏，特别是在左侧疲劳裂纹尖端的周围尤其严重。图 5-27（d）显示了在外加载荷从最大值卸载到零时右

手侧裂纹尖端轮廓。可以看出，裂纹尖端已经闭合，且闭合的裂纹痕迹不能被清晰分辨出，这说明在卸载过程中疲劳裂纹发生了闭合。

5.6.3　背散射电子像

5.6.3.1　背散射电子成像原理

背散射电子可形成多种衬度的像，如：形貌衬度、成分衬度、磁衬度、电子背散射衍射衬度、通道花样等。下面主要讨论背散射电子信号引起形貌衬度和成分衬度的原理。

A　形貌衬度

样品表面形貌与背散射电子的发射有密切关系。首先，背散射电子的产额随着样品表面倾斜角 θ 的增大而增加（见图 5-28），此外，即使表面倾斜角一定，高度有突变，背散射电子发射的数量也有变化。其次，样品表面各个微区相对于检测器的位置不同，使收集到的背散射电子数目不同。因为背散射电子能量高，离开样品后沿直线轨迹运动，检测器只能检测到直接射向检测器的背散射电子，那些背向检测器的部位所产生的背散射电子就无法到达检测器而形成了阴影，图像上衬度很大，失去很多细节，不利于分析。同时，背散射电子是在一个较大的作用体积内被入射电子激发出来的，也造成分辨率降低。因此，背散射电子形貌像在分辨率、图像的立体感以及反映形貌的真实程度上都远不如二次电子像（见图 5-29）。

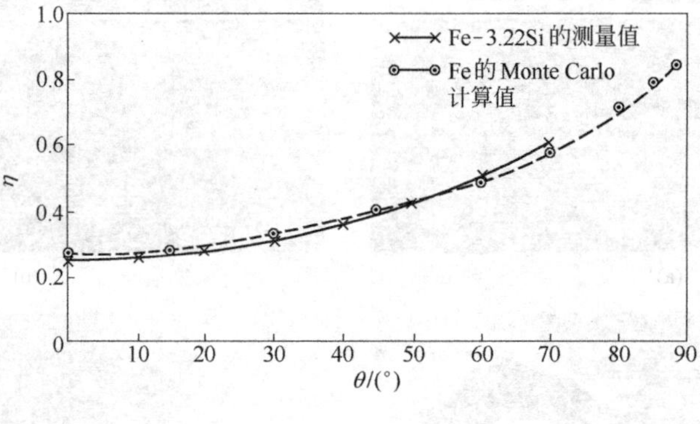

图 5-28　铁的背散射电子产额 η 和倾斜角 θ 的关系（电子束能量为 30keV）

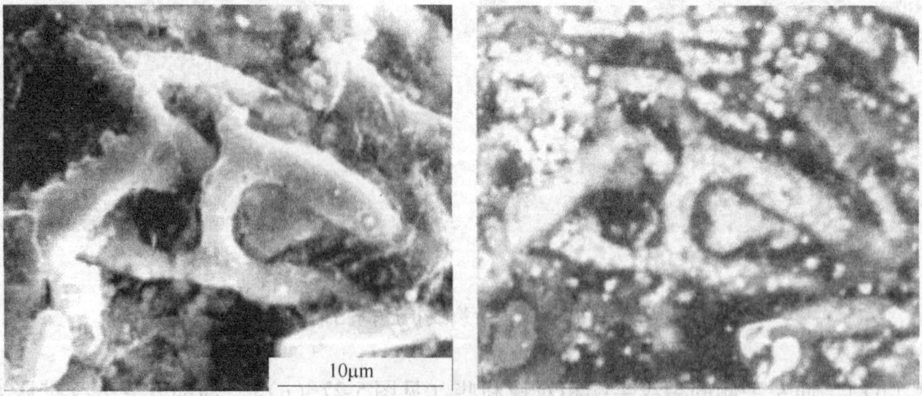

图 5-29　二次电子形貌像和背散射电子形貌像的比较

（a）二次电子像；（b）背散射电子像

背散射电子的强度与样品中的晶面取向及入射电子的入射方向有关。利用这种特性可以观察单晶和大晶体颗粒样品的生长台阶和生长条纹。生长台阶和生长条纹的高差一般都很小，二次电子像衬度较差，但背散射电子像已有明显衬度。图5-30（a）为单晶 β-Al_2O_3 生长台阶的背散射电子像。如果用二次电子像观察这类易产生污染的材料，不但台阶衬度小，而且图像出现许多黑色污染斑（见图5-30（b））。

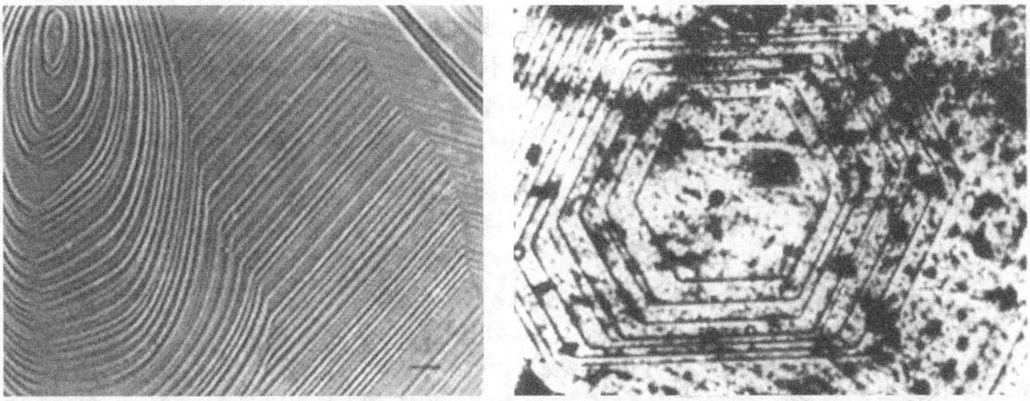

图5-30 β-Al_2O_3 生长台阶背散射电子像与二次电子像的比较

（a）背散射电子像；（b）二次电子像

B 成分衬度

前面已介绍过，背散射电子的产额对原子序数 Z 的变化特别敏感，尤其是 $Z<40$ 时，产额随着原子序数的增大而增加（见图5-12），故背散射电子像有很高的成分衬度。进行分析时，样品上原子序数（或平均原子序数）高的区域收集到的背散射电子数量较多，故荧光屏上的图像相应位置较亮，反之，则较暗。样品中重元素区域对应在图像上是亮区，而轻元素区域则是暗区。但应注意，分析精度要求较高时，应事先对亮暗区进行标定。

图5-31为 Al-Cu 合金的背散射电子像，从图中可以看出，亮的区域对应的是原子序数较高的 Cu，而暗的区域对应的是原子序数较低的 Al。

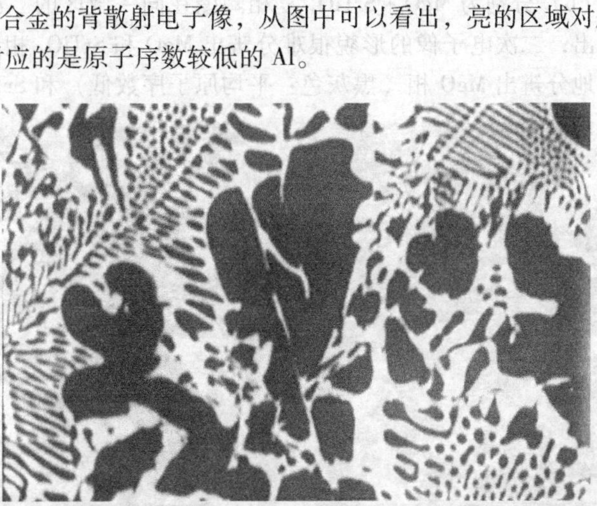

图5-31 Al-Cu 合金的背散射电子像

背散射电子像与二次电子像一样，其成分衬度和形貌衬度常常是同时存在的，因此用背散射电子进行成分分析时，为了避免形貌衬度对成分衬度的干扰，对样品一般只需抛光，不必侵蚀。对于那些既要分析形貌又要进行成分分析的样品，可以采用配备了新型的双探头的检测器来收集样品同一部位的背散射电子。新型的双探头检测器由两块独立的检测器组成，位于样品的正上方（见图5-32），对于原子序数信息而言，A、B 所接收到的背散射电子信号强度是一样的；而就形貌而言，其背散射电子信号强度是互补的。两个检测器收集到的信号分别输入到放大器，对信号相加，即（$A+B$）处理，使与原子序数有关的信号放大，消除形貌的影响，得到了成分像；若对信号相减，即（$A-B$）处理，则消除了原子序数的影响，使与形貌有关的信号放大，得到了样品表面的形貌像。这种系统不仅适用于抛光样品的成分衬度，也适用于同时显示粗糙表面样品的形貌衬度和成分衬度。

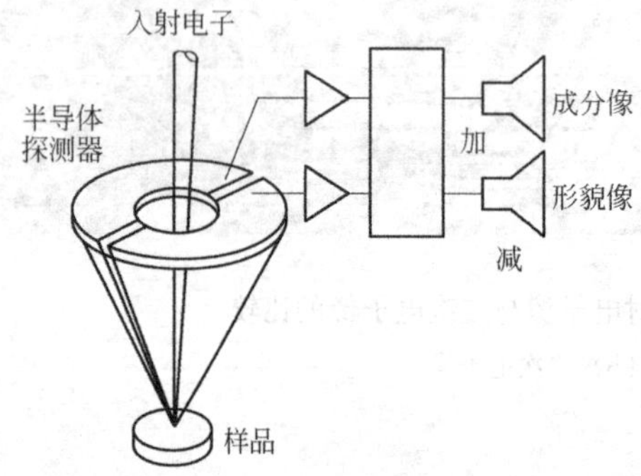

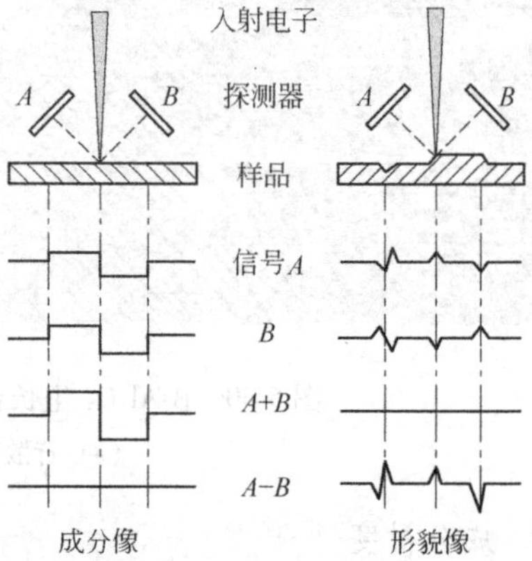

图5-32　背散射电子探头的配置及其工作原理

（a）背散射电子探头示意图；（b）工作原理图

图5-33（a）和（b）分别为 $MgO+SrTiO_3$ 复相陶瓷在同一微区的二次电子像和背散射电子像，从图中可以看出，二次电子像的形貌很难分辨出 MgO 和 $SrTiO_3$ 相的亮度差别，而背散射电子像中可以明显地分辨出 MgO 相（黑灰色：平均原子序数低）和 $SrTiO_3$ 相（白色：平均

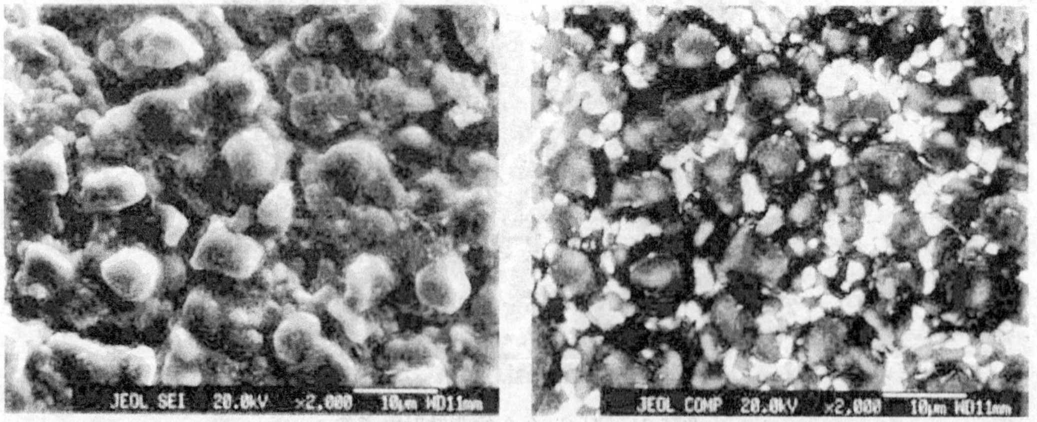

图5-33　$MgO+SrTiO_3$ 复相陶瓷的二次电子像（a）和背散射电子像（b）

原子序数高）。

5.6.3.2　背散射电子像衬度的应用

背散射电子像衬度用得最多的是它的成分衬度像，通过与二次电子的形貌像（或背散射电子形貌像）配合，根据背散射电子的成分衬度，能方便地研究样品中元素的分布情况，根据原始资料及形貌特点，定性地分析判断样品中的物相。图 5-34 为 ZrO_2（添加 Al_2O_3 和 MgO）氧离子导体的背散射电子像，图中背散射电子成分像清楚地显示了不同相的组成，黑色相比基体 ZrO_2 相的平均原子序数低，黑色相富铝和富镁，实际上是镁铝尖晶石相。

采用 MgO-Al_2O_3-SiO_2（MAS）玻璃作为中间层，对 SiC-$MoSi_2$ 表面改性的 C/C 复合材料与 Li_2CO_3-Al_2O_3-SiO_2（LAS）玻璃陶瓷进行热压连接。图 5-35 为连接试样 C/C(SiC-$MoSi_2$)/MAS/LAS 界面区域的背散射电子像。从图中可以看出，在 LAS 玻璃陶瓷与 SiC-$MoSi_2$ 涂层之间存在明显的中间层，该中间层厚度较为均匀，约为 30μm，与 LAS 玻璃陶瓷和 SiC-$MoSi_2$ 涂层结合紧密，没有明显的气孔和裂纹存在。

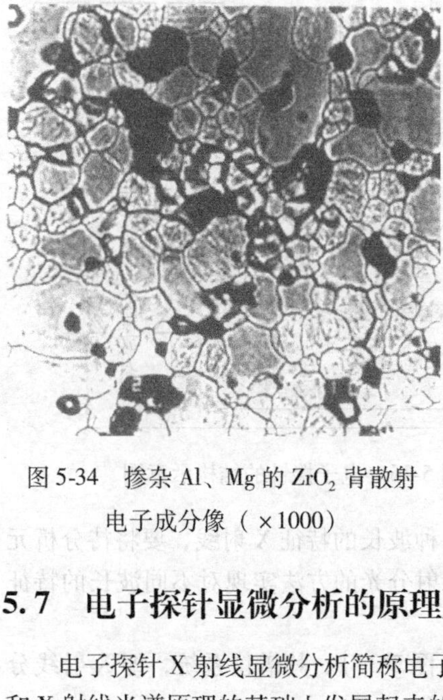

图 5-34　掺杂 Al、Mg 的 ZrO_2 背散射电子成分像（×1000）

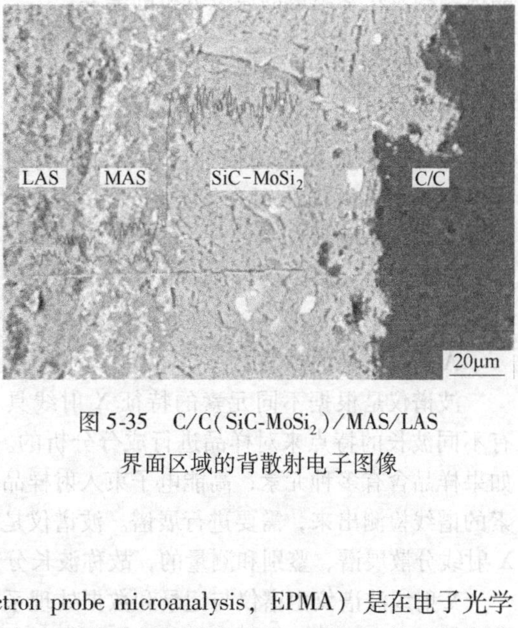

图 5-35　C/C(SiC-$MoSi_2$)/MAS/LAS 界面区域的背散射电子图像

5.7　电子探针显微分析的原理及应用

电子探针 X 射线显微分析简称电子探针（electron probe microanalysis，EPMA）是在电子光学和 X 射线光谱原理的基础上发展起来的一种显微分析和成分分析相结合的微区分析，特别适合分析样品中微小区域的化学成分，是研究材料组织结构和元素分布状态的极为有用的分析方法。

高能电子束入射到样品表面激发出的特征 X 射线具有特征波长和特征能量，其波长的大小和能量的高低遵循莫塞莱（Mosely）定律，即：

$$\nu^{\frac{1}{2}} = R(Z - \sigma) \tag{5-4}$$

式中　ν——X 射线的频率；

Z——原子序数；

R，σ——常数，$\sigma \approx 1$。

$$\lambda = \frac{c}{\nu} \tag{5-5}$$

式中　c——X 射线的速度；

λ——特征 X 射线的波长。

$$E = h\nu \tag{5-6}$$

式中　h——普朗克常数；

E——特征 X 射线的能量。

根据莫塞莱定律可知，特征 X 射线的波长和能量取决于元素的原子序数，只要知道样品中激发出的特征 X 射线的波长（或能量）就可确定样品中的待测元素，元素含量愈多，激发出的特征 X 射线强度愈大，因此测量其强度就可确定相应元素的含量。

电子探针镜筒部分的结构与扫描电镜相同，只是在检测器部分使用的是 X 射线谱仪，专门用来检测 X 射线的特征波长或特征能量，以此来对微区的化学成分进行分析。配有检测特征 X 射线特征波长的谱仪称为电子探针波谱仪（wavelength dispersive spectrometer，WDS）。配有检测特征 X 射线能量的谱仪称为电子探针能谱仪（energy dispersive spectrometer，EDS）。除专门的电子探针外，大部分电子探针谱仪都是作为附件安装在扫描电镜或透射电镜上，与电镜组成一个多功能仪器以满足微区形貌、晶体结构及化学组成的原位分析的需要。

5.7.1　电子探针的结构与工作原理

图 5-36 为电子探针的结构图，由图可见，电子探针仪除 X 射线谱仪外，其余部分与扫描电镜相似。下面分别介绍波谱仪和能谱仪的结构与工作原理。

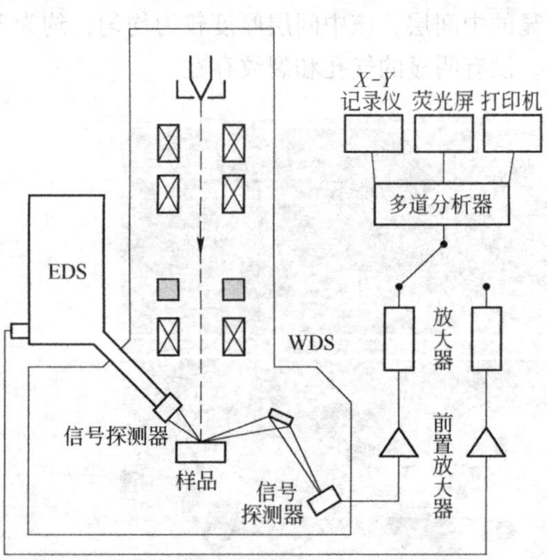

图 5-36　电子探针的结构示意图

5.7.1.1　波谱仪的结构、工作原理和特点

A　波谱仪的结构

波谱仪是根据不同元素的特征 X 射线具有不同波长的特点来对样品进行成分分析的。如果样品含有多种元素，高能电子束入射样品会激发出各种波长的特征 X 射线，要将待分析元素的谱线检测出来，需要进行展谱。波谱仪是通过晶体衍射分光的方法实现对不同波长的特征 X 射线分散展谱、鉴别和测量的，故称波长分散谱仪。

X 射线波谱仪由谱仪与记录和数据处理系统组成（见图 5-37）。其谱仪系统，即 X 射线分

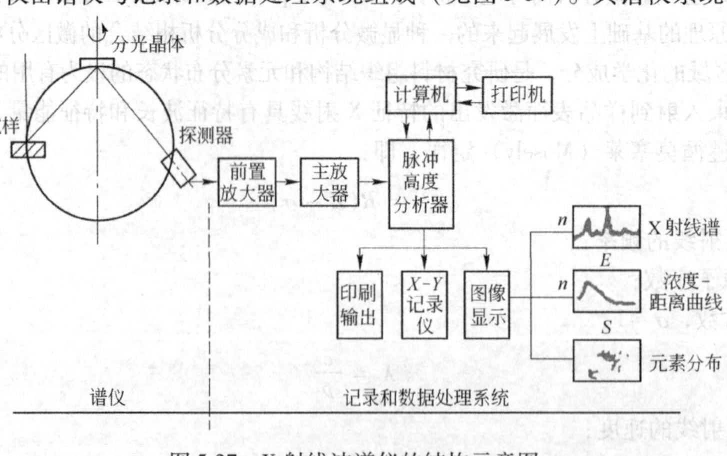

图 5-37　X 射线波谱仪的结构示意图

光和探测系统是由分光晶体、X 射线探测器和相应的机械传动装置组成。

B　波谱仪 X 射线的分光和探测原理

X 射线的分光主要是由分光晶体来实现的。根据布拉格衍射定律，假如有一块晶体，已知其平行于晶体表面的晶面间距为 d，对于不同波长 λ 的 X 射线只有在满足一定的入射条件（入射角 θ）下，才能发生衍射，即

$$2d\sin\theta = n\lambda \tag{5-7}$$

若不考虑 $n>1$ 的高级衍射的干扰，对于任意一个给定的入射角 θ，只有一个确定的波长 λ 满足衍射条件。若连续改变 θ 角，就可以在与入射方向成 2θ 角的相应方向上接收到各种单一波长的 X 射线，从而展示适当波长范围内的全部 X 射线谱，这就是波谱仪波长分散的基本原理。

在波谱仪中，X 射线信号是由样品表面以下一个很小的体积范围内激发出来的，这相当于一个点光源，由此发射的 X 射线总是发散的。若将一块平整的晶体放在样品上方的某一位置，用其进行分光，能够到达晶体表面的 X 射线只是很少的一部分，而且入射到晶体表面不同部位的 X 射线的入射方向各不相同（入射角 θ 不等），发出衍射的 X 射线的波长也就各异。因此，采用分光晶体能将各种不同波长的特征 X 射线分散开，但就收集的单一波长的 X 射线的效率而言是非常低的。为了使效率提高，采用弯晶分光系统，即将分光晶体做一定的弹性弯曲，并使射线源、弯曲晶体表面和检测器位于同一圆周上（称罗兰圆或聚焦圆），这样就能使分光晶体表面处处满足衍射条件，同时整个晶体只收集一种波长的 X 射线，达到衍射束聚焦的目的，从而提高单一波长 X 射线的收集效率。谱仪中使用的弯晶分光系统聚焦方式有两种：一种是约翰（Johann）型不完全聚焦法，一种是约翰逊（Johansson）型聚焦法：

（1）约翰（Johann）型不完全聚焦法。将分光晶体弯成曲率半径为聚焦圆（罗兰圆）半径的 2 倍（$2R$）而不研磨（把晶体的内表面研磨得严格符合布拉格衍射的几何条件，又不使晶体产生畸变是非常困难的），衍射的晶面平行于晶体表面，这种弯晶称为约翰型弯晶（见图 5-38（a））。罗兰圆上从 S 点发出的一束发散的特征 X 射线，经过弯晶的衍射，聚焦到罗兰圆上 D 点的 X 射线探测器。由于弯晶表面只有中心部位位于罗兰圆上，因此聚焦并不完美，弯晶两端与圆周不重合会引起聚焦线变宽，出现一定的散焦。故约翰型聚焦仪是一种近似的聚焦

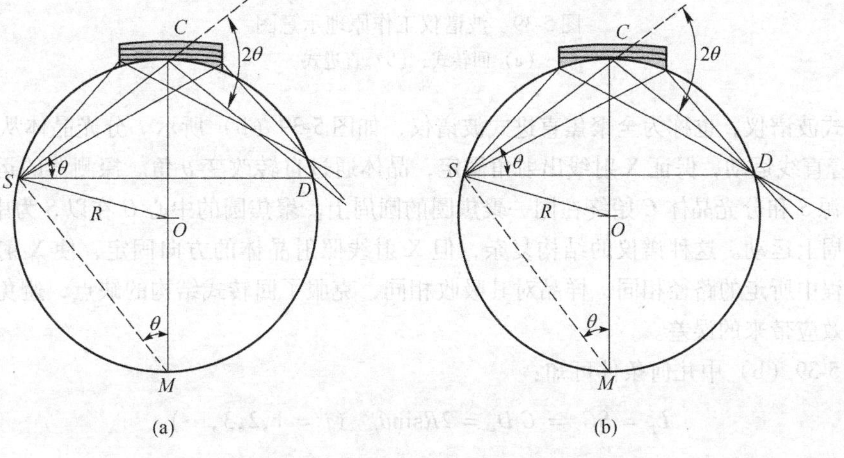

图 5-38　弯晶分光系统的聚焦方式

（a）约翰型不完全聚焦；（b）约翰逊型完全聚焦

方式，称为不完全聚焦法。这种聚焦法虽然在非晶体中心的各点上不能严格满足聚焦条件，但若检测器上接收狭缝有足够的宽度，实际上还是可以满足要求的，所以多被采用。

（2）约翰逊（Johansson）型完全聚焦法。X射线发射源 S、分光晶体 C 和X射线探测器 D 同时位于一个半径为 R 的罗兰圆上，分光晶体被弯曲成其衍射面的曲率半径等于 $2R$，并将表面研磨成曲率半径与罗兰圆的半径 R 一致（见图5-38（b））。这时，由于衍射晶面的曲率中心总是位于罗兰圆的圆周上（如图5-38（b）中 M 点），这样使晶体表面相对于由 S 发射的发散X射线入射角处处相等，若入射的特征X射线的 θ、λ、d 满足布拉格定律时则发生衍射，且衍射线聚焦于罗兰圆上 D 点的X射线探测器，这种聚焦法称为完全聚焦法。

在电子探针中，一般X射线发射源 S 不动，改变晶体和探测器的位置，达到分析检测的目的。根据晶体及探测器运动方式，可将谱仪分为回转式波谱仪和直进式波谱仪等。图5-39（a）是回转式波谱仪工作原理示意图。罗兰圆的中心 O 固定，分光晶体和探测器在圆周上以1∶2的角速度运动，以满足布拉格定律。这种谱仪结构简单，但由于分光晶体转动而使X射线出射方向变化很大，在样品表面不平度较大的情况下，出射的X射线在样品内行进的路径不同，样品对其吸收也不一样，这往往会造成分析上的误差。

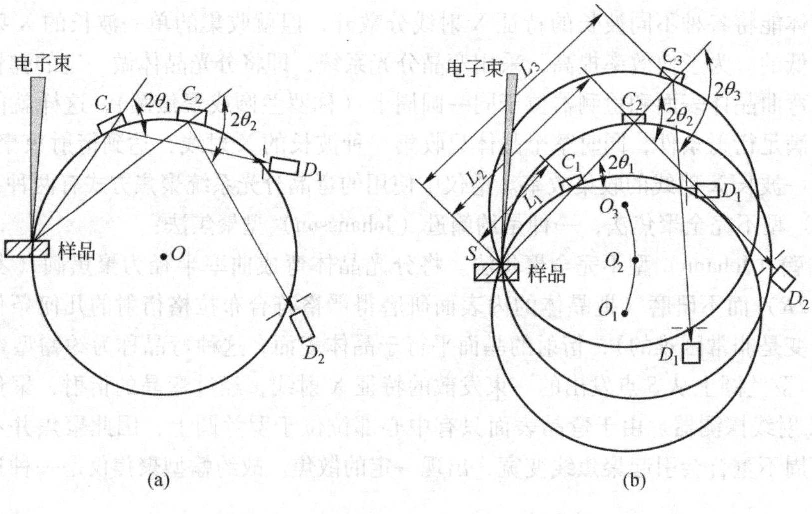

图5-39　波谱仪工作原理示意图

（a）回转式；（b）直进式

直进式波谱仪，也称为全聚焦直进式波谱仪，如图5-39（b）所示。分光晶体从X射线源 S 向外沿着直线运动，保证X射线出射角固定，晶体通过自转改变 θ 角。探测器的运动保证其与X射线源 S 和分光晶体 C 始终在同一聚焦圆的圆周上。聚焦圆的中心 O 在以 S 为中心、R 为半径的圆周上运动。这种谱仪的结构复杂，但X射线照射晶体的方向固定，使X射线穿出样品表面过程中所走的路径相同，样品对其吸收相同，克服了回转式结构的缺点，避免了定量分析因吸收效应带来的误差。

由图5-39（b）中几何条件可知：

$$L_i = SC_i = C_iD_i = 2R\sin\theta_i \quad (i = 1,2,3,\cdots) \tag{5-8}$$

式中　L_i——X射线源 S 到分光晶体 C 的距离；

　　　θ_i——衍射角。

将式（5-8）用一般形式表达：

$$L = 2R\sin\theta \tag{5-9}$$

由布拉格方程 $2d\sin\theta = \lambda$，有：

$$\lambda = \frac{d}{R}L \tag{5-10}$$

分光晶体的晶面间距 d 和聚焦圆的半径 R 已知，将 d/R 定义为 K，则有：

$$\lambda = KL \tag{5-11}$$

即特征 X 射线的波长与分光晶体和 X 射线源间距离 L 成正比。改变 L 就能探测到不同波长的特征 X 射线，即探测到不同元素激发出的特征 X 射线。

分光晶体确定后，衍射晶面间距 d 就是定值，在直进式波谱仪中，$L = 2R\sin\theta$。由于结构上的限制，L 不可能做得太长，一般只能在 10 ~ 30cm 范围内变化，那么 θ 的变化范围也是有限的，因此，一个分光晶体能够分散展开探测的波长范围是有限的，只能测定某一原子序数范围的元素的特征 X 射线。为了使分析时尽可能覆盖分析的所有元素，需要使用多种分光晶体，故电子探针仪往往装有 2 ~ 6 个谱仪，同一个谱仪装有两块可以互换的晶体，有时几个谱仪一起工作，可以同时测定几个元素。表 5-3 列出了常见的分光晶体基本参数及其可检测范围。

表 5-3　波谱仪常用的分光晶体基本参数及其可检测范围

晶　体	化学式及缩写	反射晶面	晶面间距 d/nm	可检测波长范围/nm	可检测元素范围
氟化锂	LiF	(200)	0.2013	0.089 ~ 0.35	K 系：20 ~ 37 L 系：51 ~ 92
季戊四醇	$C_5H_{12}O_4$ (PET)	(022)	0.4375	0.2 ~ 0.77	K 系：14 ~ 26 L 系：37 ~ 65 M 系：72 ~ 92
邻苯二甲酸氢铷	$C_8H_5O_4Rb$ (RAP)	$(10\bar{1}0)$	1.306	0.58 ~ 2.3	K 系：9 ~ 15 L 系：24 ~ 40 M 系：57 ~ 79
邻苯二甲酸氢钾	$C_8H_5O_4K$ (KAP)	$(10\bar{1}0)$	1.332	0.69 ~ 2.3	K 系：9 ~ 14 L 系：24 ~ 37 M 系：47 ~ 74
邻苯二甲酸氢铊	$C_8H_5O_4Tl$ (TAP)	$(10\bar{1}0)$	1.298	0.58 ~ 2.3	K 系：9 ~ 15 L 系：24 ~ 40 M 系：57 ~ 78
硬脂酸铅	$(C_{18}H_{35}O_2)_2Pb$ (STE)		5	2.2 ~ 8.8	K 系：5 ~ 8 L 系：20 ~ 23
肉豆蔻酸铅	$(C_{14}H_{27}O_2)_2Pb$ (MYR)		4	1.76 ~ 7	K 系：5 ~ 9 L 系：20 ~ 25
二十四烷酸铅	$(C_{24}H_{47}O_2)_2Pb$ (LIG)		6.5	2.9 ~ 11.4	K 系：4 ~ 7 L 系：20 ~ 21

波谱仪的 X 射线检测系统的作用是将分光晶体衍射所得的特征 X 射线信号接收、放大并转换成电信号并进行计数，通过计算机处理，进行定性分析，以谱图形式输出，也可进行定量计算。波谱仪使用的 X 射线探测器与 X 射线衍射中 X 射线探测器相似，常用的有气体正比计数器和闪烁计数器等。

C　波谱仪的特点

波谱仪的优点：

(1) 分辨率高（能量分辨率）。这是波谱仪的突出优点，其分辨率为 5 ~ 10eV，它能将波长十分接近的谱线清晰地分开。

(2) 峰背比高。这使波谱仪所能检测的元素最低浓度是能谱仪的十分之一，大约可检测 0.01%。

波谱仪的缺点：

(1) 采集效率低，分析速度慢。

(2) 检测效率低。由于经晶体衍射后，X 射线强度损失很大，其检测效率低，因此，波谱仪难以在低束流和低激发强度下使用，所以其空间分辨率低且难与高分辨率的电镜（冷场场发射扫描电镜等）配合使用，故冷场场发射扫描电镜常与能谱仪配合使用。

5.7.1.2　能谱仪的结构、工作原理和特点

A　能谱仪的结构和工作原理

能谱仪，全称为能量分散谱仪（EDS），它是根据不同元素的特征 X 射线具有不同的能量这一特点来对检测的 X 射线进行分散展谱，实现对微区成分分析的。图 5-40 是能谱仪的工作原理图。能谱仪主要由 X 射线探测器、前置放大器、脉冲信号处理单元、模数转换器、多道分析器、计算机及显示记录系统组成。

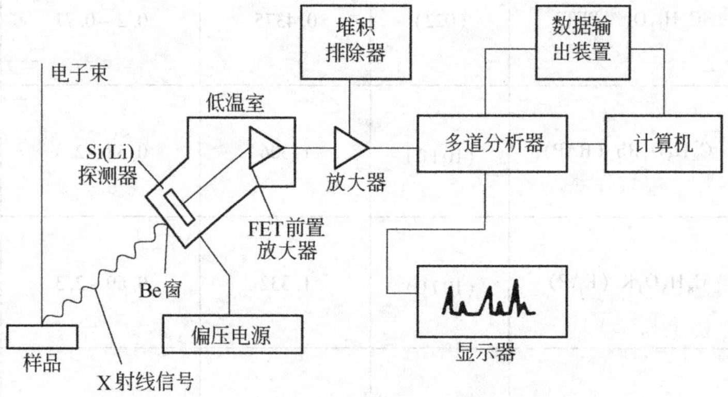

图 5-40　X 射线能谱仪工作原理示意图

能谱仪使用的 X 射线探测器是锂漂移硅 Si(Li) 探测器，结构如图 5-41 所示。Si(Li) 是厚度为 3 ~ 5mm、直径为 3 ~ 10mm 的薄片，是 p 型 Si 在一定的工艺条件下漂移进 Li 制成的。Si(Li) 可分为 3 层，中间是活性区（耗尽层，Ⅰ区），在制造晶体时，向晶内注入原子半径小(0.06nm)、电离能低、易放出价电子的 Li 原子，以中和杂质的作用，形成了一个本征区，这就是锂漂移硅半导体探头。锂漂移硅半导体探头是能谱仪中的一个关键部件，它决定了能谱仪的分辨率，要保证探头的高性能，Si(Li) 半导体探头必须具有本征半导体的特性：高电阻、低噪声。Ⅰ区的前面是一层 0.1μm 的 p 型半导体，在其外面镀有 20nm 的金膜。Ⅰ区后面是一层

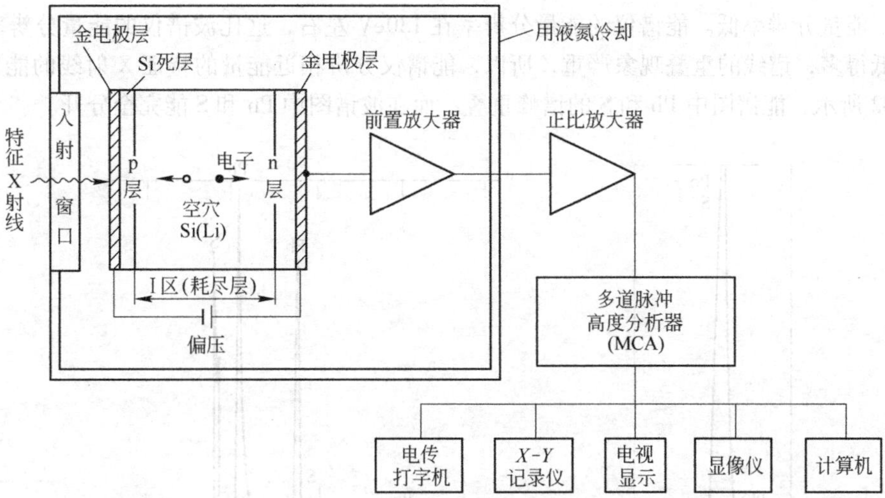

图 5-41 Si(Li)探测器的结构

n 型 Si 导体。Si(Li)探测器实际上是一个 p-Ⅰ-n 型二极管。当样品发射出的 X 射线光子进入 Si(Li)探头内，在本征区被 Si 原子吸收，通过光电效应首先使 Si 原子发射出光电子，光电子在电离的过程中产生大量的电子-空穴对。发射光电子后的 Si 原子处于激发态，在其弛豫过程中又放出俄歇电子或 Si 的 X 射线，俄歇电子的能量将很快消耗在探头物质内，产生电子-空穴对。Si 的 X 射线又可通过光电效应将能量转给光电子或俄歇电子，这种过程一直持续到能量消耗完为止，这是光电吸收的过程。在此过程中 X 射线光子将能量绝大部分转换为电子-空穴对。电子-空穴在晶体两端外加偏压作用下移动，形成电荷脉冲。

能谱仪的工作过程（见图 5-40）：来自样品的特征 X 射线穿过薄窗（Be 窗或超薄窗）进入 Si(Li)探头，硅原子吸收一个 X 射线光子产生一定量的电子-空穴对（该数量与 X 射线光子的能量成正比），同时形成一个电荷脉冲。电荷脉冲经前置放大器、正比放大器、信号处理单元和模数转换器处理后以时钟脉冲形式进入多道脉冲高度分析器。多道脉冲分析器有一个由许多存储单元（称为通道）组成的存储器。与 X 射线光子能量成正比的时钟脉冲数按大小分别进入不同存储单元。每进入一个时钟脉冲数，存储单元记一个光子数，因此通道地址和 X 射线光子能量成正比，而通道的计数为 X 射线光子数。最终得到以通道（能量）为横坐标、通道计数（强度）为纵坐标的 X 射线能量色散谱。

B 能谱仪的特点

能谱仪的优点：

（1）分析速度快。能谱仪能瞬时接收和检测所有不同能量的 X 射线光子，故可以在几分钟内分析和确定样品中含有的所有元素（Be 窗：$^{11}Na \sim ^{92}U$，超薄窗：$^{4}Be \sim ^{92}U$）。

（2）灵敏度高。X 射线收集立体角大，由于能谱仪中 Si(Li)探头不采用聚焦方式，不受聚焦圆的限制，探头可以靠近样品放置，信号也无需经过晶体衍射，其强度无损失，因此灵敏度高。此外，能谱仪可在低入射电子束流条件下工作，有利于提高空间分辨率，也可以与高分辨电镜（冷场场发射扫描电镜等）配合使用。

（3）谱线重复性好。能谱仪没有运动部件，稳定性好，且无需聚焦，所以谱线峰值位置的重复性好且不存在失焦问题，适于粗糙表面的分析。

能谱仪的缺点：

（1）能量分辨率低。能谱仪的能量分辨率在 130eV 左右，这比波谱仪的能量分辨率（5 ~ 10eV）低得多，谱线的重叠现象严重，所以，能谱仪分辨相近能量的特征 X 射线的能力较差。如图 5-42 所示，能谱图中 Pb 和 S 的谱峰重叠，而在波谱图中 Pb 和 S 能完全分开。

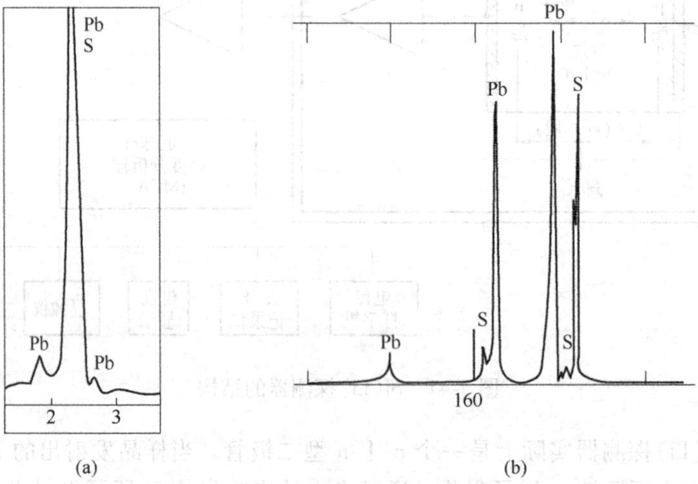

图 5-42　能谱仪和波谱仪分辨率比较

（a）能谱 Pb 和 S 谱峰重叠；（b）波谱 Pb 和 S 谱峰完全分开

（2）峰背比低。能谱仪的探头直接对着样品，所以由背散射电子或 X 射线所激发产生的荧光 X 射线也同时被探测到，从而使得 Si(Li) 探测器探测到的特征谱线在强度提高的同时，背底也相应提高，因此峰背比低，故能谱仪能检测的元素的最低浓度比波谱仪的高，最低约为 0.1%。

（3）工作条件要求严格。Si(Li) 探测器必须在液氮温度（77K）下使用，维护费用高，用超纯锗探测器虽无此缺点，但其分辨率低。近年来发展的无液氮探测器，如通过半导体致冷的硅锂探测器（SDD 探测器），工作温度在 -30℃左右，只要通过半导体致冷方式大约 30s 的时间就能达到，目前最先进的 SDD 探测器能量的分辨率在 127 ~ 130eV 之间。

5.7.1.3　波谱仪和能谱仪的比较

波谱仪和能谱仪的比较见表 5-4。

表 5-4　波谱仪和能谱仪的比较

特　性	波 谱 仪	能 谱 仪
分析方式	用几块分光晶体顺序进行分析	用 Si(Li) 探测器进行多元素同时分析
分析元素范围	$^{4}Be \sim {}^{92}U$	Be 窗：$^{11}Na \sim {}^{92}U$ 超薄窗：$^{4}Be \sim {}^{92}U$
分辨率	与分光晶体有关，约 5eV，谱线分离性好	与能量有关，130eV 左右，谱线存在重叠现象
检测效率	收集立体角小，检测效率低（小于 30%），需要大电子束流，空间分辨率差，一般在微米量级	收集立体角大，检测效率高（接近 100%），可采用小电子束流，空间分辨率高，可达纳米量级

续表 5-4

特 性	波 谱 仪	能 谱 仪
探测灵敏度	对块状样品，峰背比高，最小探测极限达0.01%，适合做痕量元素、轻元素分析，对薄样品，由于检出效率低，灵敏度较低	对块状样品，由于峰背比低，最小探测限度约0.1%，对薄样品，由于检测效率高，绝对灵敏度约10^{-18}g，对中等浓度的元素可得到良好分析精度，但对痕量元素、轻元素及有峰重叠存在的元素，分析精度不高
最小束斑（探针）直径	200nm 左右	5nm 左右
对表面要求	平整、光滑	较粗糙表面也适用
数据收集时间	>10min	2~3min
谱失真	少	主要包括：逃逸峰、峰重叠、电子束散射、Be 窗吸收效应等
瞬时接收范围	谱仪所能分辨的范围，若用一块晶体，一次只能分析一种元素；若同时用4~5块晶体，采用微机控制，可快速分析多种元素	全部有效的能量范围，可同时检测样品中的所有元素（仪器分析元素范围内的）

5.7.2 电子探针的分析方法及应用

5.7.2.1 电子探针的分析方法

电子探针主要有三种工作方式：定点元素全分析（定性或定量）、线扫描分析、面扫描分析。

A 定点元素全分析（定性或定量）

首先用同轴光学显微镜（电子探针镜筒内与电子束同轴的光学显微镜（100~400倍））进行观察，将待分析的样品微区移到视野中心，然后使聚焦电子束固定照射到需要分析的点，激发样品元素产生特征X射线。用谱仪探测特征X射线，并显示X射线谱。根据谱线峰值位置的波长或能量确定分析点区域的样品中存在的元素。以直进式波谱仪为例，驱动谱仪的晶体和探测器连续地改变L值，记录X射线信号强度I随波长的变化曲线。检测谱线强度峰值位置的波长，即可获得所测微区内含有元素的定性结果。定量分析时，记录下特征X射线的强度（计数），然后将样品发射的特征谱线强度（每种元素只需选一根谱线，通常选强度最大的）与成分已知的标准样品（一般为纯元素标样）的同名谱线强度进行比较，确定出该元素的含量。

图5-43为定点元素全分析的能谱图和波谱图。图5-44为定点元素定量全分析结果。

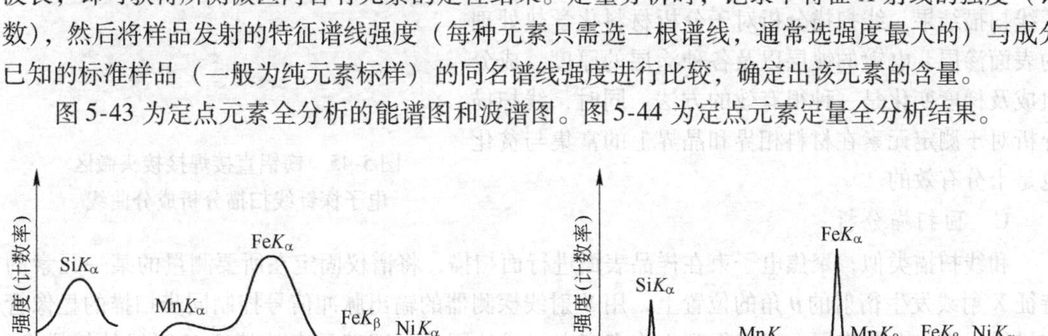

图 5-43 定点元素全分析
（a）能谱图；（b）波谱图

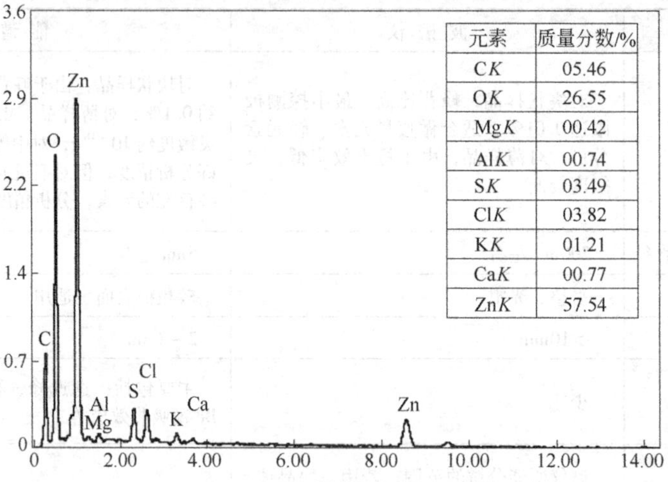

图 5-44　定点元素定量全分析结果

B　线扫描分析

利用线扫描可以获得某种元素沿给定直线的分布情况。具体方法：将谱仪固定在所要测量的某一元素的特征 X 射线发生衍射的 θ 角的位置上，使电子束沿着样品上某条给定直线进行扫描，便可得到这一元素沿该直线的 X 射线强度的分布曲线，从而显示该元素在这一直线上的浓度变化；要测量另一元素，只需改变谱仪的位置，便可得到另一元素沿该直线的浓度变化曲线。线分析时，也可使电子束不动，通过移动样品来进行。

线扫描分析常用于与扩散有关的研究。在垂直于扩散界面的方向上做线扫描分析，可以很快显示浓度与扩散距离的关系。图 5-45 为镁铝直接焊接接头微区线扫描结果。线扫描分析对于分析材料化学热处理的表面渗层、电镀的镀层以及各种涂层的厚度、成分组成及梯度变化是一种很有效的方法。同时，线扫描分析对于测定元素在材料相界和晶界上的富集与贫化也是十分有效的。

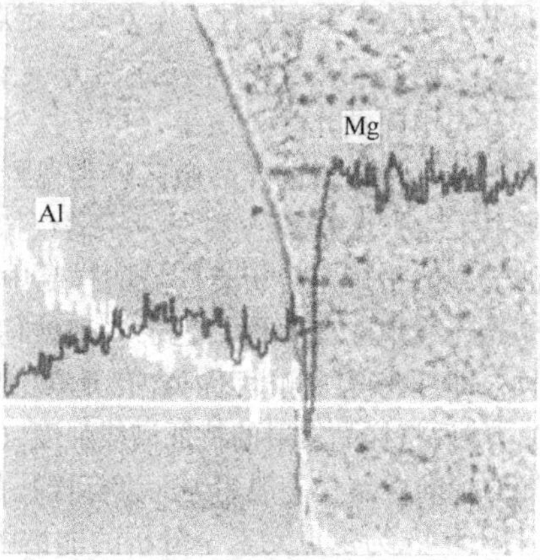

图 5-45　镁铝直接焊接接头微区电子探针线扫描分析成分曲线

C　面扫描分析

和线扫描类似，聚焦电子束在样品表面进行面扫描，将谱仪固定在所要测量的某一元素的特征 X 射线发生衍射的 θ 角的位置上，用 X 射线探测器的输出脉冲信号控制同步扫描的显像管扫描线强度，在荧光屏上可以得到由许多亮点组成的图像，即某元素的特征 X 射线的扫描像，也即该元素的面分布图像。将谱仪调整到要测量的另一元素的特征 X 射线发生衍射的位置即可得到另一元素的面分布图像。面扫描分析实际上是扫描电镜的一种成像方式。

利用面扫描分析，可以较准确或定性地显示与基体成分不同的第二相或夹杂物的形状，能够定性地显示不同的化学成分的分布情况。图 5-46 为稀土镁合金的形貌像和元素面分布像。

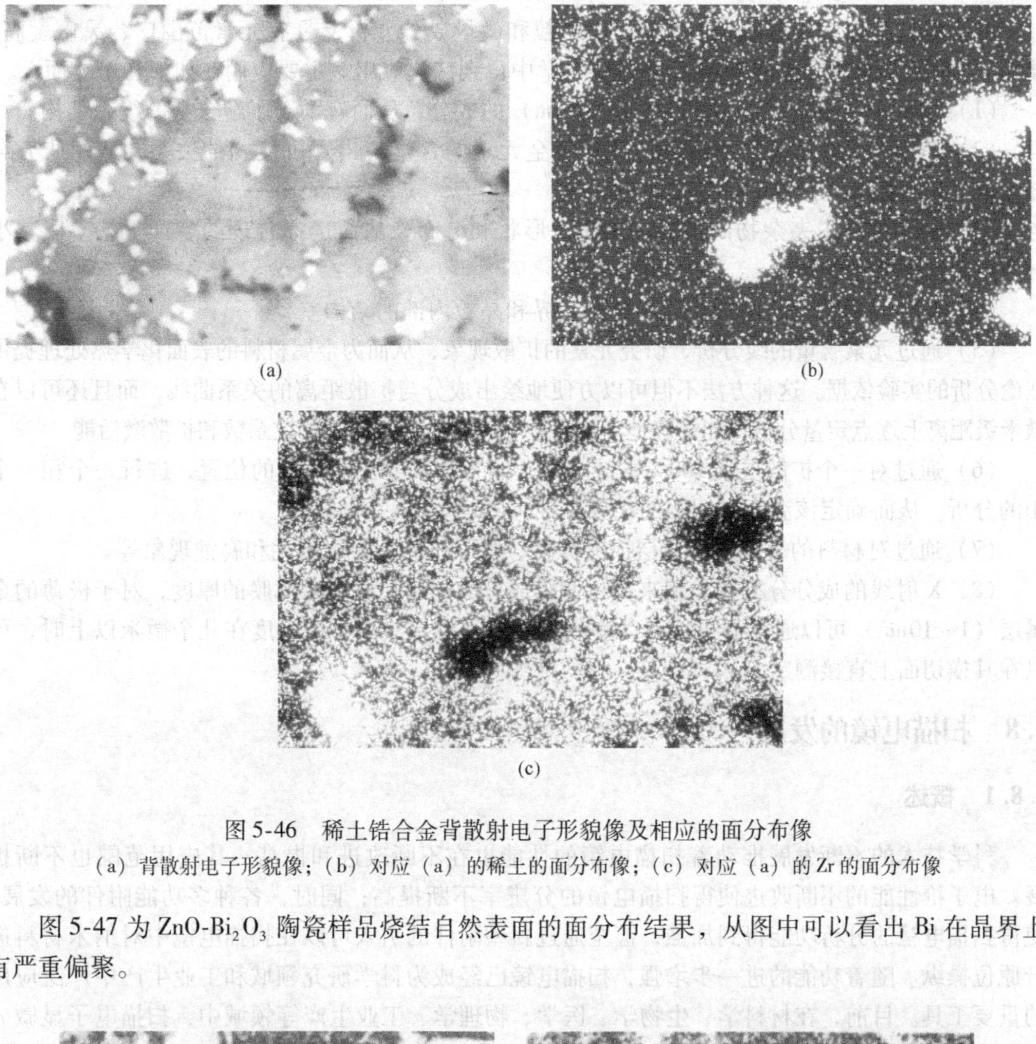

(a)　(b)　(c)

图 5-46　稀土锆合金背散射电子形貌像及相应的面分布像

（a）背散射电子形貌像；（b）对应（a）的稀土的面分布像；（c）对应（a）的 Zr 的面分布像

图 5-47 为 $ZnO-Bi_2O_3$ 陶瓷样品烧结自然表面的面分布结果，从图中可以看出 Bi 在晶界上有严重偏聚。

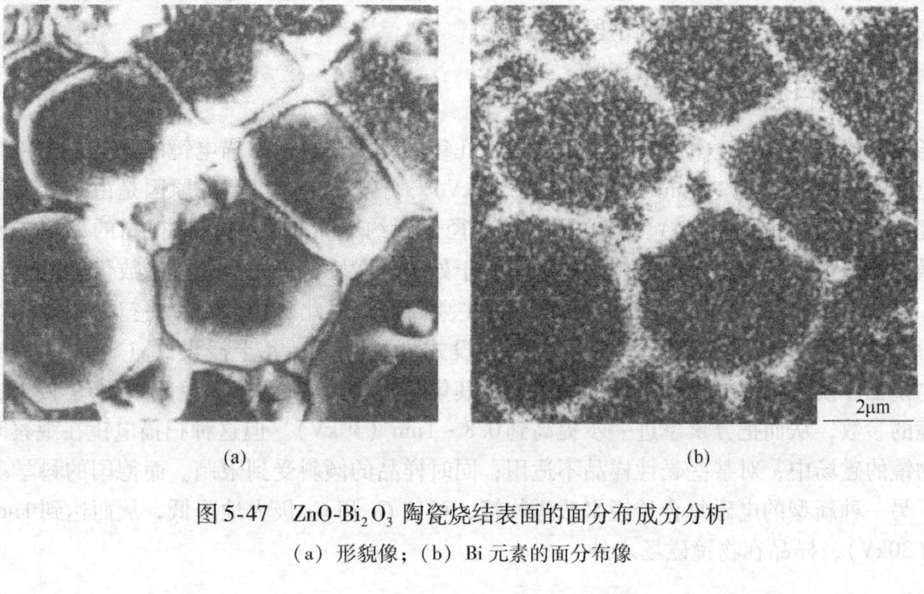

(a)　(b)

图 5-47　$ZnO-Bi_2O_3$ 陶瓷烧结表面的面分布成分分析

（a）形貌像；（b）Bi 元素的面分布像

5.7.2.2 电子探针的应用

由于基于X射线的分析技术在微区、微粒和微量成分分析上具有元素范围广、灵敏度高、准确、快速和不损耗试样等特点，在材料科学中得到广泛应用。主要应用在如下几个方面：

（1）测定合金中微小析出相（0.1～10μm）的成分，从而有助于了解合金的组织结构。

（2）测定合金中沉淀物的成分，分析合金元素的含量与出现沉淀相的关系，从而研究合金元素对材料力学性能影响的本质。

（3）测定材料中夹杂物的成分、大小、形状和分布，从而选择合理的生产工艺，以减小材料中有害夹杂物的作用。

（4）测定晶界元素的偏析，从而分析晶界和晶粒内部的结构差异。

（5）通过元素含量的线分析，研究元素的扩散现象，从而为金属材料的表面化学热处理提供理论分析的实验依据。这种方法不但可以方便地绘出成分与扩散距离的关系曲线，而且还可以在微米级距离上逐点定量分析，能精确地定出两种不同物质之间的互扩散系数和扩散激活能。

（6）通过对一个扩散层从100%的纯金属开始直到浓度变化到零的位置，进行一个相一个相的分析，从而确定该温度下相图的相界位置。

（7）通过对材料的表层进行逐层成分分析，可以研究表面的氧化和腐蚀现象等。

（8）X射线的成分分析技术用来分析薄膜成分的同时还能确定薄膜的厚度，对于极薄的金属层（1～10nm）可以通过分析特征X射线的强度来确定膜厚；当厚度在几个微米以上时，可以在其横切面上直接测定。

5.8 扫描电镜的发展

5.8.1 概述

科学技术的不断发展推动着扫描电镜的性能也在不断改进和提高，其应用范围也不断扩展。电子枪性能的不断改进使得扫描电镜的分辨率不断提高；同时，各种多功能附件的发展，使得扫描电镜的分析功能得到加强，甚至通过新型附件的引入可以在扫描电镜中对纳米材料进行原位操纵。随着功能的进一步增强，扫描电镜已经成为科学研究领域和工业生产中广泛应用的重要工具。目前，在材料学、生物学、医学、物理学、工业生产等领域中，扫描电子显微分析已成为了不可或缺的重要研究手段。

5.8.2 场发射扫描电镜

场发射枪在扫描电镜上的广泛应用已有十几年的历史，它使扫描电镜的分辨率由传统的热发射枪时的6nm提高到1.5nm（传统物镜，30kV）。分辨率得以提高的原因是由于场发射枪高的亮度（约10^8 $(cm^2 \cdot sr)^{-1}$），当电子探针直径达到约1nm时仍能保持很高的束流，使图像的信噪比得到很大的改善。但是传统的物镜由于处于弱激励，球差和色差系数仍然很大（$C_S \approx 20mm$，$C_C \approx 8mm$），成为进一步提高分辨率的主要障碍。因此，日本的一些扫描电镜生产厂商把精力集中于新的物镜的设计，先后提出了浸没式（In-Lens）和半浸没式（Semi-in-Lens）等新的物镜工作模式，使物镜处于强激励状态，其焦距f，像差系数C_S，色差系数C_C接近透射电镜物镜的参数，从而把分辨率进一步提高到0.8～1nm（30kV）。但这种扫描电镜在观察时样品处于物镜的磁场中，对某些磁性样品不适用；同时样品的倾斜受到限制。而德国的科学家们则采取了另一种新型的电磁复合透镜来改进物镜，可使C_S和C_C极大地降低，从而达到1nm的分辨率（30kV），样品在物镜磁场之外。

场发射电子枪的亮度比普通钨灯丝电子亮度高得多，因而可以得到很高的二次电子像分辨率。目前，场发射扫描电镜（FESEM）的分辨率已达到0.6nm（加速电压30kV）和0.9nm（加速电压1kV），促使高分辨率扫描电子显微术和低能扫描电子显微术得到了极大的发展。采用场发射电子枪需要很高的真空度，在高真空度下由于电子束的散射更小，其分辨率进一步得到提高。近年来，各厂家采用多级真空系统（机械泵+分子泵+离子泵），真空度可以达到10^{-7}Pa。同时，采用磁悬浮技术，噪声振动大为降低，灯丝寿命也有增加。

在对微米和纳米材料的微结构进行研究时，需要在高放大倍数下进行。同时，随着样品种类的不断增多（如低原子序数材料和不导电材料等），需要扫描电镜提供优异的低加速电压性能，以获得高质量的图像。场发射扫描电镜正是为了满足以上的要求而设计的。与一般的扫描电镜相比，场发射扫描电镜具有更高的分辨率，若采用低加速电压技术，背散射电子成像良好，对于未喷涂的非导电样品也可得到高倍像。

商用的场发射扫描电镜的主要技术指标见表5-5。

表5-5 商用的场发射扫描电镜的主要技术指标

技术指标	JEOL JSM7600F	FEI Magellan™400	Hitachi S-4800	Zeiss SUPRA™60
分辨率/nm	1.0(15kV)/1.5(1kV)	0.8(15kV)/0.9(1kV)	1.0(15kV)/1.4(1kV)	1.0(15kV)/1.7(1kV)
加速电压/kV	0.1~30	0.05~30	0.5~30	0.1~30
放大倍数	25~1000000		20~800000	12~900000

5.8.3 低真空扫描电镜

用扫描电镜观察非导体的表面形貌，以往需将样品首先进行干燥处理，然后在其表面上喷镀导电层，以消除样品上堆积的电子。由于喷镀的导电层很薄，因此样品表面的形貌细节无大损伤。但导电层毕竟改变了样品表面的化学组成和晶体结构，使这两种信息的反差减弱，而且干燥容易引起脆性材料微观结构的变化；更为重要的是干燥终止了材料的正常反应，使反应动力学不能连续进行。

低真空是为了解决不导电样品分析的一种工作模式。其关键技术是采用了一级压差光阑，实现了两级真空。发射电子束的电子室和使电子束聚焦的镜筒必须置于清洁的高真空状态，一般用1个机械泵和扩散泵可以满足。而样品室不一定要太高的真空，可用另一个机械泵来实现样品室的低真空状态。当聚焦的电子束进入低真空样品室后，与残余的空气分子碰撞并将其电离，这些离子化带有正电的气体分子在一个附加电场的作用下向充电的样品表面运动，与样品表面充电的电子中和，这样就消除了非导体表面的充电现象，从而可实现非导体样品自然状态的直接观察。

低真空扫描电镜包括环境扫描电镜（ESEM），既可在低真空下工作，也可在高真空下工作。场发射电子枪的环境扫描电镜在低真空下的分辨率已达到普通扫描电镜在高真空下的水平，且使用时，高真空、低真空和环境三个模式可以根据情况任意选择，并且在三种情况下都配有二次电子探测器，都能达到3.5nm的二次电子像分辨率。

低真空扫描电镜的主要特点及应用：

(1) 非导电材料不需喷镀导电膜，可直接观察，分析简便迅速，不破坏原始形貌，检测陶瓷、玻璃、水泥、矿物、橡胶、塑料等绝缘体样品较为方便。

(2) 可保证样品在100%湿度下观察，即可进行含油含水样品的观察，能够观察液体在样品表面的蒸发和凝结以及化学腐蚀行为，对于检测潮湿、新鲜的活样品较为方便，在农业、林业、生物、医学、环保等方面有着广阔的应用前景。

(3) 利用配套的高温、低温、拉伸、变形等附件，可进行样品热模拟及力学模拟的动态变化实验研究；也可以利用微量注射器或微量控制器改变室内的气氛，观察样品在不同气氛下的变化，能够观察样品脆断、变形、熔化、溶解、结晶、腐蚀、水解等，可连续观察材料反应的动力学过程。

5.8.4　低电压扫描电镜

目前，大多数扫描电镜利用 10 ~ 30kV 的加速电压工作，都可获得较好的图像分辨率和信噪比，在进行微区成分分析时，也能提供可靠的定性和定量结果。但这种常规的电压范围在某些情况下并不适用，如在半导体材料和器件的生产过程中，不允许将大尺寸芯片和集成电路元件镀上导电膜层；如分析镀膜玻璃表面不导电镀层的缺陷，由于镀层非常薄，不能镀导电层；而且绝缘体由于不导电，大部分导热性差，如图 5-48 中的棉线，如果用常用的 20kV 观察，不仅放电现象严重，材料会很快被电子束烧坏，被观察区域收缩、变形和变黑，以至于完全无法成像。而在低电压模式下，即使不镀导电层，也完全没有这些现象，可以像观察导体一样观察原始状态的细节，这为研究非导电材料提供了方便。

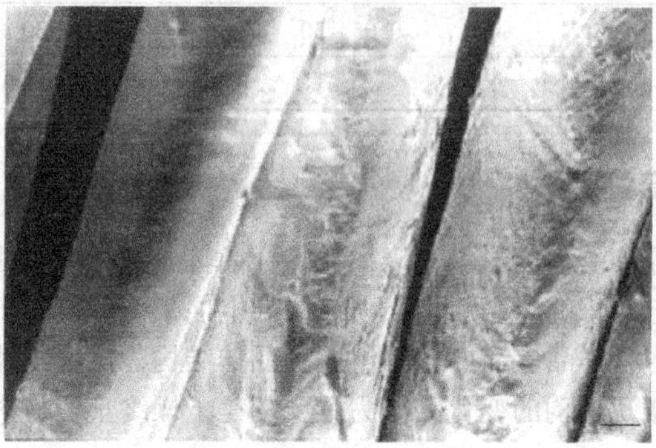

图 5-48　棉纤维形貌

场发射枪的应用除了在高压时带来高的分辨率以外，同时也提供了低压时进行观察的可能性。浸没式（In-Lens）和半浸没式（Semi-in-lens）-场发射扫描电镜（FESEM）在 1kV 时的分辨率可达到 2.5 ~ 5nm，不需喷涂导电膜低压时就可以观察绝缘样品或半导体样品，而且在低压时会出现新的二次发射特性和新的衬度机制。低能电子束在观察样品的成分和结构时有突出的优点。尽管场发射扫描电镜的制造商都声明自己有低压模式，宣传自己的产品在低压成像参数方面的优越性，但他们都没有做到真正的低压，而只停留在低压的半途。这是因为电子束在能量为 1 ~ 0.5kV 时，继续减小物镜像差的能力已经枯竭，而需要的真正低压范围是 100V 以下，在这个范围，利用所谓的低电压扫描电镜（LVSEM）（或低能扫描电镜，SLEEM）在固体表面的研究中取得了辉煌的成就，促使扫描电镜朝低电压和低能方向发展。

低电压扫描电镜（或低能扫描电镜）是指加速电压低于 5kV 的扫描电镜，它具有如下优点：

(1) 有利于减小样品的荷电效应；

(2) 样品受到的辐照损伤小，可以避免表面敏感样品（包括生物样品）的高能电子的辐照损伤；

(3) 有利于二次电子发射，改进图像质量，提高了样品表面图像的真实性；

(4) 有利于减轻边缘效应，使原来图像中淹没在异常亮的区域中的形貌细节得以显示；

(5) 入射电子与物质相互作用所产生的二次电子发射强度是随着工作电压的降低而增加，且对被分析样品的表面状态和温度更敏感，因此，可能有新的应用领域。

发展低电压扫描电镜的难点在于：扫描电子的束流是随着工作电压的降低而显著下降的，因而信噪比不能满足显微分析的基本要求。但随着场发射电子枪的普及，通过提高电子枪发射电流密度的途径，即使在很低的工作电压（如1kV）条件下，仍能保证有足够大的电子束流，这为低电压扫描电镜的发展奠定了基础。

目前，几乎所有的低电压扫描电镜都采用的是场发射电子枪和强励磁透镜。场发射电子枪的低电压扫描电镜在1kV下的二次电子像的分辨率为2~5nm，这相当于普通钨灯丝扫描电镜20~30kV下的分辨率。低电压扫描电镜常用的工作电压见表5-6。

表5-6 低电压扫描电镜常用的工作电压

应用目的	建议工作电压/kV
直接观察不导电样品	1.5~3
观察细灯丝的表面结构	约1
观察碳纤维芯部的精细结构	约5
观察轻元素样品的表面结构	
观察重元素样品的表面结构	
在小于0.1μm选区内进行的EDS分析	
表面薄膜分析	约2

采用场发射电子枪的低电压扫描电镜，由于是在低于5kV的工作电压下，被分析样品产生的二次电子的产额显著增高，且其发射数量对表面的成分、表面的电子结构、表面晶体缺陷的浓度以及表面的温度等都十分敏感。因此，利用场发射扫描电镜的低压性能好的优点，可以进行以下分析研究：

(1) 进行表面细节观察与研究；

(2) 可以进行二次电子像观察与分析；

(3) 可以对小于0.1μm的细节进行成分的点、线和面分析。

由于场发射扫描电镜的低压下空间分辨本领强，可以对样品在常规钨丝枪不能分辨开的区域进行分析，可以替代透射电镜的部分工作。如果对低压下EDS的定量校准工作（或采用标样校准）和定量软件进一步完善，许多元素的定量分析空间分辨率会比常规扫描电镜定量分析提高一至两个数量级。低压下，电子作用区域减小，背散射电子衍射区域同样减小，这样对于背散射电子衍射（EBSD）的分辨率同样可以提高，在5kV下可以优于0.1μm。

5.8.5 背散射衍射技术

显微组织和结晶学传统分析方法有光学显微镜（OM）、扫描电镜（SEM）、X射线衍射（XRD）、透射电镜（TEM）、选区电子衍射（SED）、中子衍射等。这些传统分析技术是相互交叉的，但又各自独立。光学显微镜只能获得晶粒尺寸和形貌信息。扫描电镜可以同时得到晶粒尺寸和形貌及成分分布数据，还可用选区电子通道花样分析（SAC）分析取向，但是SAC的空间分辨率较差，还需要严格地制备样品。X射线衍射和中子衍射没有点衍射能力，只能获得成千上万个晶体或晶粒的平均尺寸分布和平均原子面向分布。透射电镜是长期用于原位相鉴定、组织观察和位向测量的分析手段，但是所观察的薄膜样品制备困难，每一薄膜又只有少数晶粒可以看到，所得信息很难反馈到大块样品。由此可见，传统的分析技术，各有许多优点，但是总体上有几大缺点：

（1）显微组织与结晶学之间没有直接联系起来；

（2）不能从测得的数中得到单个晶粒的取向；

（3）不能得到包括晶体连接界面等在内的关于晶体空间组元的大量信息；

（4）不能区分成分相同（或相似），但有不同结晶学的、共存于显微组织中的相。

20世纪70年代发展起来的电子背散射衍射花样（electron backscattering patterns，EBSP）已经能对块状样品中亚微米级尺度显微组织逐点做结晶学分析。20世纪90年代，英国、美国和丹麦研制生产出电子背散射衍射装置可以直接配置在扫描电镜上，在测定单个晶粒取向的基础上逐步发展完善了电子背散射衍射技术（electron backscattered diffraction，EBSD）。

电子背散射衍射技术，又称为背散射菊池衍射，以一种独特的衍射获得晶体的结晶学数据。它作为SEM的一个附件，可以与SEM的其他功能结合起来：原位成像、成分分析、分析大块样品、粗糙表面成像等，改变了以往织构分析的方法，形成了全新的科学领域，称为“显微织构”，将显微组织和晶体学分析相结合。与“显微织构”密切联系的是应用EBSD进行相分析、取向及取向差和检测塑性应变。

EBSD的优点：能够实现全自动采集微区取向信息，样品制备较简单，数据采集速度快（能达到约36万点/h甚至更快），分辨率高（空间分辨率和角分辨率能分别达到0.1μm和0.5°，若安装在场发射扫描电镜上，空间分辨率可以小于10nm），为快速高效地定量统计研究材料的微观组织结构和织构奠定了基础，因此已成为材料研究中一种有效的分析手段。下面简单介绍EBSD的形成原理。

电子背散射衍射仪一般安装在扫描电镜或电子探针上。样品表面与水平面呈70°左右。当入射电子束进入样品后，会受到样品内原子的散射，其中有相当部分的电子因散射角大逃出样品表面，这部分电子称为背散射电子。背散射电子在离开样品的过程中与样品某晶面族满足布拉格衍射条件 $2d\sin\theta=\lambda$ 的那部分电子会发生衍射，形成两个顶点为散射点且与该晶面族垂直的两个圆锥面，两个圆锥面与接收屏交截后形成一条亮带，即菊池带。每条菊池带的中心线相当于发生布拉格衍射的晶面从样品上电子的散射点扩展后与接收屏的交截线，如图5-49所示。一幅电子背散射衍射图称为一张电子背散射衍射花样（EBSP）。一张EBSP往往包含多根菊池带。接收屏接收到的EBSP经CCD数码相机数字化后传送至计算机进行标定与计算。值得指出

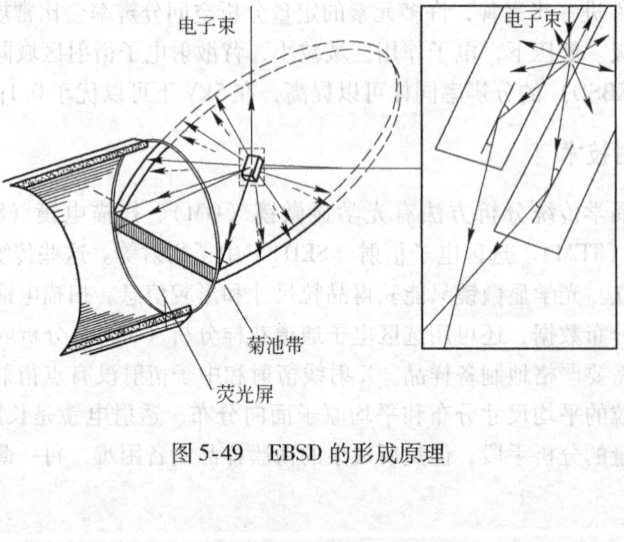

图5-49　EBSD的形成原理

的是，EBSP 来自于样品表面约几十纳米深度的一个薄层。更深处的电子尽管也可能发生布拉格衍射，但在进一步离开样品表面的过程中可能再次被原子散射而改变运动方向，最终成为 EBSP 的背底。因此，电子背散射衍射是一种表面分析手段。其次，样品之所以倾斜 70°左右是因为倾斜角越大，背散射电子越多，形成的 EBSP 花样越强。但过大的倾斜角会导致电子束在样品表面定位不准，降低在样品表面的空间分辨率等负面效果，故现在的 EBSD 都将样品倾斜 70°左右。

电子背散射衍射花样包含 4 个与样品有关的信息：晶体对称性信息、晶体取向信息、晶体完整性信息和晶格常数信息。根据这几类信息可对材料进行如下几方面的研究和分析：

（1）晶粒取向、晶粒取向分布（微区织构）和取向关系分析。EBSD 测定的织构可以用多种形式表达出来，如极图、反极图、取向分布函数（ODF）等。与 X 射线衍射测织构相比，EBSD 具有能测微区织构、选区织构并将晶粒形貌与晶粒取向直接对应起来的优点。另外，X 射线测织构是通过测定衍射强度后反推出晶粒取向情况，计算精确度受选用的计算模型和各种参数设置的影响，一般测出的织构与实际情况偏差 15% 以上。而 EBSD 通过测定各晶粒的绝对取向后进行统计来测定织构，可以认为 EBSD 是目前测定织构最准确的手段。但 EBSD 存在制样麻烦等缺点。

EBSD 技术通过测量晶粒取向，获得不同晶粒或不同相间的取向差，测量各种取向晶粒在样品中所占比例，从而研究材料的晶界或相界和孪晶面等。如薄膜材料晶粒生长方向测量、穿晶裂纹的结晶学分析和单晶体的完整性等。

（2）物相鉴定及相比计算。用 EBSD 鉴定物相必须借助能谱 EDS 的帮助。一般先用能谱测定出待鉴定物相由哪些元素组成，然后采集该相的 EBSP 花样。用这些元素可能形成的所有物相对花样进行标定，只有完全与花样相符合的物相才是所鉴定的物相。

需要指出的是 EBSD 的物相鉴定与 TEM 和 X 射线衍射进行物相鉴定的原理是不同的。EBSD 主要是根据晶面间的夹角来鉴定物相，因为一张 EBSP 上包含约 70°范围内的晶体取向信息，而 TEM 则是依据晶面间距及晶面夹角来鉴定物相，X 射线衍射是根据晶面间距和各晶面相对衍射强度来鉴定物相。由于 X 射线衍射能准确测定晶面间距，故 X 射线衍射进行物相鉴定不需要事先知道物相成分；而 EBSD 和 TEM 在测定晶面间距方面误差较大，必须先测定出待鉴定相成分以缩小范围。尽管如此，3 种衍射手段在关于某一晶面是否发生衍射的条件方面是相同的，即该晶面的结构因子不为零。

用 EBSD 技术鉴定相结构对化学成分相近的矿物及某些元素的氧化物、碳化物、氮化物的区分特别有用。如 M_3C 和 M_7C_3（M 为 Cr、Fe、Mn 等）在 SEM 中用能谱和波谱进行成分分析时很难区分它们的，但是两种碳化物中一种是六方对称性，另一种是斜方对称性，因而具有完全不同特征的 EBSD 花样。再如，赤铁矿（Fe_2O_3）、磁铁矿（Fe_3O_4）和方铁石（FeO）的区分也是 EBSD 的强项。同样，在实践中经常碰到区分体心立方和面心立方的铁，因为用元素的化学分析方法是无法办到的，如钢中的铁素体和奥氏体。在相鉴定和取向成像图绘制的基础上，很容易地进行多相材料中相百分比含量的计算。

（3）晶粒尺寸测定。传统的晶粒尺寸测量是用显微镜成像的方法，但是并不是所有晶界都能用腐蚀方法显露出来。如小角晶界和孪晶界等就很难显示，按定义，一个晶粒相对于样品表面只有单一的结晶学取向，这就使 EBSD 成为理想的晶粒尺寸测量工具，最简单的方法是进行横穿样品的线扫描，同时观察花样的变化。也可以利用 EBSD 将取向图转换为晶界演示图，图 5-50 为纯铁的晶界演示图，从图中可以轻易地分辨出小角晶界和大角晶界。

（4）应变分析。晶体的应变对 EBSD 的质量有显著的影响，随着应变增加，EBSD 的衬度下降。材料微观区域的残余应力使局部的晶面变得歪扭和弯曲，从而使 EBSD 菊池线变模糊。因此，可以从 EBSD 花样质量直观地定性或半定量地分析晶体内存在的塑性应变。

EBSD 进行应变测量的例子有：超合金和铝合金中的应力变化以及外力作用下所发生的塑性变形和断裂过程；半导体中离子注入损伤；溶质原子诱导应变等。

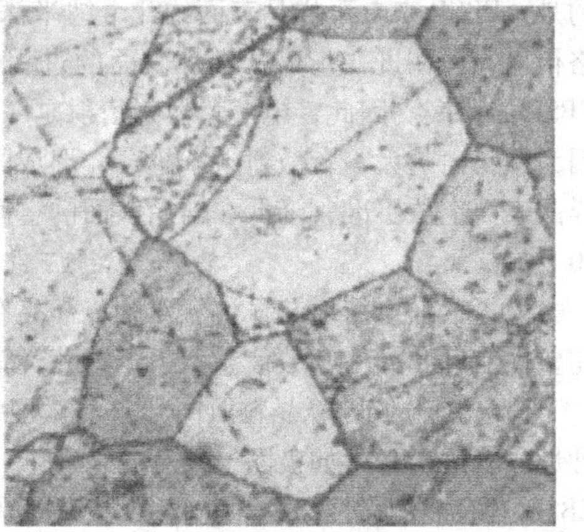

图 5-50　纯铁的晶界演示图

5.8.6　微纳米显微操纵

纳米材料、纳米技术和纳米工程的发展对材料微观分析方法和纳米测量技术提出了更高的要求。德国 Kleindiek Nanotechnik 公司生产的微操纵仪（MMS）以其高精度、超灵活、易操作、小体积成为电子显微镜用户的得力助手，改变了电子显微镜只用于样品观察的局限性，可直接在样品室内接触并操纵样品，从而使对样品的物性分析成为可能；而且多个微操纵仪的联合使用可从事微米和纳米尺度的样品的加工和组装；由精确操纵样品而产生的丰富多彩的信息，使得对样品的研究更进一步。新型的环境扫描电镜（ESEM）拓宽了传统扫描电镜（SEM）的功能，观察的样品已覆盖导体、半导体、绝缘材料、含水及生物材料等不同类型的材料。ESEM-MMS 系统可操纵几百纳米至几微米、质量为纳克级的样品，在材料学、环境工程、生物、IT 等领域和行业中有着广泛的应用前景。

思　考　题

5-1　扫描电镜有哪些特点？

5-2　扫描电镜的工作原理是什么？

5-3　扫描电镜的主要性能有哪些？

5-4　扫描电镜的分辨率是如何定义的，扫描电镜的分辨率与信号种类是否有关，请将各种信号的分辨率做比较？

5-5　形貌衬度和成分衬度各有什么特点？

5-6　二次电子像和背散射电子像成像的原理是什么？

5-7　波谱仪和能谱仪的工作原理是什么，波谱仪和能谱仪各有什么特点？

6 热分析技术及应用

内容提要

热分析技术是在程序控制温度下，测量物质的物理性质随温度变化的函数关系的技术。能快速准确地测定物质的晶型转变、熔融、升华、吸附、脱水、分解等变化，是无机、有机及高分子材料的物理及化学性能方面重要的测试手段。热分析技术在物理、化学、化工、冶金、地质、建材、燃料、轻纺、食品、生物等领域得到了广泛应用。本章将主要阐述下列内容：

1. 介绍热分析技术的分类情况；
2. 阐明各种热分析方法的基本原理和热分析仪的结构；
3. 介绍各种热分析曲线的特点及影响因素；
4. 介绍热分析技术发展的趋势。

学习目标

1. 了解各种热分析仪的结构；
2. 掌握各种热分析方法的基本原理；
3. 理解各种热分析曲线的特点及影响因素；
4. 掌握热分析曲线的解析方法。

6.1 热分析技术简介

1977 年在日本京都召开的国际热分析协会（International Conference on Thermal Analysis，ICTA）第七次会议对热分析给出了明确的定义：热分析是在程序控制温度下，测量物质的物理性质与温度之间关系的一类技术。其数学表达式为：

$$P = f(T)$$

式中 P——物质的一种物理量；

T——物质的温度。

所谓程序控制温度就是把温度看作时间的函数：

$$T = \varphi(t)$$

式中 t——时间。

则 $P = f(\varphi(t))$。

6.1.1 热分析技术的发展历史

1887 年，法国学者 H. Le. Chatelier 第一次采用热电偶测温的方法研究黏土矿物在升温过程中的热性质的变化，这是热分析仪的雏形，但这种方法不是严格的差热法，灵敏度低，易受外界热变化条件的影响。1891 年，英国学者 W. C. Roberts-Austen 首次采用示差热电偶和参比物，记录样品与参照物之间存在的温度差，大大提高了测试的灵敏度，这就是目前广泛使用的差热分析法的原始模型。1915 年，日本东北大学的本多光太郎在分析天平的基础上研制出热天平，开创了热重分析技术。1923 年，法国 Sorbonne 大学的 Maurice 和 Gaichard 也提出了类似的设想。1940～1960 年期间，热分析向自动化、定量化、微型化方向发展。1964 年，美国人 Watson 等人首先提出示差扫描量热计的概念，Perkin-Elmer 公司采用此技术率先研制了 DSC-1 型示差扫描量热仪，使微量测定装置得到普及。我国热分析的起步较晚，在 20 世纪 50 年代末、60 年代初才开始有热分析仪器的生产。近年来，随着热分析仪器微机处理系统的不断完善，使热分析仪器获得数据的准确性进一步提高，从而加速了热分析技术的发展。

热分析已经形成一类拥有多种检测手段的仪器分析方法，它可用于检测的物质因受热而引起的各种物理和化学变化，参与各学科领域中的热力学和动力学问题的研究，使其成为各学科领域的通用技术，并在各学科间占有特殊的重要地位。与热分析技术相关的专业期刊有《Thermal Analysis Abstract》（热分析文摘）、《Journal of thermal Analysis》（热分析杂志）、《Thermochemical Acta》（热化学学报）、《Calorimetry and Thermal Analysis》（量热学与热分析杂志）等。

6.1.2　热分析技术的分类

根据国际热分析协会的归纳，可将现有的热分析技术方法分为 9 大类 16 种，见表 6-1。其中差热分析（differential thermal analysis，DTA）、差示扫描量热法（differential scanning calorimetry，DSC）和热重分析（thermogravimetry，TG）应用最广泛，因此本章重点讨论这些热分析技术，其他较为常见的热分析方法还有热膨胀法（thermal dilatometry，TD）、热机械分析（thermomechanic analysis，TMA）和动态热机械分析（dynamic thermomechanic analysis，DMA）等。

表 6-1　国际热分析协会认定的热分析技术

测量参量	热分析技术	缩写	测量参量	热分析技术	缩写
质量	热重法	TG	尺寸	热膨胀法	TD
	等压质量变化测定		力学特性	热机械分析	TMA
	逸出气检测			动态热机械分析	DMA
	逸出气分析	EGD	声学特性	热发声法	
	反射热分析	EGA		热传声法	
	热微粒分析		光学特性	热光学法	
温度	差热分析法	DTA	电学特性	热电学法	
	加热曲线测定				
热量	差示扫描量热法	DSC	磁学特性	热磁学法	

这些热分析技术不仅能独立完成某一方面的定性或定量测定，而且还能与其他方法互相印证和补充，已成为研究物质的物理性质、化学性质及其变化过程的重要手段。它在基础科学和应用科学的各个领域都有极其广泛的应用。表 6-2 是一些热分析技术的主要应用范围。

表 6-2 热分析技术的主要应用范围

方 法	TG	DTA	DSC	TMA	DMA	EGA	热电学法	热光学法
相转变、熔化、凝固		▲	●	◇			▲	●
吸附、解吸	●	▲	●			▲		▲
氧化还原、裂解	●	▲	●		▲	▲	▲	▲
相图制作	▲	●	●	◇				◇
纯度测定		▲	●					▲
热固化		▲	▲	▲				▲
玻璃化转变		▲	●	●	▲		◇	▲
软 化			◇	●	◇		◇	◇
结 晶		▲	●	▲	▲		◇	▲
比热容测定		▲	●					
耐热性测定	●	●	●	▲	▲	▲	◇	▲
升华、反应和蒸发速率测定	●	▲	●			●	◇	▲
膨胀系数、黏度测定				●				
黏弹性				●	●			
组分分析	●	▲	●		◇	●	▲	▲
催化研究		▲	●					

注：“●”表示最适用；“▲”表示可用；“◇”表示某些样品可用。

对于材料研究而言，希望能在同一条件下获得材料在高温过程中的各种信息，从而对材料的高温性能做出比较全面的评价。因此，仪器的综合化已体现在高温物相分析中，例如综合热分析仪，可以同时测定样品的差热曲线、热重曲线及膨胀（收缩）曲线；又如差热分析与高温 X 射线衍射仪组合及高温显微镜与膨胀仪组合等，都使高温物相分析更有效、更方便；同时，引入了气体和压力条件，使得高温物相的分析更接近于实际情况。

6.2 差热分析

差热分析是在程序控制温度下测定物质和参比物（或称基准物质、中性体，是指在测量温度范围内不发生任何热效应的物质，如 $\alpha\text{-}Al_2O_3$、MgO）之间的温度差随时间或温度变化的一种技术。物质在升温或降温过程中的某一特定温度下，往往伴随有吸热或放热效应的物理、化学变化，如晶型转变、沸腾、升华、蒸发、熔融等物理变化，以及氧化还原、分解、脱水和离解等化学变化。另有一些物理变化如玻璃化转变、虽无热效应发生但比热容等某些物理性质也会发生改变。此时物质的质量不一定改变，但温度是必定会变化的。差热分析就是在物质这类性质基础上建立的一种技术。

6.2.1 差热分析的基本原理

当样品在加热或冷却过程中发生任何物理或化学变化时，所释放或吸收的热量使样品温度高于或低于参比物的温度，从而相应地在差热曲线上得到放热或吸收峰。图 6-1 为典型的差热分析曲线。

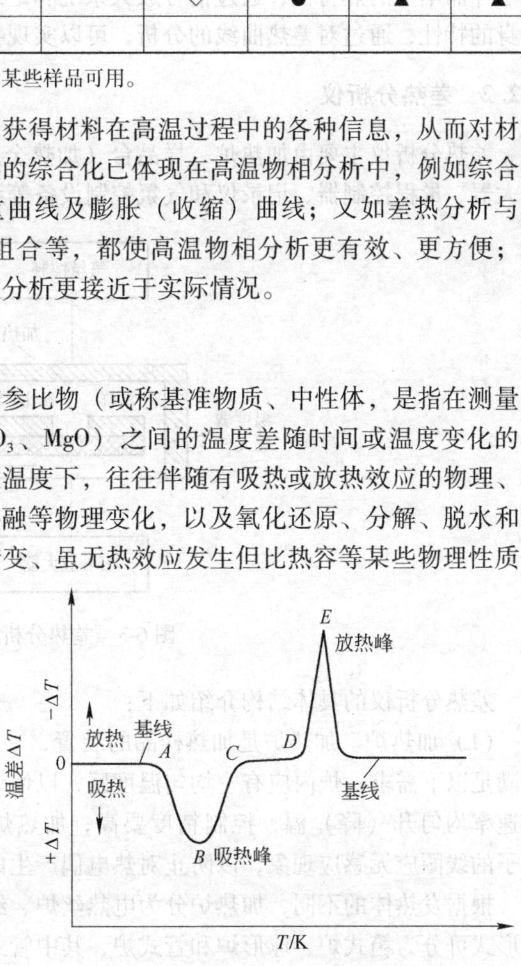

图 6-1 典型的差热分析曲线

现代的差热分析仪得到了极大的发展，

结构和性能较原来的仪器有了很大的改进，但其基本结构单元仍是示差热电偶，如图 6-2 所示。根据第一热电效应（塞贝克效应），当金属丝 A 和金属丝 B 焊接后组成闭合回路，如果两焊点的温度 t_1 和 t_2 不同就会产生接触热电势，闭合回路有电流流动，检流计指针偏转。接触热电势的大小与温差成正比。把两根不同的金属丝 A 和 B 一端焊接（称为热端），放在测温部位；另一端（称为冷端）置于冰水中，以导线与检流计相连，此时所得热电势与热端温度成正比，构成了用于测温的热电偶。将两个极性相反的热电偶串联起来（同极相连，产生的热电势正好相反），就构成了可测两个热源温度差的示差热电偶。

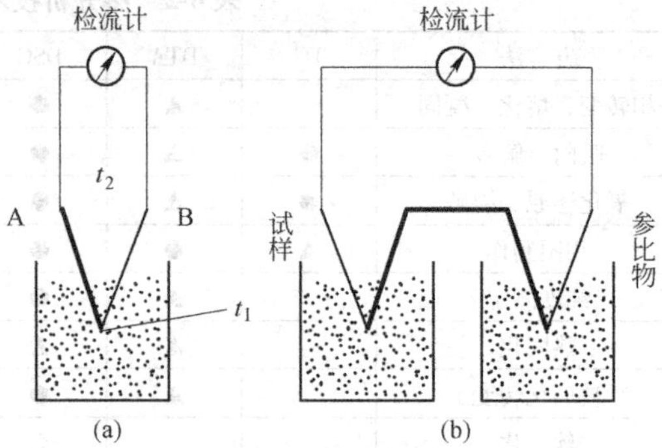

图 6-2　热电偶和示差热电偶

（a）热电偶；（b）示差热电偶

差热分析的基本原理是将样品和参比物同时升温，由于样品在加热或冷却过程中产生的热变化而导致样品和参比物间产生温度差，这个温度差通过示差热电偶测出。温差的大小主要决定于样品本身的热特性，通过信号放大系统和记录仪记下的差热曲线，便能如实地反映出样品本身的特性，通过对差热曲线的分析，可以实现物相鉴定的目的。

6.2.2　差热分析仪

差热分析仪主要由加热炉、样品台（加热金属块）、温差检测器、温度程序控制仪、信号放大器、量程控制器、记录仪和气氛控制设备等组成，其结构如图 6-3 所示。

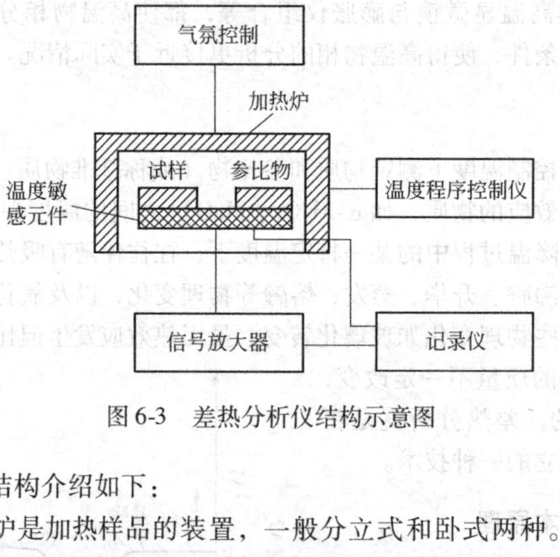

图 6-3　差热分析仪结构示意图

差热分析仪的具体结构介绍如下：

（1）加热炉。加热炉是加热样品的装置，一般分立式和卧式两种。差热分析用的加热炉应满足以下需求：炉内应有一均匀温度区，以使试样能均匀受热；能在程序控制温度下以一定的速率均匀升（降）温，控制精度要高；加热炉的热容量要小，以便于调节升、降温速度；炉子的线圈应无感应现象，以防止对热电偶产生的电流干扰。

根据发热体的不同，加热炉分为电热丝炉、红外加热炉和高频感应加热炉等形式。按炉膛的形式可分为箱式炉、球形炉和管式炉，其中管式炉使用最广泛。应根据使用温度的不同选择管式炉炉管的材料和发热体的材料，见表 6-3。

表 6-3 加热炉常用的炉管材料和发热体材料

发热体材料	常用温度范围/K	最高使用温度/K	炉管材料
镍铬丝	1170 ~ 1270	1370	耐火黏土管材
康钛丝	1470	1570	耐火黏土管材
铂 丝	1620 ~ 1670	1770	刚玉质材料
钼 丝	1770	1970（2270）	高温热分析需 He、Ar 等气体保护
硅碳棒	1570	1670	硅碳棒管材兼作发热体
炭粒石墨	<2270	（2470）	石墨管材或坩埚
钨 丝	<2270	（3070）	钨管兼作发热体

(2) 样品台。此部分包括样品容器和加热块等部件。装样品的坩埚可用陶瓷质、石英玻璃质、刚玉质和钼、铂、钨等材料。使用的加热块要求在耐高温的条件下，以选择热传导性能好的材料为宜，当使用温度小于 1570K 时，采用金属镍块；当使用温度超过 1570K 时，采用氧化铍瓷或刚玉质瓷。

(3) 示差热电偶。热电偶既有测温的作用，又兼具传输温差电动势的功能，因此热电偶是差热分析仪中的关键部件。热电偶材料性能要求：能产生较高的温差电动势，且与温度呈线性关系；测温范围广，且在高温下耐氧化、耐腐蚀，电阻随温度变化要小（即电阻温度系数小），热导率大；物理稳定性好，能长期使用；有足够的机械强度，价格适宜。

能完全符合上述要求的热电偶较少，实际使用中根据不同的测温的要求来选择，一般中低温（500 ~ 1000℃），多采用镍铬-镍铝（正极：镍铬，负极：镍铝）热电偶，高温（>1000℃）时用铂-铂铑（正极：铂，负极：$Pt_{90}Rh_{10}$）热电偶。更多的热电偶的选择可查阅相关热电偶资料。

(4) 温度程序控制仪。此系统要求能使炉温按给定的速率均匀地升温或降温。升温速率要求在 1 ~ 100K/min 的范围内变化，常用的为 1 ~ 20K/min。

(5) 信号放大器。通过直流放大器将示差热电偶输出的微弱温差电动势放大、增幅后输送到记录仪。

(6) 记录仪。记录仪的作用是将信号放大器所检测到的物理参数对温度作图。可以采用电子电位差记录仪或电子平衡电桥记录仪、示波器、*X-Y* 函数记录仪以及照相式的记录方式等以数字、曲线或其他形式直观地显示出来。该系统还可将所检测到的物理参数对温度的曲线或数据做进一步的分析处理，直接计算出所需要的结果和数据由打印机输出。它包括专用微型计算机或微机处理。

目前的差热分析仪均配备微型计算机及相应的热分析软件，可实现自动控制、实时数据显示、曲线校正、优化及程序化计算和存储等功能，使分析精度和效率大为提高。

整个差热分析仪的工作过程如下：在差热分析仪中，样品和参比物分别装在两个坩埚内，放入加热炉内的样品台上，两个热电偶分别放在样品和参比物坩埚下进行测温。样品和参比物在相同的条件下加热或冷却，炉温由温度程序控制仪控制。当样品未发生物理或化学变化时，样品温度 T_S 和参比物温度 T_R 相同，温差 $\Delta T = T_S - T_R = 0$，产生的相应温差电势为零。当样品发生物理或化学变化而放热或吸热时，样品温度 T_S 高于或低于参比物温度 T_R，产生的温差 $\Delta T \neq 0$，产生的不为零的温差电势经放大器放大后输送到记录仪，同时，记录仪也记录下此时加热炉的温度 T（或时间 t），从而可以得到以 ΔT 为纵坐标，T 或 t 为横坐标的差热分析曲线（$\Delta T \sim T(t)$ 曲线），如图 6-1 所示。

在差热分析中，温度的测量至关重要。但各种差热分析仪的设计、仪器所用材料和测温的方式存在差别，测温的结果相差很大。故国际热分析协会公布了一组温度标定物质，以它们的相变温度作为温度的标准，进行温度校正，见表6-4。

表 6-4 国际热分析协会公布的温度标定物质

物 质	转变相	平衡转变温度/℃	DTA 平均值	
			外延起始温度/℃	峰温/℃
KNO_3	S-S	127.7	128	135
In（金属）	S-L	157	154	159
Sn（金属）	S-L	231.9	230	237
$KClO_4$	S-S	299.5	299	309
Ag_2SO_4	S-S	430	424	433
SiO_2	S-S	573	571	574
K_2SO_4	S-S	583	582	588
K_2CrO_4	S-S	665	665	673
$BaCO_3$	S-S	810	808	819
$SrCO_3$	S-S	925	928	938

注："转变相"中S表示固态，L表示液态。

6.2.3 差热分析曲线及解析

根据差热曲线（$\Delta T \sim T(t)$曲线）的特性，如放热或吸热峰的个数、位置及形状，可对材料的物理或化学变化过程进行定性分析，也可根据吸热或放热峰的面积半定量地测定反应热。

6.2.3.1 *差热分析曲线*

差热分析得到的DTA曲线是以温度T（或时间t）为横坐标，以样品与参比物的温差ΔT为纵坐标的曲线。样品吸热时，样品端温度T_S下降，$\Delta T = T_S - T_R < 0$，出现向下的吸热峰；样品放热时，样品端温度T_S升高，$\Delta T = T_S - T_R > 0$，出现向上的放热峰，典型的差热曲线如图6-4所示。

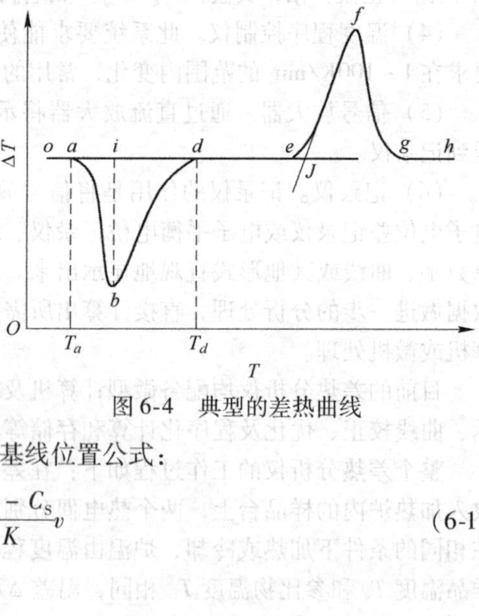

图 6-4 典型的差热曲线

下面介绍几个差热曲线的基本概念：

（1）基线。指DTA曲线上ΔT近似等于零的部分，如oa、de、gh。说是近似等于零是因为根据基线位置公式：

$$(\Delta T)_a = \frac{C_R - C_S}{K} v \tag{6-1}$$

式中 ΔT——样品与参比物之间的温差，K；

C_R——参比物的热容，J/K；

C_S——样品的热容，J/K；

K——与仪器灵敏度有关的比例常数；

v——升温速率，K/min。

由式（6-1）可知，若样品与参比物的热容大致相等，基线就不会太过偏离零点。因此选用参比物时应使其热容尽可能与样品相近，或者采用稀释样品的方法。

（2）峰。指DTA曲线上离开基线又回到基线的部分，包括吸热峰和放热峰，如*abd*和*efg*。

（3）峰宽。指DTA曲线偏离基线又返回基线两点间的距离或温度间距，如*ad*或$T_d - T_a$。

（4）峰高。表示样品和参比物之间的最大温度差，指峰顶至内插基线间的垂直距离，如*bi*。

（5）峰面积。指峰和内插基线之间所包围的面积。

（6）外延始点。指峰的起始边陡峭部分的切线与外延基线的交点，如*J*点。

根据国际热分析协会对大量样品测定的结果，认为曲线开始偏离基线那点的切线与曲线最大斜率切线的交点（如图6-4中*J*点）最接近于热力学的平衡温度，故用外推法确定此点为差热曲线上反应温度的起始点或转变点。外推法既能确定反应起始点，也可确定反应终止点。外推法确定出的反应起始点，表示在该温度点，反应过程开始被测出。图6-4中*b*、*f*点为峰值温度，该温度点既不表示反应的最大速率，也不表示反应过程的结束。对*abd*峰而言，反应的终止温度应在*bd*线上的某一点，可通过外推法确定反应终止点的方法来找出。反应的最大速率也不在峰顶而是在峰顶之前。通常峰值温度较易确定，但其数值易受加热速率和其他因素的影响，较起始温度变化大。

6.2.3.2 定性分析

根据差热曲线的特性，如吸热峰和放热峰的个数、位置和形状等，可定性分析材料的物理或化学变化过程，这是差热分析最主要的应用。

材料发生各种物理或化学变化时的吸热和放热情况见表6-5，这些信息有助于差热分析曲线的分析。

表6-5 材料发生物理或化学变化时的吸热和放热情况

现象		吸热	放热	现象		吸热	放热
物理变化	结晶转变	√	√	化学变化	化学吸附		√
	熔融	√			析出		√
	汽化	√			脱水	√	
	升华	√			分解	√	
	吸附		√		氧化度降低		√
	脱附	√			氧化（气体中）		√
	吸收	√			还原（气体中）	√	
					氧化还原反应	√	√

差热分析法可以进行部分化合物的鉴定。首先对待测样品的差热曲线进行测定，然后将实测的DTA曲线与已知的各种化合物的DTA曲线制成的卡片进行比对，从而实现化合物的鉴定。这个过程与XRD进行物相鉴定的过程类似。

6.2.3.3 定量分析

按照差热分析的原理，在正常情况下，基线的漂移情况取决于样品与参比物的热容差及升温速率。反应峰的面积与样品的转变热、熔化热、反应热及样品量成比例。常见的差热定量分析是采用精确测定物质的热反应产生的峰面积的方法，然后以各种方式确定物质在混合物中的含量。根据斯伯勒（Speil）公式：

$$\Delta H = KA \tag{6-2}$$

式中 ΔH——反应热效应；

K——与仪器灵敏度有关的比例常数；

A—反应峰的面积。

即反应热效应 ΔH 与反应峰的面积 A 成正比。同时，反应热效应 ΔH 与样品的质量 m 也成比例：

$$\Delta H = mq \tag{6-3}$$

式中 q——单位质量物质的热效应。

因此，测出比例常数 K 和反应峰面积 A 后，代入式（6-2）即可求出反应热效应 ΔH。若已知单位质量物质的热效应 q，则根据式（6-3）可求出反应物质的质量。现今的热分析仪可直接输出差热曲线，然后通过仪器所带的软件能很容易地求出反应峰的面积。

6.2.4 影响差热曲线的因素

影响差热曲线的因素很多，主要有样品、仪器、实验条件等因素。这些因素可能会影响差热曲线的基线和峰的位置及形状，甚至峰的数量。因此，在进行差热分析实验时应严格控制实验条件。

6.2.4.1 样品方面的因素

A 热容量和热导率变化

样品的热容量和热导率的变化会引起差热曲线基线的变化。理想差热曲线的基线在热反应前后应是一条水平直线，但实际上基线在热反应的前后往往不在同一水平上。因为样品在热反应前后的热容 C_S 通常是不同的，由于热容不同，根据式（6-1）可知，热反应前后的基线位置不同。图 6-5 所示为吸热反应前后热容变化的两种情况，图 6-5（a）表示反应前基线低于反应后基线，说明反应后样品热容减小；图 6-5（b）表示反应前基线高于反应后基线，说明反应后样品热容增大。反应前后样品热导率的变化也会引起基线发生类似的变化。

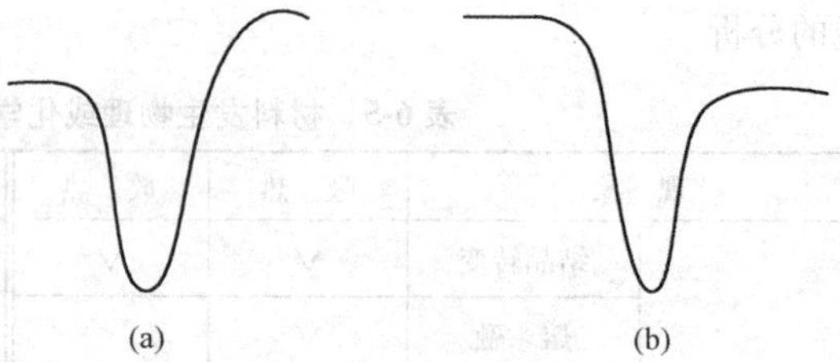

图 6-5 热反应前后基线变化

B 样品的用量

样品用量多，热效应大，峰顶温度滞后，容易掩盖邻近小峰谷，特别是反应过程中有气体放出的热分解反应，样品用量会影响气体到达样品表面的速度。故以少为原则，如硅酸盐样品用量常为 0.2 ~ 0.3g。

C 样品的颗粒度和装填情况

样品颗粒越大，峰形趋于扁而宽，反之，颗粒越小，热效应温度偏低，峰形变小，如图 6-6 和图 6-7 所示。颗粒要求：0.04 ~ 0.15mm（100 ~ 300 目）。

样品的装填决定着等量样品体积的大小。在样品用量和颗粒度相同的情况下，装填紧密与否会影响产物的扩散速度和样品的传热快慢，从而影响差热曲线。通常的装填要求是：薄而均匀，同时应尽量保证样品和参比物的装填情况一致。

D 样品的结晶度和纯度

样品的结晶度好，峰形尖锐；结晶度不好，则峰面积要小。

样品的纯度同样会影响 DTA 曲线，含有杂质的物质与纯物质相比，差热曲线的形态和峰

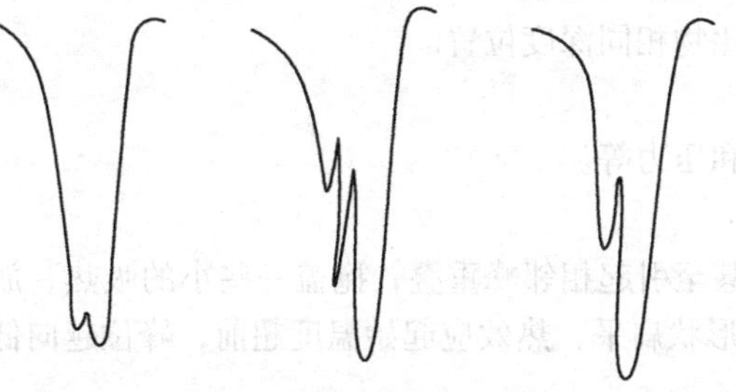

图 6-6 不同粒度 $CuSO_4 \cdot 5H_2O$ 的差热曲线
(a) 1.168 ~ 0.912mm (14 ~ 18 目);
(b) 0.279 ~ 0.206mm (52 ~ 72 目);
(c) 0.206 ~ 0.147mm (72 ~ 100 目)

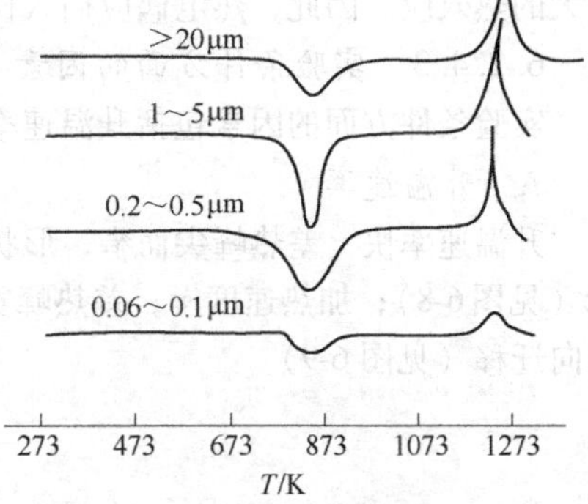

图 6-7 高岭石的粒度对其差热曲线峰值的影响

的位置等均存在差异。

E 参比物

参比物，又称基准物质或中性体。对参比物有如下要求：整个测温范围内无热反应；热容和导热性能与样品相近；粒度应与样品相近。只有当参比物与样品的热性质、质量、密度等完全相同时才能在样品未发生物理或化学变化的相应温度区内保持温差 ΔT 为零，得到理想的水平基线。但实际上是很难的，与样品一样，参比物也受许多因素影响，例如比热容、密度、粒度、温度和装填方式等，这些因素的变化均会引起差热曲线基线的偏移。因此，为了获得 $\Delta T=0$ 的水平基线，必须选择与样品热导率尽可能相近的参比物。常用的参比物有 $\alpha\text{-}Al_2O_3$（经 1720K 煅烧过的高纯氧化铝粉即为 $\alpha\text{-}Al_2O_3$）和 MgO。

要测好样品的差热曲线，选择的参比物的热容和热导率应与样品尽量接近。为了实现这一目的，可在样品中添加适量的参比物使样品稀释。样品和参比物的粒度应相同。

6.2.4.2 仪器方面的因素

仪器方面的因素包括加热炉的结构和尺寸、坩埚材料和形状、热电偶性能与位置等。

A 加热炉的结构和尺寸

加热炉的均温区与炉子的结构和尺寸有关，而差热基线又与均温区的好坏有关，因此加热炉的结构尺寸合理，均温区好，差热基线直，检测性能也稳定。一般而言，炉子的炉膛直径越小、长度越长、均温区就越大，且均温区内的温度梯度就越小。

B 坩埚材料和形状

常用的坩埚材料包括铝、不锈钢、铂等金属材料和石英、氧化铝、氧化铍等非金属材料两类。两类坩埚材料各有优劣，金属材料坩埚的导热性能好，基线偏离小，但灵敏度偏低，差热峰谷较小。非金属材料坩埚的热传导性能较差，易引起基线偏离，但灵敏度较高，只需较少的样品即可获得较大的差热峰谷。

坩埚的直径大，高度小，试样容易反应，灵敏度高，峰形也尖锐。

C 热电偶性能与位置

热电偶的性能、接点位置、类型和大小等因素都会影响差热分析的结果（如差热曲线的峰形、峰面积及峰温等）。此外，热电偶在样品中的位置不同，也会使差热峰产生的温度和峰面积有所改变。这是因为样品本身具有一定的厚度，因此表面的样品其物理或化学过程先进行，而中心部分较迟，使样品内出现温度梯度。将热电偶热端置于坩埚内样品的中心位置可以获得最大的热效应。因此，热电偶应插入样品和参比物相同深度位置。

6.2.4.3　实验条件方面的因素

实验条件方面的因素包括升温速率、气氛和压力等。

A　升温速率

升温速率快，差热峰尖而窄，形状拉长，甚至引起相邻峰重叠，掩盖一些小的吸热、放热峰（见图6-8）；加热速度慢，差热峰宽而矮，形状扁平，热效应起始温度超前，峰位越向低温方向迁移（见图6-9）。

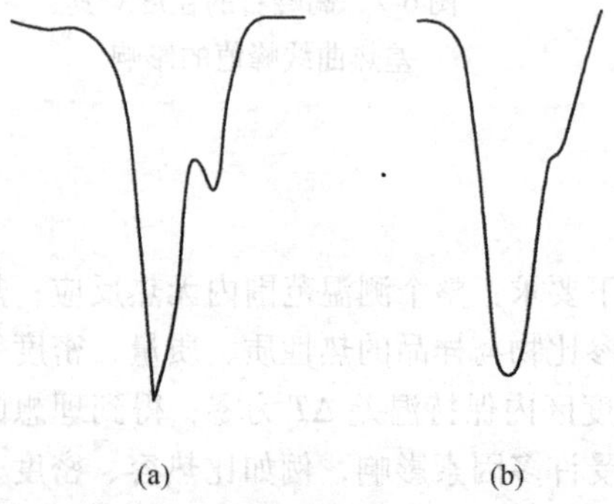

图6-8　升温速率对硫酸钙相邻峰谷的影响

（a）升温速率合适；（b）升温过快

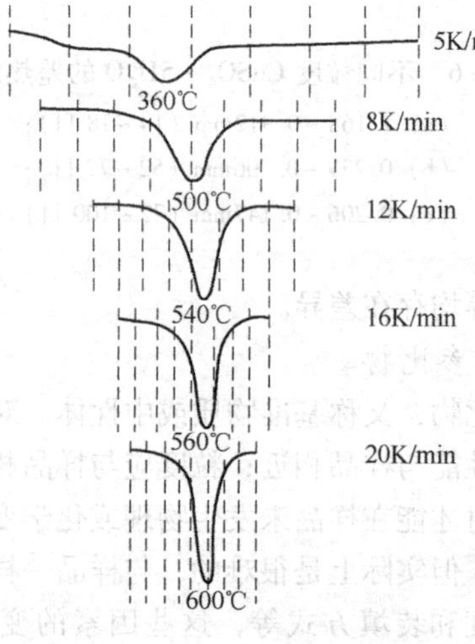

图6-9　升温速率对高岭石吸热峰形态及峰值温度的影响

B　气氛

不同气氛（氧化性、还原性、惰性）对差热曲线的影响很大。如碳酸盐、硫化物、硫酸盐等矿物的加热过程受气氛影响较大，当炉内气氛的气体与样品的热分解产物一致时，分解反应所产生的起始、终止和峰顶温度向高温区移动（此情况在封闭系统中尤为突出）。图6-10所示为$FeCO_3$和$MnCO_3$在空气和CO_2中的差热曲线，从图中可以看出，在CO_2气氛中未观察到FeO和MnO的氧化放热峰。

C　压力

压力对差热反应中体积变化很小的样品影响不大，但对体积变化大的样品影响较大。外界压力增大，样品的分解、分离、扩散速度等均降低，热反应温度向高温方向移动；外界压力降低，样品的分解、分离、扩散速度等均加快，热反应温度移向低温方

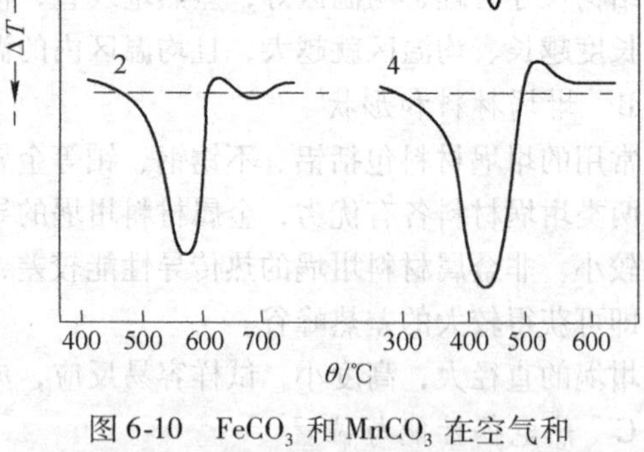

图6-10　$FeCO_3$和$MnCO_3$在空气和CO_2中的差热曲线

1—$FeCO_3$在空气中；2—$FeCO_3$在CO_2中；3—$MnCO_3$在空气中；4—$MnCO_3$在CO_2中

向。图 6-11 所示为白云石（$CaMg(CO_3)_2$）在不同 CO_2 分压下的差热曲线，从图中可以看出，随着 CO_2 分压的增大，吸热峰向高温方向移动。图 6-12 是常见的黏土矿物在空气和真空条件下的差热曲线。

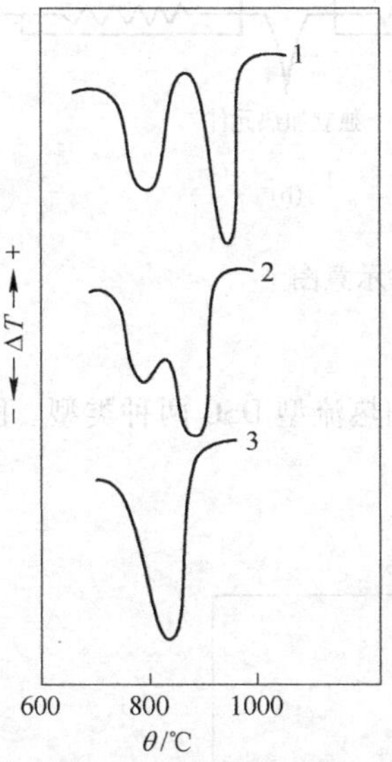

图 6-11 白云石在不同 CO_2 分压下的差热曲线

1—CO_2 分压为 88kPa；2—CO_2 分压为 13.3kPa；3—CO_2 分压为 6.7kPa

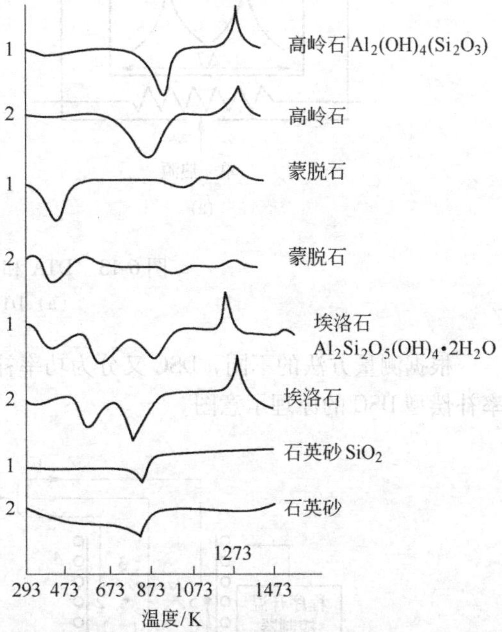

图 6-12 压力对黏土矿物样品热反应温度及差热曲线形态的影响

1—空气中加热的样品；2—真空中加热的样品

6.3 差示扫描量热分析法

在差热分析测量样品的过程中，当样品产生热效应（熔化、分解、相变等）时，由于样品内的热传导，样品的实际温度已不是程序所控制的温度（如在升温时）。由于样品的吸热或放热，促使温度升高或降低，因而进行样品热量的定量测定是困难的。要获得较准确的热效应，可采用差示扫描量热法（DSC）。差示扫描量热分析是在程序控制温度下，测量物质和参比物之间的能量差随温度变化关系的一种技术。

6.3.1 差示扫描量热分析的基本原理

DSC 与 DTA 测量原理是不同的：DSC 是在控制温度变化情况下，以温度（或时间）为横坐标，以样品与参比物间温差为零所需供给的热量为纵坐标所得的扫描曲线，此曲线称为差示扫描量热曲线或 DSC 曲线；DTA 是测量 ΔT-T 的关系，而 DSC 是保持 $\Delta T=0$，测定 ΔH-T 的关系。两者最大的差别是 DTA 只能定性或半定量，而 DSC 的结果可用于定量分析。

DTA 常用一金属块作为样品保持器以确保样品和参比物处于相同的加热条件下。而 DSC 的主要特点是样品和参比物分别各有独立的加热元件和测温元件，并由两个系统进行监控。其中一个用于控制升温速率，另一个用于补偿样品和惰性参比物之间的温差。图 6-13 为 DTA 和 DSC 加热元件示意图。

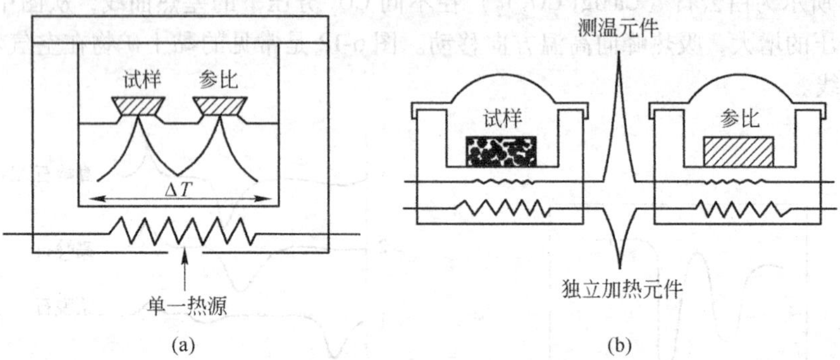

图 6-13　DTA 和 DSC 加热元件示意图

（a）DTA；（b）DSC

根据测量方法的不同，DSC 又分为功率补偿型 DSC 和热流型 DSC 两种类型。图 6-14 为功率补偿型 DSC 的原理示意图。

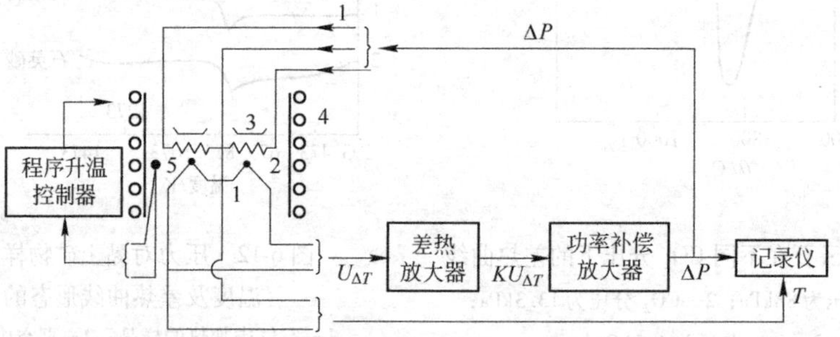

图 6-14　功率补偿型 DSC 原理图

1—温差热电偶；2—补偿电热丝；3—坩埚；4—电炉；5—控温热电偶

样品在加热过程中由于热效应与参比物之间出现温差 ΔT 时，通过差热放大器和功率补偿放大器，使流入补偿电热丝的电流发生变化：当样品吸热时，补偿放大器使样品一边的电流立即增大；反之，当样品放热时，则使参比物一边的电流增大，直到两边热量平衡，温差 ΔT 消失为止。换句话说，样品在热反应时发生的热量变化，由于及时输入电功率而得到补偿，因此实际记录的是样品和参比物下面两只电热补偿的热功率之差随时间 t 的变化（dH/dt-t）关系。如果升温速率恒定，记录的也就是热功率之差随温度 T 的变化（dH/dt-T）关系，如图 6-15 所示。

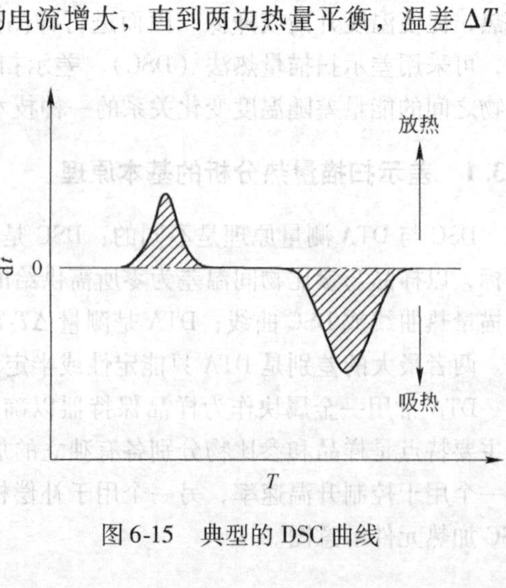

图 6-15　典型的 DSC 曲线

DSC 曲线的纵坐标表示样品放热或吸热的速度即热流率（dH/dt），单位是 mJ/s，横坐标是温度 T（或时间 t），如图 6-15 所示。图中，曲线离开基线的位移即代表样品吸热或放热的速率，而曲线中峰或谷的面积即代表热量的变化，因而差示扫描量热法可以直接测量样品在发生物理或化学变化时的热效应。

可以从补偿的功率直接计算热流率：

$$\Delta P = \frac{dQ_S}{dt} - \frac{dQ_R}{dt} = \frac{dH}{dt} \quad (6\text{-}4)$$

式中 ΔP——所补偿的功率；

$\frac{dQ_S}{dt}$——单位时间给样品的热量；

$\frac{dQ_R}{dt}$——单位时间给参比物的热量；

$\frac{dH}{dt}$——单位时间样品的焓变，即热流率，也就是 DSC 曲线的纵坐标。

DSC 是通过测定样品与参比物吸收的功率差来代表样品的焓变。样品放热或吸热的热量 ΔH 为：

$$\Delta H = \int_{t_1}^{t_2} \Delta P dt \quad (6\text{-}5)$$

DSC 曲线中的峰面积 A 就是焓的变化。但应注意的是：样品和参比物与补偿电热丝之间总存在热阻，这使补偿的热量或多或少产生损耗，故样品的焓变与峰面积 A 之间的关系为：

$$\Delta H = KA = m\Delta H_m \quad (6\text{-}6)$$

式中 K——修正系数，称仪器常数；

m——样品质量；

ΔH_m——单位质量样品的焓变。

仪器常数可由标准物质实验确定，对已知 ΔH 的样品进行 DSC 测试，从 DSC 曲线中得到与 ΔH 对应的峰面积 A，则可根据式（6-6）求出 K。仪器常数 K 与温度和操作条件无关，故 DSC 比 DTA 定量性能好。

6.3.2 差示扫描量热仪

根据测量方法的不同，DSC 又分为功率补偿型 DSC 和热流型 DSC 两种类型。

6.3.2.1 功率补偿型 DSC

功率补偿型 DSC 原理图如图 6-14 所示。功率补偿型差示扫描量热法是采用零点平衡原理。该类仪器包括外加热功率补偿差示扫描量热仪和内加热功率补偿差示扫描量热仪两种。

外加热功率补偿差示扫描量热仪的主要特点：样品和参比物放在外加热炉内加热的同时，都附加有独立的小加热器和传感器，即在样品和参比物容器下各装有一组补偿加热丝，其结构如图 6-16 所示。整个仪器由两个控制系统进行监控，其中一个控制温度，使样品和参比物在预定速率下升温或降温；另一个控制系统用于补偿样品和参比物之间产生的温差，即当样品由于热反应而出现温差时，通过补偿控制系统使流入补偿加热丝的电流发生变化。这种 DSC 仪常与 DTA 仪组装在一起，通过更换样品支架和增加功率补偿单元达到既可作为差热分析又可作为差示扫描量热法分析的目的。

内加热功率补偿差示扫描量热仪无外加热炉，分别用两个小加热器进行加热，同时进行功率补偿。由于不使用大的外加热炉，故仪器的热惰性小、功率小、升降温度速度很快。但这种仪器随着样品温度的增加，样品与周围环境之间的温度梯度越来越大，造成大量热量的流失，

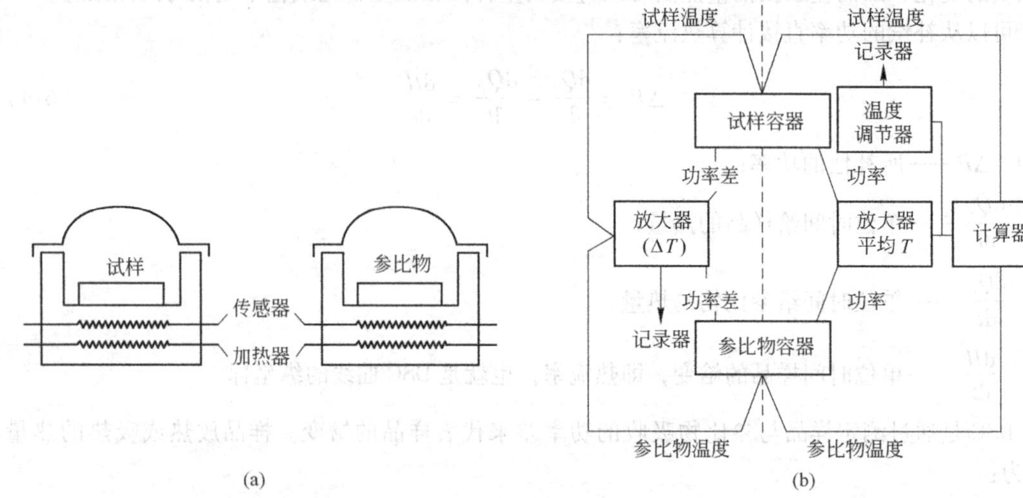

图 6-16　外加热功率补偿型 DSC 结构示意图

（a）示意图；（b）控制线路图

大大降低了仪器的检测灵敏度和精度，因此这种 DSC 仪的使用温度较低。

6.3.2.2　热流型 DSC

热流型 DSC 主要是测量样品在加热过程中吸收或放出热量的流量，有热反应时样品和参比物间存在温度差。热流型 DSC 包括热流式和热通量式，两者都是采用差热分析的原理来进行量热分析。

热流式差示扫描量热仪的构造与差热分析仪相近，如图 6-17 所示。它利用康铜电热片作样品和参比物支架底盘并兼作测温热电偶，该电热片与样品和参比物底盘下面的镍铬丝和镍铝丝组成热电偶以检测差示热流。但电热器在程序控制单元控制下加热时，热量通过加热块对样品和参比物均匀加热。由于在高温时样品和周围环境的温差较大，热量的损失较大，因此在等速升温的同时，仪器自动改变放大器的放大系数，温度升高时，放大系数增大，以补偿因温度变化对样品热效应测量的影响。

热通量式 DSC 结构如图 6-18 所示。该仪器的检测器是由热电偶串联成热电堆式的热流量计，两个热流量计反向连接，分别安装在样品容器和参比物容器与炉体加热块之间，如同温差热电偶一样，检测样品和参比物之间的温度差。由于热电堆中热电偶很多，热端均匀分布在样

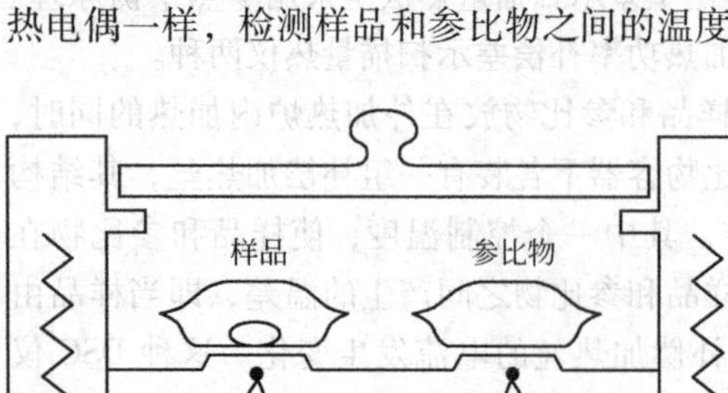

图 6-17　热流式 DSC 的结构

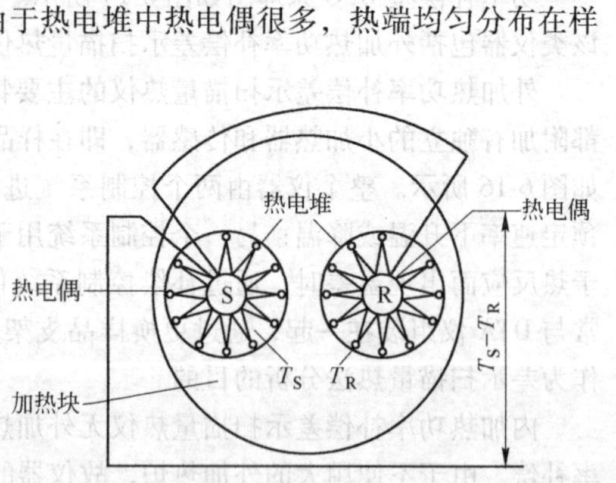

图 6-18　热通量式 DSC 的结构

品与参比物容器壁上，检测信号大，检测的样品温度是样品各点温度的平均值，因此测量的DSC曲线重复性好、灵敏度和精确度都很高，常用于精密的热量测定。

无论哪一种差示扫描量热法，随着样品温度的升高，样品与周围环境温度偏差越大，造成量热损失，都会使测量精度下降。因而差示扫描量热法的测温范围通常低于800℃。

两种DSC各有优点，功率补偿型DSC的优点为：精确的温度控制和测量，更快的响应时间和冷却温度，高分辨率。热流型DSC的优点为：基线稳定，灵敏度高。

DTA与DSC进行热分析也各有侧重，DTA的测温范围大，常用于定性分析，而DSC的测温范围常在800℃以下（现在的高温DSC可达1750℃以上），常用于定量分析。

6.3.3 影响差示扫描量热曲线的因素

影响DSC曲线的因素与DTA基本类似，但DSC常用于定量分析，要求较为精确，因此，有的因素对DSC曲线的影响更为重要，其主要的影响因素大致有下列几个方面：

（1）样品因素。样品量少，样品的分辨率高，但灵敏度下降，一般根据样品热效应大小调节样品量，一般3~5mg。另外，样品量多少对所测转变温度也有影响。随样品量的增加，峰起始温度基本不变，但峰顶温度增加，峰结束温度也提高，因此如同类样品要相互比较差异，最好采用相同的量。

除了样品量外，样品粒度也会影响DSC曲线。值得注意的是，样品的几何形状对DSC曲线的影响很显著。为了获得比较准确的峰温值，应增大样品与样品盘的接触面积，减少样品的厚度并采用慢的升温速率。

（2）升温速率。通常采用的升温速率范围为5~20℃/min。一般来说，升温越快，灵敏度越高，但分辨率下降。灵敏度和分辨率是一对矛盾，人们一般选择较慢的升温速率以保持好的分辨率，而通过适当增加样品量的方法来提高灵敏度。因此在确定样品量时，应综合考虑分辨率和灵敏度。

一般，随着升温速率的增加，熔化峰起始温度变化不大，而峰顶和峰结束温度提高，峰形变宽。

（3）气氛。一般使用惰性气体，如氮气、氩气、氦气等，就不会产生氧化反应峰，同时又可以减少样品挥发物对监测器的腐蚀。但应注意：气流流速必须恒定（如10mL/min），否则会引起基线波动。

气体性质对测定有显著影响，要引起注意。如氦气的热导率比氮气和氩气的热导率大约4倍，所以在做低温DSC用氦气作保护气时，冷却速度加快，测定时间缩短，但因为氦气热导率高，使峰检测灵敏度降低，约是氮气的40%，因此在氦气中测定热量时，要先用标准物质重新标定核准。在空气中测定时，要注意氧化作用的影响。有时可以通过比较氮气和氧气中的DSC曲线，来解释一些氧化反应。

6.3.4 差示扫描量热的应用

6.3.4.1 比热容的测定

如前所述，DSC测量的是试样吸热或放热速率，纵坐标为 dH/dt。在比热容测定中直接测定纵坐标的位移。因为热容 $c_p = dH/dT$，与吸热或放热速率之间的关系可用下式表示：

$$\frac{dH}{dt} = \frac{dH}{dT} \cdot \frac{dT}{dt} \tag{6-7}$$

式中　dT/dt——升温速率，$dT/dt=\beta$。

根据物理化学原理，在不做非体积功的等压过程中，在没有物态变化和化学组成变化时，定压热容为：

$$C_p = \left(\frac{dH}{dT}\right)_p \tag{6-8}$$

而比定压热容 c_p 为：

$$c_p = \frac{C_p}{m} = \left(\frac{dH}{dT}\right)_p \cdot \frac{1}{m} \tag{6-9}$$

将式（6-8）和式（6-9）变换后可得：

$$\frac{dH}{dt} = c_p \cdot m \cdot \frac{dT}{dt} \tag{6-10}$$

由式（6-10）可知，dH/dt 是焓的变化速率（即热流率），也就是 DSC 曲线中的纵坐标。dT/dt 为升温速率 β，m 为样品质量，c_p 是比定压热容（J/(g·K)）。因此，用 DSC 测定比定压热容是很方便的。测定方法有直接法和间接法（比例法）两种。直接法就是在 DSC 曲线上，直接读取纵坐标 dH/dt 数值和升温速率 β，代入式（6-10），求出比定压热容 c_p。但这种方法往往引起很大的误差，这些误差主要是由于仪器造成的，包括以下几方面：

（1）在测定的温度范围内，dH/dt 不是绝对线性的；

（2）仪器校正常数在整个测定区不是一个恒定值；

（3）在整个测定范围内，基线不可能完全平直。

为了减少这些误差，一般采用间接法测定比定压热容。

间接法是用样品和标准物质在其他条件相同下进行扫描，然后量出二者的纵坐标进行计算。标准物要求在所测温度范围内没有化学的和物理的变化，并且比定压热容已知。常用的标准物是蓝宝石（要求不高时也可用 α-Al_2O_3）。具体做法：在 DSC 仪器上，先用两个空样品皿，以一定的升温速度作一条基线（即空白基线），然后放入标准物蓝宝石样品在同样条件作一条 DSC 曲线，再用同样条件，作未知样品的 DSC 曲线，如图 6-19 所示。

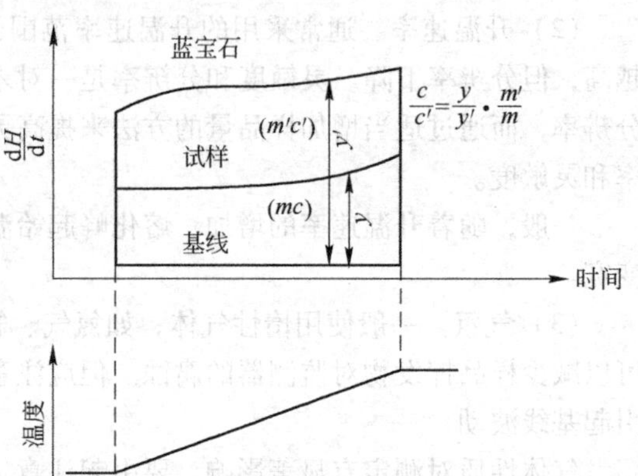

图 6-19　间接法（比例法）测比热容

根据式（6-10），在某一温度下，样品焓的变化率为：

$$\frac{dH}{dt} = y = c \cdot m \cdot \frac{dT}{dt}$$

式中　c——待测样品的比热容，J/(mg·K)；

y——试样在纵坐标上的高度；

m——试样质量，mg。

标准物蓝宝石的焓的变化率为：

$$\frac{dH}{dt} = y' = c' \cdot m' \cdot \frac{dT}{dt}$$

式中 c'——标准物（蓝宝石）的比热容，J/(mg · K)；

y'——标准物（蓝宝石）在纵坐标上的偏离；

m'——标准物（蓝宝石）的质量，mg。

两式相除得：

$$\frac{y}{y'} = \frac{c}{c'} \cdot \frac{m}{m'} \tag{6-11}$$

所以，待测样品的比热容 c 为：

$$c = c' \cdot \frac{m' \cdot y}{m \cdot y'} \tag{6-12}$$

从图 6-19 中得到 y 和 y'，代入式（6-12），就可计算出样品的比热容。

6.3.4.2 焓变的测定

如果已测定仪器常数 K，按测定 K 时相同的条件测定样品 DSC 曲线上峰面积 A，根据式（6-6）就可求出样品的焓变 ΔH。

6.3.4.3 纯度的测定

图 6-20 为一组不同纯度的苯甲酸的 DSC 曲线，从图中可以看出，纯度越高，熔点越高，熔融峰越尖锐。利用因材料不纯而导致熔点下降这一原理来测定材料纯度的方法称为熔点下降法，化学热力学中称为凝固点下降。

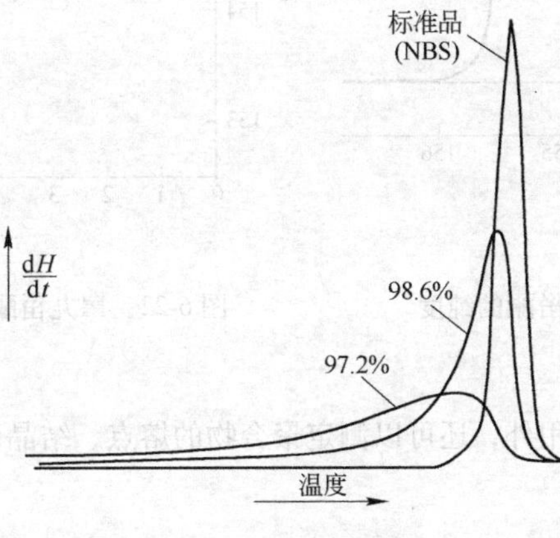

图 6-20 苯甲酸纯度对其熔融热的影响

熔点下降法的基本原理是以范特霍夫（Vant'Hoff）方程为依据，熔点降低与材料中杂质含量的关系为：

$$T_S = T_0 - \frac{RT_0^2 x}{\Delta H_f} \frac{1}{F} \tag{6-13}$$

式中 T_S——样品瞬时的温度，K；

T_0——纯样品的熔点，K；

R——摩尔气体常数；

ΔH_f——样品熔融热；

x——杂质的摩尔分数；

F——样品在 T_S 熔化的分数。

T_S 可以从测得的 DSC 曲线中获得，$1/F$ 是曲线到达 T_S 的部分面积除以总面积的倒数。T_S 是 $1/F$ 的函数，以 T_S 对 $1/F$ 作图为一直线，斜率为$\frac{RT_0^2x}{\Delta H_f}$，截距为 T_0。ΔH_f 可通过峰面积得到。因此，由直线的斜率即可求出杂质含量 x。以熔点下降法测定睾丸甾酮的纯度为例，如图 6-21 所示，曲线上标出的几个温度值是样品熔融部分百分比在 10% ~50% 范围内的几个点上测得的。以 A 点为例，从 A 作垂线 AB，AB 线以前的面积即为已熔融面积 A_1，DSC 曲线的总面积为 A_T，所以 A 点的已熔融分数 $F=\frac{A_1}{A_T}$。从 A 按纯金属铟（99.999%）熔融峰起始边的斜率向基线引 AD，交基线于 D，此点的温度即 T_S，用同样的方法求出其他点的 T_S 和 F，把各点的 T_S 对 $1/F$作图，得到如图 6-22 所示的直线。从直线的斜率可求出 $x=0.0042$，即样品纯度为 99.6%。但应注意的是：这种方法测定纯度的公式是从 Clausius-Clapeyron 方程及 Raoult 定律推导出来的，有一定的假设条件。只有当样品纯度高于 99% 时用此法才能够得到高的准确度；随杂质含量的增加，准确性下降。

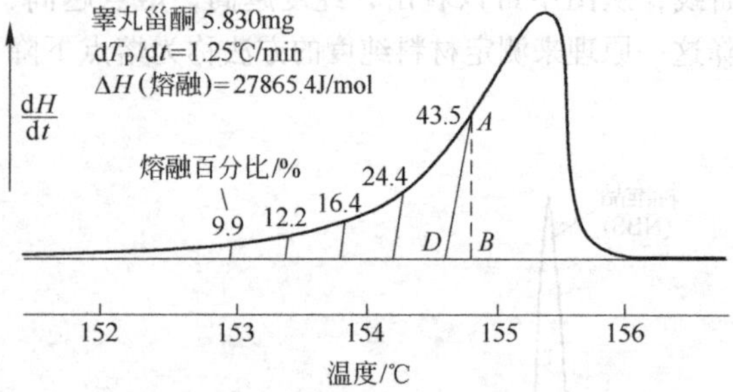

图 6-21　熔点下降法测定睾丸甾酮的纯度

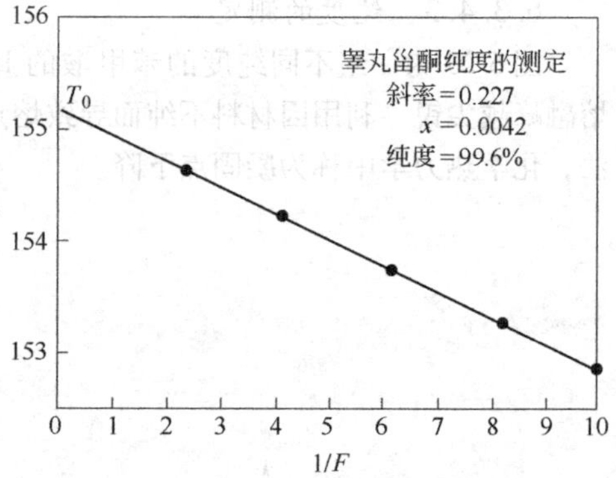

图 6-22　睾丸甾酮的纯度的图解求值

6.3.4.4　其他

DSC 除了以上三种常见的应用外，还可以测定聚合物的熔点、结晶度、玻璃化转变温度和固化度等。

6.4　热重分析

热重分析法（TG）是在程序控制温度下，测量物质质量与温度关系的一种技术，函数关系即$\Delta W=f(T)$。许多物质在加热过程中常伴随质量的变化，这种变化过程有助于研究晶体性质的变化，如熔化、蒸发、升华和吸附等物质的物理现象；也有助于研究物质的脱水、解离、氧化、还原等物质的化学现象。

6.4.1　热重分析的基本原理及热重分析仪

进行热重分析的基本仪器为热天平。热天平一般包括天平、炉子、程序控温系统、记录系统等部分。有的热天平还配有通入气氛或真空装置。典型的热天平如图 6-23 所示。除热天平外，热重分析仪器还有弹簧秤。

热重分析法通常可分为两大类：静态法和动态法。静态法又分为等压质量变化的测定和等温质量变化测定两种。等压质量变化的测定，是指一物质的挥发性产物在恒定分压下，物质平

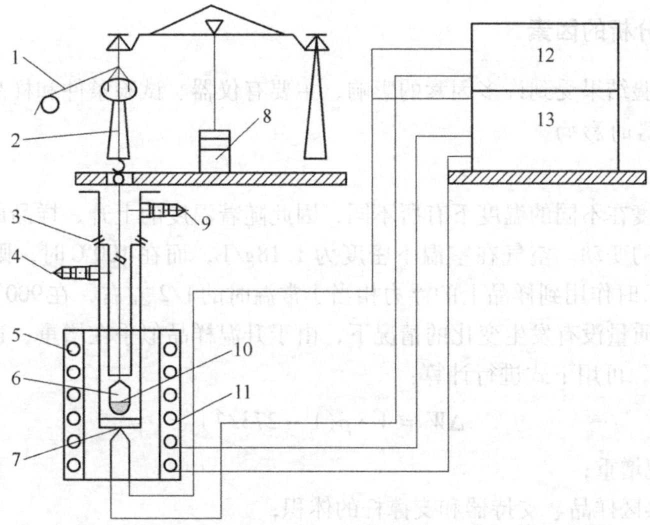

图 6-23 热天平原理图

1—机械减码；2—吊挂系统；3—密封管；4—出气口；5—加热丝；6—试样盘；
7—热电偶；8—光学读数；9—进气口；10—试样；11—管式电阻炉；
12—温度读数表头；13—温控加热单元

衡与温度 T 的函数关系。以失重为纵坐标，温度 T 为横坐标作等压质量变化曲线图。等温质量变化的测定是指物质在恒温下，物质质量变化与时间 t 的依赖关系，以质量变化为纵坐标，以时间为横坐标，获得等温质量变化曲线图。动态法是在程序升温的情况下，测量物质质量的变化对时间的函数关系。

热天平测定样品质量变化的方法有变位法和零位法。变位法是利用质量变化与天平梁的倾斜成正比的关系，用直接差动变压器控制检测。零位法是靠电磁作用力使因质量变化而倾斜的天平梁恢复到原来的平衡位置（即零位），施加的电磁力与质量变化成正比，而电磁力的大小与方向是通过调节转换机构中线圈中的电流实现的，因此检测此电流值即可知质量变化。

热重法实验得到的曲线称为热重曲线（TG 曲线），如图 6-24 曲线 1 所示。TG 曲线以质量（余重）作纵坐标，向下表示质量减少；以温度（或时间）作横坐标，自左至右表示温度（或时间）增加。

从热重法可派生出一阶微商曲线（DTG）和二阶微商曲线（DDTG），它们分别是 TG 曲线对温度（或时间）的一阶导数和二阶导数。以物质的质量变化速率 dm/dt 对温度 T（或时间 t）作图，即得 DTG 曲线，如图 6-24 曲线 2 所示。DTG 曲线上的峰代替 TG 曲线上的阶梯，峰面积正比于样品质量。DTG 曲线可以通过微分 TG 曲线得到，也可以用适当的仪器直接测得，DTG 曲线比 TG 曲线优越性大，它提高了 TG 曲线的分辨率。

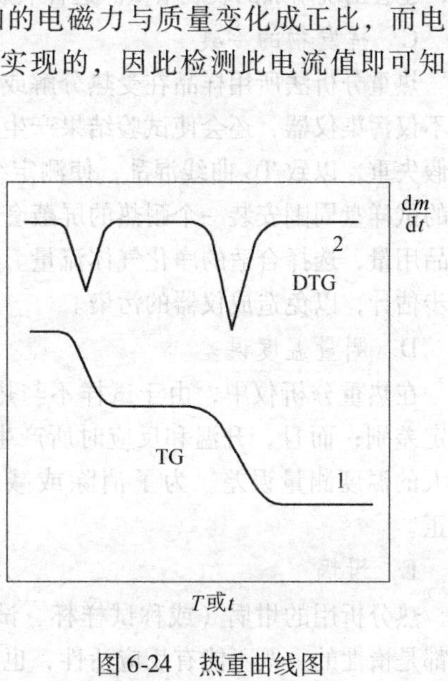

图 6-24 热重曲线图

1—TG 曲线；2—DTG 曲线

6.4.2　影响热重分析的因素

热重分析的实验结果受到许多因素的影响，主要有仪器、试验条件和样品等。

6.4.2.1　仪器的影响

A　浮力

由于气体的密度在不同的温度下有所不同，因此随着温度的上升，样品周围的气体密度发生变化，造成浮力的变动。空气在室温下密度为1.18g/L，而在100℃时，则为0.2g/L。有关计算表明，在300℃时作用到样品上的浮力相当于常温时的1/2左右，在900℃时是常温的1/4。由此可见，在试样质量没有发生变化的情况下，由于升温样品似乎在增重，这种增重现象称之为表观增重（ΔW），可用下式进行计算：

$$\Delta W = V \cdot \rho(1 - 273/T) \tag{6-14}$$

式中　ΔW——表观增重；

V——加热区样品、支持器和支撑杆的体积；

ρ——样品周围气体在273K时的密度；

T——加热区的绝对温度。

但应注意：一般情况下，由于加热区中样品、支持器和支撑杆的体积V和加热区的绝对温度T在测定时存在较大误差，同时，气氛不同对表观增重的影响也有所不同，因此表观增重ΔW很难得到准确计算。

B　对流

对流的影响主要是当热天平加热时，随着炉温的升高，使炉内样品周围的气体各点处所受热的温度不均，从而导致较重气体向下移动，其形成的气流冲击样品支持器组件，产生表观增重现象；较轻气体向上移动，其形成的气流把样品支持器向上托，产生表观失重现象。升温速率的不同、炉膛的尺寸和坩埚在炉中的位置都会改变炉内气体的对流和湍流。同时当炉内有流动气体时，还会出现附加的表观增重。这种表观增重的大小与该流动气体的相对分子质量也有关。

C　挥发物的冷凝

热重分析法所用样品在受热分解或升华时，逸出的挥发分通常在热分析仪的低温区冷凝，这不仅污染仪器，还会使试验结果产生偏差。当继续升温时，这些冷凝物可能会再次挥发，产生假失重，以致TG曲线混乱，使测定结果失去意义。要减少冷凝影响，一方面可在热重分析仪的试样盘周围安装一个耐热的屏蔽套管，或者采用水平式的热天平；另一方面，要尽量减少样品用量，选择合适的净化气体流量。同时在热分析时，对试样的热分解或升华等情况应有个初步估计，以免造成仪器的污染。

D　测量温度误差

在热重分析仪中，由于试样不与热电偶直接接触，试样的真实温度与测量温度之间存在一定差别；而且，升温和反应时所产生的热效应常使试样周围的温度分布不均，因而引起较大的温度测量误差。为了消除或减小由此引起的误差，需对热重分析仪定期进行温度校正。

E　坩埚

热分析用的坩埚（或称试样杯、试样皿）材质，要求对试样、中间产物、最终产物和气氛都是惰性的，既不能有反应活性，也不能有催化活性。

坩埚的大小、质量和几何形状对热重分析也有影响。

6.4.2.2 试验条件的影响

A 升温速率

升温速率是对热重法影响最大的因素。升温速率越大，所产生的热滞后现象越严重，往往导致 TG 和 DTG 曲线上的起始温度和终止温度偏高，使测量结果产生误差，甚至不利于中间产物的检出，因而选择适当的升温速率对于检测中间产物极为重要。图 6-25 为聚苯乙烯在不同升温速率下的 TG 曲线，从图中可以看出，随着升温速率增大，反应的起始温度和终止温度增高，TG 曲线向高温侧移动，产生滞后现象。图 6-26 为硫化胶膜在不同升温速率下的 DTG 曲线，有类似结果。

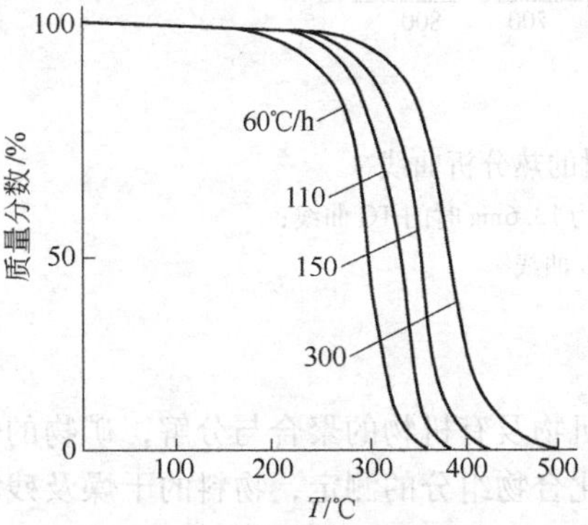

图 6-25 不同升温速率对聚苯乙烯 TG 曲线的影响（N_2 气氛）

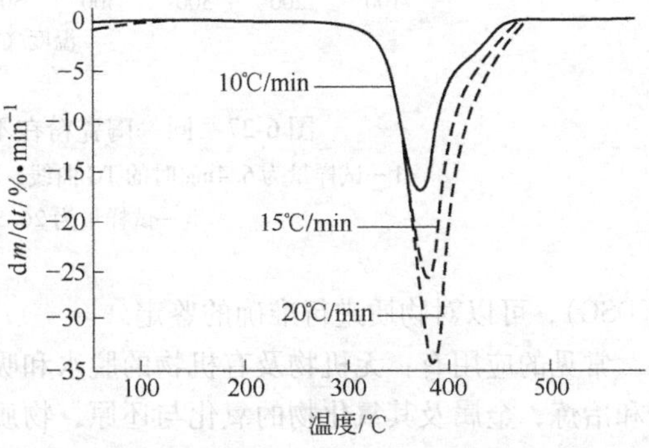

图 6-26 不同升温速率下硫化胶膜的 DTG 曲线

B 气氛

热重法通常可在静态或动态气氛下进行测试。在静态气氛下，虽然随着温度的升高，反应速度加快，但由于试样周围的气体浓度增大，将阻止反应的继续，使反应速度反而减慢。在静态气氛中，试样在加热过程中有挥发性产物时，这些产物必然要在内部扩散，但又不能立即排除，所以常会出现减重时间滞后。例如，$CaCO_3$ 在真空、空气和 CO_2 中的分解：

$$CaCO_3 \longrightarrow CaO + CO_2 \uparrow$$

其起始分解温度随气氛中的 CO_2 分压的升高而增高，$CaCO_3$ 在三种气氛中的分解温度之差可达数百度。气氛中含有与产物相同的气体组分后，分解速率下降、反应时间延长。为了获得重复性较好的试验结果，多数情况下都是做动态气氛下的热分析，它可以将反应生成的气体及时带走，有利于反应的顺利进行。

6.4.2.3 试样的影响

试样量大会导致热传导性差而影响分析结果。对于受热产生气体的试样，试样量越大，气体越不易扩散。再则，试样量大时，试样内温度梯度也大，将影响 TG 曲线位置。总之，实验时应根据热天平的灵敏度，尽量减小试样量，如图 6-27 中同一陶瓷粉在相同条件、不同用量时的 TG、DTG、DSC 曲线。

试样粒度不同，对气体产物扩散的影响也不同，从而导致反应速度和 TG 曲线形状的改变。粒度大，往往得不到较好的 TG 曲线；粒度越小，反应速度越快，同时不仅使热分解温度降低，而且也可使分解反应进行得越完全。为了得到较好的试验结果，要求试样粒度均匀。

6.4.3 热重分析的应用

热重分析适用于加热或冷却过程中有质量变化的一切物质，配合其他热分析方法（如 DTA

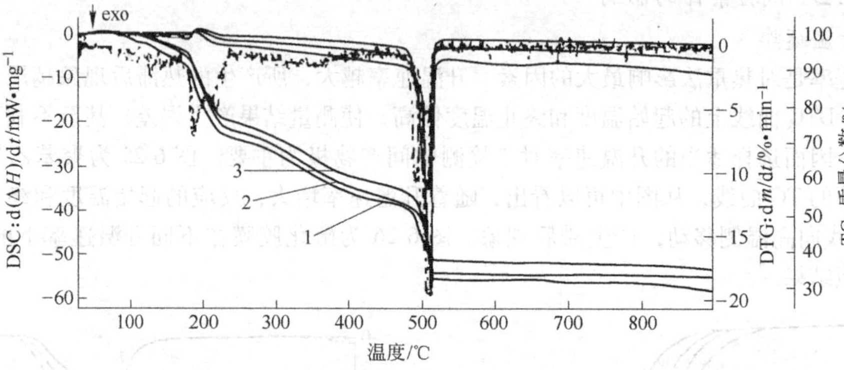

图 6-27　同一陶瓷粉在不同用量时的热分析曲线

1—试样量为 6.4mg 时的 TG 曲线；2—试样量为 13.6mg 时的 TG 曲线；

3—试样量为 26.5mg 时的 TG 曲线

和 DSC)，可以对物质进行准确的鉴定。

常见的应用有：无机物及有机物的脱水和吸湿；无机物及有机物的聚合与分解，矿物的燃烧和冶炼，金属及其氧化物的氧化与还原，物质组成与化合物组分的测定，物料的干燥及残渣分析，升华过程，液体的蒸馏和汽化，吸附和解吸，固态反应，爆炸材料研究，反应动力学研究和反应机理研究等。简单举如下几个例子。

图 6-28 为方铁矿（FeO）的 DTA 曲线和 TG 曲线，从图中可以看出，300～900℃温度范围内发生放热反应，伴随着 TG 曲线的增重，方铁矿氧化成赤铁矿（Fe_2O_3）。

图 6-29 为磁铁矿（Fe_3O_4）的 DTA 曲线和 TG 曲线，从图中可以看出，在 350℃左右，出现放热峰，这是磁铁矿（Fe_3O_4）部分氧化成赤铁矿（Fe_2O_3）；在 560℃左右，出现吸热峰，这是磁铁矿的居里点（发生铁磁-顺磁相变,）；在 600～1000℃温度范围，出现放热且伴随着增重，这是磁铁矿氧化形成赤铁矿。

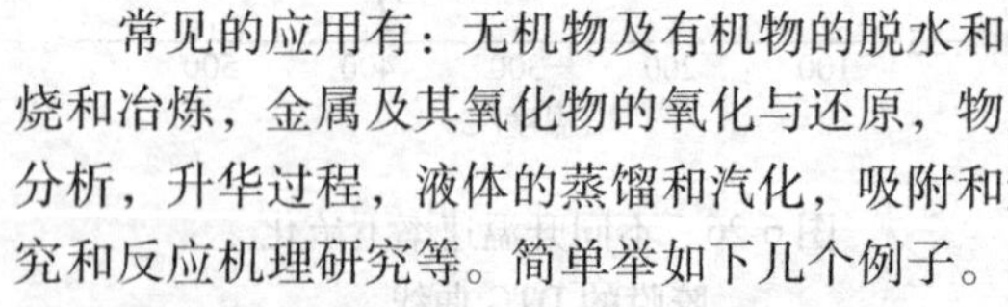

图 6-28　方铁矿（FeO）的 DTA 和 TG 曲线

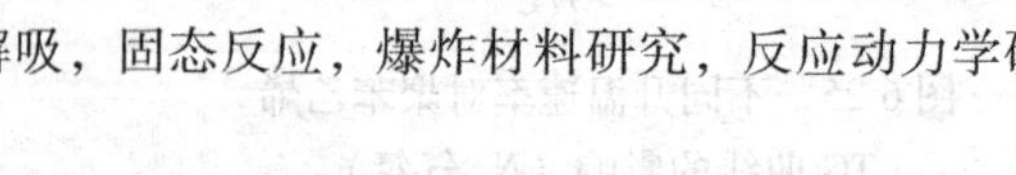

图 6-29　磁铁矿（Fe_3O_4）的 DTA 曲线和 TG 曲线

图 6-30 为三水铝石（$Al(OH)_3$）的 DTA 曲线和 TG 曲线。从图中可以看出，在 273℃左右，出现吸热峰，这是三水铝石部分脱去—OH；在 330℃左右，出现吸热伴随着失重，这是三水铝石脱去大部分—OH，转化为一水硬铝石（AlO(OH)）；在 550℃左右，出现吸热峰，一水硬铝石脱水转化成 Al_2O_3。

图6-31为水泥熟料矿物硅酸二钙（$2CaO \cdot SiO_2$）水化的DTG曲线。从图中可以看出，在100～110℃时有吸热峰，这是水化硅酸钙凝胶脱水；485～500℃的吸热峰是$Ca(OH)_2$脱结构水；730～740℃的吸热峰是$CaCO_3$的分解。

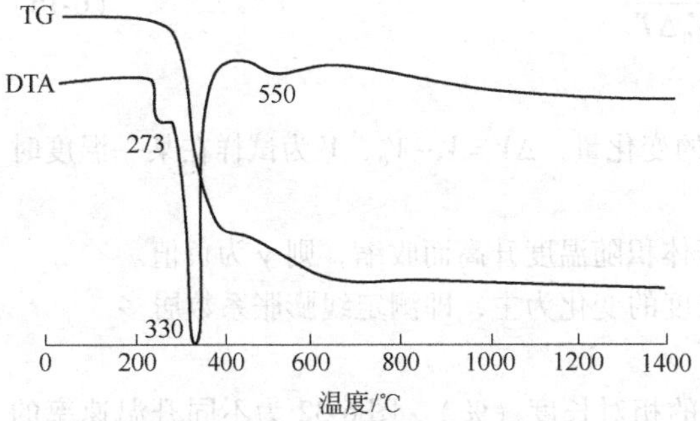

图6-30 三水铝石（$Al(OH)_3$）的DTA曲线和TG曲线

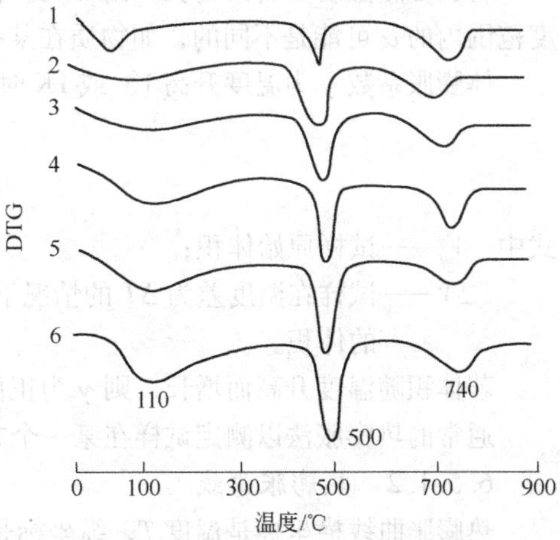

图6-31 水泥熟料矿物硅酸二钙（$2CaO \cdot SiO_2$）水化的DTG曲线

1—9h；2—1d；3—3d；4—7d；5—14d；6—28d

6.5 热膨胀分析

物体因温度改变而发生的膨胀现象称为热膨胀。通常是指外压强不变的情况下，大多数物质在温度升高时，其体积增大；温度降低时，体积缩小。在相同条件下，气体膨胀最大，液体膨胀次之，固体膨胀最小。也有少数物质在一定的温度范围内，温度升高时，其体积反而减小。因为物体温度升高时，分子运动的平均动能增大，分子间的距离也增大，物体的体积随之而扩大；温度降低，物体冷却时，分子的平均动能变小，使分子间距离缩短，于是物体的体积就要缩小。又由于固体、液体和气体分子运动的平均动能大小不同，因此从热膨胀的宏观现象来看也有显著的区别。

6.5.1 热膨胀分析的基本原理和热膨胀曲线

6.5.1.1 热膨胀分析的基本原理

物质在温度变化过程中会在一定方向上发生尺寸（长度或体积）膨胀及收缩。大多物质会热胀冷缩，个别物质则相反。物质的这种性质与物质的结构、键型及键力大小、热容、熔点等密切相关。因此，不同的物质，或者组成相同而结构不同的物质，具有不同的热膨胀特性。热膨胀分析法就是在程序控制温度下，测量物质在可忽视负荷下的尺寸随温度变化的一种技术。

热膨胀仪（DIL）主要可以测定物质的线膨胀系数和体膨胀系数。

线膨胀系数α为温度升高1℃或1K时，沿试样某一方向上的相对伸长（或收缩）量，用下式表示：

$$\alpha = \frac{\Delta l}{l_0 \Delta T} \tag{6-15}$$

式中 l_0——试样原始长度，mm；

Δl——试样在温度差为ΔT的情况下长度的变化量；

$\Delta l = l - l_0$，l 为试样在某一温度时的长度。

若长度随温度升高而增长，则 α 为正值；若长度随温度升高而收缩，则 α 为负值。不同温度范围内的 α 可能是不同的，如物质在某一温度发生相变后，线膨胀系数有较大变化。

体膨胀系数 γ 为温度升高 1℃或 1K 时，试样体积的相对膨胀（或收缩）量，用下式表示：

$$\gamma = \frac{\Delta V}{V_0 \Delta T} \tag{6-16}$$

式中　V_0——试样原始体积；

ΔV——试样在温度差为 ΔT 的情况下体积的变化量，$\Delta V = V - V_0$，V 为试样在某一温度时的体积。

若体积随温度升高而增长，则 γ 为正值；若体积随温度升高而收缩，则 γ 为负值。

通常的热膨胀法以测定试样在某一个方向长度的变化为主，即测定线膨胀系数居多。

6.5.1.2　热膨胀曲线

热膨胀曲线横坐标是温度 T，纵坐标是样品的相对长度（%）。图 6-32 为不同升温速率的 Al_2O_3 陶瓷烧结过程中的热膨胀曲线。

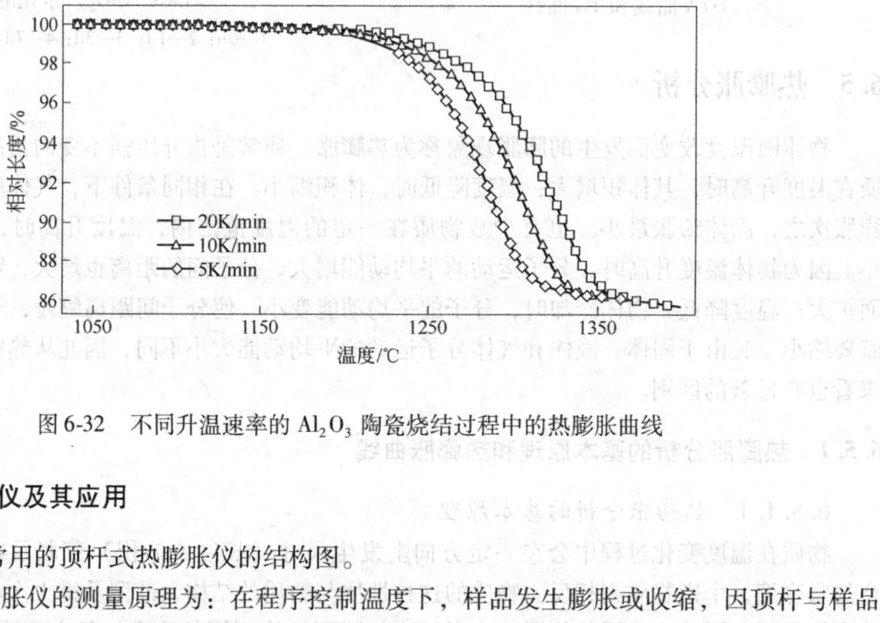

图 6-32　不同升温速率的 Al_2O_3 陶瓷烧结过程中的热膨胀曲线

6.5.2　热膨胀仪及其应用

图 6-33 为常用的顶杆式热膨胀仪的结构图。

顶杆式热膨胀仪的测量原理为：在程序控制温度下，样品发生膨胀或收缩，因顶杆与样品紧密接触，样品的长度变化就通过顶杆传递给加热炉外与其接触的位移传感器，通过测量系统测出样品长度的变化。

传统的顶杆式热膨胀仪优点为：使用容易，结构简单，适用各种形状的样品等。缺点是：属于接触式、相对测量方法，需要用标准样品对系统定标，测长准确度低，但可达到很高温度，适用于材料的烧结过程的研究。

如果要达到更高的准确度，应该采用非接触式热膨胀仪。新型的激光热膨胀仪采用麦克尔逊（Michelson）干涉计来进行测长，精度是传统顶杆式热膨胀仪的几十倍，很适合研究超低膨胀材料；同时，其样品的制备不需要特殊技术，和传统的热膨胀仪制样一样简单；任何形状的样品只要尺寸不超过最大样品尺寸都可以测量。

热膨胀仪用于精确测定材料在程序温度过程中的膨胀或收缩情况，常与其他热分析手段相

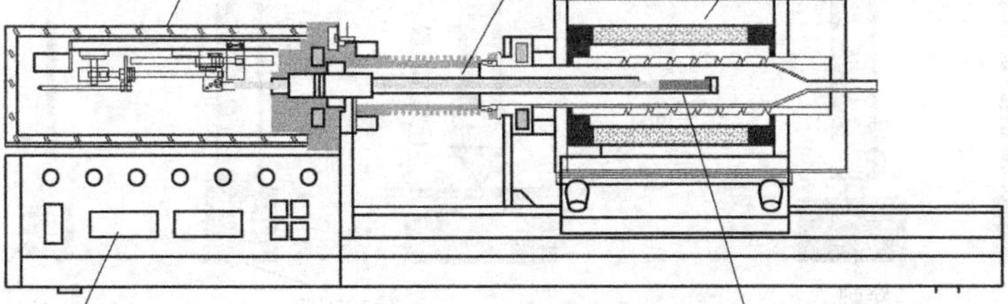

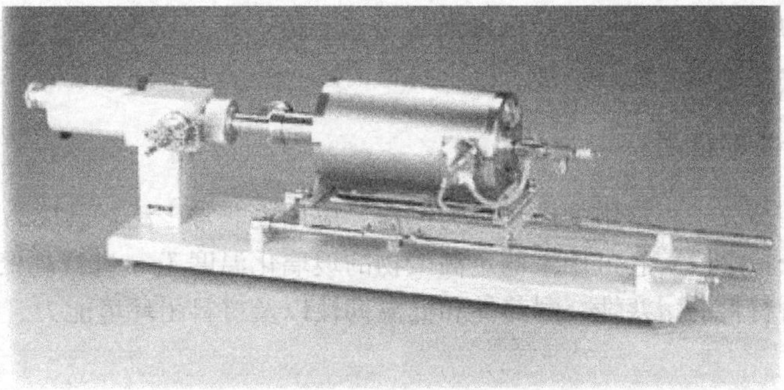

图 6-33 顶杆式热膨胀仪

配合，广泛应用于陶瓷、玻璃、金属材料、塑胶聚合物、建筑材料、复合材料等领域；可用于测定材料的线膨胀与收缩、玻璃化转变、相转变，研究烧结过程，研究添加剂的影响，进行热处理工艺、反应动力学研究等。

6.6 热机械分析

热机械分析是指在加热过程中对试样进行力学测定的方法，分为静态热机械分析（TMA）和动态热机械分析（DMA）。

热机械分析仪与热膨胀仪相比，其对样品施加了一定的力。如果在力为零的情况下，也可以当作热膨胀仪使用。

6.6.1 静态热机械分析

静态热机械分析是指在程序控制温度的条件下，对物质承受拉、压、弯、剪、针入等力的作用下所发生的形变与温度的函数关系进行分析的方法。试样通过施加某种形式的力作用，随着升温的进行不断测量试样的变形，以变形为纵坐标，温度为横坐标作图即可得到各种温度形变曲线。图 6-34 为热机械分析中常见的施力方式。

6.6.2 动态热机械分析

动态热机械分析是指在程序控制温度下，测量物质在振动负荷下的动态模量或力学损耗（阻尼）与温度关系的技术。通过动态热机械分析测定材料受到周期性应力时的机械反应，可以确定材料的黏弹性及流变性能。有些动态热机械分析仪还可以测定材料的应力松弛及蠕变行

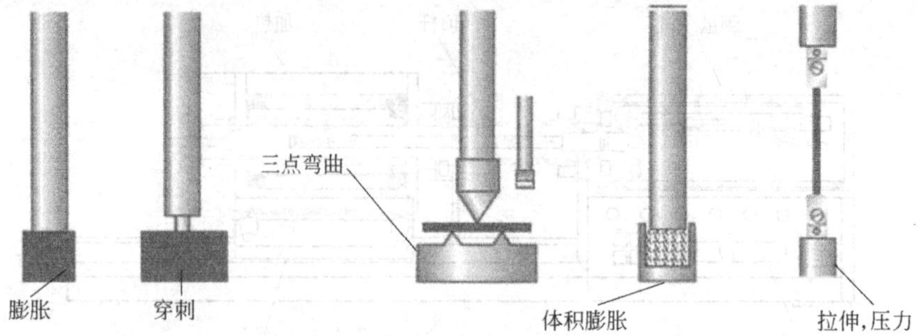

图 6-34　热机械分析中常见的施力方式

为。在施加交变力时，动态热机械分析可同时考察温度、施力状况和频率对材料性能的影响。通过动态热机械分析测试，能对多种工况下材料的短、长期力学性能进行评估。

6.6.3　热机械分析的应用

热机械分析在高分子材料中的应用极为迅速，应用也非常广泛，已成为高分子材料分析和测试的一种重要分析手段。它可用来测定高聚物的玻璃化温度 T_g、进行高聚物的松弛运动、固化过程研究，评价材料的耐寒性、耐热性和低温韧性以及材料耐环境能力，表征高聚物材料阻尼特性。

6.7　热分析技术的发展

6.7.1　热分析仪的发展

热分析已有百年的发展历程，随着科学技术的发展，尤其是热分析在高分子领域中的广泛应用，使热分析技术展现出新的生机和活力，热分析技术的应用越来越广泛，对仪器灵敏度的要求也越来越高，进而发展了联用技术。下面简单介绍热分析仪的发展动向：

（1）小型化和高性能。热分析仪器小型化和高性能是各厂家仪器开发的普遍趋势，如日本理学的热流式 DSC，体积仅为原产品的 1/3，不仅简便经济，提高了升降温和气体切换速度，而且提高了仪器的灵敏度和精度。美国 PE 公司新型产品 PYRISIDSC，仪器整体设计将电子仓和加热仓分开，使仪器的稳定性大为提高；采用热保护、空气屏蔽和深冷技术，获得了卓越的基线再现性，显著改善了仪器的低温性能，并使量热精度由原来的 1μW 提高到 0.2μW。梅特勒-托利多仪器有限公司推出 DSC821c 分析仪，采用独特的 14 点金/金钯热电偶堆传感器，具有高抗腐蚀性及容易更换的优点，独有时滞校正功能，经校正后结晶等起始温度不因升温速度而改变。

目前 DTA 和 TG 的使用温度范围广，为 −160 ~ 3000℃，测温精度可达 0.1℃，热天平灵敏度可达 0.1μg

（2）新型热分析仪。介电热分析仪（DEA）是近几年新发展起来的，用于材料科学研究和发展的新技术。它是从介电的原理出发，通过研究材料中离子和偶极子在电场中运动变化来预测材料的性能及其变化等，性能参数用介电黏度表示。美国公司研制的 EUMETRIC 系统Ⅲ型微介电分析仪可单独使用，也可和动态热机械分析仪联用，用同一试样同时测出其介电性能及其动态力学性能。美国流变科学仪器公司提供的介电热分析仪的激发频率可达 1mHz。

德国耐驰公司推出的激光法导热性能测试仪（LFA），测量温度范围为 -40 ~ 2000℃，10s 内可得到样品的热扩散系数，可测直径 1cm，厚度几个毫米，可测两层样品的导热性能、合金的烧结温度、检测航空材料的质量。

（3）热分析联用技术。热分析联用技术的应用即综合热分析技术，又分为两种情况：一是热分析技术的联用，如差热-热重分析（DTA-TG）、差示扫描量热-热重分析（DSC-TG）、差示扫描量热-热重-微商热重分析（DSC-TG-DTG）、差热-热机械分析（DTA-TMA）、差热-热重-热机械分析（DTA-TG-TMA）等；另一种情况是热分析与其他分析方法的联用，如与气相色谱（GC）、质谱（MS）、傅里叶红外光谱（FTIR）、X 射线衍射仪（XRD）等联用。

6.7.2 综合热分析

6.7.2.1 综合热分析简介

材料研究中要求能准确地掌握材料制备过程中发生的物理或化学变化。热分析对材料在加热或冷却过程中产生的物理或化学变化提供了依据。但应注意，单一热分析方法的结果受到各种因素的影响，故对同一材料进行相同的热分析结果可能存在差异，所以只根据单一热分析方法很难对材料的物理或化学变化进行正确的判断。利用多种热分析方法联用形成的综合热分析，可以获取更多的热分析信息，同时，多种热分析技术集中在一个仪器上，实验条件相同、使用方便、实验误差小。

利用综合热分析的结果可对物理或化学反应进行简单的判断：当产生吸热效应并且伴随失重时，可能是物质脱水或分解过程；当产生放热效应并伴随增重时，可能是物质氧化过程；当产生吸热效应且有体积变化，但无质量变化，可能是晶型变化；当产生放热效应并伴随体积收缩时，可能有新晶相形成；当无热效应，有体积收缩时，可能是烧结过程。

6.7.2.2 综合热分析在材料研究中的应用举例

A 锆钛酸钡凝胶的 DTA-TG 分析

锆钛酸钡（$BaZr_xTi_{1-x}O_3$，BZT）是一种新型的介电非线性材料。采用溶胶-凝胶法制备锆钛酸钡纳米粉体时，需要通过对凝胶进行热分析，以选择合适的热处理制度，如图 6-35 所示。

从图 6-35 可以看出，凝胶的热分解历程大致可以分为 3 个阶段：第一阶段，呈现在 TG 曲线从室温 ~ 320℃，失重量为 19.83%，对应的 DTA 曲线为 198.8℃ 的吸收峰，这主要与凝胶脱去挥发的有机溶剂成分（如乙二醇、乙酸、反应生成正丁醇、酯等）有关；第二阶段呈现在 TG 曲线上从 400 ~ 600℃，失重量约为 13.3%，对应的 DTA 曲线为 559.8℃ 的放热峰，这主要是凝胶网络的有机物在空气中燃烧放热产生的，凝胶网络是在钛酸四丁酯的水解聚合过程中获得的，类似于低相对分子质量的聚合物，而且有一定的支撑强度；第三阶段呈现在 TG 曲线上的是从 638 ~ 723℃，失重量约为 9.53%，这是由于仍然有少量的碳存在，相应 DTA 曲线上在 704℃

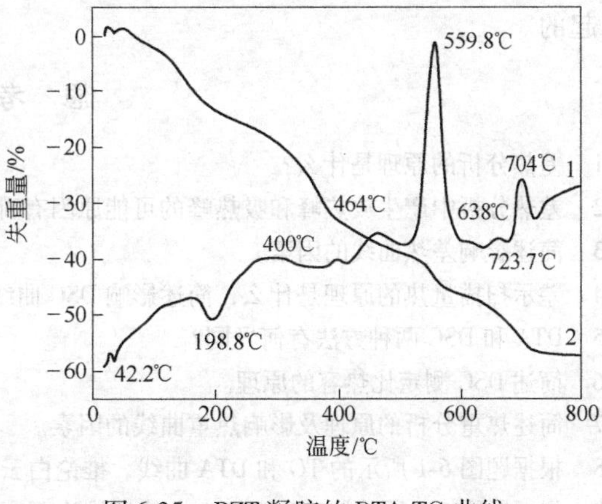

图 6-35 BZT 凝胶的 DTA-TG 曲线

1—DTA；2—TG

有一个放热峰，这是产生相变的原因，继续升温至1000℃，无失重现象和任何的吸热及放热峰。

B $Ni(NO_3)_2 \cdot 6H_2O$ 的热分解过程

图6-36为 $Ni(NO_3)_2 \cdot 6H_2O$ 样品的DSC-DTG-TG曲线。

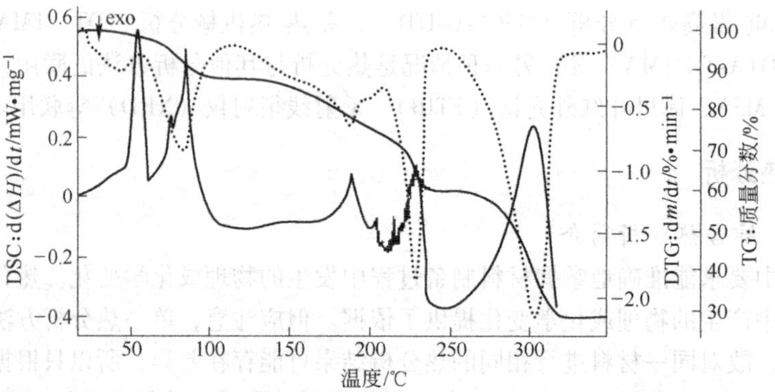

图6-36 $Ni(NO_3)_2 \cdot 6H_2O$ 样品的DSC-DTG-TG曲线

从样品的TG-DTG曲线上可以看出，$Ni(NO_3)_2 \cdot 6H_2O$ 的热分解过程可以分为4个阶段：第一个阶段失重率为12.03%，相当于失去2个 H_2O 分子；第二阶段从110～199.1℃之间有一个缓慢的失重过程，失重率为11.99%，也相当于失去2个 H_2O 分子；第三阶段为199.1℃以后，$Ni(NO_3)_2 \cdot 2H_2O$ 迅速分解，失重率为15.74%；第四阶段为303.4℃以后，TG曲线出现平台。四步总的失重率为70.57%，生成淡绿色粉末NiO。从样品的DSC曲线上可以看出，$Ni(NO_3)_2 \cdot 6H_2O$ 的热分解过程由5个吸热峰组成。第一个吸热峰的峰值为56.2℃，是 $Ni(NO_3)_2 \cdot 6H_2O$ 溶化，并溶于自身所带的结晶水引起的；在溶化相变的同时，有极少量的水变为水蒸气逸出，TG曲线上有少量的失重。第二个吸热峰的峰值为86.2℃，伴有峰值为76.0℃的肩峰，是由于失去2个分子的结晶水造成的。第三个吸热峰也是由于失去2个结晶水造成的。第四个吸热峰的峰值为229.3℃，是 $Ni(NO_3)_2 \cdot 4H_2O$ 分解生成 H_2O、HNO_3 和 NO_x 造成的。第五个吸热峰的峰值是303.4℃，是由于中间产物分解生成NiO引起的。

思 考 题

6-1 差热分析的原理是什么？

6-2 差热分析中产生放热峰和吸热峰的可能原因有哪些？

6-3 简述影响差热曲线的因素。

6-4 差示扫描量热的原理是什么，简述影响DSC曲线的因素？

6-5 DTA和DSC两种方法有何异同？

6-6 简述DSC测定比热容的原理。

6-7 简述热重分析的原理及影响热重曲线的因素。

6-8 根据题图6-1所示的TG和DTA曲线，推论白云石（$CaMg(CO_3)_2$）的分解过程。

6-9 根据题图6-2所示的TG和DTA曲线，推论石膏（$CaSO_4 \cdot 2H_2O$）的物理化学过程。

6-10 综合热分析的优点是什么？

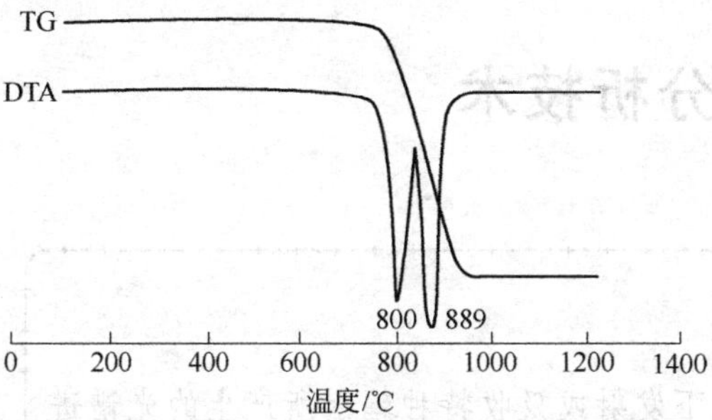
TG
DTA
800
889
0
200
400
600
800
1000
1200
1400
温度/℃

题图 6-1

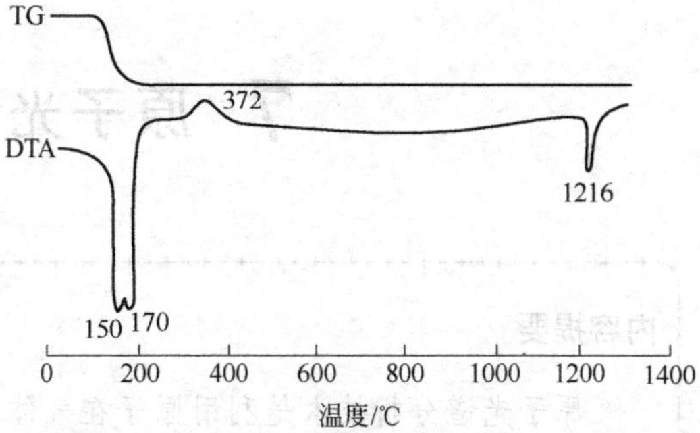
TG
372
DTA
1216
150
170
0
200
400
600
800
1000
1200
1400
温度/℃

题图 6-2

7 原子光谱分析技术

内容提要

原子光谱分析技术是利用原子在气体状态下发射或吸收特种辐射所产生的光谱进行元素定性和定量分析的一种分析技术。本章将主要阐述下列内容：

1. 从理论上探讨原子光谱的产生及特点；
2. 解析原子光谱在元素分析时原子化试样常用的方法；
3. 介绍原子发射和吸收光谱各自的特点、工作原理以及应用情况。

学习目标

1. 掌握原子光谱分析技术的基本原理；
2. 熟悉各种原子光谱的原子化过程及特点。

原子光谱法包括原子发射光谱分析法（atomic emission spectrometry，AES）、原子吸收光谱分析法（atomic absorption spectrometry，AAS）和原子荧光光谱分析法（atomic fluorescence spectrometry，AFS）三部分。这三种光谱分析法均是利用原子在气体状态下发射或吸收特种辐射所产生的光谱进行元素定性和定量分析的方法。原子光谱分析法具有灵敏度高、检出限低、选择性好的显著特点，可直接测定元素周期表中的绝大多数金属元素。

原子光谱学的研究是从牛顿的著名实验开始的，他用玻璃棱镜将太阳光分解成绚丽的彩带，这就是早期的光谱。经过无数先辈们的不懈努力，原子光谱学一直发展到今天。值得一提的是，人类对光谱分析的应用早就开始了，我们熟知的“焰色反应”，其原理和 AES 定性分析是一样的。在国外，德国化学家马格拉夫于 1758 年用焰色来分辨苏打和锅灰碱。我国早在南北朝时期，医药学家陶弘景就使用焰色反应来区别真硝石与芒硝，这是史书上最早的记载，说明我们的祖先早就对光谱分析作过贡献。

7.1 原子发射光谱分析法

原子发射光谱分析技术是根据元素在受到热或电激发时，由基态跃迁到激发态，再返回到基态时，发射出特征光谱，依据特征光谱进行定性和定量的分析方法。

原子发射光谱分析法是光谱分析法中产生与发展最早的一种。早在 1859 年，基尔霍夫（G. R. Kirchhoff）和本生（R. W. Bunsen）研制出第一台用于光谱分析的分光镜，实现了光谱检验。以后的 30 年中，逐渐确立了光谱定性分析方法。到 1930 年以后，建立了光谱定量分析方法。随着原子吸收光谱分析法的建立，其在分析化学中的作用有所下降，但新光源（ICP）及新仪器的出现，原子发射光谱分析法的作用又加强了，应用范围也扩大了。

原子发射光谱法对科学的发展起过重要的作用，在建立原子结构理论的过程中，提供了大量的、最直接的实验数据。科学家们通过观察和分析物质的发射光谱，逐渐认识了组成物质的原子结构。在元素周期表中，有不少元素是利用发射光谱发现或通过光谱法鉴定而被确认的，例如碱金属中的铷和铯；稀散元素中的镓、铟、铊；惰性气体中的氦、氖、氩、氪、氙元素等。

在近代各种材料的定性和定量分析中，原子发射光谱法发挥了重要作用。特别是新型光源的研制与电子技术的不断更新和应用，使原子发射光谱分析获得了新的发展，成为仪器分析中最重要的方法之一。

原子发射光谱分析法的特点是：

(1) 可多元素同时检测，各元素同时发射各自的特征光谱。

(2) 分析速度快，试样不需处理，同时对几十种元素进行定量分析（光电直读仪）。

(3) 选择性高，各元素具有不同的特征光谱。

(4) 检出限较低，10 ~ 0.1μg/g（一般光源），10 ~ 0.1ng/g(ICP)。

(5) 准确度较高，5% ~ 10%(一般光源)，<1%（ICP）。

(6) ICP-AES 性能优越，线性范围为 4 ~ 6 数量级，可测高、中、低不同含量的试样。

原子发射光谱分析法的缺点是：非金属元素不能检测或灵敏度低。常见的非金属元素如氧、硫、氮、卤素等谱线在远紫外，目前一般的光谱仪还不好检测；还有一些非金属元素，如磷、硒、碲等，由于其激发电位高，灵敏度较低。

7.1.1 基本原理

7.1.1.1 原子发射光谱的产生

如图 7-1 所示，在正常状态下，原子处于基态，原子在受到热（火焰）或电（电火花）激发时，由基态跃迁到激发态，返回到基态时，发射出特征光谱（线状光谱）。

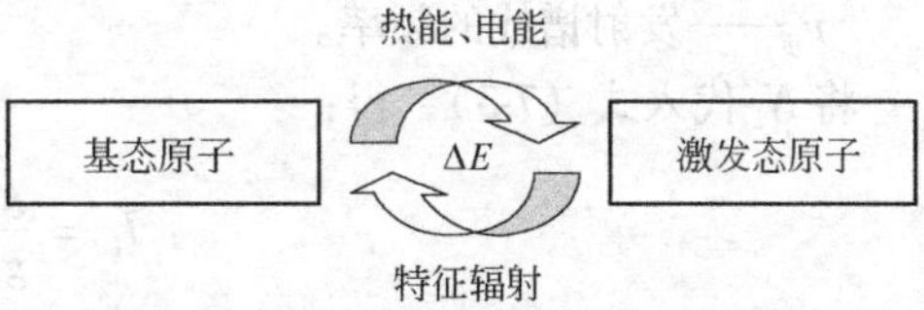

图 7-1 基态原子与激发态的关系图

谱线波长与能量的关系为：

$$\lambda = \frac{hc}{E_2 - E_1} \tag{7-1}$$

式中 E_2，E_1——高能级和低能级的能量；

λ——波长；

h——普朗克常数；

c——光速。

原子中某一外层电子由基态激发到高能级所需要的能量称为激发能，以 eV 表示。原子光谱中每一条谱线的产生各有其相应的激发能。这些激发能在元素谱线表中可以查到。由最低激发态向基态跃迁所发射的谱线称为第一共振线。第一共振线具有最小的激发能，因此最容易被激发，就是该元素最强的谱线。

在激发光源作用下，原子获得足够的能量就发生电离，电离所必需的能量称为电离能。原子失去一个电子称为一次电离，一次电离的原子再失去一个电子称为二次电离，依此类推。离子也可能被激发，其外层电子跃迁也发射光谱。由于离子和原子具有不同的能级，因此离子发射的光谱与原子发射的光谱是不一样的。

把原子中所有可能存在状态的光谱项——能级及能级跃迁用图解的形式表示出来，称为能级图。通常用纵坐标表示能量 E，基态原子能量 $E=0$；以横坐标表示实际存在的光谱项。理论上，对于每个原子能级的数目应该是无限多的，但实际上产生的谱线是有限的，发射的谱线为斜线相连。

7.1.1.2　谱线强度

原子由某一激发态 i 向低能级 j 跃迁，所发射的谱线强度与激发态原子数成正比。在热力学平衡时，单位体积的基态原子数 N_0 与激发态原子数 N_i 之间的分布遵循玻耳兹曼分布定律：

$$N_i = \frac{g_i}{g_0} N_0 e^{-\frac{E_i}{kT}} \tag{7-2}$$

式中　g_i，g_0——激发态与基态的统计权重；

E_i——激发能；

k——玻耳兹曼常数；

T——激发温度。

原子的外层电子在 i 和 j 两个能级之间跃迁，其发射的谱线强度 I_{ij} 为：

$$I_{ij} = N_i A_{ij} h \nu_{ij} \tag{7-3}$$

式中　h——普朗克常数；

A_{ij}——两个能级间的跃迁几率；

ν_{ij}——发射谱线的频率。

将 N_i 代入式（7-3），得：

$$I_{ij} = \frac{g_i}{g_0} A_{ij} h \nu_{ij} N_0 e^{-\frac{E_i}{kT}} \tag{7-4}$$

由式（7-4）可见，影响谱线强度的因素为：

（1）激发能。谱线强度与激发电位成负指数关系。在温度一定时，激发能愈高，处于该能量状态的原子数愈少，谱线强度就愈小。激发能最低的共振线通常是强度最大的线。

（2）激发温度。从式（7-4）可以看出，温度升高，谱线强度增大。但温度升高，电离的原子数目也会增多，而相应的原子数会减少，致使原子谱线强度减弱，离子的谱线强度增大。图7-2为一些谱线的强度与温度的关系图，由图可见，不同谱线各有其最合适的激发温度，在此温度时，谱线强度最大。

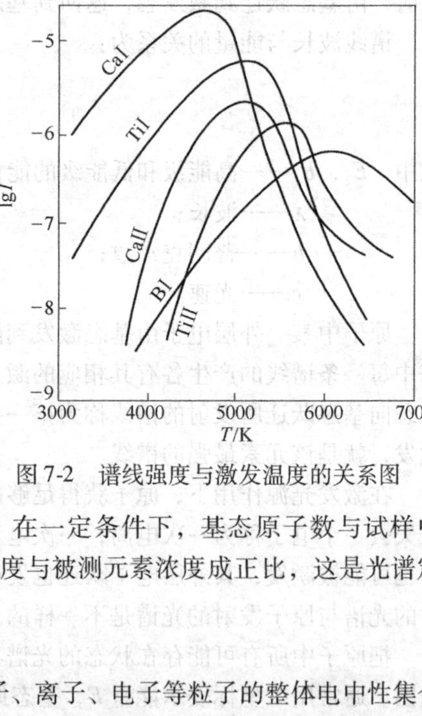

图7-2　谱线强度与激发温度的关系图

（3）统计权重。谱线强度与激发态和基态的统计权重之比 g_i/g_0 成正比。

（4）跃迁几率。谱线强度与跃迁几率成正比。跃迁几率是一个原子在单位时间内在两个能级间跃迁的几率，可通过实验数据计算得到。

（5）基态原子数。谱线强度与基态原子数成正比。在一定条件下，基态原子数与试样中该元素浓度成正比。因此，在一定的实验条件下谱线强度与被测元素浓度成正比，这是光谱定量分析的依据。

7.1.1.3　谱线的自吸与自蚀

在激发光源高温条件下，以气态形式存在的包含分子、离子、电子等粒子的整体电中性集合体称为等离子体。等离子体内温度和原子浓度的分布不均匀，中间的温度及激发态原子浓度高，边缘反之。这种中心发射的辐射被边缘的同种基态原子吸收，使辐射强度降低的现象称为自吸。

自吸对谱线中心处强度影响大。当元素的含量很小时，不表现自吸；当含量增大时，自吸现象增加。当达到一定含量时，由于自吸严重，谱线中心强度都被吸收了，完全消失，好像两条谱线，这种现象称为自蚀，如图 7-3 所示。基态原子对共振线的自吸最为严重，并且常产生自蚀。不同光源类型，自吸情况不同，直流电弧由于蒸气云厚度大，自吸现象常比较明显。由于自吸现象影响谱线强度，在定量分析中可以通过控制元素的含量来减少自吸对谱线强度的影响。

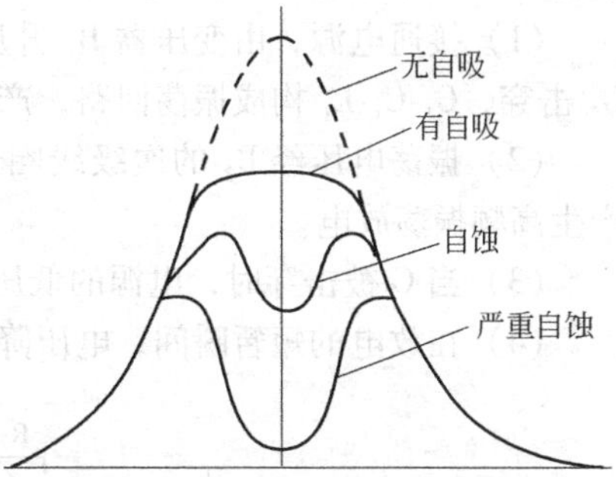

图 7-3 自吸与自蚀谱线轮廓图

7.1.2 原子发射光谱分析仪器

用来观察和记录原子发射光谱并进行光谱分析的仪器称为原子发射光谱仪。在现代原子发射光谱分析中，常用的原子发射光谱仪有摄谱仪、光电直读光谱仪和火焰分光光度计等。

7.1.2.1 摄谱仪和光电直读光谱仪

光栅摄谱仪和光电直读光谱仪都是由光源、分光系统和检测系统三个部分组成，它们的区别主要在检测系统。

A 光源

光源的作用是为试样蒸发、原子化和激发发光提供所需的能量，它的性能影响着谱线的数目和强度。因此，通常要求光源的灵敏度高（即可使样品中的微量分析成分蒸发和激发发光）、稳定性和再现性强、谱线背景低、适应范围广。在分析具体试样时，应根据分析的元素和对灵敏度及精确度的要求选择适当的光源。目前常用的光源有直流电弧、交流电弧、高压火花以及电感耦合等离子体（ICP）等。

a 直流电弧

直流电弧以直流电作为激发能源，电压大小为 150 ~ 380V，电流为 5 ~ 30A。其设备比较简单，基本装置如图 7-4 所示。固定电极（作阴极）和待分析试样（作阳极）之间构成分析间隙。直流电弧一般采用接触法电弧，即先将上下两个电极通上直流电，然后将电极轻轻接触，接触点因电阻很大而使电极灼热，将电极拉开，电弧即点燃。电弧点燃后，热电子流高速通过分析间隙冲击阳极，产生高热，试样蒸发并原子化，电子与原子碰撞电离出正离子冲向阴极。电子、原子和离子间的相互碰撞，使原子跃迁到激发态，返回基态时发射出该原子的光谱。

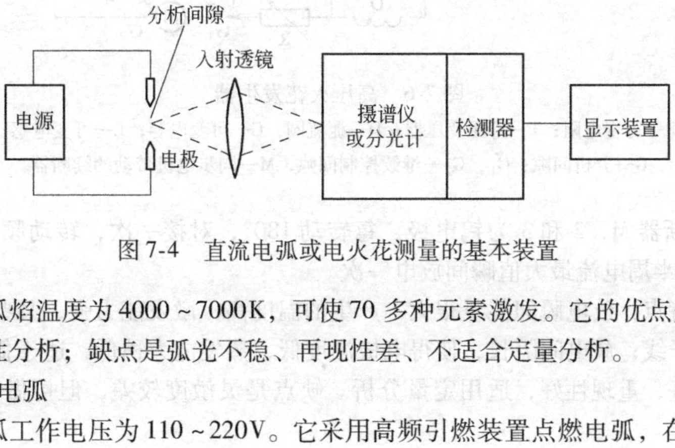

图 7-4 直流电弧或电火花测量的基本装置

直流电弧的弧焰温度为 4000 ~ 7000K，可使 70 多种元素激发。它的优点是绝对灵敏度高、背景小、适合定性分析；缺点是弧光不稳、再现性差、不适合定量分析。

b 低压交流电弧

低压交流电弧工作电压为 110 ~ 220V。它采用高频引燃装置点燃电弧，在每一交流半周时引燃一次，保持电弧不灭。其线路如图 7-5 所示，它的工作原理是：

（1）接通电源，由变压器 B_1 升压至 2.5 ~ 3kV，电容器 C_1 充电，达到一定值时，放电盘 G_2 击穿，G_1-C_1-L_1 构成振荡回路，产生高频振荡。

（2）振荡电压经 B_2 的次级线圈升压到 10kV，通过电容器 C_2 将电极间隙 G 的空气击穿，产生高频振荡放电。

（3）当 G 被击穿时，电源的低压部分沿着已造成的电离气体通道，通过 G 进行电弧放电。

（4）在放电的短暂瞬间，电压降低直至电弧熄灭，在下半周高频再次点燃，重复进行。

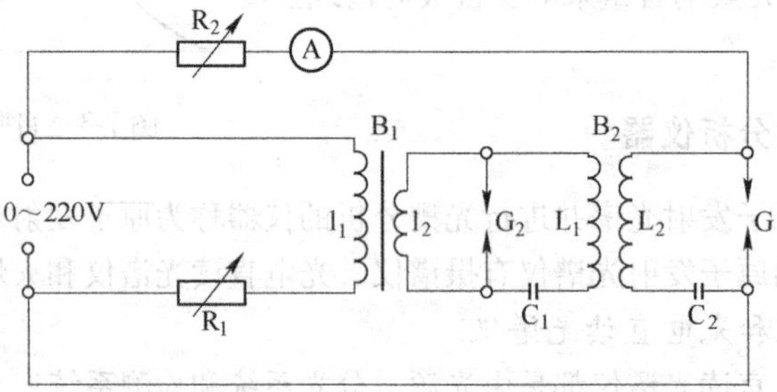

图 7-5　交流电弧发生器图

低压交流电弧特点：电弧温度高，激发能力强；电极温度稍低，蒸发能力稍低；电弧稳定性好，使分析重现性好，适用于定量分析。

c　高压火花

火花放电是指在通常情况下，两电极间加上高电压，达到击穿电压时，在两极尖端迅速放电，产生电火花，如图 7-6 所示，它的工作原理为：

（1）交流电压经变压器 T 后，产生 10 ~ 25kV 的高压，然后通过扼流圈 D 向电容器 C 充电，达到 G 的击穿电压时，通过电感 L 向 G 放电，产生振荡性的火花放电。

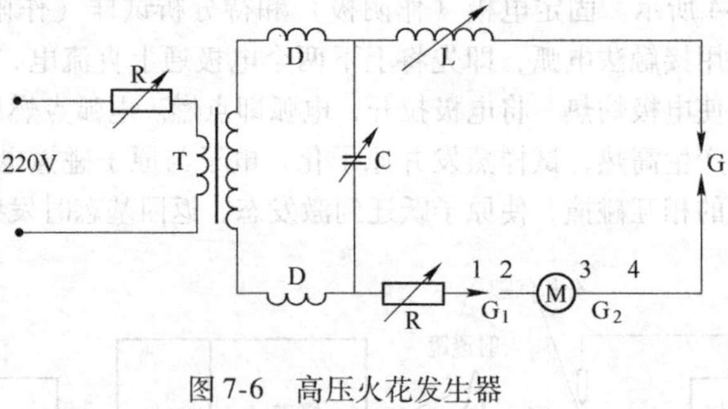

图 7-6　高压火花发生器

R—可变电阻；T—升压变压器；D—扼流圈；C—可变电容；L—可变电感；
G—分析间隙；G_1，G_2—继续控制间隙，M—同步电机带动的续断器

（2）转动续断器 M，2 和 3 为钨电极，每转动 180°，对接一次，转动频率为 50r/s，接通 100 次/s，保证每半周电流最大值瞬间放电一次。

高压火花的特点：放电瞬间能量很大，产生的温度高，激发能力强，某些难激发元素可被激发，且多为离子线；放电间隔长，使得电极温度低，蒸发能力稍低，适于低熔点金属与合金的分析；稳定性好，重现性好，适用定量分析。缺点是灵敏度较差，但可做较高含量的分析，噪声较大。

d 等离子体光源

原子发射光谱在20世纪50年代发展缓慢。1960年，工程热物理学家Reed设计了环形放电感耦等离子体炬，指出可用于原子发射光谱分析中的激发光源。光谱学家法塞尔和格伦菲尔德将其用于发射光谱分析，建立了电感耦合等离子体光谱仪（ICP-AES）。70年代，ICP-AES获广泛应用。等离子体喷焰作为发射光谱的光源主要有以下三种形式：直流等离子体喷焰（direct current plasma jet，DCP）、电感耦合等离子体（inductively coupled plasma，ICP）和微波感生等离子体（microwave induced plasma，MIP）。

由于ICP的性能优越，目前已成为最主要的等离子体光源应用方式。ICP是由高频发生器和等离子体炬管组成的（见图7-7）：

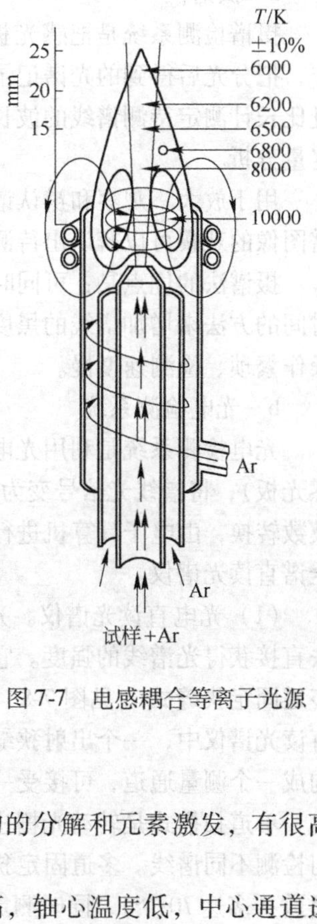

图7-7 电感耦合等离子光源

（1）晶体控制高频发生器。石英晶体作为振源，经电压和功率放大，产生具有一定频率和功率的高频信号，用来产生和维持等离子体放电。石英晶体固有振荡频率为6.78MHz，二次倍频后为27.120MHz，电压和功率放大后，功率为1~2kW。

（2）炬管与雾化器。三层同心石英玻璃炬管置于高频感应线圈中，等离子体工作气体从管内通过，试样在雾化器中雾化后，由中心管进入火焰。外层Ar从切线方向进入，保护石英管不被烧熔，中层Ar用来点燃等离子体。

当高频发生器接通电源后，高频电流I通过感应线圈产生交变磁场（绿色）。开始时，管内为Ar气，不导电，需要用高压电火花触发，使气体电离后，在高频交流电场的作用下，带电粒子高速运动，碰撞，形成“雪崩”式放电，产生等离子体气流。在垂直于磁场方向将产生感应电流（涡电流，粉色），其电阻很小，电流很大（数百安），产生高温，又将气体加热、电离，在管口形成稳定的等离子体焰炬。

ICP光源具有显著的特点：

（1）温度高，惰性气氛，原子化条件好，有利于难熔化合物的分解和元素激发，有很高的灵敏度和稳定性。

（2）“趋肤效应”，涡电流在外表面处密度大，使表面温度高，轴心温度低，中心通道进样对等离子的稳定性影响小。也有效消除自吸现象，线性范围宽（4~5个数量级）。

（3）ICP中电子密度大，碱金属电离造成的影响小。

（4）Ar气体产生的背景干扰小。

（5）无电极放电，无电极污染。

ICP的缺点是对非金属测定的灵敏度低，仪器昂贵，操作费用高。

B 分光系统

分光系统的作用是将试样中待测元素的激发态原子（或离子）所发射的特征光经分光后，得到按波长顺序排列的光谱，以便进行定性和定量分析。常用的分光系统有以下两种类型。

（1）棱镜分光系统。多用石英棱镜为色散元件，可适用于紫外和可见光区。这种分光系统主要是利用棱镜对不同波长的光有不同的折射率，复合光便被分解为各种单色光，从而达到分光的目的。

（2）光栅分光系统。其色散元件采用了光栅（通常由一个镀铝的光学平面或凹面上刻印等距离的平行沟槽做成的），利用光在光栅上产生的衍射和干涉来实现分光。

光栅色散与棱镜色散比较，具有较高的色散与分辨能力，适用的波长范围宽，而且色散率近乎常数，谱线按波长均匀排列。其缺点是有时出现“鬼线”（由于光栅刻线间隔的误差引起在不该有谱线的地方出现的“伪线”）和多级衍射的干扰。

C　检测系统

a　摄谱仪

摄谱检测系统是把感光板置于分光系统的焦平面处，通过摄谱、显影、定影等一系列操作，把分光后得到的光谱记录和显示在感光板上，然后通过映谱仪放大，同标准图谱比较或通过比长计测定待测谱线的波长，进行定性分析；通过测微光度计测量谱线强度（黑度），进行定量分析。

用于放大、观察和辨认谱线的仪器，称为映谱仪（又称投影仪），人们通过这种仪器对光谱图像的观察可以辨认出待测元素的特征谱线，以进行元素定性分析或半定量分析。

摄谱法的优点是：可同时记录整个波长范围的谱线；具有较好的分辨能力；可用增加曝光时间的方法来增加谱线的黑度（强度），而且可使激发条件不稳定时产生的波动平化。缺点是操作繁琐、检测速度慢。

b　光电检测系统

光电检测系统是利用光电倍增管一类的光电转换器，连接在分光系统的出口狭缝处（代替感光板），将谱线光信号变为电信号，再送入电子放大装置，直接由指示仪表显示，或者经过模数转换，由电子计算机进行数据处理，打印出分析结果。光电检测系统有光电直读光谱仪和全谱直读光谱仪。

（1）光电直读光谱仪。光电直读是利用光电法直接获得光谱线的强度。它分为单道扫描式和多道固定狭缝式（见图7-8）两种类型。在光电直读光谱仪中，一个出射狭缝和一个光电倍增管构成一个测量通道，可接受一条谱线。

单道扫描式是转动光栅进行扫描，在不同时间检测不同谱线。多道固定狭缝式则是安装多个通道（多达70个），同时测定多个元素的谱线。

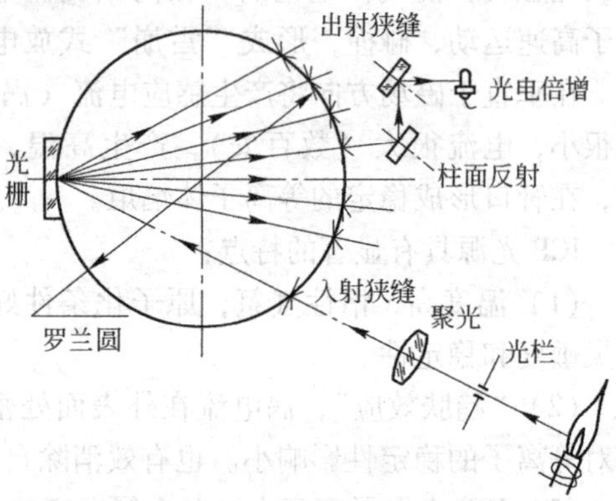

图7-8　多道固定狭缝式光电直读光谱示意图

多道固定狭缝式光电直读光谱仪多采用凹面光栅。罗兰发现在曲率半径为 R 的凹面反射光栅上存在着一个直径为 R 的圆，称为罗兰圆。不同波长的光都成像在圆上，即在圆上形成一个光谱带。凹面光栅既具有色散作用也起聚焦作用（凹面反射镜将色散后的光聚焦）。

多道固定狭缝式光电直读光谱仪的优点是：多达70个通道可选择设置，同时进行多元素分析，这是其他金属分析方法所不具备的；分析速度快，准确度高；线性范围宽，4～5个数量级，高、中、低浓度都可分析。缺点是出射狭缝固定，各通道检测的元素谱线一定。

（2）全谱直读光谱仪。全谱直读光谱仪是性能优越，比较新型的一种光谱仪。它以ICP为光源，采用电荷注入式（CID）阵列检测器，可同时检测165～800nm波长范围内出现的全部谱线。

图7-9是全谱直读光谱仪。光源发出的光经反射镜聚焦于棱镜，光通过棱镜后投射到中阶

梯光栅，使光色散，光经过反射镜达到 CID 检测器并可见到光谱图像。

仪器特点：测定每个元素可同时选用多条谱线；可在 1min 内完成 70 个元素的定量测定；可在 1min 内完成对未知样品中多达 70 多种元素的定性测定；1mL 的样品可检测所有可分析元素；扣除基体光谱干扰；全自动操作；分析精度 *CV*：0.5%。全谱直读光谱仪可快速进行光谱定性、定量分析，并可对原子发射光谱进行深入的研究。

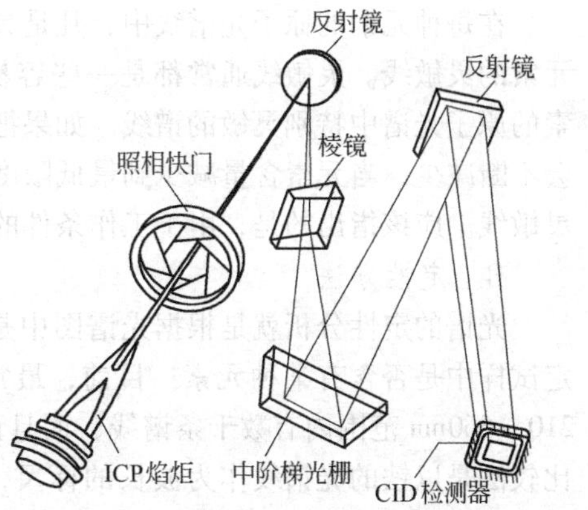

图 7-9 全谱直读光谱仪示意图

7.1.2.2 火焰光度计

火焰光度法使用的仪器是火焰分光光度计或火焰光度计，如图 7-10 所示。仪器结构包括三个部分，即火焰激发源、单色器和光电检测器。

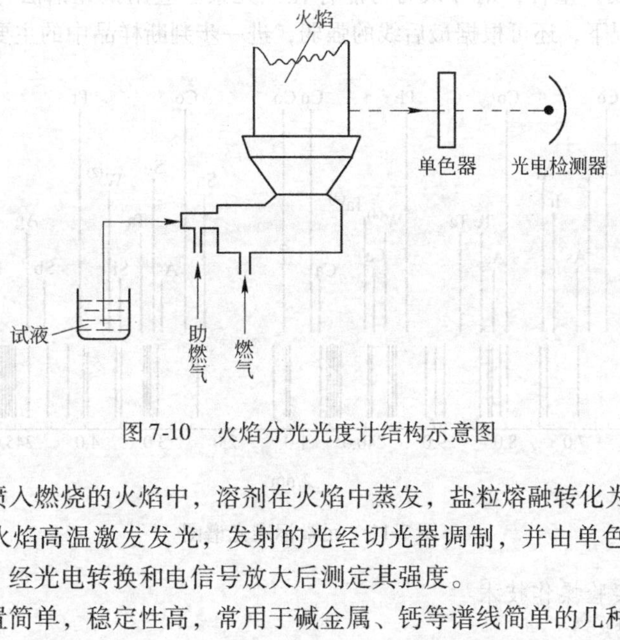

图 7-10 火焰分光光度计结构示意图

试液经雾化后喷入燃烧的火焰中，溶剂在火焰中蒸发，盐粒熔融转化为蒸气，解离为离子(部分电离)，再由火焰高温激发发光，发射的光经切光器调制，并由单色器色散，分离出待测元素的特征谱线，经光电转换和电信号放大后测定其强度。

火焰光度计装置简单，稳定性高，常用于碱金属、钙等谱线简单的几种元素的测定，在硅酸盐和血浆等样品的分析中应用较多。它的缺点是对钠和钾测定困难，仪器的选择性差。

7.1.3 定性和定量分析方法

7.1.3.1 光谱定性分析

由于各种元素均可发射各自的特征谱线，因此原子发射光谱法是一种比较理想、简便快速的定性分析方法，目前该方法可鉴别 70 余种元素。它的定性依据是：元素不同→电子结构不同→光谱不同→特征光谱。

A 元素的分析线、最后线和灵敏线

每种元素发射的特征谱线有许多，当进行定性分析时，只要检出几条合适的谱线就可以了。这些用来进行定性或定量分析的特征谱线被称为分析线，常用的分析线是元素的灵敏线或最后线。

在每种元素的原子光谱线中，凡是具有一定强度、能标记某元素存在的特征谱线，称为该元素的灵敏线。灵敏线通常都是一些容易激发（激发电位较低）的谱线。最后线是每一种元素的原子光谱中特别灵敏的谱线。如果把含有某种元素的溶液不断稀释，原子光谱线的数目就会不断减少，当元素含量减少到最低限度时，仍能够坚持到最后出现的谱线，称为最后线或最灵敏线。应该指出的是，由于工作条件的不同和存在自吸，最后线不一定是最强的谱线。

B　定性方法

光谱的定性分析就是根据光谱图中是否有某元素的特征谱线（一般是最后线）出现来判定试样中是否含有某种元素。目前，最常用的定性方法为标准光谱比较法。铁的谱线多，在210～660nm范围内有数千条谱线，而且谱线间距离分配均匀，容易对比，适用面广。铁光谱比较法是以铁的光谱线作为波长的标尺，将各个元素的最后线按波长位置标插在铁光谱（上方）相关的位置上，制成元素标准光谱图。

在定性分析时，将待测样品和纯铁同时并列摄谱于同一感光板上，然后在映谱仪上用元素标准光谱图（见图7-11）与样品的光谱对照检查。如待测元素的谱线与标准光谱图中标明的某元素谱线（最后线）重合，则可认为可能存在该元素。应用铁光谱法可同时进行多元素定性分析。在很多情况下，还可根据最后线的强弱，进一步判断样品中的主要成分和微量成分。

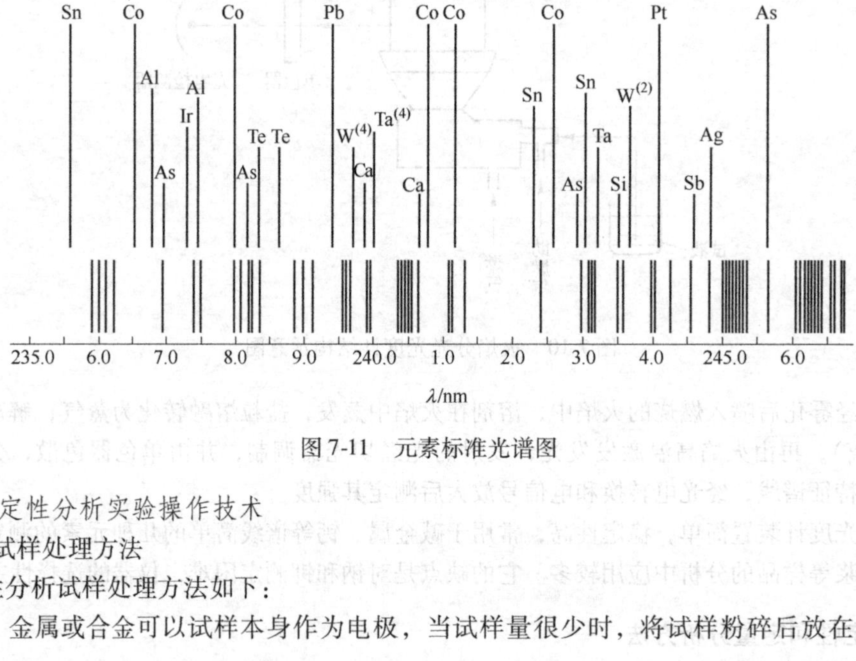

图7-11　元素标准光谱图

C　定性分析实验操作技术

a　试样处理方法

定性分析试样处理方法如下：

（1）金属或合金可以试样本身作为电极，当试样量很少时，将试样粉碎后放在电极的试样槽内。

（2）固体试样研磨成均匀的粉末后放在电极的试样槽内。

（3）糊状试样先蒸干，残渣研磨成均匀的粉末后放在电极的试样槽内。液体试样可采用ICP-AES直接进行分析。

b　实验条件选择

在定性分析中通常选择灵敏度高的直流电弧；狭缝宽度为5～7μm；分析稀土元素时，由于其谱线复杂，要选择色散率较高的大型摄谱仪。

电极材料：采用光谱纯的炭或石墨，特殊情况采用铜电极。放电时，碳加氮产生氰（CN），氰分子在358.4～421.6nm产生带状光谱，干扰其他元素出现在该区域的光谱线，需要该区域时，可采用铜电极，但灵敏度低。

c 摄谱过程

摄谱顺序为炭电极（空白）、铁谱、试样。

分段曝光法：先在小电流（5A）激发光源摄取易挥发元素光谱调节光阑，改变曝光位置后，加大电流（10A），再次曝光摄取难挥发元素光谱。

7.1.3.2 光谱定量分析

A 光谱半定量分析

光谱半定量分析可以给出试样中某元素的大致含量。若分析任务对准确度要求不高，多采用光谱半定量分析。例如对钢材与合金的分类、矿产品位的大致估计等，特别是分析大批样品时，采用光谱半定量分析，尤为简单而快速。

光谱半定量分析常采用摄谱法中的比较黑度法，这个方法须配制一个基体与试样组成近似的被测元素的标准系列。在相同条件下，在同一块感光板上标准系列与试样并列摄谱；然后在映谱仪上用目视法直接比较试样与标准系列中被测元素分析线的黑度。黑度若相同，则可做出试样中被测元素的含量与标准样品中某一个被测元素含量近似相等的判断。

B 光谱全定量分析

a 发射光谱定量分析的基本关系式

光谱定量分析主要是根据谱线强度与被测元素浓度的关系来进行的。在条件一定时，谱线强度 I 与待测元素含量 c 关系为：

$$I = ac \tag{7-5}$$

式中 a——常数（与蒸发和激发过程等有关）。

考虑到发射光谱中存在着自吸现象，需要引入自吸常数 b，则：

$$I = ac^b \tag{7-6}$$

$$\lg I = b\lg c + \lg a \tag{7-7}$$

式（7-6）为发射光谱分析的基本关系式，称为塞伯-罗马金公式（经验式）。自吸常数 b 随浓度 c 增加而减小，当浓度很小，自吸消失时，$b = 1$。

b 定量分析方法

定量分析方法有以下几种：

（1）内标标准曲线法。内标标准曲线法又称内标法，它是盖拉赫于1925年提出的，是光谱定量分析发展的一个重要成就。采用内标法可以提高光谱定量分析的准确度。目前，ICP光源直读光谱仪仪器性能好，并且稳定性和准确度高，一般不使用内标法，但当试样黏度大时，也会使得光源不稳定，此时应使用内标法。

内标法是相对强度法，首先要选择分析线对：选择一条被测元素的谱线为分析线，再选择其他元素的一条谱线为内标线，所选内标线的元素为内标元素。内标元素可以是试样的基体元素，也可以是加入一定量试样中不存在的元素。分析线与内标线组成分析线对。

在被测元素的光谱中选择一条作为分析线（强度 I），再选择内标物的一条谱线（强度 I_0），组成分析线对。则：

$$I = ac^b \tag{7-8}$$

$$I_0 = a_0 c_0^{b_0} \tag{7-9}$$

相对强度 R 为：

$$R = \frac{I}{I_0} = \frac{ac^b}{a_0 c_0^{b_0}} = Ac^b \tag{7-10}$$

$$\lg R = b\lg c + \lg A \tag{7-11}$$

式中　A——$\frac{a}{a_0 c_0^{b_0}}$合并后的常数项。

式（7-10）为内标法定量的基本关系式。

（2）摄谱法中的标准曲线法。在完全相同的条件下，将标准样品与试样在同一感光板上摄谱，由标准试样分析线对的黑度差（ΔS）对 $\lg c$ 作标准曲线（3 个点以上，每个点取 3 次平均值），再由试样分析线对的黑度差，在标准曲线上求得未知试样 $\lg c$。该法即为标准曲线法。

若分析线与内标线的黑度都落在感光板正常曝光部分，这时可直接用分析线对黑度差 ΔS 与 $\lg c$ 建立校准曲线，即

$$\Delta S = \gamma \lg R = \gamma b \lg c + \gamma \lg A \tag{7-12}$$

由式（7-12）可看出，分析线与内标线黑度差 ΔS 与被测元素浓度的对数 $\lg c$ 呈线性关系。式（7-12）是摄谱法定量分析的基本关系式。

（3）标准加入法。无合适内标物时，采用该法。该方法是取若干份体积相同的试液（c_x），依次按比例加入不同量的待测物的标准溶液（c_0），浓度依次为 c_x，c_x+c_0，c_x+2c_0，c_x+3c_0，c_x+4c_0，…，在相同条件下测定 R_x，R_1，R_2，R_3，R_4，…。

以 R 对浓度 c 作图得一直线，如图 7-12 所示，图中 c_x 点即待测溶液浓度。

根据式（7-10）有：

$$R = Ac^b$$

$b = 1$ 时，　$R = A(c_x + c_0)$　　(7-13)

$R = 0$ 时，　$c_x = -c_0$　　(7-14)

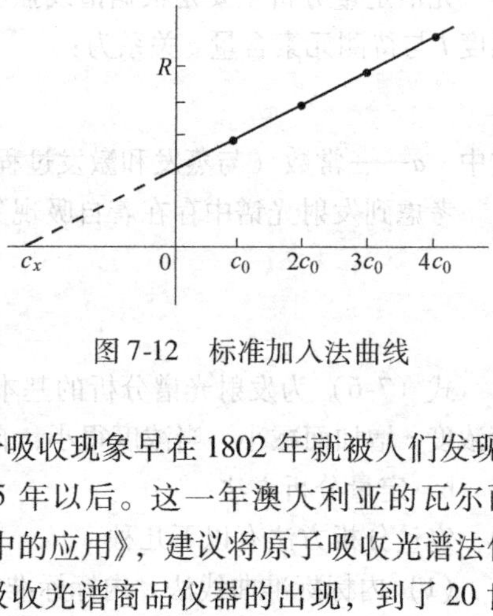

图 7-12　标准加入法曲线

7.2　原子吸收光谱分析法

原子吸收光谱法是基于被测元素基态原子在蒸气状态对其原子共振辐射吸收进行元素定量分析的方法。原子吸收现象早在 1802 年就被人们发现，但是，原子吸收光谱作为一种实用的分析方法是在 1955 年以后。这一年澳大利亚的瓦尔西（A. Walsh）发表著名论文《原子吸收光谱法在分析化学中的应用》，建议将原子吸收光谱法作为分析方法，奠定了原子吸收光谱法的基础。随着原子吸收光谱商品仪器的出现，到了 20 世纪中期，原子吸收光谱法得到迅速发展。

原子吸收光谱法具有如下特点：

（1）检出限低，$10^{-10} \sim 10^{-14}$g。

（2）准确度高，1% ~5%。

（3）选择性高，一般情况下共存元素不干扰。

（4）应用广，可测定 70 多个元素（各种样品中）。

该方法的局限性为难熔元素和非金属元素测定困难，并且不能同时进行多元素分析。

7.2.1　基本原理

7.2.1.1　原子吸收光谱的产生

基态原子吸收其共振辐射，外层电子由基态跃迁至激发态而产生原子吸收光谱。原子吸收

光谱位于光谱的紫外区和可见光区。

7.2.1.2 谱线的轮廓与谱线变宽

原子吸收光谱线并不是严格的几何意义上的线（几何线无宽度），而是有相当窄的频率或波长范围，即有一定的宽度。一束不同频率强度为 I_0 的平行光通过厚度为 l 的原子蒸气，一部分光被吸收，透过光的强度 I_t 服从吸收定律：

$$I_t = I_0\exp(-K_\nu l) \tag{7-15}$$

式中 K_ν——基态原子对频率为 ν 的光的吸收系数。

由式（7-16）可知，透射光强度 I_t 和吸收系数及辐射频率有关。不同元素原子吸收不同频率的光，透过光强度对吸收光频率作图，如图 7-13 所示。由图可见，在频率 ν_0 处透过光强度最小，即吸收系数最大。若将吸收系数 K_ν 对频率 ν 作图，所得曲线便为吸收线轮廓，如图7-14 所示。图中 K_ν 为吸收系数；K_0 为吸收系数极大值，即峰值吸收系数；ν_0 为中心频率。

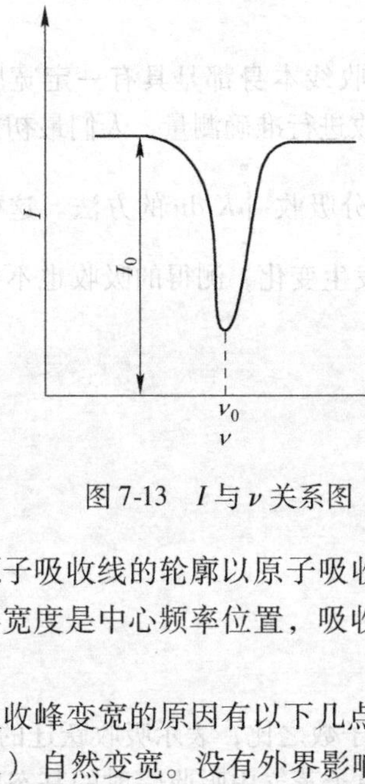

图 7-13 I 与 ν 关系图

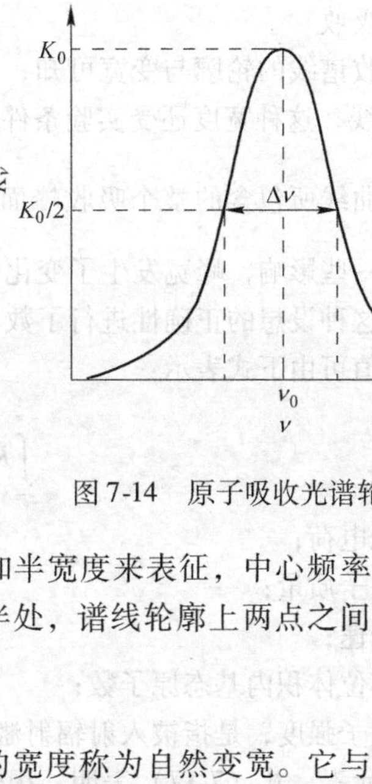

图 7-14 原子吸收光谱轮廓图

原子吸收线的轮廓以原子吸收谱线的中心频率和半宽度来表征，中心频率由原子能级决定。半宽度是中心频率位置，吸收系数极大值的一半处，谱线轮廓上两点之间频率或波长的距离。

吸收峰变宽的原因有以下几点：

（1）自然变宽。没有外界影响，谱线仍有一定的宽度称为自然变宽。它与激发态原子的平均寿命有关，平均寿命愈长，谱线宽度愈窄。不同谱线有不同的自然变宽，多数情况下约为 10^{-5}nm 数量级。

（2）温度变宽（多普勒变宽）。通常在原子吸收光谱法测定条件下，多普勒变宽是影响原子吸收光谱线宽度的主要因素。多普勒宽度是由于原子热运动引起的，又称为热变宽。从物理学中可知，一个运动着的原子发出的光，如果运动方向离开观察者（接受器），则在观察者看来，其频率较静止原子所发的频率低，反之，频率要高，这就是多普勒效应。原子吸收光谱法中，气态原子是处于无规则的热运动中，对检测器具有不同的运动速度分量，使检测器接受到很多频率稍有不同的吸收，于是谱线变宽。当处于热力学平衡状态时，谱线的宽度 ΔV_D 可以用式（7-16）表示：

$$\Delta V_D = 7.162\times10^{-7}\nu_0\sqrt{\frac{T}{M}} \tag{7-16}$$

式中 ν_0——谱线的中心频率；

T——热力学温度；

M——相对原子质量。

由式（7-16）可见，多普勒宽度随温度升高和相对原子质量减小而变宽。

（3）压力变宽。压力变宽包括洛伦兹（Lorentz）和赫鲁兹马克（Holtsmark）变宽两种。前者指待测原子与其他粒子相互碰撞而产生的变宽；后者是指待测原子之间相互碰撞而产生的变宽，也称为共振变宽。共振变宽只有在待测元素浓度很高时才会出现，在通常条件下可忽略不计。因此，原子吸收谱线的变宽仅取决于洛伦兹变宽。

（4）自吸变宽。光源空心阴极灯发射的共振线被灯内同种基态原子所吸收产生自吸现象。灯电流越大，自吸现象越严重。

（5）场致变宽。外界电场、带电粒子、离子形成的电场及磁场的作用使谱线变宽的现象，这种现象影响较小。

7.2.1.3　积分吸收和峰值吸收

A　积分吸收

由原子吸收谱线的轮廓与变宽可知，原子的发射线与吸收线本身都是具有一定宽度（频率）范围的谱线，这种宽度还受实验条件的影响。要对其吸收进行准确测量，人们最初想到的就是求算吸收曲线所包含的整个吸收峰面积的方法，即求积分吸收 $\int_{-\infty}^{+\infty} K_\nu \mathrm{d}\nu$ 的方法。这样即使外界条件产生一些影响，峰宽发生了变化，而峰的面积不会发生变化，测得的吸收也不会发生变化，下面对这种设想的正确性进行了数学上的论证。

积分吸收值可由下式表示：

$$\int_{-\infty}^{+\infty} K_\nu \mathrm{d}\nu = \frac{\pi e^2}{mc} N_0 f \tag{7-17}$$

式中　e——元电荷；

m——电子质量；

c——光速；

N_0——单位体积内基态原子数；

f——振子强度，是指被入射辐射激发的原子数与总原子数之比，表示吸收跃迁的几率。

对一定的元素，式（7-17）表明，积分吸收与单位体积原子蒸气中吸收辐射的基态原子数呈线性关系，而与频率无关，只要测得积分吸收，便可求出原子浓度。

B　锐线光源

在原子吸收分析中，需要使用锐线光源测量谱线的峰值吸收。锐线光源需要满足的条件：

（1）光源的发射线与吸收线的 ν_0 一致；

（2）发射线的 $\Delta\nu_{1/2}$ 小于吸收线的 $\Delta\nu_{1/2}$。

锐线光源就是能辐射出谱线宽度很窄的原子线光源，如空心阴极灯，该光源的使用不仅可以避免采用分辨率极高的单色器，而且使吸收线和发射线变成了同类线，强度相近，吸收前后发射线的强度变化明显，测量能够准确进行。

C　峰值吸收

1955 年 A. Walsh 提出，在温度不太高的稳定火焰条件下，峰值吸收系数与火焰中被测元素的原子浓度也成正比。吸收线中心波长处的吸收系数 K_ν 为峰值吸收系数，简称峰值吸收。前面指出，在通常原子吸收测定条件下，原子吸收线轮廓取决于多普勒宽度，吸收系数为：

$$K_0 = \frac{2\sqrt{\pi\ln 2}}{\Delta\nu_D} \cdot \frac{e^2}{mc} N_0 f \tag{7-18}$$

可以看出，峰值吸收系数与原子数成正比，只要能测出 K_0，便可测得 N_0。

在实际分析工作中，既不直接测量峰值吸收 K_0，也不测量原子数，而是测量吸光度来求出试样中被测元素的含量。

强度为 I_0 的某一波长的辐射通过均匀的原子蒸气时，根据吸收定律，有：

$$I = I_0 \exp(-K_0 l) \tag{7-19}$$

式中 I_0，I——入射光与透射光的强度；

l——原子蒸气吸收厚度。

根据吸光度 A 的定义，有：

$$A = \lg \frac{I_0}{I} = 0.434 K_0 l \tag{7-20}$$

将式（7-18）代入式（7-20），得：

$$A = 0.434 \times \frac{2\sqrt{\pi\ln 2}}{\Delta\nu_D} \cdot \frac{e^2}{mc} f l N_0 \tag{7-21}$$

在原子吸收测定条件下，如前所述，原子蒸气中基态原子数近似地等于原子总数 N_0。在实际测量中，要测定的是试样中某元素的含量而不是蒸气中的原子总数。但是，实验条件一定时，被测元素的浓度 c 与原子蒸气中原子总数保持一定的比例关系，即：

$$N_0 = \alpha c \tag{7-22}$$

式中 α——比例常数。

将式（7-22）代入式（7-21），则：

$$A = 0.434 \times \frac{2\sqrt{\pi\ln 2}}{\Delta\nu_D} \cdot \frac{e^2}{mc} f l \alpha c \tag{7-23}$$

实验条件一定时，各有关的参数都是常数，吸光度就为：

$$A = Kc \tag{7-24}$$

式中 K——比例常数。

式（7-24）为原子吸收测量的基本关系式。

7.2.1.4 基态原子数与原子化温度

原子吸收光谱是利用待测元素的原子蒸气中基态原子与共振线吸收之间的关系来测定的。原子蒸气中基态原子与待测元素原子总数之间的定量关系，在热力学平衡时，两者符合 Boltzmann 分布定律：

$$\frac{N_j}{N_0} = \frac{P_j}{P_0} e^{-\frac{E_0 - E_j}{kT}} = \frac{P_j}{P_0} e^{\frac{-\Delta E}{kT}} = \frac{P_j}{P_0} e^{\frac{-h\nu}{kT}} \tag{7-25}$$

式中 P_j，P_0——激发态和基态的统计权重。

激发态原子数 N_j 与基态原子数 N_0 之比较小（小于1%），可以用基态原子数代表待测元素的原子总数。公式右边除温度 T 外，都是常数。T 一定时，比值一定。

从式（7-25）可以看出，温度愈高，N_j/N_0 值愈大，即激发态原子数随温度升高而增加，而且按指数关系变化。在相同温度下，激发能（电子跃迁能级之差）愈小，吸收线波长愈长，N_j/N_0 值愈大。尽管有如此变化，但是在原子吸收光谱法中，原子化温度一般小于3000K，大多数元素的最强共振线都低于600nm，N_j/N_0 值绝大部分在 10^{-3} 以下，激发态和基态原子数之比小于0.001，激发态原子可以忽略。因此，可以认为，基态原子数 N_0 近似地等于总原子数 N。

7.2.2　原子吸收光谱仪及主要部件

7.2.2.1　原子吸收光谱仪的结构

原子吸收光谱仪依次由光源、原子化系统、单色器、检测器等四个主要部分组成，如图7-15所示。

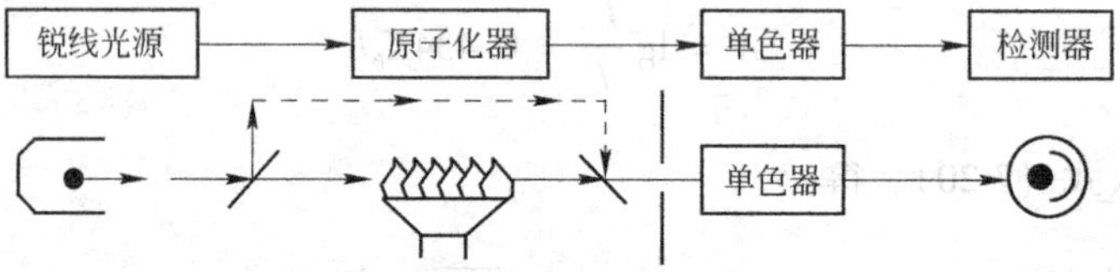

图7-15　原子吸收光谱仪示意图

在原子化过程中，原子受到辐射跃迁到激发态后，处于不稳定状态，将再跃迁至基态，故既有原子吸收，也有原子发射。但返回释放出的能量可能有多种形式，产生的辐射也不在一个方向上，对测量仍将产生一定干扰。消除干扰的措施有：

（1）将发射的光调制成一定频率，检测器只接受该频率的光信号；

（2）原子化过程发射的非调频干扰信号不被检测。

原子吸收光谱仪的特点是：采用锐线光源，单色器在火焰与检测器之间，原子化系统。

7.2.2.2　光源

光源的作用是发射被测元素的共振辐射。对光源的要求是：锐线光源、辐射强度大、稳定性高、背景小等。目前，应用最广泛的是空心阴极灯，其他还有蒸气放电灯及高频无极放电灯等。

空心阴极灯的结构如图7-16所示。灯管由硬制玻璃制成，一端有由石英或玻璃做成的光学窗口。两根钨棒封入管内，一根连有由钛、锆、钽等有吸气性能金属制成的阳极；另一根上镶有一个圆筒形的空心阴极，在空心圆筒内衬上或熔入被测元素。管内充有几百帕低压的惰性气体氖或氩作为载气。

在空心阴极灯两极间施加几百伏电压，便产生放电。阴极发射的电子在电场作用下高速飞向阳极，途中与载气原子碰撞，使之电离，放出二次电子。因电子与正离子数目增加，得以维持电流。载气离子在电场中大大加速，获得足够的动能，轰击阴极表面时就可将被测元素原子从晶格中轰击出来，这种被正离子从阴极表面轰击出原子的现象称为溅射。溅射出来的原子大量聚集在空心阴极内，再与原子、离

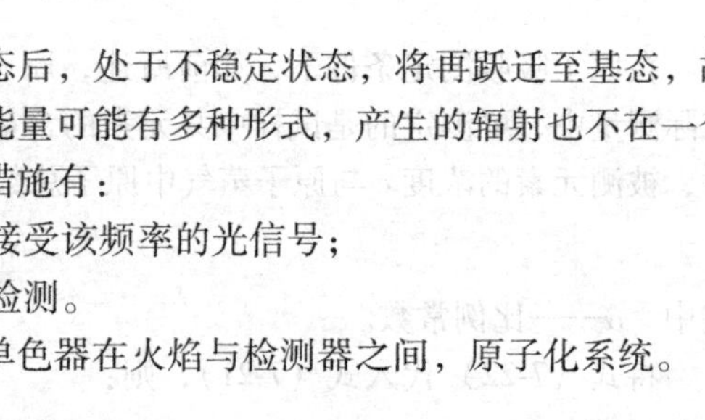

图7-16　空心阴极灯结构示意图

子、电子等碰撞而被激发，发射出相应元素的特征共振谱线。

空心阴极灯的辐射光强度大，稳定，谱线窄，灯容易更换；但每测一种元素需更换相应的灯。

7.2.2.3 原子化系统

原子化系统的作用是将试样中离子转变成原子蒸气。原子化的方法主要有两种：

(1) 火焰原子化法，常用的是预混合型原子化器；

(2) 非火焰原子化法，常用的是管式石墨炉原子化器。

A 火焰原子化器

a 火焰原子化器的装置

火焰原子化装置由化学火焰提供能量，使被测元素原子化。该方法应用最早，而且至今仍在广泛使用。它分为雾化器和燃烧器两部分。

雾化器是使气溶胶的雾粒更小、更均匀并与燃气和助燃气混合均匀后进入燃烧器。如图7-17所示，雾化器中装有撞击球，可使气溶胶雾粒更小；还装有节流管，它对较大的雾滴有阻挡作用，使其沿室壁流入废液管排出；节流管还有助于气体混合均匀，使火焰稳定，降低噪声。目前，这种气动雾化器雾化效率比较低，它是影响火焰原子化法灵敏度提高与检出限降低的主要问题，大量试液没进入火焰而被排走。

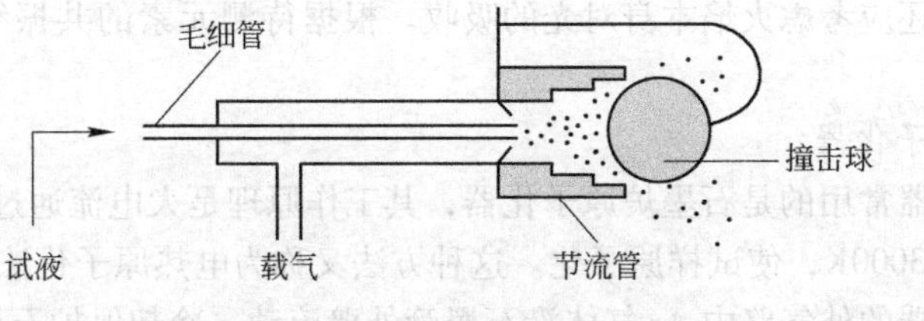

图 7-17 雾化器的结构示意图

燃烧器的作用是产生火焰，使进入火焰的试样气溶胶蒸发和原子化。燃烧器有单缝与三缝两种，多用不锈钢制成，常用的是单缝燃烧器。燃烧器一般应满足能使火焰稳定、原子化效率高、吸收光程长、噪声小的要求。燃烧器应能旋转一定的角度，高度也能上下调节，以便选择合适的火焰部位进行测量。

b 火焰的基本特征

试样雾滴在火焰中，经蒸发、干燥、离解（还原）等过程产生大量基态原子。

火焰温度的选择有以下几点：

(1) 保证待测元素充分离解为基态原子的前提下，尽量采用低温火焰；

(2) 火焰温度越高，产生的热激发态原子越多；

(3) 火焰温度取决于燃气与助燃气类型，常用空气-乙炔，最高温度 2600K，能测 35 种元素。

火焰类型有以下几种：

(1) 化学计量火焰。温度高、干扰少、稳定、背景低，是目前常用的火焰。

(2) 富燃火焰。还原性火焰，燃烧不完全，测定较易形成难熔氧化物的元素，如 Mo、Cr、稀土等。

(3) 贫燃火焰。火焰温度低，氧化性气氛，适用于碱金属的测定。

不同类型的火焰，其温度是不同的，见表 7-1。

表 7-1 火焰的温度

火 焰	发火温度/℃	燃烧温度/cm · s^{-1}	火焰温度/℃
煤气-空气	560	55	1840
煤气-氧	450		2730
丙烷-空气	510	82	1935
丙烷-氧	490		2850
氢-空气	530	320	2050
氢-氧	450	900	2700
乙炔-空气	350	160	2300
乙炔-氧	335	1130	3060
乙炔-氧化亚氮	400	180	2955
乙炔-氧化氮		90	3095
氰-空气		20	2330
氰-氧		140	4640
氧,氮(50%)-乙炔		640	2815

选择火焰时，还应考虑火焰本身对光的吸收。根据待测元素的共振线，选择不同的火焰，可避开干扰。

B 非火焰原子化器

非火焰原子化器常用的是石墨炉原子化器，其工作原理是大电流通过石墨管产生高热、高温，最高温度可达3000K，使试样原子化。这种方法又称为电热原子化法。

石墨炉原子化器的外气路中 Ar 气体沿石墨管外壁流动，冷却保护石墨管。内气路中 Ar 气体由管两端流向管中心，从中心孔流出，用来保护原子不被氧化，同时排除干燥和灰化过程中产生的蒸气。

石墨炉电热原子化过程分为干燥、灰化（去除基体）、原子化、净化（去除残渣）四个阶段，待测元素在高温下生成基态原子。

石墨炉原子化法的优点：原子化程度高，试样用量少（1～100μL），可测固体及黏稠试样，灵敏度高，检测限为 10^{-12} g/L。缺点是精密度差，测定速度慢，操作不够简便，装置复杂。

C 低温原子化方法

低温原子化法又称化学原子化法，其原子化温度为室温至数百摄氏度。常用的有汞低温原子化及氢化物原子化法。

汞低温原子化法主要应用于各种试样中汞元素的测量。它的原理是将试样中的汞离子用 $SnCl_2$ 或盐酸羟胺完全还原为金属汞后，用气流将汞蒸气带入具有石英窗的气体测量管中进行吸光度测量。特点是常温测量，灵敏度和准确度较高（可达 10^{-8} g 汞）。

氢化物原子化法的原子化温度为700～900℃。可应用于 As、Sb、Bi、Sn、Ge、Se、Pb、Ti 等元素的分析。氢化物原子化法的原理是在酸性介质中，与强还原剂硼氢化钠反应生成气态氢化物。例如：

$$AsCl_3 + 4NaBH_4 + HCl + 8H_2O = AsH_3 + 4NaCl + 4HBO_2 + 13H_2$$

然后将待测试样在专门的氢化物生成器中产生氢化物，送入原子化器中检测。

此方法的特点是原子化温度低，灵敏度高（对砷、硒可达 10^{-9}g），基体干扰和化学干扰小。

7.2.2.4 单色器

单色器的作用是将待测元素的共振线与邻近线分开。它由色散元件（棱镜和光栅）、凹凸镜、狭缝等组成。单色器的性能参数有：

(1) 线色散率 D。两条谱线间的距离 ΔX 与波长差 $\Delta\lambda$ 的比值 $\Delta X/\Delta\lambda$。实际工作中常用其倒数 $\Delta\lambda/\Delta X$。

(2) 分辨率。仪器分开相邻两条谱线的能力，用该两条谱线的平均波长与其波长差的比值 $\lambda/\Delta\lambda$ 表示。

(3) 通带宽度 W。指通过单色器出射狭缝的某标称波长处的辐射范围。当线色散率 D 一定时，可通过选择狭缝宽度 S 来确定：$W = DS$。

7.2.2.5 检测系统

检测系统主要由检测器、放大器、对数变换器、显示记录装置组成。

检测器的作用是将单色器分出的光信号转变成电信号，如光电池、光电倍增管、光敏晶体管等。它的原理为分光后的光照射到光敏阴极上，轰击出的光电子又射向光敏阴极，轰击出更多的光电子，依次倍增，在最后放出的光电子比最初多到 10^6 倍以上，最大电流可达 10μA，电流经负载电阻转变为电压信号送入放大器。

放大器是将光电倍增管输出的较弱信号，经电子线路进一步放大。对数变换器的作用为实现光强度与吸光度之间的转换。测量的吸光度值可用读数装置显示或用记录仪记录，也可将测量数据用微机处理。

7.2.3 干扰及抑制

总的来说，原子吸收光谱法的干扰是比较小的，但在实际工作中还是不能忽视的。干扰主要有光谱干扰、物理干扰和化学干扰。

7.2.3.1 光谱干扰

光谱干扰是由于待测元素的共振线与干扰物质谱线分离不完全造成的，这类干扰主要来自光源和原子化装置。光谱干扰主要有以下几种：

(1) 在分析线附近有单色器不能分离的待测元素的邻近线，可以通过调小狭缝的方法来抑制这种干扰。

(2) 空心阴极灯内有单色器不能分离的干扰元素的辐射，可换用纯度较高的单元素灯减小干扰。

(3) 灯的辐射中有连续背景辐射，可用较小通带或更换灯。

7.2.3.2 物理干扰

试样在转移、蒸发过程中物理因素变化引起的干扰效应，主要影响试样喷入火焰的速度、雾化效率、雾滴大小等。可通过控制试液与标准溶液的组成尽量一致的方法来消除。

7.2.3.3 化学干扰

化学干扰指待测元素与其他组分之间的化学作用所引起的干扰效应。主要影响到待测元素的原子化效率，是主要干扰源。

A 化学干扰的类型

化学干扰有以下两种：

(1) 待测元素与其共存物质作用生成难挥发的化合物，致使参与吸收的基态原子减少。如钴、硅、硼、钛、铍在火焰中易生成难熔化合物；硫酸盐、硅酸盐与铝生成难挥发物。

(2) 待测离子发生电离反应，生成离子，不产生吸收，总吸收强度减弱，电离电位不大于6eV的元素易发生电离，火焰温度越高，干扰越严重，如碱及碱土元素。

B　化学干扰的抑制

通过在标准溶液和试液中加入某种光谱化学缓冲剂来抑制或减少化学干扰：

(1) 释放剂。与干扰元素生成更稳定化合物使待测元素释放出来。如锶和镧可有效消除磷酸根对钙的干扰。

(2) 保护剂。与待测元素形成稳定的配合物，防止干扰物质与其作用。如加入EDTA生成EDTA-Ca，避免磷酸根与钙作用。

(3) 饱和剂。加入足够的干扰元素，使干扰趋于稳定。如用N_2O-C_2H_2火焰测钛时，在试样和标准溶液中加入300mg/L以上的铝盐，使铝对钛的干扰趋于稳定。

(4) 电离缓冲剂。加入大量易电离的一种缓冲剂以抑制待测元素的电离。如加入足量的铯盐，可抑制K和Na的电离。

7.2.4　分析条件的选择与定量分析方法

7.2.4.1　分析条件的选择

在原子吸收光谱法中，分析条件的选择对测定的准确度和灵敏度等都会有较大影响。特别在进行微量或痕量组分分析时，都会考虑分析的灵敏度与检出限，它们是评价该分析方法与检测仪器的重要指标。必须选择合适的分析条件，才能得到满意的分析结果。

A　灵敏度

灵敏度S是指在一定浓度时，测定值（吸光度）的增量ΔA与相应的待测元素浓度（或质量）的增量（Δc或Δm）的比值：

$$S_c = \Delta A/\Delta c \quad 或 \quad S_m = \Delta A/\Delta m \tag{7-26}$$

特征浓度是指对应于1%净吸收($(I_T - I_S)/I_T = 1/100$)的待测物浓度c_x，或对应于0.0044吸光度的待测元素浓度（μg/mL）：

$$c_x = 0.0044c_0/A \tag{7-27}$$

式中　c_0——标准液浓度。

特征质量为：在非火焰原子吸收方法中，特征灵敏度以特征质量来表示（ng或pg）：

$$m_x = 0.0044m_0/A \tag{7-28}$$

式中　m_0——标准溶质质量。

B　检出限

在适当置信度下，能检测出的待测元素的最小浓度或最小量称为检出限。用接近于空白的溶液，经若干次（10~20次）重复测定所得吸光度的标准偏差的3倍便可求得检出限。

C　测定条件的选择

选择测定条件要注意以下几点：

(1) 分析线。一般选待测元素的共振线作为分析线，测量高浓度时，也可选次灵敏线。

(2) 通带（调节狭缝宽度）。无邻近干扰线（如测碱及碱土金属）时，选较大的通带；反之（如测过渡及稀土金属），宜选较小的通带。

(3) 空心阴极灯电流。在保证有稳定和足够的辐射光通量的情况下，尽量选较低的电流。

(4) 火焰。依据不同试样元素选择不同火焰类型。

(5) 观测高度。调节观测高度（燃烧器高度），可使元素通过自由原子浓度最大的火焰区，灵敏度高，观测稳定性好。

7.2.4.2　定量分析方法

A　标准曲线法

标准曲线法是最常用的分析方法，最重要的是绘制一条工作曲线。配制一组含有不同浓度被测元素的标准溶液，在与试样测定完全相同的条件下，依浓度由低到高的顺序测定吸光度，绘制吸光度 A 对浓度 C 的工作曲线。测定试样的吸光度值，在校准曲线上用内插法求出被测元素的含量，图 7-18 为以铅为标准的工作曲线。

B　标准加入法

当配制与试样组成一致的标准样品遇到困难时，可采用标准加入法。分取几份相同量的被测试液，分别加入不同量被测元素的标准溶液，其中一份不加入被测元素标准溶液，最后稀释至相同的体积，使加入的标准溶液浓度为 c_x，c_x+c_0，c_x+2c_0，c_x+3c_0，c_x+4c_0，…，然后分别测定它们的吸光度值。以加入的标准溶液浓度与吸光度值绘制校准曲线，再将该曲线外推至与浓度轴相交。交点至坐标原点的距离 c_x 即是被测元素经稀释后的浓度，标准加入法作图如图 7-19 所示。

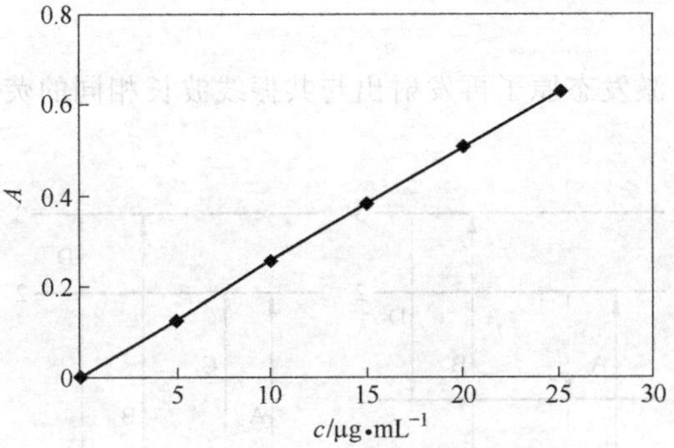

图 7-18　以铅为标准的工作曲线

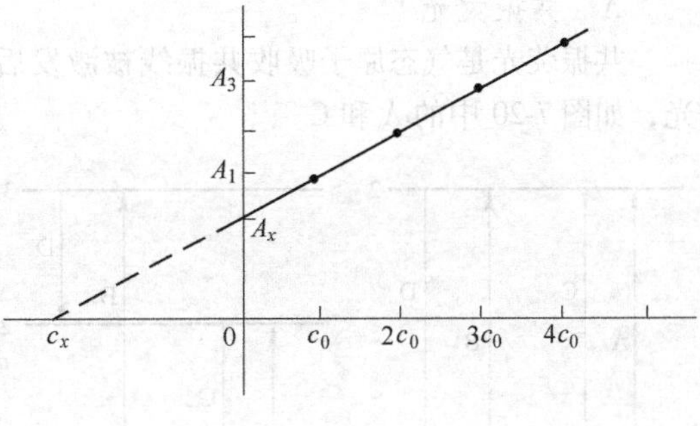

图 7-19　标准加入法曲线

使用标准加入法，被测元素的浓度应在通过原点的校准曲线线性范围内。标准加入法应该进行试剂空白的扣除，也必须用标准加入法进行扣除，不能用校准曲线法求得的试剂空白值来扣除。

标准加入法的特点是消除分析中的基体干扰，但不能消除背景干扰。使用标准加入法时，一定要考虑消除背景的干扰。

7.3　原子荧光光谱分析法

原子荧光光谱分析法（AFS）是在 1964 年以后发展起来的分析方法。原子荧光光谱分析法是以原子在辐射激发下发射的荧光强度来定量分析的方法，虽然原子荧光光谱属发射光谱，但所用仪器与原子吸收光谱仪器相近。

原子荧光光谱分析法具有如下优点：

（1）检出限低、灵敏度高。如，Cd 的检出限为 10^{-12} g/cm^3；Zn 的检出限为 10^{-11} g/cm^3；现已有 20 多种元素的检出限低于原子吸收光谱法。

（2）谱线简单、干扰小。

（3）线性范围宽（可达 3～5 个数量级）。

（4）易实现多元素同时测定（产生的荧光向各个方向发射）。

它的缺点是：存在荧光淬灭效应和散射光干扰等问题。

7.3.1　基本原理

7.3.1.1　原子荧光光谱的产生过程

当气态原子受到强特征辐射时，由基态跃迁到激发态，约在 10^{-8}s 后，再由激发态跃迁回到基态，辐射出与吸收光波长相同或不同的荧光。此种荧光的特点是：

（1）属光致发光，二次发光；

（2）激发光源停止后，荧光立即消失；

（3）发射的荧光强度与照射的光强有关；

（4）不同元素的荧光波长不同；

（5）浓度很低时，强度与蒸气中该元素的密度成正比，定量依据（适用于微量或痕量分析）。

7.3.1.2　原子荧光的产生类型

原子荧光可分为共振荧光、非共振荧光与敏化荧光三种类型。

A　共振荧光

共振荧光是气态原子吸收共振线被激发后，激发态原子再发射出与共振线波长相同的荧光，如图 7-20 中的 A 和 C。

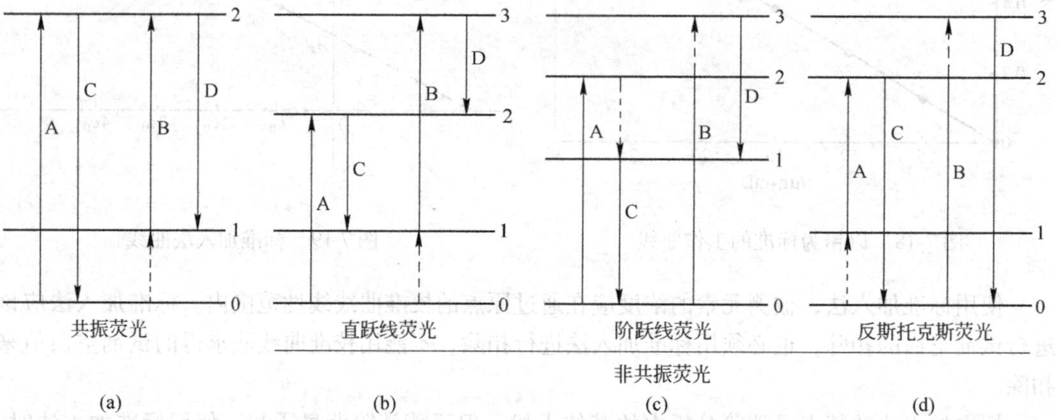

图 7-20　原子荧光产生的过程

热共振荧光是指若原子受热激发处于亚稳态，再吸收辐射进一步激发，然后再发射出相同波长的共振荧光，如图 7-20 中的 B 和 D。

B　非共振荧光

当荧光与激发光的波长不相同时，产生非共振荧光。非共振荧光分为直跃线荧光、阶跃线荧光和反斯托克斯（anti-Stokes）荧光三种。

直跃线荧光（Stokes 荧光）指跃回到高于基态的亚稳态时所发射的荧光。由于荧光的能级间隔小于激发线的能线间隔，因此荧光的波长大于激发线的波长。如 Pb 原子：吸收线为 283.13nm；荧光线为 407.78nm；它使激发线和荧光线具有相同的高能级，而低能级不同。如果荧光线激发能大于荧光能，即荧光线的波长大于激发线的波长称为斯托克斯（Stokes）荧光；反之，称为反斯托克斯（anti-Stokes）荧光，直跃线荧光为斯托克斯（Stokes）荧光。

阶跃线荧光有两种情况，正常阶跃荧光为被光照激发的原子以非辐射方式释放部分能量后，再发射荧光返回基态；荧光波长小于激发线波长（荧光能量间隔大于激发线能量间隔）；非辐射方式释放的能量常是以碰撞放热的形式出现。热助阶跃线荧光为被光照激发的原子，跃迁至中间能级，又发生热激发至高能级，然后返回至低能级发射的荧光。如 Cr 原子：吸收线为 359.35nm；再热激发，荧光发射线为 357.87nm，如图 7-20（c）中的 B 和 D。

反斯托克斯（anti-Stokes）荧光指当自由原子跃迁至某一能级，其获得的能量一部分是由光源激发能供给，另一部分是热能供给，然后返回低能级所发射的荧光。其荧光能大于激发能，荧光波长小于激发线波长。如铟原子，先热激发，再吸收光跃迁 451.13nm，发射荧光 410.18nm，如图 7-20（d）中的 A 和 C。

C 敏化荧光

受光激发的原子与另一种原子碰撞时，把激发能传递给另一个原子使其激发，后者发射荧光。火焰原子化中观察不到敏化荧光，而非火焰原子化中可以观察到。

在所有原子荧光类型中，共振荧光的强度最大，最为有用。

7.3.1.3 荧光猝灭与荧光量子效率

荧光猝灭是指受激发原子与其他原子碰撞，能量以热或其他非荧光发射方式给出，产生非荧光去激发过程，使荧光减弱或完全不发生的现象。荧光猝灭程度与原子化气氛有关，氩气气氛中荧光猝灭程度最小。

荧光量子效率 Φ 可用下式表述：

$$\Phi = \Phi_f / \Phi_a \tag{7-29}$$

式中 Φ_f——发射荧光的光量子数；

Φ_a——吸收的光量子数。

受光激发的原子可能发射共振荧光，也可能发射非共振荧光，还可能无辐射跃迁至低能级，所以量子效率一般小于1。

7.3.1.4 待测原子浓度与荧光的强度

共振荧光时，发射荧光的强度 I_f 正比于基态原子对某一特定频率吸收光的吸收强度 I_a：

$$I_f = \Phi I_a \tag{7-30}$$

在理想情况下：

$$I_f = \Phi I_0 A K_0 l N = Kc \tag{7-31}$$

式中 I_0——原子化火焰单位面积接受到的光源强度；

A——受光照射在检测器中观察到的有效面积；

K_0——峰值吸收系数；

l——吸收光程；

N——单位体积内的基态原子数。

式（7-31）是原子荧光光谱法定量分析的基础。

7.3.2 原子荧光光度计

7.3.2.1 仪器类型

原子荧光光度计分为非色散型和色散型，如图 7-21 所示。非色散型采用滤光器分离分析线和邻近线，而色散型带分光系统。原子荧光仪器中，激发光源与检测器为直角装置，这是为了避免激发光源发射的辐射对原子荧光检测信号的影响。

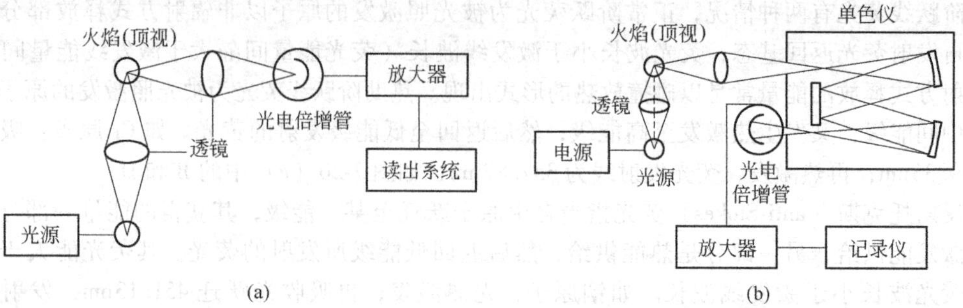

图 7-21　原子荧光光度计示意图

(a) 非色散型；(b) 色散型

7.3.2.2　主要部件

原子荧光光度计由光源、原子化装置、色散系统和检测系统四部分构成。

光源可用连续光源与锐线光源。由于原子荧光是二次发光，而且产生的原子荧光谱线比较简单，因此，受吸收谱线分布和轮廓的影响并不显著，这样就可以采用连续光源而不必用高色散的单色仪。连续光源常用氙弧灯，连续光源稳定，调谐简单，寿命长，能用于多元素同时分析，但检出限较差。锐线光源多用高强度空心阴极灯、无极放电灯、激光等，锐线光源辐射强度高、稳定、检出限好。

原子化装置与原子吸收法相同。色散系统中色散型的色散元件是光栅；非色散型用滤光器来分离分析线和邻近谱线，可降低背景。检测系统中多用光电倍增管。

7.3.2.3　多道原子荧光仪

原子荧光可由原子化器周围任何方向的激发光源激发而产生，因此设计了多道、多元素同时分析仪器。它也分为非色散型与色散型，非色散型 6 道原子荧光仪如图 7-22 所示，可利用原子荧光法同时分析多种元素。

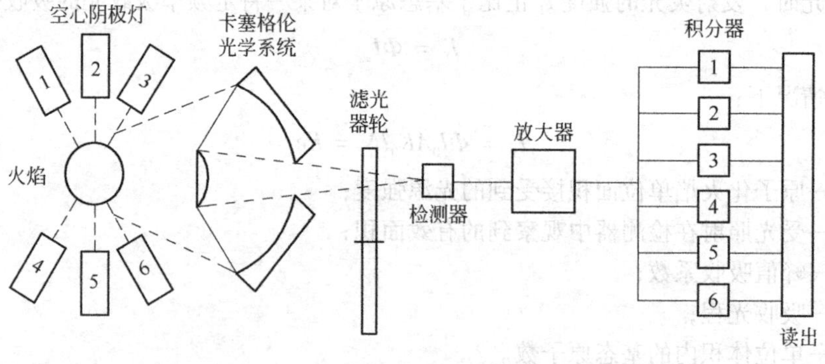

图 7-22　非色散型 6 道原子荧光仪示意图

每种元素都有各自的激发光源在原子化器的周围，各自一个滤光器，每种元素都有一个单独的电子通道，共同使用一个火焰和一个检测器。实验时逐个元素进行测量。

原子荧光光谱法近年来有了较快的发展，而且有多种类型的商品原子荧光光度计。因此，它在地质、冶金、环境科学、材料科学、生物医学、石油、农业等领域内得到了日益广泛的应用。

7.4　原子光谱技术的应用

原子光谱分析在鉴定金属元素方面（定性分析）具有较大的优越性，不需要分离、多元素同时测定、灵敏、快捷，可鉴定周期表中70多种元素，长期在钢铁工业（炉前快速分析）和地矿等方面发挥重要作用。原子光谱是分析仪器领域的重要类别，目前正处于快速发展的阶段，正往便携化、智能化等方向前进。

7.4.1　在航空发动机磨损失效分析中的应用

航空发动机在使用中会发生一些因润滑系统运转部件磨损引起的故障，诸如主轴承严重磨损、附件机匣轴承和轴承保持架磨损、外置机匣轴承磨损、轴间轴承磨损、离心通风器壳体磨损、封严圈严重磨损、轴承轴套严重磨损、油泵严重磨损、滑油回油泵磨损等。这些磨损故障不但影响发动机在正常寿命期的使用，而且限制了发动机的延长使用。航空发动机润滑系统润滑油中金属磨屑的参数变化可以作为航空发动机磨损状态的信息，预报航空发动机的磨损状况和失效，便于采取主动的维修措施，确保装备的可靠运行和高效地发挥装备应有的功能。

利用原子发射光谱技术可以根据不同时期各种磨粒所含金属元素含量，判断摩擦副磨损程度，预测可能发生的失效和磨损率；根据磨粒的成分及浓度的变化，判断出现异常磨损的部位；根据部分元素的浓度，判断油液中的添加剂类型和剂量等情况。定期对润滑油液进行取样化验分析，获悉运动件的运行状况和磨损趋势信息，对运动件的摩擦磨损状况进行早期判断和预警，可在一定程度上减少机损事故。原子发射光谱分析技术还在船机等其他发动机故障诊断中得到了广泛应用，原理同上。

7.4.2　在大气等离子体抛光工艺研究中的应用

大气等离子体抛光是一种非接触式的超精密加工方法，它基于低温等离子体化学反应实现原子级的材料去除，避免了表层和亚表层损伤，特别适合于各种难加工材料的超光滑抛光。同时，大气等离子体抛光也是一个复杂的化学过程，其加工过程受到射频功率、气体配比、加工距离、进给速度等多种因素的影响。因此，为进行工艺研究和优化，需要从各个方面对加工过程进行监控和分析。而原子发射光谱诊断法以其可以得到丰富的等离子体参数、不会对等离子体本身造成扰动、实验设备简单、容易实现等众多优点，特别适合于等离子体原位诊断。此外，通过采用一些特殊的探测手段和数据处理方法，它还可以揭示离子动力学、电子自由碰撞激发的机理，能得到等离子体参数的时间和空间分辨的信息，能提供粒子浓度的定性数据等，适用于大气等离子体抛光过程的监测和分析，可以为后续的工艺研究和优化提供丰富的实验数据。

7.4.3　在环境监测方面的应用

环境监测数据是进行环境科学研究和制定环境战略、政策和规范的基础资料与依据。环境研究中经常关注的一些元素正是原子光谱分析法所擅长测定的元素。因此，它在环境监测方面获得了相当广泛的应用。如用于水环境中重金属的监测，可以测定环境水中痕量的铜、镉、铅和锌等元素。

7.4.4　在医学卫生方面的应用

无机微量元素在人体内参与生命活动过程和其他营养素如蛋白质、碳水化合物、某些维生素的合成与代谢。一定浓度水平的微量元素是维持生物体正常功能所必须的，缺乏或过量都会引起不良的生理后果。因此，微量元素的监测结果是辅助医疗诊断的重要资料。如可用原子光谱分析毛发中的有机汞、铁、锌、铜和镁，通过探讨它们之间的相关性，使我们知道了新生婴儿头发中的铁、锌、镁含量高于母发值，铜含量低于母发值。新生婴儿头发中的铁含量与其体重呈负相关，因此，可在孕期适当给孕妇补充铁剂以满足胎儿发育的需要。又如将原子光谱用于血和体液分析。血液是医院临床诊断常规化验项目，用原子吸收光谱法检验微量元素简便快速，已用来测定铬、锰、铜、锌、铁、钙等。人们用脉冲进样技术火焰原子吸收光谱法测定了血清中的结合态与非结合态锌。测定 30 例正常人血清的结果表明：血清中总锌为 0.1769 ~ 1.1247mg/kg，其中与蛋白结合的锌占 81.95% ~91.55%；冠心病人血清总锌量基本上不变，而结合锌明显升高；在胃癌病人的血清中，总锌和结合锌量都降低。这些信息的获得对寻找相应的疾病治疗方法均有很好的帮助。

7.4.5　在食品分析方面的应用

目前，已用原子光谱分析了大米中的铜，玉米粉中的钴、镁和镉，大米、茶叶和蒜头中的硒，灵敏度提高了 4 倍。水冷石英管捕集测定了甘蓝中的镉，微量进样测定松花蛋中的铅。用 95% 乙醇提取叶绿素和盐酸提取镁，测定镁间接定量叶绿素。用固体进样测定猪肝和牡蛎粉末中的铅等。原子光谱法也常用来测定饮料和营养品中的微量元素，如砷、铅、铜等元素，对食品卫生监测起着不可替代的作用。

思 考 题

7-1　名词解释：原子的激发，电离，自吸，自蚀，吸收线轮廓，多普勒变宽，非共振荧光。

7-2　解释分析线、共振线、灵敏线、最后线，它们之间有何联系？

7-3　原子发射光谱中的光源有哪些，各自的工作原理是什么，它们各有何特点及应用？

7-4　简述火焰光度计的工作原理和特点。

7-5　原子发射光谱定量分析的依据是什么，有几种定量分析方法，说明各个方法的基本原理和适用场合？

7-6　简述原子吸收光谱分析法的基本原理，并从原理上比较其与发射光谱法的异同点。

7-7　原子吸收光谱对光源有哪些要求，简述空心阴极灯的工作原理和特点？

7-8　简述石墨炉原子化法的工作原理，它与火焰原子化法相比较，有哪些优缺点？

7-9　简述原子荧光光谱法的基本原理及其特点。

7-10　在 2500K 时，Na 的共振线 589.0nm 为 $3s^1$—$3p^1$ 跃迁产生的，试计算其激发态原子数与基态原子数的比值。

7-11　用原子吸收光谱法测定水样中 Co 的含量。分别取水样 10.0mL 置于 5 只 50mL 的容量瓶中，加入不同体积的 6.23mg/L Co 的标准溶液，并稀释至刻度。由下列数据作图，求出 Co 的含量（μg/mL）。

样　品	$V_{水样}$/mL	$V_{标准溶液}$/mL	吸光度
空白	0	0	0.042
1	10.0	0	0.201
2	10.0	10.0	0.292
3	10.0	20.0	0.378
4	10.0	30.0	0.467
5	10.0	40.0	0.554

8 分子光谱分析技术

内容提要

分子光谱分析技术是利用分子价电子、分子振动的能量跃迁所产生的特征光谱进行物质定性和定量分析的一种分析技术。本章将主要阐述下列内容：

1. 从理论上探讨分子光谱的产生条件以及特点；
2. 解析分子光谱在物质定性和定量分析时的特点；
3. 介绍紫外－可见吸收光谱、红外吸收光谱各自的特点、工作原理以及应用情况。

学习目标

1. 掌握分子光谱分析技术的基本原理；
2. 熟悉分子光谱分析仪器的工作原理、过程及特点。

光分析法是基于电磁辐射能量与待测物质相互作用后所产生的辐射信号与物质组成及结构关系所建立起来的分析方法，其相互作用方式有发射、吸收、反射、折射、散射、干涉和衍射等，可以根据物质与辐射能作用时，原子和分子的电子发生能级跃迁而产生的发射、吸收或散射的波长或强度，对物质进行定性和定量的分析。光分析法在研究物质组成、结构表征、表面分析等方面具有其他方法不可取代的地位。

电磁辐射范围包括从射线到无线电波所有范围，光谱与能量跃迁的关系如图 8-1 所示，不同能量的电磁辐射作用于待测物质所产生的能量跃迁不同，如紫外光的波长较短（一般为 100～400nm），能量较高，当它照射到分子上时，会引起分子中价电子能级的跃迁。红外光的波长较长（一般为 2.5～25μm），能量稍低，它只能引起分子中成键原子的振动和转动能级的跃迁。核磁共振波的能量更低（一般为 60～250MHz，波长约为 10cm），它产生的是原子核自

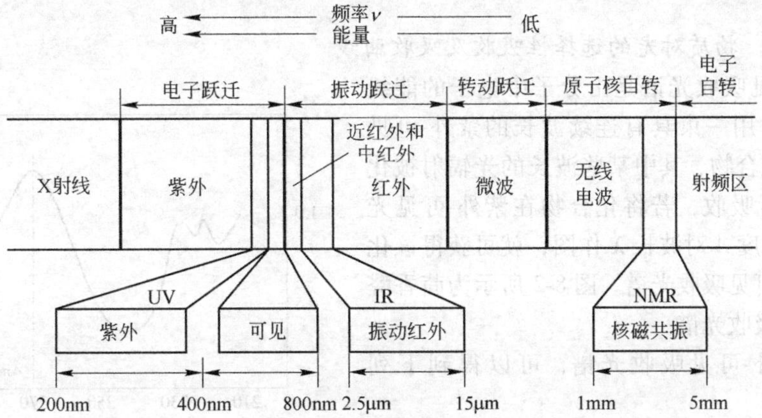

图 8-1 光谱与能量跃迁的相关图

旋能级的跃迁。

根据这种差异可以建立不同的光分析法，目前有原子光谱、分子光谱和非光谱法。在分子光谱分析技术中，主要有紫外-可见吸收光谱、红外吸收光谱、分子荧光以及磷光光谱法和核磁共振谱等。

由于分子吸收辐射光的能量是量子化的，只有当光子的能量恰好等于两个能级之间的能量差时，才能被分子吸收。因此对某一分子来说，它只能吸收某一特定频率的辐射能量。如吸收的能量引起分子中价电子跃迁而产生的吸收光谱称为紫外光谱；引起分子中成键原子振动和转动能级的跃迁而产生的光谱称为红外光谱；引起分子中核自旋能级跃迁而产生的光谱称为核磁共振谱。紫外光谱、红外光谱、核磁共振谱都是吸收光谱。

8.1 紫外-可见吸收光谱技术

紫外-可见吸收光谱（UV-VIS）的波长范围为100～800nm，有机分子电子跃迁与此光区密切相关，所有的有机化合物均在这一区域产生吸收带，并且在电子跃迁的同时，伴随着振动转动能级的跃迁，形成带状光谱。紫外-可见吸收光谱已广泛地用于有机和无机化合物的定性和定量分析，具有仪器普及、操作简单且灵敏度较高等优点。

8.1.1 概述

紫外-可见吸收光谱是由成键原子的分子轨道中电子跃迁产生的，分子的紫外吸收和可见吸收的光谱区域依赖于分子的电子结构。谱图中最大吸收峰的波长 λ_{max} 和相应的摩尔吸收光系数 ε_{max} 反映了构成有机分子部分结构的发色团的特征。根据助色团取代和电子效应、共轭效应、溶剂效应等对 λ_{max}（红移和蓝移）和 ε_{max}（浓色或浅色效应）的影响规律，能够提供有机化合物骨架结构信息，或进行异构体鉴别等工作。

紫外-可见光区又可细分为：(1) 100～200nm：远紫外光区。(2) 200～400nm：近紫外光区。(3) 400～800nm：可见光区。

由于大气在远紫外光区波长范围内有吸收，因此在远紫外光区的测量必须在真空条件下操作，故也称为真空紫外区。远紫外光区的吸收光谱，由于实验技术的困难，现在研究得很少。近紫外光区又称石英紫外区，近紫外光区对结构研究很重要。

8.1.2 紫外-可见吸收光谱的产生

8.1.2.1 物质对光的选择性吸收及吸收曲线

紫外-可见吸收光谱是由分子中电子的能级跃迁产生的。用一束具有连续波长的紫外-可见光照射某些化合物，其中某些波长的光辐射被化合物的分子所吸收，若将化合物在紫外-可见光作用下的吸收度 A 对波长 λ 作图，就可获得该化合物的紫外-可见吸收光谱。图8-2所示为茴香醛的紫外-可见吸收光谱。

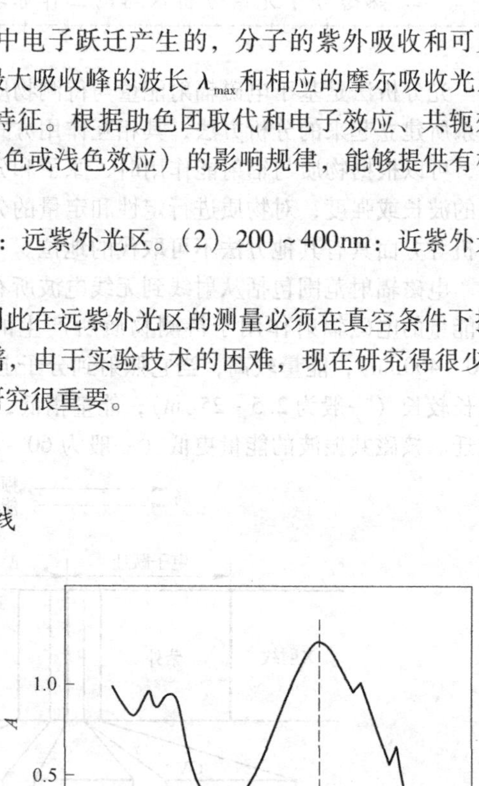

图8-2 茴香醛的紫外-可见吸收光谱

分析紫外-可见吸收光谱，可以得到下列结论：

(1) 同一种物质对不同波长光的吸光度不同，吸光度最大处对应的波长称为最大吸收波长

λ_{max}，如图8-2所示的茴香醛的λ_{max}为270nm。

（2）不同浓度的同一种物质，其吸收曲线形状相似，而λ_{max}不变。而对于不同物质，它们的吸收曲线形状和λ_{max}则不同。

（3）吸收曲线可以提供物质的结构信息，并作为物质定性分析的依据之一。

（4）不同浓度的同一种物质，在某一定波长下吸光度A有差异，在λ_{max}处吸光度A的差异最大，此特性可作为物质定量分析的依据。

（5）在λ_{max}处吸光度随浓度变化的幅度最大，所以测定灵敏度最高。吸收曲线是定量分析中选择入射光波长的重要依据。

8.1.2.2 电子跃迁

紫外-可见吸收光谱属于分子光谱的范畴，通过分子内部运动，化合物分子吸收或发射光量子时产生的光谱成为分子光谱。

分子的内部运动有三种运动形式：（1）电子相对于原子核的运动；（2）原子核在其平衡位置附近的相对振动；（3）分子本身绕其重心的转动。根据量子力学原理，分子的每一种运动形式都有一定的能级而且是量子化的，分子具有三种不同能级：电子能级、振动能级和转动能级。分子所处的能级状态可用量子数表示：电子量子数表示各电子能级，振动量子数表示振动能级，转动量子数表示转动能级。分子在一定状态下所具有的内部总能量为电子能量E_e、振动能量E_v和转动能量E_r的总和，即：

$$E = E_e + E_v + E_r \tag{8-1}$$

当分子从一个状态E_1变化到另一个状态E_2时，必然伴随有能级（即量子数）的变化，两个状态能级之间的能量差为：

$$M + h\nu \longrightarrow M^* \begin{cases} M + \text{热} \\ M + \text{荧光或磷光} \end{cases}$$

基态　　激发态

E_1　（ΔE）　E_2

$$\Delta E = E_2 - E_1 = h\nu \tag{8-2}$$

图8-3为双原子分子能级跃迁示意图，A和B是两个电子能级，当分子吸收足够的能量时

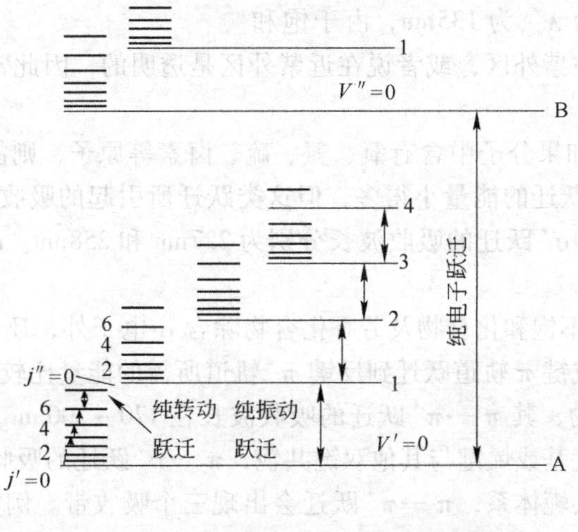

图8-3 双原子分子能级跃迁示意图

就会发生电子能级的跃迁，从 A 电子能级跃迁到 B 电子能级。电子能级间跃迁的同时，总伴随有振动和转动能级间的跃迁，即电子光谱中总包含有振动能级和转动能级间跃迁产生若干谱线而呈现宽谱带。

能级差与各光谱的关系如下：

(1) 转动能级间的能量差 ΔE_r：0.005～0.050eV，跃迁产生的吸收光谱位于远红外区，属于远红外光谱或分子转动光谱。

(2) 振动能级的能量差 ΔE_v：0.05～1eV，跃迁产生的吸收光谱位于红外区，属于红外光谱或分子振动光谱。

(3) 电子能级的能量差 ΔE_e 较大，为 1～20eV。电子跃迁产生的吸收光谱在紫外-可见光区，属于紫外-可见光谱或分子的电子光谱。

(4) 吸收光谱的波长分布是由产生谱带的跃迁能级间的能量差所决定，反映了分子内部能级分布状况，是物质定性的依据。

(5) 吸收谱带的强度与分子偶极矩变化和跃迁几率有关，也提供分子结构的信息。通常将在最大吸收波长处测得的摩尔吸光系数 ε_{max} 也作为定性的依据。不同物质的 λ_{max} 有时可能相同，但 ε_{max} 不一定相同。

(6) 吸收谱带强度与该物质分子吸收的光子数成正比，是定量分析的依据。

有机化合物的紫外-可见吸收光谱是三种电子跃迁的结果，即 σ 电子、π 电子和 n 电子。

分子中能产生跃迁的电子一般处于能量较低的成键 σ 轨道、成键 π 轨道及 n 轨道上。当外层电子吸收紫外或可见辐射后，就从基态向激发态（反键轨道）跃迁。分子中主要产生的四种跃迁如图 8-4 所示，所需能量 ΔE 大小顺序为：$n \to \pi^* < \pi \to \pi^* < n \to \sigma^* < \sigma \to \sigma^*$。

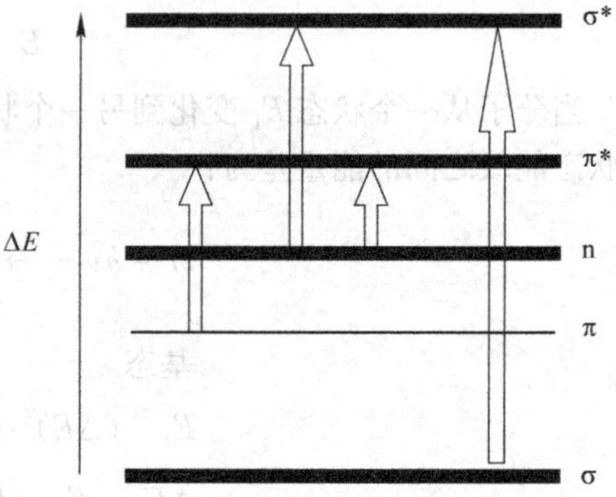

图 8-4 分子中主要产生的四种跃迁

(1) $\sigma \to \sigma^*$ 跃迁。由于 σ 键比较牢固，电子从 σ 轨道跃迁到 σ^* 轨道需要很高的能量，大约需 780kJ/mol，因此 $\sigma \to \sigma^*$ 是一种高能跃迁。这类跃迁对应的吸收波长大都在真空紫外区。例如：甲烷的 λ_{max} 为 125nm，乙烷的 λ_{max} 为 135nm，由于饱和烷烃的吸收波长都在真空紫外区，或者说在近紫外区是透明的，因此常用作测定紫外-可见吸收光谱的溶剂。

(2) $n \to \sigma^*$ 跃迁。如果分子中含有氧、氮、硫、卤素等原子，则能产生 $n \to \sigma^*$ 跃迁，这种跃迁的能量比 $\sigma \to \sigma^*$ 跃迁的能量小得多，但这类跃迁所引起的吸收波长仍高于 200nm，例如甲硫醇和碘甲烷的 $n \to \sigma^*$ 跃迁的吸收波长分别为 227nm 和 258nm。$n \to \sigma^*$ 跃迁所产生的吸收强度比较弱。

(3) $\pi \to \pi^*$ 跃迁。不饱和化合物及芳香化合物除含 σ 电子外，还含有 π 电子。π 电子比较容易受刺激，电子从成键 π 轨道跃迁到反键 π^* 轨道所需的能量比较低。一般，只含孤立双键的乙烯和丙烯等化合物，其 $\pi \to \pi^*$ 跃迁的吸收波长在 170～200nm 范围内，但吸收强度很强。如果烯烃上存在取代基或烯键与其他双键共轭，$\pi \to \pi^*$ 跃迁的吸收波长将移到近紫外区。芳香族化合物存在环状共轭体系，$\pi \to \pi^*$ 跃迁会出现三个吸收带。例如苯的三个吸收带波长分别为 184nm、203nm 和 256nm。

(4) $n \rightarrow \pi^*$ 跃迁。$n \rightarrow \pi^*$ 跃迁所需要的能量最低，所以它所产生的吸收波长最长，但吸收强度很弱。例如丙酮中羟基能产生 $n \rightarrow \pi^*$ 跃迁，其吸收波长为280nm。

电子跃迁类型与分子结构及其存在的基团有密切的联系，因此可以根据分子结构来预测可能产生的电子跃迁，例如饱和烃有 $\sigma \rightarrow \sigma^*$ 跃迁，也有 $\pi \rightarrow \pi^*$ 跃迁；脂族醚则有 $\sigma \rightarrow \sigma^*$ 跃迁和 $n \rightarrow \sigma^*$ 跃迁；而醛和酮同时存在 $\sigma \rightarrow \sigma^*$、$n \rightarrow \sigma^*$、$\pi \rightarrow \pi^*$ 和 $n \rightarrow \pi^*$ 四种跃迁。反之，也可以根据紫外吸收带的波长及电子跃迁类型来判断化合物分子中可能存在的吸收基团。

8.1.2.3 发色基团和助色基团

最显著的紫外-可见光谱是由 $\pi \rightarrow \pi^*$ 和 $n \rightarrow \pi^*$ 跃迁产生的。这两种跃迁均要求有机物分子中含有不饱和基团，这类含有 π 键的不饱和基团称为生色团。简单的生色团由双键或三键体系组成，如乙烯基、羰基、亚硝基、偶氮基—N═N—、乙炔基、腈基 —C≡N 等。

有一些含有 n 电子的基团（如—OH、—OR、—NH_2、—NHR、—X（卤族元素）等），它们本身没有生色功能（不能吸收 $\lambda > 200$nm 的光），但当它们与生色团相连时，就会发生 n—π 共轭作用，增强生色团的生色能力（吸收波长向长波方向移动，且吸收强度增加），这样的基团称为助色团。

有机化合物的吸收谱带常常因引入取代基或改变溶剂使最大吸收波长 λ_{max} 和吸收强度发生变化，由于取代基作用或溶剂效应导致发色基团的吸收峰向长波长移动的现象称为向红移动或红移；与此相反，由于取代基作用或溶剂效应等原因导致发色基团的吸收峰向短波长方向的移动称为向紫移动或蓝移。

与吸收带波长红移及蓝移相似，由于取代基作用或溶剂效应等原因的影响，使吸收带的强度即摩尔吸光系数增大（或减小）的现象称为增色效应或减色效应。

8.1.3 紫外-可见分光光度计

8.1.3.1 主要组成部件

紫外-可见分光光度计由光源、单色器、样品池（吸光池）、检测器和记录显示装置组成。光源发出的光通过光孔调制成光束，然后进入单色器，单色器由色散元件或衍射光栅组成，光束从单色器的色散元件发出后成为多组分不同波长的单色光，通过光栅的转动分别将不同波长的单色光经狭缝送入样品池，然后进入检测器，最后由电子放大器放大，从微安表或数字电压表读取吸光度，或驱动记录设备，得到光谱图。其主要组成部件及其工作流程如图8-5所示。

图8-5 紫外-可见分光光度计的主要组成部件及工作流程

A 光源

光度测量对光源的要求为在整个紫外光区或可见光谱区可以发射连续光谱，具有足够的辐射强度、较好的稳定性和较长的使用寿命。

紫外光区和可见光区常用的光源有以下两类：

(1) 钨灯或卤钨灯。钨灯是固体炽热发光，又称白炽灯。作为可见光源，其波长范围是350～1000nm。卤钨灯是钨灯灯泡内充碘或溴的低压蒸气，它比钨灯发光强度大，寿命也较长。

(2) 氢灯或氘灯。氢灯或氘灯都是气体放电发光，发射150～400nm的紫外连续光谱，具有石英窗或用石英灯管制成，用作紫外区光源。

B　单色器

单色器的作用是将来自光源的含有各种波长的复色光按波长顺序色散，并从中分离出所需波长的单色光。单色器由狭缝、准直镜及色散元件组成。常用的色散元件有棱镜和光栅。准直镜是以狭缝为聚焦点的聚焦镜，其作用是将进入色散器的发散光变成平行光，又将色散后的单色平行光聚焦于出光狭缝。狭缝是光的进出口，包括进光狭缝和出光狭缝。来自光源并聚焦于狭缝的光，经准直镜变成平行光有不同的投射方向（或偏转角度）形成按波长顺序排列的光谱，再经过准直镜将色散后的平行光聚焦于出光狭缝上，转动色散元件的方位，可使所需波长的单色光从出光狭缝分出。

C　样品池

可见光区使用光学玻璃吸收池或石英池，紫外光区只能使用石英池。用作盛参比溶液与样品溶液的吸收池应互相匹配，在盛同一溶液时吸光度值误差 ΔT 应小于 0.2%。在测定吸光系数或利用吸光系数进行定量时，还要求吸收池有准确的厚度（光程），或使用同一只吸收池。

D　检测器

检测器是一类光电转换器，常用的有光电池、光电管或光电倍增管。光电池的工作原理如图 8-6 所示，利用光电效应将透过吸收池的光信号变成可测的电信号。

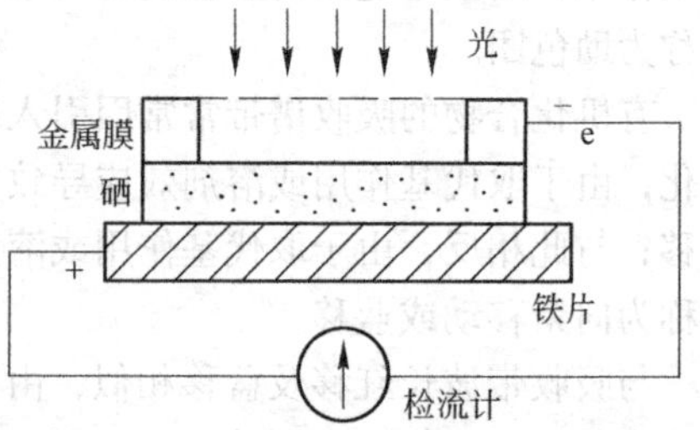

图 8-6　光电池工作原理

E　信号处理与显示

检测器检测到的电信号较弱，需经过放大才能以某种方式将测量结果显示出来。显示方式一般为透光率或吸光度，有的还转换成浓度和吸光系数等显示方式。

8.1.3.2　分光光度计的类型

紫外-可见分光光度计可分为两大类，即单波长分光光度计和双波长分光光度计，单波长分光光度计又可分为单光束和双光束两类。单光束、双光束、双波长分光光度计的光路示意图如图 8-7 所示。

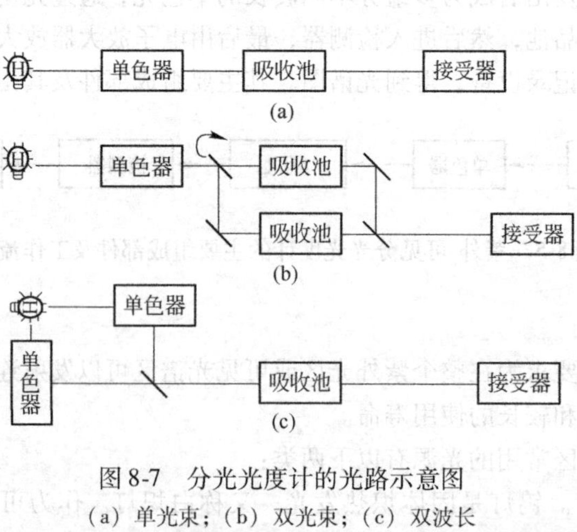

图 8-7　分光光度计的光路示意图
（a）单光束；（b）双光束；（c）双波长

A　单光束

单光束类仪器的型号很多，如国产的 751 型、752 型、7530 型，英国的 Unicam SP500 型，美国的 Beckmann DU-2 型。这类分光光度计的特点是结构简单、价廉、操作简便，适于在给定波长处测量吸光度或透光度，一般不能做全波段光谱扫描，要求光源和检测器具有很高的稳定性。

B 双光束

为得到全波长范围（200～800nm）的光，只能使用分立的双光源，绝大多数仪器都通过一个动镜实现光源之间的平滑切换，可以平滑地在全光谱范围扫描，光源发出的光通过调制成不同波长的光束，进入检测器进行样品检测。双光束分光光度计的光路示意图如图 8-8 所示。此类仪器有国产的 710 型、730 型等，英国的 Unicam SP700 型，日本岛津的 UV-200、UV-240 型等。这类分光光度计的特点是自动记录，能够快速全波段扫描。可消除光源不稳定和检测器灵敏度变化等因素的影响，特别适合于结构分析；但仪器复杂，价格较高。

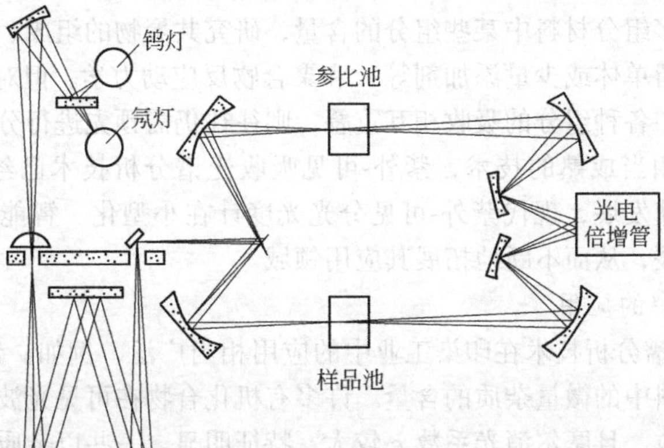

图 8-8 双光束紫外-可见分光光度计的光路示意图

C 双波长

双波长类仪器如国产的 WFZ800-S 型、日本岛津的 UV-300 型、日立的 556 型等。这类分光光度计的特点是将不同波长的两束单色光（λ_1 和 λ_2）快速交替通过同一吸收池而后到达检测器，产生交流信号，无需参比池，$\Delta\lambda$ 为 1～2nm，两波长同时扫描即可获得导数光谱。

8.1.4 紫外-可见吸收光谱应用

紫外-可见吸收光谱分析可用来进行在紫外区范围有吸收峰的材料的鉴定及结构分析，其中主要是有机化合物的分析、鉴定以及同分异构体的鉴别、材料结构的测定等。但是，有机化合物在紫外区中有些没有吸收谱带，有的仅有较简单而宽阔的吸收光谱。另外，如果材料组成的变化不影响生色团及助色团，就不会显著地影响其吸收光谱，例如甲苯和乙苯的紫外吸收光谱实际上是相同的。因此，材料的紫外吸收光谱基本上是其分子中生色团及助色团的特性，而不是它的整个分子的特性，单根据紫外光谱不能完全决定材料的分子结构，还必须与红外吸收光谱、核磁共振光谱、质谱以及其他化学和物理方法共同配合起来，才能得出可取的结论。当然，紫外光谱也有其特有的优点，例如具有 π 电子及共轭双键的化合物，在紫外区有强烈的 K 吸收带，其摩尔系数可达 $10^4 \sim 10^5$，检测灵敏度很高，因而紫外吸收光谱的 λ_{max} 和 ε_{max} 还是能像其他物理常数，如熔点和旋光度一样，可提供一些有价值的定性数据。其次，紫外吸收光谱分析所用的仪器比较简单而普通，操作方便，准确度也较高，因此它的应用也是很广泛的。

8.1.4.1　定性分析

以紫外-可见吸收光谱鉴定有机化合物时，通常是在相同的测定条件下，比较未知物与已知标准物的紫外光谱图，若两者的谱图相同，则可认为待测样品与已知化合物具有相同的生色团。如果没有标准物，也可借助于标准谱图或有关电子光谱数据表进行比较。

但应注意，紫外-可见吸收光谱相同，两种化合物有时不一定相同，因为紫外吸收光谱常只有2～3个较宽的吸收峰，具有相同生色团的吸收峰，存在含有相同生色团的不同分子结构，但它们的吸光系数是有差别的。所以在比较λ_{max}的同时，还要比较它们的ε_{max}。如果待测物和标准物的吸收波长相同且吸光系数也相同，则可认为两者是同一物质。

8.1.4.2　定量分析

紫外-可见光谱法的吸收强度比红外光谱大得多，它的灵敏度为10^{-5}～10^{-4}，测量准确度高于红外光谱法，仪器也比较简单，操作方便，所以紫外光谱法在定量分析上有一定优势。紫外光谱法很适合测定多组分材料中某些组分的含量，研究共聚物的组成、微量物质（单体中的杂质、聚合物中的残留单体或少量添加剂等）和聚合物反应动力学。但对于多组分混合物含量的测定，如果混合物中各种组分的吸收相互重叠，则往往仍需预先进行分离。

作为一项已发展相当成熟的技术，紫外-可见吸收光谱分析技术已经获得了广泛的应用。随着各相关技术的迅速发展，现代紫外-可见分光光度计在小型化、智能化、在线化和网络化等方面不断取得新进展，从而不断地拓展其应用领域。

A　在印染工业中的应用

紫外-可见吸收光谱分析技术在印染工业中的应用相当广泛，例如：紫外-可见吸收光谱分析常用于测定印染材料中的微量杂质的含量。许多有机化合物在可见光波段并无吸收，但在紫外波段却有明显的吸收，且摩尔消光系数ε较大，特征明显。一些以杂质形式存在的物质，仍可被准确测定。如检测乙醇样品中所含的微量苯杂质，由于苯的最大吸收波长为256nm，而乙醇在此波长处没有吸收，因而可以很容易地进行定性，并在此波长下能测定出苯杂质的含量。棉纤维的含糖量是影响棉纤维品质和纺纱工艺的重要指标。棉花含糖量高，不仅不利于棉纤维的开松，而且在开松、梳理、成纱、牵伸等加工过程中，会由于温度上升而熔化发黏，造成纤维黏结、缠绕，严重影响可纺性和成纱质量，标准GB/T 16258—1996规定了用3，5-二羟基甲苯-硫酸溶液作显色剂，使用紫外-可见分光光度计定量测定棉花含糖量的试验方法。

B　在食品研究中的应用

紫外-可见吸收分光光度法是传统的肉色测定方法，其基本原理是：决定肌肉颜色的物质主要是肌红蛋白和血红蛋白的各种变构体等。肌（血）红蛋白是由珠蛋白和铁卟啉构成的，具有能溶于水和在一定条件下保持原有结构的特性，其各种色蛋白（红色）的最大吸收峰较接近，均在540nm左右，因此，利用组织浸提液提取肌（血）红蛋白的各种变构体，并在540nm波长处测定其吸光度。由于此吸光度是肌肉组织中各种色素成分的总和，因此，用肌肉总色素表示，分光光度法比肉眼感观评分法评定肉色更加准确、误差更小。

目前测定食用合成色素的方法不多，研究报道也少，有人应用极谱法测定，但只是对某种色素的分析。现行国家标准分析方法有高效液相色谱法和薄层色谱法，前者灵敏度及准确度高，但仪器昂贵不能普及；后者灵敏度低，准确度差。利用物质对光的吸收具有选择性，应用紫外-可见分光光度计进行吸收光谱扫描，发现不同的食用合成色素具有不同的吸收谱图，与标准谱图对照，即可直观、快速地定性，且在一定浓度下，峰高与含量成正比，故可定量，目前，已用来测定色酒、饮料及果冻等食品中食用合成色素。这种方法操作简便、快速、准确、灵敏和线性范围宽，适于基层单位的应用。

C 在照相明胶研究中的应用

利用紫外吸收光谱能很容易地鉴别惰胶与改性胶。此外，紫外-可见分光光度法还可用于明胶中金属元素和其他元素含量的测定。用紫外-可见分子吸收光谱法也可以研究照相明胶的许多重要成分。由于这种方法的分析灵敏度比较高，分析结果的重现性好，而且仪器价格便宜，操作简单。因此，紫外-可见分光光度法是研究照相明胶的重要手段。它不仅适用于科研单位，对生产单位也具有同样重要的意义。

D 在稀土微肥研究中的应用

稀土微肥在农业上的应用为我国科学家首创。目前，我国农田施用稀土微肥面积每年达 $3.33\times10^6\sim4.67\times10^6hm^2$，为国家每年增产粮、棉、豆、油、糖等 $6\times10^8\sim8\times10^8kg$，而且作物的品质也得到了改善和提高，直接经济效益为 10 亿 ~ 15 亿元。大量生物机理的研究表明，稀土微肥在一定浓度范围内能增强植物细胞保护酶，但稀土微肥使农作物增产和品质得到改善的机理还不了解。目前，人们采用紫外-可见吸收光谱，通过研究微过氧化物酶-8 与 La^{3+} 相互作用机理，为进一步研究植物细胞酶与稀土离子的相互作用打下基础。

8.2 红外吸收光谱技术

8.2.1 概述

红外吸收光谱（IR）是分子振动光谱，振动光谱所涉及的是分子间化学键振动而引起的能级跃迁，如图 8-3 所示的双原子分子能级跃迁。当分子受到红外光的辐射，产生振动能级的跃迁，在振动时伴有偶极矩改变的就是吸收红外光子，形成红外吸收光谱。其振动频率对分子中特定基团有显著的特征性，除光学异构体外，每种化合物都有自己的红外吸收光谱，它与前面讲的紫外-可见吸收光谱相比，最大的差异就是它的谱带复杂而精细，所提供的结构信息更丰富，因此红外吸收光谱已在有机化学、生物化学、高分子材料鉴定及研究领域中广泛应用。目前，红外光谱根据不同的频率范围分为三个区：

（1）近红外区：$13330\sim4000cm^{-1}$（$0.75\sim2.5\mu m$）；

（2）中红外区：$4000\sim650cm^{-1}$（$2.5\sim15.4\mu m$）；

（3）远红外区：$650\sim10cm^{-1}$（$15\sim1000\mu m$）。

近红外区是可见光红色末端的一段，只有 X—H（X 为卤族元素）或多键振动的倍频和合频出现在该区，在研究含氢原子的官能团如 O—H，N—H 和 C—H 的化合物，特别是醇、酚、胺和碳氢化合物以及研究末端亚甲基、环氧基和顺反双键等时比较重要。

中红外区是红外光谱中应用最早和最广的一个区，大多数红外吸收光谱仪在此区域应用。该区吸收峰数据的收集、整理和归纳已臻于完善。由于 $4000\sim1000cm^{-1}$ 区内的吸收峰为化合物中各个键的伸缩和弯曲振动，故为双原子构成的官能团的特征吸收；$1400\sim650cm^{-1}$ 区的吸收峰大多是整个分子中多个原子间键的复杂振动，可以得到官能团周围环境的信息，用于化合物的鉴定，因此中红外区是本书讨论的重点。

由于一般红外仪测绘的中红外范围是 $5000\sim650cm^{-1}$ 或 $5000\sim400cm^{-1}$，因此 $650\sim200cm^{-1}$ 也包括在远红外区。含重原子的化学键伸缩振动和弯曲振动的基频在远红外光区，如 C—X 键的伸缩振动频率为 $650\sim450cm^{-1}$，弯曲振动频率为 $350\sim250cm^{-1}$，均是强峰；肟分子中 O—H 的扭曲振动也在 $375\sim350cm^{-1}$，为一极强的吸收；有氢键的化合物，X—H…X 的伸缩振动在 $200\sim50cm^{-1}$，弯曲振动在 $50cm^{-1}$ 以下。

红外吸收光谱在化学领域中的应用有：

（1）分子结构基础研究。应用红外吸收光谱测定分子的键长和键角，以此推断出分子的立体构型。

（2）根据所得的力常数可以知道化学键的强弱，由简正频率来计算热力学函数等。

（3）化学组成分析。根据光谱中吸收峰的位置和形状来推断未知物结构，依照特征吸收峰的强度来测定混合物中各组分的含量。

8.2.2　产生的条件

红外光谱是由于物质吸收电磁辐射后，分子振动—转动能级的跃迁而产生的。物质能吸收电磁辐射应满足两个条件，即：

（1）辐射应具有刚好能满足物质跃迁时所需的能量；

（2）辐射与物质之间有相互作用。

当一定频率（一定能量）的红外光照射分子时，如果分子中某个基团的振动频率和外界红外辐射的频率一致，就满足了第一个条件。为满足第二个条件，分子必须有偶极矩的改变。已知任何分子就其整个分子而言，是呈电中性的，但由于构成分子的各原子因价电子得失的难易，而表现出不同的电负性，分子也因此而显示不同的极性。通常用分子的偶极矩 μ 来描述分子极性的大小。设正负电中心的电荷分别为 $+q$ 和 $-q$，正负电荷中心距离为 d（如图 8-9 所示的 HCl 和 H_2O），则：

$$\mu = qd \tag{8-3}$$

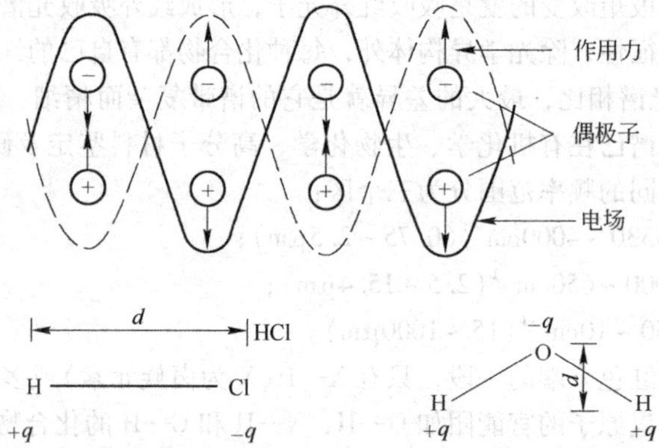

图 8-9　偶极矩以及偶极子在交变电场中的作用示意图

由于分子内原子处于在其平衡位置不断地振动的状态，在振动过程中 d 的瞬时值也不断地发生变化，因此分子的 μ 也发生相应的改变，分子也具有确定的偶极矩变化频率。对称分子由于正负电荷中心重叠，$d=0$，故 $\mu=0$。物质吸收辐射的第二个条件实质上是外界辐射迁移它的能量到分子中去，而这种能量的转移是通过偶极矩的变化来实现的，这可用图 8-9 的偶极子在交变电场中的作用示意图来说明。当偶极子处在电磁辐射的电场中时，此电场做周期性反转，偶极子将经受交替的作用力而使偶极矩增加或减小。

由于偶极子具有一定的原有振动频率，只有当辐射频率与偶极子频率相匹配时，分子才与辐射发生相互作用（振动耦合）而增加它的振动能，使振动加激（振幅加大），即分子由原来的基态振动跃迁到较高的振动能级。只有发生偶极矩变化的振动才能引起可观测的红外吸收谱带，称这种振动活性为红外活性的，反之为非红外活性的。一般地，对称分子没有偶极矩，辐射不能引起共振，无红外活性，如 N_2、O_2、Cl_2 等；而非对称分子有偶极矩，存在红外活性。

当一定频率的红外光照射分子时，如果分子中某个基团的振动频率和它一样，二者就会产生共振，此时光的能量通过分子偶极矩的变化而传递给分子，这个基团就吸收一定频率的红外光，产生振动跃迁；反之，红外光就不会被吸收。因此，若用连续改变频率的红外光照射某试样，根据试样中的各个基团对不同频率的红外光的吸收性质，使通过试样后的红外光在一些波长范围内变弱（被吸收），在另一些范围内则较强（不吸收）。将分子吸收红外光的情况用仪器记录，就得到该试样的红外吸收光谱图。

8.2.3 分子振动方程式

分子中的原子以平衡点为中心，以非常小的振幅做周期性的振动，即所谓简谐振动。双原子分子的简谐振动（化学键的振动）类似于连接两个小球的弹簧，可用一个弹簧两端连着两个小球来模拟，如图 8-10 所示。m_1 和 m_2 分别代表两小球的质量（也即原子质量），弹簧的长度 r 就是分子化学键的长度。用经典力学（虎克定律）可导出这个体系的振动频率为：

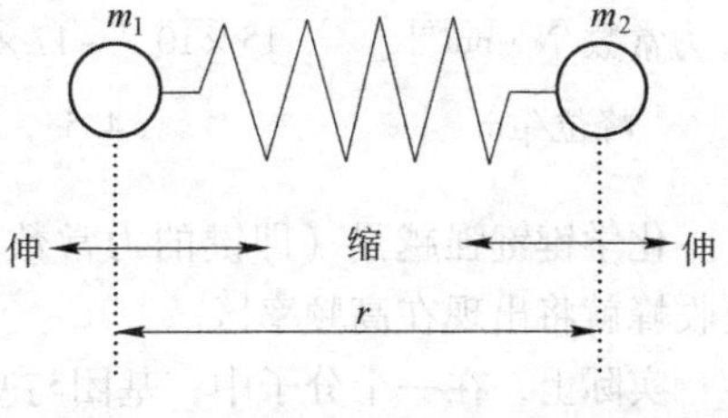

图 8-10 双原子分子的简谐振动模型

$$\nu = \frac{1}{2\pi}\sqrt{\frac{k}{\mu}} \tag{8-4}$$

式中 k——力常数，与键能和键长有关；

ν——振动频率；

μ——双原子的折合质量。

表 8-1 某些键的伸缩力常数 (N/nm)

键	分子	k	键	分子	k
H—F	HF	9.7×10^{-7}	H—C	CH_2—CH_2	5.1×10^{-7}
H—Cl	HCl	4.8×10^{-7}	H—C	CH≡CH	5.9×10^{-7}
H—Br	HBr	4.1×10^{-7}	C—Cl	CH_3Cl	3.4×10^{-7}
H—I	HI	3.2×10^{-7}	C—C		$(4.5\sim5.6)\times10^{-7}$
H—O	H_2O	7.8×10^{-7}	C═C		$(9.5\sim9.9)\times10^{-7}$
H—S	H_2S	4.3×10^{-7}	C≡C		$(15\sim17)\times10^{-7}$
H—N	NH_3	6.5×10^{-7}	C—O		$(12\sim13)\times10^{-7}$
H—C	CH_3X（X 为卤族元素）	$(4.7\sim5.0)\times10^{-7}$	C═O		$(16\sim18)\times10^{-7}$

任意两个相邻的能级间的能量差为：

$$\Delta E = h\nu = \frac{h}{2\pi}\sqrt{\frac{k}{\mu}} \tag{8-5}$$

$$\bar{\nu} = \frac{1}{\lambda} = \frac{1}{2\pi c}\sqrt{\frac{k}{\mu}} = 1307\sqrt{\frac{k}{\mu}} \tag{8-6}$$

式中　$\bar{\nu}$——两能级振动的平均频率。

$$\mu = \frac{m_1 m_2}{m_1 + m_2} \tag{8-7}$$

式中　m_1，m_2——1、2 两原子的简化质量。

发生振动能级跃迁需要能量的大小取决于键两端原子的折合质量和键的力常数（见表 8-1），即取决于分子的结构特征。

键类型	—C≡C—	>	—C═C—	>	—C—C—
力常数/$N \cdot nm^{-1}$	$15 \times 10^{-7} \sim 17 \times 10^{-7}$		$9.5 \times 10^{-7} \sim 9.9 \times 10^{-7}$		$4.5 \times 10^{-7} \sim 5.6 \times 10^{-7}$
峰位/μm	4.5		6.0		7.0

化学键键强越强（即键的力常数 k 越大），原子折合质量越小，化学键的振动频率越大，吸收峰就将出现在高频率区。

实际上，在一个分子中，基团与基团的化学键之间都相互有影响，因此基团振动频率除决定于化学键两端的原子质量和化学键的力常数外，还与内部因素（结构因素）及外部因素（化学环境）有关。

8.2.4　分子振动的形式

双原子的振动是最简单的，它的振动只能发生在联结两个原子的直线方向上，并且只有一种振动形式，即两原子的相对伸缩振动。而多原子分子的振动可分解为许多简单的基本振动。归纳起来有两类基本的振动形式，即：

（1）伸缩振动。又分为：

1）对称伸缩振动（σ_s）；

2）反对称伸缩振动（σ_{as}）。

（2）变形或弯曲振动。又分为：

1）面内变形振动：剪式振动（δ）和面内摇摆振动（ρ）；

2）面外变形振动（γ）：面外摇摆振动（ω）和扭曲变形振动（ν）。

下面以亚甲基为例来表现两类振动形式。图 8-11 所示为亚甲基的伸缩振动形式，图 8-12 所示为亚甲基的变形振动形式。

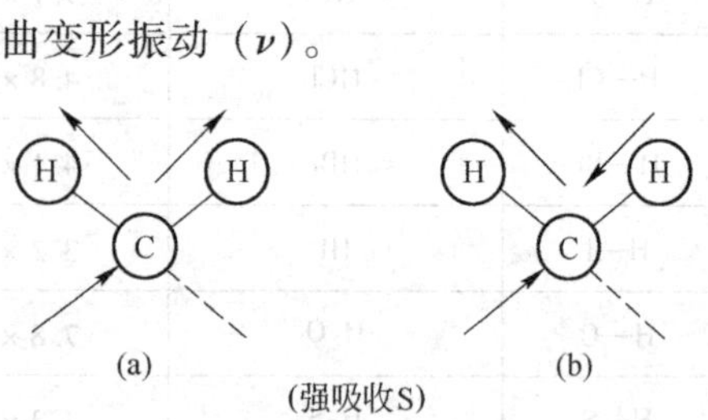

图 8-11　亚甲基的伸缩振动形式示意图

（a）对称伸缩振动（σ_s：2926cm^{-1}）；

（b）反对称伸缩振动（σ_{as}：2853cm^{-1}）

上述每种振动形式都具有其特定的振动频率，也即有相应的红外吸收峰。有机化合物一般由多原子组成，因此红外吸收光谱的谱峰一般较多。实际上，反映在红外光谱中的吸收峰有时会增多或减少，增减的原因为：

（1）在中红外吸收光谱上除基频峰（基团由基态向第一振动能级跃迁所吸收的红外光的频率称为基频）外，还有由基态跃迁至第二激发态、第三激发态等所产生的吸收峰，这些峰称为倍频峰。

（2）不是所有的分子振动形式都能在红外区中观察到。分子的振动能否在红外光谱中出现及其强度与偶极矩的变化有关。通常对称性强的分子不出现红外光谱，对称性愈差，谱带的

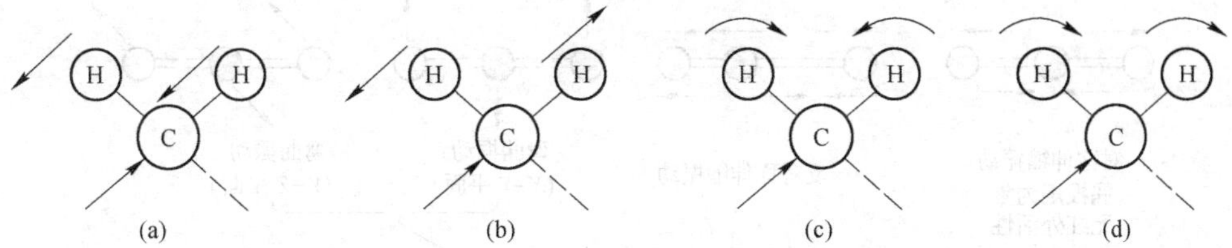

图 8-12 亚甲基的变形振动形式示意图

(a) 摇摆(面外,ω:1306~1303cm^{-1});(b) 扭曲(面外,ν:1250cm^{-1});
(c) 剪式(面内,δ:1468cm^{-1});(d) 摇摆(面内,ρ:720cm^{-1})

强度愈大。

(3) 有的振动形式虽不同,但它们的振动频率却相等,因而产生兼并。

(4) 仪器分辨率不高,对一些频率很接近的吸收峰分不开。一些较弱的峰,可能由于仪器灵敏度不够而检测不出。

8.2.5 峰位、峰数与峰强

8.2.5.1 峰位

化学键的力常数 k 越大,原子折合质量越小,键的振动频率越大,吸收峰将出现在高频率区(短波长区);反之,出现在低频率区(高波长区)。例如水分子(非对称分子)的振动与红外吸收光谱峰位的关系如图 8-13 所示。

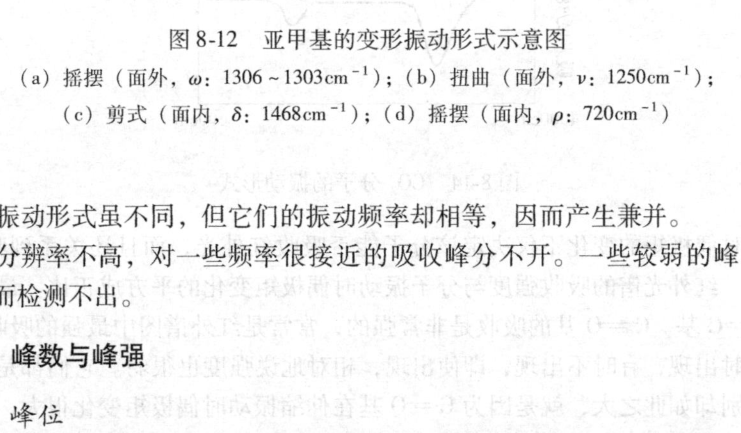

图 8-13 水分子振动与红外吸收光谱峰位的关系

8.2.5.2 峰数

峰数与分子自由度有关。无瞬间偶极矩变化时,无红外吸收(如 CO_2 分子中有一种振动无红外活性,如图 8-14 所示)。

8.2.5.3 峰强

瞬间偶极矩变化大,吸收峰强;键两端原子电负性相差越大(极性越大),吸收峰越强。由基态跃迁到第一激发态,产生一个强的吸收峰称为基频峰;由基态直接跃迁到第二激发态,产生一个弱的吸收峰称为倍频峰。

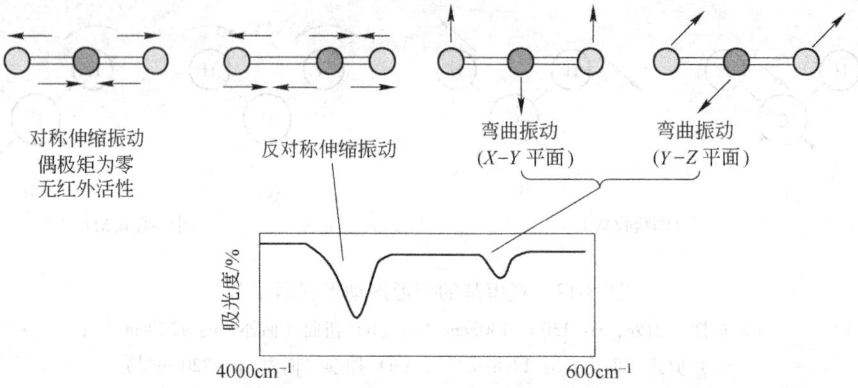

图 8-14 CO_2 分子的振动形式

分子振动时偶极矩的变化不仅决定该分子能否吸收红外光，而且还关系到吸收峰的强度。根据量子理论，红外光谱的吸收强度与分子振动时偶极矩变化的平方成正比。最典型的例子是 C ═O 基和 C ═C 基。C ═O 基的吸收是非常强的，常常是红外谱图中最强的吸收带；而 C ═C 基的吸收则有时出现，有时不出现，即使出现，相对地说强度也很弱。它们都是不饱和键，但吸收强度的差别却如此之大，就是因为 C ═O 基在伸缩振动时偶极矩变化很大，因而 C ═O 基的跃迁几率大，而 C ═C 双键则在伸缩振动时偶极矩变化很小。

对于同一类型的化学键，偶极矩的变化与结构的对称性有关。例如 C ═C 双键在下述三种结构中，吸收强度的差别就非常明显：

（1）R—CH ═CH_2，摩尔吸光系数为 40；

（2）R—CH ═CH—R′，顺式摩尔吸光系数为 10；

（3）R—CH ═CH—R′，反式摩尔吸光系数为 2。

这是由于对于 C ═C 双键来说，结构（1）的对称性最差，因此吸收较强；而结构（3）的对称性相对最高，故吸收最弱。此外，对于同一试样在不同的溶剂中，或在同一溶剂的不同浓度的试样中，由于氢键的影响以及氢键强弱的不同，使原子间的距离增大，偶极矩变化增大，吸收增强。例如，醇类的—OH 基在四氯化碳溶剂中伸缩振动的强度就比在乙醚溶剂中弱得多；而在不同浓度的四氯化碳溶液中，由于缔合状态的不同，强度也有很大的差别。

8.2.6 红外光谱的基团频率

与一定的结构单元相联系的振动频率称为基团频率，红外光谱的最大特点是具有基团频率特征性，只要掌握了各种基团的振动频率（基团频率）及其位移规律，就可应用红外光谱来鉴定化合物中存在的基团及其在分子中的相对位置。复杂分子中存在许多原子基团，各个原子基团（化学键）在分子被激活后都会产生特征的振动，分子的振动实质上可归结为化学键的振动。常见的化学基团在 4000 ~ 670cm^{-1} 范围内有特征基团频率。在实际应用时，为便于对光谱进行解释，常将这个频率范围分为四个部分：

（1）4000 ~ 2500cm^{-1}。X—H 伸缩振动区，X 可以是 O、N、C 和 S 原子。在这个区域内主要包括 O—H、N—H、C—H 和 S—H 键的伸缩振动。

（2）2500 ~ 1900cm^{-1}。三键和累积双键区，主要包括炔键 —C≡C— 、腈基 —C≡N 、丙二烯基—C ═C ═C—、烯酮基—C ═C ═O、异氰酸酯基—N ═C ═O 等的反对称伸缩振动。

(3) 1900~1200cm^{-1}。双键伸缩振动区，主要包括 C═C、C═O、C═N、—NO_2 等的伸缩振动和芳环的骨架振动等。

(4) 小于 1650cm^{-1}。*X-Y* 伸缩振动及 X—H 变形振动区，这个区域的光谱比较复杂，主要包括 C—H 和 N—H 变形振动、C—O 和 C—X（X 为卤素）等伸缩振动以及 C—C 单键骨架振动等。

8.2.7 影响峰位变化的因素

基团振动的特征频率可以根据原子间键的力常数计算而得。但是基团和周围环境会发生力学和电学的耦合，使得力常数不可能完全固定不变。正是由于这种不同程度的耦合存在，基团的特征频率发生了变化，使谱带产生位移，这种变化反过来也会对分子邻近的基团产生作用。化学键的振动频率不仅与其性质有关，还受分子的内部结构和外部因素影响。相同基团的特征吸收并不总在一个固定频率上。影响谱带位移的因素大体上可以归纳为以下几方面。

8.2.7.1 内部因素

A 电子效应

电子效应主要包括诱导效应和共轭效应，均是由化学键的电子分布不均匀而引起的。

(1) 诱导效应。吸电子基团使吸收峰向高频方向移动（蓝移）。一般地，具有一定极性的共价键中，随着取代基的电负性不同而产生不同程度的静电诱导作用，引起分子中电荷分布的变化，从而改变了键的力常数，使振动频率发生变化的效应称为诱导效应。它只沿键的方向发生作用，且与分子的几何形状无关，主要决定于取代原子的电负性或取代基的总的电负性。在无机化合物中，这种效应主要反映在相同阴离子团与不同阳离子结合时，阴离子基团中的基本频率的影响。现从以下两个化合物来看诱导效应，箭头表示引起 C═O 频率升高的原因：

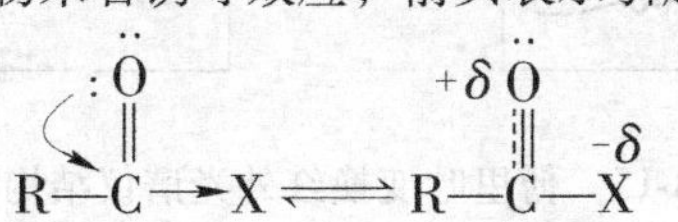

R—COR $\nu_{C=O}$ = 1715cm^{-1}

R—COCl $\nu_{C=O}$ = 1800cm^{-1}

R—COF $\nu_{C=O}$ = 1928cm^{-1}

电负性强的基团（或原子）往往吸电子能力强，当 C═O 上的烷基被卤素取代时形成酰卤，由于 Cl 和 F 的电负性依次增强，并且远大于烷基 R，使电子云由氧原子转向双键的中间，增加了 C═O 键的力常数，根据振动方程，力常数 *k* 升高，C═O 振动频率随之升高（1800cm^{-1}和 1928cm^{-1}）。

(2) 共轭效应。形成多重键的 π 电子在一定程度上可以移动，如 1,3-丁二烯的 4 个碳原子都在一个平面上，4 个碳原子共有全部 π 电子，结果中间的单键具有一定的双键性质，而两个双键的性质有所减弱，这就是共轭效应（M 效应）。共轭效应使共轭体系中的电子云密度平均化，结果使原来的双键伸长（即电子云密度降低），力常数减小，所以振动频率降低。

B 氢键效应

形成分子内氢键或分子间氢键后，分子电子云密度趋于平均化，使原来的键的伸缩振动频率向低频方向移动，而且氢键越强，位移越多，同时谱带变得越宽，吸收强度也越大。一般地，—C═O 键与—OH 键之间易形成氢键，使—C═O 键的振动频率降低。而对于弯曲振动的情况却恰恰相反，氢键越强，谱带越窄，且向高频方向位移。

8.2.7.2　外部因素

由于红外光谱法可以用于测量物质的各种物理状态的共振吸收，它们的谱图也会因物质状态、测定条件、溶剂极性的不同而不同。特别是同一种物质在气态时，因分子间相距很远，可以认为分子间相互没有影响。在液态，分子间的相互作用很强，有的化合物还会形成氢键作用。在固体状态，如果是结晶态，因分子在晶格中的规则排列，加强了分子间的相互振动作用，使谱带发生分裂。

8.2.8　红外光谱仪器的类型与结构

目前，红外光谱仪器有两种类型，即干涉型（傅里叶变换红外光谱仪）与色散型。

干涉分光型（傅里叶变换）红外光谱仪主要由光学探测部分和计算机部分组成，光学部分大多数是由迈克尔逊干涉仪组成。红外光源发出的光经迈克尔逊干涉仪变成干涉光，再让干涉光照射样品，样品吸收红外光后，检测器获得带有样品信息的干涉图，再由计算机将干涉图进行傅里叶数字变换得到所需红外光谱图，其结构如图 8-15 所示。

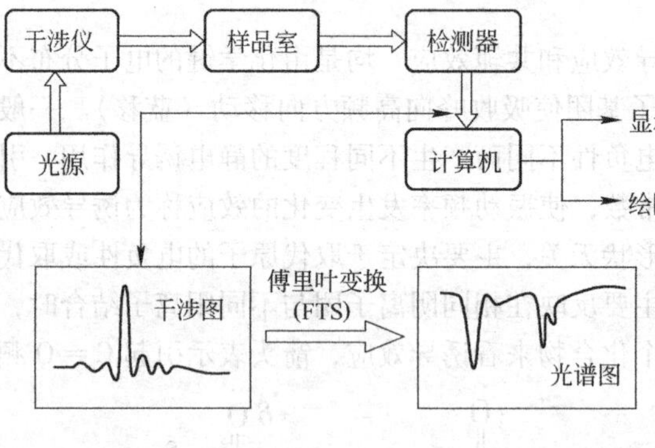

图 8-15　傅里叶变换红外光谱仪结构框图

傅里叶变换红外光谱仪的特点是：扫描速度极快（1s），适合仪器联用；不需要分光，信号强，灵敏度很高；仪器小巧。

有棱镜式和光栅式的红外光谱仪都是色散型的光谱仪。色散型双光束红外光谱仪大多数采用光学零位平衡系统，它主要由 5 个部分组成，即光源、单色器、检测器、电子放大器和记录机械装置。

（1）光源。色散型光谱仪常用的光源是能斯特灯和硅碳棒：

1）能斯特灯。氧化锆、氧化钇和氧化钍烧结制成的中空或实心圆棒，直径为 1 ~ 3mm，长 20 ~ 50mm。使用前预热到 800℃，其特点为发光强度大、寿命为 0.5 ~ 1 年；

2）硅碳棒。两端粗，中间细；直径为 5mm，长 20 ~ 50mm；不需预热；两端需用水冷却。

（2）单色器。色散型光谱仪常用的单色器是光栅，而傅里叶变换红外光谱仪不需要分光。

（3）检测器。真空热电偶是目前红外分光光度计中最常用的一种检测器。将很薄的黑化金属片（热敏元件）作受光面，装在惠斯登电桥的一个臂上，当光照射到受光面上时，它吸收红外辐射温度升高，其电阻值发生改变，使电桥失去平衡，便有信号输出。根据电阻变化的测量即是对红外辐射强度的测量。

8.2.9　样品制备

样品制备及处理在红外光谱分析中占有重要的地位，试样处理过程中必须注意以下几点：

(1) 试样的浓度和测试厚度应选择适当，以使光谱图中大多数吸收峰的透射比处于15% ~70%范围内。浓度太小，厚度太薄，会使一些弱的吸收峰和光谱的细微部分不能显示出来；过大，过厚，又会使强的吸收峰超越标尺刻度而无法确定它的真实位置。有时为了得到完整的光谱图，需要用几种不同浓度或厚度的试样进行测绘。

(2) 试样中不应含有游离水。水分的存在不仅会侵蚀吸收池的盐窗，而且水分本身在红外区有吸收，将使测得的光谱图变形。

(3) 试样应该是单一组分的纯物质。多组分试样在测定前应尽量预先进行组分分离（如采用色谱法柱分离、蒸馏、重结晶、萃取法等），否则各组分光谱相互重叠，以致对谱图无法进行正确的解释。

根据样品的状态，可按下面的方法制备试样：

(1) 液体样品。分析液体样品的最常用方法就是将一滴液体夹在两片盐片中间，过程如下：将一滴样品滴于合适的盐片上，几秒钟后，将另外一块盐片合上，这样液体被夹在两块盐片之间，变成薄膜状。选用的盐片要与分析的液体样品相匹配。不含水的样品可采用 KBr (32mm ×5mm) 盐片，含水的样品则采用 KRS-5 盐片。每次一个样品做好后，用带合适的溶剂的棉花清洗，然后在倒有甲醇的鹿皮或鸡皮上抛光。KBr 盐片需要经常进行抛光，以维持其表面的光洁。由于 KRS-5 晶体有毒，因此只有当其表面被划伤或污染时才需要抛光，而且要求专业人员来完成。

(2) 固体样品。对于固体样品的处理有以下几种方法：

1) 溴化钾压片。粉末样品常采用压片法，一般取 2 ~3mg 样品与 200 ~300mg 干燥的 KBr 粉末在玛瑙研钵中混匀，充分研细至颗粒直径小于 2μm，用不锈钢铲取 70 ~90mg 放入压片模具内，在压片机上用 $(5 \sim 10) \times 10^7$ Pa 压力压成透明薄片，即可用于测定。

2) 糊装法。将干燥处理后的试样研细，与液体石蜡或全氟代烃混合，调成糊状，加在两 KBr 盐片中间进行测定。液体石蜡自身的吸收带简单，但此法不能用来研究饱和烷烃的吸收情况。

3) 溶液法。对于不宜研成细末的固体样品，如果能溶于溶剂，可制成溶液，按照液体样品测试的方法进行测试。

4) 薄膜法。一些高聚物样品，一般难于研成细末，可制成薄膜直接进行红外光谱测定。薄膜的制备方法有两种，一种是直接加热熔融样品然后涂制或压制成膜；另一种是先把样品溶解在低沸点的易挥发溶剂中，涂在盐片上，待溶剂挥发后成膜来测定。

(3) 气态试样。气态试样可在气体吸收池内进行测定，它的两端粘有红外透光的 NaCl 或 KBr 窗片。先将气体池抽真空，再将试样注入。当样品量特别少或样品面积特别小时，必须采用光束聚焦器，并配有微量液体池、微量固体池和微量气体池，采用全反射系统或用带有卤化碱透镜的反射系统进行测量。

8.2.10 定性和定量分析基础

8.2.10.1 定性分析

红外光谱对有机化合物的定性分析具有鲜明的特征性。因为每一化合物都具有特征的红外吸收光谱，其谱带数目、位置、形状和相对强度均随化合物及其聚集态的不同而不同，所以根据化合物的光谱，就像辨认人的指纹一样，确定化合物或其官能团是否存在。

红外光谱定性分析大致可分为官能团定性和结构分析两个方面。官能团定性是根据化合物的红外光谱的特征基团频率来鉴定物质含有哪些基团，从而确定有关化合物的类别。结构分析或称结构剖析，则需要由化合物的红外光谱并结合其他实验资料（如相对分子质量、物理常数、紫外光谱、核磁共振波谱、质谱等）来推断有关化合物的化学结构。

应用红外光谱进行定性分析的一般过程：

（1）试样的分离和精制。试样不纯会给光谱解析带来困难，因此对混合试样要进行分离，对不纯试样要进行提纯，以得到单一纯物质。试样的分离和提纯通常采用分馏、萃取、重结晶、柱层析、薄层层析等。

（2）了解试样的来源及性质。了解试样的来源、元素分析值、相对分子质量、熔点、沸点、不饱和度、溶解度等有关性质。

计算不饱和度 U 的经验式为：

$$U = 1 + n_4 + 1/2(n_3 - n_1) \tag{8-8}$$

式中 n_1，n_3，n_4——分子式中一价、三价和四价原子的数目。

通常规定双键（C═C、C═O）和饱和环状结构的不饱和度为1，三键（C≡C 和 C≡N 等）的不饱和度为2，苯环的不饱和度为4（可理解为1个环加3个双键），链状饱和烃的不饱和度为零。

（3）谱图解析。红外光谱谱图的解析需要根据谱图的特征区来判定，例如：

1）化合物具有哪些官能团，第一强峰有可能估计出化合物的类别；

2）确定化合物是芳香族还是脂肪族，饱和烃还是不饱和烃，主要由 C—H 伸缩振动类型来判断。C—H 伸缩振动多发生在3100～2800cm^{-1}之间，以3000cm^{-1}为界，高于3000cm^{-1}为不饱和烃，低于3000cm^{-1}为饱和烃。芳香族化合物的苯环骨架振动吸收在1620～1470cm^{-1}之间，若在$(1600 \pm 20)cm^{-1}$、$(1500 \pm 25)cm^{-1}$有吸收，确定化合物是芳香族。

另外，红外光谱谱图的指纹区也是特征区吸收峰的相关峰，因此，指纹区可作为化合物含有什么基团的旁证，确定化合物的细微结构。

总的图谱解析可归纳为：先特征，后指纹；先最强峰，后次强峰；先粗查，后细找；先否定，后肯定。一抓一组相关峰。光谱解析先从特征区第一强峰入手，确认可能的归属，然后找出与第一强峰相关的峰。第一强峰确认后，再依次解析特征区第二强峰和第三强峰，方法同第一强峰。对于简单的光谱，一般解析一两组相关峰即可确定未知物的分子结构。对于复杂化合物的光谱由于官能团的相互影响，解析困难，可粗略解析后，查对标准光谱或进行综合光谱解析。

例：由元素分析某化合物的分子式为 $C_4H_6O_2$，测得红外光谱如图 8-16 所示，试推测其结构。

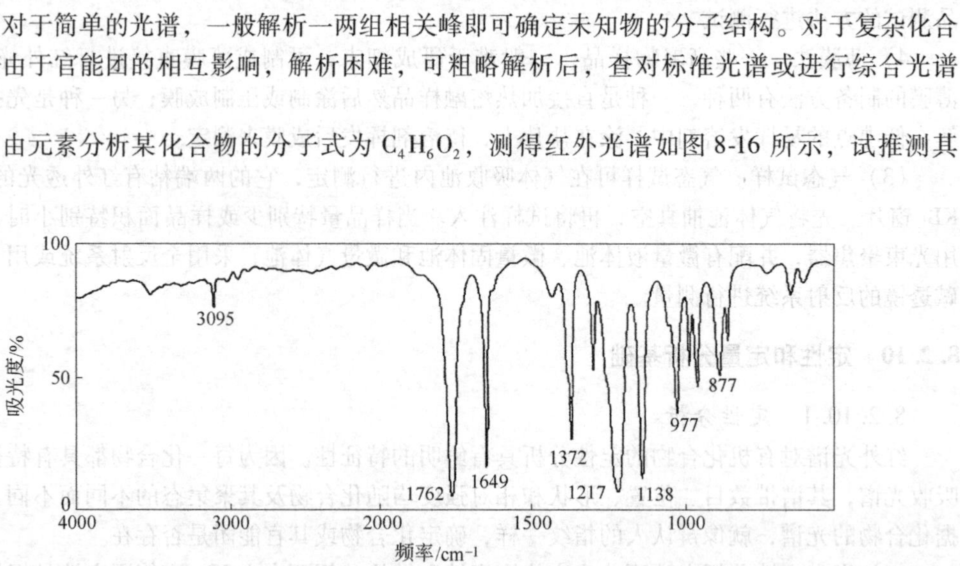

图 8-16　$C_4H_6O_2$ 红外光谱图

解：由分子式计算不饱和度 $U=4-6/2+1=2$。

特征区：3095cm^{-1}有弱的不饱和 C—H 伸缩振动吸收，与 1649cm^{-1}的 $\nu_{C=C}$谱带对应表明有烯键存在，谱带较弱，是被极化了的烯键。1762cm^{-1}强吸收谱带表明有羰基存在，结合最强吸收谱带 1217cm^{-1}和 1138cm^{-1}的 C—O—C 吸收应为酯基。

这个化合物属于不饱和酯，根据分子式有如下结构：CH_2 ═CH—COO—CH_3，丙烯酸甲酯；CH_3—COO—CH ═CH_2，醋酸乙烯酯。这两种结构的烯键都受到邻近基团的极化，吸收强度较高。

普通酯的 $\nu_{C=O}$ 在 1745cm^{-1} 附近，丙烯酸甲酯由于共轭效应 $\nu_{C=O}$ 频率较低，估计在 1700cm^{-1}左右，且甲基的对称变形振动频率在 1440cm^{-1}处，与谱图不符。谱图的特点与醋酸乙烯酯一致，$\nu_{C=O}$频率较高以及甲基对称变形振动吸收向低频位移（1372cm^{-1}），强度增加，表明有 CH_3COC—结构单元。ν_{C-O-C}升高至 1138cm^{-1}处，且强度增加，表明为不饱和酯。

指纹区：δ ═CH 出现在 977cm^{-1}和 877cm^{-1}处，由于烯键受到极化，比正常的乙烯基 δ ═CH 位置（990cm^{-1}和 910cm^{-1}）稍低。

由图 8-16 分析，化合物的结构为醋酸乙烯酯。

（4）和标准图谱对照。

1）标准光谱。是纯度在 98% 以上化合物的红外光谱的标准图谱。

2）商品图谱。主要是工业产品的光谱，如农业化学品、单体与聚合物、多元醇、表面活性剂等主要工业产品，门类为 20 种。“Sadtler Reference Spectra Collections”索引如下：字顺索引（alphabetical index）；序号索引（numerical index）；分子式索引（molecular formula index）；化学分类索引（chemical class index）；红外谱线索引（infrared spec-finder）。

8.2.10.2 定量分析

与其他分光光度法（紫外-可见分光光度法）一样，红外光谱定量分析是根据物质组分的吸收峰强度来进行的。

8.2.11 在材料研究中的应用

8.2.11.1 在有机高分子材料研究中的应用

红外光谱在有机高分子材料研究中的应用主要有以下几点：

（1）分析与鉴别材料。因为红外光谱仪器操作简单，谱图的特征性强，所以是鉴别材料很理想的方法。例如，用红外光谱不仅可区分不同类型的高聚物，而且对某些结构相近的高聚物，也可以依靠指纹图谱来区分。

（2）定量测定高聚物的链结构。一般来说，当进行高聚物链结构的定量分析时，总是先选择某一特征峰作为分子谱带，以此作为定量计算，然后根据纯物质来测得摩尔吸光系数。

（3）高聚物取向的研究。在红外光谱仪的测量光路中加入一个偏振器形成偏振红外光谱，是研究高分子链取向的很好的一个手段。当红外光通过偏振器后就成为其电矢量上只有一个方向的红外偏振光。当偏振光通过取向的高聚物膜（如聚酯）时，若电矢量方向与—C ═O 振动的偶极矩方向平行，则—C ═O 谱带具有最大的吸收强度；反之，当垂直时，这个振动几乎不产生吸收，这种现象称为红外二向色性。

8.2.11.2 在无机非金属材料研究中的应用

无机化合物的红外光谱图比有机化合物简单，谱带数较少，并且很大部分是在 1000cm^{-1}

以下低频区。无机化合物在中红外区的吸入主要是由阴离子（团）的晶格振动引起的，它的吸收谱带位置与阳离子的关系较小，通常当阴离子的原子序数增大时，阴离子团的吸收位置将向低频率方向做微小的位移。因此在鉴别无机化合物的红外光谱图时，主要着重于阴离子团的振动频率。

思 考 题

8-1　了解各种波长的电磁波对原子（基团）的作用及其相应的光谱分析手段。

8-2　什么是助色团和生色团？

8-3　简述有机物在紫外光谱中吸收带的类型。

8-4　产生红外吸收的原因是什么，分子振动的形式和红外光谱振动吸收带有哪些类型？

8-5　阐述红外光谱吸收带强度及其位置的影响因素。

8-6　简述红外光谱样品的制备方法。

8-7　试比较红外光谱和喇曼光谱的异同。

8-8　试写出三种不同类型聚合物的红外光谱主要特征峰的频率位置。

9 核磁共振分析技术

内容提要

核磁共振分析技术是利用原子核本身性质的差异对物质进行分析，能反映出样品分子的局部结构（如官能团和分子构象等），是材料分子结构表征中最常用的测试方法之一，已在研究溶液及固体状态的材料结构中取得了巨大的进展。本章将主要阐述下列内容：

1. 探讨核磁共振分析技术的产生条件以及特点；
2. 解析核磁共振分析技术的基本原理；
3. 介绍核磁共振谱的应用情况。

学习目标

1. 掌握核磁共振分析技术的基本原理；
2. 了解分子核磁共振谱分析仪器的工作原理、过程及特点。

核磁共振谱是1946年由斯坦福大学的Bloch以及哈佛大学的Purcell等人发现的，他们因此分享了1952年的诺贝尔物理奖。原子吸收光谱等许多光谱分析主要针对原子核外电子性质的差异进行分析，而核磁共振技术则是利用物质原子核本身性质的差异进行分析，属于吸收光谱。目前，核磁共振谱为材料分子结构表征中最常用的仪器测试方法之一，已在研究溶液及固体状态的材料结构中取得了巨大的进展，几乎对具有磁矩的核都能进行检测和分析。其中，脉冲傅里叶变换核磁共振谱仪的问世极大地推动了核磁共振谱技术，特别是使^{13}C、^{15}N、^{29}Si等核磁共振及固体核磁共振谱得以广泛应用，该核磁共振谱仪的发明者R. R. Ernst在1991年获得诺贝尔化学奖。

9.1 核磁共振基本原理

核磁共振（NMR）谱是由具有磁矩的原子核，受电磁波辐射而发生跃迁所形成的吸收光谱。电子能自旋，质子也能自旋，原子的质量数为奇数的原子核，如^{1}H、^{13}C、^{19}F、^{31}P等，由于核中质子的自旋而在沿着核轴方向产生磁矩，因此可以发生核磁共振，常见的是^{1}H NMR和^{13}C NMR。而^{12}C、^{16}O、^{32}S等原子核不具有磁性，故不发生核磁共振。

在强磁场的激励下，一些具有某些磁性的原子核的能量可以裂分为2个或2个以上的能级，外加一个能量，使其恰等于裂分后相邻2个能级之差，该核就可能吸收能量，从低能态跃迁至高能态，而所吸收能量的数量级相当于频率范围为0.1～100MHz的电磁波（属于无线电范畴，或简称射频），核磁共振就是研究磁性原子核对射频能的吸收。因此，核磁共振的基本原理就是用一定频率的电磁波对样品进行照射，使特定化学结构环境中的原子核实现共振跃迁，在照射扫描中记录发生共振时的信号位置和强度，就得到核磁共振谱。核磁共振谱上的共振信号位置反映样品分子的局部结构（如官能团和分子构象等），信号强度则反映有关原子核在样品中存在的量。

由于原子核是带电荷的粒子，若有自旋现象，即产生磁矩。根据量子力学原理，原子核与电子一样，也具有自旋角动量，其自旋角动量的具体数值由原子核的自旋量子数决定。实验结果显示，不同类型的原子核自旋量子数也不同。质量数和质子数均为偶数的原子核，自旋量子数 I 为 0，如 ^{12}C、^{16}O、^{32}S 等，这类原子核没有自旋现象，称为非磁性核。质量数为奇数的原子核，自旋量子数为半整数，如 ^{1}H、^{19}F、^{13}C 等，其自旋量子数不为零，称为磁性核。质量数为偶数，质子数为奇数的原子核，自旋量子数为整数，这样的核也是磁性核。但迄今为止，只有自旋量子数等于 1/2 的原子核，其核磁共振信号才能够被人们利用。经常为人们所利用的原子核有：^{1}H、^{11}B、^{13}C、^{17}O、^{19}F、^{31}P，由于原子核携带电荷，当原子核自旋时，会由自旋产生一个磁矩，这一磁矩的方向与原子核的自旋方向相同，大小与原子核的自旋角动量成正比。

9.1.1　原子的自旋

由于原子核是带电荷的粒子，若原子核存在自旋，则产生核磁矩 ρ（如图 9-1 所示）：

$$\rho = \frac{h}{2\pi}\sqrt{I(I+1)}$$

自旋角动量 $\boldsymbol{\mu}$ 为：

$$\boldsymbol{\mu} = g\beta\sqrt{I(I+1)}$$

式中　β——核磁子，其值为 $eh/2M_c$（M_c 为原子质量）。

$$\boldsymbol{\mu}_{^1H} = 2.79270, \boldsymbol{\mu}_{^{13}C} = 0.70216$$

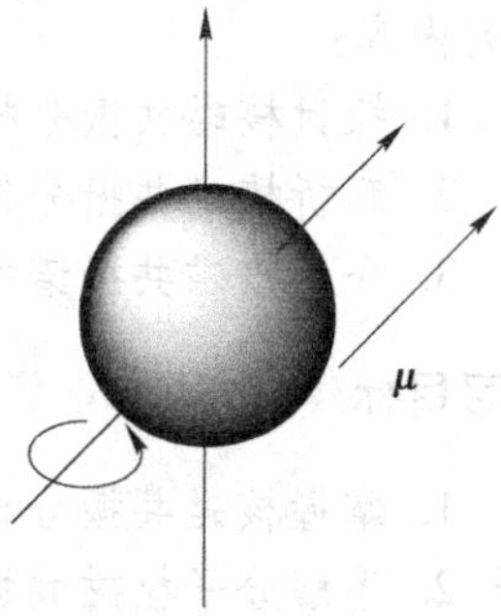

图 9-1　原子核自旋产生核磁矩

自旋量子数 I 不为零的核都具有磁矩。

物理学的研究证明，各种不同的原子核，自旋的情况不同。原子核自旋的情况可用自旋量子数 I 表征（见表 9-1）。

表 9-1　各种原子核的自旋量子数

质量数 a	原子序数 Z	自旋量子数 I
奇　数	奇或偶数	1/2，3/2，5/2
偶　数	偶　数	0
偶　数	奇　数	1，2，3，…

从表 9-1 可知，根据自旋量子数的不同，原子核可分为三种：

（1）$I=0$。自旋量子数等于零的原子核有 ^{16}O、^{12}C、^{32}S、^{28}Si 等，这些原子核没有自旋现象，因而没有磁矩，不产生共振吸收谱，故不能用核磁共振来研究。

（2）$I=1$ 或 $I>1$。自旋量子数不小于 1 的原子核有：

1）$I=3/2$：^{11}B、^{35}Cl、^{79}Br、^{81}Br 等；

2）$I=5/2$：^{17}O、^{127}I；

3）$I=1$：^{2}H、^{14}N 等。

这类原子核核电荷分布是一个椭圆体，电荷分布不均匀。它们的共振吸收常会产生复杂情况，目前在核磁共振的研究上应用还很少。

（3）$I=1/2$。自旋量子数 I 等于 1/2 的原子核有 ^{1}H、^{19}F、^{31}P、^{13}C 等。这些核可当作一个电荷均匀分布的球体，可自旋，有磁矩形成，特别适用于核磁共振实验，是核磁共振的主要研究对象。尤其是氢核（质子），不但易于测定，而且它又是组成有机化合物的主要元素之一，因此在有机分析中，主要是^{1}H和^{13}C核磁共振谱的测定。

9.1.2　核磁共振现象

自旋量子数$I=1/2$的原子核（氢核），可当作电荷均匀分布的球体，绕自旋轴转动时，产生磁场，类似一个小磁铁，如图9-2所示。

当置于外磁场H_0中时，相对于外磁场，氢核有$(2I+1)$种取向。由于氢核的$I=1/2$，因此它只能有两种取向（两个能级），如图9-3所示，一种与外磁场平行，能量低，磁量子数$m=+1/2$；一种与外磁场相反，能量高，磁量子数$m=-1/2$。

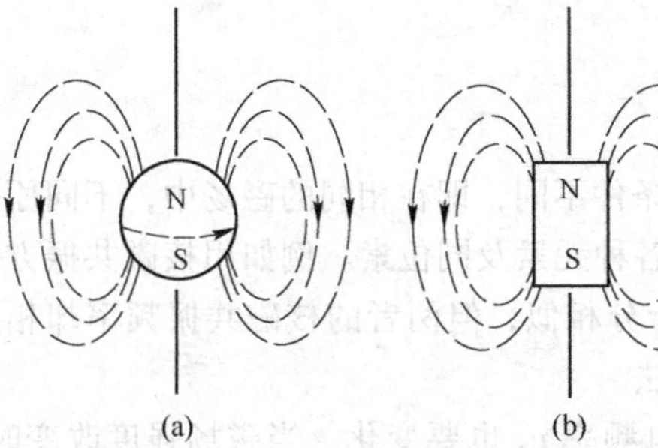

图9-2　氢核自旋产生的磁场

（a）自旋的氢核；（b）与自旋氢核相似的小磁棒

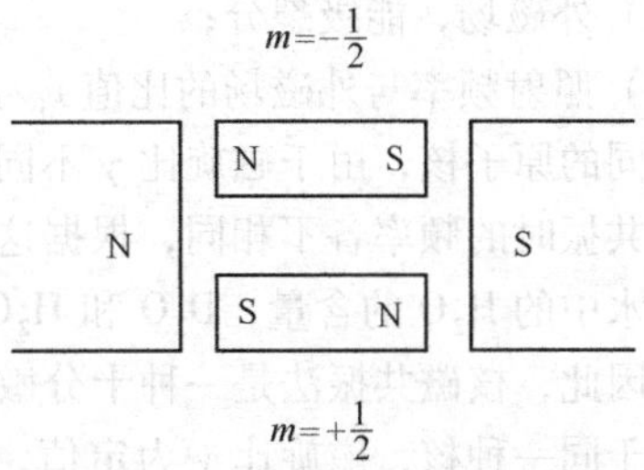

图9-3　氢核在外磁场中的两种取向

在低能态（或高能态）的氢核中，如果有些氢核的磁场与外磁场不完全平行，外磁场就要使它取向于外磁场的方向。也就是说，当具有磁矩的核置于外磁场中，它在外磁场的作用下，核自旋产生的磁场与外磁场发生相互作用，因而原子核的运动状态除了自旋外，还要附加一个以外磁场方向为轴线的回旋，它一面自旋，一面围绕着磁场方向发生回旋，这种回旋运动称进动或拉摩尔进动，进动时有一定的频率，称拉摩尔频率。

自旋核的角速度ω_0、进动频率ν_0与外加磁场强度H_0的关系可用拉摩尔公式表示：

$$\omega_0 = 2\pi\nu_0 = \gamma H_0 \tag{9-1}$$

式中　γ——磁旋比，是各种核的特征常数，各种核有它的固定数值，$\gamma=e/2m_e$。

$m=-1/2$的取向由于与外磁场方向相反，能量较$m=+1/2$的取向高，两种进动取向不同的氢核之间的能级差为：

$$\Delta E = \mu H_0 \tag{9-2}$$

式中　μ——自旋核产生的磁矩。

当磁场不存在时，$I=1/2$的原子核对两种可能的磁量子数并不优先选择任何一个，此时具有简并的能级；若置于外加磁场中，则能级发生裂分。由式（9-2）可知，其能量差与核磁矩μ有关（由核的性质决定），也和外磁场强度有关。因此在磁场中，一个核要从低能态向高能态跃迁，就必须吸收$2\mu H_0$的能量。换言之，核吸收$2\mu H_0$的能量后，便产生共振，此时核由$m=+1/2$的取向跃迁至$m=-1/2$的取向。所以，与吸收光谱相似，为了产生共振，可以用具有一定能量的电磁波照射核。当电磁波的能量符合下式时：

$$\Delta E = 2\mu H_0 = h\nu_0 \tag{9-3}$$

进动核便与辐射光子发生共振，体系吸收能量，核由低能态跃迁至高能态，且式（9-3）中ν_0

等于光子频率，也等于进动频率。如果与外磁场垂直方向，放置一个射频振荡线圈，产生射电频率的电磁波，使之照射原子核，当磁场强度为某一数值时，核进动频率与振荡器所产生的旋转磁场频率相等，则原子核与电磁波发生共振，此时将吸收电磁波的能量而使核跃迁到较高能态（$m = -1/2$）。

改写式（9-1）可得：

$$\nu_0 = \frac{\gamma H_0}{2\pi} \tag{9-4}$$

式（9-1）或式（9-4）是发生核磁共振时的条件，即发生共振时射电频率 ν_0 与磁场强度 H_0 之间的关系。一般来说，核磁共振发生的条件为：

（1）核有自旋（磁性核）；

（2）外磁场，能级裂分；

（3）照射频率与外磁场的比值 $\nu_0/H_0 = \gamma/(2\pi)$。

不同的原子核，由于磁旋比 γ 不同，产生共振的条件不同，即在相同的磁场中，不同原子核发生共振时的频率各不相同，根据这一点可以鉴别各种元素及同位素。例如用核磁共振方法测定重水中的 H_2O 的含量，D_2O 和 H_2O 的化学性质十分相似，但两者的核磁共振频率却相差极大。因此，核磁共振法是一种十分敏感而准确的方法。

对于同一种核，磁旋比 γ 为定值，如 H_0 变，射电频率 ν_0 也要变化。当磁场强度改变时，共振频率也随着改变。例如氢核在 1.409T 的磁场中，共振频率为 60MHz；而在 2.350T 时，共振频率为 100MHz。即发生共振的频率 ν_0 与磁旋比 γ 和外加磁场有关。

9.1.3　弛豫

前已述及，当磁场不存在时，$I = 1/2$ 的原子核对两种可能的磁量子数并不优先选择任何一个。在这类核中，m 等于 $+1/2$ 及 $-1/2$ 的核的数目完全相等。在磁场中，核则倾向于具有 $m = +1/2$，此种核的进动是与磁场定向有序排列的，即如指南针在地球磁场内定向排列的情况相似。所以，在有磁场存在下，$m = +1/2$ 比 $m = -1/2$ 的能态更为有利，然而核处于 $m = +1/2$ 的趋向，可被热运动所破坏。

根据玻耳兹曼分布定律可以计算，在室温（300K）及 1.409T 强度的磁场中，处于低能态的核仅比高能态的核稍多一些，约多百万分之十：

$$\frac{n_{(+1/2)}}{n_{(-1/2)}} = e^{\Delta E/kT} = e^{\gamma hH/(2\pi kT)} = 1.000099 \tag{9-5}$$

式中　n——原子核数；

　　H——外磁场强度。

因此，在射频电磁波的照射下（尤其在强照射下），氢核吸收能量发生跃迁，其结果就使处于低能态氢核的微弱多数趋于消失，能量的净吸收逐渐减少，共振吸收峰渐渐降低，甚至消失，使吸收无法测量，这时发生“饱和”现象。但是，若较高能态的核能够及时回复到较低能态，就可以保持稳定信号。由于核磁共振中氢核发生共振时吸收的能量 ΔE 是很小的，因而跃迁到高能态的氢核不可能通过发射谱线的形式失去能量而返回到低能态。这种由高能态回复到低能态而不发射原来所吸收的能量的过程称为弛豫过程。弛豫过程有两种，即自旋晶格弛豫和自旋-自旋弛豫：

（1）自旋晶格弛豫。处于高能态的氢核把能量转移给周围的分子（固体为晶格，液体则为周围的溶剂分子或同类分子）变成热运动，氢核就回到低能态。对于全体的氢核而言，总的能量是下降了，故又称纵向弛豫。

（2）自旋—自旋弛豫。两个进动频率相同、进动取向不同的磁性核，即两个能态不同的相同核，在一定距离内时，它们互相交换能量，改变进动方向，这就是自旋-自旋弛豫。通过自旋-自旋弛豫，磁性核的总能量未变，因而又称横向弛豫。

自旋-自旋弛豫时间以 t_2 表示，一般气体和液体的 t_2 是 1s 左右。固体及高黏度试样中由于各个核的相互位置比较固定，有利于相互间能量的转移，故 t_2 极小。即在固体中各个磁性核在单位时间内迅速往返于高能态与低能态之间，其结果是使共振吸收峰的宽度增大，分辨率降低。因此，在核磁共振分析中固体试样应先配成溶液。

9.2 屏蔽作用与化学位移

理想化的、裸露的氢核产生单一的吸收峰，假如氢核 ^1H 只在同一频率下共振，那么核磁共振对结构分析就毫无用处了。而实际上，氢核受周围不断运动着的电子影响，在外磁场作用下，运动着的电子产生相对于外磁场方向的感应磁场，起到屏蔽作用，使氢核实际受到的外磁场作用减小：

$$H = (1 - \sigma)H_0 \tag{9-6}$$

式中 σ——屏蔽常数，σ 越大，屏蔽效应越大。

$$\nu_0 = [\gamma/(2\pi)](1 - \sigma)H_0 \tag{9-7}$$

由于屏蔽的存在，共振需更强的外磁场来抵消屏蔽影响。因此，把核周围的电子对抗外加磁场强度所起的作用称做屏蔽作用。

同类核在分子内或分子间所处化学环境不同，核外电子云的分布也不同，因而屏蔽作用也不同。质子周围的电子云密度越高，屏蔽效应越大，即在较高的磁场强度处发生核磁共振；反之，屏蔽效应越小，即在较低的磁场强度处发生核磁共振。

如图 9-4 所示，由于化合物分子中各种质子受到不同程度的屏蔽效应，因而在 NMR 谱的不同位置上出现吸收峰。在有机化合物中，各种氢核周围的电子云密度不同（结构中不同位置），共振频率有差异，即引起共振吸收峰的位移，这种现象称为化学位移，常以 δ 表示。但这种屏蔽效应所造成的位置上的差异是很小的，难以精确地测出其绝对值，因而需要用一个标准来做对比，常用四甲基硅烷 $(CH_3)_4Si$（TMS）作为标准物质，人为将其吸收峰出现的位置定为零。

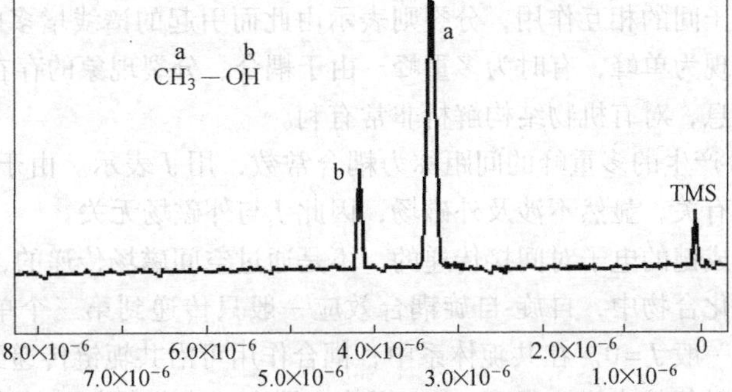

图 9-4 甲醇核磁共振波谱示意图

用 TMS 作为化学位移的基准有如下三个主要原因：

（1）TMS 分子中的 12 个氢处于完全相同的化学环境，只产生一个尖峰；

（2）TMS 分子屏蔽强烈，位移最大，与有机化合物中的质子峰不重叠；

（3）TMS 具有化学惰性，易溶于有机溶剂，沸点低，易回收。

与裸露的氢核相比，TMS 的化学位移最大，但规定 $\delta_{TMS}=0$，其他种类氢核的位移为负值，负号不加。在各种化合物分子中，与同一类基团相连的质子，它们都有大致相同的化学位移。化学位移是分析分子中各类氢原子所处位置的重要依据。δ 值越大，表示屏蔽作用越小，吸收峰出现在低场；δ 值越小，表示屏蔽作用越大，吸收峰出现在高场。

影响化学位移的主要因素如下：

（1）取代基的诱导效应和共轭效应。取代基的电负性直接影响与它相连的碳原子上质子的化学位移，并且通过诱导方式传递给邻近碳上的质子。这主要是电负性较高的基团或原子使质子周围的电子云密度降低（去屏蔽），导致该质子的共振信号向低场移动（δ 值增大）。取代基的电负性愈大，质子的 δ 值愈大。如将 O—H 键与 C—H 键相比较，由于氧原子的电负性比碳原子大，O—H 的质子周围电子云密度比 C—H 键上的要小，因此，O—H 键上的质子峰在较低场。

（2）各向异性效应。在分子中，质子与某一官能团的空间关系有时会影响质子的化学位移，这种效应称为各向异性效应。各向异性效应是通过空间而起作用的，它与通过化学键而起作用的效应（例如上述电负性对 C—H 键及 O—H 键的作用）是不一样的。例如 C ═C 或 C ═O 双键中的 π 电子云垂直于双键平面，它在外磁场作用下产生环流。在双键平面上的质子周围，感应磁场的方向与外磁场相同而产生去屏蔽，吸收峰位于低场；然而在双键上下方向则是屏蔽区域，因而处在此区域的质子共振信号将在高场出现。芳环有 3 个共轭双键，它的电子云可看做是上下两个面包圈似的 π 电子环流，环流半径与芳环半径相同，在芳环中心是屏蔽区，而四周则是去屏蔽区，因此芳环质子共振吸收峰位于显著低场（δ 在 7 左右）。

（3）氢键和溶剂效应。除了以上讨论的影响质子位移的主要因素之外，由于 NMR 试验样品配成溶液或采用纯液体，因此溶质和溶剂分子之间的相互作用（溶剂效应）和氢键的形成对化学位移的影响有时也很明显。采用不同的溶剂，化学位移也会发生变化，强极性溶剂的作用更加明显。此外，温度、pH 值、同位素效应等因素也会影响化学位移的改变。

9.3　自旋耦合与自旋分裂

有机化合物分子中由于相邻质子之间的相互作用而引起核磁共振谱峰的分裂，称为自旋-轨道耦合，简称自旋耦合。由自旋耦合所引起的谱线增多的现象称为自旋-自旋分裂，简称自旋分裂。耦合表示质子间的相互作用，分裂则表示由此而引起的谱线增多的现象。如图 9-5 所示，每类氢核不总表现为单峰，有时为多重峰。由于耦合、分裂现象的存在，可以从核磁共振谱图上获得更多的信息，对有机物结构解析非常有利。

由自旋-自旋耦合产生的多重峰的间距称为耦合常数，用 J 表示。由于自旋-自旋耦合和邻接核之间的相互作用有关，显然不涉及外磁场，因此 J 与外磁场无关。

耦合作用是通过成键的电子对间接传递的，不是通过空间磁场传递的，因而耦合的传递都是有限的。在饱和烃化合物中，自旋-自旋耦合效应一般只传递到第三个单键，即间隔 3 个以上的氢的自旋影响，一般 $J=0$。在共轭体系中，耦合作用可沿共轭链传递到第四个键以上。

自旋分裂现象，对氢核来说一般有 $n+1$ 规律，即有 n 个相邻氢，就出现 $n+1$ 个分裂峰，且分裂峰面积比为 1∶1（双峰）、1∶2∶1（三峰）、1∶3∶3∶1（四重峰），如图 9-6 所示。

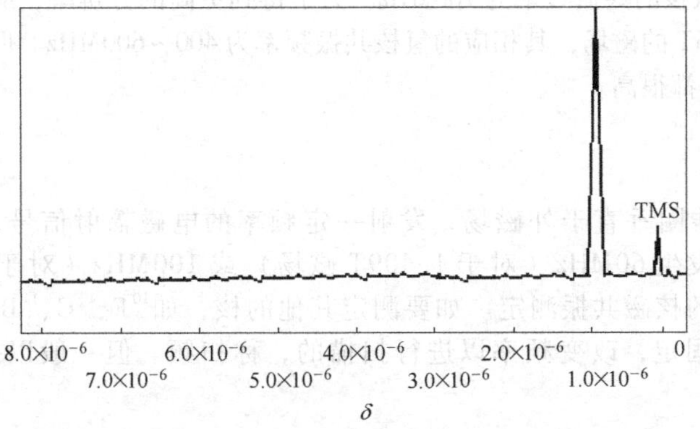

图 9-5 乙烷的核磁共振波谱图

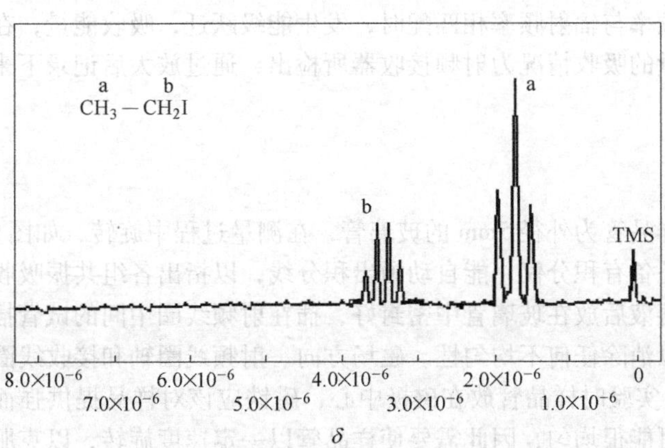

图 9-6 CH_3CH_2I 的核磁共振波谱图

9.4 核磁共振波谱仪

核磁共振波谱仪主要由磁铁、射频振荡器、射频接收器和样品管等组成，如图 9-7 所示。

9.4.1 磁铁

磁铁可以是永久磁铁，也可以是电磁铁，前者稳定性较好，但用久了磁性要变。磁场要求在足够大的范围内十分均匀。当磁场强度为 1.409T 时，其不均匀性应小于六千万分之一。这个要求很高，即使细心加工也极难达到。因此在磁铁上备有特殊的绕阻，以抵消磁场的不均匀性。磁铁上还备有扫描线圈，在射频振荡器的频率固定时，可以连续改变磁场强度的百万分之十几进行扫描。改变磁场强度以进行扫描的称扫场。

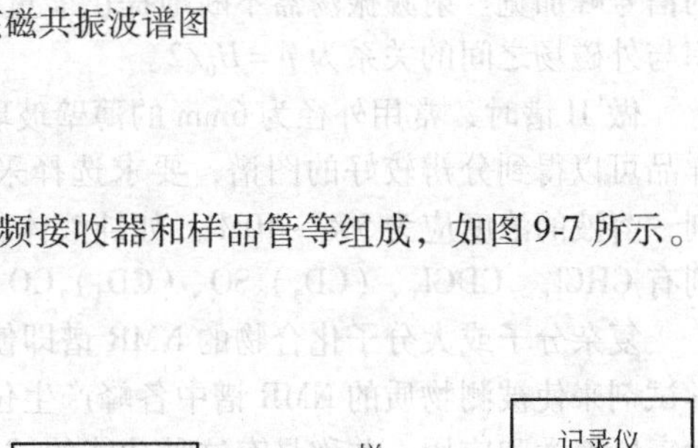

图 9-7 核磁共振结构及原理示意图

由永久磁铁和电磁铁获得的磁场一般不能超

过2.4T，这相应于氢核的共振频率为100MHz。为了得到更高的分辨率，应使用超导磁体，此时可获得高达10～15T的磁场，其相应的氢核共振频率为400～600MHz。但超导核磁共振仪的价格及日常维持费用都很高。

9.4.2　射频振荡器

射频振荡器是线圈垂直于外磁场，发射一定频率的电磁辐射信号，从一个很稳定的晶体控制的振荡器发生60MHz（对于1.409T磁场）或100MHz（对于2.350T磁场）的电磁波以进行氢核的核磁共振测定。如要测定其他的核，如^{10}F、^{13}C、^{11}B，则要用其他频率的振荡器。把磁场固定，改变频率以进行扫描的，称扫频。但一般以扫场较方便，扫频应用较少。

9.4.3　射频接收器

当质子的进动频率与辐射频率相匹配时，发生能级跃迁，吸收能量，在感应线圈中产生毫伏级信号，这个能量的吸收情况为射频接收器所检出，通过放大后记录下来，所以核磁共振仪测量的是共振吸收。

9.4.4　样品管

核磁共振仪的样品管为外径5mm的玻璃管，在测量过程中旋转，如图9-7所示，磁场作用需要均匀。仪器中还备有积分仪，能自动画出积分线，以指出各组共振吸收峰的面积。

分析试样配成溶液后放在玻璃管中密封好，插在射频线圈中间的试管插座内，分析时插座和试样不断旋转，以消除任何不均匀性。磁场方向、射频线圈轴和接收线圈轴三者相互垂直。

如图9-7所示，实验时样品管放在磁极中心，磁铁应该对样品提供强而均匀的磁场。但实际上磁铁的磁场不可能很均匀，因此需要使样品管以一定速度旋转，以克服磁场不均匀所引起的信号峰加宽。射频振荡器不断地提供能量给振荡线圈，向样品发送固定频率的电磁波，该频率与外磁场之间的关系为$\nu = H_0/2$。

做^1H谱时，常用外径为6mm的薄壁玻璃管。测定时样品常常被配成溶液，这是由于液态样品可以得到分辨较好的图谱，要求选择采用不产生干扰信号、溶解性能好、稳定的氘代溶剂，溶液的浓度应为5%～10%。如纯液体黏度大，应用适当溶剂稀释或升温测谱。常用的溶剂有$CHCl_3$、$CDCl_3$、$(CD_3)_2SO$、$(CD_3)_2CO$、C_6H_6等。

复杂分子或大分子化合物的NMR谱即使在高磁场情况下往往也难分开，可辅以适当的化学试剂来使被测物质的NMR谱中各峰产生位移，从而达到重合峰分开的目的，这种方法已为大家所熟悉和应用，并称具有这种功能的试剂为化学位移试剂，其特点是成本低、收效大。常用的化学位移试剂是过渡族元素或稀土元素的配合物。

9.5　核磁共振的应用

核磁共振与红外光谱一样，单独一种方法不足以鉴定一种化合物，但如果与其他测试手段，如元素分析、紫外、红外等相互配合，则是鉴定化合物的一种重要工具。一张NMR谱从三个方面给人们提供了化合物结构的信息，即化学位移、峰的裂分和耦合常数、各峰的相对面积。

9.5.1　定性分析

未知化合物的定性鉴别可利用NMR标准谱图。高分子NMR标准谱图主要有Sadler标准谱图集，但在使用时，必须注意测定条件、溶剂、共振频率等因素的影响。例如聚烯烃的鉴别，聚丙烯、聚异丁烯和聚异戊二烯虽然同为碳氢化合物，但其 NMR 谱有明显差异，如图 9-8 所示。

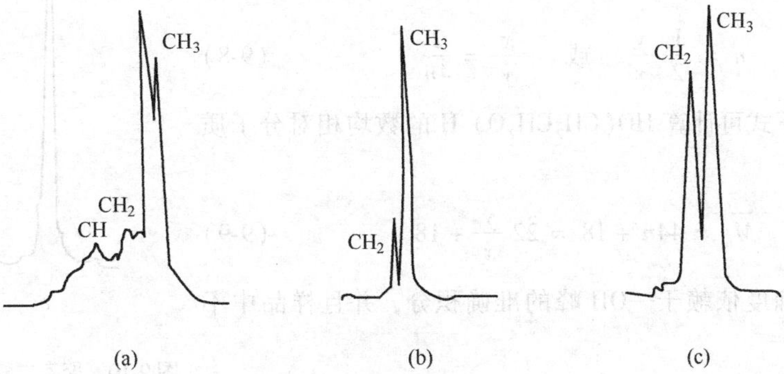

图 9-8 不同聚烯烃的^{1}H-NMR 图

(a) 聚丙烯；(b) 聚异丁烯；(c) 聚异戊二烯

对于尼龙 66（[$NHCH_2(CH_2)_4CH_2NHCOCH_2(CH_2)_2CH_2CO$]）、尼龙 6（—[$NHCH_2(CH_2)_3CH_2CO$]—）和尼龙 11（—[$NHCH_2(CH_2)_8CH_2CO$]—）三种不同的尼龙，其 NMR 谱是很容易识别的。如图 9-9 所示，尼龙 11 的$(CH_2)_8$峰很尖，尼龙 6 的$(CH_2)_3$为较宽的单峰，而尼龙 66$(CH_2)_2$和$(CH_2)_4$两个峰的峰形较宽。

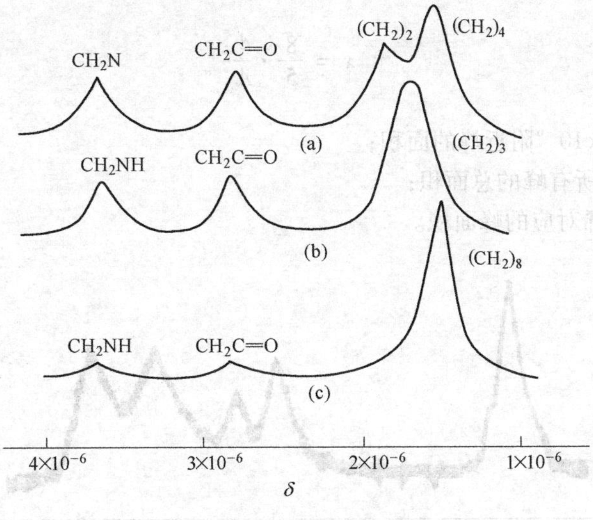

图 9-9 三种尼龙的^{1}H-NMR 图

(a) 尼龙 66；(b) 尼龙 6；(c) 尼龙 11

9.5.2 化合物数均相对分子质量的测定

基于端基分析的化合物数均相对分子质量的 NMR 测定，往往无需标准校正，而且快速，尤其适用于线形分子的数均相对分子质量的测定。

现以聚乙二醇（$HO(CH_2CH_2O)_nH$）为例，说明此法的实际应用。图 9-10 为聚乙二醇的 60MHz 氢谱。其—OH 峰与—OCH_2CH_2O—峰相距很远，设它们的面积（或积分强度）分别为 x 和 y，则：

$$n = \frac{1}{2}\frac{y}{x} \quad 或 \quad \frac{x}{y} = \frac{2}{4n} \tag{9-8}$$

据此，由下式可计算 $HO(CH_2CH_2O)_nH$ 的数均相对分子质量 M_n 为：

$$\overline{M}_n = 44n + 18 = 22\frac{y}{x} + 18 \tag{9-9}$$

此法的准确度依赖于—OH 峰的准确积分，并且样品中不能有水。

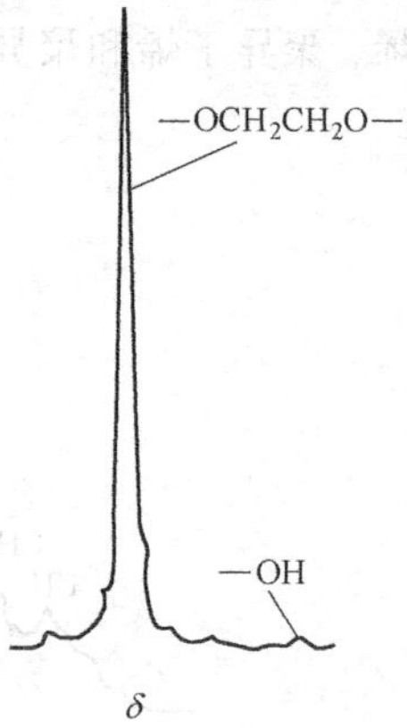

图 9-10　聚乙二醇的 60MHz 氢谱

9.5.3　共聚物组成的测定

对共聚物的 NMR 谱做了定性分析后，根据峰面积与共振核数目成比例的原则，就可以定量计算共聚组成。现以苯乙烯-甲基丙烯酸甲酯共聚物为例加以说明。

如果共聚物中有一个组分至少有一个可以准确分辨的峰，就可以用它来代表这个组分，推算出组成比。例如苯乙烯-甲基丙烯酸甲酯二元共聚物（CH_3—$(CH_2$—$CH)_x$—$(CH_2$—$C)_y$—C_6H_5O═CO—CH_3）在 $\delta = 8 \times 10^{-6}$ 左右的一个孤立的峰归属于苯环上的质子（见图 9-11），用该峰可计算苯乙烯的摩尔分数 x：

$$x = \frac{8}{5} \cdot \frac{A_{苯}}{A_{总}} \tag{9-10}$$

式中　$A_{苯}$——$\delta = 8 \times 10^{-6}$ 附近峰的面积；

$A_{总}$——NMR 所有峰的总面积；

$8A_{苯}/5$——苯乙烯对应的峰面积。

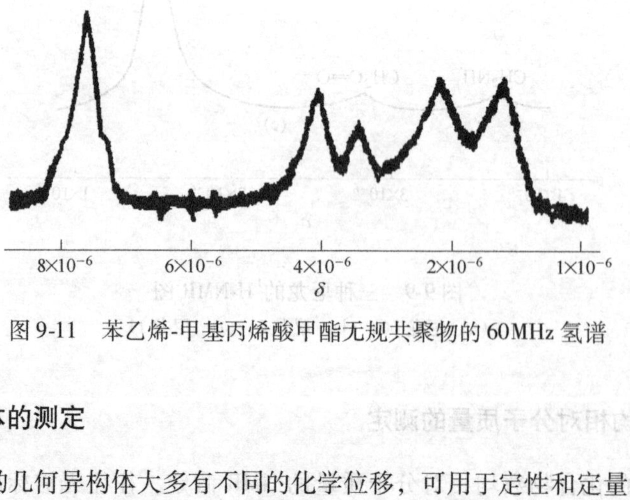

图 9-11　苯乙烯-甲基丙烯酸甲酯无规共聚物的 60MHz 氢谱

9.5.4　几何异构体的测定

双烯类高分子的几何异构体大多有不同的化学位移，可用于定性和定量分析。例如，聚异戊二烯可能有四种不同的加成方式或几何异构体，如图 9-12 所示。

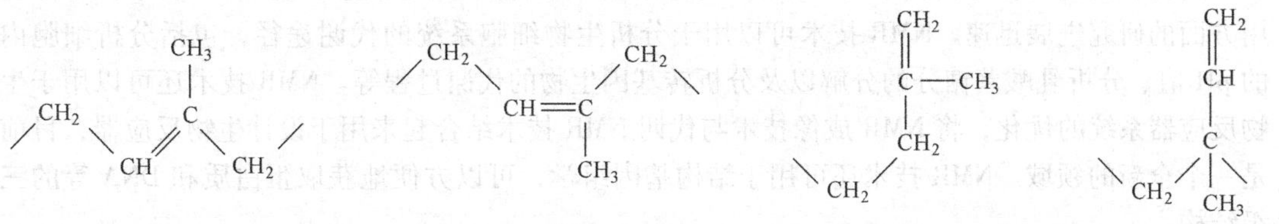

(a)　　(b)　　(c)　　(d)

图 9-12 聚异戊二烯的四种几何异构体

(a) 反 1,4 加成；(b) 顺 1,4 加成；(c) 3,4 加成；(d) 1,2 加成

由双键碳上质子的化学位移可以测定 1,4 和 3,4(或 1,2)加成的比例。对 1,4 加成（包括顺式和反式）的 C ═CH—C，$\delta = 5.08 \times 10^{-6}$；对 3,4(或 1,2)加成的 C ═$CH_2$，$\delta = 4.67 \times 10^{-6}$。用此法测得天然橡胶中 3,4 或 1,2 加成的含量仅 0.3%。

由 CH_3 的化学位移可以测定顺式 1,4 和反式 1,4 之比。顺 1,4 加成异构体，$\delta = 1.67 \times 10^{-6}$；反 1,4 加成异构体，$\delta = 1.60 \times 10^{-6}$。用此法测得天然橡胶中含 1% 反 1,4 结构。NMR 还可用于研究高分子链上几何异构单元的分布，从图 9-13 可以辨认出，在聚异戊二烯链中由顺式 1,4（用 c 表示）和反式 1,4（用 t 表示）组成的三单元即 ccc、cct、tct、ctc、ttc 和 ttt，分别在不同 δ 值处出峰，从而提供了几何异构序列分布的信息。

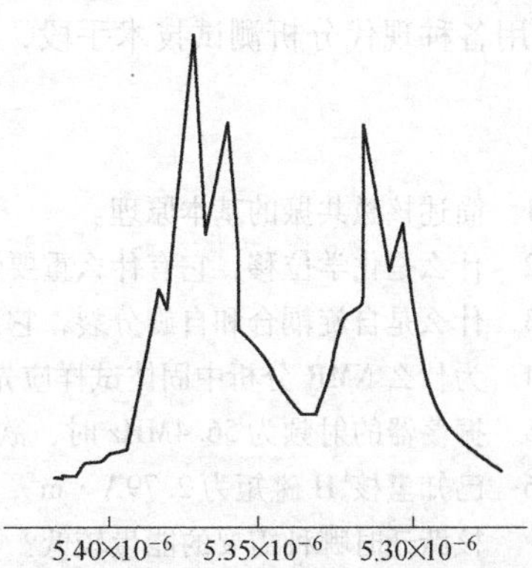

图 9-13 聚异戊二烯链的顺式 1,4 和反式 1,4 单元氢谱

9.5.5 在有机合成反应中的应用

核磁共振技术在有机合成中不仅可对反应物或产物进行结构解析和构型确定，在研究合成反应中的电荷分布及其定位效应和探讨反应机理等方面也有着广泛应用。核磁共振谱能够精细地表征出各个 H 核或 C 核的电荷分布状况，通过研究配合物中金属离子与配体的相互作用，从微观层次上阐明配合物的性质与结构的关系。对有机合成反应机理的研究主要是对其产物结构的研究和动力学数据的推测来实现的。另外，通过对有机反应过程中间产物及副产物的辨别鉴定，可以研究有关有机反应历程及考察合成路线是否可行等问题。

9.5.6 在医学和生命科学中的应用

核磁共振在医学和生命科学方面的应用近年来发展最为迅速，已经成为当前核磁共振技术研究的热点。核磁共振作为一种对人体无创、无电离辐射的诊断工具，不仅适合做结构成像，还可以做功能性成像，因而使之和 X 射线、CT、超声成像等一道，成为当今几大最常用的医学成像技术。但是，核磁共振成像的一个重要不足是不能给出足够的信息说明正常组织与病理组织之间细胞代谢的区别。在组织中存在多种化合物（代谢作用产物），无损提取这些化合物信息不仅有利于疾病的诊断和治疗，同时对阐明代谢的生理过程十分重要。核磁共振技术在药物研发过程中也有着重要的应用，它可以提供药物设计的结构信息，还可以通过 NMR 技术进行配体的筛选，从而在确定药物的有效性等方面有着广泛的应用。

同时，核磁共振分析技术可以无侵入地获取活体生物系统的信息，使 NMR 技术在活体应用方面的研究进展迅速。NMR 技术可以用于分析生物细胞系统的代谢途径，包括分析细胞内的 pH 值、分析乳酸菌糖分的分解以及分析转基因生物的代谢过程等。NMR 技术还可以用于生物反应器系统的优化，将 NMR 成像技术与代谢 NMR 技术结合起来用于设计生物反应器，目前是一个全新的领域。NMR 技术还可用于结构基因组学，可以方便地获取蛋白质和 DNA 等的三级结构。

核磁共振波谱分析至今仍是一种高端的有机化合物结构分析技术手段。由于投资和运行维护费用高昂，普通实验室难以配备。但是，加深理解核磁共振波谱分析技术，可以拓展我们的思路，提高综合运用各项现代分析测试技术的实际能力，特别是对各种分析图谱的解析能力。通过实验室间各种大型分析仪器的共享协作共用，在不增加投资和较多成本的情况下，有效地运用各种现代分析测试技术手段，解决实际问题，提高综合分析技术能力。

思 考 题

9-1　简述核磁共振的基本原理。

9-2　什么是化学位移，它有什么重要性，影响化学位移的因素有哪些？

9-3　什么是自旋耦合和自旋分裂，它们在 NMR 分析中有何重要作用？

9-4　为什么 NMR 分析中固体试样应先配成溶液？

9-5　振荡器的射频为 56.4MHz 时，欲使 ^{1}H、^{13}C、^{19}F 产生共振信号，外加磁场强度各需多少？

9-6　已知氢核 ^{1}H 磁矩为 $2.79A \cdot m^2$，氟核 ^{19}F 磁矩为 $1.13A \cdot m^2$，在相同强度的外加磁场条件下，发生核跃迁时哪种需要的能量较低？

9-7　按化学位移值的大小，将下列每个化合物的核磁共振信号排列程序：(1) $CH_3CH_2OCH_2CH_3$；(2) CH_3CHO；(3) Cl_2CHCH_2Cl。

9-8　一化合物分子式为 $C_7H_{12}O_4$，IR 谱图上 $1750cm^{-1}$ 处有一强的 C＝O 吸收峰，NMR 谱上从低场到高场，基团质子数之比为 2∶1∶3，试确定其结构。

10 质谱分析技术

内容提要

质谱分析技术将离子按质荷比（m/z）分开并按质荷比大小排列成谱图形式，根据质谱图来确定样品成分、结构和相对分子质量，在分子结构检测方面具有灵敏度高且用量少的优点。本章将主要阐述下列内容：

1. 探讨质谱仪的结构及各部分的工作原理；
2. 分析离子峰的主要类型，并对质谱图进行解析，包括峰的形成过程、变化规律及其与分子结构的关系；
3. 阐明质谱分析技术的定性和定量基础；
4. 介绍色谱—质谱联用技术以及质谱技术的应用情况。

学习目标

1. 掌握质谱分析技术的工作原理；
2. 熟悉离子峰的主要类型；
3. 了解质谱图的解析方法。

质谱法常简称为质谱（MS），是现代物理、化学以及材料领域内使用的一个极为重要的分析技术，距今已有100年历史。1913年，汤姆逊（J. J. Thomson）制成了第一台质谱装置，用其发现了^{20}Ne和^{22}Ne同位素。随后，在1919年，阿斯顿（F. W. Aston）研制成了第一台质谱仪，并用质谱发现了多种元素的同位素，因此获得了诺贝尔化学奖。

早期的质谱仪器主要用于测定原子质量、同位素的相对丰度以及研究电子碰撞过程等物理领域。20世纪30年代随着离子光学理论的建立，促进了质谱仪的发展；从20世纪40年代起，质谱开始应用于有碳氢化合物方面的测定。随后的发展使化学家认识到质谱法具有独特的电离过程及分离方式，从中获得的信息具有化学本性，直接与其结构相关，不仅能得到样品中各种同位素的比值，而且还能给出样品的结构和组成。因此，质谱学已成为有机、无机、高分子材料结构分析的有力工具。与红外光谱和紫外光谱相比，质谱有两个突出的优点：一是质谱法的灵敏度远远超过其他方法，而其样品的用量却在不断降低；二是质谱为唯一可以确定分子式的方法，而分子式对推测分子的结构至关重要。

10.1 质谱仪与质谱分析

质谱分析法是通过对样品离子的质量和强度的测定来进行成分和结构分析的一种方法，它的基本原理是被分析的样品首先离子化，然后利用离子在电场或磁场中的运动性质，将离子按质荷比（m/z）分开并按质荷比大小排列成谱图形式，根据质谱图可确定样品成分、结构和相对分子质量。

质谱仪按用途可分为两类：一为同位素分离用质谱仪，二为分析用质谱仪。后者包括有机分析用质谱仪，其分辨率较高，但灵敏度较低；还包括火花源质谱仪，主要用于无机化合物的分析，灵敏度高，但分辨率低。

质谱仪器一般具备以下几个部分：进样系统、离子源、质量分析器和检测器。除此之外，质谱仪需要在高真空（$10^{-6} \sim 10^{-4}$Pa）下进行工作，因此还有真空系统。质谱仪的基本结构如图 10-1 所示。

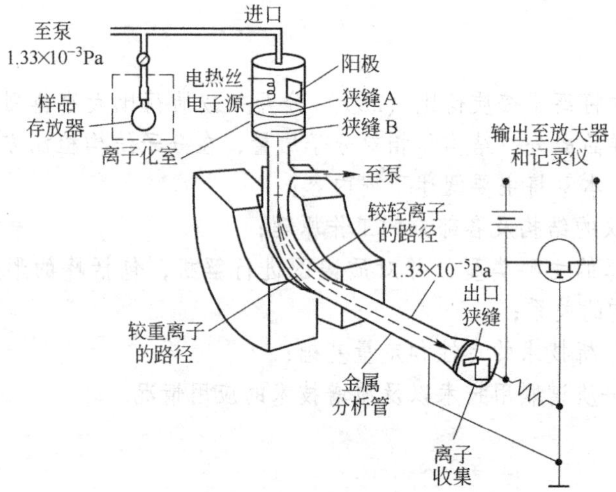

图 10-1　质谱仪的结构示意图

质谱仪的基本工作原理如图 10-2 所示。质谱分析时，通过合适的进样装置将样品引入，并蒸发汽化。汽化后的样品进入离子源进行电离，电离后的离子经过适当的加速进入质量分析器，按 m/z 比不同进行分离，依次到达检测器，记录不同信号，获得质谱图。

图 10-2　质谱仪工作原理图

现以扇形磁场单聚焦质谱仪为例，将质谱仪器各主要部分的工作原理进行讨论。图 10-3 为单聚焦质谱仪的工作原理示意图。

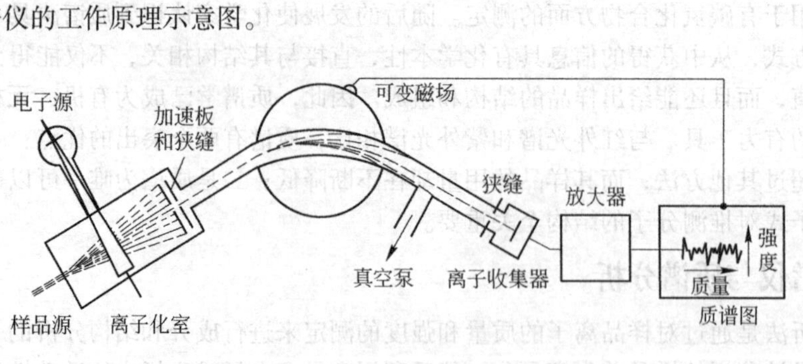

图 10-3　单聚焦质谱仪工作原理示意图

(1) 真空系统。真空系统为质谱仪的离子源、质量分析器和检测器提供所需的真空，而且是高真空，因为若真空度低，则会产生以下不利现象：

1）大量氧会烧坏离子源的灯丝；

2）会使本底增高，干扰质谱图；

3）引起额外的离子—分子反应，改变裂解模型，使质谱解释复杂化；

4）干扰离子源中离子束的正常调节；

5）用作加速离子的几千伏高压会引起放电等。

通常用机械泵预抽真空，然后用扩散泵高效率并连续地抽气以保持系统的高真空状态。

（2）进样系统。进样系统的目的是将分析样品在可重复的低气压下以气体形式引入离子源，而且不能使其真空度下降，有三种进样方式：

1）间隙进样。适用于气体、液体或中等蒸气压的固体样品。样品可直接或加热成气态方式进入储气球构成的进样系统，系统处在低气压状态，具有加热装置，使样品保持气态。由于离子源的压强要比进样系统小 1 ~2 个数量级，因此采用分子漏孔方法，使在储气球中加入的样品通过小孔，以分子流的方法渗透入离子源。

2）直接探针进样。适用于高沸点的液体和固体。用探针直接将微克级以下的样品送入离子源，并在数秒钟内将探头加入，使样品汽化。直接探针进样法使质谱法应用范围扩大，对许多少量的复杂的有机化合物，如甾族化合物、糖、双核苷酸等有机化合物以及金属有机化合物都可进行有效的分析。

3）色谱进样系统。实际上是色谱仪与质谱仪之间的接口。

（3）离子源。离子源是将分子转化成离子的装置。由于质谱分析对象是样品离子，离子化所需能量随分子的不同而不同，因此，对不同的分子应选择不同的解离方法。表 10-1 列出了几种不同的离子源。

表 10-1 质谱研究中的几种离子源

名 称	简 称	类 型	离子化试剂
电子轰击电离	EI	气 相	高能电子
化学电离	CI	气 相	试剂离子
场电离	FI	气 相	高电势电极
场解析	FD	解 吸	高电势电极
二次离子质谱	SI	解 吸	高能电子
激光解析	LD	解 吸	激光束
离子喷雾	EH	解 吸	高压电场
辉光放电质谱	GD	解 吸	高能电子
火花源质谱	SS	解 吸	高能电子

由于电离过程种类很多，下面仅介绍几种常见的离子源：

1）电子轰击电离源。电子轰击电离（EI）是由电子直接与样品分子作用，使分子电离。它是应用最普遍，发展最成熟的电离方法，它主要由阴极、电离室及离子光学系统等部分组成。在电子轰击电离源中，被测物质的分子（或原子）或是失去价电子生成正离子，或是捕获电子生成负离子。

电子轰击电离源产生的离子流稳定性好、产额高、应用广泛。用此法得到的质谱图再现性好，便于计算机检索及相互对照，谱图中含有较多的碎片离子信息，这对推测未知物结构也是非常必要的。但其一个主要缺点是固、液态样品须气化进入离子源，因此不适合于难挥发的样品和热稳定性差的样品。

2）化学电离源。化学电离（CI）是通过样品分子和反应试剂离子之间的分子—离子反应使样品分子电离。化学电离通过分子—离子反应传递的能量很少，大部分化合物能得到一个强的与相对分子质量有关的准分子离子峰，碎片离子较少，因而是电子轰击质谱的补充。化学电离源的工作气压比较高，因此比电子轰击电离源更适合于和气相色谱或液相色谱联用，色谱流动相可直接用作反应试剂。除此之外，化学电离还有灵敏度高，可以通过改变反应试剂实现较高的选择性等特点。但是，化学电离源和电子轰击电离源一样，必须首先使样品气化，然后再电离，所以不能解决热不稳定和难挥发化合物的相对分子质量测定。

3）激光解析电离源。激光解析电离（LD）是利用一定波长的脉冲激光，在一个微小的区域内，在极短的纳秒级时间间隔，对含被测样品的靶物提供高能量，对热敏感的化合物或不挥发的化合物，可从固相直接得到离子，获得质谱图。极快的加热可以避免热敏感的化合物分解。

（4）质量分析器。质量分析器又称质量分离器，是将离子源中生成的各种正离子按质荷比大小分离的部件，是质谱仪的重要部件。质量分析器内主要为一电磁铁，自离子源发生的离子束在加速电极电场（800～8000V）的作用下，使一定质量的正离子获得速度，以直线方向 n 运动，如图 10-4 所示。

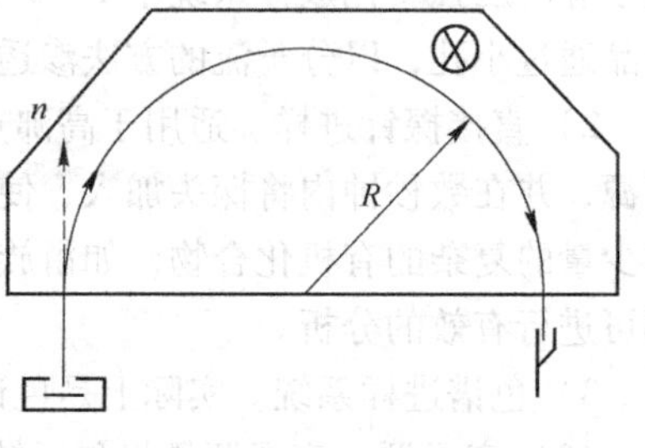

图 10-4　正离子在正交磁场中的运动

其正离子动能为：

$$zU = \frac{1}{2}mv^2 \tag{10-1}$$

式中　z——离子电荷数；

U——加速电压；

m——离子质量；

v——离子的运动速度。

显然，在一定的加速电压下，离子的运动速度与质量有关。

当具有一定动能的正离子进入垂直于离子速度方向的均匀磁场（质量分析器）时，正离子在磁场力（洛伦兹力）的作用下，将改变运动方向（磁场不能改变离子的运动速度）做圆周运动。设离子做圆周运动的轨道半径（近似为磁场曲率半径）为 R，则运动离心力必然和磁场力相等，故：

$$Hzv = \frac{mv^2}{R} \tag{10-2}$$

式中　H——磁场强度。

合并式（10-1）及式（10-2），可得：

$$\frac{m}{z} = \frac{H^2R^2}{2U} \tag{10-3}$$

式（10-3）称为质谱方程式，是设计质谱仪器的主要依据。离子在磁场内运动半径 R 与 m/z、H 和 U 有关。因此，只有在 U 及 H 一定的条件下，某些具有一定质荷比的正离子才能以运动半径为 R 的轨道到达检测器。

若 H 和 R 固定，$m/z \propto 1/U$，只要连续改变加速电压（电压扫描）；或 U 和 R 固定，$m/z \propto$

H^2，连续改变 H（磁场扫描），就可使具有不同 m/z 的离子依次到达检测器发生信号而得到质谱图，如图 10-5 所示。

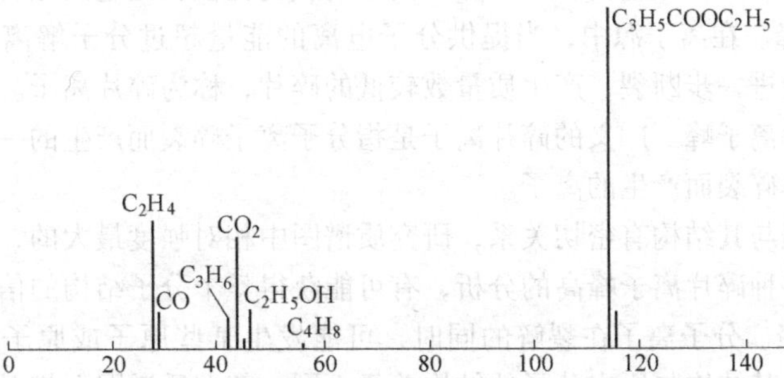

图 10-5　聚甲基丙烯酸乙酯的热裂解质谱图

（5）离子检测器。质谱仪器中所用的检测器有下述三种检测方法：

1）直接电测法。离子流直接为金属电极所接收，配合直流放大器或动态电容式静电放大器。由于时间常数较大，它不适用于快速分析，但测量的线性较好，结构简单。

2）二次效应电测法。使离子引起二次效应，产生二次电子或光子，然后用相应的倍增管和电学方法记录离子流。静电式电子倍增器是应用最广的倍增器，使时间常数远小于 1s，因而适用于快速分析。多数电子倍增器是非线性的，因此在定量分析时要做相应的校正。

3）照相记录法。多数应用于高频火花源质谱仪中，以检测微量固体组分。控制曝光时间，有利于提高灵敏度。

10.2　离子峰的主要类型及质谱图解析

10.2.1　离子峰的主要类型

解析质谱图，必须要区别各种类型的质谱峰，研究峰的形成过程、变化规律及其与分子结构的关系。当气体或蒸气分子（原子）进入离子源（例如电子轰击电离源）时，受到电子轰击而形成各种类型的离子，从而在质谱图中对应不同的质谱峰。以 A、B、C、D 四种原子组成的有机化合物分子为例，说明它在离子源中可能发生下列反应过程，而产生分子离子、碎片离子、重排离子等离子类型：

（1）分子离子：

$$ABCD + e \longrightarrow ABCD^{+} + 2e$$

（2）碎片离子：

$$ABCD^{+} \longrightarrow BCD^{\cdot} + A^{+}$$

$$CD^{\cdot} + AB \longrightarrow B^{\cdot} + A^{+}\ (\text{或}\ A^{\cdot} + B^{+})$$

$$AB^{\cdot} + CD^{+} \longrightarrow D^{\cdot} + C^{+}\ (\text{或}\ C^{\cdot} + D^{+})$$

（3）重排后裂分离子：

$$ABCD^{+} \longrightarrow ADBC^{+} \longrightarrow BC^{\cdot} + AD^{+}\ (\text{或}\ AD + BC^{+})$$

（4）分子离子反应产生的离子：

$$ABCD^{+} + ABCD \longrightarrow (ABCD)_2^{+}\ (\text{或}\ BCD^{\cdot} + ABCDA^{+})$$

一般来讲，质谱图中可出现下述一些质谱峰：

（1）分子离子峰。ABCD 分子形成的离子 $ABCD^+$ 称为分子离子或母离子。因为多数分子易于失去一个电子而带一个正电荷，所以分子离子的质荷比值就是它的相对分子质量。

（2）碎片离子峰。在离子源中，当提供分子电离的能量超过分子解离所需的能量时，原子之间的一些键还会进一步断裂，产生质量数较低的碎片，称为碎片离子。碎片离子在质谱图上相应的峰称为碎片离子峰。广义的碎片离子是指分子离子碎裂而产生的一切离子，而狭义的碎片离子仅指由简单碎裂而产生的离子。

分子的碎裂过程与其结构有密切关系，研究质谱图中相对强度最大的，即最大丰度的离子碎裂过程，通过对各种碎片离子峰高的分析，有可能获得整个分子结构的信息。

（3）重排离子峰。分子离子在裂解的同时，可能发生某些原子或原子团的重排，生成比较稳定的重排离子，其结构与原来分子的结构单元不同，其在质谱图上相对应的峰称为重排离子峰。

（4）同位素离子峰。组成有机化合物的元素，常见的有十余个，除 P、F、I 以外，其他元素大都存在着两种以上的同位素，因而质谱图会出现强度不等的同位素离子峰，各元素的最轻同位素的天然丰度最大，因此与相对分子质量有关的分子离子峰是由最大丰度同位素所产生的。生成的同位素离子峰往往在分子离子峰右边 1 或 2 个质量单位处出现 M + 1 或 M + 2 峰，构成同位素离子峰簇，其强度比与同位素的丰度比是相当的，可由丰度比来推算。

根据分子离子峰与同位素离子峰的相对丰度，可以测得精确的相对分子质量以及推测物质的分子式，并且各类分子离子进一步裂解成大小不同的离子碎片是有一定的规律，根据这些规律，可以基本确定物质的结构。

10.2.2 质谱图的表示和解释方法

在质谱图中每个质谱峰表示一种质荷比 m/z 的离子，质谱峰的强度表示该种离子峰的多少，因此根据质谱峰出现的位置可以进行定性分析，根据质谱峰的强度可以进行定量分析。对于有机化合物质谱，根据质谱峰的质荷比和相对强度可以进行结构分析。

质谱图的横坐标表示 m/z（实际上就是磁场强度），由于分子离子或碎片离子在大多数情况下只带一个正电荷，因此通常称 m/z 为质量数，例如—CH_3 离子的质量数（m/z）是 15。对于低分辨率的仪器，离子的质荷比在数值上就等于它的质量数。

质谱图的纵坐标表示离子强度，在质谱图中可以看到几个高低不同的峰，纵坐标峰高代表了各种不同质荷比的离子丰度——离子流强度。

离子流强度有两种不同的表示方法：

（1）绝对强度。绝对强度是将所有离子峰的离子流强度相加作为总离子流，用各离子峰的离子强度除以总离子流，得出各离子流占总离子流的百分数（总离子流是 100%）。目前，有两种表示绝对强度的方法：

1）20% Σ。表示此离子流强度占总离子强度的 20%。

2）20% Σ40。表示此离子流强度占总离子流的 20%，而总离子流是从 $m/z = 40$ 以上算起，$m/z = 40$ 以下的各离子流强度未计入总离子流内。

用绝对强度表示各种离子流强度的百分数之和应该等于 100%。

（2）相对强度。以质谱峰中最强峰作为 100%，称为基峰（该离子的丰度最大、最稳定），然后用各种峰的离子流强度除以基峰的离子流强度，所得的百分数就是相对强度。图 10-6 为空气的质谱图。

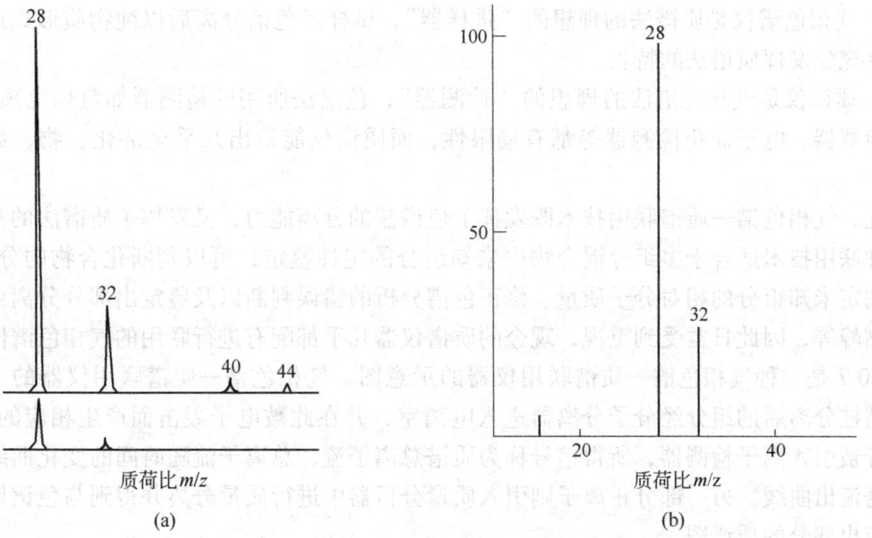

图 10-6　空气的质谱图

(a) 谱线图；(b) 棒图

以图 10-7 为例，表示方法如下：

m/z 相对强度	*m/z* 相对强度	*m/z* 相对强度
14(4.0)	28(100)	33(0.02)
16(0.8)	29(0.76)	34(0.99)
20(0.8)	32(23)	40(2.0)
		44(0.10)

括号中的数字即峰的相对强度，表示 100% 者是基峰。N_2 在空气中含量最高而且也最稳定。(23) 表示 O_2，在空气中占 1/5；N_2 占 4/5，N_2 的峰高为 100%，O_2 就占 N_2 的 23%。

现在一般的质谱图都以相对强度表示，并以棒图的形式画出来，如图 10-6 (b) 所示。

10.3　色谱—质谱联用技术

质谱法对纯的未知有机物进行定性是十分有效的。但当样品复杂时，则给定性带来了困难。而色谱法对复杂样品的有机物是一种十分有效的分离手段，但其定性分析比较困难。若把两者结合起来，发挥各自的优点，可有效地对复杂有机化合物进行定性和定量分析。

把两种或多种方法结合起来的技术称为联用技术。质谱的联用技术主要有气相色谱—质谱(GC-MS)，液相色谱—质谱(LC-MS)，毛细管电泳—质谱(CZE-MS)和串联质谱(MS-MS)等。联用技术中的关键点是如何解决两者相连的接口以及由信息量加大以后的数据的高速获取和储存问题。本章只重点讨论常用的色谱—质谱联用技术。

10.3.1　气相色谱—质谱联用技术

质谱法具有灵敏度高和定性能力强等特点，但进样要纯，才能发挥其特长；另外，进行定量分析又较复杂。气相色谱法则具有分离效率高和定量分析简便的特点，但定性能力却较差。

因此这两种方法若能联用，可以相互取长补短。其优点是：

（1）气相色谱仪是质谱法的理想的“进样器”，试样经色谱分离后以纯物质形式进入质谱仪，就可充分发挥质谱法的特长。

（2）质谱仪是气相色谱法的理想的“检测器”，色谱法所用的检测器如氢焰电离检测器、热导池检测器、电子捕获检测器等都有局限性，而质谱仪能检出几乎全部化合物，灵敏度又很高。

因此，气相色谱—质谱联用技术既发挥了色谱法的分离能力，又发挥了质谱法的高鉴别能力。这种联用技术适合于多组分混合物中未知组分的定性鉴定，可以判断化合物的分子结构、准确地测定未知组分的相对分子质量、修正色谱分析的错误判断以及鉴定出部分分离或未分离开的色谱峰等，因此日益受到重视，现今的质谱仪器几乎都配有进行联用的气相色谱仪。

图 10-7 是一种气相色谱—质谱联用仪器的示意图。气相色谱—质谱联用仪器的工作原理是由色谱柱分离后的组分经分子分离器进入电离室，并在此被电子轰击而产生相应的正离子，其中部分被引入离子检测器，所得信号称为质谱总离子流，总离子流随时间的变化曲线就是相应的色谱流出曲线。另一部分正离子则引入质量分析器中进行质量分离并得到与色谱图相对应的各个流出部分的质谱图。

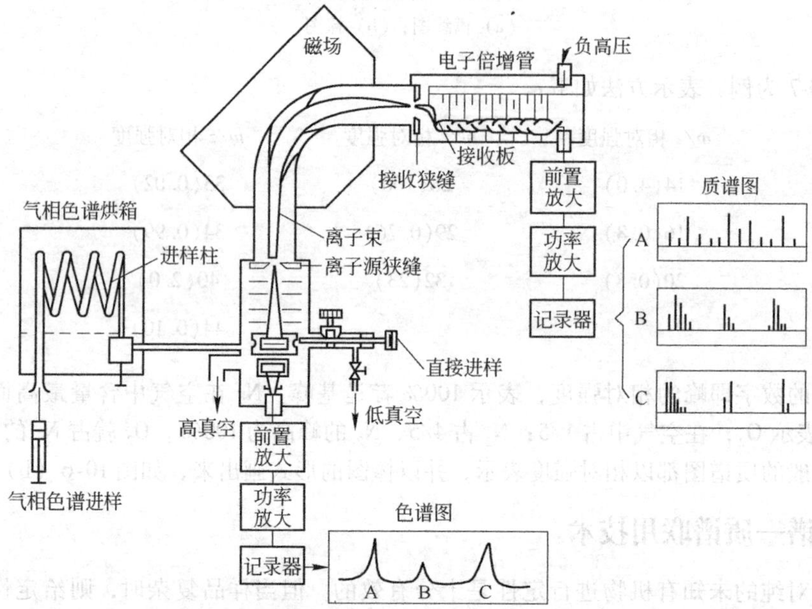

图 10-7　气相色谱—质谱联用仪器的示意图

10.3.2　液相色谱—质谱联用技术

对于分离分析挥发性低及热稳定性差的有机化合物，应用气相色谱便发生了困难。高效液相色谱（HPLC）分离样品是在液相状态下进行的，其应用不受沸点限制，能对热稳定性差的样品进行分离分析。然而 HPLC 的定性能力也很弱，因此液相色谱—质谱联用的方法显得非常有意义。

液相色谱仪和质谱仪相连，需要解决两方面的问题：其一是液相色谱流动相对质谱工作条件的影响；其二是质谱离子源区域温度对液相色谱分析样品的影响。可采用两个途径来解决：一是研究一种接口以协调液相色谱和质谱的不同要求；二是改进液相色谱技术，如微型柱，减少流动相的量，以及改进质谱的离子化方法，使它们两者之间能够很好地组合，有效地发挥各自特点。

10.4 质谱的定性和定量分析

10.4.1 定性分析

通过质谱图中分子离子峰和碎片离子峰的解析可提供许多有关分子结构的信息，如相对分子质量以及物质分子式的确定，这些信息对于物质的定性分析起着关键作用，因此，定性能力强是质谱分析的重要特点。

10.4.1.1 相对分子质量的测定

从分子离子峰可以准确地测定该物质的相对分子质量，这是质谱分析的独特优点，它比经典的相对分子质量测定方法（如冰点下降法、沸点上升法、渗透压力测定等）快而准确，且所需试样量少（一般为0.1mg）。而分子离子峰的正确判断是测定物质相对分子质量的关键，因为在质谱中最高质荷比的离子峰不一定是分子离子峰，可能出现 M+1 或 M+2 峰，这是存在同位素和分子离子反应等原因造成的；另外，若分子离子稳定性差，有时甚至不出现分子离子峰。

一般来说，在判断分子离子峰时可参考以下几个方面的规律和经验方法：

（1）分子离子的稳定性与分子结构有关，并具有一定的规律。碳数较多、碳链较长（也有例外）和有支链的分子，分裂几率较高，分子离子的稳定性低，其分子离子峰就不显著；而具有 π 键的芳香族化合物和共轭烯烃分子，分子离子较稳定，分子离子峰就明显。

（2）分子离子峰质量数遵守氮规则。由 C、H、O 组成的有机化合物，分子离子峰的质量一定是偶数。由 C、H、O、N 组成的化合物，含奇数个 N，分子离子峰的质量是奇数，含偶数个 N，分子离子峰的质量则是偶数。凡不符合氮规则者，就不是分子离子峰。

（3）判断分子离子峰与邻近峰的质量差是否合理，如有不合理的碎片峰，就不是分子离子峰。例如分子离子不可能裂解出两个以上的氢原子和小于一个甲基的基团，故分子离子峰的左边不可能出现比分子离子的质量小 3 ~ 14 个质量单位的峰；若出现质量差 15 或 18，这是由于裂解出—CH_3 或一分子水，这些质量差都是合理的。

（4）降低电子轰击源的能量，观察质谱峰的变化。在不能确定分子离子峰时，可以逐渐降低电子流的能量，使分子离子的裂解减少。这时所有碎片离子峰的强度都会减小，但分子离子峰的相对强度会增加。仔细观察质荷比最大的峰是否在所有的峰中最后消失，最后消失的峰即为分子离子峰。

（5）离子源的选择。有机化合物的质谱分析最常应用电子轰击电离源作离子源，但在应用这种离子源时，有的化合物仅出现很弱的，有时甚至不出现分子离子峰，这样就使质谱失去一个很重要的作用。为了得到分子离子峰，可以改用其他一些离子源，如场致电离源和化学电离源等。

10.4.1.2 分子式的确定

各元素均具有一定的同位素天然丰度，因此不同的分子式，其(M+1)/M 和(M+2)/M 的百分比都将不同。而质谱法恰好能测定分子离子峰及其分子离子的同位素峰（M+1，M+2）的相对强度，因此，就能根据(M+1)/M 和(M+2)/M 的百分比确定分子式。为此，

J. H. Beynon 等人计算了含 C、H、O 的各种组合的质量和同位素丰度比。

例：某化合物，根据其质谱图，已知其相对分子质量为150，由质谱测定，m/z 为150、151 和152 的强度比为M(150) = 100%，M+1(151) = 9.9%，M+2(152) = 0.9%，试确定此化合物的分子式。

解：从(M+2)/M = 0.9% 可见，该化合物不含 S、Br 或 Cl。在 Beynon 的表中相对分子质量为150 的分子式共29 个，其中(M+2)/M 的百分比为9～11 的分子式有如下7 个：

分子式	M+1	M+2
(1) $C_7H_{10}N_4$	9.25	0.38
(2) $C_8H_8NO_2$	9.23	0.78
(3) $C_8H_{10}N_2O$	9.61	0.61
(4) $C_8H_{12}N_3$	9.98	0.45
(5) $C_9H_{10}O_2$	9.96	0.84
(6) $C_9H_{12}NO$	10.34	0.68
(7) $C_9H_{14}N_2$	10.71	0.52

此化合物的相对分子质量是偶数，根据前述氮规则，可以排除第（2）、（4）、（6）三个分子式，剩下四个分子式中，M+1 与9.9% 最接近的是第（5）$C_9H_{10}O_2$，这个分子式的 M+2 也与0.9 很接近，因此分子式应为 $C_9H_{10}O_2$。

10.4.1.3　结构的鉴定

化合物的结构鉴定是质谱最成功的应用领域。一种方法是将质谱图与相同条件下获得的已知物质的标准图谱比较来确认样品分子的结构；另一种方法是通过对质谱图的各碎片离子、亚稳离子、分子离子的化学式，质荷比及相对峰高等信息，根据各类化合物的断裂规律，找出各碎片离子形式的过程，拼出整个分子结构，对照其他分析方法，最终获得可靠结构式。需注意的是，对小相对分子质量且结构较简单的化合物，仅靠质谱数据有可能推出结构；对相对分子质量较大的化合物结构，必须依靠几种图谱的综合分析。

10.4.2　定量分析

质谱的定量分析是建立在质谱检测的离子流强度与离子数目成正比的基础上的，并通过未知样品与标准样品比较，以间接方法测定其含量。

质谱法进行定量分析时，应满足一些必要的条件，例如：

(1) 组分中至少有一个与其他组分有显著不同的峰；

(2) 各组分的裂解模型具有重现性；

(3) 组分的灵敏度具有一定的重现性（要求1%）；

(4) 每种组分对峰的贡献具有线性加和性；

(5) 有适当的供校正仪器用的标准物等。

10.4.2.1　同位素的测量

质谱用于同位素的测量推动了早期质谱的发展。当今对稳定同位素的测量不再是单纯的元素分析，而是利用质谱法测定标记同位素的量。在有机化学及生命领域中，采用同位素标记的方法研究化学机理及动力学过程是非常好的手段。

10.4.2.2　混合物定量分析

利用质谱峰可进行各种混合物组分分析。在分析过程中，保持质谱的总离子流恒定，记录样品和样品中所含组分标样的质谱图，选择混合物中每一组分的共有的峰。在早期质谱定量分析中，将这个方法应用于石油工业中挥发性烷烃的各组分测定。由于多组分分析费时费力，易引入计算和测量误差，现在一般均用色谱分离后再引入质谱仪中分析。

10.4.2.3 无机物痕量分析

质谱法可以分析无机物样品，它能分析周期表中几乎所有的元素，其相对灵敏度，即可同时检测低含量组分与高含量组分之比，可达 10^{-9}，已成为金属合金和矿物等无机痕量分析的重要方法。

早期的无机质谱分析使用火花离子源，它的稳定性差，影响了测定的重现性。火花离子源产生离子的动能范围大，需用双聚焦质谱仪，它不仅价格昂贵，而且操作使用复杂，难以广泛使用。20 世纪 80 年代，电感耦合等离子源（ICP）引入质谱后，克服了火花源质谱的缺点，使其在无机物痕量分析应用方面的特点得以充分展现。

ICP 质谱仪由 ICP 源与质谱仪两部分构成。离子源与 ICP 原子发射光谱基本相同，样品溶液经过雾化由氩气送入 ICP 炬焰中，通过去溶剂、电离后，经离子提取系统，接口部件与四极杆滤质器或磁质量分析器相连，获得质谱图。

当实验条件一定时，对于一定的 m/z，质谱峰面积 S 与样品相应离子的浓度 c 有正比关系：

$$S = kc \tag{10-4}$$

式中 k——常数，它与样品的雾化率、被测元素在炬焰中的电离率、离子提取系统的萃取率、离子的加速电压等实验条件相关。

ICP-MS 近 20 年来的发展，已在环境样品中的超痕量分析、金属材料分析、地球化学样品分析、生物样品中的微量元素的形态分析等方面得到很好的应用。

10.5 质谱分析的应用

质谱分析的高灵敏度、高准确度、快速、易于自动化等特点，在临床医学、基础医学、生命科学领域、食品卫生以及环境监测方面的应用和研究日益广泛。

10.5.1 蛋白质和多肽的分析

10.5.1.1 相对分子质量测定

相对分子质量是蛋白质和多肽最基本的物理参数之一，是蛋白质和多肽识别与鉴定中首先需要测定的参数，也是基因工程产品报批的重要数据之一。相对分子质量正确与否往往代表着所测定的蛋白质结构正确与否或者意味着一个新蛋白质的发现。质谱可测定生物大分子相对分子质量高达 10 万，准确度高达 0.1% ~ 0.001%，远远高于目前常规应用的十二烷基硫酸钠（SDS）电泳与高效凝胶色谱技术。

10.5.1.2 肽谱测定

肽谱是基因工程重组蛋白结构确认的重要指标，也是蛋白质组研究中大规模蛋白质识别和新蛋白质发现的重要手段。通过与特异性蛋白酶解相结合，质谱可测定肽质量指纹谱（peptide mass fingerprint，PMF），并给出全部肽段的准确相对分子质量，结合蛋白质数据库检索，可实现对蛋白质的快速鉴别和高通量筛选。PMF 常和胶上原位酶解相结合，成为蛋白质组研究中必不可少的一种手段。

10.5.1.3 肽序列的测定

串联质谱技术可直接测定肽段的氨基酸序列，从一级质谱产生的肽段中选择母离子，进入二级质谱，经惰性气体碰撞后肽段沿肽链断裂，由所得到的各肽段质量数差值推定肽段序列，用于数据库查寻，称之为肽序列标签技术（pepfide sequence tag，PST），目前广泛应用于蛋白质组研究中的大规模筛选。较之传统的 Edman 降解末端测序技术，质谱具有不受末端封闭的限制、灵敏度高、速度快的特点。

10.5.2 多糖结构的测定

多糖的免疫功能是近年来研究的热点领域，其结构的测定是功能研究的基础。多糖不像蛋白质和核酸，其少数的分子即可由于连接位点的不同，而形成复杂多变的结构，因而难以用传统的化学方法研究。质谱具备了测定多糖结构的功能，配以适当的化学标记或酶降解，可对多糖结构进行研究。与传统的化学方法相比，质谱技术具有操作简便、省时、结果直观等特点。

10.5.3 寡核苷酸和核酸的分析

目前，生物质谱已经实现对数十个碱基寡核苷酸的相对分子质量和序列测定。基因库中有一个很丰富的资源即300 万个单核苷酸多态性片段（SNP），它是一类基于单碱基变异引起的 DNA 多态性，使得在鉴定和表征与生物学功能和人类疾病相关的基因时，它可作为关联分析的基因标志。质谱可以通过准确的相对分子质量测定，确定 SNP 与突变前多态性片段相对分子质量差异，由相对分子质量的变化可推定突变方式。一种快速而经济的方法是利用目前不断成熟的 DNA 芯片技术和质谱检测相结合，将杂交至固定化 DNA 阵列上的引物进行多聚酶链锁反应（PCR）扩增后，直接用质谱对芯片上 SNP 进行检测，该法将所需样品的体积由微升减至纳升，且有利于自动化和高通量的测定，该法既节省时间，又适于高通量分析，有利于特异性基因的定位、鉴定和功能表征。

10.5.4 药物代谢产物的鉴定

近年来，质谱在药物代谢方面的研究进展迅速。其主要研究药物在体内过程中发生的变化，阐明药物作用的部位、强弱、时效及毒副作用，从而为药物设计和合理用药提供实验和理论基础。特别是采用生物技术获得的大分子药物的体内代谢研究，更是传统的研究手段难以解决的难题。体内药物或代谢物浓度一般很低，而且很多情况下需要实时检测，而质谱的高灵敏度和高分辨率以及快速检测则为代谢物鉴定提供了保证。

10.5.5 微生物的鉴定

微生物的检验重点主要在于微生物的分类鉴定上。由于微生物成分一般不是特别复杂，目前的电喷雾电离（ESI）和基体辅助激光解吸电离（MALDI）技术已可以在其全细胞水平展开。在对微生物全细胞蛋白成分的鉴定上，可用 MALDI-MS 或 ESI-MS 对裂解细胞直接检测，测定其全细胞指纹谱，找出种间和株间特异保守峰作为生物标记，以此来进行识别。传统上用气相色谱分离，火焰离子检测器检测，速度慢且麻烦，质谱软电离技术的出现大大提高了其鉴定速度。

10.5.6 医用材料的检测

质谱在医用材料，如人工血、新型生物假肢、人工皮肤等研究中也有较大的潜在用途。主要是分析检测这些材料中活性物质的纯度、浓度及结构等，这是生物材料质量控制的重要依据之一。

10.5.7 食品安全检测

民以食为天，食品安全问题是关系到国计民生的问题，特别是随着人们生活水平的提高，食品安全问题引起了空前的广泛关注。而质谱法由于其高的灵敏度，在各类食品卫生监测中发挥着非常重要的作用：标准 GB/T 19648—2006 用气相色谱—质谱法测定水果和蔬菜中 500 种农药及相关化学品残留量，标准 GB/T 19649—2005 用气相色谱—质谱和液相色谱—串联质谱法测定粮谷中农药残留量；标准 GB/T 19426—2003 用气相色谱—质谱和液相色谱—串联质谱法测定蜂蜜、果汁和果酒中农药的残留量；标准 GB/T 19650—2005 用气相色谱—质谱和液相色谱—串联质谱法测定动物组织中 437 种农药的残留量。

10.5.8 环境检测

随着社会的发展，环境污染问题日益严重。目前，环境污染问题主要体现在环境中空气的污染、水体的污染以及土壤的污染三方面。色谱与质谱联用，结合固相萃取（微萃取）、吹扫捕集、二级热解析等前处理方法，使得质谱技术在环境检测领域的应用也越来越广泛。

10.5.9 色谱—质谱分析在有机地球化学研究中的应用

色谱—质谱分析在有机地球化学领域主要用来检测地质体中的生物标志物和分子化合物。生物标志物是指存在地壳和大气圈中，分子结构与特定天然产物之间具有明确联系，或与特定生物类别的分子结构之间具有相关性的天然有机化合物。目前，色谱—质谱分析已经成为有机地球化学研究中不可缺少的工具，无论是过去、现在还是将来，都是有机地球化学研究中其他分析手段无法替代的，相信随着高温技术和制备技术的发展，它的检测对象将更为广泛，必将对有机地球化学研究起到推动作用。近年来，气相色谱—质谱—质谱分析方法（GC-MS-MS）是现代最先进的色谱和串联质谱的组合，是研究复杂混合物中组分定性和定量最有效的手段。色谱—质谱—质谱由于增加一级质谱，从而增加了选择性，它可以选择感兴趣的化合物进行研究，排除干扰，提高灵敏度，可以检测到通常 GC-MS 检测不到的痕量生物标志化合物。

思 考 题

10-1 质谱仪器由哪些主要部件组成，它们的作用是什么？

10-2 说明质谱分析法的基本原理。

10-3 试述电子轰击电离源的工作原理及优缺点。

10-4 有机化合物在电子轰击电离源轰击下，会产生哪些类型的离子，其相应的离子峰在谱图解析中各起什么作用？

10-5 试述 GC-MS，LC-MS 联用的关键技术是什么，各举一例说明？

10-6 如今要开展生物大分子方面的分析工作，你认为应配置一套怎样的质谱系统（各主要部件采用何种类型结构组合）才是最佳的选择，简单说明理由？

10-7 在有机质谱中经常使用的离子源有哪几种，各有何特点？

10-8 化学离子源会不会产生分子离子峰，为什么？

10-9 试简要阐述解释质谱图的一般方法。

10-10 质谱分析方法主要有哪些应用？

11 色谱分析技术

内容提要

色谱分析技术是一类相关分离方法的总称，利用不同组分在两相间物化性质的差别，通过两相不断地相对运动，使各组分以不同的速率移动，从而达到将各组分分离检测的目的。该技术为目前唯一集分离与检测为一体的检测技术，主要应用于多组分混合物的分离以及其定性和定量的分析。本章将主要阐述下列内容：

1. 阐明色谱分析技术的两大基本原理——塔板理论和速率理论，解释、描述和评价色谱分离过程；
2. 解析色谱流出曲线及其相关的专业术语；
3. 介绍气相色谱与高效液相色谱仪各自的特点、工作流程以及应用情况。

学习目标

1. 掌握色谱分析技术的基本原理（塔板理论和速率理论）；
2. 熟悉各种色谱的分离过程及特点；
3. 理解色谱分离中常见参数的含义，学会解析色谱图。

11.1 色谱分析技术概论

11.1.1 色谱法的特点、分类和作用

色谱分析方法是由俄国植物学家茨维特（Tswett）于1906年最先建立的。他的实验装置如图11-1所示，用碳酸钙作吸附剂，把植物色素的石油醚提取液从一根装有固体吸附剂的玻璃管上端注入，再加入石油醚淋洗，结果使色素混合物获得分离，于管内形成了不同颜色的谱带，故有“色谱法”之名，但之后一直发展缓慢。直到1941年马丁（Martin）、辛格（Synge）及詹姆斯（James）等人提出了气液色谱法的设想并做了大量的研究工作，于1952年创立了气液色谱法，成功地分离出了脂肪酸和脂肪胺等混合物，并提出了塔板理论，极大地推动了色谱分析的发展，并由此获得了1952年度的诺贝尔化学奖。在此之后，色谱法进入高速发展阶段，先后建立了气相色谱、液相色谱、离子色谱及超临界流体色谱等一系列的现代色谱方法，使它成为了现代仪器分析的一个重要组成部分，广泛地应用于生产、科研、教学及航天等领域。

图11-1 茨维特植物色素分离实验装置

色谱法是一种分离技术，虽然它包括多种方法，但两相及两相的相对运动构成了色谱法的基础。试样混合物的分离过程也就是试

样中各组分在称之为色谱分离柱中的两相间不断进行着的分配过程。其中的一相固定不动，称为固定相；另一相是携带试样混合物流过此固定相的流体（气体或液体），称为流动相。如图11-2所示，当流动相中携带的混合物流经固定相时，其与固定相发生相互作用。由于混合物中各组分在性质和结构上的差异，与固定相之间产生的作用力的大小和强弱不同，随着流动相的移动，混合物在两相间经过反复多次的分配平衡，使得各组分被固定相保留的时间不同，从而按一定次序由固定相中流出。与适当的柱后检测方法结合，实现混合物中各组分的分离与检测。

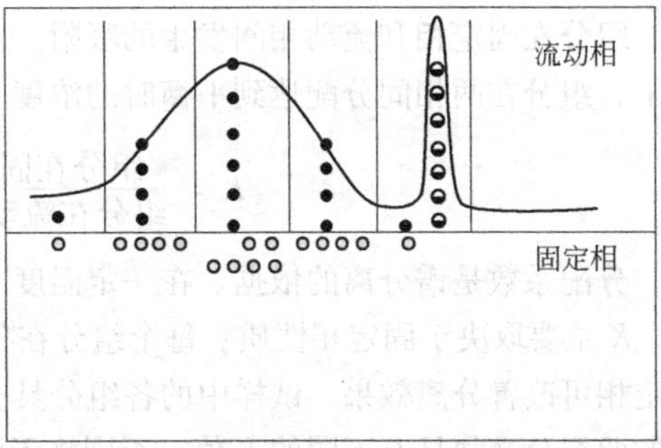

图11-2　色谱分离原理示意图

色谱法有很多种类，按两相状态可分为：

（1）气相色谱法。流动相为气体（称为载气）的色谱方法。气相色谱按分离柱不同可分为填充柱色谱和毛细管柱色谱。按固定相的不同又可分为气固色谱和气液色谱。

（2）液相色谱法。流动相为液体（也称为淋洗液）的色谱方法。液相色谱法按固定相的不同可分为液固色谱和液液色谱。离子色谱也是液相色谱的一种，以特制的离子交换树脂为固定相，不同pH值的水溶液为流动相。

（3）超临界流体色谱法。流动相为超临界流体，固定相为液体或固体的色谱方法。这里的超临界流体是指温度和压力在超临界温度和超临界压力之上的流体，目前研究较多的是CO_2超临界流体色谱。

与其他分析方法相比，色谱分析通常具有以下特点：

（1）灵敏度高。可以检测出μg/g(10^{-6})级甚至ng/g(10^{-9})级的物质量。

（2）分离效率高。可以分离分析复杂混合物，如有机同系物、异构体和手性异构体。

（3）分析速度快。一般在几分钟或几十分钟内可以完成一个试样的分析。

（4）应用范围广。气相色谱能对沸点低于400℃的各种有机或无机试样进行分析。而液相色谱适用于高沸点、热不稳定、生物试样的分离分析。因此，二者有很好的互补性。

任何一种仪器都不是完美无缺的,色谱法也有其自身的不足。其最大的不足之处是对被分离组分的定性较为困难。将色谱仪与质谱仪和红外光谱仪联用,是目前解决这一不足之处的有效手段。

11.1.2　色谱分离过程

色谱分离过程是在色谱柱内完成的，色谱柱内填充有固定相，分离的机理因固定相的性质的不同而不同。当固定相为多孔性的固体吸附剂颗粒时，固体吸附剂对试样中各组分的吸附能力的不同，吸附与脱附的不断重复过程是其分离的机理。当固定相由担体和固定液所组成时，固定液对试样中各组分的溶解能力的不同，气液两相间的反复多次分配过程是其分离的机理。只有通过单元分离过程的重复应用才有可能有效地分离性质接近的化合物，两相的相对运动及单次分离的重复就构成了各种色谱分析的基础。

11.1.2.1　气相色谱分离过程

当试样由载气携带进入色谱柱与固定相接触时，被固定相溶解或吸附，随着载气的不断通入，被溶解或吸附的组分又从固定相中挥发或脱附，挥发或脱附下的组分随着载气向前移动时又再次被固定相溶解或吸附，随着载气的流动，溶解、挥发或吸附、脱附的过程反复进行，从而实现了色谱分离。色谱分离过程是将连续过程分割成了两相萃取分离单元的重复，流动相每移动一次，组分在两相间重新快速分配并平衡，最后流出时，形成浓度正态分布的色谱峰。不参加分配的组分最先流出，组分在固定相中的浓度越大，出峰越慢。

11.1.2.2　分配系数

组分在固定相和流动相间发生的吸附、脱附或溶解、挥发的过程称做分配过程。在一定温度下，组分在两相间分配达到平衡时的浓度（g/mL）比，称为分配系数，用 K 表示，即：

$$K = \frac{\text{组分在固定相中的浓度}}{\text{组分在流动相中的浓度}} = \frac{c_S}{c_M} \tag{11-1}$$

分配系数是谱分离的依据。在一定温度下，组分的分配系数 K 越大，出峰越慢。试样一定时，K 主要取决于固定相性质。每个组分在各种固定相上的分配系数 K 不同，因而选择适宜的固定相可改善分离效果。试样中的各组分具有不同的 K 值是分离的基础，所以对于某一固定相中的两组分必须具有不同的 K 值，否则将无法实现分离。对于某组分当 $K=0$ 时，即不被固定相保留，则最先流出。

11.1.2.3　分配比

在实际工作中，也常用分配比 k 来表征色谱分配平衡过程。分配比是指在一定温度下，组分在两相间分配达到平衡时的质量比，即：

$$k = \frac{\text{组分在固定相中的质量}}{\text{组分在流动相中的质量}} = \frac{m_S}{m_M} \tag{11-2}$$

分配比又称容量因子或容量比等。分配系数与分配比都是与组分及固定相的热力学性质有关的常数，随分离柱温度和柱压的改变而变化；并且分配系数与分配比都是衡量色谱柱对组分保留能力的参数，数值越大，该组分的保留时间越长。分配系数不能直接获得，但分配比可以由实验测得。

11.1.2.4　分配比与分配系数的关系

分配比（容量因子）与分配系数存在着联系，通过下式可以将两者联系起来

$$k = \frac{m_S}{m_M} = \frac{\frac{m_S}{V_S}V_S}{\frac{m_S}{V_M}V_M} = \frac{c_S}{c_M}\cdot\frac{V_S}{V_M} = \frac{K}{\beta} \tag{11-3}$$

式中　β——相比，填充柱相比：6～35；毛细管柱的相比：50～1500；

V_M——流动相体积，即柱内固定相颗粒间的空隙体积；

V_S——固定相体积，对不同类型色谱柱，V_S 的含义不同，对于气液色谱柱，V_S 为固定液体积；对于气固色谱柱，V_S 为吸附剂表面容量。

11.1.2.5　分配比与保留时间的关系

为实验求得分配比，需要将分配比与保留参数关联起来。在这里先引入滞留因子 R_S：

$$R_S = \frac{u_S}{u} \tag{11-4}$$

式中　u_S——组分在分离柱内的线速度；

u——流动相在分离柱内的线速度。

滞留因子 R_S 也可以用质量分数 w 表示：

$$R_S = w = \frac{m_S}{m_S + m_M} = \frac{1}{1 + \frac{m_S}{m_M}} = \frac{1}{1 + k} \tag{11-5}$$

若组分和流动相通过长度为 L 的分离柱，需要的时间分别为 t_R 和 t_M，则：

$$t_R = \frac{L}{u_S} \tag{11-6}$$

$$t_M = \frac{L}{u} \tag{11-7}$$

将 t_R 和 t_M 代入式（11-4），并与式（11-5）联立可得：

$$t_R = t_M(1 + k) \tag{11-8}$$

$$k = \frac{t_R - t_M}{t_M} = \frac{t'_R}{t_M} \tag{11-9}$$

通过式（11-9）可直接由实验获得的保留值求出分配比。

11.1.3 色谱流出曲线与术语

色谱流出曲线，也称色谱图（chromatogram 或 chromatogram map），是指从进样开始经色谱分离至组分全部流过检测器后，在此期间所记录下来的响应信号随时间变化的色谱曲线。色谱图中曲线突起的部分称为色谱峰，由于响应信号的大小或强度与物质的量或物质的浓度成正比，因此，色谱流出曲线实际上是物质的量或浓度-时间曲线。图 11-3 是典型的理想色谱流出曲线，现根据该图说明色谱流出曲线的有关术语。

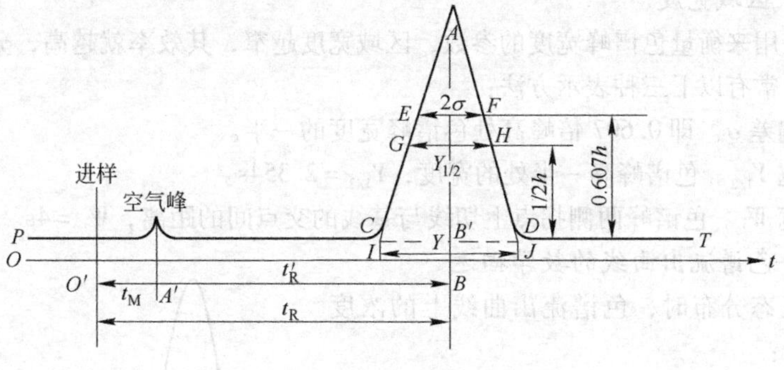

图 11-3 色谱流出曲线及参数

11.1.3.1 基线

无试样通过检测器时，检测到的信号即为基线。即图 11-3 中平行于时间横坐标 OO' 的直线。

11.1.3.2 保留值

保留值是组分在色谱柱中滞留时间的数值，或在柱中滞留时间内所消耗的流动相体积。保留值主要取决于各组分在两相中的分配情况，当条件一定时，任何一种组分都有一个相应确定的保留值，所以保留值可以作为定性分析的参数。保留值可分为以下两种：

（1）用时间表示的保留值：

1）保留时间 t_R。组分从进样到柱后出现浓度极大值时所需的时间。

2）死时间 t_M。不与固定相作用的气体（如空气）的保留时间。

3）调整保留时间 t'_R。扣除了死时间的保留时间，即组分在固定相上滞留的时间。

$$t'_R = t_R - t_M \tag{11-10}$$

（2）用体积表示的保留值：

1）保留体积 V_R。指从进样到该组分在柱后出现浓度极大点时所通过的流体相的体积。

$$V_R = t_R F_0 \tag{11-11}$$

式中　F_0——柱出口处的载气流量，mL/min。

2）死体积 V_M。不被保留的组分通过色谱柱所消耗的流动相的体积。

$$V_M = t_M F_0 \tag{11-12}$$

3）调整保留体积 V'_R。某组分的保留体积扣除死体积后的体积。

$$V'_R = V_R - V_M = t'_R F_0 \tag{11-13}$$

11.1.3.3　相对保留值

相对保留值 r_{21} 就是在相同操作条件下，组分 2 的调整保留值与组分 1 的调整保留值之比。它是一个无量纲量。r_{21} 越大，分离就越好，色谱柱的选择性就越好。

$$r_{21} = \frac{t'_{R_2}}{t'_{R_1}} = \frac{V'_{R_2}}{V'_{R_1}} \tag{11-14}$$

相对保留值只与柱温和固定相性质有关，与其他色谱操作条件无关，它表示了固定相对这两种组分的选择性。只要柱温和固定相不变，即使柱径、柱长、填充情况及流动相流速有所变化，r_{21} 值仍保持不变。

11.1.3.4　区域宽度

区域宽度是用来衡量色谱峰宽度的参数，区域宽度越窄，其效率就越高，分离的效果也越好。区域宽度通常有以下三种表示方法：

（1）标准偏差 σ。即 0.607 倍峰高处色谱峰宽度的一半。

（2）半峰宽 $Y_{1/2}$。色谱峰高一半处的宽度，$Y_{1/2} = 2.354s$。

（3）峰底宽 W_b。色谱峰两侧拐点上切线与基线的交点间的距离，$W_b = 4s$。

11.1.3.5　色谱流出曲线的数学描述

色谱峰为正态分布时，色谱流出曲线上的浓度与时间的关系为：

$$c = \frac{c_0}{\sigma\sqrt{2\pi}} e^{-\frac{(t-t_R)^2}{2\sigma^2}} \tag{11-15}$$

当色谱峰为非正态分布（如图 11-4 所示）时，可按正态分布函数加指数衰减函数构建关系式。

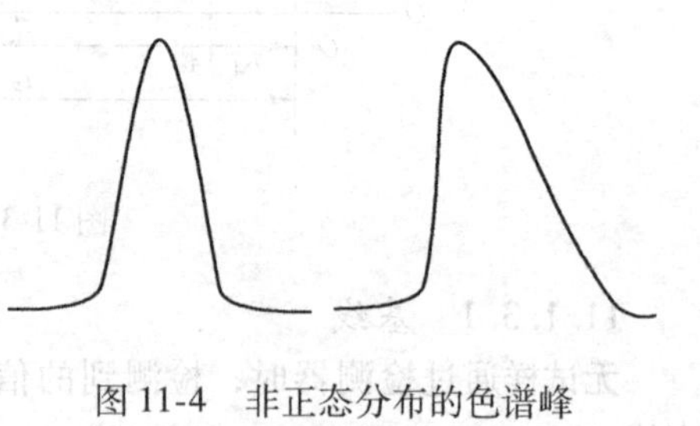

图 11-4　非正态分布的色谱峰

11.2　色谱理论基础

色谱理论需要解决的问题包括色谱分离过程的热力学和动力学问题，即影响分离及柱效的因素与提高柱效的途径，柱效与分离度的评价指标及其关系。组分保留时间不同，色谱峰变宽的原因是组分保留时间受色谱过程的热力学因素控制（组分和固定液的结构和性质），色谱峰变宽则受色谱过程的动力学因素控制（两相中的运动阻力，扩散）。通过色谱工作者对复杂的色谱过程的大量研究，提出了几种理论用于解释、描述和评价分离过程，其中塔板理论和速率理论是最常见的色谱分析理论。

11.2.1 塔板理论

塔板理论（plate theory）是 1941 年由马丁（Martin）和詹姆斯（James）提出的半经验理论。该理论是将色谱分离过程比拟为蒸馏过程，将连续的色谱分离过程分割成多次的平衡过程的重复（类似于蒸馏塔塔板上的平衡过程）。该理论假设：

（1）在每一个平衡过程间隔内，平衡可以迅速达到；

（2）将载气看做脉动（间歇）过程；

（3）试样沿色谱柱方向的扩散可忽略；

（4）每次分配的分配系数相同。

在塔板理论中，描述色谱柱效能的参数为理论塔板高度和理论塔板数。把组分在分离柱内达成的一次分配平衡所需要的柱长称为虚拟的塔板间距离 H，色谱柱长 L 除以虚拟的塔板间距离即得色谱柱的理论塔板数 n：

$$n = \frac{L}{H} \tag{11-16}$$

理论塔板数与色谱参数之间的关系为

$$n = 5.54\left(\frac{t_R}{Y_{1/2}}\right)^2 = 16\left(\frac{t_R}{W_b}\right)^2 \tag{11-17}$$

式中 t_R——组分的保留时间；

$Y_{1/2}$——以时间为单位的半峰宽；

W_b——以时间为单位的峰底宽。

根据塔板理论，单位柱长的塔板数越多，表明柱效越高。由式（11-17）可知，用不同物质计算可得到不同的理论塔板数，组分的保留时间越长，峰形越窄，则理论塔板数就越高。在实际应用中，用式（11-17）计算的理论塔板数常常偏高，这是因为保留时间中包含死时间，在死时间内不参与分配，故需引入有效塔板数 $n_{有效}$ 和有效塔板高度 $H_{有效}$：

$$n_{有效} = 5.54\left(\frac{t'_R}{Y_{1/2}}\right)^2 = 16\left(\frac{t'_R}{W_b}\right)^2 \tag{11-18}$$

$$H_{有效} = \frac{L}{n_{有效}} \tag{11-19}$$

塔板理论给出了衡量色谱柱分离效能的指标，不同物质在同一色谱柱上的分配系数不同，用有效塔板数和有效塔板高度作为衡量柱效能的指标时，应指明测定物质。当色谱柱长度一定时，塔板数 n 越大（塔板高度 H 越小），被测组分在柱内被分配的次数越多，柱效则越高，所得色谱峰越窄。柱效不能表示被分离组分的实际分离效果，当两组分的分配系数 K 相同时，无论该色谱柱的塔板数多大，都无法分离。该理论无法解释同一色谱柱在不同的载气流速下柱效不同的实验结果，也无法指出影响柱效的因素及提高柱效的途径。因此，该理论只是一种具有一定局限性的半经验性理论，只能近似描述发生在色谱柱中的实际过程。

11.2.2 速率理论

速率理论是 1956 年由荷兰学者范第姆特（Van Deemter）等人提出的色谱过程的动力学理

论。它阐明了影响色谱峰变宽的物理化学因素，并指明了改进色谱柱效能的方向，对气相、液相色谱都较为适用。该理论用速率方程式（也称范第姆特方程式）阐明影响理论塔板高度即柱效能的因素：

$$H = A + \frac{B}{u} + Cu \tag{11-20}$$

式中 H——塔板高度；

A——涡流扩散项；

u——载气流速，cm/s；

B——分子扩散项；

C——传质阻力项。

减小 A、B、C 三项可提高柱效，存在着最佳的流速。所以这三项各与哪些因素有关是解决如何提高柱效的关键所在，下面分别对这三项进行讨论。

11.2.2.1　*涡流扩散项 A*

涡流扩散项也称多路效应项，是由于组分随流动相通过色谱柱时，因固定相颗粒大小不一和排列不均匀，使得颗粒间的空隙有大有小，组分分子通过色谱柱到达检测器所走的路径不同，从而引起的色谱峰展宽，如图 11-5 所示。A 可表示为：

$$A = 2\lambda d_p \tag{11-21}$$

式中 d_p——固定相的平均颗粒直径；

λ——固定相的填充不均匀因子。

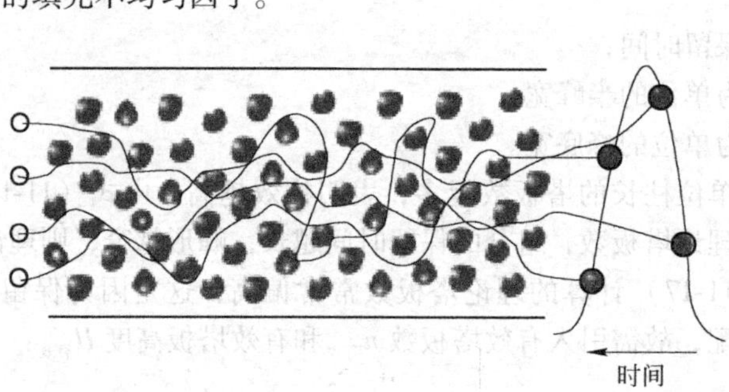

图 11-5　涡流扩散示意图

涡流扩散项的大小与流动相的性质、线速度和组分性质无关，只与固定相的平均颗粒直径和填充是否均匀有关。固定相颗粒越小，填充得越均匀，A 就越小，塔板高度就越小，柱效就越高，表现在涡流扩散所引起的色谱峰变宽现象减轻，色谱峰较窄。

11.2.2.2　*分子扩散项 B/u*

待测组分从柱入口加入，其浓度分布的构型呈“塞子”状，在“塞子”的前后存在着浓度差而形成浓度梯度，在随流动相向前推进时必然自动地沿色谱柱方向前后扩散，造成谱带展宽。分子扩散与组分所通过路径的弯曲程度和扩散系数有关：

$$B = 2\nu D_g \tag{11-22}$$

式中 ν——弯曲因子，填充柱色谱的 $\nu < 1$；

D_g——试样组分分子在气相中的扩散系数，cm^2/s。

由于组分之间存在着浓度差，从而产生纵向扩散，导致色谱峰变宽，塔板高度变小，柱效变高，分离变差。分子扩散项还与流速有关，流速越小，组分滞留的时间就越长，扩散就越严重。色谱柱内流动相和固定相都存在分子扩散。然而，固定相静止不动，且液相扩散系数比气相小得多，因此固定相中分子扩散可以忽略。在气相色谱中，采用摩尔质量 $M_{载气}$ 较大的载气，可使 D_g 值越小，从而使 B 值越小。两者存在以下关系：

$$D_g \propto \frac{1}{\sqrt{M_{载气}}} \tag{11-23}$$

11.2.2.3 传质阻力项 Cu

溶质随流动相进入色谱柱，由于溶质分子与固定相和流动相分子间相互作用，阻碍溶质分子快速传递实现分布平衡，导致有限传质速率的分子间作用力称为传质阻力。传质阻力系数 C 包括气相传质阻力 C_g 和液相传质阻力 C_L，即：$C = C_g + C_L$。

C_g 是指样品组分从气相移动到固定相表面进行浓度分配时所受到的阻力，有：

$$C_g \propto \frac{d_p^2}{D_g} \tag{11-24}$$

式中 d_p——固定相粒径；

D_g——扩散系数。

C_L 是指组分从固定相的气液界面移动到液相内部进行质量交换到达分配平衡，又返回到气液界面的过程中所受到的阻力，有：

$$C_L \propto \frac{d_f^2}{D_L} \tag{11-25}$$

式中 D_L——扩散系数；

d_f——液膜厚度。

由式（11-24）和式（11-25）可知，减小担体粒度和液膜的厚度，选择小相对分子质量的气体作载气，可降低传质阻力。

根据速率方程式，以不同流速下测得的塔板高度 H 对流动相线速度 u 作图，可以得到如图 11-6 所示的 H-u 曲线。该图说明：载气流速高时，传质阻力项是影响柱效的主要因素，流速增加，柱效下降。载气流速低时，分子扩散项成为影响柱效的主要因素，流速增加，柱效也增加。但是由于流速对 B、C 这两项存在完全相反的作用，从而使得流速对柱效的总影响存在着一个最佳流速值，即速率方程式中塔板高度对流速的一阶导数有一极小值。由塔板高度 H 与载气流速 u 的关系图 11-6 可知，曲线最低点的流速即为最佳流速。

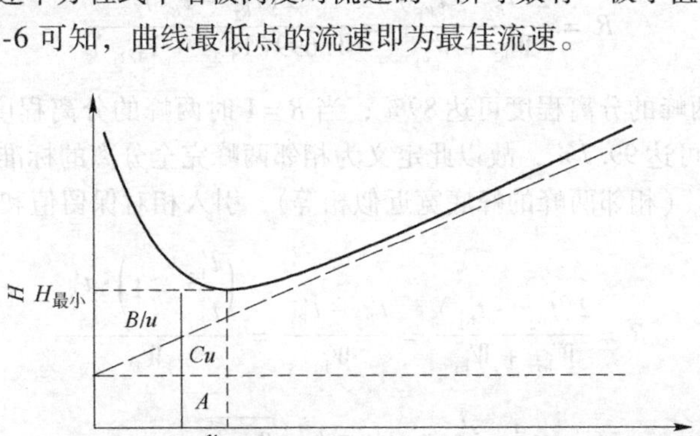

图 11-6 H-u 关系图与最佳流速

由以上分析可以得出速率理论的要点如下：

（1）组分分子在柱内运行的多路径与涡流扩散、浓度梯度所造成的分子扩散及传质阻力使气液两相间的分配平衡不能瞬间达到等因素是造成色谱峰扩展柱效下降的主要原因。

（2）通过选择适当的固定相粒度、载气种类、液膜厚度及载气流速可提高柱效。

（3）速率理论为色谱分离和操作条件选择提供了理论指导，阐明了流速和柱温对柱效及分离的影响。

（4）各种因素相互制约，如载气流速增大，分子扩散项的影响减小，使柱效提高，但同时传质阻力项的影响增大，又使柱效下降；柱温升高，有利于传质，但又加剧了分子扩散的影响。选择最佳条件，才能使柱效达到最高。

11.2.3　分离度

塔板理论和速率理论都难以描述难分离物质对的实际分离程度，即柱效为多大时，相邻两组分能够被完全分离。难分离物质对的分离度大小受色谱过程中两种因素的综合影响：保留值之差——色谱过程的热力学因素和区域宽度——色谱过程的动力学因素。

色谱分离中的四种情况如图 11-7 所示。对于图 11-7（a）由于柱效较高，ΔK（分配系数之差）较大，则可完全分离；图 11-7(b)中,虽然 ΔK 不是很大，但柱效较高，峰较窄，所以基本上能完全分离；图 11-7（c）中，虽然 ΔK 较大，但是柱效较低，所以分离得不好；图 11-7（d）中，因为 ΔK 小，柱效低，所以分离效果很差。

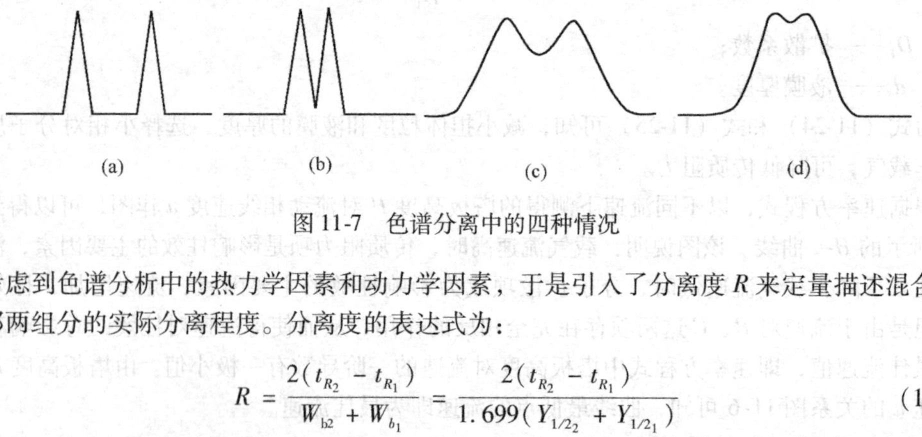

图 11-7　色谱分离中的四种情况

考虑到色谱分析中的热力学因素和动力学因素，于是引入了分离度 R 来定量描述混合物中的相邻两组分的实际分离程度。分离度的表达式为：

$$R = \frac{2(t_{R_2} - t_{R_1})}{W_{b_2} + W_{b_1}} = \frac{2(t_{R_2} - t_{R_1})}{1.699(Y_{1/2_2} + Y_{1/2_1})} \tag{11-26}$$

当 $R=0.8$ 时，两峰的分离程度可达 89%；当 $R=1$ 时两峰的分离程度为 98%；当 $R=1.5$ 时，两峰的分离程度可达 99.7%，故以此定义为相邻两峰完全分离的标准。

令 $W_{b_2} = W_{b_1} = W_b$（相邻两峰的峰底宽近似相等），引入相对保留值和塔板数，可导出：

$$R = \frac{2(t_{R_2} - t_{R_1})}{W_{b_2} + W_{b_1}} = \frac{t'_{R_2} - t'_{R_1}}{W_b} = \frac{\left(\frac{t'_{R_2}}{t'_{R_1}} - 1\right) \cdot t'_{R_1}}{W_b}$$

$$= \frac{r_{21} - 1}{\frac{t'_{R_2}}{t'_{R_1}}} \cdot \frac{t'_{R_2}}{W_b} = \frac{r_{21} - 1}{r_{21}} \sqrt{\frac{n_{有效}}{16}} \tag{11-27}$$

$$n_{有效} = 16R^2\left(\frac{r_{21}}{r_{21}-1}\right)^2 \tag{11-28}$$

$$L_{有效} = 16R^2\left(\frac{r_{21}}{r_{21}-1}\right)^2 \cdot H_{有效} \tag{11-29}$$

分离度与柱效的平方根成正比，r_{21}一定时，增加柱效，可提高分离度，但组分的保留时间将增加，并且色谱峰将扩展，则分析时间就会变长。在色谱分析中，增大r_{21}是提高分离度的最有效方法，由计算可知，在相同分离度下，当r_{21}增加一倍，需要的$n_{有效}$减小10000倍。但增大r_{21}的最有效方法是选择合适的固定液。在气相色谱中改变分离的温度或在液相色谱中改变流动相的组成均使容量因子改变，可通过改变操作条件来改善分离效果。

例1：在一定条件下，两个组分的调整保留时间分别为85s和100s，要达到完全分离，即$R=1.5$，计算需要多少块有效塔板。若填充柱的塔板高度为0.1cm，柱长是多少？

解：

$$r_{21} = 100/85 = 1.18$$

$$n_{有效} = 16R^2[r_{21}/(r_{21}-1)]^2 = 16 \times 1.5^2 \times (1.18/0.18)^2 = 1547(块)$$

$$L_{有效} = n_{有效} \cdot H_{有效} = 1547 \times 0.1 = 155(\mathrm{cm})$$

即柱长为1.55m时，两组分可以得到完全分离。

例2：在一定条件下，两个组分的保留时间分别为12.2s和12.8s，计算分离度。要达到完全分离，即$R=1.5$，所需要的柱长是多少？

解：

$$W_{b_1} = 4\frac{t_{R_1}}{\sqrt{n}} = \frac{4\times 12.2}{\sqrt{3600}} = 0.8133(\mathrm{cm})$$

$$W_{b_2} = 4\frac{t_{R_2}}{\sqrt{n}} = \frac{4\times 12.8}{\sqrt{3600}} = 0.8533(\mathrm{cm})$$

分离度：

$$R = \frac{2(t_{R_2}-t_{R_1})}{W_{b_2}+W_{b_1}} = \frac{2\times(12.8-12.2)}{0.8533+0.8133} = 0.72$$

$$L_2 = \left(\frac{R_2}{R_1}\right)^2 L_1 = \left(\frac{1.5}{0.72}\right)^2 \times 1 = 4.34(\mathrm{m})$$

11.3　色谱定性和定量分析

色谱分析的目的是要对多组分混合物进行定性和定量分析。完成这一目的一般要通过四个步骤：一是样品的处理；二是分离；三是定性；四是定量。这四个步骤既有区别也有联系。在这四个步骤中，样品的处理是前提，分离是核心，只有把混合物分离开了，才有可能对组分进行定性和定量，而分离的好坏又要借助于定性来确定，定量则是色谱分析的主要目的。

11.3.1　色谱定性鉴定方法

所谓定性鉴定就是确定色谱峰的归属。依据不同性质的样品和不同的分析要求可利用不同的方法对样品进行定性。

11.3.1.1　利用纯物质定性

利用纯物质定性方法是最方便且最可靠的方法，可以采用保留值定性法和加入法定性法。所谓保留值定性法就是通过对比试样中具有与纯物质相同保留值的色谱峰，来确定试样中是否含有该物质及在色谱图中的位置。利用保留值定性法进行定性分析时，应严格控制实验条件，且操作条件要稳定，并且所得的数据不适用于在不同仪器上所获得的数据之间的对比。所谓加入法定性法就是将纯物质加入到试样中，观察各组分色谱峰的相对变化，若某色谱峰增高了，则原样中就可能含有该纯物质。

11.3.1.2　利用文献保留值定性

所谓文献保留值定性方法，就是在相同条件下，分别测出组分2和基准物质1的调整保留值，再计算相对保留值 r_{21} 即可，然后用已经求出的相对保留值 r_{21} 与文献相比较来定性。定义中相对保留值 r_{21} 仅与柱温和固定液性质有关，与其他的操作条件无关。在色谱手册中都列有各种物质在不同固定液上的保留数据，所以可以很方便地用来进行定性鉴定。

11.3.1.3　利用保留指数定性

保留指数，又称 Kovats 指数，以 I 表示，是一种重现性较好的定性参数，只要柱温和固定液相同，都可以从文献上发表的保留指数进行鉴定，而不必用纯物质。

保留指数 I，是人为地将正构烷烃作为标准，规定其保留指数为分子中碳原子个数乘以100。例如正己烷和正庚烷的保留指数分别为600和700。其他物质的保留指数 I_X 是通过选定两个相邻的正构烷烃确定的，其分别具有 Z 和 $Z+1$ 个碳原子。被测物质X的调整保留时间应在相邻两个正构烷烃的调整保留值之间（如图11-8所示）。即：

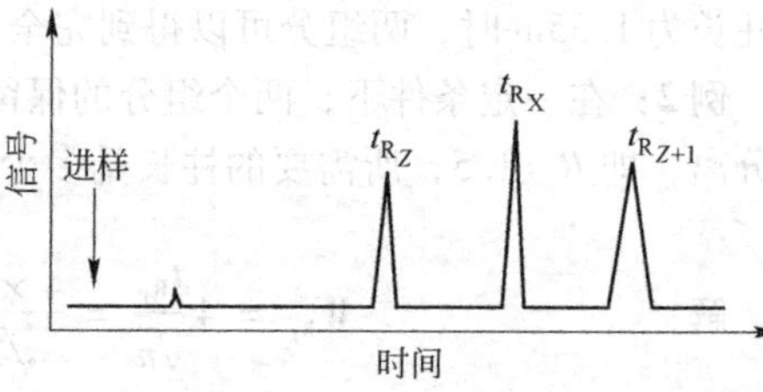

图11-8　保留时间图

$$t'_{R_{Z+1}} > t'_{R_X} > t'_{R_Z} \tag{11-30}$$

因此，欲求某物质的保留指数，只要与相邻的正构烷烃混合在一起，在给定的色谱条件下进行色谱实验，然后按式（11-31）计算其保留指数：

$$I_X = 100\left(\frac{\lg t'_{R_X} - \lg t'_{R_Z}}{\lg t'_{R_{Z+1}} - \lg t'_{R_Z}} + Z\right) \tag{11-31}$$

式中　Z——正构烷烃的碳原子数。

11.3.1.4　利用与其他分析仪器联用的定性方法

单靠色谱法来进行定性分析存在一定的局限性。近年来，利用色谱的强分离能力与质谱和红外光谱的强鉴定能力结合，能够获得比较准确的信息，对物质进行定性分析。目前，联用最成功的是色谱与质谱的联用（GC-MS和LC-MS）和色谱与傅里叶红外光谱联用（GC-FTIR）。

11.3.2　色谱定量分析方法

色谱定量的依据是在一定的操作条件下，被测组分的量与其峰面积成正比。即：

$$m_i = f_i \cdot A_i \tag{11-32}$$

式中　m_i——组分质量；

f_i——校正因子；

A_i——峰面积。

要准确进行定量分析，必须解决三个问题：准确测量峰面积、测定校正因子及选择合适的定量方法。

11.3.2.1 峰面积的测量

峰面积的测量有以下几种方法：

（1）峰高 h 乘半峰宽 $Y_{1/2}$ 法。这种方法适用于峰形呈正态分布的色谱峰。此法近似将色谱峰当作等腰三角形，用峰高乘半峰宽来计算峰面积。此法算出的面积是实际峰面积 A 的 0.94 倍，因此要乘以系数 1.064，即：

$$A = 1.064hY_{1/2} \tag{11-33}$$

（2）峰高乘平均峰宽法。当峰形不对称时，可在峰高 0.15 和 0.85 处分别测定峰宽，取平均值再与峰高相乘即得峰面积：

$$A = h(Y_{0.15} + Y_{0.85})/2 \tag{11-34}$$

（3）峰高乘保留时间法。在一定操作条件下，同系物的半峰宽与保留时间成正比，即：

$$A = hbt_R \tag{11-35}$$

对于难于测量半峰宽的窄峰和重叠峰（未完全重叠），可用此法测得准确的结果。

（4）自动积分和微机处理法。采用自动积分仪或计算机对色谱数据进行自动处理，可直接计算峰面积，结果准确快速。这种方法的计算结果的准确程度取决于两峰分离度，对分离不好的峰计算结果准确度较差。因此要得到理想的结果，必须使两峰的分离度大于 1。

11.3.2.2 定量校正因子

校正因子有以下几种：

（1）绝对校正因子 f_i。绝对校正因子就是指单位面积所对应的组分的量，即

$$f_i = m_i/A_i \tag{11-36}$$

f_i 是单位峰面积所代表的物质的量，它主要由仪器的灵敏度所决定，它既不易测定，也无法直接应用，所以定量工作中都是应用相对校正因子。

（2）相对校正因子 f'_i。相对校正因子就是指组分的绝对校正因子与标准物质的绝对校正因子的比值，即：

$$f'_i = \frac{f_i}{f_s} = \frac{m_i/A_i}{m_s/A_s} = \frac{m_i}{m_s} \cdot \frac{A_s}{A_i} \tag{11-37}$$

可见，通过相对校正因子可以把各个组分的峰面积分别换算成与其质量相等的标准物的峰面积，于是标准就比较统一了。相对校正因子只与试样、标准物和检测器类型有关，与其他所有条件无关。在使用相对校正因子时必须注意的是，虽然相对校正因子是一个无因次量，但它的数值与采用的计量单位有关。当 m_i 和 m_s 以物质的量为单位时，所得相对校正因子称为相对摩尔校正因子，以 f'_M 表示；当 m_i 和 m_s 用质量单位时，以 f'_W 表示。

（3）相对响应值 S'_i。相对响应值也称为相对应答值，即相对灵敏度。当计量单位相同时，它与相对校正因子互为倒数，即：

$$S'_i = 1/f'_i \tag{11-38}$$

11.3.2.3 常用的几种定量方法

常用的定量方法有以下几种：

（1）归一化法。归一化法就是把样品中所有组分的含量之和按 100% 计算，以它们相应的

色谱峰面积为定量参数，通过下式计算各组分的含量，即：

$$w_i = \frac{m_i}{m_1 + m_2 + \cdots + m_n} \times 100\% = \frac{f'_i \cdot A_i}{\sum_{i=1}^{n}(f'_i \cdot A_i)} \times 100\% \tag{11-39}$$

归一化法仅适用于试样中所有组分全出峰的情况，故常用于产物及副产物都清楚的混合物含量的测定。归一化法的优点是进样量的准确性和操作条件的变动对测定结果影响不大，方便、简便、准确。

（2）外标法。外标法也称为标准曲线法。该法的根据就是组分浓度与峰面积成正比，用合适的容积配制一系列不同浓度的标样，定量进样绘制浓度与峰面积的关系曲线即得校准曲线。分析未知样品中的待测组分的峰面积，就可以从该曲线上查得相应的含量。该法要求操作条件严格一致，进样量要准确，重复性要好。此法在不使用校正因子的情况下，就可得到准确性较高的结果，且操作简单，并适用于大批量试样的快速分析。

（3）内标法。内标法是一种常见的定量方法。测定步骤是：准确称取样品，加入一定量某种纯物质作为内标物，然后进行色谱分析。根据被测物和内标物在色谱图上相应的峰面积和相对校正因子，求出某组分的含量。根据式（11-37）有：

$$\frac{m_i}{m_s} = \frac{f'_i A_i}{f'_s A_s}$$

$$m_i = m_s \frac{f'_i A_i}{f'_s A_s}$$

$$w_i = \frac{m_i}{W} \times 100\% = \frac{m_i \dfrac{f'_i A_i}{f'_s A_s}}{W} \times 100\% = \frac{m_i}{W} \cdot \frac{f'_i A_i}{f'_s A_s} \times 100\% \tag{11-40}$$

式中　m_i，m_s，W——待测组分、内标物和样品的质量；

A_i，A_s——待测组分和内标物的峰面积；

f'_i，f'_s——待测组分和内标物的相对校正因子。

内标法的关键是选择合适的内标物，对于内标物的要求如下：

1）试样中不含有该物质；

2）与被测组分性质比较接近；

3）不与试样发生化学反应；

4）出峰位置应位于被测组分附近，且无组分峰影响。

内标法的特点是准确性较高，操作条件和进样量的稍许变动对定量结果的影响不大。对每个试样的分析，都要进行两次称量，操作比较复杂，故不适合大批量试样的快速分析。若将内标法中的试样取样量和内标物加入量固定，则被测物的质量分数与 A_i/A_s 成正比，即：

$$w_i = \frac{A_i}{A_s} \times 常数 \tag{11-41}$$

11.4　气相色谱

气相色谱法是以气体作为流动相的色谱法。它具有分离效率高、分析速度快、灵敏度高、样品用量少等特点，因而被广泛地应用于化工、食品、医药、生化等各个领域，成为工农业生产、科研、教学等部门不可缺少的重要的分离分析工具。

11.4.1　气相色谱仪

气相色谱仪是一个载气连续运行、气密的气体流路系统。气路系统的气密性、载气流速的稳定性及测量的准确性，都影响色谱仪的稳定性和分析结果。一般常用的气相色谱仪的主要部件和分析流程如图 11-9 所示。

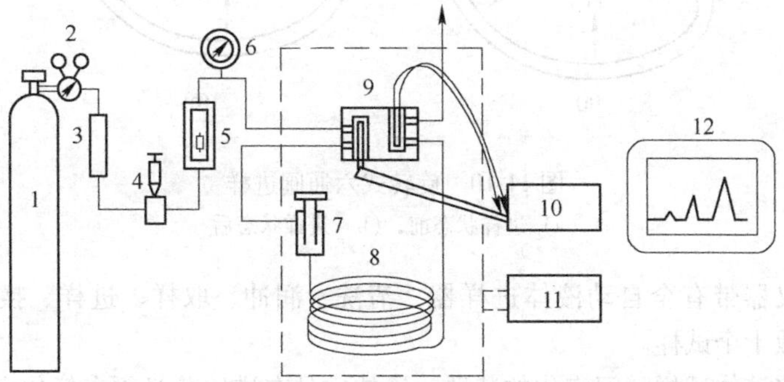

图 11-9　气相色谱分析流程图

1—载气钢瓶；2—减压阀；3—净化干燥管；4—针形阀；5—流量计；
6—压力表；7—进样器和气化室；8—色谱柱；9—热导检测器；
10—放大器；11—温度控制器；12—记录仪

气相色谱的流动相为气体，称为载气，它是一类不与样品和固定相作用而专用来载送样品的惰性气体。载气通常由高压气体供给，经减压阀减压后，由气体调节阀调节到所需压力，通过净化干燥管净化后，再由针形阀和流量计调节保持稳定流量，经热导检测器的参考臂再到气化室，携带气化后的试样进入分离柱，分离的组分进入热导检测器的检查臂后放空。热导检测器的参考臂和检测臂的差值信号送入放大器记录得到色谱图。

气相色谱仪的型号种类繁多，但基本构造是一致的，由载气系统、进样系统、色谱柱、检测系统和温控系统五大部分组成。组分能否分开，关键在于色谱柱；分离后组分能否鉴定出来则在于检测器，所以色谱柱和检测系统是仪器的核心。

11.4.1.1　载气系统

载气系统包括气源、净化干燥管和载气流速控制等。目前常用的载气有：氢气、氮气和氦气等。系统中的净化干燥管的作用是为了去除载气中的水和有机物等杂质（依次通过分子筛和活性炭等）。在色谱分析过程中，载气流速的变化将影响到保留时间的确定，所以要保持载气流速的恒定。通常是通过压力表、流量计、针形稳压阀来控制载气流速的恒定。

11.4.1.2　进样系统

进样系统是把待测样品（气体或液体）快速而定量地加到色谱柱中进行色谱分离的装置，包括进样器和气化室。进样量的大小、进样时间的长短和进样的准确性对色谱分离效率和结果的准确性影响极大。

常用的进样装置有注射器和六通阀。气体样品通常采用六通阀进样。六通阀分为推拉式和旋转式（如图 11-10 所示）两种，而常用的是旋转式的六通阀。当六通阀处于取样时，试样首先充满定量管，切入流路后，载气携带定量管中的试样气体进入分离柱。液体样品则通常采用注射器进样。注射器进样时分为不同规格的专用注射器，填充柱色谱常用 10μL，毛细管色谱

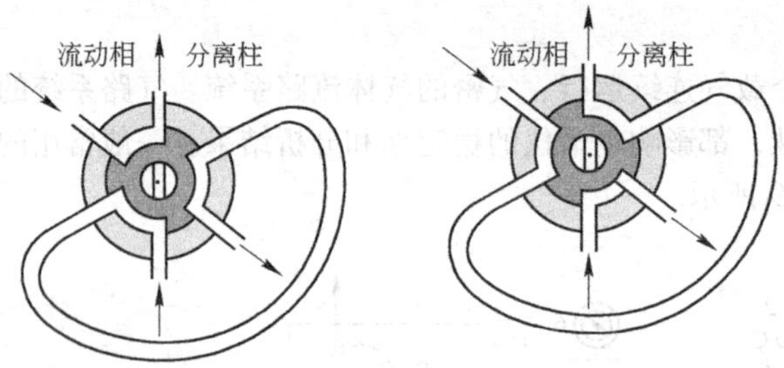

图 11-10　旋转式六通阀进样
（a）进样状态前；（b）进样状态后

常用 1μL。新型仪器带有全自动液体进样器，清洗、润冲、取样、进样、换样等过程自动完成，一次可放置数十个试样。

气化室就是将液体试样瞬间汽化的装置。液体样品在进柱前必须在气化室内变成蒸气。为了使样品能够瞬间汽化而不分解，要求气化室的热容要大、温度足够高且无催化作用。为了减小柱前峰展宽，气化室的死体积也应该尽可能小。

11.4.1.3　色谱柱

色谱柱是色谱分析的核心，分离的关键。填充色谱柱的材质一般为不锈钢管或玻璃管，内径为 3 ~ 6mm，长度可根据需要确定，柱内的填料有粒度为 0.246 ~ 0.175mm（60 ~ 80 目）或 0.175 ~ 0.147mm（80 ~ 100 目）的色谱固定相。柱制备对柱效有较大影响，填料装填太紧，柱前压力大，流速慢或将柱堵死；反之，空隙体积大，柱效低。有关固定液性质及其选择详见 11.4.2 节。

11.4.1.4　检测系统

检测系统是色谱仪的眼睛，它通常由检测元件、放大器和显示记录三部分组成。在气相色谱分析中，一个多组分混合物被色谱柱分离后的组分依次进入检测器，按其浓度或质量随时间的变化，转化成相应电信号，经放大后记录和显示，给出色谱图。

气相色谱仪的检测器可分为广谱型（对所有物质均有响应）和专属型（对特定物质有高灵敏响应）两类。常用的检测器有热导检测器和氢火焰离子化检测器等。

11.4.1.5　温控系统

温度是色谱分离条件的重要选择参数，它直接影响到柱的分离效能、检测器的灵敏度和稳定性。控制温度主要是对气化室、分离室、检测器三部分的温度进行控制，气化室温度需要保证液体试样瞬间汽化。分离过程中需要准确控制分离需要的温度，当试样复杂时，分离室温度需要按一定程序控制温度变化，使各组分在最佳温度下分离。控制检测器温度是为了保证被分离后的组分通过时不在此冷凝。

11.4.2　气相色谱固定相

在色谱分析中，某组分的完全分离取决于色谱柱的效能和选择性，后者取决于固定相的选择，所以选择适当的固定相对气相色谱分析的成功与否起着至关重要的作用。色谱的固定相种类繁多，通常按分离的机理的不同可分为气固色谱固定相和气液色谱固定相。

11.4.2.1　气固色谱固定相

气固色谱固定相是一种具有多孔性及较大表面积的固体颗粒吸附剂，主要用于分离和分析永久性气体及气态烃类物质。这类固定相种类有限，常用的主要有活性炭、活性氧化铝、硅胶、分子筛、高分子多孔微球（GDX系列）。

气固色谱固定相具有比表面积大、耐高温、使用方便和价廉的优点，但是其种类有限，能分离的对象不多，而且其性能与制备和活化条件有很大关系。同一种固定相，不同厂家或不同活化条件，分离效果差异较大。

11.4.2.2 气液色谱固定相

与气固色谱固定相相比，气液色谱固定相的应用范围要广泛得多，可选择的余地更大，因而受到普遍的重视。气液色谱固定相由担体（载体）和固定液两部分构成。

A 担体

担体是一种化学惰性、多孔型的固体颗粒，它的作用是提供一个大的惰性表面，用于承担固定液，使固定液以薄膜状态分布在其表面上。

在气液色谱中，虽然担体只起固定固定液的作用，不参与分离过程，但是担体选择的好坏影响分离效果。故气液色谱对担体有下述要求：

（1）比表面积大，孔径分布均匀；

（2）化学惰性，表面无吸附性或吸附性很弱，与被分离组分不起反应；

（3）具有较高的热稳定性和机械强度，不易破碎；

（4）颗粒大小均匀、适度，一般常用 0.246 ~ 0.175mm（60 ~ 80 目）或 0.175 ~ 0.147mm（80 ~ 100 目）。

在气相色谱中，常用担体可分为硅藻土和非硅藻土两类。硅藻土担体是目前气相色谱中最常见的一种担体，它是由天然硅土经过煅烧而成，按其制造的方法不同可分为红色担体和白色担体。表11-1列出了几种常见的气液色谱担体的特点、用途及生产厂家。

表 11-1 常见的气液色谱担体的特点、用途及生产厂家

种类		担体名称	特点及用途	生产厂家
硅藻土类	红色硅藻土担体	201 红色担体 301 釉化红色担体 6201 红色担体	适用于涂渍非极性固定液，分析非极性物质 由201釉化而成，性能介于红色与白色硅藻土担体之间，适用于分析中等极性物质	上海试剂厂 大连催化剂厂
	白色硅藻土担体	101 白色担体 101 酸洗 101 硅烷化白色担体 102 白色担体	适用于涂渍极性固定液，分析极性物质催化吸附性小，减小色谱峰拖尾	上海试剂厂
非硅藻土类		高分子微球	由苯乙烯和二乙烯苯共聚而成	上海试剂厂
		玻璃微球	经酸碱处理，比表面积为 0.02m^2/g，可在较高温度下使用，适宜分析高沸点物质	
		氟担体	由四氟乙烯聚合而成，比表面积为 10.5 m^2/g，适宜分析强极性物质和腐蚀性物质	

B 固定液

固定液一般为高沸点有机物，均匀地涂在担体的表面呈液膜状态。固定液在常温下不一定为液体，但在使用温度下一定呈液体状态。它在高于最高使用温度使用时易分解，所以在使用时一定要注意。在选择固定相时，选择的基本原则是“相似相溶”，选择与试样性质相近的固定相，对于复杂的难分离组分通常采用特殊固定液或将两种甚至两种以上配合使用。原则上讲，任何高沸点的化合物都有可能作为固定液使用，但是根据色谱分析的特点，对气相色谱固定液必须满足下述的要求：应对被分离试样中的各组分具有不同的溶解能力，较好的热稳定性，并且不与被分离组分发生不可逆的化学反应。

固定液的种类繁多，有许多种分类方法，如有按化学结构、极性、应用等的分类方法。目前在各种色谱手册中，一般将固定液按有机化合物的分类方法分为：脂肪烃、芳烃、醇、酯、聚酯、胺、聚硅氧烷等。

极性是区分和表征固定液特征的重要参数，也是选择固定液的重要依据。固定液的极性是表示含有不同官能团及亚甲基间相互作用的能力，通常用相对极性 P 表示。这种方法规定：角鲨烷（异三十烷）的相对极性为零，强极性固定液β，β′-氧二丙腈的相对极性为100，其余物质的相对极性在0~100之间，每20单位为一级，分为五级，如图11-11所示。P 在0~ +1级之间的为非极性固定液；在 +1 ~ +2级之间的为弱极性固定液；在 +2 ~ +3级之间的为中等极性固定液；在 +4 ~ +5级之间的为强极性溶液，常用固定液的性质见表11-2。

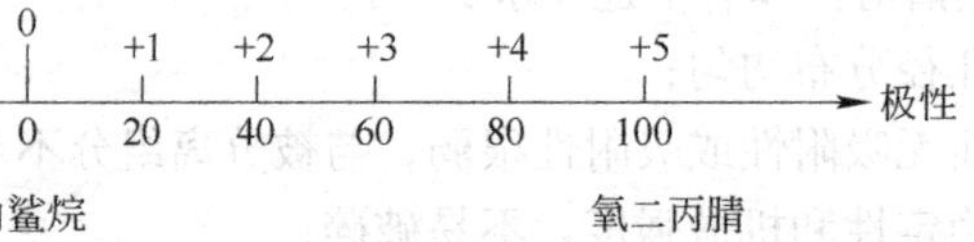

图11-11　固定液的极性分级

表11-2　常用固定液的性质

固定液名称	商品牌号	使用温度（最高）/℃	溶剂	相对极性等级	麦氏常数总和	分析对象（参考）
角鲨烷（异三十烷）	SQ	150	乙醚	0	0	烃类及非极性化合物
阿皮松 L	APL	300	苯		143	非极性和弱极性各类高沸点有机化合物
硅　油	OV-101	350	丙酮	+1	229	各类高沸点弱极性有机化合物，如芳烃
苯基(10%)甲基聚硅氧烷	OV-3	350	甲苯	+1	423	
苯基(20%)甲基聚硅氧烷	OV-7	350	甲苯	+2	592	
苯基(50%)甲基聚硅氧烷	OV-17	300	甲苯	+2	827	
苯基(60%)甲基聚硅氧烷	OV-22	350	甲苯	+2	1075	
邻苯二甲酸二壬酯	DNP	130	乙醚	+2		
三氟丙基甲基聚硅氧烷	OV-210	250	氯仿	+2	1500	
氰丙基(25%)苯基(25%)甲基聚硅氧烷	OV-225	250		+3	1813	
聚乙二醇	PEG20M	250	乙醇	氢键	2308	醇、醛酮、脂肪酸、脂等极性化合物
丁二酸二乙二醇聚酯	DEGS	225	氯仿	氢键	3430	

由于应用相对极性并不能全面地反映组分与固定液之间的全部作用力，故色谱研究者在相对极性的基础上提出了改进的固定液特征参数。即选用10种物质（苯、正丁醇、戊酮-2、1-硝基丙烷、吡啶、2-甲基-2-戊醇、碘丁烷、2-辛炔、二氧六环、顺八氢化茚），在柱温120℃时分别测定它们在待测固定液和参比固溶液（角鲨烷）上的保留指数差值ΔI。实际上通常使用的是前五种，分别用麦氏常数X'、Y'、Z'、U'、S'表示，它们分别代表了极性分子间存在着的静电力（偶极定向力）、极性与非极性分子间存在着的诱导力、非极性分子间的色散力、氢键等。也可以用五个数的总和来表示固定相的极性大小，如β,β′-氧二丙腈五个常数的总和为4427，是强极性固定相。

11.4.3 分离操作条件的选择

分离是气相色谱分析的核心，通过选择不同的分离条件完成不同的分离分析任务。因此，选择影响色谱分离的各种条件，就成为色谱分析的关键。

11.4.3.1 色谱柱及使用条件的选择

A 固定相的选择

对于气固色谱，可根据试样的性质，参考各种吸附剂的性质和应用范围进行选择。对于气液色谱，可根据“相似相溶”的原则，在优选固定液中选择。根据“相似相溶”的原则选择固定液及组分出峰顺序如下：

（1）分离非极性组分时，通常选用非极性固定相。各组分按沸点顺序出峰，低沸点组分先出峰。

（2）分离极性组分时，一般选用极性固定液。各组分按极性大小顺序流出色谱柱，极性小的先出峰。

（3）分离非极性和极性的（或易被极化的）混合物，一般选用极性固定液。此时，非极性组分先出峰，极性的（或易被极化的）组分后出峰。

（4）对于醇、胺、水等强极性和能形成氢键的化合物分离时，通常选择极性或氢键性的固定液。

（5）对于组成复杂、较难分离的试样，通常使用特殊固定液，或混合固定相。

B 固定液配比的选择

固定液在担体上的涂渍量称为配比，一般指的是固定液与担体的百分比。配比通常在5%～25%之间。配比越低，担体上形成的液膜越薄，传质阻力越小，柱效越高，分析速度也越快。配比较低时，固定相的负载量低，允许的进样量较小。分析工作中通常倾向于使用较低的配比。

C 柱长和柱内径的选择

增加柱长对提高分离度有利（分离度正比于柱长），但组分的保留时间t_R增加，且柱阻力增加时，将不便操作。柱长的选用原则是在能满足分离目的的前提下，尽可能选用较短的柱，有利于缩短分析时间。填充色谱柱的柱长通常为1～3m，可根据要求的分离度通过计算确定合适的柱长或实验确定，柱内径一般为3～4cm。

D 柱温的确定

在气相色谱中，柱温是需要控制的重要操作参数，直接影响分离度和组分的保留时间。确定柱温时，首先应使柱温控制在固定液的最高使用温度（超过该温度固定液易流失）和最低使用温度（低于此温度固定液以固体形式存在）范围之内。柱温升高，分离度将下降，色谱峰变窄变高。柱温升高，被测组分在气相中的浓度增加，K变小，t_R变短，低沸点组分峰易产生重叠。柱温降低，分离度将增加，分析时间变长。对于难分离物质对，降低柱温虽然可在一定程度内使分离得到改善，但是不可能使之完全分离，这是由于两组分的相对保留值增大的同时，两组分的峰宽也在增加，当后者的增加速度大于前者时，两峰的交叠更为严重。因此，柱温一般选择在接近或略低于组分平均沸点时的温度。对于组分复杂且沸程宽的试样，应采用程序升温。

11.4.3.2　载气种类和流速的选择

A　载气种类的选择

载气种类的选择应考虑三个方面：载气对柱效的影响、检测器要求及载气性质。载气流速小时，载气摩尔质量大，可抑制试样的纵向扩散，提高柱效。载气流速较大时，传质阻力项起主要作用，采用较小摩尔质量的载气（如 H_2 和 He），可减小传质阻力，提高柱效。

热导检测器需要使用热导率较大的氢气有利于提高检测灵敏度。在氢焰检测器中，氮气仍是首选目标。在载气选择时，还应综合考虑载气的安全性、经济性及来源是否广泛等因素。

B　载气流速的选择

载气流速也是提高分离效率的重要操作参数。由图 11-6 可见存在最佳流速（$u_{最佳}$）。实际流速通常稍大于最佳流速，以缩短分析时间。

$$H = A + \frac{B}{u} + Cu$$

$$\frac{dH}{du} = -\frac{B}{u^2} + C = 0$$

$$u_{最佳} = \sqrt{\frac{B}{C}} \tag{11-42}$$

C　其他操作条件的选择

进样方式和进样量的选择：对于液体试样，一般采用色谱微量进样器进样，规格有 1μL、5μL 和 10μL 等。进样量应控制在柱容量允许范围及检测器线性检测范围之内。进样要求动作快、时间短，对于气体试样，应采用气体进样阀进样。

气化温度的选择：色谱仪进样口下端有一汽化器，液体试样进样后，在此瞬间汽化。汽化温度一般较柱温高 30～70°C，应防止汽化温度太高造成试样分解。

11.4.4　毛细管色谱法

毛细管色谱法是以毛细管作为气相色谱柱的色谱法。它的色谱柱内不是填充固体颗粒，而是在管内壁涂渍一层薄而均匀的液膜作为固定相，载气从管中心的通道通过，由于柱的中心是空的，故又称为开管柱。因此，开管柱具有下述结构特点：

（1）不装填料阻力小，长度可达百米的毛细管柱，管径为 0.2mm。

（2）气流单途径通过柱子，消除了组分在柱中的涡流扩散。

（3）固定液直接涂在管壁上，总柱内壁面积较大，涂层很薄，则气相和液相传质阻力大大降低。

（4）毛细管色谱柱柱效高达每米 3000～4000 块理论塔板，一支长度为 100m 的毛细管柱总的理论塔板数可达 10^4～10^6。

由于毛细管色谱柱的特性，使得毛细管色谱具有以下述突出的优点：

（1）分离效率高，比填充柱高 10～100 倍。

（2）分析速度快，用毛细管色谱分析比用填充柱色谱速度快。

（3）色谱峰窄、峰形对称；较多采用程序升温方式。

（4）灵敏度高，一般采用氢焰检测器。

(5) 涡流扩散为零。

毛细管柱按其制备方法可分为以下几种：

(1) 涂壁开管柱。将固定液直接涂敷在管内壁上。这种柱制作相对简单，但柱制备的重现性差、寿命短。

(2) 多孔层开管柱。在管壁上涂敷一层多孔性吸附剂固体微粒，构成毛细管气固色谱。

(3) 载体涂渍开管柱。将非常细的担体微粒粘接在管壁上，再涂固定液。柱效较涂壁开管柱高。

(4) 化学键合或交联柱。将固定液通过化学反应键合在管壁上或交联在一起，使柱效和柱寿命进一步提高。

用毛细管柱代替填充柱，虽然有其突出的优点，但由于它内径很细，因而也带来三个问题必须解决，分别是：

(1) 允许通过的载气流量很小。

(2) 柱容量很小，允许的进样量小，需采用分流技术。

(3) 分流后，柱后流出的试样组分量少、流速慢。其解决方法是采用尾吹技术，并采用灵敏度高的氢焰检测器检测。

由于毛细管色谱法的突出分离特性，使其有逐渐取代填充柱的趋势。另外，由于毛细管柱具有很高的分离能，使其广泛地应用于复杂样品的分析。目前，毛细管柱气相色谱在国内外都已发展成熟，应用面涉及各个领域。

11.5 高效液相色谱

高效液相色谱分析法又称高压或高速液相色谱法，是一种以高压输出的液体为流动相的色谱技术。它是20世纪60年代发展起来的一种具有高分离速率、高分离效率、高灵敏度的分离分析方法。目前，它已成为一种非常重要的分析方法，在复杂物质的分离分析方面发挥着十分重要的作用，特别是对沸点低、热不稳定性有机化合物、天然产物及生化试样的分析方面有着其他分析方法无法取代的地位。

11.5.1 高效液相色谱仪

高效液相色谱仪的种类很多，从仪器的功能上可以分为分析、制备、半制备、分析和制备兼用等形式；从仪器结构布局上又可分为整体和模块两种类型。每种仪器都有不同的性能和结构，但无论是哪种仪器，都主要是由以下五个部分组成，即高压输液泵、梯度淋洗装置、进样装置、高效分离柱和液相色谱检测器。图11-12就是典型的高效液相色谱仪结构示意图。

其工作流程为：高压输液泵将储液瓶中的溶剂经进样器送入分离柱中，然后从检测器的出口流出。当待测样品从进样器注入时，流经进样器的流动相将其带入分离柱中进行分离，然后依次进入检测器，由记录仪将检测器送出的信号记录下来得到色谱图。

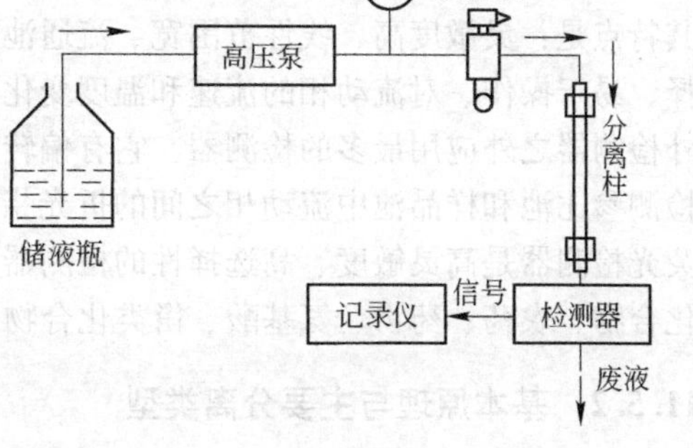

图11-12 高效液相色谱仪结构示意图

11.5.1.1 高压输液泵

高压输液泵是高效液相色谱的主要部件之一，其工作压力范围一般为(150 ~ 350) × 10^5 Pa。在高效液相色谱分析中，为了获得高柱效而使用粒度很小（<10μm）的固定相，液体的流动相高速通过时，将产生很高的压力。因此高压、高速是高效液相色谱的特点之一。高压输液泵应具有压力平稳、脉冲小、流量稳定可调、耐腐蚀等特性。常用的高压输液泵有恒流泵和恒压泵两种。

11.5.1.2　梯度淋洗装置

梯度淋洗装置又称梯度洗脱装置，它可以在工作状态下改变流动相的组成，给分离工作带来了很大的方便。现已成为完整的高效液相色谱仪中不可缺少的一部分。装置分为外梯度（高压梯度）和内梯度（低压梯度）两种方式，如图 11-13 所示。

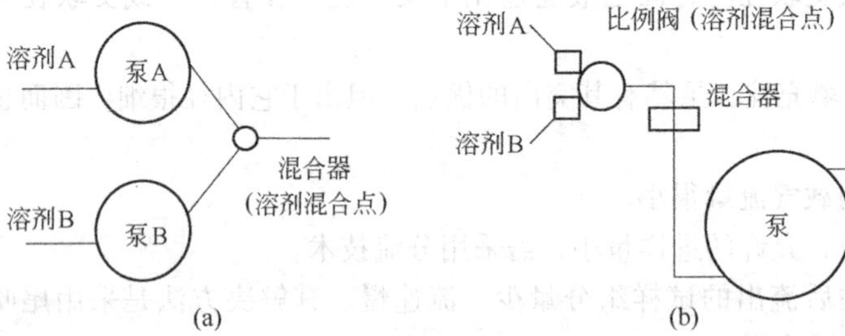

图 11-13　梯度淋洗方式

（a）高压梯度；（b）低压梯度

外梯度就是利用两台高压输液泵，将两种不同极性的溶剂按一定的比例送入梯度混合室，混合后进入色谱柱。内梯度就是使用一台高压泵，通过比例调节阀，将两种或多种不同极性的溶剂按一定的比例抽入混合器中混合。

11.5.1.3　进样装置

进样装置的作用是为了把样品以柱塞式注入分离柱。如何保持柱塞式进样是一个重要的操作。进样时，要求样品在到达柱头前不与流动相混合。应将样品定量地瞬间注入色谱柱的上端填料中心，形成集中一点，即所谓“点进样”，从而不扰动压力和流量平衡，通常使用耐高压的六通阀进样装置。

11.5.1.4　高效分离柱

高效分离柱的柱体一般采用直线形的不锈钢管制成，柱内径一般为 1～6mm，柱长一般为 5～40cm。目前的发展趋势是减小填料粒度和柱径，以达到提高柱效的效果。

11.5.1.5　液相色谱检测器

高效液相色谱法对检测器的基本要求是：灵敏度高、流动相温度及流量的变化不敏感，线性范围宽、重现性好、适用范围广、响应速度快。常用的检测器有紫外检测器、示差折光检测器和荧光检测器三种。紫外检测器是目前应用最广的检测器，它对大部分有机化合物有响应，其特点是：灵敏度高、线性范围宽、流通池可做得很小（1mm×10mm，容积 8μL）、波长可选择、易于操作、对流动相的流速和温度变化不敏感，可用于梯度洗脱。示差折光检测器是除紫外检测器之外应用最多的检测器。它有偏转式、反射式和干涉型三种类型，其工作原理是连续检测参比池和样品池中流动相之间的折光指数差值，该值与样品池流动相的组分浓度呈正比。荧光检测器是高灵敏度、高选择性的检测器，它仅对多环芳烃、维生素 B、黄曲霉素、卟啉类化合物、农药、药物、氨基酸、甾类化合物等有响应。

11.5.2　基本原理与主要分离类型

液相色谱具有多种分离类型，每种分离类型适用的分离对象都不同。通常有液固吸附色谱、液液分配色谱、离子交换色谱、离子色谱、离子对色谱、排阻色谱和亲和色谱七种类型。

液固吸附色谱的固定相为固体吸附剂，如硅胶和氧化铝等，较常使用的是5~10μm的硅胶吸附剂，流动相为各种不同极性的一元或多元溶剂，其基本原理为组分在固定相吸附剂上的吸附与解吸。它适用于分离相对分子质量中等的油溶性试样，对具有官能团的化合物和异构体有较高的选择性，它的缺点是对非线形等温吸附，常引起峰的拖尾。

液液分配色谱的基本原理就是组分在固定相和流动相上的分配，而液液分配色谱固定相与流动相均为液体，且互不相溶。对于亲水性固定液，应采用疏水性流动相，即流动相的极性小于固定液的极性（正相），反之，流动相的极性大于固定液的极性（反相），正相与反相的出峰顺序相反。早期的固定相采取将固定液直接涂渍在担体上，制备方便，但固定液易流失，现在已较少采用。

离子交换色谱固定相为阴离子离子交换树脂或阳离子离子交换树脂。对于流动相，当阴离子离子交换树脂作固定相时，采用酸性水溶液；当阳离子离子交换树脂作固定相时，采用碱性水溶液。它的基本原理为：组分在固定相上发生的反复离子交换反应。组分与离子交换剂之间亲和力的大小与离子半径、电荷、存在形式等有关。亲和力越大，保留时间就越长。它主要用于离子及可离解的化合物、氨基酸、核酸等物质的分析。

离子色谱是在20世纪70年代中期发展起来的一种技术，其与离子交换色谱的区别是其采用了特制的、具有极低交换容量的离子交换树脂作为柱填料，并采用淋洗液抑制技术和电导检测器，是测定混合阴离子的有效方法。

离子对色谱的原理就是将一种（或多种）与溶质离子电荷相反的离子（对离子或反离子）加到流动相中使其与溶质离子结合形成疏水性离子对化合物，使其能够在两相之间进行分配。离子对色谱对于有机酸碱等强极性化合物有良好的分离效果。当对阴离子分离时，常采用烷基铵类，如氢氧化四丁基铵或氢氧化十六烷基三甲铵作为对离子；当对阳离子分离时，常采用烷基磺酸类，如已烷磺酸钠作为对离子。

排阻色谱的固定相为具有一定大小孔隙分布的凝胶，它的原理是按分子大小分离。小分子可以扩散到凝胶空隙，形成全渗透，出峰最慢；中等分子只能通过部分凝胶空隙，中速通过；而大分子被排斥在外，出峰最快；溶剂分子小，故在最后出峰。它可对相对分子质量在100~8×10^5范围内的化合物按相对分子质量的大小分离，并且可以十分方便地测量高分子聚合产物的相对分子质量分布。

亲和色谱的原理就是利用生物大分子和固定相表面存在的某种特异性亲和力，进行选择性分离。它主要用于分离和纯化生物大分子。

11.5.3 液相色谱的固定相与流动相

11.5.3.1 液相色谱的固定相

A 液液分配及离子对分离固定相

液液分配及离子对分离固定相分为全多孔型、表面多孔型和化学键合固定相。

全多孔型固定相是由氧化硅、氧化铝、硅藻土等制成的多孔球体。早期采用100μm的大颗粒，表面涂渍固定液，但性能不佳，故已不多见，现采用10μm以下的小颗粒。

表面多孔型固定相是在薄壳型微珠担体（如30~40μm的玻璃微球，表面附着一层厚度为1~2μm的多孔硅胶）上涂渍固定液。由于它的比表面积小、柱容量低、对检测器要求高，故不多见。

化学键合固定相是目前应用最广、性能最佳的固定相。它是利用硅胶表面存在的硅羟基，通

过化学反应将有机分子键合到硅胶表面。根据在硅胶表面的化学反应不同,它可分为以下四种:

(1) 硅氧碳键型: ≡Si—O—C ;

(2) 硅氧硅碳键型: ≡Si—O—Si—C ;

(3) 硅碳键型: ≡Si—C ;

(4) 硅氮键型: ≡Si—N 。

在这四种中,硅氧硅碳键型具有高稳定性,耐水、耐光、耐有机溶剂,故应用最广。

化学键合固定相所具有的特点如下:

(1) 传质快,表面无深凹陷,比一般液体固定相传质快;

(2) 寿命长,化学键合,无固定液流失,耐流动相冲击,耐水、耐光、耐有机溶剂,稳定;

(3) 选择性好,可键合不同官能团,提高选择性;

(4) 有利于梯度洗脱,受流动相的变化的影响小。

B 液固吸附分离固定相

液固吸附分离固定相主要有硅胶、氧化铝、分子筛、聚酰胺等。它的结构类型主要有全多孔型和薄壳型,粒度为5~10μm。

C 离子交换色谱分离固定相

常用的离子交换固定相有多孔型离子交换树脂、薄膜型离子交换树脂和表面多孔型离子交换树脂。薄膜型和多孔型离子交换树脂传质速度快,具有高的柱效,能实现快速分离,并很少发生溶胀,但由于表层上离子交换树脂量有限,其交换容量低,柱子容易超负荷。

D 空间排阻分离固定相

空间排阻分离固定相为化学惰性的多孔凝胶物质。它按耐压程度可分为软质凝胶、半硬质凝胶和硬质凝胶三类。软质凝胶一般为葡聚糖凝胶和琼脂凝胶等,这类凝胶多为多孔网状结构,它适用于常压排阻分离。半硬质凝胶一般为苯乙烯-二乙烯基苯交联共聚物,也称有机凝胶,常用非极性有机溶剂为流动相,它不能用丙酮和乙醇等极性溶剂。硬质凝胶一般为多孔硅胶和多孔玻璃珠等,其化学稳定性、热稳定性好,机械强度大,流动相性质影响小,可在较高流速下使用。

11.5.3.2 液相色谱的流动相

液相色谱的流动相又称为淋洗液或洗脱剂。流动相的组成和极性改变可显著改变组分的分离状况。亲水性固定液常采用疏水性流动相,即流动相的极性小于固定相的极性,称为正相液液色谱法,极性柱也称正相柱。若流动相的极性大于固定液的极性,则称为反相液液色谱法,非极性柱也称为反相柱,组分在两种类型分离柱上的出峰顺序相反。

流动相按组成可分为:单组分和多组分流动相。按极性可分为:极性、弱极性和非极性流动相。按使用方式可分为:固定组成淋洗和梯度淋洗流动相。

在选择流动相时,溶剂的选用非常重要。目前,常用的溶剂有已烷、四氯化碳、甲苯、乙酸乙酯、乙醇、乙腈、水等。可根据分离的要求选择合适的溶剂。采用二元或多元组合溶剂作为流动相时,可以灵活调节流动相的极性以增加选择性,改进分离或调整出峰时间。在选择溶剂时,溶剂的极性是选择的重要依据。采用正相液液分配分离时,首先选择中等极性溶剂,若组分的保留时间太短,应降低溶剂极性,反之增加;也可在低极性溶剂中,逐渐增加其中的极性溶剂,使保留时间缩短。

常用溶剂的极性顺序如下:水(最大)>甲酰胺>乙腈>甲醇>乙醇>丙醇>丙酮>二氧六环>四氢呋喃>甲乙酮>正丁醇>乙酸乙酯>乙醚>异丙醚>二氯甲烷>氯仿>溴乙烷>

苯 > 四氯化碳 > 二硫化碳 > 环己烷 > 己烷 > 煤油（最小）。

选择流动相时应注意的几个问题：

（1）尽量使用高纯度试剂作流动相，防止微量杂质长期累积损坏色谱柱和使检测器噪声增加。

（2）避免流动相与固定相发生作用而使柱效下降或损坏柱子，如使固定液溶解流失和酸性溶剂破坏氧化铝固定相等。

（3）试样在流动相中应有适宜的溶解度，防止产生沉淀并在柱中沉积。

（4）流动相同时还应满足检测器的要求。当使用紫外检测器时，流动相不应有紫外吸收。

11.5.4 影响分离的因素与操作条件选择

11.5.4.1 影响分离的因素

在高效液相色谱中，液体的扩散系数仅为气体的万分之一，则速率方程中的分子扩散项 B/u 较小，可以忽略不计，即：$H = A + Cu$。液体的黏度比气体大一百倍，密度为气体的一千倍，故降低传质阻力是提高柱效的主要途径。由速率方程可知，降低固定相粒度可提高柱效。在液相色谱中，不可能通过增加柱温来改善传质，所以改变淋洗液组成和极性是改善分离的最直接的因素。

如图 11-14 所示，当流速大于 0.5cm/s 时，H-u 曲线是一段斜率不大的直线。降低流速，柱效提高不是很大。但在实际操作中，流量仍是一个调整分离度和出峰时间的重要可选择参数。

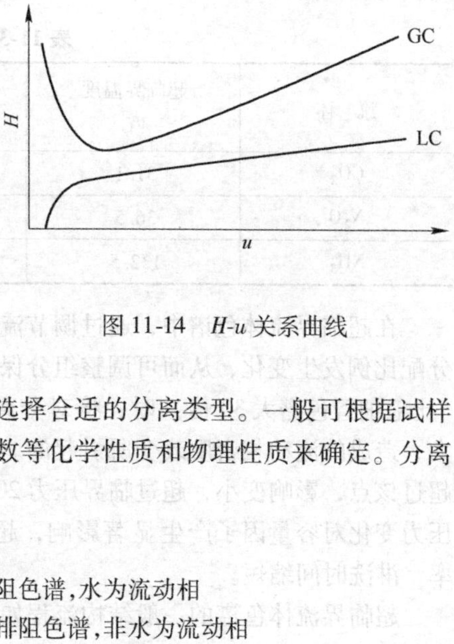

图 11-14 H-u 关系曲线

气相色谱中的固定液原则上都可以用于液相色谱，其选用原则与气相色谱一样。但在高效液相色谱中，分离柱的制备是一项技术要求非常高的工作，一般很少自行制备。

11.5.4.2 分离类型选择

进行高效液相色谱分析，首先要根据试样的特性来选择合适的分离类型。一般可根据试样的相对分子质量大小、化学结构、极性大小、溶解度参数等化学性质和物理性质来确定。分离类型的选择途径如图 11-15 所示。

样品
- 相对分子质量大于 2000
  - 溶于水 —— 排阻色谱，水为流动相
  - 不溶于水 —— 排阻色谱，非水为流动相
- 相对分子质量小于 2000
  - 不溶于水
    - 同系物 —— 分配色谱
    - 异构体 —— 吸附色谱
    - 分子大小差异 —— 排阻色谱
  - 溶于水，不离解
    - 反相液液色谱
    - 排阻色谱，水为流动相
  - 溶于水，可离解
    - 碱 —— 阳离子交换色谱
    - 酸 —— 阴离子交换色谱
  - 溶于水，离子与非离子 —— 反相离子对色谱

图 11-15 分离类型的选择途径

11.5.5　超临界流体色谱法

超临界流体色谱（SFC）是在20世纪80年代快速发展起来的，具有液相和气相色谱不具有的优点，即可处理高沸点、不挥发试样，比高效液相色谱有更高的柱效和分离效率。

超临界流体色谱法是流动相为超临界流体的一种色谱法，它的分离机理就是吸附与脱附，由于组分在两相间的分配系数不同而被分离。

所谓超临界流体就是在高于临界压力与临界温度时物质的一种状态，如图11-16所示。超临界流体所具有的性质有：

（1）性质介于液体和气体之间，具有气体的低黏度和液体的高密度，扩散系数位于两者之间。

（2）可通过改变超临界流体的密度，调节组分的分离（类似于气相色谱的程序升温和液相色谱中的梯度淋洗）。

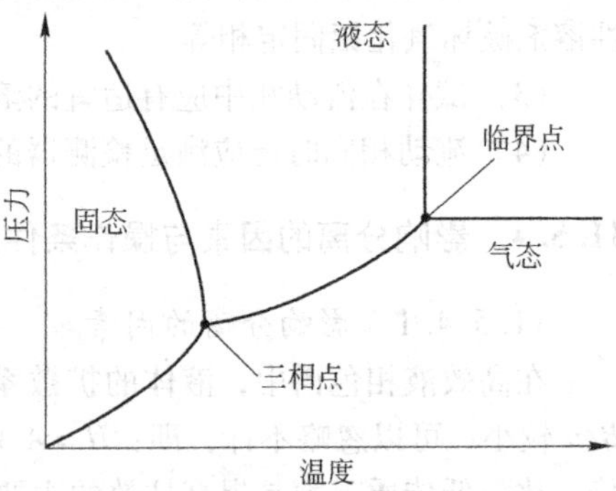

图11-16　纯物质的相图

表11-3为一些超临界流体的性质，超临界流体的密度与压力有关。

表11-3　一些超临界流体的性质

流　体	超临界温度 /℃	超临界压力 /MPa	超临界点的密度 /g·cm^{-3}	在4×10^4Pa的密度 /g·cm^{-3}
CO_2	31.1	0.729	0.47	0.96
N_2O	36.5	0.717	0.45	0.94
NH_3	132.5	0.1128	0.24	0.40

在超临界流体色谱中，通过调节流动相的压力，可改变流动相的密度，使组分在两相间的分配比例发生变化，从而可调整组分保留值，提高柱效。在超临界流体色谱中，柱压降比较大（比毛细管色谱大30倍）时，将对分离有显著的影响，即在柱前端与柱尾端分配系数相差很大，造成的流动相密度改变所引起的。超临界流体的密度受压力的影响，在临界压力处最大，超过该点，影响变小，超过临界压力20%，柱压降对分离的影响较小。在超临界流体色谱中，压力变化对容量因子产生显著影响，超流体的密度随压力增加而增加，密度增加提高溶剂效率，淋洗时间缩短。

超临界流体色谱的一般结构流程如图11-17所示。

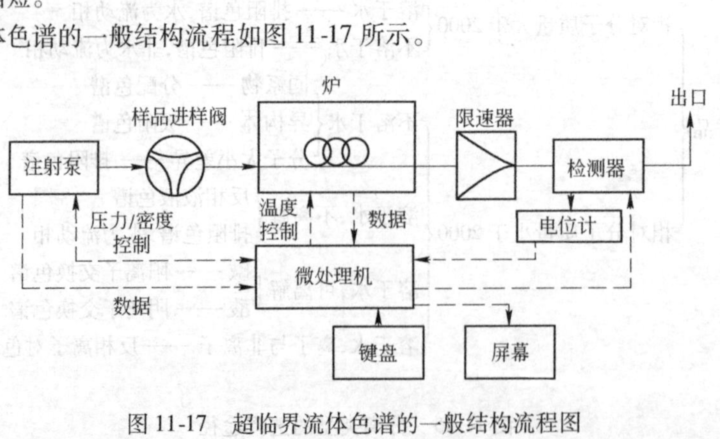

图11-17　超临界流体色谱的一般结构流程图

超临界流体色谱的主要部件有：

（1）超临界流体色谱的高压泵。一般采用无脉冲的注射泵。通过电子压力传感器和流量检测器，用计算机控制流动相的密度和流量。

（2）超临界流体色谱的色谱柱和固定相。一般采用液相色谱柱或交联毛细管柱。超临界流体色谱的固定相为固体吸附剂（硅胶）或键合到载体（或毛细管壁）上的高聚物，也可使用液相色谱的柱填料。

（3）流动相。超临界流体色谱的流动相为超临界流体，如有 CO_2、N_2O、NH_3 等。其中 CO_2 应用最广泛，因为它具有无色、无味、无毒、易得、对各类有机物溶解性好和在紫外光区无吸收等优点。但它也有缺点，就是极性太弱，需加少量甲醇等物质改进选择性。

（4）检测器。可采用液相色谱检测器，也可采用气相色谱的 FID 检测器。

超临界流体色谱法特别适用于气相色谱法和高效液相色谱法不能分析的样品，如天然产物、药物、高聚物、表面活性剂、农药、氨基酸、多环芳烃等，因而被广泛地应用于天然物、药物、表面活性剂、高聚物、农药、炸药和火箭助推器等物质的分离和分析。

11.6 色谱分析技术的应用

色谱技术是一种高效、灵敏、快速的分离分析技术，它可以在很短时间内分离几十种甚至上百种组分的混合物。这是其他分析方法无法比拟的，因此成为一种在工业分析中十分重要的分析手段。

11.6.1 色谱分析技术在大型电力变压器故障诊断中的应用

随着电力工业的飞速发展，在电力系统中变压器被视为电网的“心脏”，保证变压器正常运行是电网的重要工作之一。面对变压器多种故障问题，需要从多方面综合判断，由于变压器内部结构复杂，对其故障判断的方法也很多，而色谱分析技术是变压器故障诊断中的重要手段。通过对变压器进行油色谱分析，得到各种烃的含量，随即对其进行跟踪分析计算，可分析出故障原因。

11.6.2 色谱分析技术在油田开发中的应用

过去十年中，石油地球化学分析技术又有了新的进展，目前在油气勘探中已直接使用这种技术，例如识别生油岩及分析、生油岩特征、确定成熟度、进行油源对比等。近年来，石油地球化学在油田开发地质和油藏工程等方面的应用开始多起来，尤其是气相色谱分析技术及与其相结合的技术（如气相色谱—质谱分析技术），因分析结果可靠、成本低和能单独分析油中不同组分而得到广泛的应用。

11.6.3 气相色谱分析技术在提高产品质量中的应用

气相色谱法可以应用于分析气体试样，也可以分析易挥发或可转化为易挥发的液体和固体，不仅可以分析有机物，也可以分析无机物。目前，常见的分析技术有裂解气相色谱技术和顶空气相色谱技术。

裂解气相色谱技术是热裂解和气相色谱两种技术的结合。它具有分离效率高、灵敏度高、分析速度快、信息量大、适合于各种形态样品，并且操作简单、易行等特点。它能对一些相对分子质量较大、结构复杂、难挥发、难溶解的物质进行分析鉴定（如聚合物分析），是研究高分子化合物的有力工具。它在高分子、生物医学、环境科学、考古学、地球化学、矿物燃料、炸药等领域都有广泛的应用。

顶空气相色谱的技术主要是对液体或固体试样中的挥发性成分进行气相色谱分析的技术。它主要的应用如下所述：

（1）在职业病和法庭分析中，经常用于测定体液等中的苯、甲苯、二甲苯等有毒成分。

（2）分析血样中的酒精，可检查汽车司机是否酒后驾车。

（3）对塑料食品包装袋中的甲苯残留量的测定。

在过去，酒厂的白酒全是依靠品尝和常规化学分析成品酒中的总酸、总酯、杂醇油、甲醇等来衡量酒质的好坏的，但事实上，醇、酸、酯总量并不完全能反映酒质，因而有时也就不能从根本上说明问题。通过1890Ⅱ型气相色谱仪，并采用毛细管柱，应用于工作实际，可取得较大成果。通过样品分析，对酒中各微量成分得到定量数据，明确了哪些成分对香味影响较大，哪些对口感影响较大，使勾兑人员基本掌握各单体酒微量成分组成并根据这些可靠数据，结合其风格特征，进行组合，调香、调味、合理勾兑，使白酒的内在质量保持稳定，并能保质、及时地出厂。因此，色谱分析在提高产品内在质量上发挥了较大的作用，并在原料利用上杜绝了浪费。

思 考 题

11-1　色谱分析法的最大特点是什么，它有哪些类型？

11-2　色谱分离分析的依据是什么？

11-3　在色谱峰流出曲线上，两峰之间的距离取决于相应两相组分在两相间的分配系数还是扩散速率，为什么？

11-4　色谱定量方法有哪几种，各有什么特点？

11-5　衡量色谱柱柱效效能的指标是什么，衡量色谱柱选择性的指标是什么？

11-6　色谱定量方法有哪几种，各有什么特点？

11-7　简述气相色谱仪的分离原理和流程。

11-8　对气相色谱法的固定液和担体的基本要求是什么，如何选择固定液？

11-9　降低载气流速，分离度是否一定增加？

11-10　细管色谱分析方法的结构特点是什么，为什么具有很高的分离效率？

11-11　为什么高效液相色谱分离柱的柱压比较高？

11-12　高效液相色谱仪一般可以分为哪几个部分，试比较气相色谱和液相色谱的异同点？

11-13　超临界流体色谱法有什么突出优点？

11-14　组分A流出色谱柱需15min，组分B流出需25min，而不与固定相作用的物质C流出色谱柱需2min，计算：（1）组分B在固定相中所耗费的时间；（2）组分A对组分B的相对保留值；（3）组分A在柱中的容量因子。

11-15　从色谱图上测得组分A和B的保留时间分别为10.52min和11.36min，两峰的峰底宽为0.38min和0.48min，问该两峰是否达到完全分离？

11-16　气液色谱柱长2m，当载气流量为15mL/min时，相应的理论塔板数为2450块。而当载气流量为40mL/min时，相应的理论塔板数为2200块。试计算最佳载气流速是多少，在最佳载气流速时色谱柱的理论塔板数是多少（$A=0$）？

11-17　用一个填充柱分离十八烷及2-甲基十七烷，已知该柱对上述两组分的理论塔板数为4200；测得它们的保留时间分别为15.05min及14.82min，求它们的分离度。

参考文献

[1] 左演声，陈文哲，梁伟．材料现代分析方法[M]．北京：北京工业大学出版社，2005.
[2] 曹阳．结构与材料[M]．北京：高等教育出版社，2003.
[3] 陈立佳．材料科学基础[M]．北京：冶金工业出版社，2007.
[4] 黄新民，解挺．材料分析测试方法[M]．北京：国防工业出版社，2006.
[5] 王富耻．材料现代分析测试方法[M]．北京：北京理工大学出版社，2006.
[6] 杜希文，原续波．材料分析方法[M]．天津：天津大学出版社，2006.
[7] 王培铭，许乾慰．材料研究方法[M]．北京：科学出版社，2005.
[8] 常铁军，高灵清，张海峰．材料现代研究方法[M]．哈尔滨：哈尔滨工业大学出版社，2005.
[9] 李民赞．光谱分析技术及应用[M]．北京：科学出版社，2006.
[10] 黄杉生．分析化学[M]．北京：科学出版社，2008.
[11] 魏福祥．仪器分析及应用[M]．北京：中国石化出版社，2007.
[12] 叶宪曾，张新祥．仪器分析教程（第2版）[M]．北京：北京大学出版社，2007.
[13] 周上祺．X射线衍射分析——原理 方法 应用[M]．重庆：重庆大学出版社，1991.
[14] 周玉．材料分析方法（第2版）[M]．北京：机械工业出版社，2004.
[15] 廖立兵，李国武．X射线衍射方法与应用[M]．北京：地质出版社，2008.
[16] 谈育煦，胡志忠．材料研究方法[M]．北京：机械工业出版社，2004.
[17] 刘粤惠，刘平安．X射线衍射分析原理与应用[M]．北京：化学工业出版社，2003.
[18] MACLAREN I，PONTON C B. A TEM and HREM study of particle formation during barium titanate synthesis in aqueous solution [J]. Journal of the European Ceramic Society，2000(20)：1267 ~ 1275.
[19] DREZNER Y，BERGER S. Nanoferroelectric domains in ultrathin $BaTiO_3$ films [J]. Journal of Applied Physics，2003，94 (10)：6774 ~ 6778.
[20] 杨南如．无机非金属材料测试方法（重排本）[M]．武汉：武汉理工大学出版社，2008.
[21] 黄新民．材料研究方法[M]．哈尔滨：哈尔滨工业大学出版社，2008.
[22] 杨书申，邵龙义，李金娟，等．透射电镜在气溶胶单颗粒分析中的应用[J]．辽宁工程技术大学学报，2005，24 (4)：608 ~ 611.
[23] 廖晓玲．三维编织C/C复合材料的疲劳行为以及损伤演变研究 [D]．西安：西北工业大学，2006.
[24] XU F，TROLIER-MCKINSTRY S，REN W，et al. Domain wall motion and its contribution to the dielectric and piezoelectric properties of lead zirconate titanate films [J]. Journal of Applied Physics，2001，89 (2)：1336 ~ 1348.
[25] BADAPANDA T，ROUT S K，PANIGRAHI S，et al. Phase formation and dielectric study of Bi doped $BaTi_{0.75}Zr_{0.25}O_3$ ceramic [J]. Current Applied Physics，2009，9 (4)：727 ~ 731.
[26] FU C L，CHEN H Q，DENG X L，et al. Microstructure and ferroelectric properties of $BaZr_{0.2}Ti_{0.8}O_3$ films prepared by sol-gel [J]. Integrated Ferroelectric，2009(107)：24 ~ 30.
[27] LÒPEZ D A，SCHREINER W H，De SÁNCHEZ S R，et al. The influence of carbon steel microstructure on corrosion layers an XPS and SEM characterization [J]. Applied Surface Science，2003(207)：69 ~ 85.
[28] JIANG D M，WANG C L，YU J，et al. Cleavage and intergranular fracture in Al-Mg alloys [J]. Scripta Materialia，2003(49)：387 ~ 392.
[29] GANSTER R，HOFFMANN-EIFERT S，WASER R. Characterization of $BaTiO_3$-$BaZrO_3$ solid solution thin films prepared by MOCVD [J]. Integrated Ferroelectric，2003(55)：795 ~ 805.
[30] PARK N K，HAN G B，LEE J D，et al. The growth of ZnO nano-wire by a thermal evaporation method

with very small amount of oxygen [J]. Current Applied Physics, 2006(6S1): e176 ~ e181.
[31] XU S Y, SHI Y. Low temperature high sensor response nano gas sensor using ITO nanofibers[J]. Sensors and Actuators B, 2009(143): 71 ~ 75.
[32] HUNG K M, YANG W D, HUANG C C. Preparation of nanometer-sized barium titanate powders by a sol-precipitation process with surfactants[J]. Journal of the European Ceramic Society, 2003(23): 1901 ~ 1910.
[33] SONG H, LEE S H, JANG E S, et al. Growth of $In_xGa_{1-x}N$ quantum dots by nitridation of nano-alloyed droplet method using MOCVD [J]. Journal of Crystal Growth, 2009(311): 4418 ~ 4422.
[34] ZHANG J Z, HE X D, TANG H, et al. Direct high resolution in situ SEM observations of small fatigue crack opening profiles in the ultra-fine grain aluminium alloy[J]. Materials Science and Engineering A, 2008(485): 115 ~ 118.
[35] 徐祖耀，黄本立，鄢国强. 中国材料工程大典（第26卷—材料表征与检测技术）[M]. 北京：化学工业出版社，2006.
[36] 林晓秋，李克智，李贺军，等. 表面改性C/C复合材料与LAS玻璃陶瓷的连接[J]. 航空学报，2009，30(2)：380 ~ 384.
[37] 王恒，刘黎明，柳绪静. 镁铝异种材料TIG焊接接头扩散行为分析[J]. 焊接学报，2005，26(7)：5 ~ 8.
[38] 许宏飞，史利军，殷涛，等. 稀土锆合金显微成分相的SEM + EDS分析[J]. 兵器材料科学与工程，2006，29(5)：63 ~ 65.
[39] 郭素枝，等. 扫描电镜技术及其应用[M]. 厦门：厦门大学出版社，2006.
[40] 陈文雄，徐军，张会珍. 扫描电镜的最新发展——低电压扫描电镜（LVSEM）和扫描低能电镜(SLEEM)[J]. 电子显微学报，2001，20(4)：258 ~ 262.
[41] 陈绍楷，李晴宇，苗壮，等. 电子背散射衍射（EBSD）及其在材料研究中的应用[J]. 稀有金属材料与工程，2006，35(3)：500 ~ 504.
[42] 刘庆. 电子背散射衍射技术及其在材料科学中的应用[J]. 中国体视学与图像分析，2005，10(4)：205 ~ 210.
[43] 王疆，孙学鹏，骊剑. 电子背散射衍射技术在材料显微分析中的应用[J]. 热处理，2008，23(2)：41 ~ 44.
[44] 杨南如，岳文海. 无机非金属材料图谱手册[M]. 武汉：武汉工业大学出版社，2000.
[45] 李普旺，钟红莲，吕明哲，等. 影响热重曲线的因素分析[J]. 热带农业工程，2004(2)：13 ~ 15.
[46] 徐朝芬，孙学信，郭欣. 热重分析试验中影响热重曲线的主要因素分析[J]. 热力发电，2005(6)：34 ~ 36.
[47] 许建中，许晨. 动态机械热分析技术及其在高分子材料中的表征应用[J]. 2008(6)：22 ~ 26.
[48] 邓友娥，章文贡. 动态机械热分析技术在高聚物性能研究中的应用[J]. 2002，21(1)：38 ~ 39，62.
[49] 陆立明. 动态负载热机械分析（DLTMA）技术及其应用[J]. 中国仪器仪表，2009(9)：41 ~ 44.
[50] 张亚丽. 热分析仪器发展简况[J]. 现代科学仪器，1998(5)：24 ~ 26.
[51] 王家龙，骆东淼，姜著成. 我国热分析仪的现状与发展[J]. 中国仪器仪表，2008(10)：28 ~ 30.
[52] 郝素娥，孙亮，黄金祥. 溶胶凝胶法制备锆钛酸钡超细粉体[J]. 哈尔滨工业大学学报，2007，39(8)：1297 ~ 1300.
[53] 邓晓燕. 利用综合热分析仪研究$Ni(NO_3)_2 \cdot 6H_2O$的热分解过程[J]. 分析仪器，2008(2)：41 ~ 45.
[54] 姜祖成，等. 现代原子发射光谱分析[M]. 北京：科学出版社，1999.
[55] 田丹碧. 仪器分析[M]. 北京：化学工业出版社，2004.
[56] 金泽祥，林手麟. 原子光谱分析[M]. 武汉：中国地质大学出版社，1992.

[57] 李果，吴联源，杨志涛．原子荧光光谱分析[M]. 北京：地质出版社，1983.
[58] 谢雪琴，陈如．现代分析测试技术在印染行业的应用（一）——紫外-可见吸收光谱分析技术[J]. 印染，2007(3)：45～48，55.
[59] 王磊，林奇．分子吸收光谱技术在肉类研究中的应用[J]. 肉类研究，2009(8)：57～60.
[60] 李必斌，张海霞．紫外-可见吸收光谱法定性定量测定食用合成色素[J]. 中国卫生检验杂志，2001，11(1)：58～60.
[61] 岳晓辉，马万里．紫外-可见分子吸收光谱在照相明胶研究中的应用[J]. 明胶科学与技术，1992(2)：28～31.
[62] 陈婷婷，黄晓华，冯玉英，等．用紫外-可见吸收光谱研究微过氧化物酶-8 与 La^{3+} 相互作用机理[J]. 无机化学学报，2003(9)：37～40.
[63] 吴人洁．现代分析技术在高聚物中的应用[M]. 上海：上海科学技术出版社，1987.
[64] 张美珍．聚合物研究方法[M]. 北京：中国轻工业出版社，2000.
[65] 吴刚编．材料结构表征及应用[M]. 北京：化学工业出版社，2002.
[66] 王绪明译．红外光谱分析 100 例[M]. 北京：科学出版社，1984.
[67] 于世林．波谱分析法（第二版）[M]. 重庆：重庆大学出版社，1994.
[68] 夏笃纬，张肇熙．高聚物结构分析[M]. 北京：化学工业出版社，1990.
[69] 王东云．核磁共振技术及应用研究进展[J]. 科技信息（学术研究），2008(27)：362～363.
[70] 赵藻藩．仪器分析[M]. 北京：高等教育出版社，1990.
[71] 方禹之．仪器分析[M]. 上海：华东师范大学出版社，1990.
[72] 邓勃．仪器分析[M]. 北京：清华大学出版社，1991.
[73] 范康年．谱学导论[M]. 北京：高等教育出版社，2004.
[74] 魏福祥．仪器分析及应用[M]. 北京：中国石化出版社，2004.
[75] 李春鸿．仪器分析导论[M]. 北京：化学工业出版社，2005.
[76] 王永华．气相色谱分析应用[M]. 北京：科学出版社，2006.
[77] 刘志广，张华，李亚明．仪器分析[M]. 大连：大连理工大学出版社，2004.
[78] 丁明洁．仪器分析[M]. 北京：化学工业出版社，2008.
[79] 詹益兴．实用色谱法[M]. 北京：科学技术文献出版社，2008.
[80] 高向阳．新编仪器分析（第二版）[M]. 北京：科学出版社，2004.
[81] 孙凤霞．仪器分析[M]. 北京：化学工业出版社，2004.

附　　录

附表1　分析方法符号与缩略语

缩略语	英文名称	中文名称
AAS	atomic absorption spectrometry	原子吸收光谱
AES	atomic emission spectrometry	原子发射光谱
AES	Auger electron spectroscopy	俄歇电子谱
AFM	atomic force microscope	原子力显微镜
AFS	atomic fluorescence spectroscopy	原子荧光光谱
AP-FIM	atom probe-field emission microscope	原子探针-场离子显微镜
CL	cathodoluminescence	阴极荧光
DMA	dynamic mechanical analysis	动态热机械法
DSC	differential scanning calorimetry	差示扫描量热法
DTA	differential thermal analysis	差热分析
EAES	electron AES	电子引发俄歇能谱
EDS	energy dispersive spectroscopy	能量色散谱（能谱）
ED-XFS	energy dispersive XFS	X射线荧光能谱
EELS	electron energy loss spectroscopy	电子能量损失谱
EPMA	electron probe mcroanalysis	电子探针显微分析
ESCA	electron spectroscopy for chemical analysis	化学分析电子谱（X射线光电子能谱）
ESD	electron simulated desorption	电子受激解吸/脱附
FEM	field emission microscope	场发射显微镜
FIM	field ion microscope	场离子显微镜
FS	fluorescence spectrometry	（分子）荧光光谱
GC	gas chromatography	气相色谱法
HEED	high energy electron diffraction	高能电子衍射
INS	ion neutralisation spectroscopy	离子中和谱
IR	infrared absorption spectrum	红外分子吸收光谱
ISS	ion scattering spectroscopy	离子散射谱
LC	liquid chromatography	液相色谱法
LEED	low energy electron diffraction	低能电子衍射
MS	mass spectroscopy	质谱
PS	photo-electronic spectroscopy	光电子谱
RHEED	reflection high energy electron diffraction	反射式高能电子衍射

续附表1

缩略语	英文名称	中文名称
SAM	scanning Auger microprobe	扫描俄歇探针
SEAM	scanning acoustic microscope	扫描电子声学显微镜
SEM	scanning electron microscope	扫描电子显微镜
SIMS	secondary ion mass spectroscopy	二次离子质谱
SNMS	secondary neutral mass spectroscopy	二次中性粒子谱
STM	scanning tunneling microscope	扫描隧道显微镜
STS	scanning tunneling spectrograph	扫描隧道谱
TA	thermal analysis	热分析
TEM	transmission electronic microscope	透射电子显微镜
TG	thermogravimetry	热重法
TMA	themomechanical analysis	热机械分析法
TOF-SIMS	time-of-flight SIMS	飞行时间二次例子质谱
UPS	ultraviolet-photo-electron spectroscopy	紫外光电子能谱
UV-VIS	ultraviolet-visible absorption spectrum	紫外、可见（分子）吸收光谱
WDS	wave dispersive spectroscopy	波长色散谱（波谱）
WD-XFS	wave dispersive XFS	X射线荧光波谱
XAES	X-ray AES	X射线引发俄歇能谱
XD	X-ray diffraction	X射线衍射
XPS	X-ray photo-electron spectroscopy	X射线光电子能谱
XFS	X-ray fluorescence spectrometry	X射线荧光谱
XRF	X-ray fluorescence	X射线荧光

附表2　常用物理常数

参　数	数　值
电子电荷 e	1.602×10^{-19}C
电子静质量 m_e	9.10904×10^{-28}g（即9.109×10^{-31}kg）
中子静质量 m_n	1.675×10^{-27}kg
质子静质量 m_p	1.673×10^{-27}kg
原子质量单位	$1u=1.660\times10^{-27}$kg
真空中光速 c	2.977925×10^{10}cm/s（即2.998×10^{8}m/s）
普朗克常数 h	6.626×10^{-34}J·s
玻耳兹曼常数 k	1.380×10^{-23}J/K
阿伏加德罗数 N_A	6.023×10^{23}mol^{-1}
摩尔气体常数 R	8.314J/（mol·K）
真空介电常数 ε_0	8.854×10^{-12}F/m
真空磁导率 μ_0	1.257×10^{-6}H/m

附表3 元素的物理性质

化学符号	元素	原子序数	相对原子质量	熔点/℃	沸点/℃	点阵类型	空间群	结构类型①	点阵参数				原子间最紧密距离/nm	常数所适用的温度/℃
									a/nm	b/nm	c/nm	晶轴间夹角 α		
Ag	银	47	107.838	960.80	2210	面心立方	O_h^5	A1	0.40856				0.2888	20
Al	铝	13	26.98	660	2450	面心立方	O_h^5	A1	0.40491				0.2862	20
As	砷	33	74.92	817	613	菱形	D_{3d}^5	A7	0.4159			53°49′	0.251	20
Au	金	79	196.97	1063.0	3790	面心立方	O_{3d}^5	A1	0.40783				0.2884	20
B	硼	5	10.81	2030		正交			17.89	0.895	1.015			
Ba	钡	56	137.34	714	1640	体心立方	O_h^9	A2	0.5052				0.435	20
Be	铍(α)	4	9.012	1227	2770	六角②	D_{6h}^4	A3	0.22858		0.35842		0.2225	20
Bi	铋	83	208.98	271.3	1560	菱形	D_{3d}^5	A7	0.47457			57°14.2′	0.3111	20
C	碳	6	12.011	3727	4830	六角②	D_{6h}^4	A9	0.24614		0.67014		0.142	20
C	石墨	6	12.011	3727	4830	六角②	D_{6h}^4	A9	0.24614		0.67014		0.142	20
Ca	钙	20	40.08	838	1440	面心立方②	O_h^5	A1	0.5582				0.394	20
Cd	镉	48	112.40	320.9	756	六角②	D_{6h}^4	A3	0.29787		0.5617		0.2979	20
Ce	铈	58	140.12	804	3470	面心立方②	O_h^5	A1	0.516				0.364	室温
Co	钴	27	58.93	1495	2900	六角②	D_{6h}^4	A3	0.25071		0.40686		0.24967	20
Cr	铬	24	51.996	1875	2665	体心立方	O_h^9	A2	0.28845				0.2498	-173
Cs	铯	55	132.91	28.7	690	体心立方	O_h^9	A2	0.606				0.525	20
Cu	铜	29	63.54	1083.0	2595	面心立方②	O_h^5	A1	0.36153				0.2556	20
Fe	铁	26	55.85	1536.5	3000	体心立方	O_h^9	A2	0.28664	0.452			0.24824	
Ga	镓	31	69.723	29.78	2237	正交	V_h^{18}	A11	0.3526		0.7660		0.2442	20

续附表3

化学符号	元素	原子序数	相对原子质量	熔点/℃	沸点/℃	点阵类型	空间群	结构类型①	点阵参数 a/nm	点阵参数 b/nm	点阵参数 c/nm	点阵参数 晶轴间夹角 α	原子间最紧密距离/nm	常数所适用的温度/℃
Ge	锗	32	72.59	937.4	2830	面心立方	O_h^7	A4	0.5658				0.250	20
H	氢	1	1.0080	−259.19	−252.7	六角			0.376		0.613			−271
Hf	铪	72	178.49	2222	5400	六角	D_{6h}^4	A3	0.31883		0.50442		0.315	20
Hg	汞	80	200.59	−38.36	357	菱形	D_{3d}^5	A11	0.3005			70°31.7′	0.3005	−46
I	碘	53	126.90	113.7	183	正交	V_h^{18}	A14	0.4787	0.726	0.9793		0.271	20
In	铟	49	114.82	156.2	2000	面心立方	D_{4h}^{17}	A6	0.4594		0.4951		0.325	20
Ir	铱	77	192.2	2454	5300	面心立方	O_h^5	A1	0.38389				0.2714	20
K	钾	19	39.102	63.7	760	体心立方②	O_h^9	A2	0.5334				0.4624	20
La	镧	57	138.90	920	3470	六角②	D_{6h}^4	A3	0.3762		0.6075		0.374	20
Li	锂	3	6.941	180.54	1330	体心立方	O_h^9	A2	0.35089				0.3039	20
Mg	镁	12	24.305	650	1107	六角②	D_{6h}^4	A3	0.32088		0.52095		0.3196	25
Mn	锰	25	54.938	1245	2150	立方	T_d^3	A12	0.8912				0.224	20
Mo	钼	42	95.94	2610	5560	体心立方②	O_h^9	A2	0.31466				0.3725	20
N	氮	7	14.007	−209.97	−195.8	立方	T^4		0.567				0.106	−252
Na	钠	11	22.990	97.82	892	体心立方	O_h^9	A2	0.42906				0.3715	20
Nb	铌	41	92.91	2468	4927	体心立方②	O_h^9	A2	0.33007				0.2859	20
Nd	钕	60	144.24	1019	3180	六角②	D_{6h}^4	A3	0.3657		0.5880		0.5902	20
Ni	镍	28	58.71	1453	2730	面心立方②	O_h^5	A1	0.35238				0.2491	20
O	氧(α)	8	15.9994	−218.83	−183.0	正交			0.551	0.383	0.345			−252
Os	锇	76	190.2	2700	5500	六角②	D_{6h}^4	A3	0.27314		0.43197		0.2675	26
P	磷(黑)	15	30.974	44.25	111.65	正交	V_h^{18}	A16	0.332	0.439	1.052		0.217	室温
Pb	铅	82	207.2	327.425	1725	面心立方	O_h^5	A1	0.49495				0.3449	20

续附表 3

化学符号	元素	原子序数	相对原子质量	熔点/℃	沸点/℃	点阵类型	空间群	结构类型①	点阵参数				原子间最紧密距离/nm	常数所适用的温度/℃
									a/nm	b/nm	c/nm	晶轴间夹角 α		
Pd	钯	46	106.4	1552	3980	面心立方②	O_h^5	A1	0.38902				0.2750	20
Pr	镨(α)	59	140.91	919	3020	六　角	D_{6h}^4	A3	0.3669		0.5920		0.3640	20
Pt	铂	78	195.09	1769	4530	面心立方	O_h^5	A1	0.39237				0.2775	20
Rb	铷	37	85.468	38.9	688	体心立方	O_h^9	A2	0.563				0.488	-173
Re	铼	75	186.2	3180	5900	六角②	D_{6h}^4	A3	0.27609		0.44583		0.2740	20
Rh	铑(β)	45	102.91	1966	4500	面心立方②	O_h^5	A1	0.38034				0.2689	20
Ru	钌(α)	44	101.07	2500	4900	六角②	D_{6h}^4	A3	0.27038		0.42816		0.2649	20
S	硫(α,黄)	16	32.06	119.0	444.6	正　交	V_h^{24}	A17	1.050	1.29	2.460		0.212	20
Sb	锑	51	121.75	630.5	1380	菱形②	D_{3d}^5	A7	0.45064			57°6.5′	0.2903	20
Se	硒(灰)	34	78.96	217	685	六　角	D_{3d}^4	A8	0.43640		0.49594		0.232	20
Si	硅	14	28.09	1410	2680	面心立方②	O_h^7	A4	0.54282				0.2351	20
Sn	锡(β,白)	50	118.69	231.912	2270	四　方	D_{4h}^{19}	A5	0.58311		0.31817		0.3022	20
Sr	锶	38	87.62	768	1380	面心立方	O_h^5	A1	0.6087				0.431	20
Ta	钽	73	180.95	2996	5425	体心立方	O_h^9	A2	0.33026				0.2860	20
Te	碲	52	127.60	449.5	989.8	六　角	D_{3d}^5	A8	0.44570		0.59290		0.2571	20
Th	钍	90	232.04	1750	3850	面心立方②	O_h^5	A1	0.5088				0.360	20
Ti	钛(α)	22	47.90	1668	3260	六角②	D_{6h}^4	A3	0.29503		0.46831		0.289	20
Tl	铊(α)	81	204.37	303	1457	六角②	D_{6h}^4	A3	0.34564		0.5531		0.3407	室　温
U	铀(α)	92	238.03	1132.3	3818	正　交	V_{2h}^{17}	A20	0.2858	0.588	0.4955		0.277	20
V	钒	23	50.94	1900	3400	体心立方②	O_h^9	A2	0.3039				0.2632	20
W	钨(α)	74	183.85	3140	5930	体心立方	O_h^9	A2	0.31648				0.2739	20
Zn	锌	30	65.37	419.505	906	六角②	D_{6h}^4	A3	0.26649		0.49470		0.26648	20
Zr	锆(α)	40	91.22	1852	3580	六　角	D_{6h}^4	A3	0.32312		0.51477		0.317	25

①采用“结构报告”(“Strukturbericht”, Akademische Verlag. Leipzig)所规定的结构类型符号。

②最普通的类型,此处还有(或可能有)其他异型存在。

附表4　K系标识谱线的波长、吸收限和激发电压

元　素	原子序数	K_{α}(平均)/ nm	$K_{\alpha2}$/ nm	$K_{\alpha1}$/ nm	$K_{\beta1}$/ nm	K吸收限/nm	K激发电压/kV
Na	11		1. 1909	1. 1909	1. 1617		1. 07
Mg	12		0. 98889	0. 98889	0. 9558	0. 95117	1. 3
Al	13		0. 833916	0. 833669	0. 7981	0. 79511	1. 55
Si	14		0. 712773	0. 712528	0. 67681	0. 67446	1. 83
P	15		0. 61549	0. 61549	0. 58038	0. 57866	2. 14
S	16		0. 537471	0. 537196	0. 503169	0. 50182	2. 46
Cl	17		0. 473056	0. 47276	0. 44031	0. 43969	2. 82
Ar	18		0. 419456	0. 419162		0. 38707	
K	19		0. 374462	0. 374122	0. 34538	0. 343645	3. 59
Ca	20		0. 336159	0. 335825	0. 30896	0. 307016	4
Sc	21		0. 303452	0. 303114	0. 27795	0. 27573	4. 49
Ti	22		0. 275207	0. 274841	0. 251381	0. 24973	4. 95
V	23		0. 250729	0. 250348	0. 228434	0. 226902	5. 45
Cr	24	0. 229092	0. 229351	0. 228962	0. 20848	0. 207012	5. 98
Mn	25		0. 210568	0. 210175	0. 191015	0. 189636	6. 54
Fe	26	0. 193728	0. 193991	0. 193597	0. 175653	0. 174334	7. 1
Co	27	0. 179021	0. 179278	0. 178892	0. 162075	0. 160811	7. 71
Ni	28		0. 166169	0. 165784	0. 15001	0. 148802	8. 29
Cu	29	0. 154178	0. 154433	0. 154051	0. 139217	0. 138043	8. 86
Zn	30		0. 143894	0. 143511	0. 129522	0. 128329	9. 65
Ga	31		0. 134394	0. 134003	0. 120784	0. 119567	10. 4
Ge	32		0. 125797	0. 125401	0. 112889	0. 111652	11. 1
As	33		0. 117981	0. 117581	0. 105726	0. 104497	11. 9
Se	34		0. 110875	0. 110471	0. 199212	0. 097977	12. 7
Br	35		0. 104376	0. 103969	0. 193273	0. 091994	13. 5
Kr	36		0. 09841	0. 09801	0. 087845	0. 086546	
Rb	37		0. 092963	0. 092551	0. 082863	0. 081549	15. 2
Sr	38		0. 087938	0. 0875214	0. 078288	0. 076969	16. 1
Y	39		0. 0833	0. 082879	0. 074068	0. 072762	17
Zr	40		0. 07901	0. 078588	0. 0701695	0. 068877	18
Nb	41		0. 07504	0. 074615	0. 066572	0. 065291	19
Mo	42	0. 071069	0. 0713543	0. 070926	0. 0632253	0. 061977	20
Tc	43		0. 0676	0. 0673	0. 0602		
Ru	44		0. 064736	0. 064304	0. 057246	0. 056047	22. 1
Rh	45		0. 061761	0. 0613245	0. 054559	0. 053378	23. 2

续附表 4

元 素	原子序数	K_{α}(平均)/ nm	$K_{\alpha2}$/ nm	$K_{\alpha1}$/ nm	$K_{\beta1}$/ nm	K 吸收限/nm	K 激发电压/kV
Pb	46		0.0589801	0.0585415	0.052052	0.050915	24.4
Ag	47		0.0563775	0.0559363	0.049701	0.048582	25.5
Cd	48		0.053941	0.053498	0.0475078	0.046409	26.7
In	49		0.051652	0.051209	0.0454514	0.044387	27.9
Sn	50		0.049502	0.049056	0.0435216	0.042468	29.1
Sb	51		0.047479	0.0470322	0.041706	0.040663	30.4
Te	52		0.0455751	0.0451263	0.0399972	0.038972	31.8
I	53		0.0437805	0.0433293	0.0383884	0.037379	33.2
Xe	54		0.042043	0.041596	0.036846	0.035849	
Cs	55		0.0404812	0.0400268	0.0354347	0.034473	35.9
Ba	56		0.0389646	0.0385089	0.0340789	0.033137	37.4
La	57		0.0375279	0.0370709	0.0327959	0.031842	38.7
Ce	58		0.0361665	0.0357075	0.0315792	0.030647	40.3
Pr	59		0.0348728	0.0344122	0.0304238	0.029516	41.9
Nd	60		0.0356487	0.0331822	0.0293274	0.028451	43.6
Pm	61		0.03249	0.0320709	0.028209		
Sm	62		0.031365	0.030895	0.027305	0.026462	46.8
Eu	63		0.030326	0.029850	0.026360	0.025551	48.6
Gd	64		0.029320	0.028840	0.025445	0.024680	50.3
Tb	65		0.028343	0.027876	0.024601	0.023840	52.0
Dy	66		0.027430	0.026957	0.023758	0.023046	53.8
Ho	67		0.026552	0.026083		0.022290	55.8
Er	68		0.025716	0.025248	0.022260	0.021565	57.5
Tu	69		0.024911	0.024436	0.021530	0.02089	59.5
Yb	70		0.024147	0.023676	0.020876	0.020223	61.4
Lu	71		0.023405	0.022928	0.020212	0.019583	63.4
Hf	72		0.022699	0.022218	0.019554	0.018981	65.4
Ta	73		0.0220290	0.0215484	0.0190076	0.018393	67.4
W	74		0.0213813	0.0208992	0.0184363	0.017837	69.3
Re	75		0.0207598	0.0202778	0.0178870	0.017311	
Os	76		0.0201626	0.0196783	0.0173607	0.016780	73.8
Ir	77		0.0195889	0.0191033	0.0168533	0.016286	76.0
Pt	78		0.0190372	0.0185504	0.0163664	0.015816	78.1
Au	79		0.0185064	0.0180185	0.0158971	0.015344	80.5
Hg	80					0.014923	82.9
Tl	81		0.0175028	0.0170131	0.0150133	0.014470	85.2
Pb	82		0.0170285	0.0165364	0.0145980	0.014077	87.6
Bi	83		0.0165704	0.0160777	0.0141941	0.013706	90.1
Th	90		0.0137820	0.0132806	0.0117389	0.011293	109.0
U	92		0.0130962	0.0125940	0.0111386	0.01068	115.0

附表5　元素的质量吸收系数

(μm)

元 素	原子序数	Ag K_α (λ = 0.05608 nm)	Mo K_α (λ = 0.07107 nm)	Cu K_α (λ = 0.1542 nm)	Ni K_α (λ = 0.1659 nm)	Co K_α (λ = 0.1790 nm)	Fe K_α (λ = 0.1937 nm)	Cr K_α (λ = 0.2291 nm)
H	1	0.370	0.38	0.46	0.47	0.48	0.49	0.55
He	2	0.16	0.18	0.37	0.43	0.52	0.64	0.86
Li	3	0.187	0.22	0.68	0.87	1.13	1.48	2.11
Be	4	0.22	0.30	1.35	1.80	2.42	3.24	4.74
B	5	0.30	0.45	3.06	3.79	4.67	5.80	9.37
C	6	0.42	0.70	5.50	6.76	8.50	10.7	17.9
N	7	0.60	1.10	8.51	10.7	13.6	17.3	27.7
O	8	0.80	1.50	12.7	16.2	20.2	25.2	40.1
F	9	1.0	1.93	17.5	21.5	36.6	33.0	51.6
Ne	10	1.41	2.67	24.6	30.2	37.2	46.0	72.7
Na	11	1.75	3.36	30.9	37.9	46.2	56.9	92.5
Mg	12	2.27	4.38	40.6	47.9	60.0	75.7	120
Al	13	2.74	5.30	48.7	58.4	73.4	92.8	149
Si	14	3.44	6.70	60.3	75.8	94.1	116	192
P	15	4.20	7.98	73.0	90.5	113	141	223
S	16	5.15	10.3	91.3	112	139	175	273
Cl	17	5.86	11.62	103	126	158	199	308
Ar	18	6.40	12.55	113	141	174	217	341
K	19	8.05	16.7	143	179	218	269	425
Ca	20	9.66	19.8	172	210	257	317	508
Sc	21	10.5	21.1	185	222	273	338	545
Ti	22	11.8	23.7	204	247	304	377	603
V	23	13.3	26.5	227	275	339	422	77.3
Cr	24	15.7	30.4	259	316	392	490	89.9
Mn	25	17.4	33.5	284	348	431	63.6	99.4
Fe	26	19.9	38.3	324	397	59.5	72.8	115
Co	27	21.8	41.6	354	54.4	65.9	80.6	126
Ni	28	25.0	47.4	49.3	61.0	75.1	93.1	145
Cu	29	26.4	49.7	52.7	65.0	79.8	98.8	154
Zn	30	28.2	54.8	59.0	72.1	88.5	109	169
Ga	31	30.8	57.3	63.3	76.9	94.3	116	179
Ge	32	33.5	63.4	69.4	84.2	104	128	196
As	33	36.5	69.5	76.5	93.8	115	142	218

续附表 5

元 素	原子序数	Ag K_α (λ = 0.05608 nm)	Mo K_α (λ = 0.07107 nm)	Cu K_α (λ = 0.1542 nm)	Ni K_α (λ = 0.1659 nm)	Co K_α (λ = 0.1790 nm)	Fe K_α (λ = 0.1937 nm)	Cr K_α (λ = 0.2291 nm)
Se	34	38.5	74.0	82.8	101	125	152	235
Br	35	42.3	82.2	92.6	112	137	169	264
Kr	36	45.0	88.1	100	122	148	182	285
Pb	37	48.2	94.4	109	133	161	197	309
Sr	38	52.1	101.1	119	145	176	214	334
Y	39	55.5	109.9	129	158	192	235	360
Zr	40	61.1	17.2	143	173	211	260	391
Nb	41	65.8	18.7	153	183	225	279	415
Mo	42	70.7	20.2	164	197	242	299	439
Ru	44	79.9	23.4	185	221	272	337	488
Rh	45	13.1	25.3	198	240	293	361	522
Pd	46	13.8	26.7	207	254	308	376	545
Ag	47	14.8	28.6	223	276	332	402	585
Cd	48	15.5	29.9	234	289	352	417	608
In	49	16.5	31.8	252	307	366	440	648
Sn	50	17.4	33.3	265	322	382	457	681
Sb	51	18.6	35.3	284	342	404	482	727
Te	52	19.1	36.1	289	347	410	488	742
I	53	20.9	39.2	314	375	442	527	808
Xe	54	22.1	41.3	330	392	463	552	852
Cs	55	23.6	43.3	347	410	486	579	844
Ba	56	24.5	45.2	359	423	501	599	819
La	57	26.0	47.9	378	444		632	218
Ce	58	28.4	52.0	407	476	549	636	235
Pr	59	29.4	54.5	422	493		624	251
Nd	60	30.5	57.0	437	510		651	263
Sm	62	33.1	62.3	467	519		183	289
Eu	63	35.0	65.9	461	498		193	306
Gd	64	35.8	68.0	170	509		199	316
Tb	65	37.5	71.7	435	140		211	333
Dy	66	39.1	95.0	462	146		220	345
Ho	67	41.3	79.3	128	153		232	361
Er	68	42.6	82.0	133	159		242	370
Tu	69	44.8	86.3	139	168		257	387